环境物理学

陈亢利 / 主 编

熊鸿斌 陈 红 / 副主编

U0251781

中国环境出版集团·北京

图书在版编目（CIP）数据

环境物理学 / 陈亢利主编. —北京：中国环境出版集团，2022.12
ISBN 978-7-5111-5415-6

Ⅰ. ①环… Ⅱ. ①陈… Ⅲ. ①环境物理学—教材 Ⅳ. ①X12

中国版本图书馆 CIP 数据核字（2022）第 247031 号

出 版 人 武德凯
责任编辑 张 颖
封面设计 宋 瑞

出版发行 中国环境出版集团
　　　　　（100062 北京市东城区广渠门内大街 16 号）
　　　　　网　　　址：http: //www.cesp.com.cn
　　　　　电子邮箱：bjgl@cesp.com.cn
　　　　　联系电话：010-67112765（编辑管理部）
　　　　　发行热线：010-67125803，010-67113405（传真）
印　　刷 北京鑫益晖印刷有限公司
经　　销 各地新华书店
版　　次 2022 年 12 月第 1 版
印　　次 2022 年 12 月第 1 次印刷
开　　本 787×1092　1/16
印　　张 29
字　　数 685 千字
定　　价 79.00 元

中国环境出版集团郑重承诺：
中国环境出版集团合作的印刷单位、材料单位均具有中国环境标志产品认证。

《环境物理学》编写组

主　编　陈亢利（苏州科技大学）

副主编　熊鸿斌（合肥工业大学）

　　　　陈　红（东华大学）

主　审　周　律（清华大学）

　　　　张仁泉（江苏省苏州环境监测中心）

　　　　王海云（合肥学院）

编写组其他成员

　　　　匡　恒（苏州市生态环境局）

　　　　李星燃（苏州科技大学天平学院）

　　　　林　智（成都信息工程大学）

　　　　梅　瑜（浙江树人学院）

　　　　王　芳（苏州科技大学）

　　　　徐　慧（南京信息工程大学）

　　　　余方可（陕西科技大学）

　　　　张　旭（陕西师范大学）

　　　　张雪乔（成都信息工程大学）

　　　　张　勇（南京师范大学）

　　　　赵昕慰（兰州交通大学）

　　　　赵雪涛（苏州科技大学）

　　　　郑炳松（中国照明学会）

前　言

环境物理学是在物理学的基础上发展起来的一门新兴学科，是环境科学的重要组成部分。主要研究物理因子（声、光、热、电磁、核等）污染的表征、发生机理，以及污染评价与防治方法。环境物理学根据研究的对象可分为环境声学、环境光学、环境热学、环境电磁学、核环境学以及环境力学等多个分支学科。

区别于其他的环境物理学书籍，其主要内容为大气、土壤等不同环境因子的物理学，本书的出发点是力求为环境类及相关理科专业学生编写一本教材，介绍生态环境保护涉及的噪声、振动、光、热、电磁、电离等物理性因子污染的评价、预测和防治及主要物理学原理、方法在环境保护中应用的系统知识和专门方法，其内容除了有各物理因子污染的评价和预测以及污染防治的原理和方法（按因子分列在前六章），还专列了第七章——其他生态环境保护工作中的物理方法简介，主要是"三废"（废水、废气、废渣）污染控制与环境监测中的物理方法。本书介绍的方法不同于广义的社会经济发展中的物理原理应用，而限制于物理学在生态环境保护工作中的应用。本书也可供从事生态环境保护相关工作的技术人员和管理人员参考。

编写中，我们注意讲清楚物理性污染源和污染产生的过程、物理性污染防和治的基本原理与方法，将污染治理与清洁生产思想结合起来。不仅讲述了污染治理的原理和方法，更强调了污染防治和能源综合利用的原理和方法，还讲解了废能量利用的技术方法。本书除介绍了各物理因子污染的表征、监测、评价、预测及防控外，还对相关法规标准进行了梳理。在绪论的最后列出了本门课程的思政要点，梳理了环境物理学与生态文明建设的关系。

本书还对物理性污染评价和防治的新标准、新方法、新防治实践做了介绍，如在环境声学中介绍了 2022 年 6 月 5 日起施行的《中华人民共和国噪声污染防治法》及《环境影响评价技术导则　声环境》相关内容，在环境热学中介绍了中国碳达峰、碳中和的目标和方案等。

中国力学学会环境力学专业委员会对环境力学研究内容的界定和所做研究是力学在广义的环境中的应用，但部分研究内容（如地震、海啸等）不属于本书的研究内容，同时鉴于从生态环境保护出发的相关研究还远不够成熟，我们在此次编写教材时引用了该专业委员会的部分研究成果。

另外，本书还将物理环境监测的 8 个实验作为附件编于书中，方便教学使用。而且每章正文之后均附有思考和作业题及扩大视野的阅读材料。

本书由陈亢利、熊鸿斌、陈红任主编。绪论内容由陈亢利、熊鸿斌、周律编写，环境声学内容由陈红、赵雪涛、王芳、张仁泉编写，环境光学内容由徐慧、郑炳松、陈亢利编写，环境热学内容由陈红、李星燃、余方可编写，环境电磁学内容由熊鸿斌、王芳、匡恒编写，核环境学内容由赵昕慰、张旭、熊鸿斌、林智、匡恒编写，环境力学内容由林智、张雪乔、周律、陈亢利编写，其他环保工作中的物理方法简介由余方可、熊鸿斌、赵昕慰、梅瑜编写。张勇参与了目录讨论及相关概念辨析，全书由周律、张仁泉、王海云主审。

本书在编写过程中引用了一些从事教学、科研的同行撰写的论文、书籍等资料的内容，还得到了山西大学孟紫强教授的指导和帮助，在此一并表示感谢。

环境物理学还处于发展之中，加之编著者水平有限，难免存在某些缺点和错误，热忱希望广大读者批评指正。

本书编写组

2022 年 12 月

目　录

绪　　论

　　人类生存于声、光、热等因子构成的物理环境里，也影响着物理环境。人类在适应自然、改造环境的过程中，也会污染和破坏环境。把物理因素引起的环境污染称作物理性污染，而对物理性污染表征、监测、评价及防控的研究，就促成了环境物理学的产生和发展。

　　我们从身边的物理环境（声、光、热、电磁、放射性等）出发，解析过多能量进入环境引起的物理性污染，讲述以研究物理性污染表征、监测、评价与防控等为主要内容的环境物理学及其分支学科的发展，并从生态文明建设视角，总结环境物理学对美丽中国建设的理论作用和实践价值。

一、物理环境

　　各种物质都在不停地运动着，运动的形式有机械运动、分子热运动、电磁运动等。物质的运动都表现为能量的交换和转化。物质能量交换和转化的过程，就构成了物理环境。物理环境可以分为天然环境和人工环境。

　　火山爆发、地震、台风以及雷电等自然现象会产生振动和噪声，在局部区域形成自然声环境和振动环境。此外，火山爆发、太阳黑子活动引起的磁暴以及雷电等现象会产生严重的电磁干扰。地球上的天然光环境是由直射日光和天空散射光形成的。由于气象因素和大气洁净程度的差异，各地区的光环境的特性也不同。太阳还是环境的天然热源，地球上天然热环境取决于接收太阳辐射的状况，也与大气和地表之间的热交换有关。

　　为了追求更美好的生活，人们不断地认识自然、适应自然和改造环境。人们的各类活动都不同程度地改变了天然环境，创造了人工环境。大多情况下，人工环境更适于人类的生存和发展，但有时也可能给人们的生活和工作带来负面影响。人们更关注人工物理环境，各种物理环境具有不同的特点和影响，简单叙述如下。

（一）声环境

　　声音是人们日常生活中经常遇到的一种现象。机器运转时、水体流动时、气体排放时等都可以产生声音。人类生活的环境里有各种声波，用来传递信息和进行社会活动，是人们需要的。人们对声环境的期望是：需要的声音（讲话和音乐等）能高度保真，不失本来面目；而不需要的声音（噪声）不致干扰人们工作、学习和休息。

随着工业和科学技术的发展，以各种工业、建筑施工、社会生活及交通噪声等人为噪声为主要构成的城市噪声对居民的干扰与危害日益严重，已经成为城市环境的公害。合理的城市规划和城市噪声管理法规对创造一个安静的声环境是很有效和必要的。而音乐厅、剧院等地方不但要求安静而且还要有良好的声响效果。

（二）光环境

太阳是天然光环境的光源。地球的运动带来的昼夜交替及气象现象带来的阴晴变化都影响着人们习惯的天然光环境。而白炽灯的发明，创造了现代人工光环境，方便了人们夜间的工作和生活。一个多世纪以来，电光源的迅速发展和普及，使人工光环境较天然光环境更容易控制，能够满足人们的各种需要，而且稳定可靠。

人是用眼睛来看东西的。空间中有了光，才能发挥视觉功效，才能在空间中辨认人和物体的存在，没有光就不存在视觉功能。人对光的适应能力较强，人眼的瞳孔可以随环境的亮暗进行调节。但是长期在弱光下看东西，视力会受到损伤。同样，强光会对眼睛造成永久性伤害，因此要求有适于视觉功能的光环境。

（三）热环境（温度环境）

地球上天然热环境主要取决于接收太阳辐射的状况。地球公转给人们带来了冷热起伏的四季。为应对天然环境中剧烈的寒暑变化，人类创造了房屋、火炉以及现代空调系统等设施以防御并缓和外界气候变化的影响，从而获得生存所必需的人工热环境。

人处在任何环境中，都要不停地与环境进行热交换。人体内部产生的热量和向环境散失的热量要保持平衡。由于热调节系统的缘由，人体能够忍受环境在一定范围内的冷热变化，但人们感觉舒适的温度范围却窄得多。人体既不感觉冷也不感觉热的环境温度为 15～25 ℃。

（四）电磁辐射环境

电磁辐射是指能量以电磁波的形式通过空间传播的物理现象，分为广义和狭义的电磁辐射两类。广义的电磁辐射又分为电离辐射和非电离辐射两种。与电离辐射相反，不足以导致物质电离的电磁辐射称为非电离辐射，包括极低频（ELF，3 Hz～3 kHz）、甚低频（VLF，3～30 kHz）、射频（100 kHz～300 GHz）、红外线、可见光、紫外线及激光等。狭义的电磁辐射就是指非电离辐射。

人们生活在一定的电磁辐射环境中。在空间里到处都存在的电磁场，它作用于人体和电子设备。电磁场对于通信、广播、电视是必需的，但是不必要的电磁辐射会干扰电子设备的正常工作并危害人体健康。

（五）电离辐射环境

通常称核辐射为放射性，是原子核从一种结构或一种能量状态转变为另一种结构或另一种能量状态过程中所释放出来的微观粒子流。核辐射可以使物质引起电离或激发，故称为电离辐射。

包括 X 射线、γ 射线、α 粒子、β 粒子、中子、质子等。人们生活在一定的电离辐射环境中。

在地球形成之初，放射性物质及其辐射就已存在于地球上了，只是因其看不见、摸不着，人们对其认识要比对其他自然现象及其规律的认识晚得多。地球上每一个人都受到各种天然辐射和人工辐射的照射。天然辐射来源于宇宙辐射、陆地辐射、氡和矿物开采所致的辐射。1942 年，美国建立了世界上第一座核反应堆，开创了原子能时代。此后，由于核工业的发展和核武器实验，人们对电离辐射环境给予了极大的关注。

（六）机械运动（力）环境

物质在做机械运动时，匀速运动对人体没有影响，而有加速度的运动则有影响。地球基本上是处于均匀运动中，人类生存在地球上并不感到地球的运动，也没有任何不舒适的反应。人体在受到的加速度可与重力加速度相比的情况下，就会感到不舒适。人体做机械运动或者人体处在机械振动环境中所产生的物理效应和生理效应，就是环境物理学中重要的研究内容之一，其他有关力学的环境效应问题有待深入研究。

人所处的机械运动环境中，除了地球的公转和自转等自然运动外，还有各种人工因素引起的运动。其表现形式除了自然的河湖水流和空气流动（风）之外，还有城市复杂建筑引起的高楼风，地下液态或固态资源开采带来的地表沉降及塌陷等。

二、物理性污染

人类生存于物理环境里，也影响着物理环境。人类在自然界的生产和生活中，不断地适应自然和改造环境。但是由于人类认识能力和科学技术水平的限制，在改造环境的过程中，也会污染和破坏环境。比如由于人类进行大规模的工业生产并向大气释放大量温室气体，造成温室效应，使地球变暖。我们把物理因素引起的环境污染称作物理性污染，即有超量的声、光、电磁、振动、热等能量进入环境，使得人们的生产、生活和生态环境受到影响的现象。

（一）物理性污染的分类和危害

1. 噪声污染

用来传递信息和进行社会活动的各种声波是人们需要的，而影响人的工作和休息甚至危害人体健康的则是噪声。根据《中华人民共和国噪声污染防治法》第二条，噪声是指在工业生产、建筑施工、交通运输和社会生活中产生的干扰周围生活环境的声音；噪声污染是指超过噪声排放标准或者未依法采取防控措施产生噪声，并干扰他人正常生活、工作和学习的现象。

（1）噪声的分类

按发声机理分类，噪声可分为机械噪声、空气动力性噪声、电磁噪声等；按城市环境噪声源分类，噪声可分为交通运输噪声、工业生产噪声、建筑施工噪声、社会生活噪声等；按声源是否移动分类，噪声可分为固定源和移动源等。

（2）噪声污染的危害

对人耳产生影响，使人感到刺耳，引起内耳的退行性变化甚至器质性损伤等。

对全身各系统产生危害，引起植物神经紊乱，损害心血管系统，影响基础代谢、免疫力、内分泌等。干扰人们的生活、学习和工作，如干扰谈话、打断思路、掩蔽危险信号等。

特强噪声对建筑结构和仪器设备会有危害，使建筑物门窗变形、墙面开裂、屋顶掀起、烟囱倒塌等，引起电子仪器出现错动、引线产生抖动、仪器元件失效或损坏等。

2. 光污染

尽管人们的工作和生活离不开光，然而过度地开发建设以及不合理的光环境规划设计，却给人们的工作和生活带来许多不便，甚至妨碍了人们的正常生活。

光污染是指逾量的光辐射对人类生活和生产环境以及生态环境造成的不良影响的现象。逾量的光辐射可由不合理人工光照或者自然光的不恰当反射产生，导致的不良影响包括违背人的生理与心理需求而降低工作效率或有损于生理与心理健康等。

（1）光污染的分类

光污染包括可见光（又称噪光）、红外线、紫外线等引起的污染，可见光污染包括眩光污染、人工白昼、彩光污染等。

阳光照射强烈时，城市里建筑物的玻璃幕墙、釉面砖墙、磨光大理石和各种涂料等装饰物上的反射光线，明晃白亮、炫眼夺目，即为眩光（白亮）污染；夜幕降临后，商场、酒店上的广告灯、霓虹灯闪烁夺目，令人眼花缭乱；舞厅、夜总会安装的黑光灯、旋转灯、荧光灯以及闪烁的彩色光源构成了彩光污染。

光污染还可分为昼间、夜间的光污染，或者室内、室外的光污染等。

（2）光污染的危害

城市灯光不加控制，夜间天空亮度增加，首先影响天文观测。路灯控制不当，照进住宅，影响居民工作和休息等。大功率光源造成的强烈眩光，某些气体放电灯发射过量的紫外线，以及像焊接一类生产作业发出的强光，对人体尤其是视觉都有危害。光污染对人体健康的影响主要表现在对眼睛（眼角膜和虹膜）及神经系统（神经衰弱、头晕目眩、生物节律受到破坏）的影响方面[①]。光污染对空中、海上及陆地上的交通安全可产生影响。"照明工程"打扰动、植物，对生态环境有一定的影响。

光污染甚至引发火灾。1987年在德国柏林曾发生过一场大火，警方在建筑物内部始终未找到起火原因，最后终于发现对面高层玻璃幕墙产生的聚光才是这次火灾的"真凶"。

3. 热污染

热污染是指人类某些活动使局部环境或全球环境发生温度增高，并可能对人类和生态系统产生直接或间接、即时或潜在危害的现象。

对于热污染的定义和研究最初是针对水体的热污染，即指向水体排放废热造成的水体环境破坏。后来，研究范围扩展到大气热污染，包括城市热岛效应和全球温室效应等。

---

① 吴海娟. 2018. 光污染的危害与治理的限制性因素[J]. 黑龙江环境通报，42（4）：29-35.

（1）热污染的成因

① 人类活动改变大气的组成，从而改变太阳辐射和地球辐射的透过率。如城市化和工业化排放了大量的二氧化碳（CO_2）和甲烷（CH_4）等温室气体，使得温室效应更明显。

② 人类的部分活动改变地表状态与反射率，从而改变地表和大气间的换热过程，如大规模的农牧业开发使森林变为农田和草原，再化为沙漠；城市建设使大量的钢筋混凝土建筑物代替了田野和植物，这导致城区下垫面不透水面积增大，雨水能很快从排水管道流失，可供蒸发的水分远比郊区农田绿地少，消耗于蒸发的潜热也少，其所获得的太阳能主要用于下垫面增温，还使局部地面的热容量变小因而其表面的温度明显升高。

③ 人类活动直接向环境释放热量。如城市消耗大量的燃料，在燃烧过程中产生的能量一部分转化为有用功，另一部分直接成为废热。还有高温设施和空调的散热等。

（2）热污染的危害

热污染的危害主要有：①全球变暖；②大范围的干旱；③对水体产生不利影响；④降低人体机理的正常免疫功能等。

热污染可以污染大气和水体，如工厂的循环冷却水排出的热水以及工业废水中都含有大量废热。废热排入湖泊河流后，造成水温骤升，导致水中溶解的氧气（O_2）锐减，引发鱼类等水生动植物死亡。热污染还对人体健康构成危害，降低了人体的正常免疫功能。

大气中含热量增加，还能影响全球气候变化。全球变暖会带来更大的生态灾难，已成为世界性的生态环境、外交及政治热点议题。

4. 电磁辐射污染

电磁辐射污染是指天然的和人为的各种电磁波干扰和有害的电磁辐射。

19 世纪开始，随着科技的发展，人类发明了很多利用电磁能工作的设施，这些设施大量向环境发射电磁辐射，使环境中的电磁辐射水平大大增高，从而产生了电磁辐射污染问题。

（1）电磁辐射污染源分类

影响人类生产、生活环境的电磁污染源可分天然源和人为源两大类。天然的电磁污染是由某些自然现象引起的。常见的有雷电、火山喷发、地震和太阳黑子活动等。人为的电磁污染主要有：①脉冲放电；②工频交变电磁场；③射频电磁辐射。目前，射频电磁辐射已经成为电磁辐射污染的主要因素。

（2）电磁辐射污染的危害

电磁辐射污染的影响包括两个方面，一方面是对仪器设备工作的影响，另一方面是对人体健康的影响。一定强度的电磁波干扰会造成导弹系统控制失灵、飞机与卫星指示信号失误。我国深圳、广州的机场在 20 世纪 90 年代都有受无线电台的干扰而被迫关闭的事件发生。

电磁辐射对人体健康的影响主要体现在对各器官组织的功能效应影响，目前研究比较多的主要有：①对神经系统的作用；②对心血管系统的作用；③对血液成分的影响；④对内分泌系统的影响；⑤对生殖和子代发育的影响；⑥与癌症的发生关系等。

5. 电离辐射（放射性）污染

每一个人都受到各种天然电离辐射和人工电离辐射的照射。

《中华人民共和国放射性污染防治法》中关于放射性污染的解释，是指由于人类活动造成物料、人体、场所、环境介质表面或者内部出现超过国家标准的放射性物质或者射线。

人类活动、实践和涉及辐射源的事件导致了放射性物质通过诸多途径向环境中释放，其中，主要是核武器实验和核电事业。

（1）电离辐射污染源分类

天然辐射来源包括宇宙射线和地球上天然放射性核素对人体的外照射以及进入人体的天然放射性核素的内照射。人工辐射源是指在医疗、工业、农业、科学研究和教学等领域中使用的密封放射源、非密封放射源和射线装置。

射线装置是指X线机、加速器、中子发生器以及含放射源的装置。

X射线又称伦琴射线，是波长介于紫外线和γ射线间的电磁辐射。X射线具有很高的穿透本领，能透过许多对可见光不透明的物质，如墨纸、木料等。

（2）放射性污染的危害

人类一直受到天然电离辐射源的照射，近几十年来，也受到了人工电离辐射源的照射。射线作用于人体同样也引起大量的电离，使人体产生生物学方面的变化。按照生物效应发生的个体的不同来划分，可以将它分为躯体效应和遗传效应。

放射性核素还可通过内照射对人体产生影响。内照射损伤在战时和平时均可发生。战时，放射性核素的内污染是由放射性落下灰（雨）进入人体内所致。平时，放射性核素在工业、农业、医学等领域中有广泛的应用，若使用不当、防护不周或意外事故，均有可能造成内照射。

放射性核素的辐射危害与一般污染物的化学毒性在本质上具有根本性的差异。辐射是放射性核素的原子核本身所固有的特性，任何人为及自然过程都无法使其消除，目前唯一的办法是任其随时间的推移而自行衰变。因此，长寿命放射性核素的辐射危害将存在几千年甚至几十万年的时间。此外，许多放射性核素的辐射危害比其稳定同位素的化学毒性大得多。

6. 力污染

描述机械运动的力学领域现在还没有一个明确统一的关于力污染的概念和词汇。

比照声、光、热等物理因子污染的概念，力学范畴的污染对应某种（机械力学）能量，超出正常状态的这种力（机械能）可引起大气、水体、岩土体等介质的变形和流动，带来相应的物质和能量输送而产生负面环境影响和生态破坏，这就是机械能或力的污染。本质上是机械能的污染，但用力污染和环境力学更好理解，故本教材称之为力污染。城市复杂建筑引起的高楼风（有人称风污染），地下水、油、矿等各种液态或固态资源开采带来的地表沉降及塌陷等就属于这种污染。

污染物被排放到空气环境或水环境中，会随着环境中的风或者水流进行迁移和扩散。这些污染物因此会被带到更广泛的地方。

（二）物理性污染的特点

化学性污染和生物性污染是环境中有了有害的物质和生物，或者是环境中的某些物质超过正常含量。与化学性污染和生物性污染不同，物理性污染是能量的污染。而且引起物理性污染的声、光、热、电磁场等要素在环境中是普遍存在的，它们本身对人无害，只是在环境中的量过高或过低时，才造成污染或异常。例如，声音对人是必需的，但是声音过强，会妨碍或危害人的正常活动。反之，环境中长久没有任何声音，人又会感到恐怖，甚至会疯狂。

物理性污染与化学性污染和生物性污染相比，不同之处还表现在以下两个方面：一是物理性污染在环境中不会有残余物质存在，在污染源停止运转或被移除、隔离后，污染也就立即消失；二是物理性污染一般是局部性的，温室效应引起的全球变暖及部分电离辐射引起的放射性大气、海洋污染是例外情形。

物理环境和物理性污染的特征决定了相关研究的特点，主要是：①不仅要研究污染的危害、监测与评价方法以及如何消除污染的技术途径和控制措施，而且要研究适宜于人类生活和工作的声、光、热、电磁等物理条件；②物理性污染程度是由声、光、热、电磁等要素在环境中的数量及分布决定的，这就要求研究者注重物理现象的定量研究。另外，物理性污染虽然能够利用技术手段进行控制，但是，采取各种控制技术要涉及经济、管理和立法等问题，所以要对防治技术进行综合研究，获得最佳方案。

继"三废"（废水、废气、废渣）治理之后，作为物理因子（能量）之一的噪声的控制首先成为生态环境保护工作的一部分。再后来放射性和电磁辐射被纳入环境管理范畴，并且目前国家有专门的辐射环境监管机构。气候变化也已经成为全球环境政治和外交的一个热点，而小范围（如城市）的热污染和光污染问题还没有得到应有的重视。随着社会经济的发展和人们生活水平的提高，包括光、热等在内的物理因子污染问题将会凸显，物理性污染发生、评价和控制方法的相关研究将会进一步发展。

三、环境物理学

物理性污染表征、监测、评价及防控的研究，促成了环境物理学的产生和发展。

20世纪初期，人们开始研究声、光、热等对人类生活和工作的影响，并逐渐形成了在建筑物内部为人类创造适宜的物理环境的学科——建筑物理学。20世纪50年代以后，物理性污染日益严重，不仅在建筑物内部，而且在建筑物外部，对人类造成越来越严重的危害，促使物理学的各分支学科（如声学、热学、光学、电磁学等）等得到不断发展，并取得一定成果。在此基础上，逐渐汇集、形成一个新兴的应用学科——环境物理学。

（一）环境科学与环境物理学

1. 环境科学

20世纪50年代，环境问题成为全球性重大问题。当时许多科学家（包括生物学家、化学家、地理学家、医学家、工程学家、物理学家和社会科学家等）对环境问题共同进行调查和研究。在各个原有学科的基础上，运用原有学科的理论和方法来研究环境问题，逐渐出现了一些新的分支学科，例如环境地学、环境生物学、环境化学、环境物理学、环境医学、环境工程学、环境经济学、环境法学、环境管理学等。在这些分支学科的基础上孕育产生了环境科学。环境科学这一名词最早是由美国学者提出的。当时指的是研究宇宙飞船中人工环境问题。1964 年国际科学联合会理事会议提出了国际生物方案。1968 年国际科学联合会理事会设立了环境问题科学委员会。20 世纪 70 年代出现了以环境科学为书名的综合性专门著作。20 世纪 70 年代下半期，环境问题不再仅仅是排放污染物所引起的人类健康问题，而且包括自然保护和生态平衡，以及维持人类生存发展的资源问题。

环境科学的主要任务是探索全球范围内环境演化的规律，揭示人类活动同自然生态之间的关系，探索环境变化对人类生存的影响，研究区域环境污染综合防治、生态修复和保护的技术措施和管理措施。

随着人类在控制环境污染、保护自然生态方面所取得的进展，环境科学这一新兴学科也日趋成熟，并形成自己的基础理论和研究方法。它从分门别类研究环境和环境问题，逐步发展到从整体上进行综合研究。环境科学现有的各分支学科，正处于蓬勃发展之中。

2. 环境物理学

环境物理学是在物理学的基础上发展起来的一门新兴学科，是环境科学的重要组成部分，主要研究物理因子（声、光、热、电磁、辐射及力等）污染的评价与预测，以及污染发生的机理与防控方法等。环境物理学不仅研究如何表征和消除物理性污染，还同时关注污染物在环境中的迁移和扩散的规律，以及解决其他环境问题时所采用的物理原理与方法等。

环境物理学根据研究的对象可分为环境声学、环境光学、环境热学、环境电磁学和环境力学以及核环境学等分支学科。

环境物理学的研究领域是相当广阔的。环境物理学在对物理环境和物理性污染全面、深入研究的基础上，发展自身的理论和技术，形成一个完整的学科体系。

（二）环境物理学的研究内容

1. 污染源研究

研究各类自然和人为物理因子污染源的分类及分布、污染产生的原理和规律等，以明确物理性污染预防的对象、重点以及从污染源处根治污染的思路。

2. 物理因子污染分布及其影响的研究

研究物理因子的时间和空间传播、分布规律，以及污染对人的生理、心理影响和对生活、生产及自然生态的影响等。

3. 科学评价方法与合理的环境或防护标准的研究

不同能量源辐射出的能量流具有不同特性（强度、频率和时间特性等），如何将人处于不同的物理环境和暴露时间的影响程度正确地描述和表征是科学评价的内容。研究适宜于人类生活和工作的声、光、热、电磁等物理条件，进而提出合理的环境或防护标准要求能保护多数人不受过度能量的干扰或伤害，为防治和消除污染提供重要依据。

4. 测量设备和技术的研究

优化物理环境监测布点的方法和污染强度检测的方法以及检测仪器设备的性能改进等，以便准确掌握污染的程度以及预防和治理的效果。

5. 环境管理研究

研究可能产生物理性污染的建设项目的环境管理（环境影响评价和项目环保验收）的具体内容，不同因子的环境功能区域分类和区划方法等。

6. 污染防治方法研究

对产生、传播和接收污染能量的三个环节分别或同时采取哪些技术方法（途径），可以减轻物理性污染的程度和影响。

7. 废能量的利用与节能减排

噪声、余热等废能量的产生和排放，既可能对环境造成物理性污染，同时也是能量的浪费。如果采取一些技术和管理措施，使得过去排放到环境中的那些废能量被再次利用起来，就会有节能和减排的双重效果。

8. 污染物在环境中的迁移和扩散

污染物在环境中的行为不但受到污染源排放的影响，还与接纳污染物的环境因素密切相关。被排入大气和水体后，污染物会有包括物理变化、化学变化和生物反应等环境变化，其浓度分布主要受物理条件的影响，以迁移和扩散为主。污染物在土壤和地下水中的迁移过程更加复杂。

9. 解决其他环境问题时所采用的物理原理与方法

除物理性污染的评价与防治、污染物在环境中的迁移和扩散之外，物理学方法在其他生态环境保护工作中的应用，主要有水污染控制、大气污染控制及固体废物处理与处置的物理方法，环境监测中的物理方法和其他生态环境保护领域中污染控制的物理方法等。

研究在建筑物内部为人类创造适宜生活和工作的声、光、热、电磁等的物理环境的任务，主要由建筑物理学承担，本教材不做系统论述。

环境物理学将在对物理环境和物理性污染全面、深入研究的基础上，发展自身的理论和技术，形成一个完整的学科体系。本学科的基础知识有力学、声学、光学、热学、电磁学等，但又不纯粹是物理学问题，它还涉及生理学、心理学、音乐、通信、建筑学、生物学、医学、社会学、经济学和管理学等。

四、环境物理学分支学科的发展

环境物理学主要研究范围是大自然中的物理变化引起人类生存环境的改变，污染物迁移及扩散的规律，以及解决环境问题时所采用的物理原理与方法。其中最主要的是应用物理手段研究和解决在环境中存在的污染问题，物理性污染的产生机理、发展变化、对人类的影响以及预防和治理对策等。环境物理学就其自身的学科体系而言，还没有完全定型。目前。主要是研究声、光、热、振动、电磁场和放射性对人类的影响及其评价，以及消除负面影响的技术途径和控制方法，污染物在环境中的迁移也属于其研究范畴，目的是为人类创造一个适宜的物理环境。

环境物理学根据研究的对象可分为环境声学、环境光学、环境热学、环境电磁学、核环境学、环境力学等分支学科。但总的来说，因为环境物理学是正在形成中的学科，它的各个分支学科中只有环境声学比较成熟。

1. 环境声学

环境声学是环境物理学的一个分支学科，研究声环境及其同人类活动的相互作用。

为了改善人类的声环境，保证语言清晰可懂、音乐优美动听，20 世纪初，人们开始对建筑物内的音质问题进行研究，促进了建筑声学的形成和发展。20 世纪 50 年代以来，人类生活环境的噪声污染日益严重，人们开始了在建筑物内和在建筑物外的一定的空间范围内控制噪声的研究。研究涉及物理学、生理学、心理学、生物学、医学、建筑学、音乐、通信、法学、管理科学等多个学科，经过长期的研究，成果逐渐汇聚，形成了一门综合性的科学——环境声学。在 1974 年召开的第八届国际声学会议上，"环境声学"这一术语被正式使用。

环境声学主要是研究声音的产生、传播和接收，及其对人体产生的生理、心理效应，还研究控制和改善声环境质量的技术和管理措施。主要内容包括如下几个方面。

① 噪声的传播和控制：声是一种波动现象，它在传播过程中，会产生反射、衍射、折射和透射现象，会随传播距离增加而衰减。声的波动基本物理性质，是改善和控制声环境的理论基础。因此在噪声控制中，首先是降低噪声源的辐射，其次是控制噪声的传播，改变声源已经发出的噪声的传播途径，再次是对受体采取防护措施。

② 噪声的影响：研究噪声对环境和人的影响规律和预测。噪声对人的影响与噪声的声级、频率、连续性、发出的时间等物理性质有关，而且同收听者的听觉特性、心理、生理状态等因素也有关，是一个复杂的问题。目前声环境影响预测是环境影响评价中一项重要的工作内容。

③ 噪声标准：噪声标准要能保护多数人不受过度噪声的干扰或伤害，是防止和消除噪声污染的重要基础，噪声控制的技术措施必须满足它的要求。相关的法规和管理措施是落实标准的有力工具。

④ 音质设计：剧场、电影院、音乐厅、会议厅等建筑物中的音质问题很重要。音质控制是要加强声音传播途径中有效的声反射，使声能量在建筑物内均匀分布和扩散，以保证直达声有适当的响度；还要消除建筑物内的不利的声反射、声能集中等现象，控制混响时间，降低内部和外部的噪声干扰。这是建筑声学的主要研究内容。

近年来，噪声控制研究受到普遍重视，对声源的发声机理、发声部位和特性，以及振动体和声场的分析和计算，都有重大发展。

在机械振动、声场分布以及二者间耦合的理论方面，经典的格林函数已普遍用于振动系统的理论分析。声学工作者把量子力学的处理方法用到声场分析，形成了简正振动方式（或称简正波）理论。在频率较高时，用统计方法分析振动中的能量关系，发展了统计能量分析（SEA）。利用瑞利提出的最大动能等于最大位能理论，算出振动基频的物理方法，创造出有限元方法及边界元方法。能量流技术在计算和降低机器噪声方面也得到应用。

在测量手段方面，利用物理原理发展出声音强度的测量方法。可以直接求得声源发出的总声功率及其各部分的发声情况。

在气流噪声的研究中弄清了噪声与压力、喷口等的关系。在撞击噪声的研究中，求得加速噪声、自振噪声等的特性及其在总噪声中的地位。

发展了各种新型吸声、隔声材料和结构。例如，各种无纤维吸声材料或结构，逐渐有较多的应用。中国科学院马大猷院士在 20 世纪 60 年代后期提出微穿孔板吸声体，已得到国内外广泛应用。

2. 环境光学

环境光学是研究人类的光环境的科学。环境光学的研究内容包括天然光环境和人工光环境，光环境对人的生理和心理的影响，光污染的评价以及危害和防治等。

环境光学是在光度学、色度学、生理光学、心理物理学、物理光学、建筑光学等学科的基础上发展起来的。环境光学的定量分析以光度学、色度学为基础，在研究光与视觉的关系上主要借助生理光学及心理物理学的实验和评价方法。

① 天然光环境的光源是太阳。研究天然光环境的一项首要工作，就是对一个国家和地区的天然光环境进行常年连续的观测、统计和分析，取得区域性的天然光数据。为了利用天然光创造美好舒适的光环境，环境光学还要研究天然光的控制方法、光学材料和光学系统。

② 人工光环境较天然光环境易于控制，但电光源的能源利用效率很低，目前由初级能源转换成光能的效率则只有 3%。研究控制灯光强度和分布的理论及光学器件，探索合理有效的照明方法，也是环境光学研究的内容。

③ 人靠眼睛获得 75% 以上的外界信息。没有光，就不存在视觉，人类也无法认识和改造环境。环境光学要研究光和视觉，视觉功能与照明条件之间的定量关系，光环境的质量评价指标，为制定照明标准提供依据。

④ 环境光学研究内容的另一重要方面是光污染及其防治方法。光污染是指逾量的光辐射对人类生活和生产环境造成了不良影响，防控光污染就是要在保证照明效果的前提下，限制向环境中光的辐射，包括辐射的方向控制，尤其是要限制形成眩光。光环境功能区划和建设项目的光环境管理都是预防产生光污染的有效措施。

3. 环境热学

主要研究热（温度）环境及其对人体的影响，以及人类活动对热环境的影响。

环境的天然热源是太阳，环境的热特性取决于环境接收太阳辐射的情况，并与环境中大气同地表之间的热交换有关。大气中的臭氧（O_3）、水蒸气和 CO_2 是影响太阳辐射到达地表强度的主要因素。

穿过大气的太阳直接辐射和散射光，一部分被地表反射，一部分被地表吸收。地表由于吸收短波辐射被加热，再以长波向外辐射。大气吸收辐射能后被加热，再以长波向地表、天空辐射。大部分长波辐射能被阻留在地表和大气下层，使地表和大气下层的温度增高，产生所谓的温室效应。太阳向地表和大气辐射热能，地表和大气之间也不停地进行潜热交换和以对流及传导方式进行的显热交换。

人工热环境是人类生活不可缺少的条件。热环境对人体的影响以及环境与人的热舒适之间的关系是环境热学研究的内容之一。

环境热学要对热污染的成因、危害及防控对策进行研究。

环境热污染对人类的危害大多是间接的。人们对热污染的认识尚处于探索阶段。

从空调外机对室外环境的热干扰，到电厂温排水对周围水体热环境的破坏，再到温室气体的过量排放加剧温室效应引起的全球变暖，人们关注的热污染的内涵在扩大，人类对抗热污染的斗争在持续。尤其是全球变暖可能带来对全球的灾难性影响，近年来应对气候变化的工作成为全球环境政治的热点，碳达峰和碳中和（"双碳"）理念深入人心，影响全球各国的政治、经济和科学技术的走向。

4. 环境电磁学

主要研究各种电磁污染的来源及其对人类生产生活环境的影响，以及电磁辐射污染的评价及防控。

1969 年召开的国际电磁兼容讨论会上，科学家一致呼吁把电磁辐射列为必须控制的环境污染物，并被联合国人类环境会议所采纳。1972 年，国际大电网会议召开，科学家首次将工频电磁辐射的污染问题作为学术问题进行讨论。20 世纪 70 年代后期，科学家通过对电磁污染的深入研究，发展了环境电磁学。1979 年我国颁布的《中华人民共和国环境保护法（试行）》也将电磁辐射列入有害的环境污染之一。

近年来，我国经济与城市化得到迅速发展，城市空域的电磁环境更为复杂，出现了许多新现象、新问题。主要有：①城市的发展与扩大，大中型广播电视与无线电通信发射台站被新开发的居民区所包围，局部居民生活区形成强场区；②移动通信技术（包括移动电话通信、寻呼通信、集群专业网通信）发展迅速，城市市区高层建筑上架起成百上千个移动通信发射基地站；③随着城市用电量增加，10 kV 和 220 kV 高压变电站进入城市中心区；④城市交通运输系统（如汽车、电车、地铁、轻轨及电气化铁路）迅速发展引起城市电磁噪声呈上升趋势；⑤个人无线电通信手段及家用电器增多，家庭小环境电磁能量密度增加，室内电磁环境与室外电磁环境已融为一体，城市电磁环境总量在不断增加。

恶化的电磁环境不仅对人类生活日益依赖的通信、计算机与各种电子系统造成严重的危害，而且会给人类身体健康带来威胁。为此世界各国都十分重视越来越复杂的电磁环境及其广泛的影响，电磁环境保护与电磁兼容技术已成为一个迅速发展的新学科领域。

5. 核环境学

核环境学是一门自 20 世纪 50 年代以来才逐步兴起的新学科，是研究环境中各类天然和人工电离辐射的来源，它们在环境中的分布、迁移和转化，环境辐射对环境、生态和人体健康的影响及其评价和控制为主要内容的一门新兴学科，是由核科学和环境科学相互交织、渗透、融合而形成的一门交叉学科。

核环境学的主要内容大致可以包括如下几个方面。

① 辐射源：各类环境辐射的来源、分布及其对公众所导致的内、外照射剂量水平。

② 环境辐射监测：环境放射性物质的分析方法和环境辐射的监测方法等。

③ 放射性物质在环境中的行为：放射性物质在环境中存在的物理和化学形态、过程导致放射性核素在大气、水体和岩石-土壤环境中的弥散、迁移、转化、蓄积及最终归宿，放射性物质通过生物链向人的转移，电离辐射对生态系统的影响等。

④ 辐射环境管理：辐射危害、危险和风险的估计，辐射防护的原则、体系和标准，辐射环境管理标准体系，辐射环境影响评价，放射性流出物排放的控制，放射性废物管理及核设施退役、核事故应急等有关的辐射环境管理问题。

⑤ 环境放射性污染的防治：研究如何防止和减少放射性物质对环境的污染，以及一旦放射性物质进入环境而造成污染时，如何采用物理、化学及生物学方法减轻和消除污染，最大限度地减少其对人体健康和生态环境的危害。

⑥ 应用核环境学：运用环境中存在的天然放射性核素进行科学研究或达到实用目的，如环境放射性探测在探矿、地震预测、地球化学、宇宙化学等领域中的应用，放射性同位素测龄法在环境科学、考古学、地学等领域中的应用，运用放射性同位素示踪技术研究非放射性污染物在环境中的化学行为和迁移规律等。

核环境学并非核科学和环境科学两门学科的简单叠加、复合、扩大或延伸，其具有与核科学和环境科学不尽相同的一些特点。

首先是核环境学研究的对象体系范围很大，可以是涉及整个生物圈的全球性生态系统；其次是核环境学研究的环境放射性物质的浓度比通常核科学（如放射化学）和环境科学（如环境化学）研究的物质浓度低得多；再次是放射性核素的辐射危害与一般污染物的化学毒性在本质上具有根本性的差异（长寿命放射性核素的辐射危害将存在几十年甚至几十万年的时间，且许多放射性核素的辐射危害比其稳定同位素的化学毒性大得多，因此其在环境中的浓度限制也更为严格）；最后是核环境学综合性强，涉及的知识领域广。它不仅与原子核物理、放射化学、环境科学、土壤学、大气科学、海洋学、地球化学、生物学、生态学等学科直接有关，而且涉及气象学、水文学、地质学、地理学、放射生物学、放射卫生学等学科的有关知识。因此，核环境学是一门综合性很强的科学。

6. 环境力学

力学的角色非常特殊。按照传统物理学内容，力学比声学、热学、电磁学等更基础，传统力学是基础科学的内容。古典力学是物理学的一部分，自然也是基础科学的一部分。

但按照钱学森的分析，力学是一门技术科学。技术科学介乎基础科学和工程技术之间，它一方面吸收基础科学的成果，另一方面把工程技术里面有一般性的问题抽出来作为研究对象，所以技术科学是基础科学和工程技术结合起来的产物。力学在近几十年的发展中逐渐变为一门技术科学。

目前，与环境声学、环境热学等已形成和初步形成体系不同，环境力学暂无统一明确的污染概念，更无相关标准，也就难以判别哪些是形成了污染，更谈不上对污染的控制了。

（1）狭义与广义的环境力学

力学在发展过程中形成的分析、计算、实验相结合的学术风格，十分有利于深化对环境问题中基本规律的认识。因此在环境科学的发展过程中，力学以其独有的学科特点和优势，逐步完成与环境科学深度的交叉并形成环境力学这个新的学科生长点，并在 20 世纪 80 年代，逐步形成环境力学这一新的分支学科。

环境力学的定义有狭义与广义之分。从生态环境保护出发的环境力学研究，应用场景主要是（机械力学）某种能量污染带来的负面的环境影响与生态破坏及其防控（狭义）；而中国力学学会环境力学专委会对环境力学的研究内容的界定和所做研究是从力学服务于经济和社会可持续发展的角度出发进行的，应用场景比较宽泛（广义）。

因力学原因引起大气、水体、岩土体等介质的变形和流动，带来相应的物质和能量输送而产生的负面环境影响和生态破坏是狭义环境力学的研究范畴。除污染物在水、气环境中的迁移和扩散有一定研究成果外，狭义环境力学发展很不成熟。力学范畴的污染概念还不明晰，污染的表征、评价及防控无从谈起。从生态环境保护出发的狭义环境力学研究任重道远。

而系统深入地研究大气、水体、岩土体中介质的变形和流动，考虑相应的破坏和物质/能量输运，同时关注伴随的物理、化学、生物过程，显然是广义环境力学的研究范畴。

广义环境力学的学科内涵很广，其主要涉及大气环境、水环境、岩土体环境、地球界面过程、环境灾害、环境多相流动，以及理论建模、计算方法和实验技术等方面。其研究方向主要包括气候变化和极端环境的发生、影响与应对，工业化/城镇化背景下的城市环境及其改善，流域环境和大型工程的相互影响，人类社会发展中的生态环境问题等。有关环境力学的研究工作不仅面临强非线性、多场耦合、多尺度跨越、随机过程等科学共性难题，同时对经济建设和工程实践也具有非常明确的指导意义。

（2）环境空气动力学及环境水力学

大气中或者水中的污染物质在风、日光、重力和环流的作用下扩散或下沉，这些都是环境空气动力学的研究内容。所谓环境空气动力学就是指应用物理学中的动力学原理，来研究全球气温的变化及空气中污染物的扩散等情况。大气中的气团运动决定了污染物的扩散条件，研究污染物分子之间以及与周围空气分子之间力的相互作用，可以分析和预测污染物在大气中的扩散和迁移情况。

环境水力学是研究污染物在水体中混合输移的规律及其应用的学科。相关理论包括水流紊动、扩散与离散、射流与浮射流、沉降与悬浮、吸附与解吸、凝聚与分散、溶解与蒸发、热扩散传导与水沙两相流、异重流等。根据水流情况、边界条件和污染物质的不同，常采用分析计算、室内实验和现场观测等方法。环境水力学的主要目标是，探求因混合、输移而形成的污染物浓度随空间和时间的变化关系，为水质评价与预报、水质规划与管理、排污工程的规划设计以及水资源保护的合理措施提供基本依据。

五、环境物理学与生态文明建设

生态文明建设是党的十七大提出，党的十八大以来强力推动的实现美丽中国目标的治国方略之一，我们坚持"绿水青山就是金山银山"的理念，坚持山水林田湖草沙一体化保护和系统治理，生态文明制度体系更加健全，生态环境保护发生历史性、转折性、全局性变化，我们的祖国天更蓝、山更绿、水更清。

① 良好的物理环境是良好生态环境的组成部分。环境物理学不仅研究如何消除物理因子（声、光、热、电磁、辐射及力等）污染，还要研究适宜于人类生活和工作的声、光、热、电磁等物理条件，本身是美丽中国环境目标的重要组成部分。研究适于人们生产、生活的声环境、光环境、电磁环境、热环境等，治理相关物理性因子的污染，对人与自然和谐共生有重要的意义。

② 合适的度（不多又不少的数量）非常重要。引起物理性污染的声、光、热、电磁场等要素在环境中是普遍存在的，它们本身对人无害，只是在环境中的量过高或过低时，才造成污染或异常。所以，恰当合适的量（度），是我们控制物理性污染、营造健康物理环境的关键。环境中的量少了，实现不了其功能（如传播声信号或者较暗光环境下阅读等），或者影响功能的实现；而环境中的量过多了，不但浪费能量，而且还会造成物理因子的污染。所以环境物理学注重定量研究。

③ 清洁生产优于末端治理，这同样适用于物理性污染的防治。对任何一种污染，防优于治，生产过程中预防污染的产生（至少减少产生污染的量）一定比污染产生之后再去进行末端治理更加有效。制造更精准的机器，减少机器运行时发出的噪声；运用合理的光源和灯具，用更少的电，得到更佳的照明效果；减少热污染中 CO_2 等温室气体的排放，可以减少人类活动造成的全球变暖问题等。物理性污染的源头控制、过程管理的预防污染产生的方法比末端治理污染会更有效且投入更少。

④ 节能减排是目前我国生态文明建设的目标之一，环境保护的"三十二字"方针没有过时。1973 年第一次全国环保会议上提出的包括"综合利用，化害为利"在内的环境保护工作方针仍有现实意义。治理污染是被动地消除污染的影响，而如果能够实现造成物理环境污染的废能量利用的话，不仅治理了污染，还减少了能量的使用需要，从资源（消耗）和环境（保护）两个角度同时取得了效益。

⑤ "双碳"理论的研究和实践探索。由于工业化以来人类过量的温室气体排放，造成的温室效应在进一步加剧，控制温室气体继续排放进而减缓全球增温速度和幅度是当前全球环境保护和环境外交的热点议题。我国提出的碳达峰和碳中和目标时限已经基本明确，已经以国务院文件下发执行《2030 年前碳达峰行动方案》。

天人合一、人地和谐是人与自然相处的最理想方式。追求对自然的最少干预和人们生产生活的良好环境是辩证统一的。物理性污染的控制在实际的生态环境管理中已涉及方方面面，很大程度上影响着人们的生产生活和自然生态环境。物理性污染的控制与节能减排关系密切，我们寻求安静的生活环境，我们对新的污染如光污染、热污染、电磁辐射污染还缺乏足够的重视，环境力学的研究还急需突破（首先应明确污染的概念），环境物理学的学科体系还需进一步完善。

第 1 章　环境声学

声音与人们的生活、生产关系密切。声音是最早被感知的一类物理环境，与其他物理因子相比，环境声学的相关研究较丰富和深入。相应的噪声、振动污染与防治也较早被纳入环境保护管理的范畴。本章主要介绍环境声学基础、环境中的声波传播、声环境法律法规及标准、噪声测量、评价与影响预测、噪声防控原则与控制技术、振动与振动控制等内容，对环境声学及噪声、振动污染防治理论基础进行较系统的介绍。

1.1　环境声学基础

环境声学是研究噪声对人们日常生活和社会活动产生各种影响的科学，是一门以声学知识为核心，涉及生理学、心理学、社会学、经济学和管理学等内容的综合学科。研究环境声学问题既要求有高度的科学性，也要求有高度的艺术性；既要关心研究成果的经济效益，更应注重研究成果的社会效益。随着工业和交通事业的迅速发展，环境噪声日趋严重。在我国一些大城市的环境污染投诉中，噪声占了 60%～70%，已经成为广泛存在的社会公害。让每一个人能在理想的声环境中工作、学习和生活，是多年来声学、环境保护工作者不断努力的奋斗目标。

1.1.1　声波的基本物理量

1.1.1.1　声波的形成和声压

声音都是由物体的振动而产生的，因此凡能产生声音的振动物体统称为声源。从物体的形态来分，声源可分为固体声源、液体声源和气体声源等。例如，锣鼓的敲击声、大海的波涛声和汽车的排气声都是常见的声源。

在弹性介质中，由近及远的振动传播称为声波。以空气为例，当声源振动时，会引起声源周围弹性介质——空气分子的振动，这些振动的分子又会使其周围的空气分子产生振动。这样，声源产生的振动通过空气分子的振动进行传播就是声波。

声波的产生可以用图 1-1 来说明，图中 A、B、C、D…表示连续的弹性介质（如空气）被划分成的一个个小体积元。每个体积元包含具有一定质量的介质分子，每个体积元间存在着弹性作用。这样，介质相当于相互耦合的质量—弹簧—质量—弹簧……的链形系统。

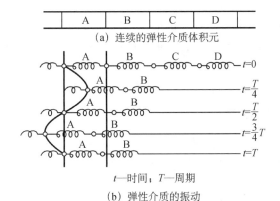

t—时间；T—周期

(b) 弹性介质的振动

图 1-1　声音传播的物理过程

　　设想某一声源的振动（如扬声器纸盒）在弹性介质的某局部区域产生扰动，使这一区域的体积元 A 离开平衡位置，开始向 B 运动，并压缩 B 这个体积元。由于介质的弹性，被压缩的 B 产生一个反抗压缩的力，这个力作用于 A，并使 A 向原来所处的平衡位置运动。由于 A 具有质量，故具有惯性，当 A 运动到平衡位置时，因惯性而使 A 经过平衡位置继续向另一侧运动，以至又压缩另一侧的相邻体积元，该相邻体积元也会产生一个反抗压缩的力，使 A 又返回平衡位置。可见，由于介质的弹性和惯性，这个最初被扰动的介质体积元 A，在平衡位置附近来回地振动，同样的原因，被 A 推动的介质体积元 B，以至于更远的 C、D…也都在平衡位置附近振动起来，只是依次滞后一些时间。这种介质质点的机械振动，由近及远地传播出去，当传入人耳迫使耳膜做相应的振动时，便使我们感觉到声音。由以上分析可知，声波产生的条件：①具有一定声能的振动；②有传播声波的介质（气体、固体、液体）。

　　弹性介质可以是气体、液体和固体。声波在上述介质中传播，相应地称为空气声、液体声和固体声。声波在气体和液体中传播，传声介质的质点振动方向和声传播方向相同，称这种波为纵波。声波在固体中传播，质点振动方向和声传播方向可能相同（纵波），也可能垂直（横波）。

　　当声源振动时，其邻近的介质组成微粒受到交替的压缩和扩张，使其在原有的杂乱运动中，附加一个有规律的运动，介质中出现稠密和稀疏的交替变化，声波的传播实际也就是这种疏密相间状态的传播。介质密集时，压强超过平衡状态的压强（静压）。介质稀疏时，压强低于静压。所以在声波的传播过程中，会使空间各处的空气压强产生起伏变化。通常用声压来表示压强的起伏变化量，记为 p，单位为 Pa。声波在传播过程中，空间某一位置点在某一瞬时，由静压 p_0 变化到压强 p' 时，所产生的压强起伏变化量称为该点的瞬时声压 p，表示为

$$p = p' - p_0 \tag{1-1}$$

式中，p——瞬时声压，Pa；

　　　p'——压强，Pa；

　　　p_0——静压，Pa。

　　瞬时声压是空间位置点和时间的函数。

由于人耳无法分辨声压的起伏，只能感受一个稳定的声压有效值。因此将一定时间间隔（t）中的声压对时间（T）求均方根值即为有效声压，记为 p_e，单位仍为 Pa，表达式为

$$p_e = \sqrt{\frac{1}{T} \int_0^T p^2 \mathrm{d}t}$$ （1-2）

1.1.1.2 频率、相位、波长和声速

如果声源的振动是按一定的时间间隔重复进行的，也就是说振动是具有周期性的，那么就会在声源周围弹性介质中产生周期性的疏密变化。质点完成一次完整振动所需要的时间称为周期，记为 T，单位为 s。声波频率 f 是 1 s 内介质质点完成的完整振动的次数，单位为 Hz。频率 f 和周期 T 互为倒数，即

$$f = \frac{1}{T}$$ （1-3）

频率 f 与振动圆频率 ω 有关系，即

$$\omega = 2\pi f$$ （1-4）

声波传播时，介质中各点的振动频率都是相同的，但是，在同一时刻各点的相位不一定相同，同一质点在不同时刻也会具有不同的相位。相位就是用于描述质点振动的状态及其传播关系的参数，包括质点振动的位移大小和运动方向或压强的变化。

在同一时刻，从某一介质质点到相邻的另一个同相位的介质质点之间的距离称为声波的波长，记为 λ，单位为 m。

介质质点在声源激发下产生的振动状态在介质中自由传播的速度为声速，记为 c，单位为 m/s。声速是介质特性的函数，在不同介质中，声速不一定相同。在一定的介质中，声速与介质的温度有关。气体中的声速为

$$c = \left(\frac{\gamma p_0'}{\rho_0} \right)^{0.5}$$ （1-5）

若气体为理想气体，则有

$$c = \left(\frac{\gamma R T}{M} \right)^{0.5}$$ （1-6）

空气的 $\gamma = 1.4$，则式（1-6）有如下形式

$$c = 20.05 T^{0.5} \text{ 或 } c = 331.45 + 0.61t$$ （1-7）

式中，c——声速，m/s；

ρ_0——介质处于平衡态时的密度，kg/m³；

p_0'——介质处于平衡态时的压强，Pa；

γ——比热比（γ=定压比热/定容比热）；

M——气体介质摩尔质量（空气为 0.029 kg/mol），kg/mol；

R——摩尔气体常数，R 约为 8.314 J/（mol·K）；

T——热力学温度，K；

t——摄氏度，℃。

　　液体和固体中的声速，与气体中的声速相差较大。表 1-1 列出了一些常见介质在室温下的声速近似值。一般计算时，空气中的声速取 340 m/s（15 ℃值），就能满足一般工程精度要求。

表 1-1　21.1 ℃声速近似值

介质	声速/（m/s）	介质	声速/（m/s）	介质	声速/（m/s）
空气	344	玻璃	3 658	钢	5 182
水	1 372	铁	5 182	硬木	4 267
混凝土	3 048	铅	1 219	软木	3 353

　　波长 λ、频率 f 和声速 c 之间的关系为

$$\lambda = \frac{c}{f} = cT = \frac{2\pi c}{\omega} \tag{1-8}$$

　　人耳可听的声波频率范围为 20 Hz（次声）至 20 000 Hz（超声），波长 λ 范围为 0.017～17 m。一般语言声的频率为 100～4 000 Hz，λ 范围为 3.4～0.085 m。

1.1.1.3　频程和频谱

（1）频程

　　在可听声频率范围内，人耳听到的声音有的低沉，有的尖锐，主要是声音音调的高低引起的，而音调是人耳对声源振动频率的主观感受。例如，男子与女子讲话声，听起来前者比后者音调低，这是因为男子的语音基频是 140 Hz，女子语音基频是 280 Hz。人的可听声频率范围十分宽，从低频到高频变化高达 1 000 倍。为了研究和实用上的需要，在声学学科中，把宽广的声频范围划分成若干小区间，称其为频程、频段或频带。

　　一个频程中的最低频率称为下限截止频率，最高频率称为上限截止频率。一般用上、下限截止频率的几何平均值来表示频程的中心频率。三者之间的关系表示为

$$f = \sqrt{f_1 f_2} \tag{1-9}$$

式中，f——任一频程的中心频率，Hz；

　　　f_1、f_2——任一频程的下限截止频率和上限截止频率，Hz。

　　频程的上、下限截止频率之差称为绝对带宽，用 Δf 表示，$\Delta f = f_2 - f_1$。

　　频程数一般用上限截止频率和下限截止频率比值的对数来表示，对数以 2 为底，单位为倍频程，表达式为

$$n = \log_2 \frac{f_2}{f_1} \ \text{或} \ \frac{f_2}{f_1} = 2^n \tag{1-10}$$

　　n 为正实数，当 $n=1/3$ 时，称为 1/3 倍频程；当 $n=1$ 时，称为 1 倍频程（简称倍频程）；当 $n=2$ 时，称为 2 倍频程。1/3 倍频程和 1 倍频程用得比较多。

　　这个定义在实际应用中具有重要意义。因为测量发现，两个不同频率的声音做相对比较时，具有决定作用的是两个频率的比值，而不是它们的差值。例如，音乐中 C 调的 6，基音频率是 220 Hz；$\dot{6}$ 是 440 Hz；$\ddot{6}$ 是 880 Hz。听起来 $\dot{6}$ 的音调较 6 提高一倍，$\ddot{6}$ 又较 $\dot{6}$ 提高一倍，称 $\dot{6}$ 和 6 相差 1 倍频程，$\ddot{6}$ 和 6 相差 2 倍频程。

联解式（1-9）和式（1-10），得到

$$f_1 = \frac{f}{\sqrt{2^n}} = 2^{-\frac{n}{2}} f \qquad (1\text{-}11)$$

$$f_2 = \sqrt{2^n} f = 2^{\frac{n}{2}} f \qquad (1\text{-}12)$$

$$\Delta f = \left(\sqrt{2^n} - \frac{1}{\sqrt{2^n}} \right) f \qquad (1\text{-}13)$$

当频程数 n 一定时，绝对带宽随中心频率的增加，按一定比例随之增加。

国际标准化组织（ISO）规定的倍频程和 1/3 倍频程的上、下限频率值和中心频率值见表 1-2。

表 1-2　倍频程和 1/3 倍频程的上、下限频率和中心频率　　　　　　　单位：Hz

倍频程			1/3 倍频程		
下限频率	中心频率	上限频率	下限频率	中心频率	上限频率
			11.2	12.5	14.1
11	16	22	14.1	16	17.8
			17.8	20	22.4
			22.4	25	28.2
22	31.5	44	28.2	31.5	35.5
			35.5	40	44.7
			44.7	50	56.2
44	63	88	56.2	63	70.8
			70.8	80	89.1
			89.1	100	112
88	125	177	112	125	141
			141	160	178
			178	200	224
177	250	355	224	250	282
			282	315	355
			355	400	447
355	500	710	447	500	562
			562	630	708
			708	800	891
710	1 000	1 420	891	1 000	1 122
			1 122	1 250	1 413
			1 413	1 600	1 778
1 420	2 000	2 840	1 778	2 000	2 239
			2 239	2 500	2 818
			2 818	3 150	3 548
2 840	4 000	5 680	3 548	4 000	4 467
			4 467	5 000	5 623

续表

倍频程			1/3 倍频程		
下限频率	中心频率	上限频率	下限频率	中心频率	上限频率
			5 623	6 300	7 079
5 680	8 000	11 360	7 079	8 000	8 913
			8 913	10 000	11 220
			11 220	12 600	14 130
11 360	16 000	22 720	14 130	16 000	17 780
			17 780	20 000	22 390

（2）频谱

频率是描述声音特性的主要参数之一，只有单一频率的声音称为纯音。由一些频率不同的简单正弦式成分合成的声波称为复音。

人们在生活中听到的声音是不同频率、强度的纯音复合而成的，所以研究声音强度（声压级、声强级等，将在后面叙述）随频率分布是必要的。声频谱是指组成复音的强度随频率而分布的图形，通常以倍频程或 1/3 倍频程等划分的频带为横坐标，声压级为纵坐标，绘出的折线来描述声频谱。频谱的形状大体可分为三种，见图 1-2。

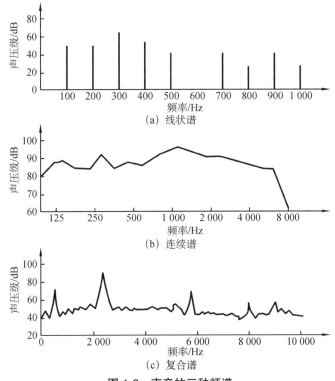

图 1-2　声音的三种频谱

线状谱是由一些离散频率成分形成的谱，在频谱图上是一系列竖直线段［见图 1-2（a）］，一些乐器发出的声音属于线状谱。连续谱是一定频率范围内含有连续频率成分的谱，在频谱图中是一条连续曲线［见图 1-2（b）］，大部分噪声属于连续谱。复合谱是连续频率成分和离散频率成分组成的谱［见图 1-2（c）］，有调噪声属于复合谱。

在机械设备噪声的治理中，首先要测量噪声各中心频率下的声压级。噪声频谱能清晰地表示出一定频率范围内声压级的分布情况。例如，流量为 120 m³/min 的罗茨鼓风机，在进口轴向 1 m 处噪声各倍频程声压级如表 1-3 所示。

表 1-3　罗茨鼓风机倍频程声压级

中心频率/Hz	声压级/dB	中心频率/Hz	声压级/dB	中心频率/Hz	声压级/dB	中心频率/Hz	声压级/dB
63	120	250	110	1 000	108	4 000	108
125	111	500	112	2 000	108	8 000	95

从噪声频谱中分析了解噪声的成分和性质，称为频谱分析。频谱分析时，通常要了解峰值噪声在低频、中频还是高频范围，为噪声控制提供依据。

1.1.2　声波传播基本方程

声振动作为宏观物理现象，必须满足三个基本的物理定律，即牛顿第二定律、质量守恒定律以及描述压强、温度、体积等状态参数的状态方程。应用这三个定律，可以分别导出声波传播中的运动方程、连续性方程和物态方程。为使问题简化，做如下假设。

① 介质为理想流体，即介质中不存在黏滞性，声波在这种介质中传播时没有能量耗损。

② 没有声扰动时，介质在宏观中是静止的，同时介质是均匀的，因此介质中的静态压强 p_0、静态密度 ρ_0 都是常数。

③ 声传播时，由于声过程产生的温度差，不会引起介质相邻部分间发生热交换，即为绝热过程。

④ 假设介质中传播的是小振幅声波，即满足：

声压 p 比静态压强 p_0 小得多，即 $p \ll p_0$；

质点振动速度 u 比声速 c 小得多，即 $u \ll c$；

质点位移 ξ 比波长 λ 小得多，即 $\xi \ll \lambda$；

介质密度的相对变化远小于 1，即 $(\rho-\rho_0)/\rho_0 \ll 1$。

在实际中，上述假定在相当普遍的情况下都很容易满足，因此以下得到的三个基本方程并不失普遍意义。

1.1.2.1　运动方程

$$-\frac{\partial p}{\partial x} = \rho_0 \frac{\partial u_x}{\partial t}$$

$$-\frac{\partial p}{\partial y} = \rho_0 \frac{\partial u_y}{\partial t} \qquad (1-14)$$

$$-\frac{\partial p}{\partial z} = \rho_0 \frac{\partial u_z}{\partial t}$$

式中，p——瞬时声压，Pa；

　　ρ_0——介质的静态密度，kg/m³；

　　t——时间，s；

　　∂u_x、∂u_y、∂u_z——介质质点速度 u 沿 x、y、z 方向的分量，m/s。

式（1-14）反映了不同地点和不同时刻的声压变化规律。

1.1.2.2　连续性方程

$$\frac{\partial \rho}{\partial t} = -\rho_0 \left(\frac{\partial u_x}{\partial t} + \frac{\partial u_y}{\partial t} + \frac{\partial u_z}{\partial t} \right) \quad \text{或} \quad \frac{\partial \rho}{\partial t} = -\rho_0 \nabla \cdot u \qquad (1\text{-}15)$$

式中，ρ——瞬时密度，kg/m³；

　　ρ_0——介质的静态密度，kg/m³；

　　t——时间，s；

　　∂u_x、∂u_y、∂u_z——介质质点速度 u 沿 x、y、z 方向的分量，m/s；

　　∇——拉普拉斯算符，在直角坐标系中 $\nabla^2 = \dfrac{\partial^2}{\partial x^2} + \dfrac{\partial^2}{\partial y^2} + \dfrac{\partial^2}{\partial z^2}$。

式（1-15）反映了质点振动速度与流体密度之间的变化关系。

1.1.2.3　物态方程

$$\frac{\partial p}{\partial t} = c^2 \frac{\partial p}{\partial t} \quad \text{或} \quad \frac{\partial p}{\partial \rho} = c^2 \qquad (1\text{-}16)$$

式中，p——瞬时声压，Pa；

　　c——声速，m/s；

　　t——时间，s。

式（1-16）反映了声场中瞬时声压随时间的变化与密度随时间变化的关系。

1.1.3　平面波、球面波和柱面波

声波在传播过程中，空间同一时刻相位相同的质点集合称为波阵面。当声波的波阵面是垂直于传播方向的一系列平面时，称为平面波。活塞在管中运动所辐射的声波是典型的平面波。当声波的波阵面为一系列具有同心的球面时，称为球面波。对于几何尺寸比声波波长小得多的小体积声源可视为点声源。点声源在各向同性的均匀介质中辐射声波时，波向各个方向传播的速度相等，形成以声源为中心的一系列同心球面，就会形成球面波。同理，波阵面是一系列同轴圆柱面的声波称为柱面波，其声源一般可视为"线声源"，如繁忙的公路、比较长的运输线等。

1.1.3.1　平面波的基本特征

（1）平面波的波动方程

声波在传播过程中，介质中的声扰动应满足式（1-14）、式（1-15）和式（1-16）三个方程。振动声源处于三维空间中，振动将向四面八方传播，所以有关声学量用空间坐标

x、y、z 三维变化来表示。如果声场在空间的 y、z 两个方向是均匀的，则声压 p 和质点振动速度等物理量在垂直于 x 轴的平面上都相等，这时三维问题就转变成了一维问题，只需用一个 x 方向的坐标来描述声场。这种情况下，运动方程应为

$$\rho_0 \frac{\partial u}{\partial t} = -\frac{\partial p}{\partial x} \tag{1-17}$$

连续性方程为

$$\frac{\partial \rho}{\partial t} = -\rho_0 \frac{\partial u}{\partial x} \tag{1-18}$$

物态方程仍为式（1-16）。联立求解式（1-16）、式（1-17）和式（1-18），从中消去 p、u、ρ 三个变量中的两个，就可得到第三个变量的波动方程，所以声波的声压波动方程为

$$\frac{\partial^2 p}{\partial x^2} = \frac{1}{c^2} \times \frac{\partial^2 p}{\partial t^2} \tag{1-19}$$

式（1-19）的一般解为

$$p = \varphi_1(ct - x) + \varphi_2(ct + x) \tag{1-20}$$

式中，φ_1、φ_2——任意函数，$\varphi_1(ct-x)$ 代表声速 c 向 x 轴正方向传播的波，而 $\varphi_2(ct+x)$ 代表声速 c 向 x 轴负方向传播的波。

（2）平面波的瞬时声压和有效声压

若声源在理想介质中，在单一频率下做简谐振动，则介质中各质点也随着做同一频率的简谐振动。当介质质点做简谐振动、声波沿 x 正方向传播时，$\varphi_1(ct–x)$ 取余弦函数，则声压 p 对时间和位移的函数关系是

$$p(x,y) = p_A \cos(\omega t - kx) \tag{1-21}$$

声波沿 x 轴负方向传播时

$$p(x,t) = p_A \cos(\omega t + kx) \tag{1-22}$$

$$k = \frac{\omega}{c} = \frac{2\pi}{\lambda} \tag{1-23}$$

式中，p——声场中某位置 x（单位为 m）和某时间 t（单位为 s）时的瞬时声压，Pa；

p_A——声压幅值，Pa；

ω——振动圆频率或角频率，rad/s；

k——圆波数或波数，1/m。

式（1-21）、式（1-22）中的（$\omega t - kx$）和（$\omega t + kx$）称为相位，kx 称为初相位。当时间 t 一定时，瞬时声压 p 随空间位置 x 的变化见图 1-3（a）。当空间位置 x 一定时，瞬时声压 p 随时间 t 的变化见图 1-3（b）。

瞬时声压传入人耳，由于耳膜的惯性作用，分辨不出声压的起伏，听到的是一个稳定的有效值，称为有效声压。根据式（1-2）有效声压 p_e 是瞬时声压对时间 t 取均方根值，将式（1-21）代入式（1-2），经积分和开方得简谐平面波的有效声压与声压幅值之间关系为

$$p_e = \frac{p_A}{\sqrt{2}} \tag{1-24}$$

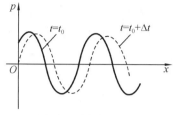
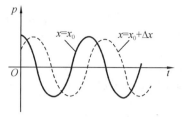

(a) 声压随空间位置的变化　　　　　　(b) 声压随时间的变化

图 1-3　声压随空间位置和时间的变化曲线

式中，p_A——声压幅值，Pa；

　　　t——时间（t 是周期的整数倍，或足够长以使平均结果基本保持不变），s。

对于平面波，其振幅不随传播距离而变化。

（3）平面波的质点振动速度和声阻抗率

质点振动速度与声速不同，在声场中质点以速度 u 振动，这种振动过程以速度 c 传播出去。

将式（1-21）代入式（1-17）的积分式，则有 $u = -\dfrac{1}{\rho_0}\displaystyle\int \dfrac{\partial p_A \cos(\omega t - kt)}{\partial x}\,\mathrm{d}t$，积分结果得

$$u = \frac{p_A}{\rho_0 c}\cos(\omega t - kt) = u_A \cos(\omega t - kt) \tag{1-25}$$

式（1-25）中已设

$$u_A = \frac{p_A}{\rho_0 c} \tag{1-26}$$

式中，u_A——质点振动速度的幅值。

质点振动速度对时间取均方根值，称为质点振动速度的有效值 u_e。式（1-25）取均方根值，得

$$u_e = \frac{u_A}{\sqrt{2}} \tag{1-27}$$

声阻抗率 Z_s 也称特性声阻抗，定义为

$$Z_s = \frac{p}{u} \tag{1-28}$$

对沿 x 轴正向传播的平面波，将式（1-21）和式（1-25）代入式（1-28），并结合式（1-26）得

$$Z_{s,\mp} = \rho_0 c \tag{1-29}$$

对沿 x 轴负向传播的平面波，将式（1-22）代入式（1-17）的积分式，则有 $u = -\dfrac{1}{\rho_0}\displaystyle\int \dfrac{\partial p_A \cos(\omega t + kt)}{\partial x}\,\mathrm{d}t$，再和式（1-22）一起代入式（1-28），并结合式（1-26）得

$$Z_{s,\mp} = -\rho_0 c \tag{1-30}$$

声阻抗率的单位是 Pa·s/m。声阻抗率与声波频率、幅值等无关，仅与介质密度和声速有关，是介质固有的一个常数。对于空气，压强为 101.325 kPa、温度为 0 ℃时，

ρ_0=1.29 kg/m³，c=332 m/s，$\rho_0 c$=428 Pa·s/m；当温度为 20 ℃时，ρ_0=1.21 kg/m³，c=343 m/s，则 $\rho_0 c$=415 Pa·s/m。对水来说，当温度为 20 ℃时，其 ρ_0=998 kg/m³，c=1 480 m/s，则 $\rho_0 c$=1.48×10⁶ Pa·s/m。

1.1.3.2 球面波的基本特征

（1）球面波的瞬时声压

对于在各向同性的均匀介质中传播的球面波，在各半径、各方向上的传播都一样，因此在三维空间中，只需取某点至声源的距离，也就是同心球的半径 r 为参数，便可确定声场。球面波的声压 p 与半径 r 和时间 t 的函数关系为

$$p(r,t)=\frac{A}{r}\cos(\omega t - kr)=p_A\cos(\omega t - kr) \qquad (1\text{-}31)$$

式中，A 是声源辐射声波能力常数，它与声源的几何尺寸和振动速度幅值有关，对于给定的点声源，其 A 为常数。已令 $p_A=\frac{A}{r}$，称 p_A 为振幅。

球面波的振幅不是一个定值，它与半径 r 成反比。p_A 随 r 的增大而减小，因此瞬时声压也随距离增大而减小，故离声源越远，声音越小。

（2）球面波的振动速度和声阻抗率

将式（1-31）代入运动方程式（1-17）的积分式 $u=-\frac{1}{\rho_0}\int\frac{\partial p}{\partial x}\mathrm{d}t$，经积分得

$$u=\frac{1}{\rho_0 c}\times\frac{A}{r}\sqrt{\frac{1+(kr)^2}{(kr)^2}}\cos(\omega t - kr - \theta) \qquad (1\text{-}32)$$

因为 k=2π/λ，所以 kr=2πr/λ，当 $r\gg\lambda$ 时，$kr\gg1$，因此式（1-32）中的 $\sqrt{\frac{1+(kr)^2}{(kr)^2}}\approx1$。又因式中 $\theta=\tan^{-1}\frac{1}{kr}$，当 $kr\gg1$ 时，$\theta\approx0$。所以式（1-32）可简化为

$$u=\frac{1}{\rho_0 c}\times\frac{A}{r}\sqrt{\frac{1+(kr)^2}{(kr)^2}}\cos(\omega t - kr - \theta)=u_A\cos(\omega t - kr) \qquad (1\text{-}33)$$

式中，u_A——介质质点振动速度幅值，即

$$u_A=\frac{A}{\rho_0 cr} \qquad (1\text{-}34)$$

由式（1-34）可以看出，点声源辐射的球面波与平面波不一样，振动速度幅值不是一个常数，而与波的传播距离成反比。

将式（1-31）和式（1-33）代入声阻抗率定义式 Z_s=p/u，则得满足远场条件 $kr\gg1$ 的球面波的声阻抗率为

$$Z_{s,球}=\rho_0 c \qquad (1\text{-}35)$$

可见平面波和远场球面波的声阻抗率表达式相同。

前面关于平面波的有关各式均适用于球面波。球面波的声强为

$$I = \frac{p_e^2}{\rho_0 c} = \frac{p_A^2}{2\rho_0 c} = \frac{\left(A/r\right)^2}{2\rho_0 c} \tag{1-36}$$

从式（1-36）可以看出，球面波的声强 I 与距离 r 的平方成反比，有效声压 p_e 与距离 r 成反比。

均匀辐射的球面波的声功率为

$$W = IS = 4\pi r^2 I = \frac{2\pi A^2}{\rho_0 c} \tag{1-37}$$

式中，S——球的表面积，m^2。

从式（1-37）可以看出，声功率与介质的声阻抗率和声源辐射能力常数 A 有关。

1.1.3.3 柱面波的基本特征

对于最简单的柱面波，其声场与坐标系的角度和轴向长度无关，仅与径向半径 r 相关，其波动方程为

$$\frac{1}{r}\frac{\partial}{\partial r}\left(r\frac{\partial p}{\partial r}\right) = \frac{1}{c^2}\frac{\partial^2(rp)}{\partial t^2} \tag{1-38}$$

对于远场简谐柱面波有

$$p(r,t) \cong P_0\sqrt{\frac{2}{\pi kr}}\cos(\omega t - kr) \tag{1-39}$$

式中，P_0——柱面波的声源辐射常数，Pa。

从中可以看出，其振幅随径向距离的增加而减少，与距离的平方根成反比。

1.1.4 声压级、声强级和声功率级

1.1.4.1 声能量、声强、声功率

（1）声能量

有声波存在的空间区域称为声场。

声波在声场中传播，一方面使介质质点在平衡位置附近往复运动，产生动能；另一方面使介质产生了压缩和膨胀的疏密过程，使介质具有形变势能。这两部分能量之和就是由于声扰动介质所产生的声能量。

声场中单位体积介质所含有的声能量称为声能密度，记为 D，单位为 J/m^3。

（2）声强

声场中某点处，垂直于波的传播方向上声能量在单位时间内单位面积上所通过的量称为瞬时声强，它是一个矢量，具有指向性，这部分内容将在后面介绍。对于稳态声场，声强是指瞬时声强在一定时间 T 内的平均值。声强的符号为 I，单位为 W/m^2。

（3）声功率

声源在单位时间内发射的总能量称为声源功率，记为 W，单位为 W。

对于在自由空间中传播的平面声波：

声能密度为

$$\overline{D} = \frac{p_e^2}{\rho_0 c^2} \tag{1-40}$$

声强为

$$\overline{I} = \frac{p_e^2}{\rho_0 c} \tag{1-41}$$

声功率为

$$\overline{W} = \overline{I} S \tag{1-42}$$

式中，符号顶部的"—"表示对一定时间 T 的平均；

p_e——声压的有效值，对于简谐声波 $p_e = \dfrac{p_A}{\sqrt{2}}$，Pa；

S——平面波波阵面的面积，m^2。

声强 I 与声能密度 D 的关系见图1-4。假设介质体积为 V，垂直于 x 方向的截面为 S，厚度为 Δx，声波从 x_1 向右移到 x_2，经过时间 Δt。按声强定义应有如下关系

$$I = \frac{\overline{D} V}{S \Delta t} = \overline{D} c \tag{1-43}$$

因为在理想介质中，平面波的声能密度 $\overline{D}$ 与距离无关，故声强也与距离无关。

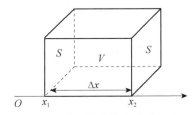

图 1-4　声强与声能密度的关系

1.1.4.2　声压级、声强级和声功率级

人耳可听见的声音的频率在 20 Hz 和 20 kHz 之间。大量实验数据表明，一定频率声波的声压或声强有上、下两个限值。在下限以下的声音，人耳听不到，在上限以上的声音，人耳会有疼痛的感觉。频率不同，上、下限量值不同。一般称下限值为听阈值，上限值为痛阈值。

频率为 1 000 Hz 的声波在空气中传播时，正常人耳的听阈声压是 2×10^{-5} Pa、痛阈声压是 20 Pa，对应的听阈声强为 10^{-12} W/m²、痛阈声强为 1 W/m²。可见对人的听觉来说，从听阈到痛阈所感觉到的声音的强弱变化范围非常宽；1 000 Hz 的声波，其痛阈声压是听阈声压的 10^6 倍，痛阈声强是听阈声强的 10^{12} 倍。由于人耳的听觉特性在一个相当宽广的范围内，因此用声压和声强的绝对值来衡量声音的强弱很不方便，而且要实现一定精度的测量也很难，另外人耳对声音强度的感觉并不正比于强度的绝对值，而更接近正比于其对数值，因此在声学中普遍使用对数坐标，并引进"级"的概念，用它来衡量声音的相对强弱。

用对数标度时，先选定基准量（或参考量），然后对被量度量与基准量的比值求对

数，则这个对数值就是被量度量的"级"。通常，取对数以 10 为底，则级的单位为贝尔（B）。由于贝尔单位过大，通常把 1 B 分为 10 档，每一档的单位称为分贝（dB）。

如果取对数是以 e=2.718 28 为底数，则级的单位为 Np。Np 与 dB 的相互关系为 1 Np=8.686 dB。

一个声源的声功率级，等于这个声源的声功率与基准声功率之比的常用对数乘以 10，即声功率级 L_W 为

$$L_W = 10\lg \frac{W}{W_0} \tag{1-44}$$

式中，W——声功率，W；

　　　W_0——基准声功率，$W_0 = 10^{-12}$ W。

一个声音的声强级 L_I 是该声音的声强与基准声强之比的常用对数乘以 10，其定义式如下

$$L_I = 10\lg \frac{I}{I_0} \tag{1-45}$$

式中，I——声强，W/m²；

　　　I_0——基准声强，$I_0 = 10^{-12}$ W/m²。

所选的基准声强是 1 000 Hz 听阈声压对应的听阈声强，把基准声强代入式（1-45），得

$$L_I = 10\lg I + 120 \tag{1-46}$$

声音的声压级等于该声音的声压与基准声压之比的常用对数乘以 20。声压级 L_p 的定义式是

$$L_p = 20\lg \frac{p}{p_0} \tag{1-47}$$

式中，p——有效声压，Pa；

　　　p_0——基准声压，$p_0 = 2 \times 10^{-5}$ Pa。

将 $p_0 = 2 \times 10^{-5}$ Pa 代入式（1-47），则

$$L_p = 20\lg p + 94 \tag{1-48}$$

由于人耳感觉到的以及声学仪器测量到的声压，都是有效声压，在实际运用中和本书后面的章节中，若没有另加说明，声压 p 即指有效声压，省去了脚注"e"。

听阈声压级 $L_p = 0$ dB，痛阈声压级 $L_p = 120$ dB，这样就把声压 100 万倍的变化范围，改变为 0 dB 到 120 dB 的变化范围。

在自由声场中，平面波和球面波的声强级与声压级的关系经以下变换得到，即

$$\begin{aligned} L_I &= 10\lg \frac{I}{I_0} = 10\lg \left(\frac{p^2}{p_0{}^2} \times \frac{p_0{}^2}{I_0 \rho c} \right) \\ &= L_p + 10\lg \frac{p_0{}^2}{I_0 \rho c} = L_p + b \end{aligned} \tag{1-49}$$

式中修正值 b 为

$$b = 10\lg \frac{p_0^{\,2}}{I_0\rho c} \quad \text{或} \quad b = 10\lg \frac{400}{\rho c} \tag{1-50}$$

b 值与声阻抗率 Z_s 有关，因此其值与气温、气压有关，关系式为

$$b = -10\lg\left[\left(\frac{293}{273+t}\right)^{\frac{1}{2}} \times \frac{p}{100}\right] \tag{1-51}$$

式中，p——大气压，kPa；

t——气温，℃。

当 t=20 ℃时，不同海拔的修正值见表 1-4。

表 1-4　20 ℃时不同海拔高度下的修正值（b）

海拔/m	大气压/kPa	修正值（b）/dB	海拔/m	大气压/kPa	修正值（b）/dB
100	100	0	2 000	79.5	1.0
500	95.4	0.2	2 500	74.7	1.2
1 000	89.8	0.5	3 000	70.1	1.5
1 500	84.5	0.7			

因为正常人耳对声音的分辨能力为 0.5 dB，所以从表 1-4 中可看出，在海拔小于 1 000 m 时，b 小于 0.5 dB，可以忽略不计；在高原地区，b 大于 1 dB，必须加以考虑。

声源的声功率，仅是声源总功率中以声波形式辐射出来的一小部分功率。例如，一台大型发电机，它的输出电功率可能高达几十万千瓦，但辐射出的声功率也许只有几瓦。表 1-5 是一些典型噪声源的声功率和声功率级。声源工作状况一定时，辐射的声功率是一恒量。

表 1-5　一些声源的声功率和声功率级

噪声源	声功率/W	声功率级/dB	噪声源	声功率/W	声功率级/dB
宇宙火箭	4×10^7	196	织布机	10^{-1}	110
喷气飞机	10^4	160	汽车（车速为 72 km/h）	10^{-1}	110
大型鼓风机	10^2	140	轻声耳语	10^{-9}	30
气锤	1	120			

在自由声场中，对于均匀辐射的声源 $W=IS$，将该式代入式（1-44），得

$$L_W = 10\lg\frac{I}{I_0} + 10\lg\frac{S}{S_0}$$

S_0 为基准声功率对应的基准面积，一般取 S_0=1 m²，由此得声功率级 L_W 与声强级 L_I 的关系式是

$$L_W = L_I + 10\lg S \tag{1-52}$$

式中，S——垂直于声波传播方向的声源的封闭面积，m²。

对于确定的声源，其声功率是不变的。但空间各处的声压级和声强级是变化的。在自由声场中，球面波的半径为 r 时，则得

$$L_W = L_I + 10\lg(4\pi r^2) = L_I + 20\lg r + 11 \qquad (1\text{-}53)$$

如果将点声源放在刚性反射面上，声波只向半空间辐射，其波阵面积为 $2\pi r^2$，这种声场称为半自由声场，此时

$$L_W = L_I + 20\lg r + 8 \qquad (1\text{-}54)$$

将式（1-49）分别代入式（1-53）和式（1-54），得声功率级与声压级的关系式，对于球面波有

$$L_W = L_p + 20\lg r + 11 + b \qquad (1\text{-}55)$$

对于半球面波

$$L_W = L_p + 20\lg r + 8 + b \qquad (1\text{-}56)$$

在 $b < 0.5 \text{ dB}$ 时，其值可忽略不计，式（1-55）、式（1-56）可写为

$$L_W = L_p + 20\lg r + 11 \qquad (1\text{-}57)$$

$$L_W = L_p + 20\lg r + 8 \qquad (1\text{-}58)$$

当在同一个测点或同一个测量面上测得 L_p 有多个测量值时，式（1-55）～式（1-58）中的 L_p 应取这多个测量值的平均值（$\overline{L}_p$）。

对于恒定声功率的点声源发出的球面波，在离开声源不同距离 r 处声强级是不同的。在自由声场中，距离 r 增加 1 倍，声强级和声压级减少 6 dB。

1.1.5　声波叠加和声压级计算

1.1.5.1　声波的叠加

前面所讨论的平面波或球面波，都是单个给点频率的简谐波，而且只是单列波。事实上，一个噪声源发出的噪声，一般都包含多个频率的声波。此外，还有多个噪声源都会发出各自的声波。这些情况都涉及声波的叠加。声波的叠加原理是多列声波合成声场的瞬时声压等于每列波瞬时声压之和。用数学式表示为

$$p_t = p_1 + p_2 + \cdots + p_n = \sum_{i=1}^{n} p_i \qquad (1\text{-}59)$$

式中，p_t——合成声场的瞬时声压，Pa；

　　　p_i——第 i 列波的瞬时声压，Pa。

（1）相干波

为简化问题，首先讨论频率相同的两列波的合成。设声场中某点至两声源的距离为 x_1、x_2。按式（1-21），两列波的瞬时声压是

$$p_1 = p_{A1}\cos(\omega t - kx_1) = p_{A1}\cos(\omega t - \Phi_1)$$

$$p_2 = p_{A2}\cos(\omega t - kx_2) = p_{A2}\cos(\omega t - \Phi_2)$$

式中，p_1、p_2——分别表示第 1 列波和第 2 列波的声压，Pa；

　　　p_{A1}、p_{A2}——分别表示第 1 列波和第 2 列波的声压幅值，Pa；

　　　Φ_1、Φ_2——分别表示第 1 列波和第 2 列波的初相位，即 $\Phi_1 = kx_1$、$\Phi_2 = kx_2$。

应用叠加原理，合成声压 p_t 为

$$p_t = p_1 + p_2 = p_{A1} \cos(\omega t - \Phi_1) + p_{A2} \cos(\omega t - \Phi_2) = p_{At} \cos(\omega t - \Phi_0) \quad (1\text{-}60)$$

式中，

$$p_{At}^2 = p_{A1}^2 + p_{A2}^2 + 2p_{A1}p_{A2}\cos(\Phi_2 - \Phi_1) \quad (1\text{-}61)$$

$$\Phi_0 = \tan^{-1} \frac{p_{A1}\sin\Phi_1 + p_{A2}\sin\Phi_2}{p_{A1}\cos\Phi_1 + p_{A2}\cos\Phi_2} \quad (1\text{-}62)$$

这两列频率相同波的相位差 $\Delta\Phi$ 为

$$\Delta\Phi = (\omega t - \Phi_1) - (\omega t - \Phi_2) = \Phi_2 - \Phi_1 = \frac{2\pi(x_2 - x_1)}{\lambda} \quad (1\text{-}63)$$

从式（1-63）可以看出，$\Delta\Phi$ 与时间 t 无关，又因在声场中某固定点的 x_1、x_2 为定值，所以 $\Delta\Phi$ 为定值。这种具有相同频率、相同振动方向和固定相位差的声波称为相干波。相干波在合成声场中的声能密度，可由式（1-61）除以 $2\rho_0 c^2$ 导出，即

$$\frac{p_{At}^2}{2\rho_0 c^2} = \frac{p_{A1}^2}{2\rho_0 c^2} + \frac{p_{A2}^2}{2\rho_0 c^2} + \frac{2p_{A1}p_{A2}}{2\rho_0 c^2}\cos(\Phi_2 - \Phi_1)$$

运用有效声压与声压幅值关系式 $p = \dfrac{p_A}{\sqrt{2}}$，上式可写成

$$\frac{p_t^2}{\rho_0 c^2} = \frac{p_1^2}{\rho_0 c^2} + \frac{p_2^2}{\rho_0 c^2} + \frac{p_{A1}p_{A2}}{\rho_0 c^2}\cos(\Phi_2 - \Phi_1)$$

根据式（1-40），则有

$$\overline{D} = \overline{D}_1 + \overline{D}_2 + \frac{p_{A1}p_{A2}}{\rho_0 c^2}\cos(\Phi_2 - \Phi_1) \quad (1\text{-}64)$$

式（1-64）说明，两列相同频率、相同振动方向和具有固定相位差的声波，在合成声场中任一位置的平均声能密度并不等于两列波平均能量之和，还需要加 $\dfrac{p_{A1}p_{A2}}{\rho_0 c^2}\cos(\Phi_2 - \Phi_1)$，此项与两列波相遇时的相位差有关。

当 $\Phi_2 - \Phi_1 = 0$，$\pm 2\pi$，$\pm 4\pi$，…时，即在声场中任一点上，两列波均以相同相位到达，则

$$p_{At} = p_{A1} + p_{A2} \quad (1\text{-}65)$$

$$\overline{D}_t = \overline{D}_1 + \overline{D}_2 + \frac{p_{A1}p_{A2}}{\rho_0 c^2} \quad (1\text{-}66)$$

式（1-65）和式（1-66）说明，在 $\Delta\Phi = \Phi_2 - \Phi_1 = \pm 2n\pi$（其中 $n = 0$，1，2，…）的位置上，声波加强，合成声压幅值为两列波幅值之和；声能密度为两列声波平均声能密度之和再加上一项增量 $p_{A1}p_{A2}/(\rho_0 c^2)$。

当 $\Delta\Phi = \Phi_2 - \Phi_1 = \pm\pi$，$\pm 3\pi$，$\pm 5\pi$，…时，表明两列波始终以相反相位到达，则

$$p_{At} = |p_{A1} - p_{A2}| \quad (1\text{-}67)$$

$$\overline{D}_t = \overline{D}_1 + \overline{D}_2 - \frac{p_{A1}p_{A2}}{\rho_0 c^2} \quad (1\text{-}68)$$

式（1-67）和式（1-68）表明两列波在 $\Delta\Phi = \pm(2n+1)\pi$（其中 $n = 0$，1，2，…）的位置上，合成声压幅值为两列波幅值之差；平均声能密度为两列声波平均能量密度之和减去

$$\frac{p_{A1}p_{A2}}{\rho_0 c^2}。$$

上述两种情况说明，两列相干波在空间某些地方振动始终加强，而在另一些地方振动始终减弱，这种现象称为干涉现象。这种声压值随空间不同位置有极大值和极小值分布的周期波称为驻波，其声场称为驻波声场。驻波的极大值和极小值分别称为波腹和波节。当 p_{A1} 与 p_{A2} 相等时，驻波现象最明显。

（2）不相干波

以两列具有相同频率，而不存在固定相位差的声波为例，讨论合成声场的声能密度。按声波的叠加原理，得到形式上与式（1-60）、式（1-61）、式（1-62）和式（1-64）相同的公式，但相位差 $\Delta\Phi$ 随时间无规则变化。对式（1-64）的 $\cos(\Phi_2-\Phi_1)$ 取足够长时间的平均值，可得到合成声场的平均声能密度 $\overline{D_t}=\overline{D_1}+\overline{D_2}+\frac{p_{A1}p_{A2}}{\rho_0 c^2}\overline{\cos(\Phi_2-\Phi_1)}$。当所取的平均时间足够长，则 $\overline{\cos(\Phi_2-\Phi_1)}=0$，所以得

$$\overline{D_t}=\overline{D_1}+\overline{D_2} \tag{1-69}$$

式（1-69）说明，具有相同频率，而相位差无规则变化的声波，叠加后的平均声能密度等于每列声波平均声能密度之和，这说明两列波不发生干涉，称这两列波为不相干波。

对于具有不同频率，而有固定相位差的两列波，和具有不同频率，且有无规则变化相位差的两列波，用上述方法，同样得到 $\overline{D_t}=\overline{D_1}+\overline{D_2}$。因此，这两种情况的声波也不发生干涉，也称其为不相干波。

由两列不相干波可以推广到 n 列不相干波，此时

$$\overline{D_t}=\overline{D_1}+\overline{D_2}+\overline{D_3}+\cdots+\overline{D_n} \tag{1-70}$$

运用式（1-40），则得合成噪声的总声压与各列波声压的关系式为

$$p_t^2=p_1^2+p_2^2+p_3^2+\cdots+p_n^2=\sum_{i=1}^{n}p_i^2 \tag{1-71}$$

式中，p_t——总声压，Pa；

p_1、p_2、$p_3\cdots p_n$——第 1、2、3$\cdots n$ 个声源在某点单独产生的声压或一个声源在某点不同频率下的声压，Pa。

一般由多个噪声源发出的声波或同一噪声源发出的不同频率成分的波都互不干涉，因此合成噪声的总声压通常可用式（1-71）计算。要注意区分瞬时声压的式（1-59）和有效声压的式（1-71），不能混淆。

1.1.5.2 声压级的计算

（1）声压级的叠加

在有几个噪声源的情况下，通常要计算声场中某点的总声压级，有时还需要计算一个噪声源发出的各种频率声波的总声压级、总声强级和总声功率级。上述这些计算都离不开声级的叠加。由于级是对数量度，因此在求几个声源的共同效果时，不能简单地将各自产生的声压级数值算术相加，而是需要进行能量叠加。一般情况下，噪声由不同频率、无固

定相位差的声波组成，也就是说，噪声一般属于不相干波。对于互不相干的多个噪声源，声级的叠加可运用不相干波的总声压计算式（1-71），即

$$p_t^2 = p_1^2 + p_2^2 + p_3^2 + \cdots + p_n^2 = \sum_{i=1}^{n} p_i^2$$

按声压级定义，有

$$p = p_0 \times 10^{\frac{L_p}{20}} \qquad (1\text{-}72)$$

将式（1-72）代入式（1-71），得

$$10^{\frac{L_{p_t}}{10}} = 10^{\frac{L_{p_1}}{10}} + 10^{\frac{L_{p_2}}{10}} + \cdots + 10^{\frac{L_{p_n}}{10}}$$

等式两边取对数，并经整理得

$$L_{p_t} = 10 \lg \sum_{i=1}^{n} 10^{0.1 L_{p_i}} \qquad (1\text{-}73)$$

若 $L_{p_1} = L_{p_2} = \cdots = L_{p_n} = L_p$，则

$$L_{p_t} = L_p + 10 \lg n \qquad (1\text{-}74)$$

式中，L_{p_t}——总声压级，dB；

$\quad\quad L_{p_i}$——在某点各声源产生的声压级或一个声源某频率下的声压级，dB；

$\quad\quad n$——声压级的总个数。

当 $n=2$ 时，$L_{p_t} - L_p = 3\,\text{dB}$，说明两个相同声压级的叠加是增加 3 dB，而不是增加一倍。

对于两个声压级（分别为 L_{p_1}、L_{p_2}，假设 $L_{p_1} > L_{p_2}$）进行叠加的情况，也可以利用图 1-5 进行计算。其横坐标 $\Delta L_p = L_{p_1} - L_{p_2}$，则 $L_{p_t} = \Delta L' + L_{p_1}$。

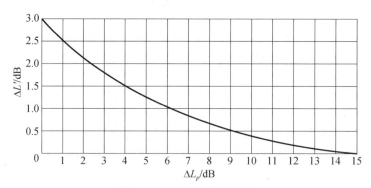

图 1-5　声压级的叠加计算

由于人耳对声音的分辨力约为 0.5 dB，如果 $L_{p_1} - L_{p_2} > 10\,\text{dB}$，则 L_{p_2} 对总声压的贡献可以忽略，总声压级近似等于 L_{p_1}。

需要值得注意的是，如果两个声源相关，它们发出的声波会发生干涉。这时应先由式（1-59）求出瞬时声压，再由瞬时声压求出总声压的有效值后，最后根据定义求出总声压级 L_{p_t}。

（2）声压级的相减

在噪声测量时往往会受到外界噪声的干扰，本底噪声就是除待测噪声外，其他外界声音的总称，也称背景噪声。在有本底噪声的环境里，用仪器测得某待测对象的声压级是包括背景噪声在内的总声压级 L_{p_t}，即待测对象的实际声压级和本底噪声声压级二者之和。如何才能从测量结果中扣去本底噪声，从而得到待测对象真实的声压级，这就涉及级的"相减"。

若设背景噪声为 L_{pB}，背景噪声和待测噪声的总声压级为 L_{p_t}，待测真实的声压级为 L_{p_s}。由式（1-73）可得

$$L_{p_t} = 10\lg[10^{0.1L_{p_s}} + 10^{0.1L_{pB}}] \tag{1-75}$$

解式（1-75）得

$$L_{p_s} = 10\lg[10^{0.1L_{p_t}} - 10^{0.1L_{pB}}] \tag{1-76}$$

除可以用式（1-76）来计算声级的"相减"外，还可用图或表进行计算。若设修正值

$$\Delta L_{p_s} = L_{p_t} - L_{p_s} \tag{1-77}$$

将式（1-75）和式（1-76）代入式（1-77），并经整理得

$$\Delta L_{p_s} = -10\lg[1 - 10^{0.1(L_{p_t} - L_{pB})}] \tag{1-78}$$

从式（1-78）可以看出，ΔL_{p_s} 由可测量的 L_{pB} 和 L_{pt} 的差值计算得到，这时 L_{p_s} 按式（1-77）即可求出。表 1-6 分别列出了 L_{p_t} 与 L_{pB} 各差值所对应的修正值 ΔL_{p_s}。

表 1-6　声级"相减"的修正值

$L_{p_t}-L_{pB}$/dB	ΔL_{p_s}/dB	$L_{p_t}-L_{pB}$/dB	ΔL_{p_s}/dB	$L_{p_t}-L_{pB}$/dB	ΔL_{p_s}/dB	$L_{p_t}-L_{pB}$/dB	ΔL_{p_s}/dB
3	3	5	1.7	7	1	9	0.6
4	2.3	6	1.3	8	0.8	10	0.45

注意：当 $L_{p_t} - L_{pB} < 3$ dB 时，虽然按式（1-76）仍可计算出 L_{p_s}，但由于噪声测量的误差通常达 ±0.5 dB，且噪声本身并非稳定，这样计算的 L_{p_s} 往往难以置信。

1.2　环境中的声波传播

1.2.1　声场

1.2.1.1　声场的分类

声场是指媒质中有声波存在的区域。声波传播的范围非常广泛，所以声波影响所及的范围都可称为声场。

如果声场所处的介质是均匀的，而且没有反射面，这种可以忽略边界影响，由各向同性的均匀介质形成的声场称为自由声场。在自由声场中，声波按声源的辐射特性向各个方向不受阻碍和干扰地传播。实际上，实现自由声场比较困难，人们只能获得满足一定测量

误差要求的近似的自由声场。例如，地面反射声和噪声可忽略的高空，当气象条件适宜时，便可以认为是自由声场。如果所处的范围较大，如宽阔的广场上空，各种反射可以忽略，只剩地面的反射，则称半自由声场。在一般情况下，距离声源较远或反射影响可以忽略时，均可将声场视为自由声场或半自由声场。

自由声场中声源附近声压与质点速度不同相的声场称为近场。近场区域内声压随距离变化的关系比较复杂。对于辐射表面比较大的声源，在离声源的距离与声源的几何尺寸可以比拟的范围内，都可称近场。距离远大于声源辐射面线度和波长，声压与质点速度同相的声场称为远场。在远场区，声源直接辐射的声压与离声源的距离成反比。对于几何尺寸比较小的声源，除声场的远近，还应考虑距离与波长的比，当距离比波长大得多时，可看作远场。

1.2.1.2 声场特性

在自由声场中，忽略边界影响，声源发出的声波未经反射、直接传播到某点，这样的声称为直达声，自由声场又称为直达声场。直达声的强度与离声源中心的距离平方成反比。

在封闭空间中连续稳定地辐射声波时，空间各点的声能是来自各方向的声波叠加的结果，其中一次和多次反射声的叠加称为混响声。如声波在室内传播时，存在许多反射面，声波经过壁面和室内物体多次反射，不断改变传播方向，使室内声的传播完全处于无规则状态。如果在室内任何一点，各个方向传来的声波概率相等，声音的相位无规则，并且室内各处的声压级几乎相等，声能密度也处处相等，那么这样的声场就叫作扩散声场（混响声场）。如果频率较高（波长与空间尺寸相比很小），混响声的强度可近似地认为各处相等。混响声能的大小，除与声源辐射功率有关外，还与空间大小和反射面有关。

1.2.2 声波的反射与透射

声波在传播途径中，会遇到障碍物，这时一部分声波会在界面发生反射，一部分则透到第二种介质中去。点声源辐射球面波，在两种介质界面上反射和折射的有关公式，推导起来比较复杂，这里仅讨论平面波的反射和透射。

1.2.2.1 垂直入射的反射和透射

平面波垂直入射的反射和透射见图 1-6。

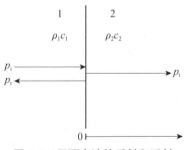

图 1-6　平面声波的反射和透射

当平面声波在介质 1 中垂直入射到两种介质的分界面上时，入射声波为 p_i，反射声波为 p_r，通过界面进入介质 2 的透射声波为 p_t。在介质 1 中，总声压为 p_1，则

$$p_1 = p_i + p_r = p_{Ai} \cos(\omega t - k_1 x) + p_{Ar} \cos(\omega t + k_1 x) \tag{1-79}$$

在介质 2 中，仅有透射声波，所以

$$p_2 = p_t = p_{At} \cos(\omega t - k_2 x) \tag{1-80}$$

由于分界面是无限薄的，因此声压在边界是连续的，故在 $x=0$ 处有

$$p_1 = p_2 \tag{1-81}$$

因此得到

$$p_{Ai} + p_{Ar} = p_{At} \tag{1-82}$$

式中，p_{Ai}、p_{Ar}、p_{At}——分别为入射、反射、透射声波的声压幅值，Pa。

由于两种介质保持恒定接触，因此在分界面处的法向质点振动速度连续，故在 $x=0$ 处，有

$$u_1 = u_2 \tag{1-83}$$

而

$$u_1 = u_i + u_r = u_{Ai} \cos(\omega t - k_1 x) + u_{Ar} \cos(\omega t + k_1 x) \tag{1-84}$$

$$u_2 = u_{At} \cos(\omega t - k_2 x) \tag{1-85}$$

式中的 u_{Ai}、u_{Ar}、u_{At} 分别表示入射、反射、透射声波介质质点的振动速度幅值。将式（1-84）、式（1-85）代入式（1-83），得到介质分界面（$x=0$）处的质点振动速度式

$$\boldsymbol{u}_{Ai} + \boldsymbol{u}_{Ar} = \boldsymbol{u}_{At} \tag{1-86}$$

将式（1-26）代入式（1-86），得

$$\frac{p_{Ai}}{\rho_1 c_1} - \frac{p_{Ar}}{\rho_1 c_1} = \frac{p_{At}}{\rho_2 c_2} \tag{1-87}$$

式中，c_1、c_2——分别为介质 1 和介质 2 的声速，m/s。

定义声压的反射系数 r_p 为反射声压幅值 p_{Ar} 与入射声压幅值 p_{Ai} 之比，即 $r_p = \dfrac{p_{Ar}}{p_{Ai}}$。

式（1-87）乘以 $\dfrac{\rho_1 c_1 \rho_2 c_2}{p_{Ai}}$ 得

$$\rho_2 c_2 - \frac{\rho_2 c_2 p_{Ar}}{p_{Ai}} = \frac{\rho_1 c_1 p_{At}}{p_{Ai}} \tag{1-88}$$

式（1-82）代入式（1-88），经整理得

$$r_p = \frac{p_{Ar}}{p_{Ai}} = \frac{\rho_2 c_2 - \rho_1 c_1}{\rho_2 c_2 + \rho_1 c_1} \tag{1-89}$$

定义声压透射系数 τ_p 为透射声压幅值 p_{At} 与入射声压幅值 p_{Ai} 之比，即 $\tau_p = \dfrac{p_{At}}{p_{Ai}}$。将 $p_{Ar} = p_{At} - p_{Ai}$ 代入式（1-88），得

$$\tau_p = \frac{p_{At}}{p_{Ai}} = \frac{2\rho_2 c_2}{\rho_1 c_1 + \rho_2 c_2} \tag{1-90}$$

式（1-89）和式（1-90）说明，声波在分界面上反射和透射的大小与入射、反射和透

射声波声压大小无关，仅与两介质的声阻抗率有关，这说明声阻抗率对声波的传播有着重要的影响。

声强反射系数 r_I 是指反射声强 I_r 与入射声强 I_i 之比，即 $r_I = \dfrac{I_r}{I_i}$。运用声强与声压关系式，则得

$$r_I = \frac{p_r^2 / \rho_1 c_1}{p_i^2 / \rho_1 c_1} = \frac{p_{Ar}^2}{p_{Ai}^2} = r_p^2$$

或

$$r_I = \frac{(\rho_2 c_2 - \rho_1 c_1)^2}{(\rho_2 c_2 + \rho_1 c_1)^2} \tag{1-91}$$

声强透射系数 τ_I 等于透射声强 I_t 与入射声强 I_i 之比。根据该定义，并运用式（1-41）和式（1-90），可得

$$\tau_I = \frac{I_t}{I_i} = \frac{p_t^2 / \rho_2 c_2}{p_i^2 / \rho_1 c_1} = \left(\frac{p_{At}^2}{p_{Ai}^2}\right) \times \left(\frac{\rho_1 c_1}{\rho_2 c_2}\right) = \tau_p^2 \frac{\rho_1 c_1}{\rho_2 c_2}$$

或

$$\tau_I = \frac{4\rho_1 c_1 \rho_2 c_2}{(\rho_1 c_1 + \rho_2 c_2)^2} \tag{1-92}$$

将式（1-91）和式（1-92）相加，则可得

$$r_I + \tau_I = 1 \tag{1-93}$$

符合能量守恒定律。

当 $\rho_1 c_1 = \rho_2 c_2$，此时 $r_p=0$、$\tau_p=1$、$r_I=0$、$\tau_I=1$，说明声波没有反射，而是全部透射。可以看出，两种不同的传声介质，只要声阻抗率相等，那么对声的传播就好像不存在分界面一样。

当 $\rho_2 c_2 > \rho_1 c_1$，说明介质 2 比介质 1 "硬"。当 $\rho_2 c_2 \gg \rho_1 c_1$，说明介质 2 对介质 1 来说是十分"坚硬"的，如声波从空气中入射到空气与水（或墙）的界面上，就近似这种情况，此时 $r_p \approx 1$、$r_I \approx 1$、$\tau_p \approx 2$、$\tau_I \approx 0$。因此，在介质 1 中声波发生全反射，并且入射与反射声波相位相同、频率相同，形成驻波，界面处形成声压波腹，其值为 $2p_{Ai}$；在介质 2 中，介质 2 的质点并未因介质 1 质点的冲击而运动，2 中存在的压强，仅只是分界面处压强（$p_{At}=2p_{Ai}$）的静态传递，并不出现疏密交替的声压，故在介质 2 中没有声波的传播，如人在空气中讲话，讲话声不可能透过水面在水中传播。

当 $\rho_1 c_1 > \rho_2 c_2$，说明介质 2 比介质 1 "软"。当 $\rho_1 c_1 \gg \rho_2 c_2$，边界十分"柔软"。此时，$\tau_p \approx 0$、$\tau_I \approx 0$，说明在介质 2 中没有透射声波；$r_I \approx 1$、$r_p \approx -1$，说明声波在介质 1 中发生全反射，并且入射波与反射波相位相反，两列波形成驻波，在分界面处出现声压波节。声波从水中传播到水与空气的界面上的反射，就近似于这种情况。

1.2.2.2 斜入射的反射和折射

图 1-7 是平面声波斜入射时的反射和折射。从图中看出，平面波不是沿分界面的法线方向（x 方向）入射，而是与法线形成入射角 θ_i。这种斜入射比垂直入射情况要复杂一

些。当入射声波 p_i 以 θ_i 斜入射于分界面时，一部分声波 p_r 将按一定的反射角 θ_r 反射回介质 1，透射声波 p_t 通过界面在介质 2 中传播，此时透射声波不再按入射声波的方向传播，而是偏转一定的角度，与法线形成折射角 θ_t 而发生折射。

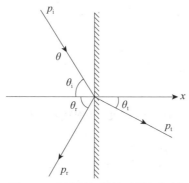

图 1-7 声波斜入射的反射与折射

运用声压连续和质点法向振动速度连续的边界条件，得到著名的斯涅耳（Snell）反射定律和折射定律。

反射定律：反射线在入射面（入射线与界面法线所在的面）内，且与入射线位于界面法线的两边，入射角与反射角相等，即

$$\theta_i = \theta_r \tag{1-94}$$

折射定律：折射线在入射面内，且入射角正弦与折射角正弦之比等于介质 1 声速 c_1 与介质 2 声速 c_2 之比。折射定律可写为

$$\frac{\sin\theta_i}{\sin\theta_t} = \frac{c_1}{c_2} \tag{1-95}$$

按式（1-95），当 $c_1 > c_2$，则 $\theta_i > \theta_t$，即折射线靠向法线；当 $c_1 < c_2$，则 $\theta_i < \theta_t$，即折射线远离法线。可见，两种介质声速不同，声波将发生折射。即使是同一种介质，因某种原因引起声速分布不同，也会发生折射。

当 $c_1 < c_2$，则 $\theta_t > \theta_i$。当 θ_i 增至某角 θ_c 时，使 $\theta_t = 90°$，即折射波沿界面传播，称 θ_c 为全反射临界角。当 $\theta_i > \theta_c$ 时，则 $\theta_t > 90°$，无透射波，入射波全部反射回介质 1。

在大气中声速分布不同将引起折射。例如，在晴朗的白天，大气温度随高度增高而下降，声速将随高度增加而降低，声线向上空弯曲，声源辐射的噪声在距声源一定距离的地面上方掠过，在较远处形成声影区（声线不能到达的区域），见图 1-8（a）。在夜晚大气温度随高度增高而增高时，声速也随高度增高而增大，声传播方向将向地面弯曲，见图 1-8（b）。

声传播时，在有风的情况下也会引起声速的不均匀分布，由此导致的声线弯曲的情形见图 1-9。有风时，声速应叠加上风速。由于风速一般随高度增加而增大，因此顺风时，叠加的结果使声速随高度增加而增大，声线向地面弯曲；当逆风时，叠加的结果正好相反，声线将向上空弯曲，在与声源有一定距离处形成声影区。

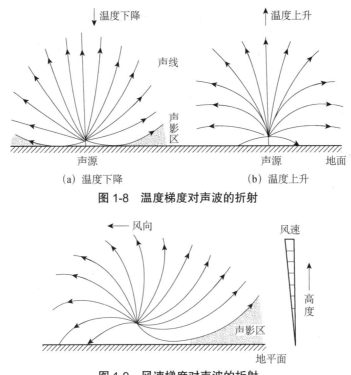

图 1-8　温度梯度对声波的折射

图 1-9　风速梯度对声波的折射

1.2.3　声波的衍射（绕射）

声波在传播过程中，遇到障碍物（或孔洞），若声波波长比障碍物（或孔洞）尺寸大得多，声波能够绕过障碍物（或孔洞）前进，其传播方向也一并发生改变，这种现象称为声波的衍射或绕射。

声波的衍射与声波频率、波长和障碍物大小有关。若声波频率较低，即波长较长，而障碍物（或孔洞）的尺寸比波长小很多，这时声波能绕过障碍物（或透过孔洞）继续传播，见图 1-10（a）。若声波频率较高，即波长较短，而障碍物或孔洞的几何尺寸又比波长大很多，导致绕射不明显，在障碍物后或孔的外侧形成声影区，见图 1-10（b）。

房屋的墙或隔声屏上有孔缝等，因声波的衍射，隔声能力会变差。高、低频声波的衍射能力不同。因此采用屏障隔声时，对高频声有较好的降噪效果，而低频声可以绕过屏障传到较远的地方，降噪效果差。

1.2.4　噪声在传播中的衰减

人们都可以感觉到，离噪声源近时，噪声大；离噪声源远时，噪声小。这是因为噪声在传播过程中会衰减，这些衰减通常包括声能随距离的扩散传播引起的衰减 A_d，空气吸收引起的衰减 A_a，地面吸收引起的衰减 A_g，屏障引起的衰减 A_b 和气象条件引起的衰减 A_m 等。

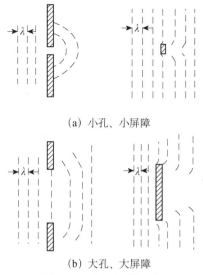

(a) 小孔、小屏障

(b) 大孔、大屏障

图 1-10　声波衍射示意

1.2.4.1　扩散传播引起的衰减 A_d

声源在辐射噪声时，声波向四面八方传播，波阵面随距离增加而增大，声能分散，因而声强将随传播距离的增加而衰减。这种由于波阵面扩展，而引起声强减弱的现象称为扩散衰减，也称几何发散衰减，记为 A_{div} 或 A_d。

对点声源辐射的球面波或半球面波的扩散衰减，当运用式（1-57）式（1-58），可得声压从 r_1 到 r_2 处随距离衰减的关系式，即

$$A_d = L_{p1} - L_{p2} = 20\lg\frac{r_2}{r_1} \tag{1-96}$$

式中，L_{p1}——离声源 r_1 处的声压级，dB；

$\quad\quad L_{p2}$——离声源 r_2 处的声压级，dB。

从式（1-96）可以看出，在自由声场或半自由声场中，当 $r_2=2r_1$ 时，声压级降低约 6 dB，即离声源的距离加倍时，声压级降低约 6 dB。

公路上络绎不绝行驶的汽车的噪声、火车噪声、输送管道的噪声可近似看作线声源噪声。设声源长 l，声源到测点 A 距离为 r_0，当 $r_0 \leqslant \dfrac{l}{\pi}$ 时，声源视为无限长线声源，则

$$A_d = L_{p1} - L_{p2} = 10\lg\frac{r_2}{r_1} \tag{1-97}$$

当 $r_0 > \dfrac{l}{\pi}$，把线声源视为点声源，可按式（1-96）计算。

声源若为一矩形的面声源，其边长为 a、b，且 $a<b$，设测点 A 与面声源中心的垂直距离为 r_0。当 $r_0 \leqslant \dfrac{a}{\pi}$，声源辐射平面波，声压级衰减值为 0 dB，即距离声源近时，声压级不衰减；当 $\dfrac{a}{\pi} < r_0 < \dfrac{b}{\pi}$ 时，按无限长线声源考虑，即应用式（1-97）计算；当 $r_0 \geqslant \dfrac{b}{\pi}$，按

点声源考虑，即按式（1-96）计算。

1.2.4.2 空气吸收引起的衰减 A_a

空气吸收之所以能引起衰减是因为：声波在空气中传播，由于空气中相邻质点的运动速度不同，而产生黏滞力，使声能转变为热能；声波传播时，空气产生压缩和膨胀的变化，相应地出现温度的升高和降低，温度梯度的出现，将以热传导方式发生热交换，声能转变为热能；空气中主要成分是双原子分子的氧气和氮气，一定状态下，分子的平动能、转动能和振动能处于一种平衡状态，当有声扰动时，这三种能量发生变化，打破原来的平衡，建立新的平衡，这需要一定的时间，此种由原来的平衡到建立新平衡的过程，称为热弛豫过程，热弛豫过程将使声能耗散。上述三个原因，使得声波在空气中传播时出现衰减，这就是空气吸收引起的衰减。这部分衰减与空气的温度、湿度和声波的频率有关，声级衰减常数单位为 dB/m，即指在空气中声波传播 1 m 衰减的分贝数（如表 1-7 所示）。由于传播 1 m 衰减的分贝数较低，衰减系数常用传播 100 m 衰减的分贝数表示，单位为 dB/hm。

表 1-7　标准大气压下空气中的声衰减系数 α　　　　　　单位：dB/hm

温度/℃	湿度/%	频率/Hz					
		125	250	500	1 000	2 000	4 000
30	10	0.09	0.19	0.35	0.82	2.60	8.80
	20	0.06	0.18	0.37	0.64	1.39	4.19
	30	0.04	0.15	0.38	0.68	1.20	3.01
	50	0.03	0.10	0.33	0.75	1.30	2.53
	70	0.02	0.08	0.27	0.74	1.41	2.25
	90	0.02	0.06	0.24	0.70	1.50	2.06
20	10	0.08	0.15	0.38	1.21	4.09	10.92
	20	0.07	0.15	0.27	0.62	1.86	6.70
	30	0.05	0.14	0.27	0.51	1.29	4.12
	50	0.04	0.12	0.28	0.50	1.04	2.65
	70	0.03	0.10	0.27	0.54	0.96	2.31
	90	0.02	0.08	0.26	0.56	0.99	2.14
10	10	0.07	0.19	0.61	1.99	4.50	7.01
	20	0.06	0.11	0.29	0.94	3.02	9.09
	30	0.05	0.11	0.22	0.61	2.10	7.02
	50	0.04	0.11	0.20	0.41	1.17	4.20
	70	0.04	0.10	0.20	0.38	0.92	2.76
	90	0.03	0.10	0.21	0.38	0.81	2.28

续表

温度/℃	湿度/%	频率/Hz					
		125	250	500	1 000	2 000	4 000
0	10	0.10	0.30	0.89	1.81	2.30	2.61
	20	0.05	0.15	0.50	1.48	3.78	5.79
	30	0.04	0.10	0.31	1.08	3.23	7.48
	50	0.04	0.08	0.19	0.60	2.11	6.70
	70	0.04	0.08	0.16	0.42	1.40	5.12
	90	0.03	0.08	0.15	0.36	1.03	4.10

声波在空气中传播，从 r_1 到 r_2 处空气吸收引起的衰减 A_a 可按下式计算。

$$A_a = \alpha(r_2 - r_1) \tag{1-98}$$

式中，α——空气中的声衰减系数，dB/hm。

例题　点声源在空气相对湿度 20%、气温 20 ℃下辐射噪声。已知距声源 20 m 处的 500 Hz 和 4 000 Hz 的声压级均为 100 dB，问考虑扩散衰减和空气吸收引起的衰减后，120 m、800 m 处两频率的声压级各为多少？

解：解的过程列于表 1-8 中。表中 r_1 为 20 m。计算结果见表中第 6 行 L_{p2}。

表 1-8　例题的计算结果

传播距离 r_2/m	120		800	
频率/Hz	500	4 000	500	4 000
$20\lg\ (r_2/r_1)$ /dB	15.6	15.6	32.0	32.0
衰减常数/（dB/hm）	0.27	6.7	0.27	6.7
$\alpha\ (r_2-r_1)$ /dB	0.3	6.7	2.1	52.3
L_{p2}/dB	84.1	77.7	65.9	15.7

由例题可以看出，离声源较近的地方，扩散衰减占主导地位；离声源较远处，空气吸收使高频声衰减很快，而低频声衰减不明显。可见，低频噪声能传播到较远的地方，会在很大范围内形成噪声污染，故对低频噪声要给予充分注意。

1.2.4.3　地面吸收引起的衰减 A_g

当声波沿地面长距离传播时，会受到各种复杂地面条件的影响。开阔的平地、大片的草地、灌木树丛、丘陵、河谷等均会对声波传播产生附加衰减。

当地面是非刚性表面时，地面吸收将会对声波传播产生附加衰减，但短距离（30～50 m）可忽略其衰减，而在 70 m 以上应予以考虑。声波在厚的草地上或穿过灌木丛传播时，频率为 1 000 Hz 的附加衰减较大，可高达 25 dB/hm。附加衰减量的近似计算公式为

$$A_g = (0.18 \lg f - 0.3)d \qquad (1-99)$$

式中，f——频率，Hz；

  d——传播距离，m。

树木和草坪对传播的声波有一定的衰减，树干对高频率的声波起散射作用，树叶的周长接近和大于声波波长时，有较大的吸收作用。绿化带的降噪效果与林带宽度、高度、位置以及树木种类等有密切关系。结构良好的林带，有明显的降噪效果。日本近年的调查结果表明，40 m 宽的结构良好的林带可以降低噪声 10～15 dB。

绿化带声衰减的实测数据差别很大，衰减量的计算只能用经验公式进行估算。声波穿过树木密集程度不同，衰减量差别较大。例如，经过 100 m 的稀疏树林，大约只有 3 dB 的衰减量；对于浓密森林（同是 100 m），可达到 15～20 dB 的衰减量。作为平均值，可按下式估算。

$$A_g = 0.01 f^{\frac{1}{3}} d \qquad (1-100)$$

绿化带如不很宽，衰减声波的作用不明显，但对人的心理有重要的作用，它能给人以宁静的感觉。

1.2.4.4　屏障引起的衰减 A_b

当声源与接收点之间存在密实材料形成的障碍物时，会产生显著的附加衰减。这样的障碍物被称为声屏障。声屏障可以是专门建造的墙或板，也可以是道路两旁的建筑物或低凹路面两侧的路堤等。声波遇到屏障时会产生反射、透射和衍射三种传播现象。屏障的作用就是阻止直达声的传播，隔绝透射声，并使衍射声有足够的衰减。一般而言，屏障越高，声源及接收点离屏障越近，声波频率越高，声屏障的附加衰减越大。后文将有专题介绍声屏障的设计原则。

1.2.4.5　气象条件引起的衰减 A_m

空气中的尘粒、雾、雨、雪，对声波的散射会引起声能的衰减。雾、雨、雪引起的衰减很小，100 m 声波约衰减 0.5 dB，可忽略不计。但风和温度梯度对声波传播的影响很大。由于地面对运动空气的摩擦，靠近地面的风有一个梯度，从而使顺风和逆风传播的声速也有一个梯度。声速与温度也有关。在晴天阳光照射下的午后，在地面上方有显著的温度负梯度，使声速随高度的增加而减小，在夜间则相反。风速梯度和温度梯度使垂直地面的声速分布发生变化，从而使声波沿地面传播时发生折射。当声波发生向上偏的折射时，就可能出现"声影区"，即因折射而传播不到直达声的区域，声影区出现在上风的方向，同时也可以解释晴天日间声波沿地面传播不远，而夜间可以传播很远的现象。

1.2.5　声源的指向性

声源在自由空间中辐射声波时，向周围辐射的声能强度分布的一个主要特性是不均等，有些地方强些，有些地方弱些，这种声源称为指向性声源。例如，飞机在空中飞行时，在它的前后、左右、上下等各个方向等距离处测得的声压级是不相同的。

声源的指向性表示声源辐射声音强度的空间分布。指向性声源在距声源中心等距离的不同方向的空间位置的声压级不相等。人和乐器发出的声音都具有指向性。

声源的指向性与频率有关，通常频率越高，声源的指向性越强。当声源的尺度比波长小得多时，可近似看作无方向性的"点声源"。此时，在距离声源中心等距离处，声压级相等。

声源的指向性，常用指向性因数和指向性指数来表示。指向性因数 Q 的定义是在离声源中心相同距离处，测量球面上各点的声强，求得所有方向上的平均声强 $\overline{I}$，将某一 θ 方向上的声强 I_θ 与其相比就是该方向的指向性因数。

$$Q = \frac{I_\theta}{\overline{I}} = \frac{p_\theta^2}{\overline{p}^2} \tag{1-101}$$

式中，I_θ，p_θ——分别为 θ 方向上距离声源 r 处的声强和声压；

　　　　$\overline{I}$，$\overline{p}$——分别为半径为 r 的同心球面上的平均声强和声压。

考虑到声源辐射的指向性，需要对声压级的计算公式进行适当修正。例如，对于自由场空间的点声源，其在某一 θ 方向上距离 r 处的声压级为

$$L_p = \overline{L_p} + 10\lg\frac{p_\theta^2}{\overline{p}^2} = \overline{L_p} + 10\lg Q \tag{1-102}$$

式中，L_p——距离声源 r 处，某点的声压级，dB；

　　　　$\overline{L_p}$——半径为 r 的同心球辐射面上的平均声压级，dB。

指向性指数 DI 等于指向性因数取以 10 为底的对数乘以 10，即

$$DI = 10\lg Q = 10\lg\frac{I_\theta}{\overline{I}} = 10\lg\frac{p_\theta^2}{\overline{p}^2} \tag{1-103}$$

因此，式（1-102）可表示为

$$L_p = \overline{L_p} + DI \tag{1-104}$$

但是在声源辐射的远场区，沿着某一确定方向从 r_1 传播到 r_2 时的衰减 A_d 仍可照旧计算。

此外，因为指向性因数或指向性指数通常是与频率相关的，在计算 L_{p_i} 时要分频段加以计算，然后再将各频段的声压级相加求出总的声压级。只有当声功率频谱中某个频段的能量占显著优势时，才可以用该频段的指向性来代表声源在整个频带中的指向性。

$Q=1$ 或 $DI=0$ 的声源称为无指向性声源。

1.3　声环境法律法规及标准

1.3.1　声环境法律法规

随着我国经济的高速发展和人民生活水平的普遍提高，近些年来，我国的噪声污染问题也越来越严重，人们经常会抱怨自己遭受了各种各样的噪声侵害：包括刺耳的交通噪

声、机器设备产生的工业噪声、聒噪的建筑施工噪声等。根据《2021 年中国环境噪声污染防治报告》提供的有关数据，2020 年全国省辖县级市和地级及以上城市的生态环境、公安、住房和城乡建设等部门合计受理环境噪声投诉举报 201.8 万件，这一数据创历史新高。为了积极回应并解决当前噪声管理中存在的突出问题，满足人民群众日益增长的对良好声环境的迫切需求，同时也是为了促进我国法律体系的稳定建设，我国相继出台了一系列噪声污染防治相关的法律法规，从源头上加强了环境噪声污染治理的科学立法工作，为新时代我国噪声污染防治提供了牢靠的法制保障。

1.3.1.1 噪声污染相关法律法规

（1）《中华人民共和国环境保护法》

现行的《中华人民共和国环境保护法》自 2015 年 1 月 1 日起施行，是我国环境保护领域的基本法，是制定其他噪声污染防治法律、法规、规章的立法依据。该法第四十二条明确规定：排放污染物的企事业单位和其他生产经营者，应当采取措施，防治在生产建设或者其他活动中产生的废气、废水、废渣、医疗废物、粉尘、恶臭气体、放射性物质以及噪声、振动、光辐射、电磁辐射等对环境的污染和危害。规定了环境污染的具体形态之一是噪声污染，应当建立环境保护责任制度，明确单位负责人和相关人员的责任。在执法方面也直接赋予执法人员一定的强制措施，县级人民政府环境保护主管部门和其他负有环境保护监督管理职责的部门可以查封扣押排污设施、设备；对于排污企事业单位，有关机关可以采取罚款措施。总体来说该法从监督管理、承担责任以及预防环境污染措施等方面为噪声污染的防治提供了宏观的法律指导和原则性的规定。

（2）《中华人民共和国噪声污染防治法》

《中华人民共和国噪声污染防治法》于 2021 年 12 月 24 日通过，2022 年 6 月 5 日正式开始施行，取代《中华人民共和国环境噪声污染防治法》（已废止），对噪声污染防治标准和规划、监督管理、各类噪声污染的防治、法律责任等内容做出了明确规定。

该法主要有以下六个特点：一是将《中华人民共和国环境噪声污染防治法》名称中的"环境噪声"改为"噪声"，更加明确了规范对象仅限于人为噪声，重新界定了噪声污染内涵，增加了噪声污染的防治对象，扩大了适用范围；二是强化了监督职责，国家将实行噪声污染防治目标责任制和考核评价制度，对噪声污染提出了更高的监测要求，使公众监督和获取声环境信息得到保障；三是强化了源头防控，完善了产品噪声限值制度，增加了工业噪声、交通运输噪声规划控制要求，增加了环境振动控制标准和措施要求，从源头上防治噪声污染；四是强化了噪声标准落实，提出未达到国家声环境质量标准的区域应编制声环境质量改善规划及其实施方案，以改善声环境质量；五是增强了操作性，对工业噪声、建筑施工噪声、交通运输噪声及社会生活噪声的污染防治规定更加细化；六是促进了产业发展，新增了产业发展内容，对噪声与振动控制产业发展具有极大的指导及推动作用。该法在噪声防控的建设规划、噪声监测和评价、噪声敏感建筑物的防护、社会生活噪声问题等方面进行了规定。此外，还加大了对各类违法行为的惩处力度。例如，明确了超过噪声排放标准排放工业噪声等违法行为的具体罚款数额，增加了建设单位建设噪声敏感建筑物不符合民用建筑隔声设计相关标准要求等违法行为的法律责任，增加了责令停产整治等处罚种类等。

（3）《中华人民共和国治安管理处罚法》

《中华人民共和国治安管理处罚法》于 2005 年 8 月 28 日通过，自 2006 年 3 月 1 日起施行，2012 年 10 月 26 日修正，是为维护社会治安秩序，保障公共安全，保护公民、法人和其他组织的合法权益，规范和保障公安机关及其人民警察依法履行治安管理职责而制定的法律。该法中规定，违反关于社会生活噪声污染防治的法律规定，制造噪声干扰他人正常生活的，处警告；警告后不改正的，处二百元以上五百元以下罚款。

（4）《"十四五"噪声污染防治行动计划》

为贯彻落实《中华人民共和国噪声污染防治法》，按照《中共中央 国务院关于深入打好污染防治攻坚战的意见》，由生态环境部、中央文明办、国家发展和改革委员会等 16 个部门和单位共同编制、共同完善、共同印发《"十四五"噪声污染防治行动计划》。其主要目标：通过实施噪声污染防治行动，基本掌握重点噪声源污染状况，不断完善噪声污染防治管理体系，有效落实治污责任，稳步提高治理水平，持续改善声环境质量，逐步形成宁静和谐的文明意识和社会氛围，到 2025 年，全国声环境功能区夜间达标率达到 85%。该行动计划共 50 条，构建了"1+5+4"的框架体系，即实现"1"个目标，持续改善全国声环境质量；深化"5"类管控，推动噪声污染防治水平稳步提高；强化"4"个方面，建立基本完善的噪声污染防治管理体系。该行动计划的发布，旨在加快解决人民群众关心的突出噪声污染问题，持续推进"十四五"期间声环境质量改善，不断提升人民群众生态环境获得感、幸福感、安全感。

（5）《中华人民共和国建筑法》

《中华人民共和国建筑法》于 2019 年 4 月完成第二次修改。其第四十一条规定：建筑施工企业应当遵守有关环境保护和安全生产的法律、法规的规定，采取控制和处理施工现场的各种粉尘、废气、废水、固体废物以及噪声、振动对环境的污染和危害的措施。

（6）《中华人民共和国民法典》

《中华人民共和国民法典》于 2020 年 5 月 28 日通过，自 2021 年 1 月 1 日起施行。其第二百九十四条规定：不动产权利人不得违反国家规定弃置固体废物，排放大气污染物、水污染物、土壤污染物、噪声、光辐射、电磁辐射等有害物质。

（7）其他行政法规

①《学校卫生工作条例》于 1990 年 6 月 4 日实施，该条例第六条规定：学校教学建筑、环境噪声、室内微小气候、采光、照明等环境质量以及黑板、课桌椅的设置应当符合国家有关标准。

②《建设工程安全生产管理条例》于 2004 年 2 月 1 日起实施。该条例规定施工单位应当遵守有关环境保护法律、法规的规定，在施工现场采取措施，防止或者减少粉尘、废气、废水、固体废物、噪声、振动和施工照明对人和环境的危害和污染。

③《民用机场管理条例》于 2009 年 4 月 1 日通过，自 2009 年 7 月 1 日起施行，2019 年 3 月 2 日修订。该条例第五十九条规定：在民用机场起降的民用航空器应当符合国家有

关航空器噪声和涡轮发动机排出物的适航标准。

④《娱乐场所管理条例》于 2020 年 9 月完成第二次修订。该条例规定：娱乐场所的边界噪声，应当符合国家规定的环境噪声标准。

1.3.1.2 地方性法规条例

因地制宜是环境法制制度的一个重要原则。一个完整的环境法律体系必定是国家法律和地方法规共同作用的体系。在噪声实际的治理过程中，存在很多环保法和其他中央法律法规无法覆盖到的情况。因此，近年来许多地方政府根据《中华人民共和国环境保护法》和《中华人民共和国噪声污染防治法》，结合本行政区域内的实际声环境情况，颁布噪声防护地方性法规，并进行管理。

据资料统计，截至 2022 年 5 月，全国共有 40 项地方性法规、26 项地方政府规章和 197 件地方规范性文件涉及噪声环境的管理与保护。这些地方性法规作为噪声污染防治法的细化和补充，已经成为噪声污染防治重要的管制手段。下面分别以《北京市环境噪声污染防治办法》《上海市社会生活噪声污染防治办法》《江苏省环境噪声污染防治条例》为例做简要介绍。

（1）《北京市环境噪声污染防治办法》

《北京市环境噪声污染防治办法》自 2007 年 1 月 1 日起开始施行。针对违反噪声防治规定的行为，该办法明确规定了处罚措施，并且违法者需承担相应的法律责任。例如，该办法规定，施工单位未制定施工现场噪声污染防治管理制度，未把产生噪声的设备、设施布置在远离居住区一侧的，将由城管部门处以 1 万元以上、3 万元以下的罚款。夜间施工不公示最高罚 5 000 元。中考、高考期间以及市政府规定的其他特殊时段在噪声敏感建筑物集中区域内，从事噪声施工作业的、未取得夜间施工批文进行夜间施工的，最高罚 3 万元。即使是取得了夜间施工许可，但未向周围居民公告施工项目和施工单位名称、夜间施工批准文号、夜间施工起止时间等内容的，最高可罚 5 000 元。此外，针对日益严重的交通噪声，规定新建、改建、扩建的高速路、主干路、城市高架路、铁路和城市轨道经过已有的噪声敏感建筑物集中区域时，应当采取噪声污染防治措施。公安部门可以根据需要在居民住宅区周边划定限制车辆夜间通行的路段和禁止鸣笛的区域，明确限制通行和禁止鸣笛的时段。

（2）《上海市社会生活噪声污染防治办法》

2012 年，上海市发布了《上海市社会生活噪声污染防治办法》。该办法全文共 22 条，从三个层面规范了监管措施。第一层面是监测与管理，明确了小区居民住宅装修和广场花园等公共场所噪声污染标准认定的问题，而且规范了娱乐场所使用音响设备、高音喇叭产生噪声的行为。第二层面是监督与调解，对于解决噪声纠纷的方式，不仅是环境保护部门等行政机关的调解职责，还有居民委员会的调解职责，村委会设立的人民调解委员会参与调解邻居之间的噪声纠纷，用引导、调解和教育的方式，使社区以及居委会在解决住户矛盾中起了基础性作用。第三层面是责任与处罚，鼓励受噪声污染损害的一方向法院起诉去维护自己的合法权益，遭受社会生活噪声污染侵害的单位和个人，可以申请行为人停止加害行为，消除危险、消除障碍以及赔偿损失。

（3）《江苏省环境噪声污染防治条例》

《江苏省环境噪声污染防治条例》（2018 年修正）适用于江苏省内环境噪声污染的防治和监督管理工作，规定了县级以上地方人民政府应当将环境噪声污染防治工作纳入环境保护规划，并采取有利于声环境保护的经济、技术政策和措施；根据国家声环境质量标准，划定本行政区域内各类声环境质量标准的适用区域，建设环境噪声达标区。该条例第二章第八条至第十三条对环境噪声污染防治的监督管理进行了详细规定，明确了环境保护行政主管部门在噪声监督防治中的职责。后四章针对工业生产、建筑施工、交通运输和社会生活中产生的噪声做了针对性的规定，并给出了相应的处罚条款。

1.3.2　声环境质量标准

噪声污染防治的标准包括声环境质量标准和环境噪声排放标准两个方面，声环境质量标准可分为国家标准和地方标准两类。国家声环境质量标准由国务院环境保护主管部门制定，地方声环境质量标准可以由省（自治区、直辖市）人民政府制定。声环境质量标准是指为防治环境噪声污染、保护和改善人们的生活环境、保障人们的身体健康、促进经济发展和社会进步而规定的环境中声的最高允许数值。为了发挥《中华人民共和国噪声污染防治法》的最佳效果，以及改善城乡居民正常生活、工作和学习的声环境质量，我国制定了一套完备的声环境质量标准体系。

（1）声环境质量标准

《声环境质量标准》（GB 3096—2008）是为贯彻《中华人民共和国环境噪声污染防治法》，防治噪声污染，保障城乡居民正常生活、工作和学习的声环境质量，制定的声环境质量标准；是环境噪声是否符合环境保护要求的量化指标，也是制定高噪声产品标准和高噪声活动或场所噪声排放标准的法理基础和科学依据。

《声环境质量标准》（GB 3096—2008）是对《城市区域环境噪声标准》（GB 3096—93）（已废止）的替代与完善，扩大了标准适用区域，将乡村地区纳入标准适用范围，并对乡村不同区域声环境质量标准做了明确的规定和区分。城市区域按照《声环境功能区划分技术规范》（GB/T 15190—2014）的规定划分声环境功能区，分别执行本标准的 0 类、1 类、2 类、3 类、4 类声环境功能区环境噪声限值；乡村区域一般不划分声环境功能区，根据环境管理的需要，县级以上人民政府环境保护主管部门可按标准中"乡村声环境功能的确定"原则来确定乡村区域的声环境质量要求。

《声环境质量标准》（GB 3096—2008）明确了声环境功能区五种类型的适用对象。0 类是特别需要安静的区域；1 类是需要保持安静的区域；2 类是需要维护安静的区域；而 3 类和 4 类是需要防止工业噪声或交通噪声对周围环境产生严重影响的区域。与原标准相比，最大的变化是将 4 类声环境功能区分为 4a 类和 4b 类两种类型。4a 类为高速公路、一级公路、二级公路、城市（快速路、主干路、次干路）、城市轨道交通地面段、内河航道两侧区域；4b 类为铁路干线两侧区域。不同的声环境功能区，环境噪声的限值也不同，具体标准见表 1-9。

表 1-9　声环境功能区分类及环境噪声限值　　　　　　　　单位：dB（A）

声环境功能区分类		时段	
		昼间	夜间
0 类	康复疗养区等特别需要安静的区域	50	40
1 类	居民住宅、医疗卫生、文化教育、科研设计、行政办公为主要功能，需要保持安静的区域	55	45
2 类	商业金融、集市贸易为主要功能，或者居住、商业、工业混杂，需要维护住宅安静的区域	60	50
3 类	工业生产、仓储物流为主要功能，需要防止工业噪声对周围环境产生严重影响的区域	65	55
4 类 4a 类	高速公路、一级公路、二级公路、城市（快速路、主干路、次干路）、城市轨道交通地面段、内河航道两侧区域	70	55
4b 类	铁路干线两侧区域	70	60

（2）工业企业噪声卫生标准

卫生部与国家劳动总局于 1979 年颁布了《工业企业噪声卫生标准（试行草案）》。该标准适用于我国工业企业的生产车间或作业场所（脉冲声除外），主要内容包括：

① 工业企业的生产车间或作业场所的工作地点的噪声标准为 85 dB（A）。现有工业企业经过努力暂时达不到标准时，可适当放宽，但不得超过 90 dB（A）。

② 对每天接触噪声不到 8 h 的工种，根据企业种类和条件，噪声标准可按表 1-10 相应放宽。

表 1-10　工业企业噪声卫生标准

每个工作日接触噪声允许时间/h	新建、扩建、改建企业的允许值/dB（A）	现有企业暂时达不到标准的允许值/dB（A）
8	85	90
4	88	93
2	91	96
1	94	99

注：最高不得超过 115 dB（A）。

③ 对产生噪声的生产过程和设备，要采用新技术、新工艺、新设备、新材料，以及机械化、自动化、密闭化措施，用低噪声的设备和工艺代替强噪声的设备和工艺，从声源上根治噪声。

④ 新建（包括引进项目）、扩建和改建的工业企业，必须把噪声控制的设施与主体工程同时设计、同时施工、同时投产。

⑤ 在现有的工业企业中，凡噪声超过标准规定的车间或作业场所，必须采取行之有

效的控制措施，限期达到标准的要求。在未达到此标准以前，厂矿企业必须发放个人防护用品，以保障工人健康。

（3）工作场所有害因素职业接触限值

我国法律对作业环境的噪声也有相关的规定，根据《工作场所有害因素职业接触限值第 2 部分：物理因素》规定，工作场所操作人员每天连续接触噪声 8 h，噪声声级卫生限值为 85 dB（A）。对于操作人员每天接触噪声不足 8 h 的场合，可根据实际接触噪声的时间，按接触时间减半，噪声声级卫生限值增加 3 dB（A）的原则，确定其噪声声级限值。但最高限值不得超过 115 dB（A），具体标准见表 1-11。

表 1-11　工作地点噪声声级的卫生限值

每个工作日接触时间/h	工作地点噪声允许标准/dB（A）
8	85
4	88
2	91
1	94
0.5	97
0.25	100
0.125	103

（4）机场周围飞机噪声环境标准

1988 年，国家环境保护局公布了《机场周围飞机噪声环境标准》（GB 9660—88）。该标准内容十分简单，仅规定了特殊敏感区域的噪声上限为 70 dB，普通居民区为 75 dB（A）的环境标准。这两个数值旨在规划和控制机场建设及周边土地利用，是保护群众生活环境的质量标准。

1.3.3　环境噪声排放控制标准

噪声排放标准是指对噪声污染源排放到环境中的污染物浓度或总量所做的限量规定，是政府实施环境噪声管理的行政措施依据，具有法律约束力。

《中华人民共和国噪声污染防治法》明确规定了四类环境噪声源：工业生产、建筑施工、交通运输和社会生活。国务院生态环境主管部门根据国家声环境质量标准和国家经济、技术条件，制定国家噪声排放标准以及相关的环境振动控制标准。此外，国务院标准化主管部门会同国务院发展改革、生态环境、工业和信息化、住房和城乡建设、交通运输等部门，对可能产生噪声污染的工业设备、施工机械、机动车、铁路机车车辆、城市轨道交通车辆、民用航空器、机动船舶、电气电子产品、建筑附属设备等产品，根据声环境保护的要求和国家经济、技术条件，在其技术规范或者产品质量标准中规定噪声限值。主要的噪声排放标准如下：

（1）工业企业厂界环境噪声排放标准

工业企业厂界环境噪声是指在工业生产活动中使用固定设备等产生的，在厂界处进行测量和控制的干扰周围生活环境的声音。2008 年 8 月 19 日，环境保护部与国家质量监督检验检疫总局联合发布了《工业企业厂界环境噪声排放标准》（GB 12348—2008）。该标准为噪声监测、噪声污染纠纷的解决提供了重要依据。该标准适用于工业企业和机关、事业单位噪声排放的管理，评价及控制，并且规定了工业企业和固定设备厂界环境噪声的排放限值及其测量方法。表 1-12 为工业企业厂界环境噪声的排放限值。

表 1-12　工业企业厂界环境噪声排放限值　　　　单位：dB（A）

厂界外声环境功能区类别	时段	
	昼间	夜间
0 类	50	40
1 类	55	45
2 类	60	50
3 类	65	55
4 类	70	55

如果工业企业噪声排放源位于噪声敏感建筑物内，这种情况下噪声通过建筑物结构传播至噪声敏感建筑物室内时，噪声敏感建筑物室内等效声级不得超过表 1-13 和表 1-14 规定的限值。

表 1-13　结构传播固定设备室内噪声排放限值　　　　单位：dB（A）

噪声敏感建筑物所处声环境功能区类别 \ 房间类型 时段	A 类房间		B 类房间	
	昼间	夜间	昼间	夜间
0 类	40	30	40	30
1 类	40	30	45	35
2 类、3 类、4 类	45	35	50	40

注：A 类房间是指以睡眠为主要目的，需要保证夜间安静的房间，包括住宅卧室、医院病房、宾馆客房等；B 类房间是指主要在昼间使用，需要保证思考与精神集中、正常讲话不被干扰的房间，包括学校教室、会议室、办公室、住宅中卧室以外的其他房间等。

表 1-14　结构传播固定设备室内噪声排放限值（倍频带声压级）

噪声敏感建筑所处声环境功能区类别	时段	倍频带中心频率/Hz	室内噪声倍频率带声压级限值/dB（A）				
		房间类型	31.5	63	125	250	500
0 类	昼间	A 类、B 类房间	76	59	48	39	34
	夜间	A 类、B 类房间	69	51	39	30	24
1 类	昼间	A 类房间	76	59	48	39	34
		B 类房间	79	63	52	44	38
	夜间	A 类房间	69	51	48	39	24
		B 类房间	72	55	43	35	29

续表

噪声敏感建筑所处声环境功能区类别	时段	倍频带中心频率/Hz 房间类型	室内噪声倍频率带声压级限值/dB（A）				
			31.5	63	125	250	500
2 类、3 类、4 类	昼间	A 类房间	79	63	52	44	38
		B 类房间	82	67	56	49	43
	夜间	A 类房间	72	55	43	35	29
		B 类房间	76	59	48	39	34

（2）建筑施工场界环境噪声排放标准

环境保护部于 2011 年通过了新版的《建筑施工场界环境噪声排放标准》（GB 12523—2011），并于 2012 年 7 月 1 日起正式实施。新版标准主要包括了"建筑施工场界噪声限值"和"建筑施工场界噪声测量方法"两方面的内容。新版标准取消了按照施工阶段进行划分限值的方法，这就要求施工单位要对施工产生的多种噪声进行综合的控制与防护，不仅要保证独立设备产生的噪声不超标，还要让所有设备产生的综合噪声达标，可以说这是对施工单位噪声控制提出了新的更高的噪声污染控制要求。另外，新标准在限值不变的情况下，采用 20 min 等效声级代表本时段声级的夜间测量时段。这样做不仅使得环境保护监管部门能够更方便地监测夜间施工噪声，而且在限值不变的情况下，其实际的噪声控制标准得到了提高。除此之外，新版标准还优化了测量方法，补充了测量条件、测点位置和测量记录要求，增加了背景噪声测量、测量结果评价等内容，方便更有效合理地对建筑施工噪声排放实施监控。表 1-15 为建筑施工厂界环境噪声排放限值。

表 1-15　建筑施工厂界环境噪声排放限值　　　　　单位：dB（A）

时段	
昼间	夜间
70	55

（3）社会生活环境噪声排放标准

环境保护部于 2008 年首次发布了《社会生活环境噪声排放标准》（GB 22337—2008），该标准的出台为居民维权和环境监测、执法人员进行噪声监管提供了重要依据。该标准明确规定了适用于对营业性文化娱乐场所、商业经营活动中使用的向环境排放噪声的设备、设施的管理、评价与控制。除考虑了受室外声源影响的敏感点噪声的限值之外，也考虑了受结构传播声源（社会生活噪声排放源位于敏感建筑物内）影响的敏感点室内噪声限值，新增了倍频带声压级的评价标准，并将室内环境划分为 A、B 两类。另外，对测量仪器、测量时段、测量时间等也进行了明确的规定，并仔细规定了边界处、敏感点室外，敏感点室内测点的布设要求及注意事项，还规定了噪声背景修正的方法。表 1-16 为社会生活噪声排放边界噪声排放限值。

表 1-16　社会生活噪声排放源边界噪声排放限值　　　　　单位：dB（A）

边界外声环境功能区类别	时段	
	昼间	夜间
0 类	50	40
1 类	55	45
2 类	60	50
3 类	65	55
4 类	70	55

类似地，如果社会生活噪声排放源位于噪声敏感建筑物内，这种情况下噪声通过建筑物结构传播至噪声敏感建筑物室内时，噪声敏感建筑物室内等效声级也有具体规定。

（4）铁路边界噪声限值

为控制铁路噪声，环境保护部于 2008 年发布了《铁路边界噪声限值及其测量方法》（GB 12525—90）修改方案公告。修改后的标准规定：2010 年 12 月 31 日前已建成运营的铁路昼间、夜间噪声限值均为 70 dB（A），2011 年 1 月 1 日起新修的铁路夜间噪声限值调整为 60 dB（A）。

（5）机动车噪声排放标准

为了控制车辆的高噪声污染，我国陆续出台了一系列机动车噪声排放控制标准，包括《摩托车和轻便摩托车定置噪声排放限值及测量方法》（GB 4569—2005）、《摩托车和轻便摩托车加速行驶噪声限值及测量方法》（GB 16169—2005）、《三轮汽车和低速货车加速行驶车外噪声限值及测量方法》（中国 Ⅰ 、Ⅱ 阶段）（GB 19757—2005）、《汽车定置噪声限值》（GB 16170—1996）和《汽车加速行驶车外噪声限值及测量方法》（GB 1495—2002）。

1.3.4　环境噪声监测标准及技术规范

我国环境噪声监测工作始于 20 世纪 80 年代，经长期发展，在监测能力、监测技术及监测设备等方面都得到了极大提升。目前，我国主要有以下环境噪声监测标准及技术规范。

（1）城市声环境常规监测

城市声环境质量常规监测也被称为例行监测，这是生态环境主管部门为了掌握城市声环境的质量状况、分析城市声环境的年度变化规律而在地区开展的监测活动。根据《环境噪声监测技术规范　城市声环境常规监测》（HJ 640—2012）的规定，我国城市声环境质量常规监测主要包括区域声环境监测、道路交通声环境监测和功能区声环境监测这三个部分。

① 区域声环境监测

将城市建成区划分成多个面积大小相等的正方形网格，整个城市建成区有效网格数应大于 100 个。如果该城市的建成区未能连成片的话，则可以设置不衔接的正方形网格。在每个网格的中心位置设置一个监测点位，如果正方形网格的中心不宜测量的话，则可以将点位设置在离中心最近的点。监测点的位置需要符合户外的要求，高度需要保持高于地面

1.2～4 m。

在对监测数据进行处理的过程中，首先需要将城市中 100 多个监测网点所测得的等效声级按照昼间和夜间进行分类，然后计算算术平均值，得到该城市昼间和夜间的平均等效声级，这就可以代表该城市昼间和夜间的环境噪声总体水平，最后整理出城市声环境质量监测报告。按照表 1-17 的等级划分对城市声环境质量进行评价。

表 1-17　城市区域环境噪声总体水平等级划分　单位：dB（A）

等级标准	一级标准	二级标准	三级标准	四级标准	五级标准
对应评级	好	较好	一般	较差	差
昼间平均等效声级	≤50	50.1～55.0	55.1～60.0	60.1～65.0	>65.0
夜间平均等效声级	≤40	40.1～45.0	45.1～50.0	50.1～55.0	>55.0

② 道路交通声环境监测

测点选在路段两路口之间，与任一路口的距离大于 50 m，路段不足 100 m 的选路段中点，测点位于人行道上距路面（含慢车道）20 cm 处，监测点位高度距地面为 1.2～6.0 m。测点应避开非道路交通源的干扰，传声器指向被测声源。

道路交通噪声监测点位数量：巨大、特大城市≥100 个；大城市≥80 个；中等城市≥50 个；小城市≥20 个。一个测点可代表一条或多条相近的道路。根据各类道路的路长比例分配点位数量。

昼间监测每年 1 次，监测工作应在昼间正常工作时段内进行，并应覆盖整个工作时段。夜间监测每 5 年 1 次，在每个五年规划的第三年监测，监测从夜间起始时间开始。监测工作应安排在每年的春季或秋季，每个城市监测日期应相对固定，监测应避开节假日和非正常工作日。每个测点测量 20 min 等效声级 L_{eq}，记录累积百分声级 L_{10}、L_{50}、L_{90}、L_{max}、L_{min} 和标准偏差（SD），分类（大型车、中小型车）记录车流量。

③ 功能区声环境监测

功能区声环境监测可采用定点监测法或普查监测法，具体见《声环境质量标准》（GB 3096—2008）。

功能区监测点位数量：巨大、特大城市≥20 个；大城市≥15 个；中等城市≥10 个；小城市≥7 个。各类功能区监测点位数量比例按照各自城市功能区面积比例确定。监测点位距地面高度 1.2 m 以上。

每年每季度监测 1 次，各城市每次监测日期应相对固定。每个监测点位每次连续监测 24 h，记录小时等效声级 L_{eq}、小时累积百分声级 L_{10}、L_{50}、L_{90}、L_{max}、L_{min} 和标准偏差（SD）。

（2）机场周围飞机噪声测量方法

《机场周围飞机噪声测量方法》（GB 9661—88）规定了机场周围飞机噪声的测量条件、测量仪器、测量方法和测量数据的计算方法。该标准适用于测量机场周围由于飞机起飞、降落或低空飞越时所产生的噪声。标准包括三方面内容：①测量单个飞行事件引起的噪声；②测量相继一系列飞行事件引起的噪声；③在一段监测时间内测量飞行事件引起的噪声。

（3）环境噪声监测技术规范　噪声测量值修正

《环境噪声监测技术规范　噪声测量值修正》（HJ 706—2014）明确规定了噪声背景值测量方法及测量值修正方法。规定了测量值与背景值差值≥3 dB 修正方法、特殊情况的达标判定、倍频带声压级修正、数值修约规则等。该标准规定：①当噪声测量值与背景值差值>10 dB 时，不需修正；②当噪声测量值与背景值差值范围在 3～10 dB 时，按表 1-18 修正；③当噪声测量值与背景值差值<3 dB 时，按表 1-19 修正；④噪声测量值与背景值差值，噪声测量值与被测噪声源排放限值差值按《数值修约规则与极限数值的表示和判定》（GB/T 8170—2008）规定修约。

表 1-18　$3 \, dB \leqslant \Delta L_1 \leqslant 10 \, dB$ 时噪声测量值修正　　　　　　单位：dB（A）

差值（ΔL_1）	修正值
3	−3
4～5	−2
6～10	−1

表 1-19　$\Delta L_1 < 3 \, dB$ 时噪声测量值修正　　　　　　单位：dB（A）

差值（ΔL_1）	修正结果	评价
≤4	<排放限值	达标
≤5	无法评价	

（4）环境噪声监测技术规范　结构传播固定设备室内噪声

结构传播固定设备噪声是指某些固定设备排放的噪声通过地面、墙体、管道、柱子等特定结构传播出来的噪声。常见的固定设备有水泵、风机、变压器、冷却塔、电动梯等。固定设备排放的噪声首先传递到地面或墙面，引起地面或墙面的振动，进一步沿着住宅墙体、梁、柱、管道等结构传播至居民的室内墙面，墙面振动再次引起空气扰动，产生声音传入人耳。目前，对结构传播固定设备室内噪声的监测主要依照 2014 年环境保护部发布的《环境噪声监测技术规范　结构传播固定设备室内噪声》（HJ 707—2014）执行。该标准规定了结构传播固定设备室内噪声监测的仪器、现场调查方法、监测方法、监测数据评价及质量保证和质量控制等的技术要求，为我国控制低频噪声提供了规范。

1.3.5　其他相关标准与导则

（1）《环境影响评价技术导则　声环境》

生态环境部于 2021 年发布了新版《环境影响评价技术导则　声环境》（HJ 2.4—2021）。与修订前的 2009 年版声环境导则相比，2021 年版声环境导则根据近几年来环境保护的新要求和国际声学界对声传播机理的最近研究成果进行了众多的改进与调整，使技术导则的可操作性更强、预测方法更科学、评价结论更准确。例如，新版声环境导则完善了部分行业项目评价等级、评价范围相关内容（表 1-20），修改了机场项目声环境评价范围，增加了现场监测结合模式计算的方法及相关要求，突出强调了对噪声源的控制工作，完善了噪声防治的对策和措施。在导则的附录部分还新增了 19 张规范性表格，包括重点行业环评文件和关键技术指标。这些表格有助于提升环评文件质量，推动环评结果可溯源、可重复、可再现，为环评审查、审批、技术复核及相关设计、监管等提供数据支撑，为环境影响评价统计分析、综合决策和导则动态跟踪提供技术支撑。

表 1-20　声环境影响评价等级判定

功能区	对声环境保护目标的影响程度		无声环境保护目标
	增量≥3 dB	增量＜3 dB	
0 类	一级	一级	二级
1 类、2 类	一级	二级	二级
3 类、4 类	一级	二级	二级

（2）《声环境功能区划分技术规范》

声环境合理的区划划分与调整是实现区域声环境分区分类科学管理的基础，有助于促进区域声环境质量的改善。在《声环境质量标准》（GB 3096—2008）的基础上，2014 年环境保护部颁布了《声环境功能区划分技术规范》（GB/T 15190—2014），相比较于《城市区域环境噪声适用区划分技术规范》（GB/T 15190—1994）（已废止），新技术规范的指导性更加明确，包括划分原则、方法和技术等主要内容都有了新的要求。同时，新的技术规范也提出了噪声功能区划可以参考城市规模变化、土地利用性质调整等因素，但原则上 5 年内至少需要调整一次。

（3）其他环境噪声基础标准

《环境噪声监测点位编码规则》（HJ 661—2013）规定了城市声环境常规监测点位编码方法和编码规则，适用于各级环境保护部门环境噪声信息的采集、交换、加工、使用及环境信息系统建设的管理工作。

《声学名词术语》（GB/T 3947—1996）、《生态环境保护工程术语标准（征求意见稿）》给出了声学和有关声学的基础性名词和术语，便于使用者查考。

1.4 噪声测量、评价与影响预测

1.4.1 噪声测量

1.4.1.1 测量仪器

噪声测量是对环境噪声进行监测、评价和控制的重要手段。为了对噪声进行正确的测量和分析，必须了解测量仪器的性能和作用。常用的噪声测量仪器有声级计、频谱分析仪等。

（1）声级计

声级计是一种按照一定的频率计权和时间计权测量声音的声压级的仪器，是声学测量中最常用的基本仪器。声级计适用于室内噪声、环境噪声、机器噪声、车辆噪声以及其他各种噪声的测量，也可以用于电声学、建筑声学等的测量。由于声音是由振动引起的，因此将声级计上的传声器换成加速度传感器，还可以用来测量振动。

① 声级计的分类

按照《电声学 声级计 第1部分：规范》（GB/T 3785.1—2010）的规定，声级计按性能分为两级：1级和2级。不同频率下允许有不同的误差，1 kHz处的允差（包括最大测量扩展不确定度）见表1-21。

表1-21　声级计的分级

级别	允差
1级	±1.1 dB
2级	±1.4 dB

声级计用途广、品种多，新产品不断涌现，通常按其用途又可分为四大类。

a. 普通声级计。其技术规格符合2级声级计的要求。

b. 精密声级计。其技术规格符合1级声级计的要求。

c. 脉冲精密声级计。该声级计除具备精密声级计的功能外，还增加了测量脉冲噪声的功能。

d. 精密积分式声级计。主要用来测量某一段时间内噪声的等效连续A声级L_{eq}，适用于周期性、随机和脉冲噪声。其技术规格一般均符合1级声级计的要求。

② 声级计的结构和工作原理

声级计一般由传声器、放大器、衰减器、计权网络、衰减器、放大器、检波器和指示器组成（详见图1-11），常见的便携式声级计见图1-12。

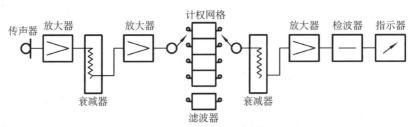

图1-11　声级计构造

（a）声级计　　　　　　　（b）AWA6228+型多功能声级计

图1-12　常见声级计

a. 传声器

传声器是将声信号（声压）转换为电信号（交变电压）的声电换能器。按照换能原理和结构的不同，传声器可分为晶体传声器、电动式传声器、电容传声器和驻极体传声器等。其中最常用的是电容传声器，它具有频率范围宽、频率响应平直、灵敏度变化小、长时间稳定性好等优点，多用于精密声级计中。缺点是内阻高，需要用阻抗变换器与后面的衰减器和放大器匹配，而且要加极化电压才能正常工作。晶体传声器一般用于普通声级计，电动式传声器现已很少采用。

电容传声器主要由紧靠着的后极板和绷紧的金属膜片组成，后极板和膜片相互绝缘，构成一个以空气为介质的电容器，见图 1-13。当声波作用在膜片上时，使膜片与后极板间距变化，电容也随之变化，这就产生一个交变电压信号输到前置放大器中去。

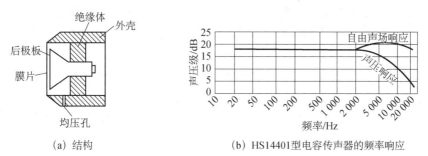

(a) 结构　　　　　　　　(b) HS14401型电容传声器的频率响应

图 1-13　电容传声器

电容传声器的灵敏度有三种表示方法：①自由声场灵敏度：是指传声器输出端的开路电压和传声器放入声场前该点自由声场声压的比值。②声压灵敏度：是指传声器输出端的开路电压与作用在传声器膜片上声压的比值。因为声场中某点的声压在传声器放入前后是不一样的。由于传声器的放入，声场产生散射作用，使得作用于传声器膜片上的声压要比传声器放入前该点的声压大。这样，对于同一个传声器，自由声场灵敏度大于声压灵敏度，这在高频时比较明显。图 1-13（c）画出了 HS14401 型电容传声器自由声场灵敏度和声压灵敏度随频率变化的特性曲线。可以看出，其自由声场响应曲线比较平直，声压响应曲线在高频时跌落较多，这种传声器叫作自由声场型（或声场型）传声器，主要用于自由声场的测量，它能比较真实地测量出传声器放入该点前的自由声场声压，传声器放入后对声场的影响已经被修正。在声级计中使用的就是这种传声器。另外一种传声器的声压频率响应曲线比较平直，而自由声场响应曲线在高频时抬高较多，叫作声压型（或压力型）传声器，如国产的 HS14402 型、CH14 型等，它们主要用在配合仿真耳进行受话器测量或听力计校准。两种传声器不能混淆使用，以免造成测量误差。③扩散场灵敏度：这是指传声器置于扩散声场中其输出端开路电压与传声器未放入前该扩散声场的声压之比。

b. 放大器

电容传声器转换出的电信号是很微弱的，不能直接在电表上指示出来。因此，需要将电信号放大。根据声级计的最低声级测量范围要求及电表电路的灵敏度，可以估算出放大器的放大量。要求放大器具有较高的输入阻抗和较低的输出阻抗，有一定的动态范围（要有 4 倍峰值因数容量）、较小的非线性失真和较宽的频率范围。还要求在使用中性能稳定，放大倍数随时间和温度的变化要小，以保证测量的准确性和可靠性。声级计内的放大系统包括输入放大器和输出放大器两组。

c. 衰减器

声级计不仅要能测量微弱信号，还要能测量较强的信号，即要有较大的测量范围，例如要测量 25～140 dB 范围的声级。但检波器和指示器不可能有这么宽的量程范围，这就需要采用衰减器。为了提高信噪比，将衰减器分为输入衰减器和输出衰减器。输入衰减器放在第 1 组放大器前面，功能是将接收的强信号衰减，不使输入放大器过载。但在信号衰减时，第 1 组放大器所产生的噪声却不被衰减，信噪比得不到提高。输出衰减器接在第 1 组放大器和第 2 组放大器之间，而且在一般测量时，输出衰减器尽量处在最大衰减位置。这样，当测量较大信号时，由于输出衰减器的衰减作用，输入衰减器的衰减量减小，加到第 1 组放大器上的输入信号提高了，信噪比也就提高了。衰减器一般以 10 dB 分档。

d. 计权网络

在噪声测量中，为了使声音的客观物理量和人耳听觉的主观感觉近似取得一致，声级计中设有 A、B、C 计权网络，并已标准化。它们分别模拟 40 phon、70 phon 和 100 phon 等响曲线倒置加权。有的声级计还具有"线性"频率响应，线性响应测量的是声音的声压级。A、B、C 计权网络测得的分别称为 A、B、C（计权）声级，它们是有区别的。

e. 电表电路

电表电路用来将放大器输出的交流信号检波（整流）成直流信号，以便在表头上得到适当的指示。信号的大小一般有峰值、平均值和有效值三种表示方法，其中用得最多的是有效值。

声级计表头阻尼特性有"快""慢"两种，"快"挡和"慢"挡分别要求信号输入 0.2 s 和 0.5 s 后，表头上能达到它的最大读数。对于脉冲精密声级计表头，除"快""慢"挡外，还有"脉冲""脉冲保持"挡，"脉冲"和"脉冲保持"表示信号输入 35 ms 后，表头上指针达到最大读数并保持一段时间，这样可以测量短至 20 μs 的脉冲噪声，如枪、炮声和爆炸声等。

③ 声级计的校准和主要附件

a. 声级计的校准

为保证测量的准确性，声级计使用前后要进行校准。通常使用活塞发生器、声级校准器或其他声压校准仪器来进行声学校准。

使用活塞发生器进行声学校准时，声级计的计权开关应置于"线性"或"C"计权位置。因为活塞发生器发出的是 250 Hz 的声音，"线性"和"C"计权在 250 Hz 处的频率响应曲线是平直的。而"A"和"B"计权在 250 Hz 处分别有 8.6 dB 和 1.3 dB 的衰减，不能用于校准。校准时，把活塞发生器紧密套入电容传声器的头部，推开活塞发生器的电源开关，发出 124 dB 声压级的声音。调节声级计的"校准"电位器，使其读数刚好是 124 dB。关闭并取下活塞发生器，声级计校准完毕。

使用声级计校准器进行声学校准时，因其发声的频率是 1 000 Hz，声级计可以置于任意计权开关位置。因为在 1 000 Hz 处，任何计权或线性响应，灵敏度都相同。校准时，把声级校准器套入电容传声器头部，调节声级计"校准"电位器，使声级计读数刚好是声级校准器产生的声压级，对于 2.54 cm 或 Φ24 mm 外径的自由声场响应电容传声器，校准值为 93.6 dB；对于 1.27 cm 或 Φ12 mm 外径的自由声场响应电容传声器，校准值为 93.8 dB。

b. 防风罩

这是一种用多孔的泡沫塑料或尼龙细网做成的球，见图 1-12。在室外测量时，为了防止风吹在传声器上而产生附加的风噪声，应将风罩套在传声器头上，这可以大大衰减风噪声，而对声音并无衰减。防风罩的使用有一定限度，当风速大于 5 m/s 时，即使采用防风罩，对不太高的声级测量结果仍然有影响。所测声压级越高，风速的影响越小。

c. 鼻锥

在有较高风速的影响时，在传声器上将会因湍流而产生噪声。鼻锥尤其适宜于在固定风向和固定风速中测量噪声，例如在风道中。鼻锥做成流线型是为了尽可能降低对空气的阻力，从而降低因气流而产生的噪声的影响，同时也改善了传声器的全方向特性。

d. 延伸电缆

在对测量结果要求较高的情况下，为避免测量仪器和监测人员对声场的干扰或在不可能接近测点的情况，可使用延伸电缆将传声器延伸到测点位置。延伸电缆有两种结构，对于前置放大器不能移出的声级计，采用双层屏蔽延伸电缆，连接在传声器和声级计之间，长度一般不超过 3 m，大约有不到 1 dB 的附加衰减，这时应重新进行声学校准。对于前置放大器可以移出的声级计，采用多芯延伸电缆，连接在前置放大器和声级计之间。由于前置放大器的输出阻抗较低，因此可以使用较长的延伸电缆，如不小于 30 m。

（2）滤波器和频谱分析仪

① 滤波器

滤波器是一种能让一部分频率成分通过，且不影响信号的幅值和相位，而其他频率成分被阻止的仪器。滤波器种类很多，按其频带宽度不同可分为恒定百分比带宽滤波器和恒定带宽滤波器。按其滤波特性不同可分为高通、低通、带通、带阻等多种型式。噪声测量中常用的倍频程滤波器和 1/3 倍频程滤波器即属于恒定百分比带宽滤波器。恒定百分比带宽滤波器的优点是分析程序简单、迅速，特别适于对含有若干谐波成分的噪声进行频谱分析。缺点是带宽随中心频率的增大而迅速增大，在高频范围分辨率较低。如果要对噪声的一些峰值做较详细的分析，可采用恒定带宽滤波器，其中心频率一般可调，带宽也可选择，通常可自几赫兹到几十赫兹。由于带宽可固定，其在高频范围的分辨率较高。

② 频谱分析仪

把声级计和滤波器组合起来即构成频谱分析仪，可用来对噪声进行频谱分析。将滤波器的输入端和输出端分别接到声级计的"外接滤波器输入"和"外接滤波器输出"插孔，声级计的计权开关置于"外接滤波器"，这时滤波器即插入声级计输入放大器和输出放大器之间。国产 ND2 型和丹麦 2215 型精密声级计中设有倍频程滤波器，只要将开关置于"滤波器"位置，内置的倍频程滤波器即接到声级计的输入放大器和输出放大器之间。将倍频程滤波器置于相应的中心频率位置，声级计上的读数就是在此中心频率频带内通过的噪声级。将每一个倍频带噪声级读数在相应的频率坐标上画出来，就得到所分析噪声的频谱曲线。频谱分析对噪声控制工作是很重要的，它可以帮助我们了解噪声源的频率特性，以便针对最高声级的频带进行治理。图 1-14 是某鼓风机的噪声频谱图。在 125 Hz 和 500 Hz 两个倍频带上有凸出的峰值，这是因叶片旋转形成的有调成分。

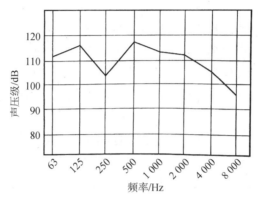

图 1-14　某风机噪声频谱

1.4.1.2　测量方法

环境噪声测量的目的是对一个建筑物或某个区域乃至整个城市的环境噪声给予评价。我国颁布的《声环境质量标准》（GB 3096—2008）、《工业企业厂界环境噪声排放标准》（GB 12348—2008）、《建筑施工场界环境噪声排放标准》（GB 12523—2011）、《社会生活环境噪声排放标准》（GB 22337—2008）、《铁路边界噪声限值及其测量方法》（GB 12525—90）和《机场周围飞机噪声测量方法》（GB 9661—88）等标准中均介绍了各类噪声的测量方法，以下对各标准中的噪声测量方法做简要介绍。

（1）声环境质量监测

① 测量仪器：测量仪器精度为 2 型及 2 型以上的积分平均声级计或环境噪声自动监测仪器，其性能需符合 GB/T 3785.1—2010 的规定，并定期校验。测量仪器和校准仪器应定期检定合格，并在有效使用期限内使用；每次测量前、后必须在测量现场进行声学校准，其前、后校准示值偏差不得大于 0.5 dB，否则测量结果无效。声校准器应满足《电声学　声校准器》（GB/T 15173—2010）对 1 级或 2 级声校准器的要求。测量时传声器应加防风罩。

② 测点选择：根据监测对象和目的，可选择以下三种测点条件（指传声器所处位置）进行环境噪声的测量：a. 一般户外。距离任何反射物（地面除外）至少 3.5 m 测量，距地面高度 1.2 m 以上。必要时可置于高层建筑上，以扩大监测受声范围。使用监测车辆测量，传声器应固定在车顶部 1.2 m 高度处。b. 噪声敏感建筑物户外。在噪声敏感建筑物外，距墙壁或窗户 1 m 处，距地面高度 1.2 m 以上。c. 噪声敏感建筑物室内。距离墙面和其他反射面至少 1 m，距窗约 1.5 m 处，距地面 1.2～1.5 m 高。

③ 气象条件：测量应在无雨雪、无雷电天气，风速 5 m/s 以下时进行。

④ 监测类型：根据监测对象和目的，环境噪声监测分为声环境功能区监测和噪声敏

感建筑物监测两种类型。

（2）工业企业厂界环境噪声测量方法

① 测量仪器：测量仪器及校准的要求同声环境质量监测的仪器要求。测量 35 dB 以下的噪声应使用 1 型声级计，且测量范围应满足所测量噪声的需要。当需要进行噪声的频谱分析时，仪器性能应符合《电声学　倍频程和分数倍频程滤波器》（GB/T 3241—2010）中对滤波器的要求。测量时传声器加防风罩，测量仪器时间计权特性设为快（F）档，采样时间间隔不大于 1 s。

② 测量条件：测量应在无雨雪、无雷电天气，风速为 5 m/s 以下时进行。不得不在特殊气象条件下测量时，应采取必要措施保证测量准确性，同时注明当时所采取的措施及气象情况。另外，测量应在被测声源正常工作时间进行，同时注明当时的工况。

③ 测点布设：根据工业企业声源、周围噪声敏感建筑物的布局以及毗邻的区域类别确定。在工业企业厂界布设多个测点，其中包括距噪声敏感建筑物较近以及受被测声源影响大的位置。一般情况下，测点选在工业企业厂界外 1 m、高度 1.2 m 以上、与任一反射面的距离不小于 1 m 的位置。而当厂界有围墙且周围有受影响的噪声敏感建筑物时，测点应选在边界外 1m、高于围墙 0.5 m 以上的位置。测量室内噪声时，室内测量点位设在距任一反射面至少 0.5 m 以上、距地面 1.2 m 高度处，在受噪声影响方向的窗户开启状态下测量。固定设备结构传声至噪声敏感建筑物室内，在噪声敏感建筑物室内测量时，测点应距任一反射面至少 0.5 m 以上、距地面 1.2 m、距外窗 1 m 以上，窗户关闭状态下测量。被测房间内的其他可能干扰测量的声源（如电视机、空调机、排气扇以及镇流器较响的日光灯、运转时出声的时钟等）应关闭。

④ 测量时段：分别在昼间、夜间两个时段测量。夜间有频发、偶发噪声影响时同时测量最大声级。如果被测声源是稳态噪声，采用 1 min 的等效声级。如果被测声源是非稳态噪声，测量被测声源有代表性时段的等效声级，必要时测量被测声源整个正常工作时段的等效声级。

⑤ 背景噪声测量：测量环境应保证不受被测声源影响且其他声环境与测量被测声源时保持一致。测量时段与被测声源测量的时间长度相同。

⑥ 测量结果修正：噪声测量值与背景噪声值相差大于 10 dB（A）时，噪声测量值不做修正。噪声测量值与背景噪声值相差在 3～10 dB（A）时，噪声测量值与背景噪声值的差值取整后进行修正。噪声测量值与背景噪声值相差小于 3 dB（A）时，应采取措施降低背景噪声后，按前两条要求执行；仍无法满足前两条要求的，应按环境噪声监测技术规范的有关规定执行。

（3）建筑施工场界环境噪声测量方法

① 测量仪器：测量仪器要求同工业企业厂界环境噪声测量仪器的要求。

② 测量条件：测量应在无雨雪、无雷电天气，风速为 5 m/s 以下时进行。

③ 测点布设：根据施工场地周围噪声敏感建筑物位置和声源位置的布局，测点应设在对噪声敏感建筑物影响较大、距离较近的位置。一般情况测点设在建筑施工场界外 1 m、高度 1.2 m 以上的位置。而当场界有围墙且周围有噪声敏感建筑物时，测点应设在场界外

1 m，高于围墙 0.5 m 以上的位置，且位于施工噪声影响的声照射区域。当场界无法测量到声源的实际排放时，例如，声源位于高空、场界有声屏障、噪声敏感建筑物高于场界围墙等情况，测点可设在噪声敏感建筑物户外 1 m 处的设置。在噪声敏感建筑物室内测量时，测点设在室内中央、距室内任一反射面 0.5 m 以上、距地面 1.2 m 高度以上，在受噪声影响方向的窗户开启状态下测量。

④ 测量时段：施工期间，测量连续 20 min 的等效声级，夜间同时测量最大声级。

⑤ 背景噪声测量：测量环境应保证不受被测声源影响且其他声环境与测量被测声源时保持一致。测量时段稳态噪声测量 1 min 的等效声级，非稳态噪声测量 20 min 的等效声级。

⑥ 测量结果修正：与工业企业厂界环境噪声的监测结果修正相同。

（4）社会生活边界环境噪声测量方法

① 测量仪器：测量仪器要求同工业企业厂界环境噪声测量仪器的要求。

② 测量条件：与工业企业厂界环境噪声测量的测量条件相同。

③ 测点布设：根据社会生活噪声排放源、周围噪声敏感建筑物的布局以及毗邻的区域类别，在社会生活噪声排放源边界布设多个测点，其中包括距噪声敏感建筑物较近以及受被测声源影响大的位置。一般情况下，测点选在社会生活噪声排放源边界外 1 m、高度 1.2 m 以上、与任一反射面的距离不小于 1 m 的位置。而当边界有围墙且周围有受影响的噪声敏感建筑物时，测点应选在边界外 1 m、高于围墙 0.5 m 以上的位置。测量室内噪声时，室内测量点位设在距任一反射面至少 0.5 m 以上、距地面 1.2 m 高度处，在受噪声影响方向的窗户开启状态下测量。社会生活噪声排放源的固定设备结构传声至噪声敏感建筑物室内，在噪声敏感建筑物室内测量时，测点应距任一反射面至少 0.5 m 以上、距地面 1.2 m、距外窗 1 m 以上，窗户关闭状态下测量。被测房间内的其他可能干扰测量的声源应关闭。

④ 测量时段：分别在昼间、夜间两个时段测量。夜间有频发、偶发噪声影响时同时测量最大声级。如果被测声源是稳态噪声，采用 1 min 的等效声级。如果被测声源是非稳态噪声，测量被测声源有代表性时段的等效声级，必要时测量被测声源整个正常工作时段的等效声级。

⑤ 背景噪声测量：测量环境应保证不受被测声源影响且其他声环境与测量被测声源时保持一致。测量时段与被测声源测量的时间长度相同。

⑥ 测量结果修正：与工业企业厂界环境噪声的监测结果修正相同。

（5）铁路边界环境噪声测量方法

① 测点布设：选在铁路边界高于地面 1.2 m，距反射物不小于 1 m 处。

② 测量仪器：测量仪器应符合 GB/T 3785.1—2010 中规定的 Ⅱ 型或 Ⅱ 型以上的积分声级计或其他相同精度的测量仪器。测量时用"快挡"，采样间隔不大于 1 s。

③ 测量条件：应符合《声学　环境噪声的描述、测量与评价　第 1 部分：基本参量与评价方法》（GB/T 3222.1—2022）中规定的气象条件，选在无雨雪的天气中进行测量。仪器应加防风罩，四级风以上停止测量。

④ 测量时间：昼间、夜间各选在接近其机车车辆运行平均密度的某一个小时，用其

分别代表昼间、夜间。必要时，昼间或夜间分别进行全时段测量。

⑤ 测量值：用积分声级计（或具有同功能的其他测量仪器）读取 1 h 的等效声级（A）：dB（A）。

⑥ 背景噪声应比铁路噪声低 10 dB（A）以上，若两者声级差值小于 10 dB（A），需进行修正。

（6）机场周围飞机噪声测量方法

① 精密测量：传声器通过声级计将飞机噪声信号送到测量录音机记录在磁带上。然后，在实验室按原速回放录音信号并对信号进行频谱分析。测量前应进行从传声器到录音机系统的校准和标定。录音时，根据飞机噪声级的高低适当调整声级计衰减器的位置（并在记录本上记下其位置），使录音信号不至于过载或太小。当飞机飞过测量点时，通过声级计线性输出录下飞机信号的全过程，为此，录音时要使起始和终了的录音信号声级小于最大噪声级 10 dB 以上。在录音时要说明飞行时间，状态、机型等测量条件。

② 简易测量：只需经频率计权的测量声级计接声级记录器，或用声级计和测量录音机。读 A 声级或 D 声级最大值，记录飞行时间，状态、机型等测量条件。测量仪器校准：对一系列飞行事件的飞行噪声级测量前后，应该利用能在已知频率上产生已知声压级的声学校准器，来对整个测量系统的灵敏度做校准。当声级计与声级记录器连用并做绝对测量时两者必须一起校准和标定。读取一次飞行过程的 A 声级最大值，一般用慢响应；在飞机低空高速通过及离跑道近的测量点用快响应。当用声级计输出与声级记录器连接时，记录器的笔速对应于声级计上的慢响应为 16 mm/s，快响应为 100 mm/s。在记录纸上要注明所用纸速、飞行时间、状态和机型。没有声级记录器时可用录音机录下飞行信号的时间历程，并在录音带上说明飞行时间，状态、机型等测量条件，然后在实验室进行信号回放分析。

1.4.2　噪声评价

人们对于噪声的主观感觉与噪声强弱、噪声频率、噪声随时间的变化有关。如何才能把噪声的客观物理量与人的主观感觉结合起来，得出与主观响应相对应的评价量，用以评价噪声对人的干扰程度，这是一个复杂的问题。迄今为止的评价方法已有几十种，就是对同一类噪声，不同的国家也会有不同的评价方法。一些评价方法在实践中不断地修改完善，一些评价方法被淘汰。本节所叙述的内容是已基本公认的评价量和评价方法。

1.4.2.1　响度级、响度、等响曲线和斯蒂文斯响度

（1）响度级

为了定量地确定声音的轻或者响的程度，通常采用响度级这一参量。以 1 000 Hz 的纯音作标准，使其和某个声音听起来一样响，那么此 1 000 Hz 纯音的声压级就定义为该声音的响度级。响度级的符号为 L_N，单位为 phon，当人耳感到某声音与 1 000 Hz 单一频率的纯音同样响时，该声音声压级的分贝数即为其响度级。响度级的 phon 值，实质上是 1 000 Hz 声音声压级的 dB 值。

（2）响度

声音的强弱程度叫作响度。响度是感觉判断的声音强弱，即声音响亮的程度，符号为 N，单位为 sone。响度是与主观轻响程度成正比的参量，它是衡量声音强弱程度的一个最直观的量。其定义为正常听者判断一个声音比响度级为 40 phon 参考声强响的倍数。规定响度级为 40 phon 时响度为 1 sone。响度取决于声波振幅大小，同时与频率有关，根据它可以把声音排成由轻到响的序列。响度的大小主要依赖于声强，也与声音的频率有关。对于同一频率的声音，响度随声强的增加不是呈线性关系，响度和响度级的关系为

$$N = 2^{0.1(L_N - 40)} \tag{1-105}$$

或

$$L_N = 40 + 10\log_2 N = 40 + 33.22 \lg N \tag{1-106}$$

式中，N——响度，sone；

L_N——响度级，phon。

响度级每增加 10 phon，其响度则增加 1 倍。例如，响度级为 50 phon 的响度为 2 sone，响度值为 60 phon 时，其响度为 4 sone。

（3）等响曲线

为了使不同声压级、不同频率的声音在人耳中感觉响的程度能量化，在一定条件下，测试了 18～25 岁听力正常者对不同频率、不同声压级声音的主观感觉，得出一簇达到同样响度级时频率与声压级的等响关系曲线，即等响曲线（图 1-15）。图 1-15 中每一条曲线都是用频率为 1 000 Hz 的纯音对应的声压级数值，作为该曲线的响度级，单位为 phon。每一条曲线表示不同频率、不同声压级的纯音具有相同的响度级。最下面的曲线（虚线）是听阈曲线，即零方响度级曲线，这条曲线上的点表明人耳刚能听到的声音的频率和声压级，一般这条曲线下方的点所表示的相应频率和声压级的声音人耳都听不到。120 phon 的曲线是痛觉的界限，称为痛阈曲线，超过此曲线的声音，人耳感觉到的是痛。任意一条曲线均可看出，低频部分对应的声压级高，高频部分对应的声压级低（尤其是 2 000～5 000 Hz），说明人耳对低频声不敏感，而对高频声敏感。当声压级高于 100 dB，等响曲线逐渐拉平，说明当声压级高于 100 dB 时，人耳分辨高、低频声音的能力变差，此时声音的响度级与频率关系已不大，而主要取决于声压级。

（4）斯蒂文斯响度

上面讲到的仅是简单的纯音响度、响度级与声压级的关系。然而，大多数实际声源产生的声波是宽频带噪声，并且不同的频率噪声之间还会产生掩蔽效应。斯蒂文斯（Stevens）和茨维克（Zwicker）注意到并研究了这种复合声的响度的掩蔽效应，得出如图 1-16 所示的等响指数线。该线对带宽掩蔽效应考虑了计权因素，认为响度指数最大的频带贡献最大，而其他频带声音被掩蔽。

因此，对宽频带噪声，总响度计算方法为：

① 测出频带声压级（倍频程、1/2 倍频程或 1/3 倍频程）；

② 从图 1-16 上查出各频程声压级对应的响度；

③ 找出响度序列中的最大值 N_{max}，从各频带响度总和中扣除最大值 N_{max}，再乘以相应的计权因子 F，最后与 N_{max} 相加即为复合噪声的响度 N_t，见式（1-107）。

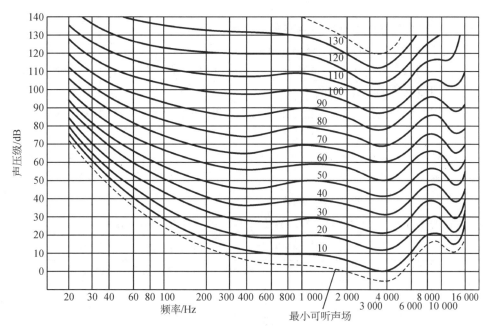

图 1-15　等响曲线

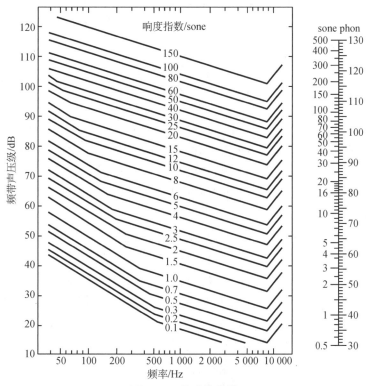

图 1-16　等响指数线

$$N_t = N_{max} + F\left(\sum N_i - N_{max}\right)$$ （1-107）

式中，N_t——噪声的总响度，sone；

N_i——某频率和声压级对应的响度，sone；

$N_{\max}$——N_i 中最大的一个响度，sone；

F——计权因子，它与频带宽有关，对于 1 倍频程，$F=0.3$；1/2 倍频程，$F=0.2$；1/3 倍频程，$F=0.15$。

有时用响度下降百分率来衡量噪声治理后的效果，响度下降的百分率 η 见式（1-108）。

$$\eta = (N_1 - N_2)/N_1 \times 100\% \tag{1-108}$$

式中，N_1、N_2——分别表示噪声治理前和治理后的响度，sone。

例题 某声源在指定测点处，测得治理前、治理后的声压级如表 1-22 中第 2～3 行所示。计算治理前、治理后的总响度和响度下降的百分率。

解：由图 1-16 查到各频率和声压级对应的响度指数列于第 4 行和第 5 行。

表 1-22 测点处频率、声压级及响度指数

中心频率/Hz	治理前声压级/dB	治理后声压级/dB	治理前响度指数/sone	治理后响度指数/sone
500	85	75	19	10
1 000	95	85	50	23
2 000	93	85	53	28
4 000	90	80	50	24
8 000	80	75	30	22

治理前 $N_t = 53 + 0.3 \times (202 - 53) = 97.7$ (sone)

治理后 $S_t = 28 + 0.3 \times (107 - 28) = 51.7$ (sone)

响度下降百分率 $\eta = [(97.7 - 51.7)/97.7] \times 100\% = 41.7\%$

1.4.2.2 A声级

从等响曲线看出，人耳对低频声不敏感，对高频声敏感。为了使声音的客观量度和人耳的听觉主观感受近似取得一致，在测量仪器中，通常通过安装一套滤波器（也称计权网络），对不同频率声音的声压级经某种特定的加权修正后，再叠加计算可得噪声总的声压级，此声压级称为计权声级。

计权网络是近似以人耳对纯音的响度级频率特性而设计的，通常采用的有 A、B、C 三种计权网络（见图 1-17）。其中 A 计权网络相当于 40 phon 等响曲线的倒置；B 计权网络相当于 70 phon 等响曲线的倒置；C 计权网络相当于 100 phon 等响曲线的倒置。B、C 计权网络已较少被采用。A 计权网络的频率响应与人耳对宽频带的声音的灵敏度相当。

用 A、B、C 的计权网络测得的分贝数，分别称为 A 声级、B 声级和 C 声级，单位分别记为 dBA 或 dB（A）、dBB 或 dB（B）、dBC 或 dB（C）。A、B、C 的计权值与频率的关系见表 1-23。各频率下的声级等于相应的声压级加计权值。

1.4.2.3 等效连续A声级

人们工作的环境有可能是稳态的噪声（噪声的强度和频率基本上不随时间而变）环境，也可能是不稳态的噪声环境。例如，某人处于稳态噪声 85 dB（A）下工作 8 h。而另

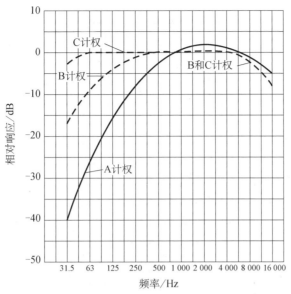

图 1-17 A、B、C 计权网络的频率响应

表 1-23 由平直响应到 A、B、C 计权的声级转换

频率/Hz	A 计权/dB（A）	B 计权/dB（B）	C 计权/dB（C）
10	−70.4	−38.2	−14.3
12.5	−63.4	33.2	−11.2
16	−56.7	−28.5	−8.5
20	−50.5	−24.2	−6.2
25	−44.7	−20.4	−4.4
31.5	−39.4	−17.1	−3.0
40	−34.6	−14.2	−2.0
50	−30.2	−11.6	−1.3
63	−26.2	−9.3	−0.8
80	−22.5	−7.4	−0.5
100	−19.1	−5.6	−0.3
125	−16.1	−4.2	−0.2
160	−13.4	−3.0	0.1
200	−10.9	−2.0	0
250	−8.6	−1.3	0
315	−6.6	−0.8	0
400	−4.8	−0.5	0
500	−3.2	−0.3	0
630	−1.9	−0.1	0
800	−0.8	0	0
1 000	0	0	0
1 250	+0.6	0	0

频率/Hz	A 计权/dB（A）	B 计权/dB（B）	C 计权/dB（C）
1 600	+1.0	0	−0.1
2 000	+1.2	−0.1	−0.2
2 500	+1.3	−0.2	−0.3
3 150	+1.2	−0.4	−0.5
4 000	+1.0	−0.7	−0.8
5 000	+0.5	−1.2	−1.3
6 300	−0.1	−1.9	−2.0
8 000	−1.1	−2.9	−3.0
10 000	−2.5	−4.3	−4.4
12 500	−4.3	−6.1	−6.2
16 000	−6.6	−8.4	−8.5
20 000	−9.3	−11.1	−11.2

一人分别在 85 dB（A）下工作 3 h，95 dB（A）下工作 1 h，75 dB（A）下工作 4 h，这人就是处于一种不稳态的噪声环境下。如何来评价这两个人谁受到的干扰大？这就需要将不稳态噪声，换算为等效连续 A 声级，才能进行比较。等效连续 A 声级又称等能量 A 计权声级，它等效于在相同的时间间隔 T 内与不稳定噪声能量相等的连续稳定噪声的 A 声级，其符号为 L_{Aeq}，T 或 L_{eq}，数学表达式为

$$L_{eq} = 10 \lg \left[\frac{1}{T} \int_0^t 10^{0.1L_A} \, dt \right] \tag{1-109}$$

式中，L_{eq}——等效连续 A 声级，dB（A）；

    t——噪声暴露时间，h 或 min 或 s；

    L_A——时间 t 内的 A 声级，dB（A）。

当测量值 L_A 是非连续离散值时，式（1-109）可写为

$$L_{eq} = 10 \lg \left[\frac{1}{\sum_i t_i} \sum_i \left(t_i 10^{0.1L_{Ai}} \right) \right] \tag{1-110}$$

式中，t_i——第 i 段时间，h 或 min 或 s；

    L_{Ai}——t_i 时段内的 A 声级，dB（A）。

对于等时间间隔取样，若时间划分的段数为 N，式（1-110）可写为

$$L_{eq} = 10 \lg \left[\frac{1}{T} \sum 10^{0.1L_A} \right] \tag{1-111}$$

在对不稳态噪声的大规模调查中，已证明等效连续 A 声级与人的主观反应有很好的相关性。不少国家的噪声标准中，都规定用等效连续 A 声级作为评价指标。

1.4.2.4 昼间等效声级、夜间等效声级和昼夜等效声级

近年来在等效声级的基础上，发展为采用昼夜等效声级来评价城市环境噪声。由于人们对夜间噪声比较敏感，因此对所有在夜里 22 时至次日晨 6 时前出现的声级，均以实际声级加

上 10 dB 处理。昼间等效声级（L_d）、夜间等效声级（L_n）和昼夜等效声级（L_{dn}）分别为

$$L_d = 10\lg\left[\frac{1}{16}\sum_{i=1}^{16}10^{0.1L_i}\right]_v \tag{1-112}$$

$$L_n = 10\lg\left[\frac{1}{8}\sum_{j=1}^{8}10^{0.1(L_j+10)}\right] \tag{1-113}$$

$$L_{dn} = 10\lg\left[\frac{1}{24}\left(\sum_{i=1}^{16}10^{0.1L_i}+\sum_{j=1}^{8}10^{0.1(L_j+10)}\right)\right]=10\lg\left[\frac{2}{3}\cdot10^{0.1L_i}+\frac{1}{3}\cdot10^{0.1(L_n+10)}\right] \tag{1-114}$$

式中，L_{dn}——昼夜等效声级，dB（A）；

　　　L_d——昼间（06：00—22：00）的等效声级，dB（A）；

　　　L_n——夜间（22：00—06：00）的等效声级，dB（A）；

　　　L_i——昼间 16 个小时中第 i 小时的等效声级，dB（A）；

　　　L_j——夜间 8 个小时中第 j 小时的等效声级，dB（A）。

1.4.2.5　累计百分声级

对于连续起伏的噪声，例如道路交通噪声，从记录到的 A 声级随时间的变化情况（图 1-18）可以看出，这种噪声有随机起伏的特性。如何来描述噪声随时间的变化特性，在噪声控制中采用累计概率来表示，称累计百分声级（也称统计声级）。

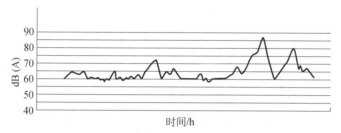

图 1-18　高繁忙干道噪声随时间的变化曲线（示意）

累计百分声级用 L_x 表示，指在测量时间内 $x\%$（x 是 100 以内的自然数）的测量时间所超过的声级。例如，L_{90}=70 dB（A），表示整个测量时间内有 90%的测量时间噪声都超过 70 dB（A），通常把它看作背景噪声；L_{50}=74 dB（A），表示 50%的测量时间，噪声超过 74 dB（A），称它为中间值噪声；L_{10}=80 dB（A），表示 10%的测量时间，噪声超过 80 dB（A），称它为峰值噪声。累计百分声级的结果常用图 1-19 的形式表示，曲线 1 是累计分布，它表示在观测时间里，超过某个声级的时间百分数；直方图 2 表示在观测时间里，以每 5 dB（A）为一档，声级所占的时间百分数，如超过 75 dB（A）的时间占88%，超过 95 dB（A）的时间占 1%。

累计百分声级的标准偏差 σ，用下式计算：

$$\sigma = \sqrt{\frac{1}{n-1}\sum_{i=1}^{n}\left(L_i-\bar{L}\right)^2} \tag{1-115}$$

式中，L_i——第 i 个声级，dB（A）；

$\overline{L}$ ——所有声级的算术平均值，dB（A）；

n ——测得声级的总个数。

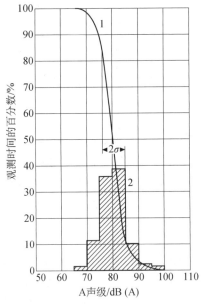

1—累计分布曲线；2—统计分布直方图

图 1-19　统计声级

交通噪声常采用累计百分声级作为评价量，一些国家以 L_{10} 作为交通噪声的评价量，近年来也有采用 L_5、L_{95} 的。由于交通噪声基本符合正态分布，可用下式计算等效连续 A 声级 L_{eq}。

$$L_{eq} = L_{50} + \frac{d^2}{60} \qquad (1\text{-}116)$$

式中，$d = L_{10} - L_{90}$。

等效声级的标准偏差 σ 可通过下式计算：$\sigma = \left(L_{16} - L_{84}\right)/2$。

由等间隔测量数据求累计百分声级，可将测到的 100 个数据从大到小排列，第 10 个数据即为 L_{10}，第 50 个数据即为 L_{50}，第 90 个数据即为 L_{90}。

1.4.2.6　LKZ——噪声污染值

LKZ 是德语 Lärm Kenn Ziffer 的缩写，可译作"噪声识别数"或"噪声污染值"，是汉堡噪声研究所在 1997 年提出的。它的含义是某点的噪声超标值与在该点受此超标噪声污染影响的人数的乘积。LKZ 比原来 L_{eq} 的概念明显进了一步，既考虑了超标值，又考虑了受影响的人数，更全面地反映了噪声污染的影响。汉堡噪声研究所开发出了相关的应用软件，可以计算每条街区或整个城市的 LKZ，还可以模拟在采取某种减噪措施后各点及全市的 LKZ 的变化，为城市的噪声污染防治工作提供技术支持。他们已将此概念和方法向整个德国（2000 年 9 月全德噪声防治会议，海德堡）以及欧盟其他国家（从 2000 年 2 月在柏林召开的专家组会议开始）推广。

1.4.2.7　城市环境噪声评价

（1）算术平均值法

把全市各等距离网格（如 500 m×500 m）中心测到的 L_{10}、L_{50}、L_{90}、L_{eq} 分别相加，求算术平均值，即

$$\overline{L} = \frac{1}{N} \sum_{i=1}^{n} L_i \qquad (1\text{-}117)$$

式中，$\overline{L}$——分别由 L_{10}、L_{50}、L_{90}、L_{eq} 求出的平均值，dB（A）；

　　　N——等距离网格数，一般应大于 100；

　　　L_i——第 i 个网格测到的 L_{10}、L_{50}、L_{90}、L_{eq}，dB（A）。

（2）污染分布模式

对各类噪声源（如交通、工业、社会生活、建筑施工等）按环境噪声测量方法测得 A 声级，计算出各测点的等效连续 A 声级，然后计算各类噪声源全部测点的等效声级的平均值，再根据下式计算全市的平均等效连续 A 声级 L_{eq}。

$$L_{eq} = L_T A_T + L_I A_I + L_C A_C + L_H A_H + L_d A_d \qquad (1\text{-}118)$$

式中，L_T、L_I、L_C、L_H、L_d——分别表示交通、工业、社会生活、建筑施工和其他噪声的等效连续 A 声级的平均值，dB（A）；

　　　A_T、A_I、A_C、A_H、A_d——分别表示交通、工业、社会生活、建筑施工和其他噪声污染覆盖面的面积率，%。

（3）噪声污染指数

以室外高烦恼噪声级 75 dB（A）为基准，用被测 A 声级 L_i 与它相比得噪声污染质量指数 PNI，即

$$PNI = \frac{L_i}{75} \qquad (1\text{-}119)$$

计算出 PNI 后，可按表 1-24 查出噪声影响的等级。表 1-24 还提供了由等效连续 A 声级查环境影响的等级。

表 1-24　环境噪声影响等级

等级	分级名称	PNI	L_{eq}/dB（A）
一	很好	<0.6	<45
二	好	0.6～0.67	45～50
三	一般	0.67～0.75	50～56
四	坏	0.75～1.0	56～75
五	恶化	>1.0	>75

（4）噪声冲击指数

区域环境噪声污染的评价，除考虑声级大小外，还需考虑受噪声危害的人数，为此提出噪声冲击指数，用以评价区域环境噪声。噪声冲击指数（NII）用下式计算。

$$NII = \frac{TW_iP_i}{\sum_i P_i} = \frac{\sum_i W_iP_i}{\sum_i P_i} \qquad (1\text{-}120)$$

式中，TW_iP_i——噪声冲击的总计权人数，$TW_iP_i = \sum W_iP_i$，人；

P_i——全年或某时段内，昼夜等效声级 L_{dni} 影响的人数，人；

$\sum_i P_i$——总人数，人；

W_i——昼夜等效声级 L_{dni} 的干扰计权因子，W_i 见表 1-25。

表 1-25 L_{dn} 范围的干扰计权因子

L_{dn}/dB（A）	W_i	L_{dn}/dB（A）	W_i
35～40	0.01	65～70	0.54
40～45	0.02	70～75	0.83
45～50	0.05	75～80	1.20
50～55	0.09	80～85	1.70
55～60	0.18	85～90	2.31
60～65	0.32		

利用噪声冲击指数，可以对两个城市或两个地区的噪声影响进行比较，也可以计算和比较采取噪声控制后的效果。噪声冲击指数大，表明噪声污染严重，利用噪声冲击指数可按表 1-26 确定噪声影响的等级。

表 1-26 城市噪声影响评价等级

NII	等级	评价结果	NII	等级	评价结果
≤0.03	1	优	≤0.44	4	差
≤0.07	2	良	≤1	5	很差
≤0.25	3	合格	>1	6	恶化

1.4.2.8 噪声评价数（NR）曲线

ISO 于 1961 年公布了一组噪声评价数（NR）曲线（图 1-20）。NR 评价曲线以 1 000 Hz 倍频带声压级值作为噪声评价数 NR，其他倍频带声压级与噪声评价数 NR 的关系可由式（1-121）计算。

$$L_{pi} = a + bNR_i \qquad (1\text{-}121)$$

式中，a、b——不同倍频带中心频率的系数，见表 1-27；

L_{pi}——第 i 个频带声压级；

NR_i——第 i 个频带 NR 值。

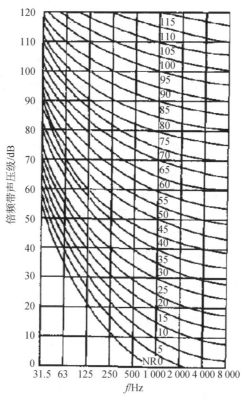

图 1-20 噪声评价数（NR）曲线

表 1-27 不同倍频带中心频率的系数

倍频带中心频率/Hz	a	b
63	35.5	0.790
125	22.0	0.870
250	12.0	0.930
500	4.8	0.974
1 000	0	1.000
2 000	−3.5	1.015
4 000	−6.1	1.025
8 000	−8.0	1.030

求 NR 值的方法为：

① 将测得噪声的各倍频带声压级与右图上的曲线进行比较，得出各倍频带的 NR 值；

② 取其中的最大值 NR_m（取整数）；

③ 将最大值 NR_m 加 1 即得所求环境的 NR 值。

1.4.2.9 噪声地图

随着噪声自动监测的迅速发展，出现了一项新型的城市噪声预测方法——噪声地图（noise mapping）。噪声地图是指利用噪声源强、噪声预测软件、地理信息系统、声学仿真模拟软件等绘制并通过噪声实际测量数据检验校正，最终生成的地理平面和建筑立面上的噪声值分布图，一般以不同颜色的噪声等高线、网格和色带来表示。噪声地图是 21 世纪初在欧洲迅速发展起来的一项新型的城市噪声管理方法，其特点是能够比较直观地提供某一状况下某一地区的噪声污染情况，既可以让公众上网查询噪声地图，了解城市不同区域的噪声情况，有利于公众更深入地了解声环境状况，参与监督，又可以为政府部门在城市总体规划、交通发展、噪声污染控制方面提供决策参考依据。英国的伯明翰市是最早制作全城范围噪声地图的城市，该市在英国政府环保部门的支持下，已于 2000 年完成了噪声地图的绘制，2004 年又启动了一个地图更新的项目。2005 年，英国出版了世界上最大的官方噪声地图——《伦敦道路交通噪声地图》。在该噪声地图上，不同的颜色代表不同的声压级，人们只要登录噪声地图网站并输入邮编，就可以知道相关街道上噪声的大小。

绘制一张噪声地图首先需要进行噪声源数据、地理数据、建筑的分布状况、道路状况、公路、铁路和机场等信息采集，选择噪声预测软件对特定区域的噪声地图进行绘制，再通过噪声实际测量数据检验校正预测模型，通过几次校正，最终生成地理平面和建筑立面上的噪声值分布图。因此，噪声地图也就是应用现代计算机技术，将噪声源的数据、地理数据、建筑的分布状况、道路状况、交通资料以及相关地理信息综合、分析和计算后生成的反映城市噪声水平状况的数据地图。该方法主要以噪声预测数据为基础，建立合理、高效、明确的城市噪声管理体系，使噪声管理有计划、有重点、有效果。

1.4.3 噪声影响评价与预测

1.4.3.1 声环境影响评价技术工作程序

声环境影响评价的工作程序见图 1-21。

根据建设项目实施过程中噪声影响特点，可按施工期和运行期分别开展声环境影响评价。运行期声源为固定声源时，将固定声源投产运行年作为评价水平年；运行期声源为移动声源时，将工程预测的代表性水平年作为评价水平年。

1.4.3.2 评价等级、评价范围及评价标准

（1）评价等级

声环境影响评价工作等级一般分为三级，一级为详细评价，二级为一般性评价，三级为简要评价。

一级评价：评价范围内有适用于 GB 3096—2008 规定的 0 类声环境功能区域，或建设项目建设前后评价范围内声环境保护目标噪声级增量达 5 dB（A）以上［不含 5 dB（A）］，或受影响人口数量显著增加时，按一级评价。

二级评价：建设项目所处的声环境功能区为 GB 3096—2008 规定的 1 类、2 类地区，或建设项目建设前后评价范围内声环境保护目标噪声级增量达 3～5 dB（A），或受噪声影响人口数量增加较多时，按二级评价。

三级评价：建设项目所处的声环境功能区为 GB 3096—2008 规定的 3 类、4 类地区，或建设项目建设前后评价范围内声环境保护目标噪声级增量在 3 dB（A）以下［不含 3 dB（A）］，且受影响人口数量变化不大时，按三级评价。

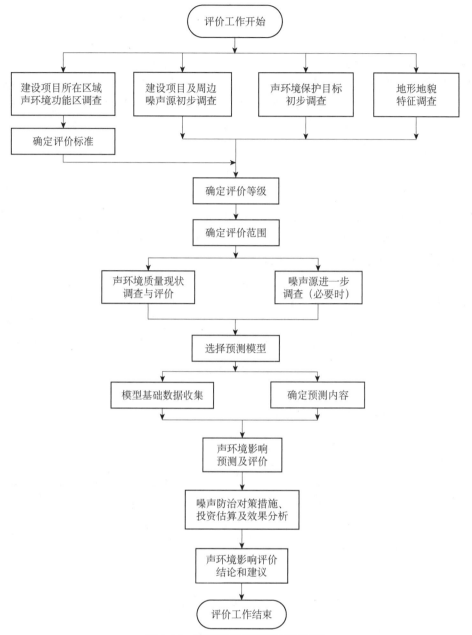

图 1-21 声环境影响评价工作程序

在确定评价等级时，如果建设项目符合两个等级的划分原则，按较高等级评价。机场建设项目航空器噪声影响评价等级为一级。

（2）评价范围

① 固定声源为主的建设项目

对于以固定声源为主的建设项目，如工厂、码头、站场等，满足一级评价的要求，一般以建设项目边界向外 200 m 为评价范围；二级、三级评价范围可根据建设项目所在区域和相邻区域的声环境功能区类别及声环境保护目标等实际情况适当缩小；如依据建设项目声源计算得到的贡献值到 200 m 处，仍不能满足相应功能区标准值时，应将评价范围扩大到满足标准值的距离。

② 移动声源为主的建设项目

对于以移动声源为主的建设项目，如公路、城市道路、铁路、城市轨道交通等地面交通，满足一级评价的要求，一般以线路中心线外两侧 200 m 以内为评价范围；二级、三级评价范围可根据建设项目所在区域和相邻区域的声环境功能区类别及声环境保护目标等实际情况适当缩小；如依据建设项目声源计算得到的贡献值到 200 m 处，仍不能满足相应功能区标准值时，应将评价范围扩大到满足标准值的距离。

③ 机场项目

机场项目按照每条跑道承担飞行量进行评价范围划分：对于单跑道项目，以机场整体的吞吐量及起降架次判定机场噪声评价范围；对于多跑道机场，根据各条跑道分别承担的飞行量情况各自划定机场噪声评价范围并取合集；对于单跑道机场，机场噪声评价范围应是以机场跑道两端、两侧外扩一定距离形成的矩形范围；对于全部跑道均为平行构型的多跑道机场，机场噪声评价范围应是各条跑道外扩一定距离后的最远范围形成的矩形范围；对于存在交叉构型的多跑道机场，机场噪声评价范围应为平行跑道（组）与交叉跑道的合集范围。

对于增加跑道项目或变更跑道位置项目（例如现有跑道变为滑行道或新建一条跑道），在现状机场噪声影响评价和扩建机场噪声影响评价工作中，可分别划定机场噪声评价范围。机场噪声评价范围应不小于计权等效连续感觉噪声级 70 dB 等声级线范围。

不同飞行量机场推荐噪声评价范围见表 1-28。

表 1-28　机场项目噪声评价范围

机场类别	起降架次（N，单条跑道承担量）	跑道两端推荐评价范围	跑道两侧推荐评价范围
运输机场	$N \geq 15$ 万架次/a	两端各 12 km 以上	两侧各 3 km
	10 万架次/a$\leq N <$15 万架次/a	两端各 10～12 km	两侧各 2 km
	5 万架次/a$\leq N <$10 万架次/a	两端各 8～10 km	两侧各 1.5 km
	3 万架次/a$\leq N <$5 万架次/a	两端各 6～8 km	两侧各 1 km
	1 万架次/a$\leq N <$3 万架次/a	两端各 3～6 km	两侧各 1 km
	$N <$1 万架次/a	两端各 3 km	两侧各 0.5 km
通用机场	无直升飞机	两端各 3 km	两侧各 0.5 km
	有直升飞机	两端各 3 km	两侧各 1 km

（3）评价标准

应根据声源的类别和项目所处的声环境功能区类别确定声环境影响评价标准。没有划分声环境功能区的区域应采用地方生态环境主管部门确定的标准。

1.4.3.3　噪声源调查与分析

（1）调查与分析对象

噪声源调查包括拟建项目的主要固定声源和移动声源。给出主要声源的数量、位置和强度，并在标准规范的图中标识固定声源的具体位置或移动声源的路线、跑道等位置。噪声源调查内容和工作深度应符合环境影响预测模型对噪声源参数的要求。一级、二级、三级评价均应调查分析拟建项目的主要噪声源。

（2）源强获取方法

噪声源源强核算应按照《污染源源强核算技术指南　准则》（HJ 884—2018）的要求进行，有行业污染源源强核算技术指南的应优先按照指南中规定的方法进行；无行业污染源源强核算技术指南，但行业导则中对源强核算方法有规定的，优先按照行业导则中规定的方法进行。对于拟建项目噪声源源强，当缺少所需数据时，可通过声源类比测量或引用有效资料、研究成果来确定。采用声源类比测量时应给出类比条件。噪声源需获取的参数、数据格式和精度应符合环境影响预测模型输入要求。

1.4.3.4　声环境现状调查和评价

（1）评价要求

一级、二级评价：调查评价范围内声环境保护目标的名称、地理位置、行政区划、所在声环境功能区、不同声环境功能区内人口分布情况、与建设项目的空间位置关系、建筑情况等。评价范围内具有代表性的声环境保护目标的声环境质量现状需要现场监测，其余声环境保护目标的声环境质量现状可通过类比或现场监测结合模型计算给出。调查评价范围内有明显影响的现状声源的名称、类型、数量、位置、源强等。评价范围内现状声源源强调查应采用现场监测法或收集资料法确定。分析现状声源的构成及其影响，对现状调查结果进行评价。

三级评价：调查评价范围内声环境保护目标的名称、地理位置、行政区划、所在声环境功能区、不同声环境功能区内人口分布情况、与建设项目的空间位置关系、建筑情况等。对评价范围内具有代表性的声环境保护目标的声环境质量现状进行调查，可利用已有的监测资料，无监测资料时可选择有代表性的声环境保护目标进行现场监测，并分析现状声源的构成。

（2）声环境质量现状调查方法

现状调查方法包括现场监测法、现场监测结合模型计算法、收集资料法。调查时，应根据评价等级的要求和现状噪声源情况，确定需采用的具体方法。

① 现场监测法

a. 监测布点原则

布点应覆盖整个评价范围，包括厂界（场界、边界）和声环境保护目标。当声环境保护目标高于（含）三层建筑时，还应按照噪声垂直分布规律、建设项目与声环境保护目标高差等因素选取有代表性的声环境保护目标的代表性楼层设置测点。

评价范围内没有明显的声源（如工业噪声、交通运输噪声、建设施工噪声、社会生活噪声等）时，可选择有代表性的区域布设测点。

评价范围内有明显声源，并对声环境保护目标的声环境质量有影响时，或建设项目为改建、扩建工程，应根据声源种类采取不同的监测布点原则：

a）当声源为固定声源时，现状测点应重点布设在可能同时受到既有声源和建设项目声源影响的声环境保护目标处，以及其他有代表性的声环境保护目标处；为满足预测需要，也可在距离既有声源不同距离处布设衰减测点。

b）当声源为移动声源，且呈现线声源特点时，现状测点位置选取应兼顾声环境保护目标的分布状况、工程特点及线声源噪声影响随距离衰减的特点，布设在具有代表性的声环境保护目标处。为满足预测需要，可在垂直于线声源不同水平距离处布设衰减测点。

c）对于改建、扩建机场工程，测点一般布设在主要声环境保护目标处，重点关注航迹下方的声环境保护目标及跑道侧向较近处的声环境保护目标，测点数量可根据机场飞行量及周围声环境保护目标情况确定，现有单条跑道、两条跑道或三条跑道的机场可分别布设 3~9 个、9~14 个或 12~18 个噪声测点，跑道增加或保护目标较多时可进一步增加测点。对于评价范围内少于 3 个声环境保护目标的情况，原则上布点数量不少于 3 个，结合声保护目标位置布点的，应优先选取跑道两端航迹 3 km 以内范围的保护目标位置布点；无法结合保护目标位置布点的，可适当结合航迹下方的导航台站位置进行布点。

b. 监测依据

声环境质量现状监测执行 GB 3096—2008；机场周围飞机噪声测量执行 GB 9661—88；工业企业厂界环境噪声测量执行 GB 12348—2008；社会生活环境噪声测量执行 GB 22337—2008；建筑施工场界环境噪声测量执行 GB 12523—2011；铁路边界噪声测量执行 GB 12525—90。

② 现场监测结合模型计算法

当现状噪声声源复杂且声环境保护目标密集，在调查声环境质量现状时，可考虑采用现场监测结合模型计算法。如多种交通并存且周边声环境保护目标分布密集、机场改扩建等情形。

利用监测或调查得到的噪声源强及影响声传播的参数，采用各类噪声预测模型进行噪声影响计算，将计算结果和监测结果进行比较验证，计算结果和监测结果在允许误差范围内（≤3 dB）时，可利用模型计算其他声环境保护目标的现状噪声值。

（3）现状评价

分析评价范围内既有主要声源种类、数量及相应的噪声级、噪声特性等，明确主要声源分布。

分别评价厂界（场界、边界）和各声环境保护目标的超标和达标情况，分析其受到既有主要声源的影响状况。

1.4.3.5 声环境影响预测

（1）基本要求

预测范围：声环境影响预测范围应与评价范围相同。

预测点和评价点确定原则：建设项目评价范围内声环境保护目标和建设项目厂界（场界、边界）应作为预测点和评价点。

建设项目的声源资料主要包括声源种类、数量、空间位置、声级、发声持续时间和对声环境保护目标的作用时间等，环境影响评价文件中应标明噪声源数据的来源。工业企业等建设项目声源置于室内时，应给出建筑物门、窗、墙等围护结构的隔声量和室内平均吸声系数等参数。

环境数据：影响声波传播的各类参数应通过资料收集和现场调查取得。各类数据包括：建设项目所处区域的年平均风速和主导风向、年平均气温、年平均相对湿度、大气压强；声源和预测点间的地形、高差；声源和预测点间障碍物（如建筑物、围墙等）的几何参数；声源和预测点间树林、灌木等的分布情况以及地面覆盖情况（如草地、水面、水泥地面、土质地面等）。

（2）预测方法

声环境影响可采用参数模型、经验模型、半经验模型进行预测，也可采用比例预测法、类比预测法进行预测。

① 户外声传播的预测

根据《声学　户外声传播衰减　第 1 部分：大气声吸收的计算》（GB/T 17247.1—2000）和《声学　户外声传播的衰减　第 2 部分：一般计算方法》（GB/T 17247.2—1998），《环境影响评价技术导则　声环境》（HJ 2.4—2021）附录 A 中规定了计算户外声传播衰减的工程法，用于预测各种类型声源在远处产生的噪声。该方法可预测已知噪声源在有利于声传播的气象条件下的等效连续 A 声级。规定的方法特别包括倍频带算法（用 63～8 000Hz 的标称频带中心频率）用于计算点声源或点声源组的声衰减，这些声源是移动的或者是固定的，算法中规定了物理效应（几何发散、大气吸收、地面效应、地面反射、障碍物引起的屏蔽）的计算方法。该方法可用于各式各样的噪声源和噪声环境，可以直接或间接应用于有关路面、铁路交通、工业噪声源、建筑施工活动和许多其他以地面为基础的噪声源，但不能应用于在飞行的飞机，或对采矿、军事或相似操作的冲击波。

a. 户外声传播衰减包括几何发散（A_{div}）、大气吸收（A_{atm}）、地面效应（A_{gr}）、障碍物屏蔽（A_{bar}）、其他多方面效应（A_{misc}）引起的衰减。

在环境影响评价中，应根据声源声功率级或参考位置处的声压级、户外声传播衰减，计算预测点的声级，分别按式（1-122）和式（1-123）计算。

$$L_p(r) = L_W + D_C - \left(A_{div} + A_{atm} + A_{gr} + A_{bar} + A_{misc} \right) \tag{1-122}$$

$$L_p(r) = L_p(r_0) + D_C - \left(A_{div} + A_{atm} + A_{gr} + A_{bar} + A_{misc} \right) \tag{1-123}$$

式中，$L_p(r)$ ——预测点处声压级，dB；

　　　L_W——由点声源产生的声功率级（A 计权或倍频带），dB；

　　　$L_p(r_0)$ ——参考位置 r_0 处的声压级，dB；

　　　D_C——指向性校正，它描述点声源的等效连续声压级与产生声功率级 L_W 的全向点声源在规定方向的声级的偏差程度，dB；

　　　A_{div}——几何发散引起的衰减，dB；

　　　A_{atm}——大气吸收引起的衰减，dB；

　　　A_{gr}——地面效应引起的衰减，dB；

　　　A_{bar}——障碍物屏蔽引起的衰减，dB；

A_{misc}——其他多方面效应引起的衰减，dB。

b. 预测点的 A 声级 $L_A(r)$ 可按式（1-124）计算，即将 8 个倍频带声压级合成，计算出预测点的 A 声级 $[L_A(r)]$。

$$L_A(r) = 10\lg\left\{\sum_{i=1}^{8}10^{0.1\left[L_{pi}(r)-\Delta L_i\right]}\right\} \tag{1-124}$$

式中，$L_{pi}(r)$——预测点 r 处，第 i 倍频带声压级，dB；

ΔL_i——第 i 倍频带 A 计权网络修正值，dB。

c. 在只考虑几何发散衰减时，可按式（1-125）计算。

$$L_A(r) = L_A(r_0) - A_{div} \tag{1-125}$$

关于衰减项的计算，参考《环境影响评价技术导则　声环境》（HJ 2.4—2021）附录 A 进行计算。主要包括点声源、线声源、面声源的几何发散衰减 A_{div}、大气吸收引起的衰减 A_{atm}、地面效应引起的衰减 A_{gr}、障碍物引起的衰减 A_{bar}（如有限长薄屏障在点声源声场中引起的衰减、双绕射引起的衰减、屏障在线声源声场中引起的衰减）、其他多方面效应引起的衰减 A_{misc}（如绿化带、建筑群引起的衰减）。

② 典型行业噪声预测模型

声环境影响预测，一般采用声源的倍频带声功率级、A 声功率级或靠近声源某一位置的倍频带声压级、A 声级来预测计算距声源不同距离的声级。工业声源有室外和室内两种声源，应分别计算。室外声源在预测点产生的声级计算见户外声传播的预测。

a. 室内声源等效室外声源声功率级计算

如图 1-22 所示，声源位于室内，室内声源可采用等效室外声源声功率级法进行计算。设靠近开口处（或窗户）室内、室外某倍频带的声压级分别为 L_{p1} 和 L_{p2}。若声源所在室内声场为近似扩散声场，则室外的倍频带声压级可按式（1-126）近似求出。

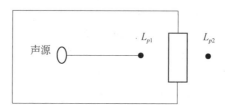

图 1-22　室内声源等效为室外声源示意

$$L_{p2} = L_{p1} - (TL + 6) \tag{1-126}$$

式中，L_{p1}——靠近开口处（或窗户）室内某倍频率的声压级或 A 声级，dB；

L_{p2}——靠近开口处（或窗户）室外某倍频率的声压级或 A 声级，dB；

TL——隔墙（或窗户）倍频带或 A 声级的隔声量，dB。

也可按式（1-127）计算某一室内声源靠近围护结构处产生的倍频带声压级或 A 声级：

$$L_{p1} = L_W + 10\lg\left(\frac{Q}{4\pi r^2} + \frac{4}{R}\right) \tag{1-127}$$

式中，L_W——点声源声功率级（A 计权或倍频带），dB；

Q——指向性因素（通常指无指向性声源，当声源放在房间中心时，$Q=1$；当放在一面墙的中心时，$Q=2$；当放在两面墙夹角处时，$Q=4$；当放在三面墙夹角处时，$Q=8$）；

R——房间常数（$R=S\alpha/(1-\alpha)$，S 为房间内表面面积，m^2；α 为平均吸声系数）；

r——声源到靠近围护结构某点处的距离，m。

然后按式（1-128）计算出所有室内声源在围护结构处产生的 i 倍频带叠加声压级：

$$L_{p1i}(T) = 10\lg\left(\sum_{j=1}^{N}10^{0.1L_{p1ij}}\right) \tag{1-128}$$

式中，$L_{p1i}(T)$——靠近围护结构处室内 N 个声源 i 倍频带的叠加声压级，dB；

L_{p1ij}——室内 j 声源 i 频带的声压级，dB；

N——室内声源总数。

在室内近似为扩散声场时，按照式（1-129）计算靠近室外围护结构的声压级：

$$L_{p2i}(T) = L_{p1i}(T) - (TL_i + 6) \tag{1-129}$$

式中，$L_{p2i}(T)$——靠近围护结构处室外 N 个声源 i 倍频带的叠加声压级，dB；

$L_{p1i}(T)$——靠近围护结构处室内 N 个声源 i 倍频带的叠加声压级，dB；

TL_i——围护结构 i 倍频带的隔声量，dB。

然后按式（1-130）将室外声源的声压级和透过面积换算成等效的室外声源，计算出中心位置位于透声面积（S）处的等效声源的倍频带声功率级。

$$L_W = L_{p2}(T) + 10\lg S \tag{1-130}$$

式中，L_W——中心位置位于透声面积（S）处的等效声源的倍频带声功率级，dB；

$L_{p2}(T)$——靠近围护结构处室外声源的声压级，dB；

S——透声面积，m^2。

然后按室外声源预测方法计算预测点处的 A 声级。

b. 靠近声源处的预测点噪声预测模型

如预测点在靠近声源处，但不能满足点声源条件时，需按线声源或面声源模型计算。

c. 工业企业噪声计算

设第 i 个室外声源在预测点产生的 A 声级为 L_{Ai}，在 T 时段内该声源工作时间为 t_i；第 j 个等效室外声源在预测点产生的 A 声级为 L_{Aj}，在 T 时段内该声源工作时间为 t_j，则拟建工程声源对预测点产生的贡献值（L_{eqg}）为

$$L_{eqg} = 10\lg\left[\frac{1}{T}\left(\sum_{i=1}^{N}t_i 10^{0.11L_{Ai}} + \sum_{j=1}^{M}t_j 10^{0.1L_{Aj}}\right)\right] \tag{1-131}$$

式中，L_{eqg}——建设项目声源在预测点产生的噪声贡献值，dB；

T——用于计算等效声级的时段，s；

N——室外声源个数；

t_i——在 T 时段内 i 声源工作时间，s；

M——等效室外声源个数；

t_j——在 T 时段内 j 声源工作时间，s。

d. 公路（道路）交通运输噪声预测

a）车型分类及交通量折算

车型分类方法按照《公路工程技术标准》（JTG B01—2014）中有关车型划分的标准进行，交通量换算根据工程设计文件提供的小客车标准车型，按照不同折算系数分别折算成小、中、大型车，见表 1-29。

表 1-29　车型分类

车型	汽车代表车型	车辆折算系数	车型划分标准
小	小客车	1.0	座位≤19 座的客车和载质量≤2 t 货车
中	中型车	1.5	座位>19 座的客车和 2 t<载质量≤7 t 货车
大	大型车	2.5	7 t<载质量≤20 t 货车
	汽车列车	4.0	载质量>20 t 的货车

b）基本预测模型

第 i 类车等效声级的预测模型

$$L_{eq}(h)_i = \left(\overline{L_{0E}}\right)_i + 10\lg\left(\frac{N_i}{V_i T}\right) + \Delta L_{距离} + 10\lg\left(\frac{\Psi_1 + \Psi_2}{\pi}\right) + \Delta L - 16 \qquad (1\text{-}132)$$

式中，$L_{eq}(h)_i$——第 i 类车的小时等效声级，dB（A）；

$\left(\overline{L_{0E}}\right)_i$——第 i 类车速度为 V_i（km/h），水平距离为 7.5 m 处的能量平均 A 声级，

dB（A）；

N_i——昼间、夜间通过某个预测点的第 i 类车平均小时车流量，辆/h；

V_i——第 i 类车的平均车速，km/h；

T——计算等效声级的时间，h；

$\Delta L_{距离}$——距离衰减量，dB（A），小时车流量大于等于 300 辆/h 时，$\Delta L_{距离}=10\lg$（7.5/r），小时车流量小于 300 辆/h 时，$\Delta L_{距离}=15\lg$（7.5/r）；

r——从车道中心线到预测点的距离，式（1-132）适用于 $r>7.5$m 的预测点的噪声预测；

Ψ_1、Ψ_2——预测点到有限长路段两端的张角，弧度，如图 1-23 所示。

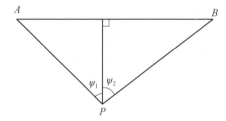

图 1-23　有限路段的修正函数

注：A—B 为路段，P 为预测点。

由其他因素引起的修正量（ΔL_1）可按下式计算：

$$\Delta L = \Delta L_1 - \Delta L_2 + \Delta L_3 \qquad (1\text{-}133)$$

$$\Delta L_1 = \Delta L_{坡度} + \Delta L_{路面} \tag{1-134}$$

$$\Delta L_2 = A_{atm} + A_{gr} + A_{bar} + A_{misc} \tag{1-135}$$

式中，ΔL_1——线路因素引起的修正量，dB（A）；

$\Delta L_{坡度}$——公路坡度修正量，dB（A）；

$\Delta L_{路面}$——公路路面因素引起的修正量，dB（A）；

ΔL_2——声波传播途径中引起的衰减量，dB（A）；

ΔL_3——由反射等因素引起的修正量，dB（A）。

c）总车流等效声级的计算

总车流等效声级按式（1-136）计算：

$$L_{eq}(T) = 10 \lg \left[10^{0.1 L_{eq}(h)大} + 10^{0.1 L_{eq}(h)中} + 10^{01. L_{eq}(h)小} \right] \tag{1-136}$$

式中，L_{eq}（T）——总车流等效声级，dB（A）；

L_{eq}（h）大、L_{eq}（h）中、L_{eq}（h）小——大、中、小型车的小时等效声级，dB（A）。

如某个预测点受多条线路交通噪声影响（如高架桥周边预测点受桥上和桥下多条车道的影响，路边高层建筑预测点受地面多条车道的影响），应分别计算每条道路对该预测点的声级后，经叠加后得到贡献值。

d）修正量和衰减量的计算

（a）线路因素引起的修正量（ΔL_1）

公路坡度引起的修正量（$\Delta L_{坡度}$）可按式（1-137）计算：

$$\Delta L_{坡度} = \begin{cases} 98 \times \beta, & 大型车 \\ 73 \times \beta, & 中型车 \\ 50 \times \beta, & 小型车 \end{cases} \tag{1-137}$$

式中，$\Delta L_{坡度}$——公路坡度修正量；

β——公路纵坡坡度，%。

不同路面的噪声修正量（$\Delta L_{路面}$）见表 1-30。

表 1-30　常见路面噪声修正量

路面类型	行驶速度		
	30 km/h	40 km/h	≥50 km/h
沥青混凝土/dB（A）	0	0	0
水泥混凝土/dB（A）	1.0	1.5	2.0

（b）声波传播途径中引起的衰减量（ΔL_2）

A_{bar}、A_{atm}、A_{gr}、A_{misc} 衰减项计算按《环境影响评价技术导则　声环境》（JH 2.4—2021）附录 A.3 相关模型计算。

（c）两侧建筑物的反射声修正量（ΔL_3）

公路（道路）两侧建筑物反射影响因素的修正。当线路两侧建筑物间距小于总计算高度 30%时，其反射声修正量：

两侧建筑物是反射面时

$$\Delta L_3 = 4H_b / w \leqslant 3.2 \text{ dB} \tag{1-138}$$

两侧建筑物是一般吸收性表面时

$$\Delta L_3 = 2H_b / w \leqslant 1.6 \text{ dB} \tag{1-139}$$

两侧建筑物为全吸收性表面时

$$\Delta L_3 \approx 0 \tag{1-140}$$

式中，L_3——两侧建筑物的反射声修正量，dB；

w——线路两侧建筑物反射面的间距，m；

H_b——建筑物的平均高度，取线路两侧较低一侧高度平均值代入计算，m。

e. 铁路、城市轨道交通噪声预测模型

铁路和城市轨道交通噪声预测方法应根据工程和噪声源的特点确定。预测方法可采用模型预测法、比例预测法、类比预测法、模型试验预测法等。目前以采用模型预测法和比例预测法两种方法为主。

a）铁路（时速低于 200 km/h）、城市轨道交通噪声预测模型+预测点列车运行噪声等效声级基本预测计算式：

$$L_{Aeq,p} = 10\lg\left\{\frac{1}{T}\left[\sum_i n_i t_{eq,i} 10^{0.1\left(L_{p0,t,i}+C_{t,i}\right)} + \sum_i t_{f,i} 10^{0.1\left(L_{p0,r,i}+C_{t,i}\right)}\right]\right\} \tag{1-141}$$

式中，$L_{Aeq,p}$——列车运行噪声等效 A 声级，dB；

T——规定的评价时间，s；

n_i——T 时间内通过的第 i 类列车列数；

$t_{eq,i}$——第 i 类列车通过的等效时间，s；

$L_{p0,t,i}$——规定的第 I 类列车参考点位置噪声辐射源强，可为 A 计权声压级或频带声压级，dB；

$C_{t,i}$——第 i 类列车的噪声修正项，可为 A 计权声压级或频带声压级修正项，dB；

$t_{f,i}$——固定声源的作用时间，s；

$L_{p0,f,i}$——固定声源的噪声辐射源强，可为 A 计权声压级或频带声压级，dB；

$C_{f,i}$——固定声源的噪声修正项，可为 A 计权声压级或频带声压级修正项，dB。列车运行噪声的作用时间采用列车通过的等效时间 t_{eq}，其近似值按式（1-142）计算。

$$t_{eq,i} = \frac{1}{v}\left(1 + 0.8\frac{d}{l}\right) \tag{1-142}$$

式中，$t_{eq,i}$——第 i 类列车通过的等效时间，s；

l——列车长度，m；

v——列车运行速度，m/s；

d——预测点到线路中心线的水平距离，m。

列车通过等效时间 $t_{eq,i}$ 的精确值，可按式（1-143）计算。

$$t_{eq,i} = \frac{l_i}{v_i} \cdot \frac{\pi}{2\arctan\left(\frac{l_i}{2d}\right) + \frac{4dl_i}{4d^2+l_i^2}} \tag{1-143}$$

式中，$t_{\mathrm{eq},i}$——第 i 类列车通过的等效时间，s；

$\quad\quad l_i$——第 i 类列车的长度，m；

$\quad\quad v_i$——第 i 类列车的运行速度，m/s；

$\quad\quad d$——预测点到线路的距离，m。

列车运行噪声的修正项 $C_{\mathrm{t},i}$ 按式（1-144）计算。

$$C_{\mathrm{t},i} = C_{\mathrm{t},v,i} + C_{\mathrm{t},\theta} + C_{\mathrm{t},t} - A_{\mathrm{t,div}} - A_{\mathrm{atm}} - A_{\mathrm{gr}} - A_{\mathrm{bar}} - A_{\mathrm{hous}} + C_{\mathrm{hous}} + C_{\mathrm{w}} \quad\quad (1\text{-}144)$$

式中，$C_{\mathrm{t},i}$——列车运行噪声的修正项，dB；

$\quad\quad C_{\mathrm{t},v,i}$——列车运行噪声速度修正，计算方法可参照式（1-145）、式（1-146）以及式（1-147），dB；

$\quad\quad C_{\mathrm{t},\theta}$——列车运行噪声垂向指向性修正，dB；

$\quad\quad C_{\mathrm{t},t}$——线路和轨道结构对噪声影响的修正，可按类比试验数据、标准方法或相关资料确定，部分条件下修正方法参照表 1-31，dB；

$\quad\quad A_{\mathrm{t,div}}$——列车运行噪声几何发散损失，dB；

$\quad\quad A_{\mathrm{atm}}$——列车运行噪声的大气吸收，计算方法参照 HJ 2.4—2021 中附录 A.3.2，dB；

$\quad\quad A_{\mathrm{gr}}$——地面效应引起的列车运行噪声衰减，计算方法参照 HJ 2.4—2021 中附录 A.3.3，dB；

$\quad\quad A_{\mathrm{bar}}$——声屏障对列车运行噪声的插入损失，dB；

$\quad\quad A_{\mathrm{hous}}$——建筑群引起的列车运行噪声衰减，计算方法参照 HJ 2.4—2021 中附录 A.3.5.2，dB；

$\quad\quad C_{\mathrm{hous}}$——两侧建筑物引起的反射修正，计算方法参照表 HJ 2.4—2021 中附录 A.1，dB；

$\quad\quad C_{\mathrm{W}}$——频率计权修正，dB。

表 1-31 为速度修正。表 1-32 为不同线路和轨道条件噪声修正值。

表 1-31　速度修正

分类	列车速度	线路类型	修正公式	编号
地铁、轻轨、跨座式单轨、有轨电车、普通铁路	<35 km/h	高架线及地面线	$C_{\mathrm{t},v} = 10\lg\left(\dfrac{v}{v_0}\right)$	(1-145)
中低速磁浮	—			
地铁、轻轨、跨座式单轨、有轨电车、普通铁路	35 km/h≤v≤160 km/h	高架线	$C_{\mathrm{t},v} = 20\lg\left(\dfrac{v}{v_0}\right)$	(1-146)
高速铁路（时速低于 200 km/h）	60 km/h≤v<200 km/h			
地铁、轻轨、跨座式单轨、有轨电车、普通铁路	35 km/h≤v≤160 km/h	地面线	$C_{\mathrm{t},v} = 30\lg\left(\dfrac{v}{v_0}\right)$	(1-147)
高速铁路（时速低于 200 km/h）	60 km/h≤v<200 km/h			

式中，$C_{\mathrm{t},v}$——速度修正，dB；
$\quad\quad v_0$——噪声源强的参考速度，km/h，该速度应在预测点设计速度的 75%～125% 范围内；
$\quad\quad v$——列车通过预测点的运行速度，km/h。

表 1-32　不同线路和轨道条件噪声修正值

线路类型		噪声修正值/dB（A）
线路平面圆曲线半径（R）	$R<300$ m	+8
	300 m≤R≤500 m	+3
	$R>500$ m	+0
有缝线路		+3
道岔和交叉线路		+4
坡道（上坡，坡度>6‰）		+2
有砟轨道		−3

固定声源在传播过程中的衰减修正项 $C_{f,i}$ 按式（1-148）计算。

$$C_{f,i} = C_{f,\theta} - A_{div} - A_{atm} - A_{gr} - A_{bar} - A_{hous} \tag{1-148}$$

式中，$C_{f,i}$——固定声源在传播过程中的衰减修正项，dB；

$C_{f,\theta}$——固定声源垂向指向性修正，dB；

A_{div}——固定声源几何发散衰减，dB；

A_{atm}——固定声源大气吸收衰减，计算方法参照 HJ 2.4—2021 中附录 A.3.2，dB；

A_{gr}——地面效应引起的固定声源噪声衰减，计算方法参照 HJ 2.4—2021 中附录 A.3.3，dB；

A_{bar}——屏障引起的固定声源衰减，dB；

A_{hous}——建筑群引起的固定声源声衰减，计算方法参照 HJ 2.4—2021 中附录 A.3.5.2，dB。

计算模型中的速度修正（$C_{t,v}$）、列车运行噪声垂向指向性修正（$C_{t,\theta}$）、固定声源垂向指向性修正（$C_{f,\theta}$）、线路和轨道结构修正（$C_{t,t}$）、列车运行噪声几何发散衰减（$A_{t,div}$）、声屏障插入损失（A_{bar}）参考 HJ 2.4—2021 附录 B 进行计算。

b）铁路（时速为 200 km/h 及以上、350 km/h 及以下）噪声预测模型

铁路（时速为 200 km/h 及以上、350 km/h 及以下）列车运行噪声预测时，需采用多声源等效模型，源强应采用声功率级表示，等效模型可将集电系统噪声视为轨面以上5.3 m 高的移动偶极子声源，车辆上部空气动力噪声视为轨面以上 2.5 m 高无指向性的有限长不相干线声源，以轮轨噪声为主的车辆下部噪声视为轨面以上 0.5 m 高有限长不相干偶极子线声源,见图 1-24。

预测点列车运行噪声等效 A 声级基本预测计算式为

$$L_{Aeq,p} = 10\lg\left\{\frac{1}{T}\left[\sum_i n_i t_{eq,i} 10^{0.1\left(L_{p,i}\right)}\right]\right\} \tag{1-149}$$

式中，$L_{Aeq,p}$——预测点列车运行噪声等效 A 声级，dB；

T——规定的评价时间，s；

n_i——T 时间内通过的第 i 类列车列数；

$t_{eq,i}$——第 i 类列车通过的等效时间，s；

$L_{p,i}$——第 i 类列车通过时段预测点处等效连续 A 声级，dB。

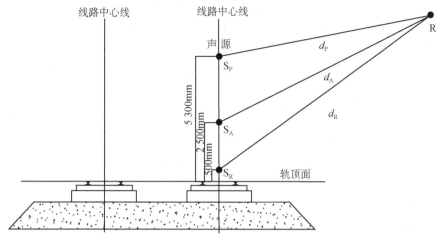

图 1-24　铁路（时速为 200 km/h 及以上、350 km/h 及以下）噪声预测声源模型示意

第 i 类列车通过时段预测点处等效连续 A 声级按式（1-150）计算：

$$L_{p,i} = 10\lg[10^{0.1(L_{wP,i}+C_{P,i})} + 10^{0.1(L_{wA,i}+C_{A,i})} + 10^{0.1(L_{wR,i}+C_{R,i})}] \tag{1-150}$$

式中，$L_{p,i}$——第 i 类列车通过时段预测点处等效连续 A 声级，dB；

$L_{wP,i}$——第 i 类列车集电系统声功率级，dB；

$C_{P,i}$——第 i 类列车集电系统噪声修正及传播衰减量，dB；

$L_{wA,i}$——第 i 类列车单位长度线声源声功率级（车体区域），dB；

$C_{A,i}$——第 i 类列车车体区域噪声修正及传播衰减量，dB；

$L_{wR,i}$——第 i 类列车单位长度线声源声功率级（轮轨区域），dB；

$C_{R,i}$——第 i 类列车轮轨区域噪声修正及传播衰减量，dB。

第 i 类列车集电系统噪声修正及传播衰减量按式（1-151）计算：

$$C_{P,i} = C_{vP,i} - A_{bar,P,i} - A_{div,P,i} - A_{atm} - A_{hous} \tag{1-151}$$

式中，$C_{P,i}$——第 i 类列车集电系统噪声修正及传播衰减量，dB；

$C_{vP,i}$——第 i 类列车集电系统噪声速度修正，dB；

$A_{bar,P,i}$——第 i 类列车集电系统声屏障衰减，dB；

$A_{div,P,i}$——第 i 类列车集电系统噪声距离修正，dB；

A_{atm}——大气吸收引起的噪声衰减，计算方法参照 HJ 2.4—2021 中附录 A.3.2，dB；

A_{hous}——建筑群引起的噪声衰减，计算方法参照 HJ 2.4—2021 中附录 A.3.5.2，dB。

第 i 类列车车体区域噪声修正及传播衰减量按式（1-152）计算：

$$C_{A,i} = C_{vA,i} - A_{bar,A,i} - A_{div,A,i} - A_{atm} - A_{hous} \tag{1-152}$$

式中，$C_{A,i}$——第 i 类列车车体区域噪声修正及传播衰减量，dB；

$C_{vA,i}$——第 i 类列车车体区域噪声速度修正，dB；

$A_{bar,A,i}$——第 i 类列车车体区域声屏障衰减，dB；

$A_{div,A,i}$——第 i 类列车车体区域噪声距离修正，dB；

A_{atm}——大气吸收引起的噪声衰减，计算方法参照 HJ 2.4—2021 中附录 A.3.2，dB；

A_{hous}——建筑群引起的噪声衰减，计算方法参照 HJ 2.4—2021 中附录 A.3.5.2，dB。

第 i 类列车轮轨区域噪声修正及传播衰减量按式（1-153）计算：

$$C_{\text{R},i} = C_{v\text{R},i} + C_{\text{t,R}} + C_{\text{t},\theta,\text{R}} - A_{\text{bar,R},i} - A_{\text{div,R},i} - A_{\text{atm}} - A_{\text{hous}} \quad (1\text{-}153)$$

式中，$C_{\text{R},i}$——第 i 类列车轮轨区域噪声修正及传播衰减量，dB；

$C_{v\text{R},i}$——第 i 类列车轮轨区域噪声速度修正，dB；

$C_{\text{t,R}}$——线路和轨道结构修正，dB；

$C_{\text{t},\theta,\text{R}}$——轮轨区域噪声源垂向指向性修正，dB；

$A_{\text{bar,R},i}$——第 i 类列车轮轨区域声屏障衰减，dB；

$A_{\text{div,R},i}$——第 i 类列车轮轨区域噪声距离修正，dB。

关于铁路噪声源声功率，声源距离修正，声源垂向指向性，速度修正，声屏障插入损失，参考 HJ 2.4—2021 附录 B 进行计算。

c）比例预测法

比例预测法可应用于既有铁路改、扩建项目中以列车运行噪声为主的线路，其工程实施前后线路位置应基本维持原有状况不变，评价范围内建筑物分布状况应保持不变。对于新建项目和铁路编组场、机务段、折返段、车辆段等既有站、场、段、所的改扩建项目，不适合采用比例预测法。

比例预测法预测等效声级的计算方法如式（1-154）、式（1-155）所示。

$$L_{\text{Aeq},p} = 10\lg \sum_i 10^{0.1L_{\text{AE},p,i}} - 10\lg T \quad (1\text{-}154)$$

其中，

$$L_{\text{AE},p,i} = 10\lg\left(\frac{n_{\text{p},i}}{n_{\text{n},i}} \sum_j 10^{0.1L_{\text{AE,n},j}}\right) + k_{v,i}\lg\frac{v_{\text{p},i}}{v_{\text{n},i}} + C_{\text{t}} + C_{\text{s},i} \quad (1\text{-}155)$$

式中，$L_{\text{Aeq},p}$——预测点列车运行噪声等效 A 声级，dB；

$L_{\text{AE},p,i}$——预测的第 i 类列车总暴露声级，dB；

T——评价时间，s；

$L_{\text{AE,n},j}$——第 j 列列车通过时的暴露声级，dB；

$n_{\text{n},i}$——第 i 类列车工程实施前 T 时间内通过的总编组数；

$n_{\text{p},i}$——第 i 类列车工程实施后 T 时间内通过的总编组数；

$k_{v,i}$——第 i 类列车速度变化引起声级的修正系数，可参照表 1-30 中的相应公式计算；

$v_{\text{n},i}$——第 i 类列车工程实施前的运行速度，km/h；

$v_{\text{p},i}$——第 i 类列车工程实施后的运行速度，km/h；

C_{t}——线路结构变化引起的声级修正量，dB；

$C_{\text{s},i}$——第 i 类列车源强变化引起的声级修正量，dB。

测量过程中，当接收点同时受铁路噪声和其他噪声影响时，应进行背景噪声的修正。背景噪声在此时是指铁路噪声不作用时的其他噪声。例如，线路距接收点较远，其辐射到接收点的噪声可忽略不计时的其他噪声总和，可视为该点的背景噪声。背景噪声小于铁路噪声测量值 10 dB 及以上时，不做修正；在 3～10 dB 时，应按式（1-156）进行修正；小于 3 dB 以下时测量数据无效，应重新测量。

$$L_{AE,c} = 10\lg\left(10^{0.1L_{AE,m}} - 10^{0.1L_{AE,b}}\right) \qquad (1\text{-}156)$$

式中，$L_{AE,c}$——每列列车修正后的不含背景噪声的暴露声级（$L_{AE,n,j}$），dB；

$\quad\quad L_{AE,m}$——每列列车现场实测的含背景噪声的暴露声级，dB；

$\quad\quad L_{AE,b}$——每列列车的背景噪声的暴露声级，dB。

背景噪声需对应测量每一通过列车的暴露声级。$L_{AE,b}$ 测量时间与相应接收点处所测的每一通过列车暴露声级 $L_{AE,m}$ 的测量时间长度相等。

f. 机场航空器噪声预测模型

依据《机场周围飞机噪声环境标准》（GB 9660—88）机场周围噪声的预测评价量应为计权等效连续感觉噪声级（L_{WECPN}），单架航空器噪声有效感觉噪声级（L_{EPN}）预测如下。

机场航空器噪声可用噪声距离特性曲线或噪声-功率-距离数据表达，预测时一般利用国际民航组织、其他有关组织或航空器生产厂提供的数据，在必要情况下应按有关规定进行实测。鉴于机场航空器噪声资料是在一定的飞行速度和设定功率下获取的，当实际预测情况和资料获取时的条件不一致，使用时应做必要修正。

单架航空器的有效感觉噪声级（L_{EPN}）按以下公式计算：

$$L_{EPN} = L(F,d) + \Delta V - \Lambda(\beta,l,\varphi) - A_{atm} + \Delta L \qquad (1\text{-}157)$$

式中，L_{EPN}——单架航空器的有效感觉噪声级，dB；

$\quad L(F,d)$——发动机的推力 F 和地面计算点与航迹的最短距离 d 在已知的机场航空器噪声基本数据上进行插值获得的声级（L_F 由推力修正计算得到，L_d 根据"各种机型噪声-距离关系式及其飞行剖面""斜线距离计算模型"确定）；

$\quad\quad \Delta V$——速度修正因子；

$\quad\quad \Lambda(\beta,l,\varphi)$——侧向衰减因子；

$\quad\quad A_{atm}$——大气吸收引起的衰减；

$\quad\quad \Delta L$——航空器起跑点后面的预测点声级的修正。

a）推力修正

航空器的声级和推力呈线性关系，可依据下式内插计算出不同推力情况下的机场航空器噪声级：

$$L_F = L_{F_i} + \left(L_{F_{i+1}} - L_{F_i}\right)(F - F_i)/\left(F_{i+1} - F_i\right) \qquad (1\text{-}158)$$

式中，L_F——特定推力下航空器噪声级，dB；

$\quad F_i$、F_{i+1}——测定机场航空器噪声时设定的推力，kN；

$\quad L_{F_i}$、$L_{F_{i+1}}$——航空器设定推力为 F_i、F_{i+1} 时同一地点测得的声级，dB；

$\quad F$——介于 F_i、F_{i+1} 之间的推力，kN。

b）飞行剖面的确定

在进行噪声预测时，首先应确定单架航空器的飞行剖面。典型的飞行剖面见图 1-25。

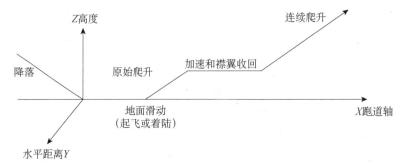

图 1-25　典型飞行剖面示意

c）斜距确定

从网格预测点到飞行航线的垂直距离可由下式计算：

$$R = \sqrt{L^2 + (h\cos r)^2}$$ （1-159）

式中，R——预测点到飞行航线的垂直距离，m；

　　　L——预测点到地面航迹的垂直距离，m；

　　　h——飞行高度，m；

　　　r——航空器的爬升角，（°）。

各种符号示意见图 1-26。

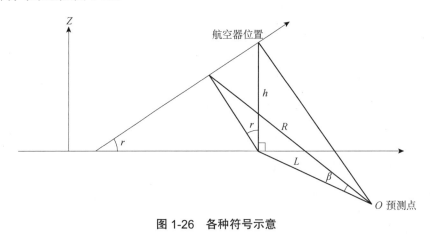

图 1-26　各种符号示意

d）速度修正

一般提供的机场航空器噪声以速度 160 kn 为基础，在计算声级时，应对航空器的飞行速度进行校正。

$$\Delta V = 10\lg\frac{V_r}{V}$$ （1-160）

式中，ΔV——速度修正量，dB；

　　　V_r——参考空速，kn；

　　　V——关心阶段航空器的地面速度，kn。

e）大气吸收引起的衰减

在计算大气吸收引起的衰减时，往往以 15 ℃和 70%相对湿度为基础条件。因此在温度和湿度条件相差较大时，需考虑大气条件变化而引起声衰减变化修正，其修正方法见 HJ 2.4—2021 中附录 A.3.2。

　　f）侧向衰减

　　声波在传递过程中，由地面影响所引起的侧向衰减可按下式计算：

　　侧向距离（ℓ）$\leqslant$914 m 时，侧向衰减可按下式计算：

$$\Lambda(\beta,\ell,\varphi)=-\left[E_{\mathrm{Eng}}(\varphi)-\frac{G(\ell)A_{\mathrm{Grd+Rs}}(\beta)}{10.68}\right] \tag{1-161}$$

式中，$\Lambda(\beta,\ell,\varphi)$ ——侧向衰减，dB；

　　　　$E_{\mathrm{Eng}}(\varphi)$ ——发动机位置修正；

　　　　$G(\ell)$ ——地表面吸声修正；

　　　　$A_{\mathrm{Grd+Rs}}(\beta)$ ——声波的折射和散射修正。

　　俯角（φ）、仰角（β）、侧向距离（ℓ）示意见图 1-27。

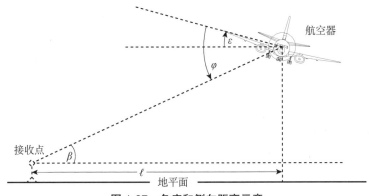

图 1-27　角度和侧向距离示意

　　$E_{\mathrm{Eng}}(\varphi)$ 的计算公式如下：

　　喷气发动机安装在机身上的航空器，并俯角满足 $-180°\leqslant\varphi\leqslant180°$ 时

$$E_{\mathrm{Eng}}(\varphi)=10\lg\left(0.122\,5\cos^2\varphi+\sin^2\varphi\right)^{0.329} \tag{1-162}$$

式中，$E_{\mathrm{Eng}}(\varphi)$ ——发动机位置修正；

　　　　φ ——俯角，（°）。

　　喷气式发动机安装在机翼上的航空器，并俯角满足 $0°\leqslant\varphi\leqslant180°$ 时

$$E_{\mathrm{Eng}}(\varphi)=10\lg\left[\frac{\left(0.003\,9\cos^2\varphi+\sin^2\varphi\right)^{0.062}}{0.878\,6\sin^2 2\varphi+\cos^2 2\varphi}\right] \tag{1-163}$$

式中，$E_{\mathrm{Eng}}(\varphi)$ ——发动机位置修正；

　　　　φ ——俯角，（°）。

　　对于螺旋桨航空器，并在所有 φ 值条件下时

$$E_{\mathrm{Eng}}(\varphi)=0 \tag{1-164}$$

式中，$E_{\mathrm{Eng}}(\varphi)$ ——发动机位置修正。

$G(\ell)$ 的计算公式如下：

$$G(\ell) = 11.83\left(1 - e^{-2.74 \times 10^{-3} \ell}\right)$$ （1-165）

式中，$G(\ell)$——地表面吸声修正；

ℓ——侧向距离，m。

$A_{Grd+Rs}(\beta)$ 的计算公式如下：

$$A_{Grd+Rs}(\beta) = \begin{cases} 1.137 - 0.022\,9\beta + 9.72\exp(-0.142\beta), & 0° \leqslant \beta \leqslant 50° \\ 0, & 50° < \beta \leqslant 90° \end{cases}$$ （1-166）

式中，$A_{Grd+Rs}(\beta)$——声波的折射和散射修正；

β——仰角，（°）。

侧向距离（ℓ）>914 m 时，侧向衰减可按下式计算：

$$\Lambda(\beta, \ell, \varphi) = E_{Eng}(\varphi) - A_{Grd+Rs}(\beta)$$ （1-167）

式中，$\Lambda(\beta, \ell, \varphi)$——侧向衰减，dB；

$E_{Eng}(\varphi)$——发动机位置修正；

$A_{Grd+Rs}(\beta)$——声波的折射和散射修正。

由于机场航空器噪声具有一定的指向性，因此航空器起跑点后面的预测点声级应做指向性修正。

1.5 噪声防控原则与控制技术

1.5.1 噪声防控概述

1.5.1.1 噪声控制基本原理、途径与原则

（1）噪声控制的基本原理与途径

声学系统一般是由声源、传播途径和受体三个环节组成：

对于所需要的声音，必须为它的产生、传播和接收提供良好的条件。对于噪声，则必须设法抑制它的产生、传播以及对受体的影响，具体可从上述三个环节分别采取措施。

① 在声源处抑制噪声

这是最根本的措施，包括降低激发力，减小系统各环节对激发力的响应以及改变操作程序或改造工艺过程等。

② 在声传播途径中进行控制

这是噪声控制中的普遍技术，包括隔声、吸声、消声、阻尼减振等措施。

③ 受体防护措施

在某些情况下，噪声特别强烈，在采用上述措施后，仍不能达到要求，或者工作过程中不可避免地有噪声时，就需要从受体防护角度采取措施。对于人，可佩戴耳塞、耳罩、有源消声头盔等。对于精密仪器设备，可将其安置在隔声间内或隔振台上。

声源可以是单个，也可以是多个同时作用，传播途径也常不止一条，且非固定不变；

接收器可能是人，也可能是若干灵敏设备，对噪声的反应也各不相同。所以，在考虑噪声问题时，既要注意统计性质，又要考虑个体特性。

（2）噪声控制的一般原则

噪声控制设计一般应坚持科学性、先进性和经济性的原则。

① 科学性

首先应正确分析发声机理和声源特性，是空气动力性噪声、机械噪声或电磁噪声，还是高频噪声或中低频噪声，然后针对性地采取相应措施。

② 先进性

这是设计追求的重要目标，但应建立在有可能实施的基础上。控制技术不能影响原有设备的技术性能或工艺要求，不影响设施的正常运转、操作及维修等。

③ 经济性

经济上的合理性也是设计追求的目标之一。将噪声污染控制到允许的标准值即可，避免过度的资金投入。国家制定标准时也有其阶段性，必须考虑当时经济上的承受能力。

1.5.1.2　噪声源分析与传播途径控制

噪声源的发声机理可分为机械噪声、空气动力性噪声和电磁噪声。通常，声源不是单一的，即使是一台机械设备产生的噪声，也可能由几种不同发声机理的噪声组成。

（1）机械噪声

机械噪声是由于机械设备运转时，部件间的摩擦力、撞击力或非平衡力，使机械部件和壳体产生振动而辐射噪声。机械噪声的特性（如声级大小、频率特性和时间特性等）与激发力特性、物体表面振动的速度、边界条件及其固有振动模式等因素有关。齿轮变速箱、织布机、球磨机、车床等发出的噪声是典型的机械噪声。

提高机器制造的精度，改善机器的传动系统，减小部件间的撞击和摩擦，正确地校准中心调整好平衡，适当提高机壳的阻尼等，都可以使机械振动尽可能地降低，这也是从声源上降低噪声的办法。实际上，对于特定型号的机器来说，运转产生的噪声越低表明它的机械性能越好，精密度越高，使用寿命也越长。也就是说，噪声的高低也是机械产品的一项综合性的质量指标。

（2）空气动力性噪声

空气动力性噪声，也称气流噪声。是一种由于气体流动过程中的相互作用，或气流和固体介质之间的相互作用而产生的噪声。气流噪声的特性与气流的压力、流速等因素有关。常见的气流噪声有风机噪声、喷气发动机噪声、高压锅炉放气排空噪声和内燃机排气噪声等。

从声源上降低气流噪声可从以下几方面着手：降低流速，减少管道内和管道口产生扰动气流的障碍物，适当增加导流片，减小气流出口处的速度梯度，调整风扇叶片的角度和形状，改进管道连接处的密封性等。

（3）电磁噪声

电磁噪声是由电磁场交替变化而引起某些机械部件或空间容积振动而产生的。对于电动机来说，由于电源不稳定也可以激发定子振动而产生噪声。电磁噪声的主要特性与交变电磁场特性、被迫振动部件和空间的大小形状等因素有关。电动机、发电机、变压器和霓虹灯镇流器等发出的噪声是典型的电磁噪声。

我国各省（自治区、直辖市）调查统计的结果表明，三类噪声中机械噪声源所占的比例最高，空气动力性噪声源次之，电磁噪声源较小。

1.5.1.3 城市环境噪声控制

（1）城市噪声源分类

城市环境噪声按噪声源的特点分类，可分为四大类：工业噪声、交通噪声、建筑施工噪声和社会生活噪声。

① 工业噪声

工业噪声是指工矿企业在生产活动中产生的噪声。它不仅直接给工人带来危害，而且干扰周围居民的生活环境。一般工厂车间内噪声级在 75～105 dB，也有部分在 75 dB 以下，少数车间或设备的噪声级高达 120 dB。生产设备的噪声大小与设备种类、功率、型号、安装状况以及周围环境条件有关。

② 交通噪声

交通噪声是指机动车辆、火车、船舶、航空器等交通运输工具在运行过程中发出的噪声。交通噪声来源于地面、水上和空中，这些声源流动性大、影响面广。随着社会经济的发展，公路、铁路、航运、高速公路、地铁、高架道路、高架轻轨的建设迅速发展，交通运输工具成倍增长，交通运输噪声污染也随之增加。

影响范围最广的是道路交通噪声。道路交通噪声包括机动车发动机噪声、车轮与路面摩擦噪声、高速行驶时车体带动空气形成的气流噪声以及鸣笛声。为降低道路交通噪声，我国制定了机动车辆噪声标准，如《汽车定置噪声限值》（GB 16170—1996）、《摩托车和轻便摩托车定置噪声排放限值及测量方法》（GB 4569—2005）等；多数城市实施了机动车禁鸣的措施。

铁路运输噪声对环境的影响面相对道路噪声要小一些。但是，随着客货运量的增加和提速以及高铁的建设，铁路噪声的污染也日益突出。随着城市高架轨道交通的发展，其噪声污染已引起各方面的关注。

随着民航运输的发展，飞机噪声已成为影响城市声环境的污染源之一。尽管人们花了近半个世纪的努力去降低飞机噪声，但航空噪声仍居高不下，飞机噪声已引起有关部门的重视，已经制定了《机场周围飞机噪声环境标准》（GB 9660—88）和《机场周围飞机噪声测量方法》（GB 9661—88）。

③ 建筑施工噪声

建筑施工噪声是指建筑施工机械运转以及各种施工活动发出的噪声。建筑施工虽然对某一地区是暂时的，但对整个城市来说是长年不断的。打桩机、混凝土搅拌机、推土机、运料机等的噪声都在 90 dB 以上，对周围环境造成严重的污染。

④ 社会生活噪声

社会生活噪声是指人为活动所产生的除工业噪声、建筑施工噪声、交通噪声之外的干扰周围生活环境的声音，包括商业、娱乐、体育、宣传等产生的噪声以及家用电器等产生的噪声。在我国许多城市中，营业舞厅、卡拉 OK 厅的噪声级在 95～105 dB，不仅影响娱乐者，而且严重干扰附近居民的休息和睡眠。

社会生活噪声中不可忽视的一类噪声为来源于家用电器的噪声，如空调、冰箱、洗衣机的噪声等，它们的声级范围见表 1-33。

表 1-33　家用电器噪声　　　　　　　　　　　　　单位：dB

名称	声级范围	名称	声级范围
洗衣机	50～80	窗式空调	50～65
除尘器	60～80	缝纫机	45～70
钢　琴	60～95	吹风机	45～75
电　视	55～80	高压锅（喷气）	58～65
电风扇	40～60	脱排油烟机	55～60
电冰箱	40～50	食品搅拌机	65～75

（2）城市规划与噪声控制

《中华人民共和国噪声污染防治法》规定，"各级人民政府及其有关部门制定、修改国土空间规划和相关规划，应当依法进行环境影响评价，充分考虑城乡区域开发、改造和建设项目产生的噪声对周围生活环境的影响，统筹规划，合理安排土地用途和建设布局，防止、减轻噪声污染。有关环境影响篇章、说明或者报告书中应当包括噪声污染防治内容"。合理的城市规划，对未来的城市环境噪声控制具有非常重要的意义。

① 居住区规划中的噪声控制

a. 居住区道路网的规划

居住区道路网规划设计中，应对道路的功能与性质进行明确的分类、分级。分清交通性干道和生活性道路，前者主要承担城市对外交通和货运交通。交通性干道应避免从城市中心和居住区域穿过，可规划成环形道等形式从城市边缘或城市中心区边缘绕过。在拟定道路系统、选择路线时，应兼顾防噪因素，尽量利用地形，可将道路系统设置成路堑式或利用土堤等来隔离噪声。必须要从居住区穿过时，可选择下述措施：a）将干道转入地下，其上布置街心花园或步行区；b）将干道设计成半地下式；c）沿干道两侧设置声屏障，在声屏障朝干道侧布置灌木丛、矮生树，这样既可以绿化街景，又可减弱声反射；d）在干道两侧也可设置一定宽度的防噪绿带，作为和居住用地隔离的地带。防噪绿带宜选用常绿的或落叶期短的树种，高低配植组成林带，方能起减噪作用，这种林带每米宽减噪量为 0.1～0.25 dB，降噪绿带的宽度一般需要 10 m 以上。此类措施对于城市环线干道较为适用。

生活性道路只允许通行公共交通车辆、轻型车辆和少量为生活服务的货运车辆，严禁拖拉机行驶，必要时还可对货运车辆的通行进行限制。在生活性道路两侧可布置公共建筑或居住建筑，但必须仔细考虑防噪布局。当道路为东西向时，两侧建筑群宜采用平行式布局，路南侧如厨房、卫生间、储藏室等朝街一面布置，或朝街一面设计为外廊式并装隔声窗。路北侧则可将商店等公共建筑或一些无污染、较安静的第三产业集中成条状布置临街处，以构成基本连续的防噪障壁，并方便居民生活。当道路为南北向时，两侧建筑群布局可采用混合式。路西临街布置低层非居住性障壁建筑，如商店等公共建筑，住宅垂直道路布置，这时公共建筑与住宅宜分开布置。路东临街宜布置防噪居住建筑，建筑的高度应随着离开道路距离的增加而逐渐增高，从而可利用前面的建筑作为后面建筑的防噪障壁，使暴露于高噪声级的立面面积尽量减少。

b. 工业区远离居住区

在城市总体规划中，工业区应远离居住区。有噪声干扰的工业区须用防护地带与居住区分开，布置时还要考虑主导风向。现有居住区内的高噪声级的工厂应迁出居住区，或改变生产性质、采用低噪声工艺或经过降噪处理来保证邻近住房的安静，等效声级低于55 dB 并且无其他污染的工厂，宜布置在居住区内靠近道路处。

c. 居住区人口控制规划

城市噪声随着人口密度的增加而增大。美国国家环境保护局（EPA）发布的资料指出，城市噪声与人口密度之间有如下关系：

$$L_{dn}=10\lg \rho +22 \tag{1-168}$$

式中，ρ——人口密度，人/km²；

L_{dn}——昼夜等效声级，dB。

合理地进行城市规划和建设是控制交通噪声的有效措施之一。表 1-34 列出了一些常用措施的实用效果。

表 1-34　利用城市规划方法控制交通噪声

控制噪声方法	实用效果
居住区远离交通干线和重型车辆通行道路	距离增加 1 倍，噪声降低 4～5 dB
按噪声功能区进行合理区域规划	噪声降 5～10 dB
利用商店等公共场所做临街建筑，隔离噪声	噪声降 7～15 dB
道路两侧采用专门设计的声屏障	噪声降 5～15 dB
减少交通流量	流量减 1 倍，噪声降 3 dB
减少车辆行驶速度	每减少 10 km/h，噪声降 2～3 dB
减少车流量中重型车辆比例	每减少 10 %，噪声降 1～2 dB
增加临街建筑的窗户隔声效果	噪声降 5～20 dB
临街建筑的房间合理布局	噪声降 10～15 dB
禁止汽车使用喇叭	噪声降 2～5 dB

② 道路交通噪声控制

城市道路交通噪声控制是一个涉及城市规划建设、噪声控制技术、行政管理等多方面的综合性问题。从世界各国的经验看，比较有效的措施有研究低噪声车辆、改进道路的设计、合理规划城市以及实施必要的标准和法规。

a. 低噪声车辆

目前，我国绝大多数载重汽车和公共汽车噪声是 88～91 dB，一般小型车辆为 82～85 dB。而典型的电动公共汽车，在停车时的噪声级为 60 dB，45 km/h 行驶的噪声级为 76～77 dB。电动公共汽车的噪声比一般的内燃机公共汽车噪声低 10～12 dB，其主要噪声为轮胎噪声。并且电动汽车加速性能较好，特别适用于城市中启动和停车频繁的公共交通车辆，因此应加速机动车辆的更换。

b. 道路设计

随着车流量的增加、车速的提高，尤其是高速公路的发展，道路两侧的噪声将提高。因此，在道路规划设计中必须考虑噪声控制问题。除前面所提及的道路布局、声屏障设置等必须考虑外，还必须考虑路面质量问题等。国外已普及低噪声路面，我国正在积极研制和推广。例如，在交叉路口采用立体交叉结构，减少车辆的停车和加速次数，可明显降低噪声。在同样的交通流量下，立体交叉处的噪声比一般交叉路口噪声低 5～10 dB。又如在城市道路规划设计时，应多采用往返双行线。在同样运输量时，单行线改为双行线，噪声可以减少 2～5 dB。

（3）噪声管理

人们期望生活在没有噪声干扰的安静环境中，但完全没有噪声是不可能的，也没有必要。人在没有任何声音的环境中生活，不但不习惯，还会引起恐惧，因此我们要把较强噪声降低到对人无害的程度，把一般环境噪声降低到对脑力活动或休息不致干扰的程度，这就需要相应的噪声控制标准。20 世纪 70 年代以来，我国已经制定了一系列噪声标准。

许多地方政府也根据国家声环境质量标准，划定本行政区域内各类声环境质量标准的适用区域即环境噪声功能区划，并进行管理。2021 年，全国人民代表大会通过了《中华人民共和国噪声污染防治法》（2022 年 6 月 5 日起实施），该法中明确规定"噪声污染，是指超过噪声排放标准或者未依法采取防控措施产生噪声，并干扰他人正常生活、工作和学习的现象"。一些城市和地区根据当地情况，还制定了适用于本地区的标准和条例，例如许多城市规定市区内禁放鞭炮，主要街道或市区内所有街道机动车辆禁鸣喇叭等。1.3 节所述法律和标准为城市噪声污染行政管理提供了依据。

（4）城市绿地降噪

城市绿化不仅可以美化环境、净化空气，而且在一定条件下，对降低噪声污染也有不可忽视的效果。

声波在厚草地上面或穿过灌木丛、树林传播时的衰减量的计算已经在本书 1.2.4 节予以了介绍，此处不再详述。

总的来说，要靠一两排树木来降低噪声，其效果是不明显的，但如果能种上几排树木，开辟一些草地，增大道路与住宅之间的距离，则不但能增加噪声衰减量，而且能美化环境。另外，有关研究表明，绿化带的存在对降低人们对噪声的主观烦恼度有一定的积极作用。

在铁路穿越市区的路段，营造宽度较大（如 15 m 以上）的绿化带，对降低噪声有一定作用。

1.5.2 吸声控制技术

在一般未做任何声学处理的车间或房间内，壁面和地面多是一些硬而密实的材料，如混凝土天花板、抹光的墙面及水泥地面等。这些材料与空气的特性声阻抗相差很大，很容易发生声波的反射。当室内声源向空间辐射声波时，接收者听到的不仅有从声源直接传来的直达声，还会有一次或多次反射形成的反射声。通常将经过一次或多次反射后到达受声点的反射声的叠加称为混响声。就人的听觉而言，当两个声音到达人耳的时间差在 50 ms 之内时，就分辨不出是两个声音，因而由于直达声与混响声的叠加，会增强接收者听到的声强度。所以同一机器在室内时，常感到比在室外响得多。实验证明，在室内离噪声源较远处，噪声一般可比室外高十余分贝。

若用可以吸收声能的材料或结构装饰在房间内表面，便可吸收部分入射到上面的声能，使反射声减弱，接收者这时听到的是直达声和已减弱的混响声，使总噪声级降低，这便是吸声降噪的基本思路。

能够吸收较高声能的材料或结构称作吸声材料或吸声结构。利用吸声材料和吸声结构吸收声能以降低室内噪声的办法称作吸声降噪，通常简称吸声。

吸声处理一般可使室内噪声降低 3~5 dB，使混响声很严重的车间降噪 6~10 dB。吸声是一种最基本的控制声传播的技术措施。

1.5.2.1 吸声系数和吸声量

（1）吸声系数

吸声材料或结构吸声能力的大小通常用吸声系数 α 表示。当声波入射到吸声材料或结构表面上时（图 1-28），部分声能被反射，部分声能被吸收，还有一部分声能透过它继续向前传播，故吸声系数的定义为材料或结构吸收的声能（包括透过材料或结构继续传播的声能）与入射到材料上的总声能之比，计算公式为

$$\alpha=(E_a+E_t)/E=(E-E_r)/E=1-r \tag{1-169}$$

式中，E——入射总声能，J；

E_a——被材料或结构吸收的声能，J；

E_t——透过材料或结构的声能，J；

E_r——被材料或结构反射的声能，J；

r——反射系数。

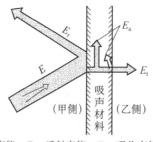

E—入射声能；E_r—反射声能；E_a—吸收声能；E_t—透射声能

图 1-28 吸声示意

α 值的变化一般在 0～1。$\alpha=0$，表示声能全反射，材料不吸声；$\alpha=1$，表示声能全部被吸收，无声能反射。α 值越大，材料的吸声性能越好。通常，$\alpha \geqslant 0.2$ 的材料方可称为吸声材料。实用中当然主要是希望材料本身吸收的声能 E_a 足够大，以增大 α 值。

吸声系数的大小与吸声材料本身的结构、性质、使用条件、声波入射的角度和频率有关。各种吸声材料的吸声系数可查阅有关声学手册或专著。这里必须注意，吸声系数的大小与入射声波的频率关系很大。例如，2.5 cm 厚、容重（吸声材料单位体积的重量）147 N/m³ 的超细玻璃棉，入射声波为 4 000 Hz 时的 α_0 为 0.94，而 125 Hz 时仅为 0.02，差别很大，因此吸声材料或结构的吸声性能，通常取 125 Hz、250 Hz、500 Hz、1 000 Hz、2 000 Hz、4 000 Hz 这 6 个中心频率下的吸声系数的平均值来表征，称为平均吸声系数 $\overline{\alpha}$。250 Hz、500 Hz、1 000 Hz 和 2 000 Hz 测出吸声系数的算术平均值又称为降噪系数（NRC）。

吸声材料的吸声系数可由实验方法测定，常用的方法有混响室法和驻波管法两种。测量方法不同，所得的测试结果也有所不同。

（2）吸声量

吸声量也称等效吸声面积。吸声量规定为吸声系数与吸声面积的乘积，即

$$A = \alpha S \tag{1-170}$$

式中，A——吸声量，m²；

α——某频率声波的吸声系数；

S——吸声面积，m²。

按式（1-170），若 50 m² 的某种材料，在某频率下的吸声系数为 0.2，则该频率下的吸声量应为 10 m²。或者说，它的吸声本领与吸声系数为 1 而面积为 10 m² 的吸声材料相同，此 10 m² 即为等效吸声面积。

如果组成厂房各壁面的材料不同，则壁面在某频率下的总吸声量 A 为

$$A = \sum_{i=1}^{n} A_i = \sum_{i=1}^{n} \alpha_i S_i \tag{1-171}$$

式中，A_i——第 i 种材料组成的壁面的吸声量，m²；

S_i——第 i 种材料组成的壁面的面积，m²；

α_i——第 i 种材料在某频率下的吸声系数。

1.5.2.2 多孔吸声材料

（1）多孔吸声材料的吸声原理

在材料表面和内部有无数的微细孔隙，这些孔隙互相贯通并且与外界相通的吸声材料称作多孔吸声材料。其固定部分在空间组成骨架，称作筋络。当声波入射到多孔吸声材料的表面时，可沿着对外敞开的微孔射入，并衍射到内部的微孔内，激发孔内空气与筋络发生振动，由于空气分子之间的黏滞阻力以及空气与筋络之间的摩擦阻力，使声能不断转化为热能而消耗；此外，声波的传播过程实质上就是空气的压缩与膨胀相互交替的过程，空气压缩时温度升高，膨胀时温度降低，由于热传导作用，在空气与筋络之间不断发生热交

换，也会使声能转化为热能。声波在刚性壁面反射后，经过材料回到其表面时，一部分声波透回空气中，另一部分又反射回材料内部。如此反复，不断耗能直到平衡。这样，材料就"吸收"了部分声能。

（2）吸声材料种类

按照多孔吸声材料的外观形状，可分为纤维型、泡沫型、颗粒型三类。纤维型材料由无数细小纤维状材料组成，如毛、木丝、甘蔗纤维、化纤棉、玻璃棉、矿渣棉等有机和无机纤维材料。其中，玻璃棉和矿渣棉分别是用熔融态的玻璃、矿渣和岩石吹成细小纤维状而得。泡沫型材料是由表面与内部皆有无数微孔的高分子材料制成，如聚氨酯泡沫塑料，微孔橡胶等。颗粒状材料有膨胀珍珠岩、蛭石混凝土和多孔陶土等。其中膨胀珍珠岩是将珍珠岩粉碎、再急剧升温焙烧所得的多孔细小粒状材料。各种吸声材料的共同构造特征是：材料的孔隙率较高，一般在 70% 以上，多数达到 90% 左右；孔隙应该尽可能细小，且均匀分布；微孔应该是相互贯通，而不是封闭的；微孔要向外敞开，使声波易于进入微孔内部。多孔吸声材料微孔的孔径多在数微米到数十微米之间，孔的总体积多数占材料总体积的 90% 左右，如超细玻璃棉层的孔隙率可大于 99%。典型的多孔材料吸声结构如图 1-29 所示。

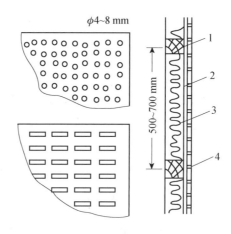

1—木龙骨；2—轻织物；
3—多孔吸声材料；4—穿孔板

图 1-29　两种典型罩面板的多孔吸声材料结构

（3）吸声特性及影响因素

多孔材料的吸声特性主要受入射声波和所用材料的性质影响。其中声波性质除和入射角度有关外，主要和频率有关。一般多孔吸声材料吸收高频声效果好，吸收低频声效果差。这是因为声波为低频时，激发微孔内空气与筋络的相对运动少，摩擦损失小，因而声能损失少；而高频声容易使之快速振动，从而消耗较多的声能。所以多孔吸收材料常用于中高频噪声的吸收。

多孔吸声材料的特性除与本身物性有关外，还与材料的使用条件有关，如背后空气层、使用时的结构形式、温度、湿度等。

① 容重

改变材料的容重，等于改变了材料的孔隙率（包括微孔数目与尺寸）和流阻。密实、容重大的材料孔隙率小、流阻大；松软、容重小的材料空隙率大、流阻小。一般情况下，过大或过小的流阻对吸声性能都不利。如果吸声材料的流阻接近空气的特性声阻抗（415 Pa·s/m），则吸声系数较高。所以，对多孔吸声材料，存在一个吸声性能最佳的容重范围。

② 厚度

当多孔材料的厚度增加时，对低频声的吸收增加，对高频声影响不大。对一定的多孔材料，厚度增加 1 倍，吸声频率特性曲线的峰值向低频方向移动大约一个倍频程。若吸声材料层背后为刚性壁面，当材料层厚为入射声波的某一波长的 1/4 时，可得该声波的最大吸声系数。实用中，考虑经济及制作的方便，对于中、高频噪声吸声，一般可采用 2～5 cm 厚的常规成型吸声板；对低频吸声要求较高时，则采用 5～10 cm 厚的常规成型吸声板。

③ 背后空气层

若在材料层与刚性壁之间留一定距离的空腔，可以改善对低频声的吸声性能，作用相当于增加了多孔材料的厚度，且更为经济。通常空腔增厚，对吸收低频声有利。当腔深近似于入射声波的 1/4 波长时，吸声系数最大；当腔深为 1/2 波长或其整倍数时，吸声系数最小。实用时，过厚难以实现，过薄对低频声作用较低。故常取腔深为 5～10 cm。天花板上的腔深可视实际需要及空间大小选取更大的距离。

④ 温度、湿度的影响

使用过程中温度升高会使材料的吸声性能向高频方向移动，温度降低则向低频方向移动。所以使用时，应注意该材料的温度适用范围。

湿度增大，会使孔隙内吸水量增加，堵塞材料上的细孔，使吸声系数下降，而且是先从高频开始，因此对于湿度较大的车间或地下建筑的吸声处理，应选用吸声量较小的耐潮多孔材料，如防潮超细玻璃棉毡和矿棉吸声板等。

⑤ 气流影响

当将多孔吸声材料用于通风管道和消声器内时，气流易吹散多孔材料，影响吸声效果，甚至飞散的材料会堵塞管道，损坏风机叶片，造成事故。应根据气流速度大小选择一层或多层不同的护面层。

除以上外，尚需注意特殊的使用条件，如腐蚀、高温或火焰等情况对多孔材料的影响。

1.5.2.3 吸声结构

为改善低频吸声性能，利用共振原理研制了各种吸声结构，称作共振吸声结构。它基本可分为薄板（类似的还有薄膜）共振吸声结构、穿孔板共振吸声结构、微穿孔板吸声结构与薄塑料盒式吸声体等几种类型，主要适用于对中、低频噪声的吸收。

（1）薄板共振吸声结构

① 构造

将薄的塑料、金属或胶合板等材料的周边固定在框架（称龙骨）上，并将框架牢牢地与刚性板壁相结合（图 1-30），这种由薄板与板后的封闭空气层构成的系统就称作薄板共振吸声结构。

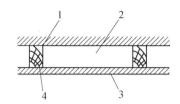

1—刚性壁面；2—空气层；3—薄板；4—龙骨

图 1-30　薄板共振吸声结构示意

② 吸声机理

薄板共振吸声结构实际近似于一个弹簧和质量块振动系统。薄板相当于质量块，板后的空气层相当于弹簧，当声波入射到薄板上，使其受激振后，由于板后空气层的弹性、板本身具有的劲度与质量，薄板就产生振动，发生弯曲变形，使声能转化为机械能；因为板的内阻尼及板与龙骨间的摩擦，便将振动的能量转化为热能。当入射声波的频率与板系统的固有频率相同时，便发生共振，板的弯曲变形最大，振动最剧烈，声能也就消耗最多。

③ 吸声特性

薄板共振吸声结构的共振频率近似计算式：

$$f_0 = \frac{c}{2\pi} \sqrt{\frac{\rho_0}{mh}} \approx \frac{60}{\sqrt{mh}} \qquad (1\text{-}172)$$

式中，c——声速，m/s；

ρ_0——空气密度，kg/m³；

h——板后空气层厚度，m；

m——板的面密度，kg/m²。

单位面积板材所具有的质量称作面密度（m）：m=板材厚×密度。

由式（1-172）可知，薄板共振结构的共振频率主要取决于板的面密度与背后空气层的厚度。增大 m 或 h，均可使 f_0 下降。实际应用中，薄板厚度通常取 3～6 mm，空气层厚度一般取 3～10 cm，共振频率多为 80～300 Hz，故通常用于低频吸声。但吸声频率范围窄，吸声系数不高，为 0.2～0.5。

（2）穿孔板共振吸声结构

在薄板上穿以小孔，在其后与刚性壁之间留一定深度的空腔所组成的吸声结构称为穿孔板共振吸声结构。按照薄板上穿孔的数目分为单孔共振吸声结构与多孔共振吸声结构。

① 单孔共振吸声结构

a. 结构

单孔共振吸声结构又称作"亥姆霍兹"共振吸声器或单腔共振吸声器。它是一个封闭的空腔，在腔壁上开一个小孔与外部空气相通的结构 [图 1-31（b）、（c）]，可用陶土、煤渣等烧制或水泥、石膏浇注而成。

（a）质量—弹簧　　　（b）单腔共振吸声　　　（c）单腔共振吸声
　　　系统　　　　　　　　结构剖面　　　　　　　　结构组合图

图 1-31　单腔共振吸声结构

b. 吸声机理

单孔共振吸声结构也可比拟为一个弹簧与质量块组成的简单振动系统［图 1-31（a）］，开孔孔颈中的空气柱很短，可视为不可压缩的流体，比拟为振动系统的质量 M，声学上称为声质量；把有空气的空腔比作弹簧 K，能抗拒外来声波的压力，称为声顺；当声波入射时，孔颈中的气柱体在声波的作用下便像活塞一样做往复运动，与颈壁发生摩擦使声能转变为热能而损耗，这相当于机械振动的摩擦阻尼，声学上称为声阻。声波传到共振器时，在声波的作用下激发颈中的空气柱往复运动，在共振器的固有频率与外界声波频率一致时发生共振，这时颈中空气柱的振幅最大并且振速达到最大值，因而阻尼最大，消耗声能也最多，从而进行有效的声吸收。

c. 吸声特性

"亥姆霍兹"共振器的使用条件必须是空腔小孔的尺寸比空腔尺寸小得多，并且外来声波波长大于空腔尺寸。这种吸声结构的特点是吸收低频噪声并且吸收频带较窄（频率选择性强），因此多用在有明显音调的低频噪声场合。若在颈口处放置一些诸如玻璃棉之类的多孔材料，或加贴一薄层尼龙布等透声织物，可以增加颈口部分的摩擦阻力，增宽吸声频带。

单腔共振体的共振频率 f_0 一般由式（1-173）求出

$$f_0 = \frac{C}{2\pi}\sqrt{\frac{S}{Vl_k}}$$ （1-173）

式中，C——声波传播速度，m/s；

　　　S——小孔截面积，m^2；

　　　V——空腔体积，m^3；

　　　l_k——小孔有效颈长，m。

若小孔为圆形：

$$l_k = l + \pi d/4 \approx l + 0.8d$$ （1-174）

式中，l——颈的实际长度（板厚度），m；

　　　d——颈口的直径，m。

从式（1-173）可知，只要改变孔颈尺寸或空腔的体积，就可以得到各种不同共振频率的共振器，而与小孔和空腔的形状无关。

② 多孔穿孔板共振吸声结构

a. 构造与吸声机理

多孔穿孔板共振吸声结构通常简称为穿孔板共振吸声结构,实际是单孔共振器的并联组合(图 1-32),故其吸声机理同单孔共振结构,但吸声状况大为改善,应用较广泛。

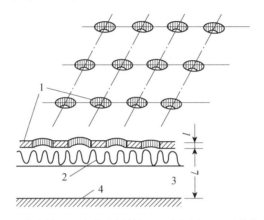

1—穿孔板;2—多孔吸声材料;3—空气层;4—刚性壁

图 1-32 穿孔板共振吸声结构示意

b. 吸声特性及其改善

对于薄板上孔均匀分布且孔大小相同的结构,则每一小孔占有的空间体积相同,故穿孔板结构的共振频率应与其单孔共振体相同。设 S_1 为每一小孔的面积,F 为每一共振单元所分占薄板的面积,h 为空气层厚度,则每个共振器占有空腔体积 $V=Fh$;设 P 为穿孔率,$P=S_1/F$;则穿孔板结构的共振频率为

$$f_0 = \frac{c}{2\pi}\sqrt{\frac{S_1}{Fhl_k}} = \frac{c}{2\pi}\sqrt{\frac{P}{hl_k}} \tag{1-175}$$

式中,S_1——单孔截面积,m^2;

V——空腔体积,m^3;

h——空腔深度(空气层厚度),m。

设孔间距为 B,孔径为 d,若小孔按正三角形排列,则穿孔率

$$P=\pi(d/B)^2/(2\sqrt{3}) \tag{1-176}$$

若小孔按正方形排列,则

$$P=\pi(d/B)^2/4 \tag{1-177}$$

当空腔内壁贴多孔材料时,$l_k=l+1.2d$

由式(1-173)、式(1-175)可知,板的穿孔面积越大,吸声的频率越高;空腔越深或板越厚,吸声的频率越低。一般穿孔板共振吸声结构主要用于吸收低、中频噪声的峰值,吸声系数为 0.4~0.7。

设在共振频率 f_0 处的最大吸声系数为 α,则在 f_0 左右能保持吸声系数为 $\alpha/2$ 的频带宽度 Δf 称为吸声带宽。穿孔板吸声结构的吸声带宽较窄,通常仅几十赫兹到两三百赫兹。吸声系数高于 0.5 的频带宽度 Δf 可依下式估算:

$$\Delta f=4\pi f_0 h/\lambda_0 \tag{1-178}$$

式中，λ_0——共振频率 f_0 对应的波长。

由式（1-178）可知，穿孔板共振吸声结构的吸声带宽和腔深 h 有很大的关系，而腔深又影响共振频率的大小，故需合理选择腔深。

为增大吸声系数与提高吸声带宽，可采取以下办法：

a）穿孔板孔径取偏小值，以提高孔内阻尼；

b）在穿孔板后蒙一薄层玻璃丝布等透声纺织品，以增加孔颈摩擦；

c）在穿孔板后面的空腔中填放一层多孔吸声材料，材料与板的距离视空腔深度而定，腔很浅时，可贴紧穿孔板；

d）组合几种不同尺寸的共振吸声结构，分别吸收一小段频带，使总的吸声频带变宽；

e）采用不同穿孔率、不同腔深的多层穿孔板结构。

（3）微穿孔板吸声结构

为克服穿孔板共振吸声结构吸声频带较窄的缺点，我国著名声学专家马大猷院士于20 世纪 60 年代研制成了金属微穿孔板吸声结构。

① 结构

在厚度小于 1 mm 的金属薄板上，钻出许多孔径小于 1 mm 的小孔（穿孔率为 1%～4%），将这种孔小而密的薄板固定在刚性壁面上，并在板后留以适当深度的空腔，便组成了微穿孔板吸声结构。薄板常用铝板或钢板制作，因其板特别薄并且孔特别小，为了与一般穿孔板共振吸声结构相区别，故称作微穿孔板吸声结构。它也有单层、双层（图 1-33）与多层之分。

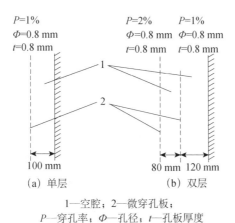

1—空腔；2—微穿孔板；
P—穿孔率；Φ—孔径；t—孔板厚度

图 1-33　单、双层微穿孔板吸声结构

② 吸声机理与吸声特性

微穿孔板吸声结构实质上仍属于共振吸声结构，因此其吸声机理相同，均是利用空气柱在小孔中的来回摩擦消耗声能，用腔深来控制吸声峰值的共振频率，腔越深，共振频率越低。但因为其板薄孔细，与普通穿孔板相比，声阻显著增加，声质量显著减小，因此明显地提高了吸声系数，增宽了吸声频带宽度。

③ 微穿孔板吸声结构的应用

它可广泛用于多种需采用吸声措施的地方，包括高速气流管道中。耐高温、耐腐蚀，不怕潮湿和冲击，甚至可承受短暂的火焰。同时，微穿孔板结构简单，设计计算理论成熟，其吸声特性的理论计算与制成后的实测值很接近，而一般吸声材料或结构的吸声系数则要靠实验测量，理论只起定性指导作用，因此它是我国声学工作者对噪声控制技术的一个较大贡献。

微孔板的缺点是孔小，易于堵塞，宜用于清洁的场所，并且微孔加工目前成本较高。

1.5.2.4　空间吸声体

将有护面的多孔吸声结构做成各种各样形状的单块，称作吸声体。彼此按一定间距排列，悬吊在天花板下，这样，吸声体除了正对声源的一面可以吸收入射声能外，通过吸声体间空隙衍射或反射到背面、侧面的声能也都能得到吸收，这种悬吊的立体多面吸声结构称作空间吸声体，如图 1-34 所示。其中以平板矩形最为常用。

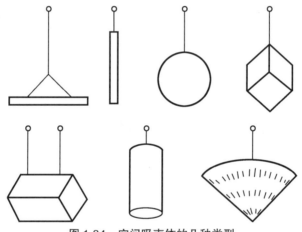

图 1-34　空间吸声体的几种类型

空间吸声体由于有效的吸声面积比投影面积大得多，按投影面积计算其吸声系数可大于 1。因此，只要吸声体投影面积为悬挂平面面积的 40%左右，就能达到满铺吸声材料的效果，使造价降低。并且空间吸声体可在工厂预制，现场施工简单，不影响生产，其形状多种多样，还可起到一定的装饰作用。

空间吸声体主要用于混响大的房间，以及车间内噪声过高而又无法隔绝或布置吸声材料的面积受到限制（如房间体积小，壁面凹凸不平）的场合。尤其对大型车间与有"声聚焦"的壳体建筑，使用空间吸声体效果很好。如北京针织总厂地下车间，悬挂空间吸声体后，消除了声聚焦，可使有的位置噪声下降达 17 dB。

1.5.2.5　室内声场与吸声降噪量

（1）室内声场

① 室内声场的声压级

当室内声源 S 发出声波后，碰到室内各表面多次反射，形成混响声。室内某一点接收到的是直达声和反射声的叠加结果，图 1-35 为直达声与反射声的传播示意图。

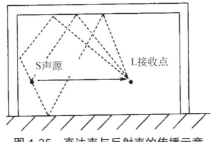

图 1-35　直达声与反射声的传播示意

　　壁面对声音的反射能力越大，混响声也越强，室内的噪声级就提高得越多。噪声碰到吸声材料、吸声结构、吸声体或吸声屏后，一部分声能被吸收掉，使反射声能减弱，总的噪声级就会降低。因此，吸声处理方法只能吸收反射声，也就是说只能降低室内混响声，对于直达声没有什么效果。

　　一个房间吸声处理后的实际吸声量，不仅与吸声系数的大小有关，而且还与使用吸声材料的面积有关。如果某房间墙面上装饰几种材料时，则该房间的总吸声量：

$$A = S_1\alpha_1 + S_2\alpha_2 + \cdots + S_n\alpha_n = \sum S_i\alpha_i \tag{1-179}$$

房间的平均吸声系数为

$$\bar{\alpha} = \frac{S_1\alpha_1 + S_2\alpha_2 + \cdots + S_n\alpha_n}{S_1 + S_2 + \cdots + S_n} = \frac{\sum S_i\alpha_i}{\sum S_i} \tag{1-180}$$

房间内某点的噪声由直达声与反射声两部分构成。

直达声的声压级 L_{pd} 为

$$L_{pd} = L_W + 10\lg\frac{Q}{4\pi r^2} \tag{1-181}$$

反射声的声压级 L_{pr} 为

$$L_{pr} = L_W + 10\lg\frac{4}{R} \tag{1-182}$$

房间内直达声和反射声叠加后总声压级 L_p 为

$$L_p = L_W + 10\lg\left(\frac{Q}{4\pi r^2} + \frac{4}{R}\right) \tag{1-183}$$

式中，L_p——房间内某一接收点的声压级，dB；

　　　L_W——噪声源的声功率级，dB；

　　　$\dfrac{Q}{4\pi r^2}$——直达声场的作用；

　　　r——接收点与噪声源的距离，m；

　　　Q——声源的指向性因素，可由表 1-35 查得；

　　　$\dfrac{4}{R}$——混响声场（反射声）的作用；

　　　R——房间常数，m^2。

$$R = \frac{S\bar{\alpha}}{1-\bar{\alpha}}$$

其中，S——房间的总表面积，m^2；

$\bar{\alpha}$——房间的平均吸声系数。

表 1-35　声源的指向性因素

声源位置	指向性因素 Q
室内几何中心	1
室内地面或某墙面中心	2
室内某一边线中心点	4
室内八个角处之一	8

② 混响半径

由式（1-183）可知，在声源的声功率级为定值时，房间内的声压级由接收点到声源距离 r 和房间常数 R 决定。当接收点离声源很近时，$\frac{Q}{4\pi r^2} \gg \frac{4}{R}$，室内声场以直达声为主，混响声可以忽略；当接收点离声源很远时，$\frac{Q}{4\pi r^2} \ll \frac{4}{R}$，室内声场以混响声为主，直达声可以忽略，这时声压级 L_p 与距离无关；当 $\frac{Q}{4\pi r^2} = \frac{4}{R}$ 时，直达声与混响声的声能密度相等，这时的距离 r 称为临界半径，记作 r_c。

$$r_c = \frac{1}{4}\sqrt{\frac{QR}{\pi}} = 0.14\sqrt{QR} \qquad (1\text{-}184)$$

当 $Q=1$ 时的临界半径又称混响半径。

由于吸声降噪是通过吸声材料将入射到房间壁面的声能吸收掉，从而降低室内噪声，因此它只对混响声起作用，当接收点与声源的距离小于临界半径时，吸声处理对该点的降噪效果不大；反之，当接收点离声源的距离大大超过临界半径时，吸声处理才有明显的效果。

③ 室内声衰减和混响时间

当声源开始向室内辐射声能时，声波在室内空间传播，当遇到壁面时，部分声能被吸收，部分被反射；声波在继续传播中多次被吸收和反射，在空间中就形成了一定的声能密度分布。随着声源不断供给能量，室内声能密度将随时间增加，当单位时间内被室内吸收的声能与声源供给的声能相等时，室内声能密度不再增加而处于稳定状态。一般情况下，仅需 1～2 s 的时间，声能密度的分布即接近稳态。

当声场处于稳态时，若声源突然停止发声，室内各点的声能并不立即消失，而要有一个过程。首先是直达声消失，反射声将继续下去。每反射一次，声能被吸收一部分，因此室内声能密度逐渐减弱，直到完全消失。这一过程称为"混响过程"，在此过程中，室内声能密度随时间做指数衰减，房间的内表面积越大，吸声量也越大，衰减越快，房间的容积越大，衰减越慢。

混响理论是 W. C. Sabine 在 1900 年提出的。混响时间是表征房间混响声学特性的物理量，混响时间的定量计算，迄今为止在厅堂音质设计中仍是重要的音质参量。

在室内混响声场达到稳态后停止发声，声能密度衰减到原来的百万分之一，即衰减 60 dB 所需的时间，定义为混响时间，以 T_{60} 表示。据此定义可得其计算式：

$$T_{60} = \frac{0.161V}{-S\ln(1-\bar{\alpha}) + 4mV} \qquad (1\text{-}185)$$

式中，T_{60}——混响时间，s；

　　　V——房间容积，m^3；

　　　m——空气衰减常数。

空气衰减常数 m 与湿度和声波的频率有关，随频率的升高而增大，对于低于 2 000 Hz 的声音，m 的影响可以忽略。室温下，$4m$ 与频率和湿度之间的关系见表 1-36。当室内声音频率低于 2 000 Hz 且平均吸声系数 $\bar{\alpha} < 0.2$ 时，$-\ln(1-\bar{\alpha}) \approx \bar{\alpha}$，式（1-185）可简化为

$$T_{60} = \frac{0.161V}{S\bar{\alpha}} \qquad (1\text{-}186)$$

这就是 Sabine 公式，是 W. C. Sabine 通过大量实验首先得出的混响时间的计算式。

表 1-36　空气吸收常数 $4m$ 与频率和相对湿度的关系（20℃）

频率/Hz	室内相对湿度			
	30%	40%	50%	60%
2 000	0.012	0.010	0.010	0.009
4 000	0.038	0.029	0.024	0.022
6 000	0.084	0.062	0.050	0.043

混响时间的长短直接影响室内的音质，混响时间过长会使人感到声音混浊不清，过短又缺乏共鸣感，要达到良好的音质效果，可以通过调整各频率的平均吸声系数 $\bar{\alpha}$，以获得各主要频率的最佳混响时间。

（2）吸声降噪量

由式（1-183）可知，在室内空间位置确定的某点，当声源声功率级 L_W 和声源指向性因子 Q 确定后，只有改变房间常数 R，才能使 L_p 发生变化。房间常数 R 是反映房间声学特性的主要参数，与噪声源的性质无关。

假设室内吸声处理前后的声压级、房间常数和平均吸声系数分别为 L_{p1}、L_{p2}，R_1、R_2 和 $\bar{\alpha}_1$、$\bar{\alpha}_2$，则吸声处理前后距离声源 r 处相应的声压级分别为

$$L_{p1} = L_W + 10\lg\left(\frac{Q}{4\pi r^2} + \frac{4}{R_1}\right) \qquad (1\text{-}187)$$

$$L_{p2} = L_W + 10\lg\left(\frac{Q}{4\pi r^2} + \frac{4}{R_2}\right) \qquad (1\text{-}188)$$

吸声降噪量 ΔL_p 为

$$\Delta L_p = L_{p1} - L_{p2} = 10 \lg \frac{\dfrac{Q}{4\pi r^2} + \dfrac{4}{R_1}}{\dfrac{Q}{4\pi r^2} + \dfrac{4}{R_2}} \qquad (1\text{-}189)$$

在声源附近，直达声占主导地位，即 $\dfrac{Q}{4\pi r^2} \gg \dfrac{4}{R}$，略去 $\dfrac{4}{R}$ 项，则 ΔL_p=0，说明吸声处理对近声场无降噪效果；在距声源足够远处，混响声占主导地位，即 $\dfrac{Q}{4\pi r^2} \ll \dfrac{4}{R}$，略去 $\dfrac{Q}{4\pi r^2}$ 项，则

$$\Delta L_p \approx 10 \lg \frac{R_2}{R_1} = 10 \lg \frac{\bar{\alpha}_2 (1 - \bar{\alpha}_1)}{\bar{\alpha}_1 (1 - \bar{\alpha}_2)} \qquad (1\text{-}190)$$

此式适用于远离声源足够远处的吸声降噪量的估算。对于一般室内稳态声场，如工厂厂房，都是砖及混凝土砌墙、水泥地面与天花板，吸声系数都很小，因此有 $\bar{\alpha}_1 \bar{\alpha}_2$ 远小于 $\bar{\alpha}_1$ 或 $\bar{\alpha}_2$，则式（1-190）可简化为

$$\Delta L_p = 10 \lg \frac{\bar{\alpha}_2}{\bar{\alpha}_1} \qquad (1\text{-}191)$$

由于 $\bar{\alpha}_1$ 和 $\bar{\alpha}_2$ 通常是按实测混响时间 T_{60} 得到的，若以 T_1 和 T_2 分别表示吸声处理前后的混响时间，利用式（1-186）和式（1-191）可得

$$\Delta L_p = 10 \lg \frac{T_1}{T_2} \qquad (1\text{-}192)$$

按式（1-191）和式（1-192）将室内的吸声状况和相应的降噪量列于表 1-37。

表 1-37　室内吸声状况与相应降噪量

$\bar{\alpha}_2 / \bar{\alpha}_1$ 或 T_1/T_2	ΔL_p/dB	$\bar{\alpha}_2 / \bar{\alpha}_1$ 或 T_1/T_2	ΔL_p/dB	$\bar{\alpha}_2 / \bar{\alpha}_1$ 或 T_1/T_2	ΔL_p/dB
1	0	5	7	20	13
2	3	6	8	40	16
3	5	8	9		
4	6	10	10		

1.5.3　消声控制技术

1.5.3.1　消声器的分类和评价

消声器是一种在允许气流通过的同时，又能有效地阻止或减弱声能向外传播的装置。它是降低空气动力性噪声的主要技术措施，主要安装在进气口、排气口或气流通过的管道中。一个性能好的消声器，可使气流噪声降低 20～40 dB，因此在噪声控制中得到了广泛的应用。

（1）消声器的分类

消声器的种类和结构形式很多，按其消声机理大体分为四大类：阻性消声器、抗性消

声器、微穿孔板消声器和扩散消声器。

阻性消声器是一种吸收型消声器，它是把吸声材料固定在气流通过的通道内，利用声波在多孔吸声材料中传播时的摩擦阻力和黏滞阻力的作用，将声能转化为热能，达到消声的目的。其特点是对中、高频噪声有良好的消声性能，对低频消声性能较差。主要用于控制风机的进排气噪声、燃气轮机进气噪声等。

抗性消声器适用于消除低、中频的窄带噪声，主要用于脉动性气流噪声的消除，如用于空压机的进气噪声、内燃机的排气噪声等的消除。

微穿孔板消声器具有较好的宽频带消声特性，主要用于超净化空调系统及高温、潮湿环境或其他要求特别清洁卫生的场合。

扩散消声器也具有宽频带的消声特性，主要用于消除高压气体的排放噪声，如锅炉排气、高炉放风等。

在实际应用中，往往采用两种或两种以上的机理制成复合型消声器。另外，还有一些特殊型式的消声器，例如喷雾消声器、引射掺冷消声器、电子消声器（又称有源消声器）等。

（2）消声器的评价

消声器的好坏一般用以下 4 个指标进行评价：

① 消声性能：在使用现场的正常工作状况下，对所要求的频带范围有足够大的消声量；

② 空气动力性能：要有良好的空气动力性能，对气流的阻力要小，阻力损失和功率损失要控制在实际允许的范围内，不影响气动设备的正常工作；

③ 结构性能：空间位置要合理，体积小、重量轻、结构简单，便于制作安装和维修；

④ 经济性：价格要便宜，经久耐用。

以上 4 个指标互相联系又互相制约，应根据实际情况有所侧重。

1.5.3.2　消声器的声学性能评价量

消声量是评价消声器声学性能好坏的重要指标，常用以下四个量来表征。

（1）插入损失 L_{IL}

插入损失系指在声源与测点之间插入消声器前后，在某一固定测点所测得的声压级差，即

$$L_{IL}=L_{p1}-L_{p2} \tag{1-193}$$

式中，L_{p1}——安装消声器前测点的声压级，dB；

L_{p2}——安装消声器后测点的声压级，dB。

用插入损失作为评价量的优点是比较直观实用，测量也简单，这是现场测量消声器消声量最常用的方法。但插入损失不仅取决于消声器本身的性能，而且与声源、末端负载以及系统总体装置的情况紧密相关，因此适于在现场测量中用来评价安装消声器前后的综合效果。

（2）传递损失 L_R

传递损失系指消声器进口端入射声的声功率级与消声器出口端透射声的声功率级之

差，即

$$L_R=10\lg W_1/W_2=L_{W1}-L_{W2} \quad\quad (1\text{-}194)$$

式中，L_{W1}——消声器进口处声功率级，dB；

L_{W2}——消声器出口处的声功率级，dB。

由于声功率级不能直接测得，一般是通过测量声压级值来计算声功率级和传递损失。传递损失反映的是消声器自身的特性，和声源、末端负载等因素无关，因此适宜于理论分析计算和在实验室中检验消声器自身的消声特性。

（3）减噪量 L_{NR}

减噪量系指消声器进口端和出口端的平均声压级差，即

$$L_{NR}=\overline{L}_{p1}-\overline{L}_{p2} \quad\quad (1\text{-}195)$$

式中，$\overline{L}_{p1}$——消声器进口端平均声压级，dB；

$\overline{L}_{p2}$——消声器出口端平均声压级，dB。

这种测量方法是在严格地按传递损失测量有困难时而采用的一种简单测量方法，易受环境噪声影响，测量误差较大。现场测量用得较少，有时用于消声器台架测量分析。

（4）衰减量 L_A

衰减量指消声器通道内沿轴向的声级变化，通常以消声器单位长度上的声衰减量（dB/m）来表征。这一方法只适用于声学材料在较长管道内连续均匀分布的直通管道消声器。

1.5.3.3　阻性消声器

阻性消声器消声原理是利用装置在管道内的吸声材料或吸声结构的吸声作用，使沿管道传播的噪声不断地被吸收，从而达到消声的目的。优点：在较宽的中、高频范围内消声，特别是对刺耳的高频声消声效果明显。缺点：在高温、高速、含水蒸气、含尘、含油以及对吸声材料有腐蚀性的气体中寿命短、消声效果差；对低频噪声消声效果不理想；存在高频失效现象。

阻性消声器的种类繁多，一般按气流通道的几何形状分为直管式、折板式、声流式、片式、蜂窝式、迷宫式、盘式和室式等，见图 1-36。

（1）单通道直管式消声器

这是最简单的阻性消声器，结构形式见图 1-36（a），即在一个直的管道内壁衬贴一层厚度均匀的多孔吸声材料。当管中传播的声波波长比管道截面尺寸大（对矩形截面管道，a 为长边，$\lambda>a/2$；对半径为 a 的圆管道，$\lambda>0.3a$）时，则管中声波为平面波。由于衬贴材料的吸声作用，声波的能量随着在管道中传播而衰减。对于管道中被激发的高次波，则经多次反射后衰减掉。常用的计算消声量的公式是 A.N.别洛夫公式，即

$$L_A=\varphi(\alpha_0)(P/S)L \quad\quad (1\text{-}196)$$

式中，L_A——消声量，dB；

P——消声器通道断面的有效周长，m；

S——消声器通道断面的有效截面积，m^2；

L——消声器有效长度，m；

α_0——垂直入射吸声系数。

$\varphi(\alpha_0)$——由 α_0 所确定的消声系数，其关系式为

$$\varphi(\alpha_0) = 4.34 \frac{1 - \sqrt{1-\alpha_0}}{1 + \sqrt{1-\alpha_0}} \tag{1-197}$$

可以看出，$\varphi(\alpha_0)$ 随 α_0 的增高而增大，在 α_0 为 0.6～1.0 时，$\varphi(\alpha_0)$ 为 1～4.34。此时消声量的计算值远大于实测值。α_0 越高，计算值与实测值之间的偏差越大，需要进行一定的修正。根据实测和经验，当 α_0 为 0.6～1.0 时，取 $\varphi(\alpha_0)$ 的值为 1.0～1.5。$\alpha_0<0.6$ 时，$\varphi(\alpha_0)$ 用式（1-197）计算或查表 1-38 均可。

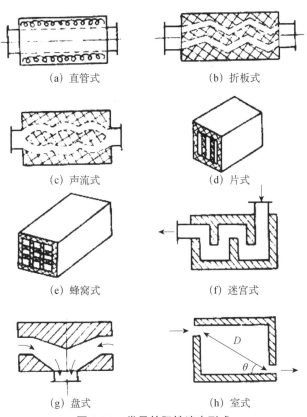

(a) 直管式　　　　　　　(b) 折板式

(c) 声流式　　　　　　　(d) 片式

(e) 蜂窝式　　　　　　　(f) 迷宫式

(g) 盘式　　　　　　　(h) 室式

图 1-36　常见的阻性消声形式

表 1-38　$\varphi(\alpha_0)$ 与 α_0 的关系

α_0	$\varphi(\alpha_0)$	α_0	$\varphi(\alpha_0)$	α_0	$\varphi(\alpha_0)$	α_0	$\varphi(\alpha_0)$
0.05	0.05	0.20	0.24	0.35	0.47	0.50	0.75
0.10	0.11	0.25	0.31	0.40	0.55	0.55	0.86
0.15	0.17	0.30	0.39	0.45	0.64	0.6～1	1～1.5

由式（1-196）可以看出，阻性消声器的消声量与吸声材料的声学性能和消声器的几

何尺寸有关。材料的吸声性能越好，管道越长，消声量就越大。因此，在设计阻性消声器时，如条件允许应尽可能选用吸声性能好的多孔材料，并详细计算通道的几何尺寸。对于相同截面积的通道，P/S 值以矩形最大，圆形最小。因此，对截面积较大的管道常在管道纵向插入几片消声片，将其分隔成多个通道以增加周长和减小截面积，消声量可明显提高。

要注意的是式（1-196）或式（1-197）是在没有气流条件下，根据声波在管道中的传播理论并结合实践经验导出的半经验公式。在低、中频时，计算值与实测值符合性较好。在高频时，往往计算值要高于实测值。

（2）片式消声器

大风量的消声器多采用这种消声结构。它与直管式消声器的区别在于它的通道是由多孔材料组成的吸声片构成，可等效为多个吸声管道并联，如图 1-35（d）所示。当片式消声器每个通道的构造尺寸相同时，只要计算单个通道的消声量，即为该消声器的消声量。

吸声系数与吸声材料的种类和厚度有关，通常吸声片厚度取 50～100 mm，片间距离（通道宽度）取 100～250 mm。为了增加高频的消声效果，可将直通道改为曲折通道，如图 1-36（b）所示，称为折板式消声器。由于折板式阻力较大，一般用于高压风机的消声。为了减小阻力，也可将折板式的折角变平滑，如图 1-36（c）所示，称为声流式消声器。这两种消声器是片式消声器的变形。实际设计中应考虑折角不能过大，一般小于20°，以刚刚遮挡住视线为宜。

（3）高频失效

消声器实际消声量的大小还与噪声频率有关。噪声的频率越高，传播的方向性越强。对于一定截面积的气流通道，当入射声波的频率高至一定限度时，由于方向性很强而形成"光束状"传播，很少接触贴附的吸声材料，消声量明显下降。产生这一现象所对应的频率称为上限失效频率 $f_上$。以直管式消声器为例，可用如下经验公式计算：

$$f_上 = 1.85 \frac{c}{D} \tag{1-198}$$

式中，$f_上$——上限失效频率，Hz；

c——声速，m/s；

D——消声器通道的当量直径（当量直径的定义为通道面积的 4 倍除以通道周长。
对矩形通道可近似取边长平均值，圆形通道取直径，方形通道取边长，其他
可近似取面积的平方根值），m。

由于高频失效的原因，在设计消声器时对于小风量的细管道，可以选用直管式，但对于较大风量的粗管道就必须采用多通道形式。通常采取在消声器通道中加装消声片的方式，或者把消声器设计成片式、折板式、蜂窝式或弯头式等，这样才能保证消声器在中、高频范围内有良好的消声效果。需要指出的是，在高频失效频率附近采取上述方法可显著地提高高频消声效果，但对低频来说效果并不明显。同时由于通道过多或出现弯曲会显著增加阻力损失，消声器的空气动力性能变差。因此，采取何种消声器形式应根据现场情况综合确定。

（4）气流对阻性消声器声学性能的影响

气流对阻性消声器声学性能的影响主要表现在两方面：一是气流的存在会引起声传播和声衰减规律的变化；二是气流在消声器内会产生一种附加噪声，即所谓气流再生噪声。这两方面的影响是同时产生的，在一般情况下，气流对声传播与衰减规律的影响可以忽略。

气流再生噪声相当于在原有的噪声源上又叠加一种新的噪声源，它会影响消声器的实际消声效果。根据实验结果可得出管道中气流再生噪声倍频程的声功率级计算公式：

$$L_W = 72 + 60\lg v - 20\lg f \tag{1-199}$$

式中，L_W——倍频带的气流再生噪声，dB；

　　　v——气流速度，m/s；

　　　f——倍频带的中心频率，Hz。

控制气流噪声的主要措施有两点：一是按声源特性和消声器的消声量确定合适的气流速度；二是选择合适的消声器结构，改善气流状态，减少湍流发生。一般情况下，对于空调用的消声器流速不应超过 5 m/s；对风机和空压机不应超过 20～30 m/s；对内燃机和凿岩机不应超过 30～50 m/s；对于大流量的排气放空消声器，流速可选 50～80 m/s。

1.5.3.4　抗性消声器

（1）消声原理

抗性消声器与阻性消声器不同，它不使用吸声材料，仅利用管道中声学性能突变处的声反射作用（图 1-37）或旁接共振腔等在声传播过程中引起声阻抗的改变，使沿管道传播的一部分噪声在突变处向声源反射回去而不通过消声器，产生声能的反射、干涉，从而降低由消声器向外辐射的声能，达到消声的目的。其优点：不需要使用多孔吸声材料，耐高温、抗潮，在流速较大、洁净要求较高的条件下有优势；对低频噪声有较好的效果。

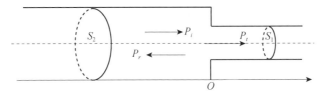

S—截面积；P—声压

图 1-37　有突变截面管道中声的传播

对于单节扩张室消声器，相当于在截面为 S_1 的主管道（进气管、出气管）中插入长度为 l、截面积为 S_2 的中间插管（扩张室），见图 1-38（a）。

（2）消声量的计算

如果只考虑扩张室本身的特性，单节扩张室消声器的消声量计算公式为

$$L_R = 10\lg \frac{1}{\tau_l} = 10\lg\left[1 + \frac{1}{4}\left(m - \frac{1}{m}\right)^2 \sin^2 kl\right] \tag{1-200}$$

式中，m——扩张比，$m = S_2/S_1$；

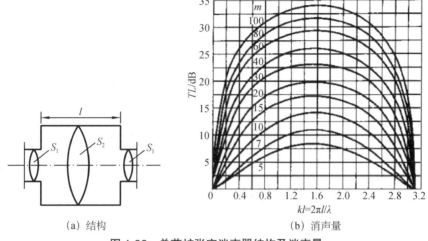

(a) 结构   (b) 消声量

图 1-38　单节扩张室消声器结构及消声量

S_2——中间插管（扩张室）截面积，m^2；

S_1——主管道（进气管、出气管）截面积，m^2；

k——波数，$k=2\pi/\lambda$，m^{-1}；

l——中间插管（扩张室）长，m；

τ_I——声强的透射系数。

可以看出，管道截面收缩 m 倍或扩张 m 倍，其消声作用是相同的，在实用中为了减少气流的阻力，常用的是扩张管。

扩张室消声器的消声量与 $\sin^2 kl$ 有关，所以消声量要随频率做周期性的变化，为设计方便，将式（1-200）绘成图 1-38 (b)。

由式（1-200）可以看出，当 $\sin^2 kl=1$ 时，有最大消声量，当 $\sin^2 kl=0$ 时，消声量等于零，即不起消声作用，现分别讨论如下：

① 当 $kl=(2n+1)\dfrac{\pi}{2}$，即 $l=(2n+1)\lambda/4$ 时（$n=0$，1，2，3…），$\sin^2 kl=1$，扩张室消声量达最大值，此时式（1-200）可写成：

$$L_R = 10\lg\left[1+\frac{1}{4}\left(m-\frac{1}{m}\right)^2\right] \tag{1-201}$$

由式（1-201）可以更清楚地看出，扩张室消声器要取得显著的消声效果，必须选取足够大的扩张比 m。例如，要求 $L_R \geqslant 8$ dB 时，m 应选定在 5 以上。将波数 $k=\dfrac{2\pi}{\lambda}=\dfrac{2\pi f}{c}$ 代入 $kl=(2n+1)\dfrac{\pi}{2}$ 中，可以导出消声量达最大值时的频率，此频率称为消声器的最大消声频率（$f_{\max}$）。

$$f_{\max} = (2n+1)\frac{c}{4l} \tag{1-202}$$

扩张室消声器的消声量随着扩张比 m 的增大而增加，但对某些频率的声波，当 m 增大到一定数值时，声波会从扩张室中央通过，类似阻性消声器的高频失效，致使消声量急剧下降。扩张室消声器的有效消声上限截止频率可用下式计算：

$$f_{上} = 1.22\frac{c}{D} \qquad (1\text{-}203)$$

式中，$f_{上}$——扩张室消声器的有效消声上限截止频率，Hz；

　　　c——声速，m/s；

　　　D——扩张室截面的当量直径，m。

由式（1-203）可知，扩张室截面越大，有效消声的上限频率 $f_{上}$ 就越小，其消声频率范围越窄。因此，扩张比不可盲目选得太大，应使消声量与消声频率范围二者兼顾。

在低频范围内，当波长远大于扩张室的尺寸时，消声器不但不能消声，反而会对声音起放大作用。扩张室消声器的下限截止频率可用下式计算：

$$f_{下} = \frac{\sqrt{2}c}{2\pi}\sqrt{\frac{S_1}{Vl}} \qquad (1\text{-}204)$$

式中，$f_{下}$——扩张室消声器的下限截止频率，Hz；

　　　c——声速，m/s；

　　　S_1——主管道（进气管、出气管）的截面积，m^2；

　　　V——扩张室的容积，m^3；

　　　l——扩张室的长度，m。

② 当 $kl=n\pi$ 即 $l=n\lambda/2$ 时（n=0，1，2···），$\sin^2 kl=0$，消声量 $L_R=0$，表明声波可以无衰减地通过消声器，这是单节扩张室消声器的主要缺点所在。此时，对应的频率称为消声器的通过频率（$f_{\min}$）。

$$f_{\min} = \frac{n}{2l}c \qquad (1\text{-}205)$$

为了消除某一频率的噪声可适当选择扩张室的长度，以使消声器在该频率上有最大消声量。图 1-39 是扩张比 m 相同时，不同扩张室长的消声量曲线。可以看出，l 变化时，最大消声频率和通过频率都在变化。

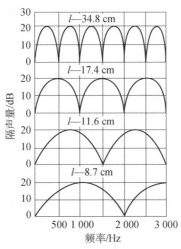

图 1-39　L_R 与 l 的关系（m=21，内管 Φ=28 mm，外管 Φ=128 mm）

1.5.3.5 共振消声器

共振消声器也是一种抗性消声器，它是利用共振吸声原理进行消声的。最简单的结构是单腔共振消声器，它是由管道壁上的开孔与外侧密闭空腔相通而构成的，见图 1-40。

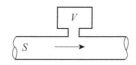

S—管道截面积；V—密闭空腔体积

图 1-40　单腔共振消声器

共振消声器实质上是共振吸声结构的一种应用，其基本原理是基于亥姆霍兹共振器。管壁小孔中的空气柱类似活塞，具有一定的声质量；密闭空腔类似于空气弹簧，具有一定的声顺，二者组成一个共振系统。当声波传至颈口时，在声压作用下空气柱便产生振动，振动时的摩擦阻尼使一部分声能转换为热能消耗掉。同时，由于声阻抗的突然变化，一部分声能将反射回声源。当声波频率与共振腔固有频率相同时，便产生共振，空气柱振动速度达到最大值，此时消耗的声能最多，消声量也就最大。

当声波波长大于共振腔消声器的最大尺寸 3 倍时，其共振吸收频率为

$$f_r = \frac{c}{2\pi}\sqrt{\frac{G}{V}} \qquad (1\text{-}206)$$

式中，f_r ——共振吸收频率，Hz；

$\quad c$ ——声速，m/s；

$\quad V$ ——空腔体积，m^3；

$\quad G$ ——传导率，是一个具有长度量纲的物理量，其值为

$$G = \frac{nS_0}{t+0.8d} = \frac{n\pi d^2}{4(t+0.8d)} \qquad (1\text{-}207)$$

式中，n ——开孔个数；

$\quad S_0$ ——小孔截面积，m^2；

$\quad d$ ——小孔直径，m；

$\quad t$ ——小孔颈长，m。

工程上应用的共振消声器很少是开一个孔的，一般由多个孔组成，此时需注意各孔间要有足够的距离。当孔间距为小孔直径的 5 倍以上时，各孔间的声辐射可互不干涉，此时总的传导率等于各个孔的传导率之和。

如忽略共振腔声阻的影响，单腔共振消声器对频率为 f 的声波的消声量为

$$L_R = 10\lg\left[1+\frac{K^2}{\left(f/f_r - f_r/f\right)^2}\right] \qquad (1\text{-}208)$$

$$K = \frac{\sqrt{GV}}{2S} \qquad (1\text{-}209)$$

式中，S——气流通道的截面积，m^2。

图 1-41 给出的是不同情况下共振腔消声器的消声特性曲线。可以看出，共振腔消声器的选择性很强。当 $f = f_r$ 时，系统发生共振，L_R 将变得很大，在偏离 f_r 时，L_R 迅速下降。K 值越小，曲线越尖锐，因此 K 值是共振消声器设计中的重要参量。

式（1-208）计算的是单一频率的消声量。在实际工程中的噪声源多是连续的宽带噪声，常需要计算在某一频带内的消声量，以 f_r 为中心频率，对倍频带和 1/3 倍频带所对应的上下频率的消声量作为相应频带内的消声量，此时可按下式计算：

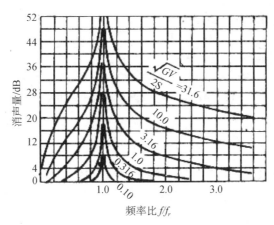

图 1-41　共振腔消声器的消声特性

对倍频带：

$$L_R = 10\lg[1+2K^2] \tag{1-210}$$

对 1/3 倍频带：

$$L_R = 10\lg[1+19K^2] \tag{1-211}$$

改善共振消声器消声性能的方法有：选定较大的 K 值；增加声阻（在共振腔中填充吸声材料，可增加声阻，使有效消声的频率范围展宽）；多节共振腔串联（错开共振频率，展宽消声频率范围）。

1.5.3.6　阻抗复合式消声器

一般情况下，阻性消声器对中、高频噪声消声效果好，抗性消声器则适于消除低、中频噪声。为使消声器在宽频带范围内有良好的消声效果，可将二者复合起来使用，这就是阻抗复合式消声器。常用的形式有阻性-扩张室复合式；阻性-共振腔复合式；阻性-共振腔-扩张室复合式等。图 1-42 给出了工程上采用的几种阻抗复合式消声器的示意图。

阻抗复合式消声器的消声原理，定性地可以认为是阻性和抗性原理的结合。但当声波波长较长时，受阻抗复合后因耦合作用而相互干涉等因素的影响，声波在传播过程中的衰减机理变得极为复杂，难以确定简单的定量关系。因此，在实际应用中，阻抗复合式消声器的消声量通常由实验或实际测量确定。

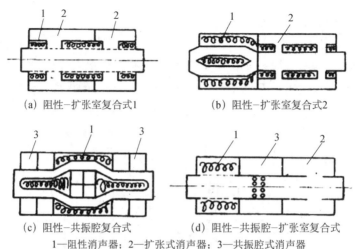

(a) 阻性–扩张室复合式1　　　　(b) 阻性–扩张室复合式2

(c) 阻性–共振腔复合式　　　　(d) 阻性–共振腔–扩张室复合式

1—阻性消声器；2—扩张式消声器；3—共振腔式消声器

图 1-42　几种阻抗复合式消声器示意

1.5.3.7　微穿孔板消声器

（1）消声原理及分类

这是利用微穿孔板吸声结构制成的一种新型消声器。在厚度小于 1 mm 的金属板上钻许多孔径为 0.5～1 mm 的微孔，穿孔率一般在 1%～3%，并在穿孔板后面留有一定的空腔，即成为微穿孔板吸声结构。这是一种高声阻、低声质量的吸声元件。由理论分析可知，声阻与穿孔板上的孔径成反比。与一般穿孔板相比，由于孔很小，声阻就大得多，因而提高了结构的吸声系数。低的穿孔率降低了其声质量，使依赖于声阻与声质量比值的吸声频带宽度得到展宽。同时微穿孔板后面的空腔能够有效地控制共振吸收峰的位置。为了保证在宽频带有较高的吸声系数，可采用双层微穿孔板结构。因此，从消声原理上看微穿孔板消声器实质上是一种阻抗复合式消声器。

微穿孔板消声器的结构形式类似于阻性消声器，按气流通道的形状，可分为直管式、片式、折板式、声流式等。

（2）消声量的计算

微穿孔板消声器的最简单形式是单层管式消声器，这是一种共振式吸声结构。对于低频消声，当声波波长大于共振腔（空腔）尺寸时，其消声量可以用共振消声器的计算公式，即

$$L_R = 10\lg\left[1 + \frac{a + 0.25}{a^2 + b^2\left(f_r/f - f/f_r\right)^2}\right] \qquad （1\text{-}212）$$

式中，f ——入射声波的频率，Hz；

　　　　f_r ——微穿孔板的共振频率，Hz。

微穿孔板消声器往往采用双层微穿孔板串联，这样可以使吸声频带加宽。

对于低频噪声，当共振频率降低 $D_1/(D_1+D_2)$ 倍（D_1、D_2 分别为双层微穿孔板前腔和后腔的深度），则其吸收频率向低频扩展 3～5 倍。

对于中频消声，其消声量可以应用阻性消声器 A.N.别洛夫公式［式（1-196）］进行计算。

对于高频噪声，其消声量可以用如下经验公式计算：

$$L_R=75-34\lg v \tag{1-213}$$

式中，v——气流速度，m/s，本公式的适用范围为 120 m/s≥v≥20 m/s。

上式表明，消声量与流速有关，流速增高，消声性能变坏。金属微穿孔板消声器可承受较高气流速度的冲击，当流速达 70 m/s 时，仍有 10 dB 的消声量。

1.5.3.8　扩散消声器

小喷口高压排气或放空所产生的强烈的空气动力性噪声在工业生产中普遍存在。这类噪声的特点是声级高、频带宽、传播远、危害大，严重污染周围环境。对这类噪声源特性的研究以及消声器的研制，近年来从理论到实践均有较大的发展。按其消声原理可分为小孔喷注、多孔扩散、节流降压等类型的消声器。

（1）小孔喷注消声器

小孔喷注消声器的特点是体积小，重量轻，消声量大。主要用于空压机排气及热电厂中不同压力的锅炉蒸汽排空。其消声原理不是在声音发出后把它消除，而是从发生机理上使它的干扰噪声减小。理论分析及实验研究表明，喷注噪声是宽频带噪声，其峰值频率为

$$f_P \approx 0.2\frac{v}{D} \tag{1-214}$$

式中，f_P——峰值频率，Hz；

　　　v——喷流速度，m/s；

　　　D——喷口直径，m。

式（1-214）表明，在喷流速度不变时，喷注噪声峰值频率与喷口直径成反比。在一般的排气放空中，排气管的直径为几厘米到几十厘米，峰值频率较低，辐射的噪声主要在人耳的听阈范围内。而小孔消声器的小孔直径为 1 mm，峰值频率比普遍排气管喷注噪声峰值频率要高几十倍或几百倍，移到了人耳不敏感的高频率范围内。根据这个原理，在保证排气量相同的条件下，用许多小孔来代替一个大的喷口，即可达到降低可听声的目的。图 1-43 是小孔喷注消声器的示意图，这是一根直径与排气管直径相同，末端封闭的管子，管壁上钻有很多小孔，小孔的孔径越小，降低噪声的效果就越好。图 1-44 是小孔消声与孔径的关系。

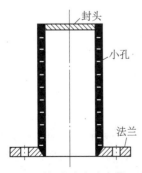

图 1-43　小孔喷注消声器示意

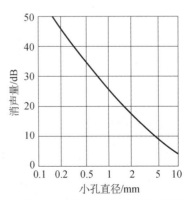

图 1-44　小孔消声与孔径的关系

（2）多孔扩散消声器

随着材料工业的发展，近年来国内外已广泛使用多孔陶瓷、烧结金属、烧结塑料、多层金属网等材料来控制各种压力排气产生的空气动力性噪声。这些材料本身有大量的细小孔隙（达 100 μm 级），当气流通过这些材料制成的消声器时，排放气流被滤成无数个小的气流，气体压力被降低，流速也因扩散而减小，辐射噪声的强度也就相应地减弱。同时，这类材料还具有阻性材料的吸声作用，自身也可以吸收一部分声能。图 1-45 是几种多孔扩散消声器的示意。

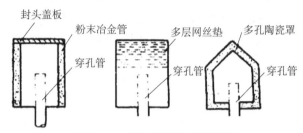

图 1-45　多孔扩散消声器示意

设计多孔扩散消声器应注意两个方面的问题，一是要满足所要求的消声量，二是不能因安装消声器而影响气流排放。小的孔隙对气流通过有一定的阻力，使用中要注意压降，设计时还要注意消声器的有效通流面积要大于排气管道的截面积。如果扩散面积足够大，可以取得 30～50 dB 的消声效果。

（3）节流降压消声器

根据节流降压原理，当高压气流通过具有一定流通面积的节流孔板时，压力得到降低。通过多级节流孔板串联，就可以把原来高压气体直接排空的一次大的突变压降分散为多次小的渐变压降。排气噪声功率与压力降的高次方成正比，所以把压力突变排空改为压力渐变排空，可取得较好的消声效果。

图 1-46 是一实用高压排气采用的节流降压消声器示意，实测消声值为 25 dB。

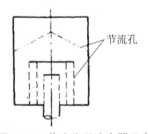

图 1-46　节流降压消声器示意

1.5.4　隔声控制技术

用构件将噪声源和接收者分开，阻断空气声的传播，从而达到降噪目的的措施称作隔声，隔声是噪声控制中最有效的措施之一。空气声和固体声的阻断是性质不同的两种方法，固体声的阻断主要是采用隔振的方法，将在第 1.6 节中叙述。本节只讨论空气声的阻断问题。

隔声所采用的方法有很多种：可以制作隔声罩，将吵闹的机器设备用能够隔声的罩形装置密封或局部密封起来；或者在声源与接收者之间设立隔声屏障；或者在很吵闹的场合中，开辟一个安静的环境，建立隔声间，如隔声操作室、休息室以保护工人不受噪声干扰，保护仪器不受损坏等。

1.5.4.1 隔声原理

声波通过空气传播碰到匀质屏蔽物时，由于分界面特性阻抗的改变，部分声能被屏蔽物反射回去，部分声波被屏蔽物吸收，剩余部分声能可以透过屏蔽物传到另一个空间去。显然，透射声能仅是入射声能的一部分。因此，设置适当的屏蔽物可以仅使小部分声能沿原传播方向传播。具有隔声能力的屏蔽物称作隔声构件或者隔声结构，如砖砌的隔墙、水泥砌块墙、隔声罩等。

1.5.4.2 隔声的评价量

（1）透声系数

隔声构件本身透声能力的大小，用透声系数 τ 来表示，它等于透射声功率与入射声功率的比值，即

$$\tau = W_t / W \tag{1-215}$$

式中，W_t——透过隔声构件的声功率，W；

W——入射到隔声构件上的声功率，W。

由 τ 的定义出发，又可写作 $\tau = I_t/I = p_t^2/p^2$，其中 I_t、p_t 分别为透过声波的声强与声压；I、p 分别为入射声波的声强与声压。τ 又称作传声系数或透射系数（量纲一），它的值介于 0~1。τ 值越小，表示隔声性能越好。通常所指的 τ 是无规入射时各入射角度透声系数的平均值。

（2）隔声量

一般隔声构件的 τ 值很小，为 10^{-5}~10^{-1}，使用很不方便，故人们采用 $10\lg(1/\tau)$ 来表示构件本身的隔声能力，称作隔声量或透射损失、传声损失，记作 R，单位为 dB，即

$$R = 10\lg(1/\tau) \tag{1-216}$$

或 $$R = 10\lg(I/I_t) = 20\lg(p/p_t) \tag{1-217}$$

例如，有两个隔声墙，透射系数分别为 0.01 与 0.001，隔声量则分别为 20 dB 和 30 dB。用隔声量来衡量构件的隔声性能比透声系数更为直观、明确，便于隔声构件的比较与选择。图 1-47 为隔声量测量示意。

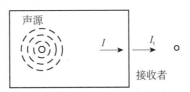

图 1-47　隔声量测量示意

（3）平均隔声量

隔声量的大小与隔声构件的结构、性质有关，也与入射声波的频率有关，同一隔声墙对不同频率的声音，隔声性能可能有很大差异。故工程中常用 125～4 000 Hz 的 6 个倍频程或 100～3 150 Hz 的 16 个 1/3 倍频程中心频率的隔声量的算术平均值来表示某一构件的隔声性能，称作平均隔声量。

（4）插入损失

插入损失定义为离声源一定距离某处测得的隔声结构设置前的声功率级 L_{W1} 和设置后的声功率级 L_{W2} 之差值，记作 IL，即

$$IL = L_{W1} - L_{W2} \tag{1-218}$$

插入损失通常在现场用来评价隔声罩、隔声屏障等隔声结构的隔声效果。

1.5.4.3 单层均质墙的隔声

（1）单层均质墙隔声的频率特性

隔声中，通常将板状或墙状的隔声构件称作隔墙、墙板或简称为墙。仅有一层墙板称作单层墙，有两层或多层、层间有空气等其他材料，则称作双层或多层墙。

实践证明，单层均质墙的隔声量与入射声波的频率关系很大，其变化规律如图 1-48 中曲线所示，该曲线大致可分为 4 个区。

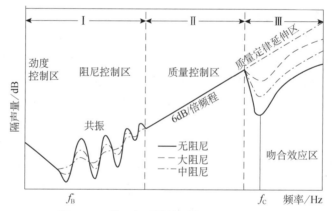

图 1-48　单层匀质墙的隔声频率特性曲线

第 1 个区称为劲度控制区。这个区的频率范围从零直到墙体的第 1 共振频率 f_0 为止。在该区域内，随着入射声波频率的增加，墙板的隔声量逐渐下降。声波频率每增加一个倍频程，隔声量下降 6 dB。

在这个区域中，墙板对声压的反应类似于弹簧，板材的振动速度反比于墙板劲度和声波频率的比值，因而墙板的隔声量与劲度成正比。对一定频率的声波，墙板的劲度越大，隔声量越高，所以称为劲度控制区。

第 2 个区称作阻尼控制区，又称板共振区。当入射声波的频率与墙板固有频率相同时，引起共振，墙板振幅最大，振速最高，因而透射声能急剧增大，隔声量曲线呈显著低谷；当声波频率是共振频率的谐频时，墙板发生的谐振也会使隔声量下降，所以在共振频

率之后，隔声量曲线连续又出现几个低谷，第 1 个低谷是共振频率处，又称第 1 共振频率。但本区内随着声波频率的增加，共振现象越来越弱，直至消失，所以隔声量总的仍呈上升趋势。

阻尼控制区的宽度取决于墙板的几何尺寸、弯曲劲度、面密度、结构阻尼的大小及边界条件等，对一定的墙板，主要与其阻尼大小有关，增加阻尼可以抑制墙板的振幅，提高隔声量，并降低该区的频率上限，缩小该区范围，因此称作阻尼控制区。

对于一般砖、石等的墙，共振频率与其谐频很低，不出现在主要声频区，通常可不考虑；对于薄板，共振频率较高，阻尼控制区可分布在很宽的声频区，须予以防止。一般采用增加墙板的阻尼来抑制共振现象。第 1 个区、第 2 个区又常合并称为劲度与阻尼控制区，若第 1 个区、第 2 个区合并，那么隔声频率曲线共分为 3 个区。

第 3 区是质量控制区。在该区域内，隔声量随入射声波的频率直线上升，其斜率为 6 dB/倍频程。而且墙板的面密度越大，即质量越大，隔声量越高，故称质量控制区。其原因是此时声波对墙板的作用如同一个力作用与质量块，质量越大，惯性越大，墙板受声波激发产生的振动速度越小，因而隔声量越大。

第 4 个区是吻合效应区。在该区域内，随着入射声波频率的继续升高，隔声量反而下降，曲线上出现一个深深的低谷，这是由于出现了吻合效应的缘故。增加板的厚度和阻尼，可使隔声下降趋势得到减缓。越过低谷后，隔声量以每倍频程 10 dB 趋势上升，然后逐渐接近质量控制区的隔声量。

（2）吻合效应

由于固体的墙板本身具有一定的弹性，当声波以某一角度入射到墙板上时，会激起构件的弯曲振动，如同风吹动幕布时，在幕布上产生的波动现象一样。当一定频率的声波以某一角度投射到墙板上，正好与其激发的墙板的弯曲波发生吻合时，墙板弯曲波振动的振幅便达到最大，因而向墙板的另一面辐射较强的声波，可以粗略地认为，墙板此时已失去了传声阻力，所以相应的隔声量很小，这一现象称为"吻合效应"，相应的入射声波频率称为"吻合频率"。

由图 1-49 可知，发生吻合效应时，墙板弯曲波的波长 λ_B 与入射角 θ 存在如下关系：

$$\lambda_B = \lambda / \sin\theta \tag{1-219}$$

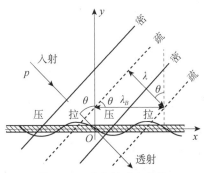

图 1-49 吻合的成立条件

换言之，式（1-219）即是发生吻合效应的条件。由于 $\sin\theta \leqslant 1$，所以只有在 $\lambda \leqslant \lambda_B$ 的情况下才能发生吻合效应。因一定构成的 λ_B 是一定的，因此，发生吻合效应的频率就不只一个，而是符合 $f \geqslant c/\lambda_B$ 的多个频率，通常范围相当宽，约有 3 个倍频程，此时隔声量可比质量定律 [见 1.5.4.3（3）] 低十几分贝。图 1-50 所示为几种典型材料的隔声特性，从中可以看到出现吻合谷的区域及影响范围。当 $\theta=90°$，即声波掠入射时，$\sin\theta=1$，$\lambda_B=\lambda$，入射声波的频率为发生吻合效应的最低频率，因而将其称为临界吻合频率，记作 f_c。f_c 与墙板物理参量间有如下关系：

$$f_c = 0.551 \frac{c^2}{t} \sqrt{\frac{\rho_m}{E}} \qquad (1\text{-}220)$$

式中，f_c——临界吻合频率，Hz；

$\quad$ t——墙板厚度，m；

$\quad$ ρ_m——墙板密度，kg/m^3；

$\quad$ E——墙板的杨氏弹性模量，N/m^2。

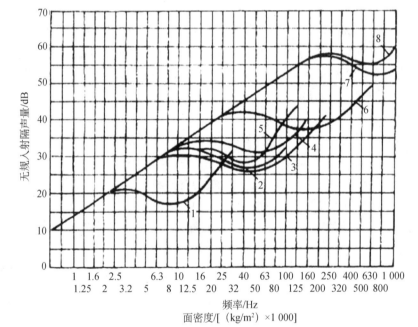

1—胶合板（5.5 kg/m²）；2—平板玻璃（26.5 kg/m²）；
3—铝（27.5 kg/m²）；4—重混凝土（25.5 kg/m²）；
5—砂浆粉刷（17.5 kg/m²）；6—钢（78 kg/m²）；
7—锑铅（铅116 kg/m²）；8—化学锑铅

图 1-50 几种板材的归一化隔声特性曲线

由式（1-220）可知，临界吻合频率受墙板厚度影响很大，墙板越厚，f_c 越低；此外，f_c 还受墙板密度、弹性模量等因素的影响。

常用建筑结构，如一般砖墙、混凝土墙都很厚重，临界吻合频率多发生在低频段；而柔顺轻薄的构件如金属板、木板等，临界吻合频率则出现在高频段。人对高频声较敏感，所以常感到漏声较多。为此，在工程设计中应尽量使板材的 f_c 避开需降低的噪声频段。可选用薄而密实的材料使 f_c 升高至人耳不敏感的 4 000 Hz 以上的高频段，或选用多层结构以错开临界吻合频率，此外还可采取增加墙板阻尼的办法来提高吻合区的隔声量。

综上可知，单层均质墙板的隔声性能主要由墙板的面密度、劲度和内阻尼决定。在入射声波的不同频率范围，可能某一因素起主要作用，因而出现该区隔声性能上的某一特点。

（3）单层均质墙的隔声量和质量定律

声波在空气中传播遇到墙状固体障碍物时，由于空气与固体障碍物特性阻抗的差异，在两分层界面上将产生两次反射与透射（图 1-51）。若假设：

① 声波垂直入射到墙上；

② 隔墙为单层均质墙；

③ 墙把空间分成两个半无限空间，而且墙的两侧均为通常状况下的空气；

④ 墙为无限大，即不考虑边界的影响；

⑤ 把墙看成一个质量系统，即不考虑墙的刚性、阻尼；

⑥ 墙上各点以相同的速度振动。

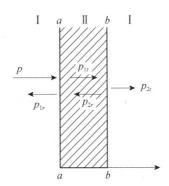

图 1-51　平面波正入射于分层界质时的反射和透射

则根据透声系数的定义及平面声波理论，可以导出单层墙在质量控制区的声波垂直入射时的隔声量 $R_\perp$ 为

$$R_\perp = 10\lg\{1 + [2\pi fm/(2\rho_0 c)]^2\} \tag{1-221}$$

式中，f——入射声波频率，Hz；

　　　m——墙板面密度，kg/m^2；

　　　ρ_0——空气密度，kg/m^3；

　　　c——声速，m/s。

对于砖、钢、木、玻璃等常用材料，常有 $2\pi fm/(2\rho_0 c) \gg 1$，且 $\rho_0 c \approx 400$，因此可得

$$R_\perp = 10\lg\{[2\pi fm/(2\rho_0 c)]\}^2 \tag{1-221a}$$

或　　　　　　　　　　　　$$R_\perp = 20\lg m + 20\lg f - 42.5 \tag{1-221b}$$

式（1-221）定量地描述了单层均质墙的隔声量与面密度及入射声波频率之间的关系。在声波频率一定时，墙板面密度越大，隔声量越大。因此被称作质量定律。由此式知，m 或 f 增加 1 倍，隔声量都增加 6 dB。

但实际上，墙面积不可能无限大，而且墙有弹性，有阻尼与损耗，因此按式（1-221）计算的结果与实测值存在误差。对于一个单层均质墙板，假定不考虑边界的影响，在无规入射条件下，主要只考虑墙板面密度与入射声波频率两个因素时，可用下面的经验式估算隔声量。

$$R = 18\lg m + 12\lg f - 25 \tag{1-222}$$

由式（1-222）可知，若频率不变时，面密度每增加 1 倍，隔声量约增加 5.4 dB；当面密度不变时，频率每增加 1 倍，隔声量增加约 3.6 dB。用图来表示上述关系，质量定律是图 1-52 表示的一组平行直线。

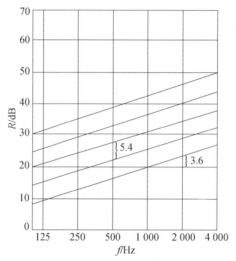

图 1-52　质量定律经验公式图解

若采用平均隔声量 $\overline{R}$ 表示墙板的隔声性能，在频率 100～3 200 Hz 范围内，可采用下面的经验式进行计算：

$$\overline{R} = 13.5\lg m + 14 \ (m \leqslant 200 \ \text{kg/m}^2) \tag{1-223a}$$

$$\overline{R} = 16\lg m + 8 \ (m > 200 \ \text{kg/m}^2) \tag{1-223b}$$

1.5.4.4　多层墙的隔声

（1）双层墙的隔声

实践与理论证明，单纯依靠增加结构的重量来提高隔声效果既浪费材料，隔声效果也不理想。若在两层墙间夹以一定厚度的空气层，其隔声效果会优于单层实心结构，从而突破质量定律的限制。两层均质墙与中间所夹一定厚度的空气层所组成的结构，称作双层墙。

① 双层墙的隔声特性曲线

如图 1-53 所示，双层墙的构造形式"墙-空气-墙"正如"质量-弹簧-质量"弹性系统。当外界的声波的频率与弹性系统的固有频率相一致时，双层墙就会产生共振，此时，声能很易透过双层墙，使得隔声下降，在隔声频率特性曲线上形成一个低谷。在频率超过 $\sqrt{2}f_0$ 以后，隔声曲线以每倍频程 18 dB 的斜率上升，频率再升高，两墙降产生一系列驻

波共振和 f_0 的谐波共振，使得隔声频率特性曲线上升趋势转为平缓。双层墙结构也会产生吻合效益。它的临界频率取决于两层墙各自的临界频率。图中的阴影区表示双层墙构造的隔声性能优于同等质量的单层墙。若 f_0 向低频部分移动，阴影区增大，反之则减少。因此，共振频率的位置对双层墙的隔声性能有很大影响。

② 双层墙共振频率的确定

双层墙的共振频率指入射声波法向入射时的墙板共振频率 f_0，f_0 近似为

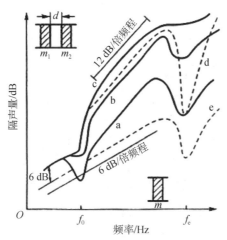

图 1-53　双层墙隔声特性曲线

$$f_0 \approx \frac{c}{2\pi}\sqrt{\frac{\rho_0}{d}\left(\frac{1}{m_1}+\frac{1}{m_2}\right)} \tag{1-224}$$

式中，m_1、m_2——双层墙中两墙的面密度，kg/m^2；

$\quad$ d——空气层的厚度，m；

$\quad$ ρ_0——空气密度，常温下为 $1.18\ kg/m^3$。

由式（1-224）可知，空气层越薄，双层墙的共振频率 f_0 越高。通常较重的砖墙，如混凝土墙等双层结构的 f_0 一般不超过 $15\sim20\ Hz$，在人耳声频范围以下，对实际影响很小；但是对于一些尺寸小的轻质双层墙或顶棚（面密度小于 $30\ kg/m^2$），当空气层厚度小于 $2\sim3\ cm$ 时，就须加以注意，因为此时结构的共振频率较高，一般在 $100\sim250\ Hz$ 范围内，当产生共振时，隔声效果很差，所以一些由胶合板或薄钢板做成的双层结构对低频声隔绝不良。在设计薄而轻的双层结构时，应注意在其表面增涂阻尼层，以减弱共振作用的影响。并且宜采用不同厚度或不同材质的墙板组成双层墙，错开临界吻合频率，保证总的隔声量。此外，双层墙间适当填充多孔吸声材料可使隔声量增加 $5\sim8\ dB$，其中高、中频部分增加得较多，低频部分增加得较少，这是因为多孔材料易于吸收高、中频声的缘故。

③ 双层墙隔声量的实际估算

严格地按理论计算双层墙的隔声量比较困难，而且往往与实际存在一定差距，故多用经验公式估算：

$$R = 16\lg\left(m_1+m_2\right)+16\lg f-30+\Delta R \tag{1-225}$$

平均隔声量计算的经验公式为

$$\overline{R} = 16 \lg(m_1 + m_2) + 8 + \Delta R \ (m_1 + m_2 > 200 \text{ kg/m}^2) \qquad (1\text{-}226)$$

$$\overline{R} = 13.5 \lg(m_1 + m_2) + 14 + \Delta R \ (m_1 + m_2 \leqslant 200 \text{ kg/m}^2) \qquad (1\text{-}227)$$

式中，ΔR——空气层附加隔声量，可自图 1-54 中查得。

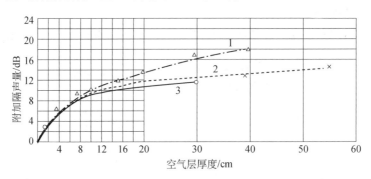

1—双层加气混凝土墙（$m=140 \text{ kg/m}^2$）；
2—双层无纸石膏板墙（$m=48 \text{ kg/m}^2$）；
3—双层纸面石膏板墙（$m=28 \text{ kg/m}^2$）

图 1-54　双层墙附加隔声量与空气层厚度的关系

图 1-54 中曲线系在实验室中通过大量实验测得。可以看出，当双层墙面密度不同时，ΔR 值不一定相同。使用重双层墙时，参考曲线 1，轻双层墙参考曲线 3。

双层墙两墙之间的刚性连接称为声桥。部分声能可经声桥自一墙板传至另一墙板，使空气层的附加隔声量大为降低，降低的程度取决于双层墙刚性连接的方式和程度。因此在设计与施工过程中均须加以注意，尽量避免声桥的出现或减弱其影响。常用双层墙的隔声量如表 1-39 所示。

表 1-39　常见部分双层墙的平均隔声量

材料及构造	面密度/（kg/m²）	平均隔声量/dB
12～15 mm 厚钢丝网抹灰双层中填 50 mm 厚矿棉毡	94.6	44.4
双层 1 mm 厚铝板（中空 70 mm）	5.2	30
双层 1 mm 厚铝板涂 3 mm 厚石棉漆（中空 70 mm）	6.8	34.9
双层 1 mm 厚钢板（中空 70 mm）	15.6	41.6
双层 2 mm 厚铝板（中空 70 mm）	10.4	31.2
双层 2 mm 厚铝板填 70 mm 厚超细棉	12.0	37.3
双层 1.5 mm 厚钢板（中空 70 mm）	23.4	45.7
炭化石灰板双层墙（120 mm+30 mm 中空+90 mm）	145	47.7
90 mm 炭化石灰板+80 mm 中空+12 mm 厚纸面石膏板	80	43.8
90 mm 炭化石灰板+80 mm 填矿棉+12 mm 厚纸面石膏板	84	48.3
加气混凝土双层墙（15 mm+75 mm 中空+75 mm）	140	54.0
100 mm 厚加气混凝土+50 mm 中空+18 mm 厚草纸板	84	47.6
100 mm 厚加气混凝土+50 mm 中空+三合板	82.6	43.7
240 mm 厚砖墙+200 mm 中空+240 mm 厚砖墙	960	70.7

（2）多层复合板的隔声

由几层面密度或性质不同的板材组成的复合隔声墙板称作多层复合板。常用的为轻质多层复合板，它是用金属或非金属的坚实薄板做面层，内侧覆盖阻尼材料，或夹入多孔吸声材料或空气层等。

一般来说，多层复合板的隔声量较组成它的同等重量的单层板有明显改善。这主要是由于：①分层材料的阻抗各不相同，使声波在分层界面上产生多次反射，阻抗相差越大，反射声能越多，透射声能损耗就越大；②夹层材料的阻尼和吸声作用使声能衰减，并减弱共振与吻合效应；③使用厚度或材质不同的多层板，可以错开共振与临界吻合频率，改善共振区与吻合区的隔声低谷现象，使总的透射声能大为减小。

实验表明，多层复合板具有质轻和隔声性能良好的优点，因而被广泛用于隔声门（窗）、隔声罩、隔声间的墙体等多种隔声结构中。我国噪声控制工作者在轻质复合板的研制方面做了很好的工作。

1.5.4.5　隔声罩、隔声间和隔声屏

（1）隔声罩

① 隔声罩的分类

对某些强噪声机器设备，为了降低其所辐射的噪声对周围环境的影响，常将噪声源封闭在特定的小空间中，这种封闭小空间的壳体结构就称为隔声罩。

隔声罩按声源机器的操作、维护及通风冷却要求，主要分为固定密封全隔声罩、活动密封型隔声罩及局部敞开式隔声罩三类。

② 隔声罩的计算

插入损失：

$$L_{IL} = L_{p1} - L_{p2} \tag{1-228a}$$

式中，L_{IL}——插入损失，dB；

　　L_{p1}——声源无隔声罩前室内某点的声压级，dB；

　　L_{p2}——声源加上隔声罩后室内上述点的声压级，dB。

或

$$L_{IL} = L_{W1} - L_{W2} \tag{1-228b}$$

式中，L_{W1}——声源无隔声罩前室内某点的声功率级，dB；

　　L_{W2}——声源加上隔声罩后室内上述点的声功率级，dB。

隔声罩的插入损失可以从理论上得出，即声源通过隔声罩的透射和吸声的声能平衡得出，其平衡式为

$$W_2 = W_1(S_e\tau/S\alpha) \tag{1-229}$$

式中，W_1——声源辐射的声功率，W；

　　W_2——声源加上隔声罩后辐射的声功率，W；

　　S_e——罩壁和顶板的面积，m²；

　　S——罩内总面积（包括地面），m²；

　　τ——罩内总面积的平均透射系数；

α——罩内总面积的平均吸声系数。

一般隔声罩的地面面积比总面积 S 小得多，即 $S_e \approx S$，于是由式（1-229）得到隔声罩的插入损失：

$$L_{IL}=10lg(W_1/W_2)=10lg(\alpha/\tau) \tag{1-230}$$

式中，$\tau \leqslant \alpha \leqslant 1$，由式（1-230）可得

当 $\alpha=\tau$，$L_{IL}=0$ dB；

当 $\alpha=1$，$L_{IL}=10lg(1/\tau)=L_{TL}$。

第 1 种情况是最不利的；第 2 种情况插入损失几乎同隔声罩罩壁的隔声量接近，是最理想的状况。在工程应用中，应尽量增大 α，而 τ 则尽可能小。

（2）隔声间

在吵闹的环境中建造一个具有良好的隔声性能的小房间，供工作人员一个安静的环境，或者将多个强声源（或单台大型噪声源）置于上述房间中，以保护周围环境的安静，这种由不同隔声构件组成的具有良好隔声性能的房间称作隔声间。隔声间通常多用于对声源难做处理的情况，如强噪声车间的控制室、观察室，声源集中的风机房、高压水泵房，以及民用建筑中高级宾馆的房间等。

隔声间有封闭式和半封闭式之分，一般多用封闭式（图 1-55）。隔声间除需要有足够隔声量的墙体外，还需要设置具有一定隔声性能的门、窗或观察孔等，如果门、窗设计不好或孔隙漏声严重，都会大大影响隔声效果。

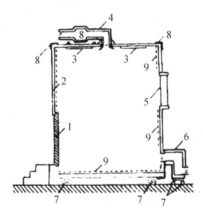

1—入口隔声门；2—隔声墙；3—照明器；4—排气管道（内衬吸声材料）；5—隔声窗；
6—进风口设计（采用消声设计）；7—隔振底座；8—接头的缝隙处理；9—内部吸声处理

图 1-55　隔声间

① 具有门、窗的组合墙平均隔声量的计算

具有门、窗等不同隔声构件的墙板通常称作组合墙。因门或窗的隔声量常比墙体本身的小，因此组合墙的隔声量往往比单纯墙低。组合墙的透声系数 $\overline{\tau}$ 为各组成部分的透声系数的平均值，称作平均透声系数，得

$$\overline{\tau}=\frac{\tau_1 S_1+\tau_2 S_2+\tau_3 S_3}{S_1+S_2+S_3} \tag{1-231}$$

式中，τ_i——墙体第 i 种构件的透声系数（$i=1$，2，3···）；

S_i——墙体第 i 种构件的面积（$i=1$，2，3···），m^2。

按式（1-231），组合墙的平均隔声量 $\overline{R}$ 为

$$\overline{R} = 10\lg(1/\overline{\tau}) \tag{1-232}$$

例题 某隔声间有一面 20 m^2 的墙与噪声源相隔，该墙透声系数 τ 为 10^{-5}；在这墙上开一面积为 2 m^2 的门，其 τ 为 10^{-3}；并开一面积为 3 m^2 的窗，其 τ 为 10^{-3}，求此组合墙的平均隔声量。

解：据式（1-231）和式（1-232）解得

$$\overline{\tau} = \frac{\tau_i S_1 + \tau_i S_2 + \tau_3 S_3}{S_1 + S_2 + S_3} = \frac{(20-2-3) \times 10^{-5} + 2 \times 10^{-3} + 3 \times 10^{-3}}{2 + 3 + (20-2-3)} = 2.6 \times 10^{-4}$$

$$\overline{R} = 10\lg(1/\overline{\tau}) = 10\lg[1/(2.6 \times 10^{-4})] = 36 \text{ dB}$$

若未开门与窗，则该墙隔声量为 50 dB，而设了门窗后，隔声量显著下降。分析可知，单纯提高墙的隔声量对提高组合墙的隔声量作用不大，也不经济，故采用双层或多层结构来提高门窗的隔声量，或在满足使用条件下适当降低墙的隔声量与门窗的隔声效果大体一致，以求经济。一般使墙体的隔声量比门、窗高出 10~15 dB 已足够。

② 孔洞对墙板隔声的影响

由于声波的衍射作用，孔洞和缝隙会大大降低组合墙的隔声量。门窗的缝隙、各种管道的孔洞、隔声罩焊缝不严密的地方等都是透声较多之处，直接影响墙板等组合件的隔声量。

虽然低频声波长较长，透过孔隙的声能要比高频声少些，但是在一般计算中，透声系数均可取为 1。设一理想的隔声墙（$\tau=0$），若墙上有占墙面积 1/100 的孔洞，由式（1-232）可算得墙的总隔声量仅为 20 dB。可知，为了不降低墙的隔声量，就必须对墙上的孔洞进行密封处理。

③ 门、窗的隔声和孔洞的处理

门、窗的隔声能力取决于本身的面密度、构造和碰头缝密封程度。因通常需要门窗为轻型结构，故一般采用轻质双层或多层复合隔声板制成，称作隔声门、隔声窗。隔声门一般采用轻质复合结构，并在层与层之间填充吸声材料，隔声量可达 30~40 dB。

隔声门的隔声性能还与门缝的密封程度有关。即使门扇设计的隔声量再大，若密封不好，其隔声效果也会下降。密封门扇的方法是把门扇与门框之间的碰头缝做成企口或阶梯状，并在接缝处嵌上软橡皮、工业毛毡或泡沫乳胶等弹性材料，以减少缝隙漏声。为提高密封质量，门扇下还可以镶饰扫地橡皮。经以上密封方法处理，门的隔声量可提高 5~8 dB。

隔声窗同样是控制隔声结构隔声量大小的主要构件。窗的隔声性能取决于玻璃的厚度、层数、层间空气层厚度及窗扇与窗框的密封程度。通常采用双层或三层玻璃窗。玻璃越厚，隔声效果越好。一般玻璃厚度取 3~10 mm。双层结构的玻璃窗，一般空气层选 80~120 mm 隔声效果较好，玻璃厚度宜选用 3 mm 与 6 mm 或 5 mm 与 10 mm 进行组合，避免两层玻璃的临界频率接近而产生吻合效应，使窗的隔声量下降。安装时各层玻璃最好不要相互平行，朝向声源的一层玻璃可倾斜 85° 左右，以利于消除共振对隔声效果的

影响。双层玻璃隔声窗平均隔声量可达 45 dB 左右。

玻璃与窗框接触处，用细毛毡、多孔橡皮垫、U 形橡皮垫等弹性材料密封。一般压紧一层玻璃，隔声量提高 4～6 dB，压紧两层玻璃则可增加 6～9 dB 的隔声量。为保证窗扇达到设计的隔声量，必须使用干燥木材，窗扇要有良好的刚度，窗扇之间、窗扇与窗框之间的接触面必须严格密封。窗扇上玻璃边缘用油灰或橡皮等材料密封，以减少玻璃的共振。

（3）隔声屏

隔声屏是用隔声结构做成并在朝声源一侧进行高效降噪处理的屏障，将它放在噪声源与受声点间用于阻挡噪声直接向受声点辐射的一种措施。

① 隔声屏的降噪原理

声波在传播中遇到障碍物产生衍射（绕射）现象，与光波照射到物体的绕射现象相似，光线被不透明的物体遮挡后，在障碍物后面出现阴影区，而声波产生"声影区"，同时，声波绕射必然产生衰减，这就是隔声屏隔声的原理。对于高频噪声，因波长较短，绕射能力和穿透能力弱，隔声效果显著；对于低频噪声，因波长较长，绕射能力和穿透能力强，隔声屏隔声效果有限。

② 隔声屏降噪效果的计算

当在空旷的自由声场中设置一道有一定高度的无限长屏障，透过隔声屏本身的声音假设忽略不计，那么，相对于同一噪声源、同一接收位置，在设置隔声屏和不设置隔声屏的两次测量得到的声压级的差值，即为声屏障的降噪量。当线声源的长度远远小于声源至受声点的距离时（声源至受声点的距离大于线声源长度的 3 倍），可以看成点声源，对一无限长声屏障，点声源的绕射声衰减可用下式计算：

$$\Delta L_d = \begin{cases} 20\lg \dfrac{\sqrt{2\pi N}}{\tanh\sqrt{2\pi N}}, & N > 0 \\ 5, & N = 0 \\ 5 + 20\lg \dfrac{\sqrt{2\pi|N|}}{\tanh\sqrt{2\pi|N|}}, & 0 > N > -0.2 \\ 0, & N \leqslant -0.2 \end{cases} \tag{1-233}$$

$$N = \pm\frac{2}{\lambda}(A + B - D) \tag{1-234}$$

式中，ΔL_d——点声源的绕射声衰减，dB；

N——菲涅耳数；

λ——声波波长，m；

A——噪声源到隔声屏顶端的距离，m；

B——受声点到隔声屏顶端的距离，m；

D——声源到受声点的直线距离，m。

对于声源不可以简化成点声源的情况，其绕射声衰减的计算以及透射声修正量、反射声修正量的计算等更多计算内容可参见《声屏障声学设计和测量规范》（HJ/T 90—2004）。

1.6　振动与振动控制

1.6.1　振动基础

振动和噪声有着十分密切的联系，声波就是由发声物体的振动而产生的，当振动的频率在 20～2 000 Hz 的声频范围内时，振动源同时也是噪声源。

振动是一种周期性往复运动或重复运动部件的不平衡和部件的相互碰撞。机械振动（简称振动）是指力学系统在观察时间内，它的位移、速度或加速度往复经过极大值和极小值变化的现象。每经过相同的时间间隔，上述物理量能够重复出现的振动称为周期振动。完成一次振动所需要的时间称为周期，每秒完成的振动数称为频率。不是周期性出现的振动就称为非周期振动。最简单的周期振动是按正弦形规律变化的简谐振动。由频率不同的简谐振动合成的振动则称为复合振动。

振动能量常以两种方式向外传播而产生噪声，一部分由振动的机器直接向空气辐射，称为空气声；另一部分振动能量则通过承载机器的基础，向地层或建筑物结构传递。在固体表面，振动以弯曲波的形式传播，因而能激发建筑物的地板、墙面、门窗等结构振动，再向空中辐射噪声，这种通过固体传导的声叫作固体声。

振动的特性是指振动的类型和振动量（位移、速度或加速度）的幅值、频率、相位、振动方式和频谱等。任何复杂的振动都可以由许多不同频率和振幅的简谐振动合成。振动的各基本量之间有简单关系。对于简谐振动，若位移振幅为 S_0，则速度振幅为 ωS_0，加速度振幅为 $\omega^2 S_0$，其中 ω 是振动的角频率。对于多共振系统的随机振动也有类似关系。表 1-40 给出了简谐振动的位移、速度和加速度幅值之间的关系。

表 1-40　简谐振动的位移、速度、加速度幅值之间的关系

已知量	位移幅值	速度幅值	加速度幅值
$s=S_0\sin\omega t$	S_0	ωS_0	$\omega^2 S_0$
$v=V_0\sin\omega t$	V_0/ω	V_0	ωV_0
$a=A_0\sin\omega t$	A_0/ω^2	A_0/ω	A_0

对于任何一给定时刻的瞬时值不能预先确定的振动称为随机振动。瞬时值分布符合高斯统计分布的随机振动称为高斯随机振动。随机振动的各基本量之间也有类似于简谐振动的关系。

1.6.1.1　自由振动和强迫振动

在撞击或短暂振动的影响下，弹性系统就会发生振动。如果这些振动在没有外力参与下进行，它就被称为自由振动或固有振动。简谐振动系统的固有振动频率为

$$f_0 = \frac{1}{2\pi}\sqrt{\frac{K}{m}} \tag{1-235}$$

式中，m——振动系统的质量，kg；

K——弹簧的弹性系数，N/m。

增加振动系统的质量或减少它的弹性系数，使自由振动的频率降低，反之减少质量和增加弹性系数使自由振动的频率增高。当振动系统受到各种影响时，例如与空气的摩擦，材料内部的内摩擦，振动系统固定处的摩擦和声音的辐射损失等。这时自由振动的幅值逐渐衰减。摩擦越大、振动衰减越快。因此人为地增加摩擦可以防止产生振动或者能在很大程度上减弱物体的振动。

在实际中，除了与速度成比例的黏滞性摩擦外，还有干摩擦，例如在轴承中或在零件接合处的摩擦。当振动很大时，由黏滞性摩擦引起的损失占优势，这时振动振幅按几何级数规律衰减。当振幅很小时，由恒定的摩擦，即干摩擦引起的损失占优势，这时振动衰减大致遵守算术级数规律。

如果在振动系统上有周期性的外力作用，则系统不是完成衰减运动而是进行强迫振动。这时振动的频率等于作用力的频率。

1.6.1.2　共振

对于强迫振动系统，当外力的频率等于系统的固有频率时，振动速度达极大值，这时称系统发生速度共振。共振时速度振幅与系统的阻尼（外界作用或系统本身固有的原因引起的振动幅度逐渐下降的特性）大小有关，阻尼越小，速度振幅越大。位移也能发生共振，称位移共振。系统发生共振时的频率称共振频率。一般情况下，速度共振频率和位移共振频率不同，后者同阻尼大小有关，当阻尼甚小时，两者就相近。

1.6.2　环境中的振动与危害

环境中存在着各种各样的振动现象。振动是噪声的主要来源，同时，振动还会传向各方。环境科学所指的振动污染是指给人体及生物带来有害影响的振动。振动会引起人体内部器官的振动或共振，从而导致疾病的发生，对人体造成危害，严重时会影响人们的生命安全，因此振动污染是一种不可忽略的公害[①]。振动是以弹性波的形式在基础、地板、墙壁中传播，并在传播过程中向外辐射噪声。

1.6.2.1　振动对设备和房屋的危害

当建筑物外有车辆驶过时，地面振动可以通过土壤和基础传给房屋结构而产生振动。在适当的频率和振幅下还会以噪声形式出现。当室内设备振动频率与结构的固有振动频率吻合时，后者引起共振，它的振幅有时可使玻璃、金属薄片发出叮当声。例如，建筑物内部水管系统，冲击机械产生的振动，房间内人们走动，椅子在地板上拖动等。这种振动引起的噪声和一般空气中噪声不同，它通过建筑结构在建筑物内部能传输很远距离，而衰减非常小。整个建筑物在风的作用下也可能产生低频振动。建筑物对振动的不同反应如图 1-56 所示。通常大振幅低频率的振动危害较为严重。

振动使机械设备本身疲劳和磨损，缩短机械设备的使用寿命，甚至使机械设备中的构件发生刚度和强度破坏。对于机械加工机床，如振动过大，可使加工精度降低。飞机机翼

---

① 姜涛，王晓阳. 2009. 振动的危害及防治对策[J]. 环境与发展，21（6）：48-50.

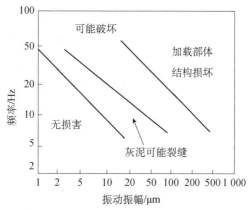

图 1-56　振动对建筑物的危害

的颤振、机轮的摆动和发动机的异常振动，都有可能造成飞行事故。具体来说，振动对设备的危害主要表现在以下几个方面。

① 由振动引起的对机器设备、仪表和建筑物的破坏，主要表现为干扰机器设备、仪表的正常工作，对其工作精度造成影响，并由于对设备、仪表的刚度和强度的损伤造成其使用寿命降低。

② 冲锻设备、加工机械、纺织设备如打桩机、锻锤等都可以引起强烈的支撑面振动，有时地面环境振动沿垂直向振级最高可达 150 dB（A）左右。另外，为居民日常服务的如锅炉引风机、水泵等都可以引起 75～130 dB（A）的地面振动。

③ 机械设备运行时产生的振动传递到建筑物的基础、楼板或其相邻结构，可以引起它们振动。这种振动可以以弹性波的形式沿着建筑物结构进行传递，使相邻的建筑物空气发生振动，并产生辐射声波，引起结构噪声。

④ 强烈的地面振动源不但可以产生地面振动，还能产生很大的撞击噪声，有时候可达到 100 dB（A），这种空气噪声可以以声波的形式进行传递，从而引起环境噪声污染，影响人们的正常生活。

1.6.2.2　振动对人体的影响

振动作用于人体，会伤害人的身心健康[①]。人能感觉到的振动按频率范围分为低频振动（30 Hz 以下）、中频振动（30～100 Hz）和高频振动（100 Hz 以上）。

物体按照运动速度变化来分类，可以区分为匀速运动和变速运动。人处于均匀运动状态是无感觉的，而匀速运动的速度对人体也不产生任何影响。例如，地球基本上处于匀速运动中。赤道上地球的自转速度为 463 m/s；地球的平均公转速度为 29 800 m/s。人类生存在地球上感觉不到地球的运动。当人处于变速运动状态时，身体则会受到速度变化的影响。当人体直立时，能忍受的向上加速度为 18g，向下加速度为 13g，横向加速度为 50g，其中 g 是重力加速度，它约等于 9.8 m/s²。如果加速度超过上述数值，人体的器官就会遭受损伤。若运动速度连续变化时，人在短时间内可以忍受较大的加速度。

人体具有弹性组织，对振动的反应与一个弹性系统相当。振动对人体的影响不仅取决

---

① 姜涛，王晓阳. 2009. 振动的危害及防治对策[J]. 环境与发展，21（6）：48-50.

于振动强度，也与振动的频率和作用的方向有关。根据振动作用于人体的部位，分为全身振动和局部振动。如坐车、乘船可以出现晕车、晕船等现象，都属于全身振动。由于使用油锯、凿岩机、砂轮等振动工具而引起的手指麻木、疼痛等症状，即属于局部振动。但有时全身振动与局部振动对机体的反应很难严格加以区分。能使人感觉到的最小振动称为振动感觉阈。随着振动的增加，人们感到不舒适，继而感到疲劳。人们对于超过疲劳阈的振动不但有心理反应，而且有生理反应。强振动还能引起生理性损伤，如图 1-57 所示。下面分全身振动和局部振动来讨论对人体的影响。

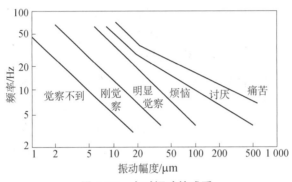

图 1-57　人对振动的感受

（1）全身振动对人体的影响

对于人体最有害的振动频率是与人体某些器官固有频率相吻合（共振）的频率。这些固有频率是：人体在 6 Hz 左右；内脏器官在 8 Hz 左右；头部在 25 Hz 左右；神经中枢则在 250 Hz 左右；低于 2 Hz 的次生振动甚至有可能引起人的死亡。

人体全身垂直振动在 4～8 Hz 处有一个最大共振峰，它主要由胸围共振产生，对胸腔内脏影响最大。在 10 Hz 附近还有一个较小的共振峰，称作第二共振峰，它由腹部共振产生，对腹部内脏影响较大。在全身振动下，还会产生局部器官的共振。例如，头部共振，窦腔、鼻、喉等共振。

全身振动一般为大振幅、低频率振动，常可引起足部周围神经与血管的改变、脚痛、脚与腿部肌肉触痛，足背部动脉搏动减弱等现象。此外，前庭和内脏的反射作用，常可引起脸色苍白、出冷汗、恶心、头晕等症状。平时植物神经系统功能较弱的人，对全身振动更为敏感。

（2）局部振动对人体的影响

局部振动对人体的影响主要表现在中枢与周围神经系统，末梢循环系统和关节系统等方面的障碍。皮肤感觉迟钝，触觉、温热觉、痛觉功能减低，神经传导速度变缓。

另外，振动还可加重噪声引起的听力损失，但振动引起的听力损失多以 125～250 Hz 的低频声为主，由此可见局部振动对人体的影响也是全身性的。

人体在给定方向上受到振动作用时，除了在该方向上产生振动外，在其他方向上也会出现一些振动。如图 1-58 所示，人体在受到低频横向振动作用时，头部会产生椭圆形振动。横向振动频率越高，头部垂直振动成分越大；当频率达 4～5 Hz 时，头部几乎变成了垂直的振动。

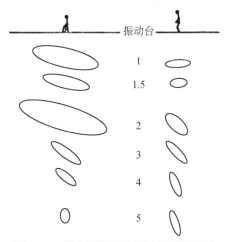

图 1-58 横向振动时头部的椭圆形振动

注：图中数字为横向振动频率，Hz。

1.6.2.3 振动病

振动病是长期接触强烈振动，主要是局部振动而引起的以肢端血管痉挛、周围神经末梢感觉障碍和上肢骨与关节改变为主要表现的疾病。振动病患者表现为手麻、手僵、手发凉、疼痛、关节痛和四肢无力。此外，还有头痛、头晕、易疲劳、记忆力减退和耳鸣等神经衰弱综合征。

1.6.3 振动的测量与评价

1.6.3.1 振动与振动级

描述振动的物理量有频率、位移、速度和加速度。

无论振动的方式多么复杂，通过傅氏变换总可以离散成若干个简谐振动的形式，因此通常只分析简谐振动的情况。

简谐振动的位移：

$$x=A\cos(\omega t-\varphi) \tag{1-236}$$

式中，x——简谐振动的位移，m；

A——简谐振动的振幅，m；

ω——简谐振动的角频率，rad/s；

t——简谐振动的时间，s；

φ——初始相位角，（°）。

简谐振动的速度：

$$v=\mathrm{d}x/\mathrm{d}t=\omega A\cos(\omega t-\varphi+\pi/2) \tag{1-237}$$

简谐振动的加速度：

$$a=\mathrm{d}^2x/\mathrm{d}t^2=\omega^2A\cos(\omega t-\varphi+\pi) \tag{1-238}$$

速度相位相对于位移提前了 $\pi/2$，加速度相位则提前了 π。加速度的单位为 m/s²，有时也用 g 表示，g 为重力加速度，$g\approx9.8$ m/s²。

振动加速度级定义为

$$L_a=20\lg(a_e/a_{ref}) \tag{1-239}$$

式中，a_e——加速度的有效值，m/s²，对于简谐振动，加速度的有效值为加速度幅值的 $1/\sqrt{2}$ 倍；

a_{ref}——加速度的参考值，一般取 $a_{ref}=1\times10^{-6}$ m/s²。

人体对振动的感觉与振动频率的高低、振动加速度的大小和在振动环境中暴露时间长短有关，也与振动的方向有关，综合这许多因素，ISO 建议采取如图 1-59 所示的等感度曲线。

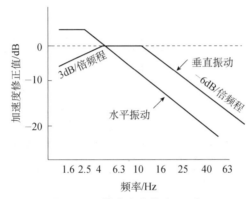

图 1-59 等感度曲线（ISO）

振动级定义为修正的振动加速度级，用 L_a' 表示：

$$L_a'=20\lg(a_e'/a_{ref}) \tag{1-240}$$

式中，a_e'——修正的加速度有效值，m/s²，可通过下列公式计算得到。

$$a_e' = \sqrt{\sum a_{fe}^2 \cdot 10^{\frac{c_f}{a_{fe}}}} \tag{1-241}$$

式中，a_{fe}——频率为 f 的振动加速度有效值；

c_f——表 1-41 的修正值。

表 1-41 垂直与水平振动的修正值

修正值	中心频率						
	1 Hz	2 Hz	4 Hz	8 Hz	16 Hz	31.5 Hz	63 Hz
垂直方向修正值/dB	−6	−3	0	0	−6	−12	−18
水平方向修正值/dB	3	3	−3	−9	−15	−21	−27

1.6.3.2 振动的评价标准

振动的影响是多方面的，它损害或影响振动作业工人的身心健康和工作效率，干扰居民的正常生活，还影响或损害建筑物、精密仪器和设备等[①]。评价振动对人体的影响比较复杂，根据人体对某种振动刺激的主观感觉和生理反应的各项物理量，ISO 和一些国家推荐、提出了不少标准，概括起来可以分为以下几类。

（1）振动对人体影响的评价标准

人体对振动的感觉是刚感到振动是 0.003g（加速度），不愉快感是 0.05g，不可容忍感是 0.5g。振动有垂直与水平之分，人体对垂直振动比对水平振动更敏感。

振动的评价标准可以用不同的物理量来表示，用得比较多的有加速度级和振动级。评价振动对人体的影响远比评价噪声复杂。振动强弱对人体的影响大体上有四种情况：

① 振动的"感觉阈"，人体刚能感觉到振动，对人体无影响；

② 振动的"不舒服阈"，这时振动会使人感到不舒服；

③ 振动的"疲劳阈"，它会使人感到疲劳，从而使工作效率降低，实际生活中以该阈为标准，超过标准者被认为有振动污染；

④ 振动的"危险阈"，此时振动会使人产生病变。

ISO 推荐过一个评价标准（图 1-59），它适用于人体受到垂直振动的疲劳界限标准。对于"危险阈"应在此值上加 6 dB；对于"不舒服阈"则应减去 10 dB。振动对人体的影响还与振动在环境中的暴露时间长短有关。ISO 推荐的一个振动暴露标准如图 1-60 和图 1-61 所示。

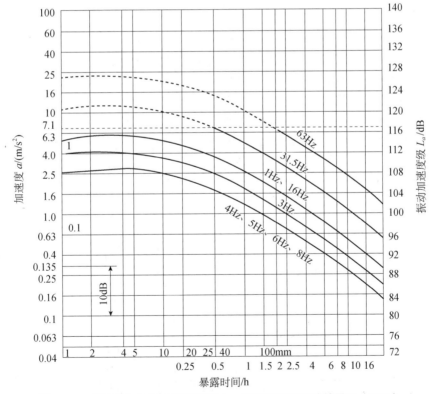

图 1-60　垂直方向的振动暴露标准——疲劳和效率衰减的界限（ISO）

---

① 姜涛，王晓阳. 2009. 振动的危害及防治对策[J]. 环境与发展，21（6）：48-50.

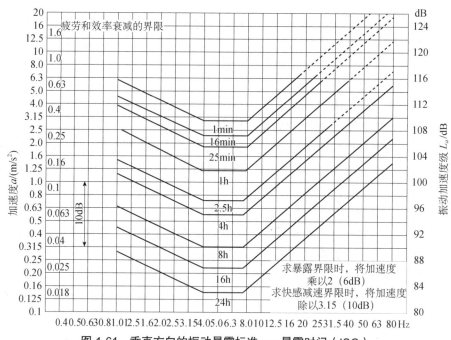

图 1-61　垂直方向的振动暴露标准——暴露时间（ISO）

对于垂直振动，人最敏感的频率范围是 4～8 Hz。低于 1 Hz 的振动会出现许多传递形式，并产生一些与较高频率完全不同的影响，例如引起晕动病和晕动并发症。0.1～0.63 Hz 的振动传递到人体，会引起从不舒适到极度疲劳等病症，ISO 2631 对于人承受垂直方向 0.1～0.63 Hz 全身振动极度不舒适的限定值见表 1-42。这些影响不能简单地通过振动的强度、频率和持续时间来解释。不同的人对低于 1 Hz 的振动反应会有相当大的差别，这与环境因素和个人经历有关。高于 80 Hz 的振动，感觉和影响主要取决于作用点的局部条件，目前还没有建立 80 Hz 以上的关于人的整体振动标准。

表 1-42　垂直方向用振动加速度数值表示的极度不舒适限定值

1/3 倍频带的中心频率/Hz	加速度/（m/s²）		
	振动时间		
	30 min	2 h	8 h（暂行）
0.1	1	0.5	0.25
0.125	1	0.5	0.25
0.16	1	0.5	0.25
0.2	1	0.5	0.25
0.25	1	0.5	0.25
0.315	1	0.5	0.25
0.4	1.5	0.75	0.375
0.5	2.15	1.08	0.54
0.63	3.15	1.6	0.8

（2）城市区域环境振动的评价标准

由各种机械设备、交通运输工具和施工机械所产生的环境振动对人们的正常工作和休息可能产生较大的影响[①]。我国已经制定了《城市区域环境振动标准》（GB 10070—88）和《城市区域环境振动测量方法》（GB 10071—88）。表 1-42 中是我国为控制城市环境振动污染而制定的 GB 10070—88 中的标准值及适用区域。表 1-42 中的标准值适用于连续发生的稳态、冲击振动和无规则振动。对每天只发生几次的冲击振动，其最大值昼间不允许超出标准值 10 dB，夜间不超过标准值 3 dB。标准规定测量点应位于建筑物室外 0.5 m 以内振动敏感处，必要时测点置于建筑物室内地面中央，标准值均取表 1-43 中的值。

表 1-43　城市各类区域铅垂直向 Z 振级标准值

适用地带范围	昼间/dB	夜间/dB
特殊住宅区	65	65
居民文教区	70	67
混合区、商业中心区	75	72
工业集中区	75	72
交通干线道路两侧	75	72
铁路干线两侧	80	80

铅垂直向 Z 振级的测量及评价量的计算方法，按 GB 10070—88 有关表款的规定执行。

环境振动一般并不构成对人的直接危害，主要是对居民生活、睡眠、学习、休息产生干扰和影响。

（3）机械设备振动的评价标准

目前世界各国大多数采用速度有效值作为标量来评价机械设备的振动（振动的频率范围一般在 10～1 000 Hz），ISO 颁布的 *Mechanical vibration of machines with operating speeds from 10 to 200 rev/s—Basis for specifying evaluation standards*（ISO 2372：1974）和我国《机械工业环境保护设计规范》（JBJ 16—2000）规定以振动烈度作为评价机械设备振动的标量。它是在指定的测点和方向上，测量机械振动速度的有效值，再通过各向上速度平均值的矢量和来表示机械的振动烈度。振动等级的评定按振动烈度的大小来划分，设为以下 4 个等级。

A 级：不会使机械设备的正常运转发生危险，通常标为"良好"。

B 级：可验收、允许的振级，通常标为"许可"。

C 级：振级是允许的，但有问题，不满意，应加以改进，通常标为"可容忍"。

D 级：振级太大，机械设备不允许转动，通常标为"不允许"。

（4）建筑物的允许振动标准

建筑物的允许振动标准与其上部结构、底基的特性以及建筑物的重要性有关。德国1986 年颁布的标准 *Vibrations in buildings*（DIN-4150）中规定，在短期振动作用下，使建筑物开始遭受损坏，如粉刷开裂或原有裂缝扩大时，作用在建筑物上或楼层平面上的合成

① 姜涛，王晓阳. 2009. 振动的危害及防治对策[J]. 环境与发展，21（6）：48-50.

振动速度限值见表 1-44。

表 1-44　建筑物开始损坏时的振动速度限值

结构形式	振动速度限值 v/（mm/s）			多层建筑物最高一层楼层平面
	基础			
	频率范围/Hz			混合频率/Hz
	10 以下	10～50	50～100	
商业或工业用的建筑物与类似设计的建筑物	20	20～40	40～50	40
居住建筑和类似设计的建筑物	5	5～15	15～20	15
不属于上述所列的对振动特别敏感的建筑物和具有纪念价值的建筑物（如要求保护的建筑物）	3	3～8	8～10	8

1.6.3.3　振动的测量方法

环保工作中，测量振动利用振动计直接读数即可。振动级的频率范围取 1～80 Hz，通常采用加速度级作为标准。振动测点的选择十分重要，可参考《城市区域环境振动测量方法》（GB 10071—88）的规定。

振动的特性是指振动的类型和振动量（位移、速度或加速度）的幅值、频率、相位、振动方式和频谱等。对于简谐振动，振动的位移、速度和加速度之间有一定关系，参见表 1-40。对于多共振系统的随机振动也有类似的关系。因此，原则上只要测量其中的一个量就可以计算其他两个量。最常遇到的是测量加速度，然后用积分器对加速度经一次积分求得振动速度，经两次积分求得振动位移。一般来说，测量位移用静电式换能器，测量速度用动圈式换能器，测量加速度用压电式换能器。

振动测量可以用位移、速度、加速度表示。显然位移测量比较容易，但在许多实际问题中不一定是振动的主要特性。因此位移测量用于运动的振幅是主要因素的情况中，而在声辐射的噪声控制问题中要测量速度，在机械零件损伤主要的地方则测量加速度最有用。

（1）振动测量系统

常用的振动测量器系统如图 1-62 所示。它分为四个部分：①振动接收器；②前置放大器；③放大和频率分析器；④读数和记录装置。振动测量系统的频率响应的选择应该使振动的基频比测量系统的下限高 10 倍；而待测的最高频率分量应比系统的上限频率低 10 倍。对于甚低频率的振动，可以考虑用慢录快放的方法进行测量与分析。

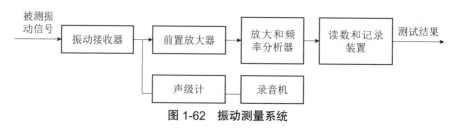

图 1-62　振动测量系统

（2）振动测量仪器

振动测量仪器除了力电换能器及其附加的前置放大器以外，振动测量系统的其他部分基本与声学测量和分析系统相同。因此这里仅简单讨论与振动测量直接有关的仪器。关于用激光测振的方法将在后面叙述。

测量振动的换能器种类很多，最常用的方法是将机械振动转换为电信号。测量位移的称为测振计，测量速度的称为速度计，测量加速度的称为加速度计。按照换能方式分类，非接触型换能器有电容式、霍尔效应式和涡流式；接触型有电磁式、压电式和电阻式等。

① 压电式加速度计

在振动测量中最常用的是压电式加速度计，它将振动的加速度转换为相应的电信号以便利用电子仪器进一步测量并分析其频谱。压电加速度计具有谐振频率高、尺寸小、重量轻、灵敏度高和坚固等优点。它具有宽的频率响应和加速度测量范围，所以在振动测量中获得了广泛应用。

a. 加速度计的校准

为了获得准确的加速度数值，加速度计在测量前应该先校准。加速度计的校准方法有四种：a）标准加速度计法，产生一频率恒定而精确的加速度，把待校加速度计固定在振动激励器上，在规定信号激励下测出待校加速度计的输出电压以求出加速度计的灵敏度；b）比较法，待校加速度计与灵敏度已知的加速度计安装在同一振动激励器上，测量出它们的输出电压，两输出电压之比，即为灵敏度之比；c）互易法，方法基本与传声器互易校准类似；d）光学方法，以低频电信号激励振动台获得较大振幅，用光学方法测量振动的绝对值以进行校准。

b. 加速度计的选择与安装

首先，测量时选择合适的加速度计并进行固定。它们对测量的准确度的影响很大。测量时主要从灵敏度和它的频率特性来选择。其次，要考虑测量环境条件，例如温度、湿度和强噪声的影响等。灵敏度和频率特性是互相制约的。对于压电式加速度计，尺寸小则灵敏度低，但可以测量的频率范围较宽。

如果待测振动物体和加速度计之间有相对运动，那么加速度计的输出就不能反映物体的振动。为了使振动的测量特别是高频振动的测量精确可靠，加速度计的固定非常重要。常用的加速度计固定方法可以用螺栓、胶合、磁性接触、探针接触和用薄蜡层粘等。应该注意，可用的测量高频范围仅为安装后谐振频率的1/3，因此对高频振动测量必须很注意加速度计的安装技术。

② 激光测振

激光是 20 世纪 60 年代出现的一种新光源，它具有相干性高、方向性强、单色性好和高亮度等特点。利用激光源做成的干涉仪测量振动比一般的光干涉仪要精确。所以激光干涉仪已被用作加速度计的一级标准。此外，激光全息干涉测振法也已广泛应用。全息照相利用光的干涉原理记录由振动引起的干涉条纹，以比较部件的振动也可显示振动表面的振动方式。在各种频率下拍摄全息图就可以观察各种振动方式。采用连续曝光时间平均法来记录振动物体的全息图可以测得振动平面上幅度分布的时间平均值。在振动节点处产生亮纹，而腹点则产生暗纹。对于处在波节与物体上已知静止点之间的轮廓线加以计数，便可求得该物体上各点振动的幅度。

（3）振动测量方法

在环境振动问题中，振动测量包括两类：一类是对环境振动的测量；另一类是对引起噪声辐射的物体振动的测量。

① 环境振动的测量

环境振动是指使人整体暴露在振动环境中的振动。环境振动的特点一般是振动强度范围广，加速度有效值的范围为 $3\times10^{-4}\sim3$ m/s^2，振动频率为 $1\sim80$ Hz 或 $0.1\sim1$ Hz 的超低频。因此，测量仪器应选择高灵敏度加速度计、低频振动测量放大器和窄带滤波器，或使用装有 ISO 推荐的频率计权网络的环境振动测量仪，通过计权网络测量得到振动级。

我国环境振动测量一般测铅垂向 Z 振级，测量的频率范围一般为 $1\sim80$ Hz。环境振动可以通过测量值同振动标准所规定的数值进行比较来评价。为了准确测量传到人体的振动，振动测量点应尽可能选在振动物体和人体表面接触的地方。站在地面或坐在平台上的人，如人体和支撑物之间没有缓冲垫，则传感器应安置在地面或阳台上；如人体和支撑物之间有柔软的垫层，则应在人体和垫层之间插入一刚性结构（如钢板），放置传感器。

在住宅、医院、办公室等建筑物内测量振动，应该在室内店面中心附近选择 $3\sim5$ 个测点进行测量；考虑楼房对振动的放大作用，应在建筑物各层都选择几个房间进行测量。

为了了解环境振动源的振动特征和影响范围，应在振动源的基础座上，以及分别在距基础座 5 m、10 m、20 m 等位置上选择测点，进行振动测量。

在测量公路两侧由于机动车辆引起的振动时，应分别在距离公路边缘上 5 m、10 m、20 m 处选定测点，测量时传感器要水平放置在平坦坚硬的地面上，而不应放在沙地、泥地、草坪上。

② 物体振动测量

对辐射噪声物体的振动测量，不仅要测量发声物体的振动，还要测量振动源的振动和振动传导物体的振动，其测点选择应根据实际情况而定。

在声频范围内的振动测量，一般取 $20\sim20\,000$ Hz 的均方根振动值，用窄带分析振动的频谱。振动值可以用位移、速度或加速度来表示，速度是与辐射噪声有密切关系的振动值。当振动频率的测量范围扩展到 20 Hz 以下时，可按振源基座三维正交方向测量振动加速度。机械振动在多数情况下包括重要的离散分量（突出的单频振动），对这一特点，在振动测量中应予以充分的注意。测量前应该充分了解温度、湿度、声场和电磁场等环境条件，正确选择加速度计，使其灵敏度、频率响应都满足测量的要求。使用加速度计测振时，加速度计的感振方向和振动物体测点位置的振动方向应该一致。如果两个方向之间有夹角 α，则测量值的相对误差为 $1-\cos\alpha$。对于质量小的振动物体，附在它上面的加速度计要足够的小，以免影响振动的状态。

在测量过程中，加速度计必须与被测物良好地接触，否则会在垂直或水平方向产生相对移动，使测量结果产生严重误差。常用的压电加速度计可用金属螺栓、绝缘螺栓和云母垫圈、永久磁铁、胶合剂和胶合螺栓、蜡膜黏附等方法附着固定在振动物体上。

　　③ 振动测量的结果

　　振动测量一般应记录仪器型号、振动源情况、加速度计设置方法及表面形态，绘制测量现场示意图。根据我国制定的《城市区域环境振动测量方法》，对于稳态振动，每个测点测量一次，取 5 s 内的平均示数作为评价量；对于冲击振动，取每次冲击过程中的最大示数作为评价量，对于重复出现的冲击振动，以 10 次读数的算术平均值为评价量；对于无规振动，每个测点等间隔地读取瞬时示数，采样间隙不大于 5 s 连续测量时间不少于 1 000 s 以测量数据的累计百分振级值作为评价量；对于铁路振动，读取每次列车通过过程中的最大示数，每个测点连续测量 20 次列车，以 20 次列车读数的算术平均值作为评价量。

1.6.4　振动控制的原理

　　振动控制过程与噪声控制类似，但比较复杂。从不同的观点出发，已形成了不同的控制分类方法，受到普遍重视且应用广泛的振动控制方法如图 1-63 所示。振源产生振动，通过介质传至受振对象（人或物），因此振动污染控制的基本方法概括起来也就分为振源控制、传递过程中振动控制和对受振对象采取控制措施三个方面。

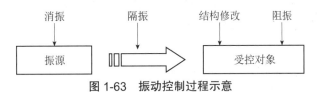

图 1-63　振动控制过程示意

1.6.4.1　振源控制

　　消除或减弱振源，这是最彻底和最有效的办法。因为受控对象的响应是由振源激励引起的，振源消除或减弱，响应自然也消除或减弱。如改善机器的平衡性能、改变扰动力的作用方向、增加机组的质量、在机器上装设动力吸振器等。

　　（1）采用振动小的加工工艺

　　强力撞击在机械加工中常常发生。强力撞击会引起被加工零件、机器部件和基础振动。控制此类振动的有效方法是在不影响产品加工质量等的情况下，改进加工工艺，即用不撞击的方法来代替撞击方法，如用焊接代替铆接、用压延代替冲压、用滚轧代替锤击等。

　　（2）修改结构，减少振动源的扰动

　　修改结构实际上是通过修改受控对象的动力学特性参数使振动满足预定的要求，不需要附加任何子系统的振动控制方法。所谓动力学特性参数是指影响受控对象质量、劲度与阻尼特性的参数，如惯性元件的质量、转动惯量及其分布等。

　　① 旋转机械

　　这类机械有电动机、风机、泵类、蒸汽轮机、燃气轮机等。此类机械大部分属高速运转类，如每分钟在千转以上，因而其微小的质量偏心或安装间隙的不均匀常带来严重的振动危害。为此，应尽可能地调好其静、动平衡，提高其制造质量，严格控制其对中要求和安装间隙，以减少其离心偏心惯性力的产生。对旋转设备的用户而言，在保证生产工艺等需要的前提下，应尽可能选择振动小（同时其他性能也好）的设备。

② 往复机械

此类机械主要是曲柄连杆机构所构成的往复运动机械，如柴油机、空气压缩机等。对于此类机械，应从设计上采用各种平衡方法来改善其平衡性能。故对用户而言，可在保证生产需要的情况下，选择合适型号和质量好的往复机械。

③ 传动轴系的振动

它随各类传动机械的要求不同而振动形式不一，会产生扭转振动、横向振动和纵向振动。对这类轴系通常是应使其受力均匀，传动扭矩平衡，并有足够的刚度等，以改善其振动情况。

④ 管道振动

各种工业管道越来越多，随传递输送介质（如气、液、粉等）的不同而产生的管道振动也不一样。通常在管道内流动的介质，其压力、速度、温度和密度等往往是随时间而变化的，这种变化又常常是周期性的，如与压缩机相衔接的管道系统，由于周期性地注入和吸走气体，激发了气流脉动，而脉动气流形成了对管道的激振力，产生了管道的机械振动。为此，在管道设计时，应注意适当配置各管道元件，以改善介质流动特性，避免气流共振和减低脉冲压力。

⑤ 改变振源（通常指各种动力机械）的扰动频率

在某些情况下，受振对象（如建筑物）的固有频率和扰动频率相同时，会引起共振，此时改变机器的转速、更换机型（如柴油机缸数的变更）等，都是行之有效的防振措施。

⑥ 改变振源机械结构的固有频率

有些振源，本身的机械结构为壳体结构，当扰动频率和壳体结构的固有频率相同时，会引起共振，此时可采用改变设施的结构和总体尺寸，采用局部加强法（如多加筋、支撑节点）或在壳体上增加质量等，上述方法均可以改变机械结构的固有频率，避开共振。

⑦ 加阻尼以减少振源振动

如振源的机械结构为薄壳结构，则可以在壳体上加阻尼材料抑制振动。

1.6.4.2 传递过程中振动控制

（1）加大振源和受振对象之间的距离

振动在介质中传播，由于能量的扩散和土类等对振动能量的吸收，一般是随着距离的增加振动逐渐衰减，所以加大振源和受振对象之间的距离是振动控制的有效措施之一。通常采用以下几种方法。

① 建筑物选址

对于精密仪器、设备厂房，在选址时要远离铁路、公路以及工业上的强振源。对于居民楼、医院、学校等建筑物选址时，也要远离强振源。反之，在建设铁路、公路和具有强振源的建筑物时，其选址也要尽可能远离精密仪器厂房、居民住宅、医院和一些其他敏感建筑物（如古建筑物）。对于防振要求较高的精密仪器设备，尚应考虑远离由于海浪和台风影响而产生较大地面脉动的海岸。

② 厂区总平面布置

工厂中防振等级较高的计量室、中心实验室、精密机床车间（如高精度螺纹磨床、光栅刻线机等）等最好单独另建，并远离振动较大的车间，如锻工车间、冲击车间以及压缩机房等。

③ 车间内的工艺布置

在不影响工艺的情况下，精密机床以及其他防振对象，应尽可能远离振动较大的设备，为计量室及其他精密设备服务的空调制冷设备，在可能条件下，也尽可能使它们与防振对象距离远一些。

④ 其他加大振动传播距离的方法

将动力设备和精密仪器设备分别置于楼层中不同的结构单元内，如设置在伸缩缝（或沉降缝）、抗震缝的两侧，这样的振源传递路线要比直接传递长得多，对振动衰减有一定效果。缝的要求除应满足工程上的要求外，不得小于 5 cm；缝中不需要其他材料填充，但应采取弹性的盖缝措施。有桥式起重机的厂房附设有对防振要求较高的控制室时，控制室应与厂房全部脱离开，避免桥式起重机开动或刹车时振动直接传到控制室。

（2）隔振

至今为止，在振动控制中，隔振是投资不大却行之有效的方法，尤其是在受空间位置限制或地皮十分昂贵或工艺需要时，无法加大振源和受振对象之间的距离，此时则更加显示出隔振措施的优越性。隔振的本质就是在振源与受控对象之间串加一个子系统来实现隔振，用以减小受控对象对振源激励的响应，使振动传输不出去，从而消除振动的不良影响。这是一个应用非常广泛的减振技术。

具体来说，可以分为以下几种方法实现隔振。

① 采用大型基础，这是最常用和最原始的办法。

② 防振沟。在机械振动基础的四周开设一定宽度和深度的沟槽，里面填以松软物质（如木屑、沙子等），用来隔离振动的传递，这种沟叫作"防振沟"。如果振动是以在地面传播的表面波为主，采用防振沟的方法十分有效。一般来说，防振沟越深，隔振效果越好，而沟的宽度对隔振效果影响不大。防振沟中间以不填材料为佳，若为了防止其他物体落入沟内，可适当填些松散的锯末、膨胀珍珠岩等材料。对冲击振动或频率大于 30 Hz 的振动，采取防振沟有一定的隔振效果；对于低频率振动则效果甚微，甚至几乎没有什么效果。

③ 采用隔振元件，通常在振动设备下安装隔振器，如隔振弹簧、橡胶垫等，使设备和基础之间的刚性连接变成弹性支撑。一般来讲，除非特别说明，隔振通常指这种方式。1.6.4.3 节将对采用隔振元件的隔振进行详细讨论。

1.6.4.3 隔振分类与评价

隔振，就是在振动源与地基、地基与需要防振的机器设备之间，安装具有一定弹性的装置，使得振动源与地基之间或设备与地基之间的近刚性连接成为弹性连接，以隔离或减少振动能量的传递，达到减振降噪的目的。如图 1-64 所示，隔振前机械设备与地基之间是近刚性连接，连接劲度很大，设备运行时如果产生一个扰动力（$F=F_0e^{j\omega t}$），这个扰动力几乎完全传递给地基，再通过地基向周围传播，如果将设备与地基之间的连接改为弹性连接，由于弹性装置的隔振作用，设备产生的扰动力向地基的传递特性将发生改变，设计合理时，振动传递将被降低，从而达到隔振降噪的效果。

（1）隔振分类

根据隔振目的的不同，通常将隔振分为主动隔振（积极隔振）和被动隔振（消极隔振）两类。如图 1-64 所示的隔振系统，就是主动隔振系统，其隔振的目的是降低设备的扰动对周围环境的影响，同时使设备自身的振动减小。而图 1-65 所示的隔振系统，就是被动隔振系统，其隔振的目的是减少地基的振动对设备的影响，使设备的振动小于地基的振动，达到保护设备的目的。

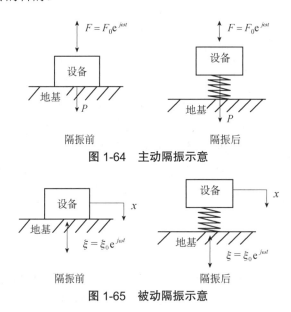

图 1-64　主动隔振示意

图 1-65　被动隔振示意

（2）隔振的评价

描述和评价隔振效果的物理量很多，最常用的是振动传递系数 T。传递系数的定义是指通过隔振元件传递的力与扰动力之间的比值，或传递的位移与扰动之间的比值，即 $T=$|传递力幅值/扰动力幅值|或 $T=$|传递位移幅值/扰动位移幅值|，使用时根据具体情况选用。T 越小，说明通过隔振元件传递的振动越小，隔振效果也越好。如果 $T=1$，则表明扰动力全部被传递，没有隔振效果，在地基与设备之间不采取隔振措施就是这类情形；如果地基与设备之间采用了隔振装置，使得 $T<1$，则说明扰动只被部分传递，起到了一定的隔振效果；如果隔振系统设计失败，也可能出现 $T>1$ 的情形，这时振动被放大了。在工程设计和分析时，通常采用理论计算传递系数的方法来分析系统的隔振效果，有时也采用隔振效率来描述隔振系统的性能，隔振效率的定义可表示为式（1-242）。

$$\eta=(1-T)\times100\%$$

（1-242）

（3）隔振原理

单自由度振动系统是最简单的振动系统，但它却包含了隔振设计的基本原理和本质。以下就以单自由度隔振系统为例，简要说明隔振原理。如图 1-66 所示为无阻尼单自由度隔振系统，假设设备的质量为 m，隔振系统的劲度为 k，系统受到的干扰为 $F=F_0 e^{j\omega t}$，传递给基础的力为 $P(t)$，则系统固有频率 $\omega_0 = \sqrt{\dfrac{k}{m}}$ 或 $f_0 = \dfrac{1}{2\pi}\sqrt{\dfrac{k}{m}}$。不计系统的阻尼时，通常定义 $z=\omega/\omega_0$，z 称为归一化的频率。振动传递系数为

$$T=|1/(1-z^2)| \tag{1-243}$$

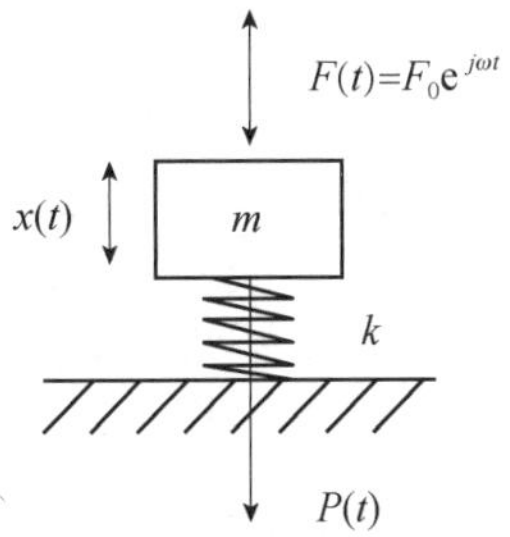

图 1-66　无阻尼单自由度隔振系统示意

在系统存在阻尼时，设 c 为阻尼系数，引入临界阻尼系数 $c_0 = 2\sqrt{mk} = 2m\omega_0$ 和阻尼比 $\xi=c/c_0$，振动传递系数为

$$T = \frac{\sqrt{1+(2\xi z)^2}}{\sqrt{\left(1-z^2\right)^2 + (2\xi z)^2}} \tag{1-244}$$

对比式（1-244）与式（1-243）可以发现：有阻尼时，隔振系统的传递系数的表达式要复杂得多。当系统出现 $\omega=\omega_0$ 时，隔振系统的振动传递系数将不再为无穷大，此时的传递系数由系统的阻尼决定。

（4）隔振性能分析

在隔振系统效果评价中，我们常用前面定义的振动传递系数 T 来表征隔振系统的隔振效果。传递系数 T 值越小，则相同激励条件下通过隔振系统传递过去的力就越小，隔振效果也就越好。隔振设计的目的就是选择并设计合适的隔振参数，使得 T 值较小。图 1-67 所示为振动传递系数 T 与 f/f_0，c/c_0 的关系曲线。

振动传递系数 T 与 f/f_0 的关系主要表现在：

① 当 $f/f_0<1$ 时，即干扰力的频率小于隔振系统的固有频率时，$T\approx1$，说明干扰力通过隔振装置全部传给了基础，即隔振系统不起隔振作用。

② 当 $f/f_0=1$ 时，即干扰力的频率等于隔振系统的固有频率时，$T>1$，说明隔振系统不但起不到隔振作用，反而对系统的振动有放大作用，甚至会产生共振现象。这当然是隔振设计时必须避免的。

③ 当 $f/f_0> \sqrt{2}$ 时，即干扰力的频率大于隔振系统固有频率的 $\sqrt{2}$ 倍时，$T<1$；f/f_0 越大，T 越小，隔振效果越好。通常需要隔振设备的特性是给定的。因此，要想得到好的隔

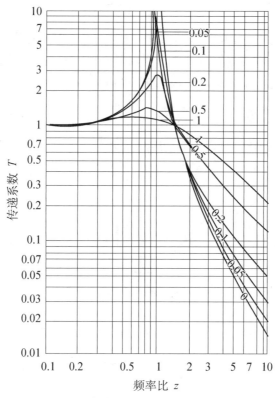

图 1-67　传递系数与频率比的关系曲线

振效果，在设计隔振系统时就必须充分考虑系统的固有振动特性，使设备的整体振动频率 f_0 比设备干扰频率 f 小得多，从而得到较好的隔振效果。从理论上讲，f/f_0 越大隔振效果越好，但是在实际工程中必须兼顾系统稳定性和成本等因素，通常设计 f/f_0 为 $2.5\sim5$。这是因为通常 f 是给定的，要进一步提高 f/f_0，就只有降低 f_0，而设计过低的 f_0 不仅在工艺上存在困难，而且造价高。

振动传递系数 T 与 c/c_0 的关系主要表现在：a）当 $f/f_0<\sqrt{2}$ 时，即隔振系统不起隔振作用甚至发生共振的区域，c/c_0 值越大，T 值越小，这表明在这段区域增大阻尼对控制振动是有利的。特别是在系统共振时，这种有利的作用更明显。b）在 $f/f_0>\sqrt{2}$ 时，即隔振系统起隔振作用的区域，c/c_0 值越小，则 T 值越小，表明在这段区域阻尼越小对控制振动越有利，也就是说此时阻尼对隔振是不利的。

以上分析表明：要取得比较好的隔振效果，首先必须保证 $f/f_0>\sqrt{2}$，即设计比较低的隔振系统频率。如果系统干扰频率 f 比较低，系统设计时很难达到 $f/f_0>\sqrt{2}$ 的要求，则必须通过增大隔振系统阻尼的方法以抑制系统的振动响应。此外，对于旋转机械如电动机等，在这些机械的启动和停止过程中，其干扰频率是变化的，在这过程中必然会出现隔振系统频率与机械扰动频率一致的情形，为了避免系统共振，设计这些设备的隔振系统时就必须考虑采用一定的阻尼以限制共振区附近的振动。通常隔振器的阻尼比 c/c_0 为 $2\%\sim20\%$ 时，钢制弹簧 $c/c_0<1\%$；纤维垫 c/c_0 为 $2\%\sim5\%$ 时，合成橡胶 $c/c_0>20\%$。

1.6.4.4　主要振动控制措施

（1）阻振

阻振又称阻尼减振，采用黏弹性高阻尼材料，在受控对象上附加阻尼器或阻尼元件，通过消耗能量使响应最小，也常用外加阻尼材料的方法来增大阻尼，如图 1-68 所示。阻尼是指系统损耗能量的能力。从减振的角度看，就是将机械振动的能量转变成热能或其他可以损耗的能量，从而达到减震的目的。阻尼技术就是充分运用阻尼耗能的一般规律，从材料、工艺、设计等各项技术问题上发挥阻尼在减振方面的潜力，以提高机械结构的抗震性、降低机械产品的振动、增强机械与机械系统的动态稳定性。

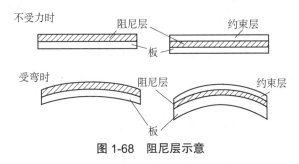

图 1-68　阻尼层示意

阻尼可使沿结构传递的振动能量衰减；还可减弱共振频率附近的振动。阻尼材料是具有内损耗、内摩擦的材料，如沥青、软橡胶以及其他高分子材料。阻尼减振分自由阻尼层减振和约束阻尼层减振。自由阻尼层减振就是在结构表面直接粘贴阻尼材料。其原理是当结构振动时，粘贴在表面的阻尼材料产生拉伸压缩变形，将振动能转化为热能，实现减振效果；约束阻尼层减振就是在结构的基板表面粘贴阻尼材料后，再贴上一层刚度较大的约束板。其原理是当结构振动时，处于约束板和基板之间的阻尼材料产生拉伸压缩变形，将部分振动能转化为热能，达到减小结构振动的目的。

（2）吸振

吸振又称动力吸振，在受控对象上附加一个子系统使得某一频率的振动得到控制，称为动力吸振，也就是利用吸振器产生吸振力以减小受控对象对振源激励的响应，这种技术应用也十分广泛。

（3）振动防护

为保护在强烈振动环境里工作的人免受伤害，除了控制振动外，还可以采取防护措施。全身振动的防护可用防振鞋，在防振鞋内有微孔橡胶鞋垫，利用其弹性减轻人在站立时所受到的振动。局部防振常用防振手套，防振手套的内衬用泡沫塑料或微孔橡胶制成，其大小应该与手掌相适应。防振手套主要用来减轻风动工具的反冲力和高频振动对人的影响。

精密仪器、设备的工作台应采用钢筋混凝土制的水磨石工作台，以保证工作台本身具有足够的刚度和质量，不宜采用刚度小、容易晃动的木制工作台。

精密仪器室的地坪设计，为避免外界传来的振动和室内工作人员的走动影响精密仪器和设备的正常工作，应采用混凝土地坪，必要时可采用厚度≥500 mm 的混凝土地坪。

1.6.4.5 其他措施

（1）楼层振动控制

对于安装有动力设备或机床设备的楼层，振动计算十分重要。楼层结构的固有频率谱排列很密，而楼层上各类设备的转速变化范围较宽，故可能会出现共振。因而在楼层设计时应根据楼层结构振动的规律及机械设备振动特性，合理地确定楼层的平面尺寸、柱网形式、梁板刚度及其刚度比值，以便把结构的共振振幅控制在某个范围内。无论是哪一种楼层，只要适当加大构件刚度，调整柱网尺寸，均可达到减少振动的目的。

工艺布置时，振动设备必须布置在楼层上时，应尽可能放在刚度较大的柱边、墙边或主梁上，要注意使其产生扰力的方向尽量与结构刚度较大的方向一致。

（2）有源振动控制

除上述之外，也有按是否需要能源，将振动控制分为无源振动控制与有源振动控制，前者又称为被动振动控制，后者又称为主动振动控制。主动振动控制包括开环控制和闭环控制，目前发展比较迅速，并正在向工程方向发展。

有源振动控制是近些年来发展起来的高新技术。该方法为用传感器将动力机器设备扰力信号检测出来，并送进计算机系统进行分析，产生一个相反的信号，再驱使一个电磁结构或机械结构产生一个位相与扰力完全相反的力作用于振源上，从而可达到控制振源振动的目的。

1.6.5 振动污染控制

1.6.5.1 常用隔振器与隔振材料

（1）钢弹簧隔振器

钢弹簧隔振器是常用的一种隔振器，如图 1-69 所示，它有螺旋弹簧隔振器和板条式隔振器两种类型。

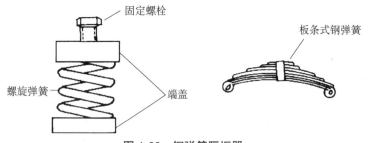

图 1-69　钢弹簧隔振器

螺旋弹簧隔振器应用非常普遍，如各类风机、空气压缩机、破碎机、压力机、锻锤机等都可以采用，如设计合理，可以得到满意的隔振效果。

板条式隔振器由多根钢板叠加在一起构成，它在充分利用钢板良好的弹性的同时，还极好地利用了钢板变形时在钢板之间产生的摩擦阻尼，以达到一定的摩擦阻尼比。板条式隔振器多用于汽车的车体减振，在只有单方向冲击载荷的场合也可以使用板条式隔振器。

钢弹簧隔振器的优点：①可以达到较低的固有频率，如 5 Hz 以下；②可以得到较大的静态压缩量，通常可以取得 20 mm 的压缩量；③可以承受较大的载荷；④耐高温、耐油污，性能稳定。钢弹簧隔振器的缺点：①由于存在自振动现象，容易传递中频振动；②阻尼太小，临界阻尼比一般只有 0.005，因此对于共振频率附近的振动隔离能力较差。为了弥补钢弹簧的这一缺点，通常采用附加黏滞阻尼器的方法，或在钢弹簧钢丝外敷设一层橡胶，以增加钢弹簧隔振器的阻尼。

（2）橡胶隔振器

橡胶隔振器也是工程中常用的一种隔振器。橡胶隔振器最大的优点是本身具有一定的阻尼，在共振点附近有较好的隔振效果。橡胶隔振器通常采用硬度和阻尼合适的橡胶材料制成，根据承力条件的不同，可以分为压缩型、剪切型、压缩剪切复合型等，如图 1-70 所示。

(a) 压缩型　　　　　(b) 剪切型　　　　(c) 压缩剪切复合型

图 1-70　几种橡胶减振器

橡胶减振器一般由约束面与自由面构成，约束面通常和金属相接，自由面则指垂直加载于约束面时产生变形的那一面。在受压缩负荷时，橡胶横向胀大，但与金属的接触面则受约束，因此只有自由面能发生变形。这样，即使使用同样弹性系数的橡胶，通过改变约束面和自由面的尺寸，制成的隔振器的劲度也不同。也就是说，橡胶隔振器的隔振参数，不仅与使用的橡胶材料成分有关，也与构成形状、方式等有关。设计橡胶隔振器时，其最终隔振参数需要由实验确定，尤其在要求较准确的情况下，更应如此。

橡胶隔振器实质上是利用橡胶的弹性，与金属弹簧相比较，有以下特点：

① 形状可以自由选定，可以做成各种复杂形状，有效地利用有限的空间。

② 橡胶有内摩擦，即临界阻尼比较大，因此不会产生像钢弹簧那样的强烈共振，也不至于形成螺旋弹簧所特有的共振激增现象。另外，橡胶隔振器都是由橡胶和金属接合而成的，金属与橡胶的声阻抗差别较大，可以起到有效的隔声作用。

③ 橡胶隔振器的弹性系数可借助改变橡胶成分和结构而在相当大的范围内变动。

④ 橡胶隔振器对太低的固有频率 f_0（如低于 5 Hz）不适用，其静态压缩量也不能过大（如一般不应大于 1 cm）。因此，对具有较低的干扰频率机组和重量特别大的设备不适用。

⑤ 橡胶隔振器的性能易受到温度影响。在高温下使用，性能不好；在低温下使用，弹性系数也会改变。如用天然橡胶制成的橡胶隔振器，使用温度为 30～60 ℃。橡胶一般是怕油污的，在油中使用，易损坏失效。如果必须在油中使用，应改用丁腈橡胶。为了增强橡胶隔振器适应气候变化的性能，防止龟裂，可在天然橡胶的外侧涂上氯丁橡胶。此外，

橡胶减振器使用一段时间后，应检查它是否老化而弹性变坏，如果已损坏应及时更换。

（3）橡胶隔振垫

利用橡胶本身的自然弹性设计出来的橡胶隔振垫是近几年发展起来的一种隔振材料。常用的橡胶隔振垫一般有肋状垫、镂孔垫、钉子垫及 WJ 型橡胶隔振垫等。

WJ 型橡胶隔振垫是一种新型橡胶垫，其结构是在橡胶垫的两面设置有不同高度的圆台，分别交叉配置。当 WJ 型隔振垫在载荷作用下，较高的凸圆台受压变形，较低的圆台尚未受压时，其中间部分荷载而弯成波浪状，振动能量通过交叉圆台和中间弯形波来传递，能较好地分散并吸收任意方向的振动。由于原凸面斜向地被压缩，起到制动作用，在使用中无须紧固就可以防止机器滑动，并承载越大，越不易滑动。

（4）空气弹簧

空气弹簧也称为"气垫"。这类隔振器的隔振效率高，固有频率低（在 1 Hz 以下），而且具有黏性阻尼，因此具有良好的隔振性能。空气弹簧的组成原理如图 1-71 所示。当负荷振动时，空气在空气室与贮气室间流动，可通过阀门调节压力。

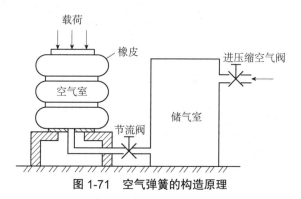

图 1-71　空气弹簧的构造原理

这种减振器在橡胶空腔内充入一定压力的气体，使其具有一定的弹性，从而达到隔振的目的。空气弹簧一般附设有自动调节机构。每当负荷改变时，可调节橡胶腔内的气体压力，使之保持恒定的静态压缩量。空气弹簧多用于火车、汽车和一些消极隔振场合。如工业用消声室，在几百吨混凝土结构下垫上空气弹簧，向内充气压力可达 10 个大气压，固有频率接近 1 Hz。

空气弹簧的缺点，是需要有压缩气源及一套复杂的辅助系统，造价昂贵，并且荷重只限于一个方向，故一般工程上采用较少。

以上介绍的是常用的几种隔振器。此外，专业生产厂家生产的一些专用隔振材料和装置，可用于不同条件下的隔振，在此不再详述。

工程应用中除单独使用某种隔振材料外，也常将几种隔振材料结合使用，如应用最多的有钢弹簧-橡胶复合式减振器、软木-弹簧隔振装置、毡类-弹簧隔振装置等，这些隔振装置综合了不同材料的优点。

（5）隔振材料

① 玻璃纤维板

酚醛树脂或聚醋酸乙烯胶合的玻璃纤维板（俗称冷藏板）是一种新型的隔振材料。它具有隔振效果好、防水、防腐、施工方便、价格低廉、材料来源广泛等优点，在工程中已日益广泛地被应用。作为实际应用的隔振垫，其负荷一般控制为 $1\sim2$ t/m²，厚度可选取 $10\sim15$ cm（未预加压）。现场使用时，最好采用预制混凝土机座，将材料均匀地垫在机座底部。如机座过大，可在现场捣混凝土，但需做防潮措施，以免吸水过大而丧失弹性，去模后，宜在垫层周边灌注沥青麻刀防潮嵌缝条。

② 软木

用软木隔板是一种传统的隔振措施，其压缩量取决于软木的孔隙率。固有频率随密度增大而提高，反之下降。

对负载不大而频率又低的振源，由于其压缩性很小，所以不宜使用，根据近年来的实验研究，发现软木的固有频率较高（一般超过 25 Hz）、其原因是软木经过炭化，失去了天然软木的弹性，因而隔振频率效果不佳。

③ 毛毡

对于负荷很小而隔振要求不太高的设备，使用毛毡既方便又经济，实践证明，用 $1.3\sim2.5$ cm 厚的软毛毡制成块状或条状垫层，对隔离高频振动有较好的效果。

毛毡的可压缩量一般不超过厚度的 1/4，当压缩量大，弹性失效，隔振效果变差，固有频率一般大于 30 Hz。毛毡的阻尼很高，可减小共振时的振幅，使用时应注意防腐，对于一般清洁环境，不需采取任何措施。

④ 其他材料

泡沫塑料、塑料气垫纸、矿渣棉毡、废橡胶、废金属丝等也可作为隔振材料使用。

塑料制品易于老化，性能受环境变化影响较大，除用作小型设备等的临时隔振措施外，工程中应用不多，市场中可发性聚苯乙烯泡沫塑料弹性性能差，仅能作为一种质轻、隔热、防潮、易于固定设备的包装材料，不宜用作隔振材料。

对于要求特别高的场所，通常选用组合式隔振器和复合式双层座隔振系统。

1.6.5.2 隔振效果

在隔振设计中，除使用振动传递系数来描述和评价隔振效果外，还常使用隔振效率（η）的概念，隔振效率定义见式（1-245）。

$$\eta=(1-T)\times100\% \tag{1-245}$$

在工程中常用振动级的概念，隔振处理后，其力的振动级差为

$$\Delta L = 20\lg\frac{F_0}{p_0} = 20\lg\frac{1}{T} \tag{1-246}$$

例如，采用某种隔振措施后，使机器振动系统激励力传递到基础的力的振幅减弱为原来的 1/10，即 $T=0.1$，则传递到基础的力的振动级降低了 20 dB。

在设备下安装隔振器及隔振元件，是目前在工程上常见的控制物体振动的有效措施。设计时，一定要主要把物体和隔振器系统的固有频率设计得要比激发频率低 60% 以上，即 $f/f_0 \geqslant 2.5$，如果再选择合适的隔振材料，能够进一步起到减少振动与冲击力的传递的作用，只要隔振器及隔振材料选择得当，隔振效率可达 85% 以上，而且不必采用大型基础。

1.6.5.3 交通振动控制

由于地铁运行时引起的振动具有长期性、反复性，对建筑物的正常使用也会产生影响，迅速发展的交通系统产生的振动问题已经引起民众的强烈反应。据国内主要城市地铁振动监测结果，在标准线路条件下，地铁振动源强为 87.0～87.4 dB；地铁振动轨下峰值频率为 40～100 Hz；隧道振动速度级峰值一般出现在 40～80 Hz。

（1）地铁振动污染防振的规划控制措施

地铁振动污染防振的规划控制措施可从以下几个方面来考虑。

① 选择线路走向原则

地铁线路走向尽量与城市高速路、主干道或次干道相重合。

按照这一特点，在地铁两侧的建筑物布局上，应注意避让振动放大区，这对保护敏感建筑非常有利。上述道路两侧商业、公共福利性建筑较多，基础好的建筑多（在地铁沿线的建筑物应以基础结构牢固的楼房为主，避免建造轻质结构或基础较浅的房屋），不易产生振动环境影响。另外，高大建筑物也能隔绝振动的影响。

② 合理控制建筑原则

合理控制地铁线路两侧建筑物类型和建设距离；由于地铁产生的振动在地面水平传递时在不同方向上均存在一个振级的放大区域，z 方向约在轨外 60 m，水平方向约在轨外 30 m。所以按项目环境影响评价的要求，预留相应的防护距离很重要。

③ 交通规划布局原则

在轨道交通规划布局中，应充分利用振动波的天然屏障，如河流、高大建筑物等，来阻隔振动的影响。

（2）车辆减振措施

① 车辆轻型化

车辆性能的优劣直接影响地铁振级的大小，在车辆构造上进行减振设计对控制地铁振动作用显著。据日本轨道交通研究，车辆轴重与振动加速度级存在以下关系：

$$\Delta L = 20\lg(W_1/W_0) \tag{1-247}$$

式中，W_1——车辆轻量化后的轴重；

W_0——车辆轻量化前的轴重。

由式（1-247）可知，当车辆轴重从 16 t 减至 11 t 时，车辆产生的振动强度约降低 3 dB。

② 车轮平滑化

采用弹性车轮、阻尼车轮和车轮踏面打磨等车轮平滑措施，可有效降低车辆振动强度。

a. 弹性车轮：在车轮的轮箍与车圈间用弹性材料（如天然橡胶块）分开，作用是减少或消除滑动振动；根据国内外相关研究资料，采用弹性车轮可降低振动强度 4～10 dB。法国的轻轨车轮中镶有一层弹性硬橡胶，轨道下设有弹性垫层，因而车辆运行平稳，当列车以 70 km/h 速度行驶时，车厢内噪声只有 68 dB（A）。

b. 阻尼车轮：在车轮的轮箍上采用阻尼结构，利用阻尼材料把车轮的振动能转换成热能，达到降振的目的。

c. 车轮踏面打磨：打磨后的光滑车轮可降低振动强度 10 dB。

国外研究资料显示：在车辆上采用阻尼车轮或特殊踏面车轮，在转向架上采取减振措施以减轻一系、二系悬挂系统质量，采用盘式制动，减轻车辆的簧下质量以避免车辆与轨道产生共振等措施也能起到一定的减震效果，可降低 10～15 dB 的振动强度。

（3）轨道结构减振措施

① 轨道减振措施

a. 采用重型钢轨和无缝线路重型钢轨。研究报道：车辆在 60 kg/m 钢轨上运行产生的振动较 50 kg/m 钢轨降低 20%。重轨具有寿命长、性能稳定和抗震性能良好的特点，减少了列车的冲击荷载。另外，车辆在钢轨接头处产生的振动是非接头的 3 倍，因而铺设无缝线路，减少钢轨接头，可大大减少地铁振动源强。据国外测试资料统计，铺设无缝线路后轮轨噪声平均可降低 7 dB（A）。

b. 增强轨道的稳定性。为了降低地铁的振动和噪声，国内开发研制了轨道减振器，其外形为椭圆形。锥形的橡胶圈充分利用了橡胶剪切变形，具有较好的弹性。橡胶圈、承载板、底座硫化成整体等措施，避免了应力集中，提高其耐久性。

c. 线路的维护保养

轨道线路和车辆的光滑、圆整度直接影响到地铁振级的大小，良好的轮轨条件可降低振动强度 5～10 dB。因此运营期要加强轮轨的维护保养、定期漩轮、打磨钢轨、表面涂油，以保证其良好的运行状态，减少附加振动。

② 扣件减振措施

扣件能固定钢轨，阻止钢轨的纵向和横向位移，防止钢轨倾覆并能提供适量的弹性。采用适当的弹性扣件，可增加整体道床的弹性。例如，在北京地铁使用的 DTI 型和 DTV 型扣件中，DTV 型扣件经过室内实验比 DTI 型扣件可减少振动强度 5～8 dB。弹性垫层是增加扣件弹性的重要组成部分。要改善整体道床的缺点，可采用高弹性垫层，以提供轨道所需的弹性，缓冲列车的动力作用。北京新建的地铁和上海地铁采用轨下一层、铁垫板下两层圆柱形橡胶垫板，均能满足一般地段需要。

国外已较早研究了在轨道与地基之间安装减振器，德国设计出了科隆蛋减振器（可减少 3～5 dB 振动强度）、改进型科隆蛋减振器（可减少 7～8 dB 振动强度）和新型减振弹性扣件。

③ 道床减振措施

地铁道床可分为碎石和整体两种。从减振效果来说，碎石道床优于混凝土整体道床，如普通碎石道床比整体道床可减少 2～3 dB 振动强度；但碎石道床具有稳定性较差、养护工作量大、自重较大、轨道建筑较大且道床易污染等缺点，因此总体而言地铁宜采用整体道床，其弹性不足的问题则可以利用减振效果好的弹性扣件或其他减振措施来弥补。整体式道床又分无枕式和轨枕式。实验研究表明，无枕式整体道床的地铁冲击振动比轨枕式整体道床大得多，因此应尽量采用轨枕式整体道床。轨枕式整体道床包括短枕式和长枕式两种。

在某些减振要求较高的地段，采用橡胶浮置板道床，钢弹簧浮置板道床，或橡胶复合弹簧浮置板轨道可起到较好的减振效果。其原理为，使轨道与地铁隧洞完全隔开，轨道采用弹性浮置连接，以起到减振降噪的效果。橡胶浮置板道床在/道床下面及两侧设置橡胶支座，吸收列车动荷载减振；减振效果较普通整体道床增加 13～15 dB 振动强度；对 50 Hz 以下频率的振动的隔振效果不明显。钢弹簧浮置板道床将整体道床块置于柔性弹簧隔振器上，组成弹簧-质量-隔振系统，减振效果为 20～30 dB 振动强度，对低频振动具有良好的隔振效果。

④ 通过挖沟、筑墙阻止表面波的传播

为阻止表面波的传播，可采取切断振动传播途径或在传播途径上削弱振动的措施。在地表层采取挖沟、筑墙等措施有一定效果。有弹性基础、明沟和充填式沟渠三种隔离模式。

阅 读 材 料

（1）建筑（厅堂）声学发展简介和前沿领域

① 发展简介

1994 年 6 月 5—7 日，美国声学学会在麻省理工学院（Massachusetts Institute of Technology，MIT）隆重举行 W. C. Sabine（1868—1919 年）研究厅堂声学一百周年的纪念活动，以缅怀这位杰出的声学家在建筑声学方面奠基性的研究工作。

1895 年，年仅 28 岁的哈佛大学物理系最年轻的助理教授 W. C. Sabine 受命对校园内包括新落成的 Fogg 艺术博物馆在内的若干音质有问题的厅堂进行处理，这成为他开创性研究工作的开始。研究工作于 1896 年春夏攀至顶峰。当时他利用一支风琴管、一只停表和耳朵，夜以继日地进行了一系列实验研究工作，获得了有关混响时间（Reverberation Time，RT）与吸声量关系的经验曲线。1900 年，他发表了题为《混响》的著名论文，奠定了厅堂声学乃至整个建筑声学的科学基础。混响时间至今仍是厅堂音质的首选物理指标。他发现的混响公式也一直沿用至今，为指导厅堂设计提供了科学依据。

自 Sabine 之后直至第二次世界大战前，声学家们的注意力都集中在改进混响时间的计算，改进测试技术，研究材料的吸声性能及探讨 RT 的优选值上。1929—1930 年，有几位声学家各自用统计声学方法推导出混响时间的理论公式，最有代表性的是 C. Eyrign 公式。1930 年，W. A. Mac' Niar 发表了有关厅堂最佳混响时间值的论文。这期间，相关学科理论的重要进展有 P. M. Morse、马大猷先生等在室内波动声学和简正波理论上开创性的研究成果。1932 年 V. O. Knudsen 出版的《建筑声学》和 1936 年 P. M. Morse 出版的《振动与声》标志着建筑声学已初步形成一门系统的科学。

20 世纪 30 年代声学缩尺模型开始出现。最早是 F. Spondock 于 1934 年用 1∶5 模型和变速录音的方法研究混响过程。

第二次世界大战后，科学界对短时声脉冲的瞬态响应进行了较系统的研究，包括研究反射脉冲的时延和相对强度与主观听觉的关系。这促使声学家们于 20 世纪 50 年代掀起了尝试提出新的厅堂音质物理指标的热潮。混响时间不再成为唯一的指标。1951 年，

H. Haas 发现时延大于 35 ms 具有一定相对强度的延迟声会产生回声感，而对偏离正前方的延迟声，当具有不同延时和相对强度时，会产生不同的声源方位感。这就是著名的 Haas 效应。

20 世纪 60 年代末，厅堂音质研究的一个重大进展是认识到侧向反射声能的重要性。换言之，对反射声图谱的研究从时间域发展到空间域。最早是 Schroeder 等于 1966 年在测量纽约菲哈莫尼音乐厅时，发现了早期侧向声能与早期非侧向声能比例关系的意义。A. H. Marshan（1967）则发现第一个反射若从侧向来会对音质有好处。在这方面系统的声场研究工作是由 M. Barron（1971）及 P. Damaske（1967）进行的。他们的研究证实了早期侧向反射声与良好的音质空间感有关。

20 世纪 70 年代中期以来，由施罗德领导的哥廷根大学研究小组与由克莱默领导的柏林技术大学研究小组进行了一系列有关音质主观优选试验的研究工作，日本神户大学的安藤四一（YAndo）参加并总结了哥廷根小组近十年的工作，于 1985 年出版了《音乐厅声学》一书。该书提出 4 个独立的音质指标：①混响时间 RT；②听者处声压级 L_p；③初始延时间隙 ITDC（指直达声与第一个强反射声之间的时间间隔）；④双耳相关系数 IACC。他还提出用这四个参数的主观优选值的指数进行计权相加的方法来综合评价厅堂音质。另一种方法是用模糊集理论来综合评价厅堂音质。我国学者包紫薇、王季卿也独立地提出或建议用模糊数学的方法评价音质。此外，吴硕贤与奥地利声学家奇廷格（E.Kittinger）还建议用乐队齐奏强音标志乐段的平均声压级 L_{pf} 来作为表征厅堂响度的物理指标。

计算机声场数字仿真技术在 20 世纪 70 年代进入蓬勃发展期。1972 年 D. K. Jones 和 B. M. iGbbs 发表了利用虚声源法模拟室内声场的工作。此后，计算机模拟沿两个方向进行。一是利用计算机实验来研究室内声学，对经典理论进行验证；二是致力于仿真技术实用化，用于指导厅堂设计。到 20 世纪 80 年代，北欧已建造几座由计算机辅助设计的厅堂，如卑尔根的 GrieghaH 多功能厅堂。此外，利用有限元和边界元法计算室内声学参量的数字技术也发展起来。

近年计算机仿真技术不断发展，如声象法用于复杂形体仿真的新算法以及声线跟踪法用于衍射效应仿真的算法等都在 20 世纪 80 年代先后提出。在厅堂设计实践上，继续有许多环绕式大厅建成。这些大厅的平面呈圆形、椭圆形或多边形。观众席分布在演奏台周围，三面甚至四面将表演区包围。1978 年建成的加拿大维多利亚大学礼堂、1972 年建成的新西兰克赖斯特彻奇大厅以及 1978 年建成的美国丹佛表演艺术中心的贝彻音乐厅等都是这类音乐厅。特别值得一提的是，1986 年建成的美国加利福尼亚州橙县演艺中心 Segerstrom 音乐厅采用了 Schroeder 于 1979 年提出的根据数论中的二次剩余序列设计的不规则扩散构造，使声音在半空间内产生均匀散射。

这一时期厅堂声学方面的重要著作除了上述的《音乐厅声学》外，还有 1973 年 H. Kut-truff 出版的《室内声学》及 1975 年 L. Cremer 和 H. Muller 的《室内声学的原理和应用》。尽管 20 世纪 70 年代以来，厅堂声学在理论和实践上均取得了长足的进步，人们对于影响厅堂音质的若干独立参量有了更为清楚的认识，但是由于音质感受与评价涉及人的主观心理与生理过程，而人类目前对于自身的认识尚处于初级阶段，因此这一方面的探索可以说是未有尽期。

随着计算机硬软件技术的飞速发展和电声器件质量的不断提高，可以预期，今后计算机声场数字仿真与高保真音响技术的结合，将有可能在设计阶段忠实地预演厅堂的音质效果，使声场仿真达到可视化和可闻化阶段。在未来厅堂设计方面，也将会花样翻新，不断推出能产生优良音质的厅堂新形式。

② 前沿领域

自从 Sabine 于 20 世纪初奠定建筑声学的科学基础以来，经过一个多世纪的研究与探索，室内声学理论已取得长足进步。波动声学、几何声学与统计声学成为研究室内声场的三大基本方法。目前的发展趋势是研究一些较为复杂的室内或半室内空间的声场特性，包括耦合空间与半围闭空间、尺度不成比例的空间以及超大体积空间等特殊空间的声场特性等。研究室内界面声扩散特性及其对声场的影响也成为热点问题。国际上新近发布了两种测试界面声散射特性的国际标准，推动了对建筑界面声散射特性及其测量方法的较深入的研究。华南理工大学亚热带建筑科学国家重点实验室建筑声学实验室建立了国内首个符合国际标准的足尺转台测试系统，并探讨了试件形状和边界效应对测试结果的影响，首次获得了 MLS 扩散体的散射频率特性。

厅堂音质评价也在一些重要方面取得共识，包括优良的音质应当具有足够的响度、在丰满度与明晰度之间取得恰当的平衡、具有一定的空间感（包括声源的扩展感和音乐的包围感）等。一些较为公认的音质客观指标也陆续提出，包括混响时间与早期衰变时间、明晰度（清晰度）、侧向声能因子、双耳互相关系数与强度指数等。在主客观评价指标的相互关系以及音质综合评价方法上也取得重要进展，并注重各地区民族音乐戏曲厅堂音质的研究。在国家自然科学基金委的支持下，吴硕贤所在团队自 2004 年始，开展了对中国民族音乐乐器声功率及民族音乐厅音质的研究，主要工作包括两部分：一是对 30 多种重要的民族乐器的声功率做了系统测量，在此基础上提出新的响度评价指标——L_{pf}，即乐队齐奏强音标志乐段的平均声压级，并导出其计算公式，这是自我国民族乐器发明 8 000 年以来，首次对乐器声功率级进行的科学测定，对民族乐器发声特性的科学测定，是进行民族音乐厅堂音质研究的基础；二是完成了湖北、陕西、广东、广西等地的汉剧、秦腔、粤剧等传统艺术演出场所的建筑声环境调研，利用现代声环境测试技术和声场三维计算机仿真技术，分析我国传统戏曲演出空间的声环境特性。上述研究对于现代民族音乐戏曲演出厅堂的声环境设计无疑具有借鉴意义和参考价值。近年来，欧盟发起对古罗马和古希腊剧场声环境的复原和记录工作。吴硕贤及所在团队开展的中国传统音乐戏曲演出场所的声环境研究是与其相对应的重要工作。实验室还首次在消声室中较系统地录制了民族音乐干信号，并通过计算机仿真和可听化技术、主观听音评价调研和心理声学试验，首次较系统地探讨了现代民族音乐厅堂的声场参数优选值，为创立民族音乐戏曲厅堂的音质设计理论做出了贡献。研究成果已应用于指导广州友谊剧院改造以及广东粤剧院等工程设计。

过去对于音乐厅、歌剧院、多功能厅等观演和会议建筑的声学设计已有了较多的了解，也总结了较为成熟、系统的经验。然而对于包括候机室、候车厅、宾馆、体育馆等城市公共建筑的声学要求，尚需要做更多、更深入的专题研究。

目前，随着绿色建筑运动的发展，节能减排已成为建筑业的必然要求，与绿色建筑相关的改善人居声环境的研究也随之成为建筑声学研究的重要方向。因此，改善住宅声学质量以及与之相关的住宅声环境、热环境、光环境的一体化研究，将是今后的重要研究课题。

声场计算机仿真、声学缩尺模型实验以及可听化技术是目前进行建筑声学研究的三种主要技术。在计算机仿真方面，已推出若干较成熟的室内声场三维仿真软件，包括ODEON、EASE、CATT、RAYNOSIE 等。

为保证厅堂建成后的音质效果，按照国际惯例，对于超过 1 500 座的重要厅堂，均需进行声学缩尺模型实验。缩尺模型实验技术日趋成熟；获取各测点单、双通道脉冲响应以及对脉冲响应进行数字信号处理，进而获得各重要声学参数已不成问题。但仍需进一步研究解决如何较准确地用模型实验来预测厅堂声学参数的问题，尤其是要在各重要频带上均能得到较准确的实验值仍存在较大困难。此外，对重要的材料和构件，在高频域寻找与之相对应的适用于模型实验的材料和构件，使之具有与实际材料与构件近似的声学特性（包括吸声、扩散等特性），仍须做大量工作，相应的资料库也有待建立。

传统上声学缩尺模型实验技术主要用于声缺陷的判断，很难准确地预测厅堂音质参数。吴硕贤所在研究团队针对声学缩尺模型实验的关键步骤和关键技术开展实验研究，利用现代测试设备和信号处理技术，改进实验方法，提高实验精度，实现了用实时数字录音及信号处理系统记录与分析由电火花发声器产生的超高频信号，并通过设置参考点，以及在缩尺混响室中测试选择缩尺模型对应材料与构造的声学特性，来实现在 1∶10 及 1∶20 缩尺模型中进行声学实验的成套技术，能较准确地预测声场参数，大大提高了声学缩尺模型实验水平。缩尺模型声场参数测试结果与实际建成后厅堂的测试结果的对比表明，该声学缩尺模型测试技术可在直到 1:20 的缩尺比情况下较准确地预测声场参数。该项技术已成功地应用于广州歌剧院、天津文化中心音乐厅及综艺剧院、南山文化中心大剧院、厦门海峡交流中心音乐厅等重要观演建筑的音质设计，为保证上述厅堂的一流音质奠定了基础。可听化技术的基本原理是将在消声室中录制的音乐或语言干信号，与体现建筑空间声传播特性的房间脉冲响应及反映人头与躯干对声波的衍射效应在内的人头传输函数卷积，再通过高保真耳机、双扬声器重发系统来实现对某声场音质的逼真聆听。目前，人头相关传输函数的测量工作（包括西方人和中国人头相关传输函数的测量）已取得较大进展，在西洋音乐戏剧和民族音乐戏曲的干信号录制方面也做了不少工作。但在如何改进可听化的逼真度方面，仍有不少工作要做。问题的核心在于如何通过计算机声场仿真或缩尺模型实验来获取更为真实的双耳脉冲响应。在缩尺模型实验中，录制高频双耳脉冲响应的缩尺人工头的研制仍有很多问题有待解决。在声重放技术方面，应重点研究利用多扬声器组重构原三维声场的方法。

可听与可视一体化技术也是今后研究的重点。吴硕贤所在团队已在一意大利歌剧院及厦门海峡交流中心音乐厅内实现三维视听一体化的虚拟仿真，并实现基于三维视听仿真技术的座位选择技术。这一技术将为音质设计和主观听音评价提供重要平台。

（2）消除噪声新技术

① 有源消声

为了积极主动地消除噪声，人们发明了"有源消声"这一技术。它的原理是所有的声音都由一定的频谱组成，如果可以找到一种声音，其频谱与所要消除的噪声完全一样，只是相位刚好相反，两者叠加后就可以将这种噪声完全抵消掉。为得到那抵消噪声的声音，实际采用的办法是从噪声源本身下手，设法通过电子线路将原噪声的相位倒过来，将两相位相反的噪声叠加，称为"以噪治噪"。英国发明了一种"用声音抵消声音"的技术，即研制了由一组声音探测器、信息处理器和声音合成器组成的新型消声系统。当声音探测器"听到"噪声时会把这些噪声的强弱、方向等数据传输给信息处理器，信息处理器分析后，指令声音合成器发出与噪声波振动方向相反的声音信号，这样噪声即可消失。如果将系统摆设在床头、沙发、办公桌等周围，可以在小范围内取得"闹中求静"的效果。

② 减少飞机噪声新技术

飞机噪声的消除一直是困扰各国科学家的难题。美国宇航专家发明了一种能大大减小飞机噪声的新技术，该技术的使用将使超音速飞机产生的噪声污染成为历史。飞机噪声主要是由于废气排放产生的，当废气喷发速度超过音速时发出的噪声被称为马赫浪。在飞机起飞、降落和加速时都会产生这种马赫浪。以往，专家们试图用缓冲板降低废气喷发速度的方法来减少噪声，但这种方法会使发动机功率受到影响，新技术并不着眼于降低废气喷发速度，而是通过增加周围空气的速度来消除湍流，其结果也就减少了噪声。新技术的方法是从发动机上引出一股新的速度较低的气流，这股气流的方向与废气一致，包围在废气的外围。这样，废气与周围空气之间的速度差就会大大缩小，以致低于音速，马赫浪就难以形成，噪声可立即降低 10 dB。新技术的优点是无须安装机械消声器，燃料消耗也不受影响。

超声速客机"协和号"因为音爆、起飞噪声太大等因素退出了市场。据估算，一架在 16 000 m 高空以两倍声速飞行的"协和号"客机产生的压强高达 100 Pa，换算成声强级，大约为 133 dB。通常，飞机噪声的两大源头为发动机及机身周围的空气湍流运动，就发动机方面而言，其噪声主要来源为风扇、喷气射流、燃烧室、压气机及涡轮。研究人员已将主要研究重点放在了风扇及排气噪声的降噪上。目前，降低民用航空发动机噪声的主要策略如下：

a. 降低排气噪声

随着高涵道比涡轮风扇发动机的发展，涵道比从小于 1 逐渐增至大于 8 甚至更高，而发动机排气喷流的速度也在随之减小。考虑到排气喷流噪声即为排气与环境空气的混合过程所致，因此喷流噪声的功率几乎与其喷射速度的 8 次方成正比。由此即可解释为何排气速度较低的高涵道比发动机排气噪声较低，此外其还相应可减小发动机油耗率，提升整机的续航能力。

b. 降低风扇噪声

通过减小风扇叶片叶尖的运动速度，增加风扇叶片和出口导向叶片的间距，可以有效减小风扇噪声。

c. 其他声学措施

在风扇进口和排气出口加装部分构件装置，也可一定程度上降低发动机的噪声。从 20 世纪 90 年代至今，不少技术手段均被不同程度地运用于航空发动机设计进程中。同时采用了大量的试验工作试图揭示其噪声传播机理，并努力模拟发声源。对风扇噪声与排气噪声实施降噪的概念不仅通过试验评估，并且部分措施已应用至航空发动机上，其中包括有涡轮风扇发动机的内涵道和外涵道喷管的设计，以此实现强化喷流混合，降低喷流速度，及减小喷流噪声的目的。

③ "绿波"降噪工程

20 世纪 90 年代，联邦德国在柏林的希尔街（Heer Str.）搞了一项被称作 "绿波" 的降噪工程。当汽车基本以恒速（60～80 km/h）在这条大街上行驶时，汽车将一直遇到绿灯。这样，既能保证行驶的平稳，又能降低油耗，减少废气的排放，还能减少起步、停车次数，保证发动机一直在良好状态运转，降低发动机噪声的辐射。国内部分城市也开展了这方面的尝试。

（3）噪声的利用

噪声是一种能量的污染，而这种能量形式是否可以被利用呢？世界上的事情总是千变万化，没有任何事情是绝对的。噪声和其他事物一样，既有有害的一面，又有可以被人类利用、造福于人类的一面。许多科学家在噪声利用方面做了大量研究工作，获得许多新的突破。不久的将来，恼人的噪声将会变成优美的新曲，造福于人类。

① 将噪声变成优美的音乐

美妙动人的音乐能让人心旷神怡。为此，各国科学家已开展了将噪声变为优美的音乐的研究。

日本科学家采用现代高科技，将令人烦恼的噪声变成美妙悦耳的音乐。他们研究出一种新型 "音响设备"，将家庭生活中的各种流水如洗手、淘米、洗澡、洁具、水龙头等产生的噪声变成悦耳的协奏曲。这些嘈杂的水声既可以转变成悠扬的乐曲，也可以转变成潺潺的溪流声、树叶的沙沙声、虫鸟的鸣叫声和海浪潮涌声等大自然音响。

美国也研制出一种吸收大城市噪声并将其转变为大自然 "乐声" 的合成器，它能将街市的嘈杂喧闹噪声变为大自然声响 "协奏曲"。

英国科学家还研制出一种像电吹风声响的 "白噪声"，具有均匀覆盖其他外界噪声的效果，并由此生产出一种 "宝宝催眠器" 的产品，能使婴幼儿自然酣睡。

② 噪声能量的利用

噪声是声波，所以它也是一种能量。例如鼓风机的噪声达 140 dB 时，其噪声具有 1 000 W 的声功率。

广泛存在的噪声为科学家们开发噪声能源提供了广阔的前景。英国剑桥大学的专家们开始利用噪声发电的尝试。他们设计了一种鼓膜式声波接收器，这种接收器与一个共鸣器连接在一起，放在噪声污染区，接收器接到声能传到电转换器上时，就能将声能转变为电能。美国研究人员发现，高能量的噪声可以使尘粒相聚成一体，尘粒体积增大，质量增加，加速沉降，产生较好的除尘效果。根据这个原理，科学家们研制出一种 2 000 W 功率的除尘器，可发出声强 160 dB，频率 2 000 Hz 的噪声，将它装在一个厚壁容器里，获得了较好的除尘效果。

另外有科学家研究利用噪声作为机器的动力。1997 年 12 月，美国科学家宣布，可以用噪声作为动力驱动大功率的机器。他们说，声波的行为就像海浪一样，其中蕴藏着能量。当海浪中的能量很大时，波浪就会变得很高，并具有破坏性。声波也有类似的行为，即形成冲击波。在冲击波中，能量分布在很宽的频率区内，并以放热的形式损失。声波的某些能量在较高频率区损失时，这种声波称为谐波或泛音。冲击波是这些波聚集在同一地方时形成的，以致产生压力的突然变化。他们可以利用一种空腔室吸收这种谐波，防止压力的突然变化。空腔室像一个细长形的梨，用这种形状可以控制波的相位，并取得极大成功。当空腔受到来自谐波的振动时，空腔壁以约 100 μm 的振幅振动，这是受一种平稳无冲击波的巨大能量影响而产生的共振。这意味着噪声通过共振腔后变成了腔壁的机械运动，因此在实践中完全有可能利用噪声作为动力驱动机器。

③ 利用噪声透视海底

在科学研究领域更为有意义的是利用噪声透视海底的方法。早在 20 世纪初，人类发明了声音接收器——声呐。那是在第一次世界大战时，为了防范潜水艇的袭击，使用了这种在水下的声波定位系统。现在声呐的应用已远远超出了军事目的。最近科学家利用海洋里的噪声，如破碎的浪花、鱼类的游动、下雨、过往船只的扰动声等进行摄影，用声音作为摄影的"光源"。为利用声音拍照，美国斯克利普海洋研究所的专家们研制出一种"声音日光"环境噪声成像系统，这个系统就有这种奇妙的摄影功能。虽然这个系统所获得的图像分辨率较低，不能与光学照片相比，但在海水中，电磁辐射（包括可见光）十分容易被吸收，相比之下，声波的传播要好得多，这样，声音就成为取得深部海洋信息的有效方法。

1991 年，美国科学家首先在太平洋海域做了实验。他们在海底布置了一个直径 1.2 m 的抛物面状声波接收器，这个抛物面对声音具有反射、聚焦的作用，在其焦点处放置一水下听音器。他们又把一块贴有声音反射材料的长方形合成板作为摄像的目标，放在声音接收器的声束位置上，此时，接收器收到的噪声增加 1 倍。这一效果与他们事先的设计思想和预期相吻合。然后他们又把目标放置在离接收器 7~12 m 的地方，结果是一样的。他们发现，摄像目标对某些频率的声波反射强烈，而对另一些反射较弱，有些甚至被吸收。这些不同频率声波的反射差异，正好对应为声音的"颜色"。据此，他们可以把反射的声波信号"翻译"成光学上的颜色，并用各种色彩表示。

④ 利用噪声除草

科学家发现，不同植物对不同的噪声敏感程度不一样。根据这个道理，人们制造出噪声除草器。这种噪声除草器发出的噪声能使杂草的种子提前萌发，这样就可以在作物生长之前用药物除掉杂草，用"欲擒故纵"的妙策，保证作物的顺利生长。

⑤ 利用噪声促进农作物生长

噪声应用于农作物同样获得了令人惊讶的成果。科学家们发现，植物在受到声音的刺激后，气孔会张到最大，能吸收更多的 CO_2 和养分，加快光合作用，从而提高增长速度和产量。

有人曾经对生长中的番茄进行实验，在经过 30 次 100 dB 的噪声刺激后，番茄的产量提高近 2 倍，而且果实的个头也成倍增大，增产效果明显。通过实验发现，水稻、大豆、黄瓜等农作物在噪声的作用下，都有不同程度的增产。

⑥ 利用噪声诊病

美妙、悦耳的音乐能治病。科学家制成一种激光听力诊断装置，它由光源、噪声发生器和电脑测试器三部分组成。使用时，它先由微型噪声发生器产生微弱短促的噪声，振动耳膜，然后微型电脑就会根据回声，把耳膜功能的数据显示出来，供医生诊断。它测试迅速，不会损伤耳膜，没有痛感，特别适合儿童使用。此外，还可以用噪声测温法来探测人体的病状。

⑦ 噪声脱水

美国使用噪声来干燥食品。此方法是用噪声和低频率波"轰炸"食品，其吸水能力为目前干燥技术的 4～10 倍。

当我们在嘈杂声中迈进 21 世纪的时候，期待着未来是一个宁静的世界。随着环保科技的发展，各种先进的消除噪声、变噪声为福音的新技术一定会不断涌现出来。现在正在实验中的各项先进技术，21 世纪将普及和发展，人类活动的声环境将日益得到改善，人类生活将越来越美好。

作业与思考题

1. 某发电机房工人一个工作日暴露于 A 声级 92 dB 噪声中 4 h、98 dB 噪声中 24 min，其余时间均在噪声为 75 dB 的环境中，试求该工人一个工作日所受噪声的等效连续 A 声级。

2. 甲地区白天的等效 A 声级为 64 dB，夜间为 45 dB，乙地区的白天等效 A 声级为 60 dB，夜间为 50 dB，请问哪一地区的环境对人们的影响更大？

3. ①每一个倍频程带包括几个 1/3 倍频程带？

② 如果每一个 1/3 倍频程带有相同的声能，则一个倍频程带的声压级比 1/3 倍频程带的声压级大多少分贝？

4. 简述温度、风速对声波折射的影响。

5. 简述噪声在传播过程中的主要衰减形式。

6. 简述工业企业厂界噪声监测的监测方案。

7. 简述声环境法律法规在噪声污染控制中的作用。

8. 简述声环境影响评价的技术工作程序。

9. 按城市环境噪声源的特点分类，污染城市声环境的声源有几类？你所在的城市哪类是最主要的噪声源？如何控制？

10. 试说明噪声控制思路。

11. 试说明吸声机理、分类、效果。

12. 有一个房间的长、宽、高为4m×5m×3m，500Hz时地面吸声系数为0.02，墙面吸声系数为0.05，平顶吸声系数为0.25，求总吸声量和平均吸声系数。

13. 试说明隔声机理、效果。简述单层均质墙的频率特性，并说明选用双层墙效果更优的原因。

第 2 章　环境光学

借助人工光源，人的活动时间从白天延长到夜晚，获得了更加丰富多彩的生活环境。但同时光源使用不当或灯具的配光欠佳等因素造成的光污染无处不在。本章从光度学、色度学、生理光学、物理光学、建筑光学以及生态与环境保护等角度研究适宜人类生存的光环境，探讨光环境质量的变化规律，分析光污染的成因、危害并提出防治方法，目的就是为人们创造更加健康和舒适的光环境。

2.1　环境光学基础

2.1.1　光学基础

光是以电磁波形式传播的辐射能。电磁波的波长范围极其广泛，只有波长为 380～760 nm 的这部分辐射才能引起人类的光视觉，称为可见光（简称光）。

不同波长的光在视觉上形成不同的颜色感觉。各种颜色对应的波长范围并不是截然分开的，而是随波长逐渐变化的。单一波长的光呈现为一种颜色，称为单色光。由不同波长的光混合而成的称为复合光，如日光和灯光，呈现白色或其他颜色。

将复合光中各种波长辐射的相对功率量值按照波长排列连接起来，就形成该复合光的光谱功率分布曲线，它是光源的一个重要物理参量。光源的光谱组成不但影响光源的表观颜色，而且决定被照物体的显色效果。其中，日光光谱的能量比较均匀，人眼感觉到的是白色，如图 2-1 所示。通常将在日光下观察物体所显示出的颜色称为该物体的天然颜色。

光传播过程中遇到新介质时，会发生反射、透射和吸收现象，并遵守能量守恒定律。对物体的视感的形成来自于物体表面的反射光或材料本身的透射光。实践中，可根据材料的不同光学特征，合理应用于不同场合，以创造出良好的光环境。

2.1.2　光环境

2.1.2.1　光环境的定义

由光照射于室内外空间所形成的环境称为光环境。光环境分为室内光环境和室外光环境，也可分为天然光环境和人工光环境。

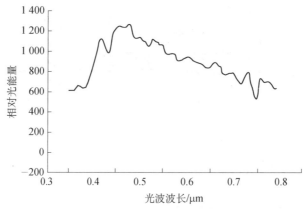

图 2-1 日光光谱能量的相对分布

室内光环境主要是指在室内空间由光与颜色在室内建立的同房间功能有关的生理和心理环境。它的功能是要满足物理、生理（视觉）、心理、人体功效学及美学等方面的要求。

室外光环境是在室外空间由光照射而形成的环境。它的功能除了要满足与室内光环境相同的要求外，还需要满足社会方面（指节能、绿色照明等）的要求。

光的照度和亮度、光色、周围亮度、视野外的亮度分布、眩光和阴影等是光环境的基本影响因素。

光环境和空间两者有着互相依赖、相辅相成的关系。空间中有了光，才能发挥视觉功效，在空间中辨认人和物体的存在；同时光也以空间为依托，显现出其状态、变化（如控光、滤光、调光、混光、封光等）及表现力。

另外，在室内空间中光通过材料形成光环境，如光通过透光、半透光或不透光材料形成相应的光环境。此外，材料表面的颜色、质感、光泽等也会对光环境产生影响。

2.1.2.2 环境中光的效果

在光环境中以光为主体产生出下列效果。

（1）光的方向性效果

在光环境中光的方向性效果主要表现在增强室内空间的可见度，增强或减弱光和阴影的对比，增强或减弱物体的立体感。

光从不同的方向照射可产生不同的效果。光的方向一般有顺光、侧光、逆光、顶光、底光。顺光是接近于正面照射时的受光状态，能显现出受光物体的主体轮廓。侧光是接近于斜向照射时的受光状态，能使受照物体获得光的对比效果。逆光是逆向照射时的受光状态，能使受光物体获得庄重神秘的效果。顶光是从顶部照射时的受光状态，能使受照物体的上部明亮，下部阴暗，甚至产生阴影。底光是从底部照射时的受光状态，能使受照物体下部明亮，上部转暗或产生阴影。

在室内光环境中只要调整光源的位置和方向，就能获得所要求的方向性效果，这种效果对于建筑功能、室内表面、人物形象及人们的心理反应都起着重要影响。

（2）光的造型立体感效果

物体表面受平行光线斜向照射时，便会出现受光部分、不受光部分及由前者转到后者的过渡部分。这种表面受光照状态的变化称为明暗变化。物体表面上由于光的明暗变化就会产生光的造型立体感效果，简称立体感。立体感主要由光的投射方向及直射光同漫射光的比例决定的。在室内光环境中外表面的细部、浮雕、雕塑等都会出现光的这种效果。

为了简化，可将物体的表面分解为平面和曲面。平面受光照射后的明暗变化取决于光的方向、表面材料、表面状态、有无遮挡等因素。对于平面，正向照射比斜向照射缺乏立体感，其细部也显得平淡。曲面受光照射后可表现出明暗变化，能显出立体感效果。

（3）光的表面效果

在室内空间中光在各表面上的亮度分布或有无光泽，构成光的表面效果。

① 表面亮度。物体的表面亮度，由照射光和表面反射性质决定。室内空间中光在各表面上的反射程度取决于表面与背景之间的亮度比。适当的亮度比能为眼睛提供信息，有利于眼睛适应，使视觉功效与工作行为相互协调，并能降低室内眩光。为了获得良好的室内光环境，顶棚、墙面、门、窗、地面、工作面及工作对象等表面之间应尽量符合最佳的亮度比。

② 表面光泽。由于反射光在空间分布而呈现出表面的外观性质，称为表面光泽。在室内空间中光照射到光滑表面时，反射光以与表面法线夹角为入射角方向为轴，分布在一定立体角内。该立体角越小，物体表面越有光泽。同时，一般立体角以外也有较弱的漫反射光。人眼能否观察到物体的表面光泽取决于人眼的视线与反射光的方向。室内物体表面所用的材料包括有光泽和无光泽的。无光泽材料表面，反射光基本均匀分布在各个方向上，人眼观察时不会有大的明暗变化。

（4）光的色彩效果

① 光和色彩。光和色彩属于不可分开的领域。对室内光环境来说，光和色彩起着相辅相成的作用。表面反射光的色彩主要取决于表面材料对不同波长光的吸收率，物体吸收率较差的波长（反射率较高）所对应的颜色便是物体呈现的颜色。光通过它的反射比与色彩的明度有着直接的关系。

② 色彩效果。在室内光环境中，通过光的照射，各种材料的表面呈现出色彩效果。为了获得明亮的光环境，一般高明度色彩用于室内上部以取得明亮效果，低明度色彩用于室内下部以取得稳定效果。因此在光环境中光除制造视觉效果以外，还可产生诸如感情、联想等心理效果。

2.1.3　光的基本物理量

光环境的评价与调控离不开定量分析，这就需要一系列光度量来描述光源和光环境的特征。常用的光度量有光通量、照度、发光强度和亮度。

2.1.3.1　光通量

辐射体在单位时间内以电磁辐射的形式向外辐射的能量称为辐射通量，用符号 P 表示，单位为 W。人眼在观看同样功率的辐射时，在不同波长时感觉到的亮度（明暗程度）是不同的。这说明了人眼对不同波长的可见光有不同的主观感觉量。明视觉时，人眼对波长为 555 nm 的黄绿光最为敏感；暗视觉时，人眼对波长为 510 nm 的青绿光最为敏感。任一波长（λ）可见光的光谱光视效能与 555 nm 可见光的光谱光视效能之比为该波长的相对光谱光视效率 $V(\lambda)$。图 2-2 中实线所示为人眼在明视觉环境中的相对光谱光视效率曲线。光谱光视效率用于将辐射能量转化为可见光光视感的计算。例如，在图 2-2 中可查得蓝光（460 nm）、黄绿光（555 nm）和红光（650 nm）的 $V(\lambda)$ 分别为 0.08、1.00 和 0.09。这表明要想在人眼中引起相同的主观亮度感觉，应使蓝光和红光的辐射功率分别是黄绿光的 12.5 倍和 11.1 倍。

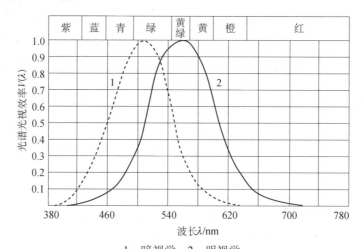

1—暗视觉；2—明视觉

图 2-2　光谱光视效率[$V(\lambda)$]曲线

光源在单位时间内向周围空间辐射出去，并使人眼产生光感的能量，称为光通量，用符号 Φ 表示，单位为 lm。在我国计量单位与国际 SI 制中，光通量是一个导出单位。1 lm 是发光强度为 1 cd 的均匀点光源在一球面度立体角内发出的光通量。

由于人眼对黄绿光最敏感，1977 年，国际计量委员会以黄绿光为基准做出如下的规定：当发出波长为 555 nm 黄绿光的单色光源，其辐射功率为 1 W 时，则它所发出的光通量为 683 lm。

根据这一定义，如果某一光源各波长单色辐射通量为 $\Phi_{e,\lambda}$，则该光源的光通量为

$$\Phi = K_{m}\int \Phi_{e,\lambda}V(\lambda)\cdot \mathrm{d}\lambda \tag{2-1}$$

式中，Φ——光通量，lm；

　　　K_{m}——最大光谱光视效率，其值为 683 lm/W；

　　　$\Phi_{e,\lambda}$——波长为 λ 的单色辐射能通量，W；

　　　$V(\lambda)$——CIE 标准光度观测者明视觉时波长为 λ 的光谱光视效率。

光通量是表征光源发光能力的基本量。例如，一只 40 W 的白炽灯发射的光通量为 370 lm，而一只 40 W 的荧光灯发射的光通量为 2 800 lm，这是由它们的光谱分布特性决定的。能否达到额定光通量是光源质量的最基本评价标准。

2.1.3.2　照度

照度是表示受照面单位面积上接收的光通量，符号为 E，单位是 lx。若照射到表面一

点面元上的光通量为 dΦ（单位为 lm），该面元的面积为 dA（单位为 m²），则有

$$E = \frac{\mathrm{d}\Phi}{\mathrm{d}A} \tag{2-2}$$

式中，E——照度，lx；

  Φ——光通量，lm；

  A——被照面面积，m²。

lx 是一个较小的单位。1 lx 等于 1 lm 的光通量均匀分布在 1 m² 表面所产生的照度。例如：夏季中午晴天阳光下，地面的照度可达 10^5 lx；在装有 40 W 白炽灯的台灯下的桌面照度平均为 200～300 lx；满月时地面的照度只有几个勒克斯。

2.1.3.3 发光强度

不同光源发出的光通量在空间分布是不同的。光通量的空间密度称为发光强度，符号为 I，单位为 cd。点光源在给定方向的发光强度是指光源在这一方向上单位立体角元内发射的光通量，其表达式为

$$I = \frac{\mathrm{d}\Phi}{\mathrm{d}\Omega} \tag{2-3}$$

式中，I——发光强度，cd；

  Φ——光通量，lm；

  Ω——立体角，单位是球面度，sr。

cd 是我国法定单位制与国际 SI 制的基本单位之一，其他光度量的单位都是由 cd 导出的。1979 年第 10 届国际计量大会通过的定义如下："一个光源发出频率为 $540×10^{12}$ Hz（相当于空气中传播的波长为 555 nm）的单色辐射，若在一定方向上的辐射强度为 1/683 W/sr，则光源在该方向上的发光强度为 1 cd。"

光的基本物理量之间的关系见图 2-3。发光强度常用于说明光源和照明灯具发出的光通量在空气各方向上的分布密度。为了区别不同的方位，故在发光强度符号 I 的右下角标注角度数字。如一只 40 W 的白炽灯发出 370 lm 的光通量，它的平均发光强度为 30 cd。在裸灯泡上安装一盏理想灯罩，原来向上发出的光通量都被灯罩朝下反射，则灯的正下方发光强度 I_0 可提高到 100 cd；而 I_{180}=0 cd，则表示沿光轴往上转 180°，即正上方处的发光强度为 0 cd。此情况下，灯泡发出的光通量并没有变化，只是光通量在空间的分布更为集中了。

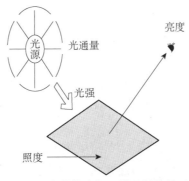

图 2-3　光的基本物理量之间的关系

2.1.3.4 亮度（光亮度）

人眼的视觉感觉是由被视物体的发光、反光或透光在眼睛的视网膜上形成的照度而产生的。视网膜上形成的照度越高，人眼就感觉越亮。在所有的光度量中，亮度是唯一能直接引起眼睛视感觉的量。

亮度是发光体在视线方向上单位投影面积的发光强度，以符号 L_α 表示，单位是 cd/m^2，旧称尼特（nt），其定义式为

$$L_a = \frac{dI_\alpha}{dA\cos\alpha} \tag{2-4}$$

式中，L_α——发光体沿 α 方向的亮度，cd/m^2；

I_α——发光体沿 α 的发光强度，cd；

$A\cos\alpha$——发光体在视线方向上的投影面，m^2。

$1\ cd/m^2$ 表示在 $1\ m^2$ 的表面积上，沿法线方向（$\alpha=0°$）产生 $1\ cd$ 的光强。

正午太阳表面的亮度高达 $2\times10^9\ cd/m^2$，晴天天空的亮度为 $0.5\sim2\times10^4\ cd/m^2$，白炽灯灯丝的亮度为 $3\times10^6\sim14\times10^6\ cd/m^2$，荧光灯管的亮度为 $6\times10^3\sim9\times10^3\ cd/m^2$。

2.1.4 视觉与光环境

2.1.4.1 视觉

视觉是人类获取信息的最主要途径，在人类的生活中 75%以上的信息来自于视觉。视觉形成的过程可分解为四个阶段：

① 光源发出光辐射；

② 外界物体在光照射下发生反射（或透射）并产生颜色、明暗和形体的差异，相当于形成二次光源；

③ 光信号进入人眼，并在视网膜上成像；

④ 视网膜上接收的光刺激变成电脉冲信号，经视神经传递给大脑，通过大脑的解析产生视觉。

上述过程表明，视觉的形成既依赖于生理机能，又和光环境状况密切相关。

2.1.4.2 眼睛

人类眼睛的构造与光学照相机类似，其剖面结构如图 2-4 所示。眼球直径大约 24 mm。位于眼球前方的部分是透明的角膜。角膜背后是不透明的虹膜。虹膜中央有一个大小可变的圆形孔，即瞳孔。瞳孔可根据环境的明暗程度，自动调节孔径，以控制进入眼球的光强，相当于"光圈"。虹膜后面的水晶体起着自动调焦成像的作用，保证在视网膜上形成清晰的像。视网膜是眼睛的视觉感受部分，相当于"胶卷"。视网膜上有两种感光细胞：锥体感光细胞和杆体感光细胞。

锥体感光细胞密集地分布于黄斑区，黄斑中央的凹陷称为中央窝。离开中央窝区域，锥体感光细胞急剧减少，杆体感光细胞逐渐增多。锥体感光细胞对光不甚敏感，只能在亮度高于 3 cd/m² 的明亮环境中起作用，称为明视觉。在明亮环境下，锥体感光细胞有分辨

细节和颜色的能力，并能对光环境的明暗变化产生快速的反馈。杆体感光细胞对光非常敏感，能看到 $10^{-8} \sim 0.03$ cd/m² 的黑暗环境中的物体，但其不能分辨物体颜色和细节特征，并对光环境的明暗变化反应缓慢，称为暗视觉。当亮度处为 $0.03 \sim 3$ cd/m² 时，眼睛处于明视觉和暗视觉的中间状态，称为中间视觉。所有的室内照明设计，都是按照明视觉条件来进行的。一定的照度和亮度是明视觉的基本条件。

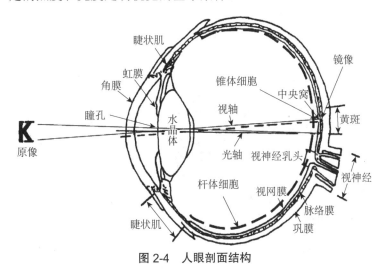

图 2-4　人眼剖面结构

2.1.4.3　视野

当头和眼睛不动时，人眼所能察觉到的空间范围叫视野。由于身体结构的限制，人的视野范围也受到一定的限制。人直视时视野范围为垂直面约 135°，其中上仰角 60°，下仰角 75° 左右；水平面左右各约 107°，其中重合约 30°（图 2-5）。视轴范围为 1°～1.5° 具有最高的视觉敏锐度，即物体在黄斑区成像（锥状感光细胞集中处），清晰度最高，称为中心视野。从中心视野中心向外 20° 范围，视觉清晰度较好，称为"近背景视野"，这是观看物件总体最有利的位置。人们通常习惯于站在离展品高度 2～2.5 倍距离处观赏的原因即是如此。

2.1.4.4　对比敏感度

眼睛对物体的识别主要取决于识别对象的亮度与背景亮度之差 ΔB 与背景亮度 B 的比值，称为对比度，用符号 C 表示，其定义式为

$$C = \Delta B / B \tag{2-5}$$

对比度越大，眼睛越容易识别。在对比度很高的情况下，当作业照度自 5 lx 增加到 500 lx 时作业的差错率明显减少；如果照度继续增加到 1 600 lx，对作业差错率减少略有帮助。要求作业照度的大小，受到几个相互独立因素的影响，即物体尺寸、物体与其最靠近的环境之对比、眼睛对物体识别度、工作物的颜色等。背景与工作物颜色有差别时，更易被识别，即提高了对比灵敏度。同时，还与观察时间有关，时间越长，越易分别。

在不同的亮度下，人眼所能识别到的最小亮度差 ΔB_{min} 与 B 之比为亮度识别阈值。亮度不同，亮度识别阈值也不同，亮度识别阈值的大小代表着该亮度下物体的识别难易程度。

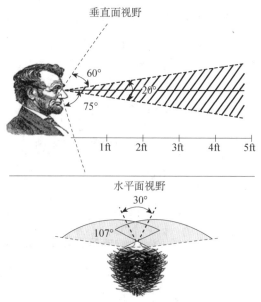

图 2-5　人眼的视野范围

2.1.4.5　亮度对视觉的影响

人对光的适应能力很强。但是长期在弱光下看东西，目力会受到损伤。反之，强光会对眼睛造成永久性伤害。因此要求有适合于视觉功能的光环境。

图 2-6（孙兴滨等，2010）说明视力在一般情况下随亮度的增加而增加，当亮度越过 3 000 cd/m² 后，亮度增加，视力不再上升，反而因为光环境过亮使眼睛感到刺眼，降低视力。视觉可以感受到的亮度限值为 10^6 cd/m²，超过这一限度，视网膜将受到损害。

在设计和规划光环境时，为了提高工作效率，要使人们能将注意力集中在工作目标上。要注意工作物与周围环境的亮度以及亮度对比。环境太亮，显然影响对工作物的识别，环境太暗则会使人感到不安。

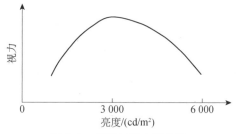

图 2-6　亮度与视力的关系

2.1.4.6　视觉适应

视觉适应是指眼睛由一种光刺激到另一种光刺激的适应过程，是眼睛为适应新环境连续变化的过程。视觉适应可分为暗适应和明适应。暗适应是眼睛从明到暗的适应过程。当人从明亮环境走到黑暗处，就会产生原来看得清楚，突然变得看不清楚，经过一段时间才由看不清楚东西到逐渐看得清楚的变化过程。最初 15 min 内，暗适应能力提高很快，以后就较为缓慢，达到其最大适应程度需要 35 min 左右。明适应是从暗到明的适应过程，明适应时间较短，有 2～3 min。参见图 2-7（朱颖心，2016）。

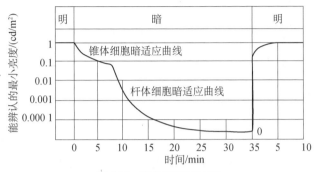

图 2-7　眼睛的适应过程

2.1.4.7　色彩对视觉的影响

颜色来源于光。表 2-1 是各种颜色的波长和光谱的范围。由光源发出的光颜色称为光源色（表观色）。光照射到物体表面后，因物体对不同波长光的有选择性的反射、透射或衍射后的光被人知觉的颜色称为物体色。

表 2-1　各种颜色和光谱的范围

颜色	波长范围/nm	颜色	波长范围/nm
红	640～760	绿	480～550
橙	600～640	蓝	450～480
黄	550～6 000	紫	380～450

国际通用的色彩分类中，可分为有彩色系和无彩色系（黑白灰）两大色序列。有彩色系是指光源色、反射光、透射光或衍射光能够在视觉中显示出某一单色光特征的色彩序列。如可见光谱中的红橙黄绿青蓝紫基本色及之间不同的混合色。无彩色系是指光源色、反射光或透射光中未能在视觉中显示出某一单色光特征的色彩序列。如黑色、白色及两者按不同比例混合得到的不同明度的灰色系列。

定量的表色系统是用于精确地定量描述颜色的。目前国际上普遍使用的表色系统有孟塞尔表色系和国际照明委员会（CIE）表色系。

孟塞尔表色系中颜色的三属性：色调（Hue，H）、明度（Value，V）和彩度（Chroma，C）。各彩色彼此区分的视感觉特性称为色调，它主要取决于光的波长。色彩的相对明暗程度称为明度。明度是物体对光的反射比大小的度量，无彩色系仅此属性，见表 2-2。彩度即色彩的纯洁度，又称饱和度。彩度主要取决于物体反射率光谱选择性。最为鲜明、纯度最高的颜色称为纯色；反之，混合色成分越多，其彩度就越低。纯度最低的颜色称为无色的灰色。

表 2-2　色彩的明度与光的反射比关系

明度/度	反射比	明度/度	反射比	明度/度	反射比
0	0	4	12.00	8	59.10
1	1.21	5	19.77	9	78.66
2	3.13	6	30.05		
3	6.56	7	43.06		

CIE 1931 年推荐的 CIE 标准表色系统是根据将三种单色光（红光、绿光和蓝光）按不同方式混合，就能匹配出任意颜色的原理，通过色度计算来规定颜色。CIE 标准表色系不仅能标定物体色，而且能标定光源色，其比孟塞尔表色系的用途要广泛得多。

颜色是影响光环境质量的要素，同时对人的生理和心理活动产生作用，影响人们的工作效率。当我们进入一个五光十色的空间，会不自觉将注意力投向绚丽夺目的装饰以及周围的图形和物体。我们在这样环境中工作、看书，注意力就不容易集中，效率也不会高，这是光污染的一种表现形式。例如图书馆阅览室的环境不能设计得过于豪华，应该朴素恬静。色彩对于人的影响不光在工作场所，在休息与娱乐场所，室内装潢与灯具的使用也是有讲究的。良好的色彩搭配可以使人感到惬意舒适，或者使环境豪华高雅。

2.2　光源与灯具

凡自身能发光且能持续发光的物体都为光源，又称发光体，如太阳、灯以及火焰等。但月亮、桌面等只有依靠反射外来光才能使人们看到它们，这样的反射物体不能称为光源。光源分为天然光源和人工光源。

2.2.1　天然光源

2.2.1.1　光气候

光气候是指大地的室外照度状况和影响其变化的气象因素的总和。我国地域辽阔，各地光气候差异较大，了解必要的光气候知识与采光标准是调节和控制天然光环境所必需的。

太阳光是天然光源的主要组成部分。部分阳光通过大气层入射到地面，其具有一定的方向性，会在被照物体背后形成明显的阴影，称为直射光。另一部分日光在通过大气层时，遇到大气中的空气分子、尘埃和水蒸气，产生多次反射，使白天的天空呈现一定的亮度，称为漫射光。漫射光没有一定的方向，不能形成阴影。直射光和漫射光的比例取决于大气透明度和天空中的云量。

云量占整个天空面积的 30% 以下的天气称为晴天。晴天时，直射光随着太阳高度角的增加而迅速增加，而漫射光几乎没有变化。云量占整个天空面积的 70% 以上的天气称为全阴天。全阴天时，室外天然光全部为天空漫射光，天空亮度分布比较均匀且相对稳定。云量占整个天空面积的 40%～70% 的天气称为多云天。多云天的亮度介于晴天和全阴天之间，照度很不稳定。

影响室外地面照度的气象因素主要包括太阳高度角、日照率、云等。我国地域辽阔，同一时刻南北方的太阳高度角相差很大。从日照率看，我国由西、北往东、南方向逐渐减少，其中以四川盆地日照最低。从云量看来，由北向南逐渐增多，四川盆地最多。从云状看，南方以低云为主，北方以中高云为主。这些均说明，南方以天空漫射光照度占优，北方以直射光为主。

我国四川盆地日照最低，年平均照度为 2 万 lx，原因是该地区云量多且多属低云。照度最高的地区是青藏高原，最高处超 3 万 lx。由此可知，我国各地光气候有很大差别，由此在天然采光设计中不同区域采光面积应有差别；照度小的地方则需扩大采光口，照度大的区域采光面积可以适当减少一些。

2.2.1.2 建筑采光

建筑采光的意思是利用天然光源来保证建筑室内光环境。由图 2-8（朱颖心，2016）可知，直射光强度极高，而且随时间有很大变化。为防止眩光和避免室内过热，常常需要遮蔽直射光。故在建筑采光设计中提到的天然光源往往指的是天空漫射光。

为了获得天然光，人们在建筑外围护结构上开了各种形式的洞口，装上各种透明材料，如玻璃或有机玻璃等，以免遭受自然界的侵扰（如风、雨雪等），这些装有透明材料的孔洞统称为采光口。

按照所处的位置，采光口可分为安装在墙上的侧窗和安装在屋顶的天窗。有的建筑兼具侧窗和天窗两种采光形式，称为混合采光。

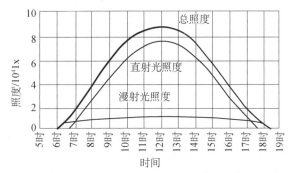

图 2-8　晴天室外天空直射光和漫射光随时间的照度变化

2.2.2　人工光源

天然采光虽然优点很多，但它的应用受到时间和空间的限制。例如天黑以后，离采光口较远处，都需要人工光来补充。相对来说，人工光源更容易控制，能够满足人们的各种需要，而且稳定可靠。

人工光源就其发光机理，可分为热辐射光源、气体放电光源、半导体光源和其他光源（激光光源、化学光源等）。

2.2.2.1 发展历程

灯的起源来自于人类对光的追求和火的发现。自从人类学会钻木取火和燧石取火后，火不仅让人类告别茹毛饮血的野蛮时代，更能吞噬黑暗，带来光明和温暖。原始人把松脂或脂肪类的东西涂在树枝上，绑在一起，做成了照明用的火把，成为人类历史上真正意义上的第一盏"灯"。公元前 3 世纪，用蜂蜡制作的蜡烛出现了。到了 18 世纪，改进为用石蜡制作蜡烛。19 世纪中叶，煤气灯的发明使人类的照明技术水平向前迈进了一大步。不管是最初的火把照明还是使用煤油的照明，本质都是利用火，但是火不够明亮，室内使用时容易发生危险，且影响室内空气质量。

电的出现，让人类的生产力得到一次飞跃，并开创了人类用电来照明的历史。18 世纪末，人类开始研究电光源。人类用于实际照明的第一种电光源是 1809 年英国人戴维发明的"电弧灯"，但由于其电耗极大、寿命太短，很快便退出了历史的舞台。1879 年，美国人爱迪生发明了第一盏真正有广泛实用价值的电灯——碳丝白炽灯，人类从此走向了用电照明的时代。1906 年，第一次制造出钨丝真空白炽灯；1913 年，美国人朗缪尔等发明的充有氩氮混合气体的白炽灯上市；1959 年，制造出充碘的卤钨灯。

气体放电发光光源发明于 20 世纪初。1923 年，康普顿和范沃希斯点燃了第一只低压钠灯。1936 年制造出荧光灯，其发光效率和寿命均为白炽灯的 3 倍以上，这是电光源技术的一大突破。荧光灯第一次大规模使用是在 1939 年的纽约世界博览会上。1973 年荷兰飞利浦公司首先研制成功了采用红、绿、蓝三色窄光谱稀土荧光粉的荧光灯，称为"三基色"荧光灯，光效可以提高到 80 lm/W 以上。1980 年出现了细管径紧凑型节能荧光灯、小功率高压钠灯和小功率金属卤化物灯，电光源进入了小型化、节能化和电子化的新时期。

LED 光源早在 1962 年出现，早期只能发出低光度的红光，光效只有 0.1 lm/W。1968 年，制造出绿色光 LED；1994 年，制造出蓝色光 LED，解决了三基色缺色的问题；1996 年，制造出白色 LED。LED 光源也从最初应用于指示器和显示器发展到应用于普通照明领域。

2.2.2.2 热辐射光源

依靠电流通过灯丝发热到白炽程度而发光的电光源称为热辐射光源。主要有白炽灯和卤钨灯。

白炽灯由灯丝、外玻壳、充入气体和灯头组成。灯丝使用熔点高达 3 680 K 的钨制造，为减少高温下灯丝的蒸发，灯泡中充入氩气作为保护气。白炽灯光谱功率是连续分布的，色温基本恒定为 2 700 K 左右，所以与其他人工光源相比，它具有更好的显色性。白炽灯还具有其他光源所不具备的一些优点，如无频闪效应，适用于不允许有频闪效应的场合；灯丝小，便于控光，以实现光的再分配；调光方便等。但是白炽灯的平均光效为 12～20 lm/W，也就是说只有 2%～3% 的电能转化为光能，绝大多数电能都以热辐射的形式白白损失掉。此外，白炽灯灯丝亮度很高，易形成眩光。因此，2011 年，我国政府宣布，自 2016 年 10 月 1 日起，全面禁止销售和进口 15 W 以上的普通照明用白炽灯。

普通白炽灯灯丝在高温下会造成钨的汽化，降低白炽灯的寿命和光效。卤钨灯是将卤族元素（如碘、溴等）充入灯泡内，利用卤钨循环可有效延缓钨汽化的特性改进而成的白炽灯，又称石英灯泡、卤素灯。卤钨灯光效提高到约 30%，寿命相对于白炽灯可提高 3 倍左右。卤钨灯发光点较小，热效应明显，因此灯罩应采用散光片以使得照射区域光线均匀，并要注意散热问题。卤钨灯在公共建筑、交通等方面得到了广泛的应用。

2.2.2.3 气体放电光源

气体放电光源是指电源电极在电场作用下，电流通过一种或几种气体、金属蒸气直接或激发荧光物质而发光的电光源。如荧光灯、高压汞灯、钠灯等。

荧光灯也称为日光灯，是一种低压汞灯。其发光原理是利用低气压的汞蒸气在通电后释放紫外线，紫外线激发涂在灯管内壁上的荧光粉而转化为可见光。荧光粉不同，发出的光线也不同，这就是荧光灯可以做出白色和各种彩色的原因。荧光灯发光效率高（是普通白炽灯的 3 倍以上）、发光面积大、表面温度低、寿命长（是普通白炽灯的 4 倍），广泛用于办公室、教室、商店、医院和高度小于 6 m 的工业厂房。但荧光灯和所有气体放电光源一样，其光通量随着交流电压的变化而产生周期性的强弱变化，使人观察运动物体时产生不同于其实际运动的错觉，这种现象称为频闪效应。频闪效应易造成眼疲劳，不利于长时间的近距离阅读。按照结构不同，荧光灯也可分为直管型、环管型和紧凑型荧光灯。直管型荧光灯有粗管灯（直径 38 mm）和细管灯（直径 26 mm）两种类型。粗管灯一般涂以卤磷酸盐荧光粉，细管灯涂以三基色荧光粉。三基色荧光粉能把紫外线转换成更多的可见光，因而发光效率更高。紧凑型荧光灯是镇流器和灯管一体化的电光源，可以配电感镇流器，也可以配电子镇流器。我国常把配电子镇流器的紧凑型荧光灯称为电子节能灯。

高压汞灯发光原理与荧光灯相同，只是构造不同，灯泡壳有两种：透明灯泡壳和涂荧光粉层灯泡壳。由于它的内管中汞蒸气的压力为 1～5 个大气压而得名。高压汞灯具有光效高（50 lm/W）、寿命长（可达 5 000 h）的优点，其主要缺点是显色性差，主要发绿蓝光，缺少红光成分，使人不能正确分辨颜色，故该灯常用于街道、施工工地和不需要认真分辨颜色的大面积照明场所。

钠灯主要利用高压或低压钠蒸气放电发金黄色光。其主要为波长 589 nm 的黄光，接近 555 nm，发光效率高（比汞灯高一倍）、寿命长、透雾性好；显色性很差。钠灯常用于道路、工地、广场、舞台照明等。

2.2.2.4 LED/OLED 光源

发光二极管（Light Emitting Diode，LED）是采用半导体材料制成的，通过电子与空穴复合可直接将电能转化为光能的发光器件。LED 的基本结构是一块电致发光的半导体材料芯片，用胶固化到支架上，一端是负极，另一端连接电源的正极，四周用环氧树脂密封。半导体材料由两部分组成，一部分是 P 型半导体，另一部分是 N 型半导体，两种半导体之间形成一个 P-N 结。LED 具有发光效率高、节能（相对于传统高压钠灯能节能75% 以上）、寿命长（能使用 5 万 h 以上）、发热量低等特点。传统的 LED 主要用于信号显示领域，由于蓝光 LED 和白光 LED 研制成功，且大功率 LED 成本的下降，目前 LED 在室内外照明中应用日益广泛，被称为"21 世纪的光源"。

有机发光二极管（Organic Light-Emitting Diode，OLED）又称为有机发光半导体。是一种电流型的有机发光器件。OLED 在电场的作用下，阳极产生的空穴和阴极产生的电子会发生移动，分别向空穴传输层和电子传输层注入，迁移到发光层。当二者在发光层相遇时，产生能量激子，从而激发发光分子最终产生可见光。OLED 光源具有光谱类似自然光、光照均匀性高、显色指数高（大于 90，最高可以达到 95）等有明显的传统光源无法比拟的优势，但照度偏低、成本高是目前 OLED 在照明领域应用的最大阻力。

2.2.2.5 基本技术参数

电光源的基本技术参数从照明节电角度出发，主要有发光效率、光源寿命、光源颜色和光源启动性能等。

发光效率又称光效，是指电光源发出的光通量和所消耗的电功率之比，单位为 lm/W。发光效率是衡量电光源节能性能的重要指标。

光源寿命一般以小时计算，通常有两种寿命值：有效寿命和平均寿命。

有效寿命是指灯开始点燃直至灯的光通量衰减到额定光通量的某一百分比（一般 70%～80%）时所经历的点灯时数。有效寿命常用于荧光灯和白炽灯。

平均寿命是指一组实验样灯从点燃至其中 50% 的灯失效时所经历的点灯时数。平均寿命常用于高强度的放电灯。

光源颜色，又称光色，用色温、色表和显色指数来度量。当光源的发光颜色与把黑体加热到某一温度所发出的光色相同时，此温度称为光源的色温。色温用热力学温度表示，单位是 K（开尔文）。不同色温给人的直观心理感觉不同，有冷、暖与中间色之分，称为光源色表，见表 2-3。

表 2-3　光源的色表类别

序号	色表类别	相关色温/K
1	暖	<3 300
2	中间	3 300～5 300
3	冷	>5 300

光源照射到物体后，与参照光源（日光）相比对颜色相符程度称为光源的显色指数，符号为 R_a。显色指数是反映各种颜色的光波能量是否均匀的指标。显色性是选择光源的一项重要因素，不同场所对于显色性要求不一样，需选择合适的光源。表 2-4 表示了每一类显色性能的使用范围。

表 2-4　光源的显色类别

显色类别	显色指数（R_a）范围	色表	应用示例	
			优先原则	允许采用
I_A	$R_a \geqslant 90$	暖 中间 冷	颜色匹配 临床检验 绘画美术馆	

续表

显色类别	显色指数（R_a）范围	色表	应用示例	
			优先原则	允许采用
I_B	$80 \leqslant R_a \leqslant 90$	暖 中间	家庭、旅馆 餐馆、商店、办公室、学校、医院	
		中间 冷	印刷、油漆和纺织 工业，需要的工业操作	
II	$60 \leqslant R_a < 80$	暖 中间 冷	工业建筑	办公室、学校
III	$40 \leqslant R_a < 60$		显色要求低的工业	工业建筑
IV	$20 \leqslant R_a < 40$			显色要求低的工业场所

光源的发光也需要一个由暗逐渐变亮的过程。另外有一些光源熄灭后不能马上再次启动，需要等到光源完全冷却后才能再次启动。所以选择光源的时候应有所区别，在需要频繁开关的地方不能使用像金属卤化物灯这类光源。

现将常用照明光源的主要特性列于表 2-5 中，以资比较选用。

表 2-5　常用照明光源的主要特性

项目	白炽灯	卤钨灯	荧光灯	高压汞灯	高压钠灯	LED 灯
光效/(lm/W)	7～19	15～21	32～70	33～56	57～120	80～200
色温/K	2 700	2 850	3 000～6 500	6 000	2 000	2 000～7 000
显色指数	95～99	95～99	50～93	40～50	20～60	70～85
平均寿命/h	1 000	800～2 000	2 000～5 000	4 000～9 000	6 000～1 000	3 万～10 万
表面亮度	较大	大	小	较大	较大	大
启动时间	瞬时	瞬时	较短	长	长	瞬时
频闪现象	无	无	有	有	有	无
初始价格	最低	中	中	高	高	高
运行成本	最高	低	低	中	中	最低

2.2.3　灯具与照明方式

2.2.3.1　灯具

灯具是光源、灯罩及其附件的总称，分为装饰灯具和功能灯具两种。装饰灯具一般采用装饰部件围绕光源组合而成，以造型美观和美化室内环境为主要目的，适当兼顾高效率和低眩光等要求。功能灯具是指满足高效率、低眩光的要求而采用控光设计的灯罩，以保证把光源的光通量集中到所需的地方的灯具。

灯具的类型主要有直接型、扩散型和间接型三大类。直接型是光源直接向下照射，上部分灯罩用反射性能良好的不透光材料制成。扩散型灯具用扩散型透光材料罩住光源，使室内的照度分布均匀。间接型灯具是用不透光反射材料把光源的光通量投射到顶棚，再通过顶棚扩散反射到工作面，从而避免了灯具的眩光。

不同灯具类型可以获得不同的照度值以及不同的直射光和反射光比例。如反射光大于直射光，则光的扩散性好，亮度分布理想，有利于消除眩光。

灯具的光特性主要包括配光曲线、遮光角和灯具效率三项技术指标。

处于工作状态的灯具向各个方向的发光强度在三维空间里可以用矢量表示。把矢量的终端连接起来就形成一个封闭的光强体。当光强体被通过轴线的平面截割时，在平面上获得一条封闭的交线。此交线以极坐标的形式绘制在平面图上，就是灯具的配光曲线，如图 2-9（黄晨，2016）所示。配光曲线上的每一点，表示灯具在该方向上的发光强度。因此，如果知道灯具对计算点的投光角 θ，可根据灯具配光曲线查到相应的发光强度 I_B，就可计算出点光源在计算点上形成的照度。

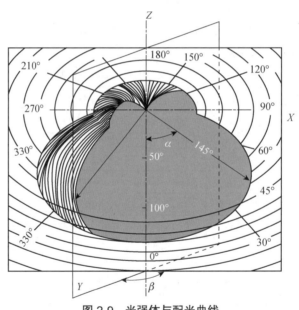

图 2-9　光强体与配光曲线

灯具亮度分布和遮光角是评价视觉舒适感所必需的参量。光源亮度超过 16 cd/m² 时，人眼就不能忍受。当被视物体与背景亮度对比超过 1 : 100 时，就容易引起眩光。为了降低高亮度表面对眼睛造成的眩光，应使灯具具有一定的保护角，并配合适当的安装位置和悬挂高度。遮光角是指发光体最外边沿和灯具出光口（灯罩边缘）的连线与通过光源光中心的水平面所成的夹角，又称保护角，用 γ 表示，如图 2-10 所示。当人眼平视时，如果灯具与眼睛的连线和水平面的夹角小于遮光角，则看不到高亮度的光源。当灯具位置提高，夹角大于遮光角，虽可以看到高亮度的光源，但夹角较大，眩光已大大减弱。

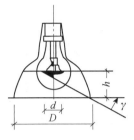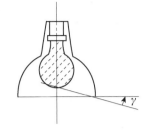

(a) 透明玻璃壳灯泡　　　　(b) 磨砂或乳白玻璃壳灯泡　　　　(c) 格栅灯

d—灯丝直径；*D*—灯泡直径；*h*—高度；*γ*—保护角

图 2-10　灯具的遮光角

任何材料制成的灯罩，都会吸收一部分透射在其表面的光通量。灯具效率是指灯具向空间透射的光通量与光源发出的光通量之比。灯具效率是反映灯具的技术经济效果的指标。它取决于灯罩开口的大小和灯罩材料的光反射比。

2.2.3.2　照明方式

正常使用的照明系统，按其灯具的布置方式可分为一般照明、分区一般照明、局部照明和混合照明四种照明方式。

① 一般照明。一般照明是指在工作场所内不考虑特殊的局部需要，以照亮整个工作面为目的的照明方式。一般照明时，灯具均匀分布在被照面上空，在工作面形成均匀的照度，如图 2-11 （a）所示。这种照明方式适用于对光的投射方向没有特殊要求，在工作面内没有特别需要提高视度的工作点。

② 分区一般照明。当某一工作需要高于一般照明照度时，可采用分区一般照明。就是根据需要，提高特定区域的一般照明。例如在开敞式办公室中的办公区域可采用分区一般照明，如图 2-11 （b）所示。

③ 局部照明。局部照明是在工作点附近专门为照亮工作点而设置的照明装置，如图 2-11 （c）所示。局部照明通常设置在要求照度高或对光线方向性有特殊要求处。

④ 混合照明。混合照明是在同一工作场所，既有一般照明解决整个工作面的均匀照明，又有局部照明来满足工作点的高照度和光方向的要求，如图 2-11 （d）所示。

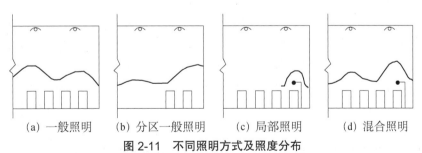

(a) 一般照明　　　　(b) 分区一般照明　　　　(c) 局部照明　　　　(d) 混合照明

图 2-11　不同照明方式及照度分布

2.3 光污染防治的法规与标准

2.3.1 我国光污染防治的法规与标准

（1）现行国家法律

《中华人民共和国环境保护法》（2014 年修订）第四十二条规定：排放污染物的企业事业单位和其他生产经营者，应当采取措施，防治在生产建设或者其他活动中产生的废气、废水、废渣、医疗废物、粉尘、恶臭气体、放射性物质以及噪声、振动、光辐射、电磁辐射等对环境的污染和危害。第一次明确说明光辐射是环境污染的具体形态，标志着全国性的立法已经将光污染防治纳入其适用的范围。

《中华人民共和国民法典》第二百九十四条规定：不动产权利人不得违反国家规定弃置固体废物，排放大气污染物、水污染物、土壤污染物、噪声、光辐射、电磁辐射等有害物质。第一千二百二十九条规定：因污染环境、破坏生态造成他人损害的，侵权人应当承担侵权责任。

我国现行国家法律对光污染提出了总体要求，但当前尚未针对光污染防治制定专门法律及相应的法规、政策。光污染存在定义和防治目标不明确问题，防治的立法缺失、法律责任不明确等问题造成我国光污染防治在监督管理上缺少上位法依据、管理力度不够，光污染有日趋严重的趋势。

（2）我国光环境相关行业标准与规范

针对光环境评价和光污染控制的需要，我国建筑、照明等行业制定了相关的基础标准及技术规范和地方标准。

住房和城乡建设部行业标准《城市夜景照明设计规范》（JGJ/T 163—2008）给出了城市夜景照明光污染控制要求。《建筑工程绿色施工评价标准》（GB/T 50640—2010）要求光污染符合下列规定：夜间焊接作业时，应采取挡光措施；工地设置大型照明灯具时，应有防止强光线外泄的措施。在广告和标识照明方面，《城市户外广告和招牌设施技术标准》（CJJ/T 149—2021）对户外广告设施照明的最大允许亮度做出具体规定。《城市道路照明设计标准》（CJJ 45—2015）从保护车辆驾驶员和行人视觉环境角度提出眩光限制要求。为限制玻璃幕墙反射光的干扰和危害，《玻璃幕墙光热性能》（GB/T 18091—2015）给出了玻璃幕墙的反射光在周边居住建筑窗台面的连续滞留时间限值，要求对机动车驾驶员不应造成连续有害反射光。在室外照明方面，《室外照明干扰光限制规范》（GB/T 35626—2017）规定了城市环境亮度分区、干扰光分类、干扰光的限制要求和措施，适用于城市道路、居住建筑、室外公共活动区、自然生态区等区域。《LED 显示屏干扰光评价要求》（GB/T 36101—2018）给出了不同环境 LED 显示屏应满足的亮度、照度和阈值增量限值。《城市照明建设规划标准》（CJJ/T 307—2019）要求城市照明建设规划应贯彻全生命周期的节能环保理念，明确城市照明分时分级控制等节能措施及控制指标，鼓励使用节能产品；推广环保的照明技术；提出光污染控制等要求。

此外，北京、上海等地还制定了地方标准。例如，上海市颁布实施了《城市环境（装饰）照明规范》（DB 31/T316—2012），北京市颁布实施了《城市景观照明技术规范》（DB 11/T 388—2015）。

（3）部分城市初步建立了光污染防治体系

我国部分城市（如深圳、上海和广州等）初步建立了光污染防治体系。以深圳为例，《深圳经济特区生态环境保护条例》（2021 年 6 月 29 日经深圳市第七届人民代表大会常务委员会第二次会议通过）规定了施工电焊、夜间施工照明、景观照明、安装建筑物玻璃幕墙等光污染防治要求。《深圳市城市照明管理办法》（深圳市人民政府令 第 309 号）规定：城市照明主管部门负责统筹协调全市城市照明工作；新建、改建、扩建城市照明设施，应当符合城市照明专项规划、城市照明技术标准和技术规范的要求；城市照明设施的灯光不得直射居住建筑物窗户；城市照明设施与居住建筑窗户距离较近的，应当采取遮光措施；鼓励建筑物实施内透照明；任何单位或者个人不得在城市照明中有过度照明的行为等。深圳市城市管理和综合执法局发布实施了《深圳市城市照明专项规划（2021—2035）》，给出了城市照明规划，明确了光污染防治要求。深圳市规划和国土资源委员会印发的《深圳市建筑设计规则》（2019 年）给出了玻璃幕墙的具体规定，包括不得采用玻璃幕墙的建筑物部位、可见光反射比的限值以及反射影响分析的要求。

2.3.2 国际相关标准规范

在国外，光污染的问题早已引起人们的关注，防控光污染是环境管理的重要内容。澳大利亚最早在国家层面上针对光污染提出限制照明标准。1997 年，澳大利亚就颁布了《控制室外照明干扰光》，对室外照明干扰光的控制提出了规范标准。美国有多个州制定了有关光污染的法规，如新墨西哥州的《夜空保护法》、犹他州的《光污染防治法》、印第安纳州的《户外照明污染防治法》等。《法国环境法典》中设置"光污染的预防"专节，规定了立法目的为"为了防止或限制人造光的排放对人和环境造成的危害或过度干扰并限制能源消耗"；要求成立协会以制定标准规范；提出激光使用的禁止性规定；针对特定区域"自然空间以及天文观测站点"提出较严格的要求；针对照明广告和照明标志，该环境法典专门设置章节"广告、标志和预标志"进行管控。

日本环境省制定了光污染防治各项指南。1998 年，日本环境省制定了《光污染控制指南》，旨在通过优化室外照明，营造良好的光环境，为防止全球变暖做出贡献。2001 年，日本环境省制定了《光污染防治制度指南》，用于指导地方政府建立光污染防治制度体系，采取光污染防治措施，提高光污染防治意识。

CIE 也颁布了《城区照明指南》《室外照明设施干扰光影响的限制指南》等技术文件。

2.4 光环境测量与评价

2.4.1 光环境测量

2.4.1.1 照度测量

光环境测量常用的物理测光仪器是光电照度计。最简单的照度计由硒光电池和微电流计构成。硒光电池是把光能转换成电能的光电元件。当光照射于光电池表面时，入射光会透过金属薄膜到达硒半导体层和金属薄膜的分界面上，就会产生光电效应，接上外电路，就会有电流通过。不同强度的光照在同一个光电池上产生的电流大小不同，根据电流的大小就可以判断入射光的强弱。硒光电池照度计原理如图 2-12 所示。

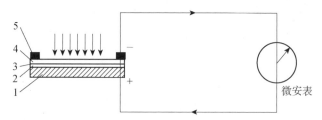

1—金属底板；2—硒层；3—分界面；4—金属薄膜；5—集电环

图 2-12 硒光电池照度计原理

2.4.1.2 亮度测量

测量光环境或光源亮度所用的亮度计主要有两类，其中一类是遮筒式亮度计，适用于测量面积较大、亮度较高的目标，其构造原理如图 2-13 所示。

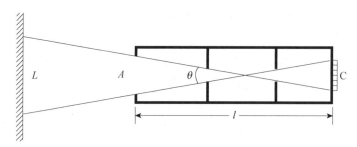

图 2-13 遮筒式亮度计构造原理

筒的内壁是无光泽的黑色饰面，筒内设有若干个光阑遮蔽杂散反射光。在筒的一端有一个圆形窗口，面积为 A，另一端设有光电池 C。通过窗口，光电池可以接收到亮度 L 的光源照射。若窗口的亮度为 L，则窗口的光强为 $L \cdot A$，它在光电池上产生的照度 E 则为

$$E = L \cdot A / l^2$$

因而

$$L = E \cdot l^2 / A \tag{2-6}$$

式中，E——照度，lx；

L——亮度，cd/m^2；

A——面积，m^2；

　　l——光电池与窗口的距离，m。

　　如果光源和窗口的距离不大，窗口的亮度就等于光源被测部分的亮度。

　　当被测目标较小或距离较远时，要采用透镜式亮度计。如图 2-14 所示，这类亮度计通常设有目视系统，便于测量人员精确地瞄准被测目标。光辐射由物镜接收并成像于带孔反射板，光辐射在带孔反射板上分成两路：一路经过反射镜反射进入目视系统；另一路通过小孔、积分镜进入光电倍增管探测器。仪器的视角一般为 0.1°～0.2°，由光阑调节控制。

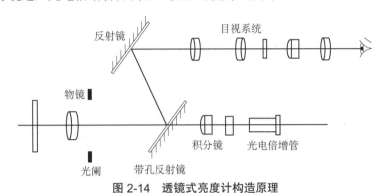

图 2-14　透镜式亮度计构造原理

2.4.2　天然光环境的评价

　　天然光强度高、变化快、不好控制，这些特点使天然光环境的评价方法和标准有许多不同于人工光环境的地方。

　　采光设计标准是评价天然光环境质量的准则，也是进行采光设计的基本依据。最常用的评价指标就是采光系数。

　　（1）采光系数

　　采光系数是天然采光的数量指标，符号为 C，以百分数表示。在利用天然光照明的房间里，室内天然光照度水平和室外照度密切相关，室内照度随着室外照度时刻发生变化。因此，在确定室内天然光照度水平时，通常我们不以照度绝对值，而以相对值即采光系数作为指标。

　　采光系数最早由 Wadram 在 1923 年提出，最终由 CIE 采用。采光系数是指在全阴天条件下，在利用天然光照明的房间，室内测量点直接或间接接受天空漫射光所形成的水平照度 E_n 与室外同一时间不受遮挡的该天空半球的漫射光在水平面上产生的照度 E_w 的比值，其表达式为

$$C = \frac{E_n}{E_w} \times 100\% \tag{2-7}$$

式中，C——采光系数，%；

　　　　E_n——接收天空漫射光所形成的水平照度，lx；

　　　　E_w——不受遮挡的该天空半球的漫射光在水平面上产生的照度，lx。

　　（2）采光系数标准值

　　作为采光设计目标的采光系数标准值，是根据视觉工作的难度和室外有效照度确定

的。室外有效照度也称临界照度，是人为设定的一个照度值。当室外照度高于临界照度时，才考虑室内完全采用天然光照明，以此规定最低限度的采光系数标准。

不同情况视觉对象要求不同的照度。一定范围内，照度越高，工作效率越高。但是，高照度意味着高投资，故必须既考虑视觉工作的需要，又照顾到经济上的可能性和技术上的合理性。我国建设部及相关部门在天然光视觉实验及对现有建筑采光现状普查分析的基础上，根据我国光气候特征及经济发展水平在 2012 年颁布了《建筑采光设计标准》（GB 50033—2013），将视觉工作分为 I～V 级别，并根据建筑物的用途，如居住、办公、学校、工业等，分别对其采光等级和采光系数标准值进行了明确的界定，见表 2-6。

表 2-6 不同采光等级参考平面上的采光标准值

采光等级	侧面采光		顶部采光	
	室内天然光照度标准值/lx	采光系数标准值/%	室内天然光照度标准值/lx	采光系数标准值/%
I 级	750	5	750	5
II 级	600	4	450	3
III 级	450	3	300	2
IV 级	300	2	150	1
V 级	150	1	75	0.5

住宅建筑的卧室、起居室和厨房应有直接采光，室内天然光照度不应低于 300 lx。

（3）采光均匀度

采光均匀度是指假定工作面上的采光系数的最低值和平均值之比。视野内照度分布不均匀时，易造成人眼视觉疲劳，视功能下降，影响工作效率。因此，要求房间内照度分布有一定的均匀度。顶部采光时，I～IV 采光等级的采光均匀度不小于 0.7。侧面采光时，室内照度不可能做到均匀；顶面采光时，由于 V 级视觉工作需要的采光面积小，较难照顾均匀度。故此两种情况下均未对照度均匀度做出规定。

（4）日照时间标准

太阳光对于人们尤其是儿童的健康十分重要。太阳光促进人体对钙的吸收，促进某些营养成分的合成，同时太阳光中的紫外线具有杀毒灭菌的作用，有研究表明沐浴在阳光中能有效降低儿童的近视发病率。所以在建筑采光设计与评价中要注意日照时间的保证问题。

决定居住区住宅建筑日照标准的主要因素，一是所处地理纬度及其气候特征；二是所处城市的规模大小。我国地域广大，南北方纬度相差约 50°，同一日照标准的正午影长率相差 3～4 倍之多。在高纬度的北方地区，日照间距要比纬度低的南方地区大得多，达到日照标准的难度也就大得多，所以在房屋的设计上应尽量考虑实际情况，以满足日照标准的要求。不同建筑气候区住宅建筑日照标准见表 2-7。

表 2-7　住宅建筑日照标准

建筑气候区	I、II、III气候区		IV气候区		V、VI气候区
	大城市	中小城市	大城市	中小城市	
日照标准日	大寒日			冬至日	
日照时数/h	≥2	≥3			≥1
有效日照时间带/h	8~16				9~15
计算起点	低层窗台面				

2.4.3　人工光环境的评价

对于光环境的好坏，不同年龄不同性别的人感觉是不同的，普通用户提的意见没有具体标准。为了建立光环境的客观指标，世界各国都有一定的照明规范、照明标准或照明设计指南与评价方法。

（1）照度标准

人眼对外界环境的明暗差异的知觉取决于外界景物的亮度。但是规定适当的亮度水平相当复杂，因为它涉及各种物体不同的反射特性，所以实践中还是以照度水平作为灯光照明的数量指标。

确定照度水平要综合考虑视觉功效、舒适感与经济、节能等因素。提高照度水平对视觉功效只能改善到一定程度，并非越高越好。实际应用的照度标准都是经过综合考虑的取值。

在没有专门规定工作位置的情况下，通常以假象的水平工作面照度作为设计标准。对于站立的工作人员水平面距地 0.9 m，对于坐着的人是 0.75 m。

从任何照明装置获得的照度，在使用过程中都会逐渐降低。这是由于灯的光通量衰减，灯具和房间表面受污染造成的。只有更换新灯、清洗灯具甚至重新粉刷房间表面才能恢复原来的照度水平。所以，一般不以初始照度为设计标准，而采取使用照度或维持照度制定标准。初始照度、使用照度和维持照度的区别如图 2-15 所示，通常维持照度不应低于使用标准的 80%。

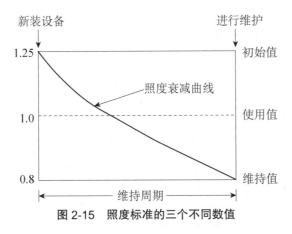

图 2-15　照度标准的三个不同数值

根据韦伯定律，主观感觉的等量变化大体是由光量的等比变化产生的，所以在照度标准中，以 1.5 左右的等比级数划分照度等级，而不采取等差级数。例如，CIE 建议的照度等级为 20—30—50—75—…5 000 等，如表 2-8 所示。

表 2-8　CIE 对不同作业和活动推荐的照度

照度范围/lx	作业或活动的类型
20—30—50	室外入口区域
50—75—100	交通区，简单地判别方位或短暂逗留
100—150—200	非连续工作用的房间，例如工业生产监视区、贮藏间、衣帽间、门厅
200—300—500	有简单视觉要求的作业（房间），如粗加工、讲堂
300—500—750	有中等视觉要求的作业（房间），如普通机加工、办公室、控制室
500—750—1 000	有较高视觉要求的作业（房间），如缝纫、检验和试验、绘图室
750—1 000—1 500	难度很高的视觉作业，如精密加工和装配、颜色辨别
1 000—1 500—2 000	有特殊视觉要求的作业，如手工雕刻、很精细的工件检验
>2 000	极精细的视觉作业，如微电子装配、外科手术

上表规定了照度范围，一般采用照度的中间值，下列情况采用照度范围内的较高值：

① 作业本身的反射比与对比特别低；

② 纠正工作差错代价昂贵；

③ 视觉作业非常严格；

④ 精确度或生产率至关重要；

⑤ 工作人员的视觉能力差。

反之，当作业反射比或对比特别高，工作速度或精确度无关紧要，或者临时性工作时，则可选用照度范围的下限数值。

我国工业和民用建筑现行标准为住房和城乡建设部 2013 年颁布的《建筑照明设计标准》（GB 50034—2013）。为了适合我国情况，标准中将照度标准值照度分级向低延伸到 0.5 lx，分别为 0.5 lx、1 lx、3 lx、5 lx、10 lx、15 lx、20 lx、30 lx、50 lx、75 lx、100 lx、150 lx、200 lx、300 lx、500 lx、750 lx、1 000 lx、1 500 lx、2 000 lx、3 000 lx、5 000 lx 等级别，并且为不同作业和活动都推荐了照度标准，规定了每种作业的照度范围，以便设计师根据具体情况选择适当的数值。住宅建筑照明标准如表 2-9 所示。

表 2-9　住宅建筑照明标准

房间或场所		参考平面及其高度	照度标准值/lx	R_a
起居室	一般活动	0.75 m 水平面	100	80
	书写、阅读		300	
卧室	一般活动	0.75 m 水平面	75	80
	床头、阅读		150	
餐厅			150	80

续表

房间或场所		参考平面及其高度	照度标准值/lx	R_a
厨房	一般活动	0.75 m 水平面	100	80
	操作台	台面	150	
卫生间		0.75 m 水平面	100	60
电梯前厅		地面	75	60
走道、楼梯间		地面	50	60
车库		地面	30	60

作业面邻近周围指作业面外宽度不小于 0.5 m 的区域。作业面邻近周围照度可低于作业面照度，但不宜低于表 2-10 的数值。

表 2-10　作业面邻近周围照度

作业面照度/lx	作业面邻近周围照度/lx
≥750	500
500	300
300	200
≤200	与作业面照度相同

作业面背景区域一般照明的照度不宜低于作业面邻近周围照度的 1/3，如图 2-16 所示。

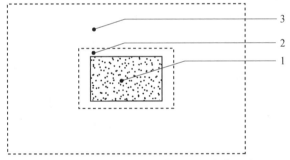

1—作业面区域；2—作业面邻近周围区域（作业面外宽度不小于 0.5 m 的区域）；
3—作业面的背景区域（作业面邻近周围区域外宽度不小于 3 m 的区域）
图 2-16　作业面区域、作业面邻近周围区域、作业面的背景区域关系

（2）照度均匀度

在某些情况下，如用台灯照明看书时，对工作物要求特别照明，以增加工作效率。在一般情况下，必须兼顾周围环境的照度，以消除不舒适的感觉，所以要求照度均匀。照度均匀度是表示给定工作面上最低照度与平均照度之比。通常假定工作面是室内墙面限定的距地面 0.7~0.8 m 高的水平面。照度均匀度一般不得低于 0.7。CIE 建议数值为 0.8。此外 CIE 建议工作房间内活动区域的平均照度一般不应小于工作区平均照度的 1/3，相邻房间的平均照度相差不超过 5 倍。

（3）空间照度

在大多数场合，如公共场所、居室生活，照明效果往往用人的容貌是否清晰、自然来评价。这时，垂直面上的照度比水平面更加重要。有两个表示空间照明水平的物理指标：平均球面照度与平均柱面照度，后者更有实用性。

平均球面照度是指位于空间某点的一个假想小球表面上的平均照度，表示该点受照量与入射光的方向无关，因此也被称作标量照度。平均柱面照度指位于该点小圆柱侧面上的平均照度，圆柱侧面与水平面垂直，并且不计两端面照度。

（4）舒适亮度比

人的视野很广，除工作对象外，周围环境同时进入眼睛，它们的亮度水平、亮度对比对视觉有重要影响。房间主要表面的平均亮度，形成房间明亮程度的总印象，亮度分布使人产生对室内的空间形象感受。为了舒适地观察，要突出工作对象的亮度，即主要表面亮度应合理分布，但是如果周围环境亮度与中心视野亮度相差过大会加重眼睛瞬时适应的负担，或产生眩光，降低视觉能力。

在工作房间，作业环境亮度应当低于作业本身亮度，但不能低于 1/3，而周围视野（顶棚、墙、窗子）平均亮度，应尽可能不低于作业亮度的 1/10。灯和白天的窗子亮度则应控制在作业亮度 40 倍以内。

要实现控制亮度的目的，需考虑照度与物体反射比两个因素。因为亮度是两者的乘积。为了减弱灯具同其周围顶棚之间的对比，特别是采用嵌入式暗装灯具，顶棚的反射比要在 0.6 以上，同时顶棚照度不宜低于作业照度 1/10，以免顶棚显得太暗。

墙壁的反射比，最好为 0.3～0.7，其照度达到作业照度的 1/2 为宜。照度水平高的房间要选低一点的反射比，应为 0.1～0.3。这一个数值是考虑了工作面以下的地面受家具遮挡影响以后提出来的。

非工作房间，如装饰水准高的公共建筑大厅亮度分布，往往涉及建筑美学，需要渲染特定气氛，给人们遐想，突出空间或结构的形象，所以不受上述参数的限制。这类环境亮度水平也应考虑视觉的舒适感，但与前面所述亮度比有所不同。

（5）适宜的光色

光源色表的选择取决于光环境所要形成的气氛。不同光色可以给人不同的感觉。同一光色不同民族的喜好也是不相同的。例如，低色温的暖色灯光，接近日暮黄昏的情调，能使室内产生亲切轻松的气氛。而希望紧张、活跃、精神振奋地进行工作的房间，宜采用高色温的冷色光。

有些场合则需要良好的自然光色，以便于精确辨色，如医院、印染车间、商店等。

2.5 光污染及其防治

2.5.1 光污染概述

光污染是现代社会中伴随着新技术的发展而出现的环境问题。研究表明，世界上有近

2/3 的人口生活在光污染之下。现代文明程度越高的地区，光污染也就越严重。在一些完全被现代文明覆盖的地区，几乎没有了真正意义的黑夜。

光污染问题最早是由国际天文界于 20 世纪 70 年代提出，认为是城市夜景照明使天空发亮造成对天文观测的负面影响。后来美国、英国、德国等将其称为干扰光，日本称为光害。

2.5.1.1　光污染的定义

狭义的光污染指干扰光的有害影响，其定义是"已形成的良好的照明环境，由于逸散光而产生被损耗的状况，又由于这种损害的状况而产生的有害影响"。逸散光指从照明器具发出的，使本不应是照射目的的物体被照射到的光。干扰光是指在逸散光中，由于光量和光方向，使人的活动、生物等受到有害影响，即产生有害影响的散逸光。广义的光污染指不合理人工光照或者自然光的不恰当反射导致的违背人的生理与心理需求或有损于生理与心理健康，或对生态环境产生负面影响的现象。广义光污染与狭义光污染的主要区别在于狭义光污染的定义仅从视觉的生理反应来考虑照明的负面效应，而广义的光污染向美学以及人的心理需求方面进行了进一步的拓展。

2.5.1.2　光污染的来源

（1）玻璃幕墙形成光污染

由玻璃幕墙导致的光污染产生的特定条件是：①使用大面积高反射率镀膜玻璃。②在特定方向和特定时间下产生，与太阳照射的方向与人所成的特定角度有关。③光污染的程度与玻璃幕墙的方向、位置及高度密切相关。当人的视角在 2 m 高与 150°夹角之内时影响最大。所以，直射日光的反射光的产生方向取决于玻璃面对太阳的几何位置关系。

（2）夜景照明形成的光污染

随着城市夜景照明的迅速发展，地面发出的人工光在大气中的气体分子、气溶胶的散射作用下，扩散入大气层中，形成夜间城市上空很亮的大气光污染；夜景照明中的部分散逸光和建筑（或墙面）的反射光，透过门窗射向住宅、医院、旅馆等人们休息的场所，形成侵扰光污染；视野中的道路照明、广告照明、体育照明、标志照明等产生的直接眩光和雨后地面、玻璃墙面等光泽表面的反射眩光；视场中颜色的对比引起视觉的不适应，导致视觉对物体颜色的感觉出现差异或不敏感形成颜色污染。

（3）室内光污染的主要来源

室内光污染的主要来源可以概括为三个方面：

① 室内装修采用镜面、釉面砖、磨光大理石等引起反射光线，明晃白亮，炫眼夺目。

② 室内灯光配置设计布置不合理，致使过亮或过暗，造成眩光污染。

③ 夜间室外照明，产生干扰光，影响人们的正常生活。

2.5.1.3　光污染的分类

光污染对人体健康的影响主要表现在对眼睛和神经系统的影响。目前，国际上一般将光污染分为三类，即白亮（眩光）污染、人工白昼和彩光污染。

白亮污染也称眩光污染，由强烈光线的反射引起。如阳光强烈时，城市建筑的玻璃幕墙反射光线，形成明晃白亮、炫眼夺目的现象。长期在白亮污染环境下工作和生活的人，眼角膜和虹膜会受到不同程度的损害，视力下降，白内障发病率高达40%以上。同时，还有可能使人产生头晕目眩、失眠心悸、神经衰弱，严重者可导致精神疾病和心血管疾病。

夜间，广告灯、霓虹灯闪烁夺目，使得夜晚如白昼一样，即所谓的人工白昼。此类光污染会使人正常的生物节律受到破坏，生活在"不夜城"里的人们，人体的"生物钟"发生紊乱，产生失眠、神经衰弱等各种不适症，导致白天精神萎靡、工作效率低下。人工白昼还会影响鸟类的夜间迁徙和昆虫的夜间繁殖过程。

彩光污染包括黑光灯和各种彩色灯光的污染。彩光污染不仅有损人的生理功能，长时间照射还会影响心理健康。

2.5.2 环境中的眩光

在光环境设计中，为了满足人们生活、工作、休息和娱乐等方面的要求，要很好地处理影响光环境的各种因素，如要避免日光的直射，采取限制措施防止过亮光源引起的眩光现象。

CIE对眩光作了以下的定义：眩光是一种视觉条件，这种条件的形成是由于亮度分布不适当，或亮度变化的幅度太大，或空间、时间上存在着极端的对比，以致引起不舒适或降低观察重要物体的能力，或同时产生上述两种现象。

（1）按照产生的来源和过程分类

按照产生的来源和过程，眩光可分为直接眩光、间接眩光、反射眩光和光幕眩光。

直接眩光是指由人眼视场内呈现过亮发光体引起的眩光，也就是说在视线上或视线附近有高亮度的光源。直接眩光严重地妨碍人的视觉功效，因此在进行光环境设计时要尽量设法限制或防止直接眩光。例如，在施工工地夜间用投光灯照射，如果灯的位置较低，光投射得较平，对迎面过来的人就会产生眩光，容易发生事故。

间接眩光，又称干扰眩光，是视线在观看物体方向之外存在发光体时，由该发光体引起的眩光。间接眩光对视觉影响不像直接眩光那样严重。

反射眩光是指高亮度光源被光泽或半光泽的镜面材料表面反射，这种反射在作业范围以外的视野中出现的眩光。反射眩光另一表现形式为在观察物上产生了一层光幕，减少了被观察物的亮度对比，于是使人们无法观察物体的细节。我们有这样的体会，在比较大角度看黑板上的字时，往往由于黑板反射窗口入射的日光而看不清楚黑板上的内容，这就是黑板面定向反射过强的结果。在进行光环境设计时，必须注意所用材料的表面特性与其产生反射眩光的关系，并在此基础上慎重选择材料的种类，防止在室内的各个表面上出现反射眩光。

光幕眩光是指在光环境中由于减少了亮度对比，以致本来呈现扩散反射的表面上，又附加了定向反射，于是遮蔽了要观看的物体细部的一部分或整个部分。若使人们的眼睛失去对比或降低可见度，那么人们在视觉对象上出现了光幕眩光。例如，当照射在桌面上打字文件的大部分的光反射到观看者的眼中时，文件上文字的亮度若有增加，大大超过没有光泽的白纸背景的亮度，就会减少深色文字和白纸之间的对比，而出现光幕眩光。

（2）按照影响后果分类

按照影响后果，眩光可分为失能眩光、失明眩光和不舒适眩光。

视野内的眩光，若使人们的视觉功效有所降低，则称它为失能眩光。出现失能眩光时，眩光源发出的光线在视网膜上照度大到了一定程度，降低了被观察物的景象照度的强弱对比，致使眼睛视觉受到妨碍，因此也称为生理眩光。

等效光幕亮度理论指出，失能眩光可由眼睛内的散射光引起的等效光幕亮度表示。这种等效光幕亮度在视网膜上和观察目标的像一起被重叠起来，减少了对象和背景的亮度对比，以致造成失能眩光效应。等效光幕亮度可由下式表示：

$$L_r = K \cdot E \cdot \theta^{-n} \tag{2-8}$$

式中，L_r——等效光幕亮度，cd/m^2；

　　　E——眩光光源在眼睛瞳孔平面上产生的垂直照度；

　　　θ——眩光光源的中心和视线所成的角度；

　　　K，n——常数，一般情况下，$K=10\pi$，$n=2$。

在整套照明设备中各个灯具的等效光幕亮度适用叠加原理，从而可以求出总的等效光幕亮度。这种方法优点在于它将光度和视觉功效合理地联系起来，解释了眩光效应和生理的关系。

当人的眼睛遇到一种非常强烈的眩光以后，在一定时间内完全看不到物体，这种眩光称为失明眩光，也称为闪光盲。可以说失明眩光是失能眩光达到极端情况。上述两种眩光严重影响视觉，是对生理起作用的眩光。

视野内的眩光虽然不一定妨碍视觉，但能使人们的眼睛感觉不舒适，则称它为不舒适眩光。例如发光体很大很亮、背景又较暗，在视线之内，虽然不影响视觉，在心理上也会造成不舒适的感觉，因此不舒适眩光也称为心理眩光。

一般来说出现不舒适眩光的场合要比失能眩光多。不舒适眩光与个人对所在环境的体验以及个人心理状态、特点以及当时情绪有关。

2.5.3 避免眩光干扰方法

在进行照明设计时，避免眩光是一项很重要的任务。眩光同光源亮度、背景亮度、光源位置有关。所以避免眩光干扰应分别从光源、灯具、照明方式等方面进行。在环境中眩光主要是直接眩光和反射眩光。反射眩光又分为一次反射眩光和二次反射眩光两种。

2.5.3.1 消除直接眩光的措施

直接眩光就是光源直接将光投入眼帘引起的眩光，消除措施如下。

一是提高光源位置。图 2-17 说明了光源与视线位置对眩光强弱的影响。目前广场、码头上采用高杆灯就是这个目的。某些场合无法将光源提高时，可以用灯罩限制光线投射的角度。当视线与光源的位置小于保护角时，光线被挡住，消除了与视线方向角度小的眩光，从而降低了总的眩光。

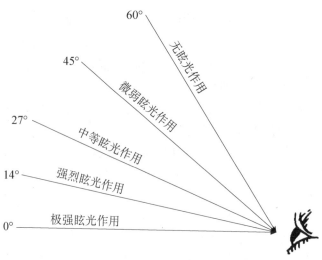

图 2-17 发光体角度（光源位置）与眩光关系

二是降低光源亮度。不同光源，不同照明方式，眩光效应是不同的。一般来说光源越亮，眩光越大。表 2-11 列出了光源和眩光效应的关系。为了降低眩光，可选择表面亮度低的光源或在灯泡外面加上灯罩等以降低光源亮度。照明方式可采用暗灯槽、光檐、满天星式下射灯、格栅式发光顶棚等。灯具侧面可做成亮面或暗面。如果侧面是暗面，灯具的眩光受观察方向限制较小；灯具侧面是亮面，则横向看有较大的眩光。

表 2-11 光源和眩光效应的关系

照明用电光源	表面亮度	眩光效应	用途
白炽灯	较大	较大	室内外照明
柔和白炽灯	小	无	室内照明
镜面白炽灯	小	无	定向照明
卤钨灯	小	大	舞台、电影、电视照明
荧光灯	小	极小	室内照明
高压钠灯	较大	小于高压汞灯	室外照明
高压汞灯	较大	较大	室外照明
金属卤化物灯	较大	较大	室内外照明
氙灯	大	大	室外照明

直接眩光可由灯光引起，也可由天然光引起。例如，我们在教室窗的另一侧前排，经常会感到有较大眩光，很难看清楚黑板上的图形与字。又如，某丝织厂车间单侧采光的房间，其中放了两台机器（机器 1 和机器 2），工人行走的线路如图 2-18（a）中箭头所示。工人在机器 1 上接断线时，会感到很大的眩光，找不到断丝。为了消除眩光，后来将机器垂直与窗口安放，如图 2-18（b）所示，减少了眩光，方便了工人的接线工作。

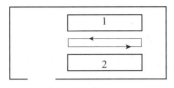

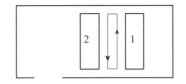

（a）存在眩光干扰　　　　（b）改变机器布局减少眩光干扰

图 2-18　有眩光的丝织车间及消除眩光布置

2.5.3.2　消除反射眩光的措施

　　一次反射眩光是指当强光直接投射在观看的目标物上，如果目标物表面光滑，像镜面一样将此强光反射入眼中，当光源像的亮度超过目标物的亮度时，则所要观看的物体被亮光湮没无法看清的现象。例如，一个玻璃镜框挂在门或窗户对面的墙上，当我们观看镜框内的东西时，往往看见的是明亮的光斑，而影像则会模糊不清。对于这一类眩光的防治主要考虑人的观看位置、光源所在的位置、反射材料所在位置三者之间的角度关系。改变光源或反射材料的位置可使得反射光不射入人眼，以避免眩光的产生，如图 2-19 所示。

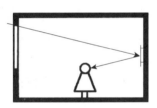
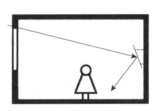
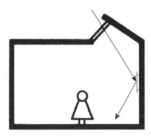

（a）反射光正好射入观测者眼中　　　（b）改变反射面的角度，而使　　　（c）通过改变光源的位置使
反射光不射入人眼　　　　　　反射光不射入人眼

图 2-19　一次反射眩光的防治情况

　　当人们在观看放在玻璃框里的陈列品时，往往看见的是自己的影子，这就是二次反射现象。原因是光源照射于观察者身体或其他物体，产生的反射光再被玻璃框的玻璃反射，反射光亮度超过了陈列品的亮度，影响了对陈列品的观察。消除这种眩光的方法是降低观看者所在位置的照度，提高陈列品的照度，改变柜窗玻璃的位置、形状、倾角，如图 2-20 所示。

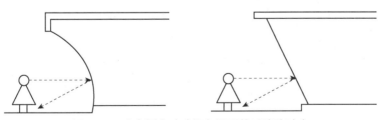

图 2-20　改变橱窗玻璃倾角及形状以消除眩光

2.5.4　室内眩光限制

2.5.4.1　住宅建筑的眩光限制

　　① 进行窗口设计时，要慎用大面积的窗或玻璃幕墙，即使用也应远离闹市区，在窗

外要有一定的遮阳措施，窗内设置窗帘等遮光装置。

② 室内家具、电器表面最好无光泽，当有些家具电器表面光滑有光泽时，应考虑其放在合适的位置，避免反射眩光出现于室内，特别是人的视线内，达到美观与和谐的统一。

③ 采用间接照明时，使灯具直接射向顶棚，经一次反射回来满足室内的照明要求；采用悬挂式荧光灯可适当提高灯的位置；壁灯等可在外面安装散射性乳色玻璃或塑料灯罩。

2.5.4.2 教室的眩光限制

① 教室不要裸露使用白炽灯和荧光灯，应用蝙翼灯具和渐开型灯具，黑板照明的灯具光线和教师视线大于 60°，在学生一侧要有大于 40°的遮光角。

② 要根据不同季节，尤其是天气和时间来规定点亮灯的位置和数量，达到节能和实用的目的，同时也减少眩光。要定期对教室照度进行测量、墙面粉刷和更换灯具。

③ 黑板面的垂直照度要高，黑板面要擦干净，条件允许可以水洗，以增加字和黑板面亮度对比，减小反射眩光。课桌表面不能太有光泽，以减少定向反射。横向座位不能太多。

④ 应尽量采用大的窗口，但是要配备适当的窗帘，防止直射阳光产生的眩光。

2.5.4.3 办公建筑的眩光限制

① 全面考虑窗的位置、尺寸，窗口最好配备窗帘和百叶窗，也可采用毛玻璃作为窗口玻璃。

② 室内的各种材料应无光泽。有些有光泽台面及有玻璃桌面的办公桌，则应该注意其安放位置，以减少室内反射眩光。

③ 灯具位置要高，宜采用大面积、低亮度、散射性灯具，并将灯具做成吸顶式，不宜采用大面积发光顶棚。

2.5.4.4 商业建筑的眩光限制

① 对于大型超市的主要照明灯具，应注意提高灯的位置和数量，可采用发光顶棚，同时要选择适中的照度，灯光应具有良好的自然光色，方便顾客对商品颜色进行判别。具有光滑表面的商品应注意位置和摆放角度。

② 霓虹灯以吸引顾客为目的，但也不能亮度太高，给路人及车辆带来负面影响。大厅照明则主要从美学的角度考虑，也应考虑减少眩光。

③ 橱窗内部陈列品的照明应注意做有暗灯槽、隔栅等将过量光源遮挡起来，橱窗的玻璃要有一定的角度，或做成曲面以避免眩光的发生。路旁橱窗前设置遮阳板、遮棚等装置。

④ 在陈列橱内的顶部、底部及背景都要采用散射性材料。橱内具有镜面反射效果的物品应该倾斜排放。

2.5.4.5 医院建筑的眩光限制

① 医院建筑有很多类型房间，门诊、病房、大厅等可参照同类型房间消除眩光的措施，如病房参照住宅，门诊参照办公室。当然，医院建筑还有一些特殊的要求。

② 门诊房、病房窗口要大，配备适当窗帘，尽量日光照明，发挥其杀菌作用。采用灯具补充照明时，灯具要有良好的自然光色。适当增加走廊与房间照度比。

③ 手术房尤其注意物品表面不能太有光泽，房间照度应该均匀，不能有阴影。

④ 大厅、配药房等场所注意照度不能太低，要使用暖色调，使病人不致过于紧张。

2.5.4.6　博物馆建筑的眩光限制

① 尽量设法消除反射眩光，可注意布置展品的位置和排列方式，改变光的投射角度，灯具要有良好的自然光色，提高展品位置的照度，适当减少游客所在位置的照度，专门照明展品的灯具的光线不能进入游客的眼睛。

② 玻璃橱窗注意所在位置，避免光源的反射光进入眼睛，应该注意玻璃的角度，适当地倾斜或做成曲面。

③ 采用日光照明时，应控制窗口的大小，不能过于明亮，要用适当的窗帘避免阳光直射。

2.5.4.7　体育馆的眩光限制

① 体育馆的侧窗宜布置成南北走向，窗内设置窗帘等遮阳设施，不采用有光泽的装饰材料。若采用顶部照明也要设置遮阳设施。

② 馆内的光源可采用高强气体放电灯，比赛时光源的显色指数要求大于 80。光源应该是冷色调的；光源与室内的亮度要求合理分布，尽量减小观众席上的亮度，光源与顶棚亮度比为 20：1。光源位置要高，具有定区域照明的功能；增加光源与视线的角度，避免直接眩光进入运动员与观众的眼睛。

2.5.4.8　图书馆的眩光限制

① 阅览室要求房间设计朴素，不能有艳丽的色彩。尽量增加窗口面积，也要有适当的窗帘。桌面不能太有光泽。房间的照度要均匀，合理布置灯的位置和数量，减少阴影。

② 藏书间灯具布置要考虑书架的走向与照明光源的关系，增加书本所在位置的照度，书架应与窗口垂直。选用紫外线少的灯具。

③ 大厅、走廊等场所可以有一定的美学布置，选择适当低的照度。

2.5.4.9　工厂厂房内的眩光限制

工厂的种类很多，不同工厂厂房对光环境的要求不同。一般工厂车间的眩光限制措施为：

① 车间的侧窗要选用透光材料，安装散射性强的玻璃如磨砂玻璃，平玻璃要有百叶窗等设施。

② 车间的顶棚、墙面、地面及机械设备的表面颜色和反射系数要谨慎选择。对光泽表面要采取施加油漆等措施，机器的放置不能使工人正对窗口。

③ 车间内的灯宜采用深照型、广照型、密封型以及截光型，其安装高度应避免靠近视线。台灯照明也要控制亮度及照射方向，避免明暗对比太大。为避免眩光可适当提高环境的亮度。

2.5.5 室外眩光限制

2.5.5.1 道路照明的眩光控制

① 道路照明应防止照明设施对行人和机动车驾驶员造成眩光，必要时应采用安装挡光板或格栅的灯具。国家标准规定了机动车道照明应采用符合规定的功能性灯具，在快速路、主干路上必须采用截光型或半截光型灯具；次干路上应采用半截光型灯具；支路上则宜采用半截光型灯具。

② 交叉口轨道两侧道路各 30 m 范围内，路面亮度（或照度）及其均匀度应高于所在道路的水平。大型交叉路口需要增设附加灯杆和灯具，灯具的光分布不得对接近交叉路口的驾驶员和行人造成眩光，需要加强对眩光的限制。采用的泛光灯要配置挡光板或格栅等限制眩光措施，否则尽管提高了亮度（照度），但眩光限制却达不到标准要求。

③ 当道路比较宽时，水平安装灯具可能无法使平均照度和均匀度达到要求。在这种情况下，常见的方式是增大灯具的仰角，但是这种做法虽然会增加到达灯具对面一侧路面光线的数量，可路面亮度并不会显著增加；特别是在弯道上，如果灯具仰角过大，产生眩光的可能性就会增加，光污染也会增加。因此灯具的仰角也应予以限制。我国规定灯具仰角不宜超过 15°，是参考了 CIE 文件以及有关国家的标准而确定的。

④ 当在宽阔道路、多层大型立体交叉及大面积场地周边采用高杆照明方式时，则要求灯具的最大光强投射方向和垂线交角不宜超过 65°，限制灯具的最大光强投射方向是为了确保眩光限制符合国家标准的要求。

⑤ 桥梁照明产生眩光的可能性大，而且所造成的危害也更严重，所以桥梁照明限制眩光十分重要。特别是当桥面出现较陡的坡度、桥面的高度和与其连接的或附近的道路路面高度相差比较大或为了突出大桥造型而采用一些装饰照明的情况下，尤其要注意这一点。为此，必要时应采用安装了挡光板或格栅的灯具。

⑥ 在禁止机动车通行的商业步行街、人行道路、人行地道、人行天桥等场所，对眩光限制不是很严格，灯光有适度的耀眼效果反而有利于创造一种活跃的气氛，因此对灯具的配光性能要求可以适当放宽，在此类场所可以采用兼顾功能性和装饰性两方面要求的灯具或者是装饰性灯具。但同时要求上射光通比不应超过 25%，主要是为了减少射向天空的光通量，防止光污染。

2.5.5.2 景观照明的眩光控制

① 景观照明眩光的控制应遵循下列原则：①在保证照明功能和景观要求前提下，保证照明效果的同时，应防止景观照明产生的眩光污染。②应以防为主，避免出现先污染后治理的现象；特别是对刚开始建设夜景照明的城市应强调以预防为主。③应做好景观照明设施的运行与管理工作，防止设施在运行过程中产生眩光污染。

② 城市道路的非道路照明设施主要指夜景照明和广告标识照明等设施，这些设施对汽车驾驶员产生眩光的阈值增量不应大于 15%。

③ 居住区和步行区的夜景照明设施应避免对行人和非机动车人造成眩光。在居住区

或步行区中，对行人或移动得很慢的骑自行车者或驾驶汽车者的不舒适眩光感觉，可能是由于靠近观察者视线的灯具亮度引起的。特别是对那些安装得较低，并且是安装在杆顶的灯具。

2.5.5.3　场地照明的眩光控制

① 各工作场地的眩光值最大允许值应符合国家相关标准的规定。

② 眩光会降低作业面的可见度，可以通过合理的布灯、限制灯具亮度和采用漫反射的表面材料等措施来防止或减少眩光，从灯具和作业面的布置方面考虑，避免将灯具安装在干扰区内；从灯具亮度方面考虑，应限制灯具表面亮度不宜过高；采用低光泽度的漫反射材料可以防止或减少眩光。

③ 我国规定室外工作场地的照明设施产生的光线应控制在被照区域内，溢散光不应大于 15%，目的是限制灯具产生的干扰光。

2.5.5.4　广告照明的眩光控制

为发挥最大的广告和标识效应，广告、标识一般设置在交通便利、人流量大、视野开阔的广场、车站、码头以及街道两边的建筑物上，而这些地方又是交通、通信等各种公共设施交叉、集中的地方，因此必须防止光污染和光干扰。

① 广告与标识照明不应产生光污染及影响机动车的正常行驶，不得干扰通信、交通等公共设施的正常使用。

② 在不同环境区域内，不同面积的广告与标识照明都应控制画面的表面亮度与环境谐调，控制最大亮度，防止光污染。不同环境区域、不同面积的广告与标识照明的平均亮度最大允许值应符合表 2-12 的规定。在 E1 区不应设置面积大于 10 m² 的广告与标识照明，否则将会破坏环境效果。

表 2-12　不同环境区域、不同面积的广告与标识照明的平均亮度最大允许值　单位：cd/m²

广告与标识照明面积/m²	环境区域			
	E1 区	E2 区	E3 区	E4 区
$S \leqslant 0.5$	50	400	800	1 000
$0.5 < S \leqslant 2$	40	300	600	800
$2 < S \leqslant 10$	30	250	450	600
$S > 10$	—	150	300	400

③ 规定外投光的广告与标识照明的亮度均匀度 U_1（L_{min}/L_{max}）宜为 0.6～0.8。达到这一标准时，可获得满意的视觉效果。

④ 广告与标识采用外投光照明时，应控制投射范围，散射到广告与标识外的溢散光不应超过 20%。

⑤ 应限制广告与标识照明对周边环境的光污染，使其符合我国对广告与标识面的亮度值限制标准。夜景照明在建筑立面和标识面产生的平均亮度不应大于表 2-13 的规定值。

表 2-13　建筑立面和标识面产生的平均亮度最大允许值

照明技术参数	应用条件	环境区域			
		E1 区	E2 区	E3 区	E4 区
建筑立面亮度（L_b）/（cd/m²）	被照面平均亮度	0	5	10	25
标识亮度（L_s）/（cd/m²）	外投光标识被照面平均亮度；对自发光广告标识，指发光面的平均亮度	50	400	800	1 000

2.5.6　降低光污染的生态影响

光污染的危害不仅仅体现在对人类的生活产生干扰上，也表现为对动植物的成长、繁殖、迁徙产生干扰和破坏。比如城市夜间照明产生的天空光、溢散光和干扰光往往会把动物生活和休息的环境照得很亮，过度的人工光线照射可能会影响夜行动物的生长发育，长时间、大量的夜间人工光照射会影响植物原本通过昼夜长短来控制开花的生理机制。为了减少光污染对生态的影响，可从以下这些方面进行控制。

① 在道路照明设计中，尤其是郊区、农村公路，尽量使用截光型灯具或无溢散光的平底灯，使光投射到需要被照射的地方，并尽量远离可能受到灯具射出光线影响的动植物。

② 尽量避免安装向上投光灯和地埋灯。此类光源很容易导致上照光污染，引起天空发亮，从而干扰趋光昆虫的活动。

③ 对于灯塔、电视塔、高层建筑顶部等处的照明设计，在满足基本照明要求的前提下，尽量降低灯具的额定功率，并可采用闪光型或间歇型灯光系统。

④ 选择对周围动物吸引力小的光源。高压汞灯、金属卤化物灯和荧光灯对昆虫的吸引力最强，低压钠灯和高压钠灯吸引力较小。

⑤ 控制灯具的启闭时间。通过调光器或智能化控制系统，在使用频率低的时段关闭部分或全部灯具。避免夜间灯光长时间甚至通夜照明对动植物的影响。

2.6　光环境规划与管理

2.6.1　光环境功能区划

根据各类区域对光的不同要求，对选定区域进行合理划分，并对每个子区域制定合适的光环境目标，这就是光环境功能区划。

2.6.1.1　光环境功能区划的概念及意义

环境功能区就是环境单元或地域。根据社会经济发展的需要和不同地区在环境结构、环境状态和使用功能上的差异，对区域进行合理的划分，就是环境功能区划。划分的目的即为实现区域的合理布局、确定具体的环境目标，同时也便于目标的执行和管理。

要控制光污染，为人们创造舒适的光环境，就必须对光环境进行管理。管理光环境，应从两个方面入手：污染源和环境。从污染源出发，就要区分光照目的，进行分类管理，提出光照限值；从环境出发，首先就要进行光环境功能区划，然后制定环境标准。根据各类区域对光的不同要求，对选定区域进行合理划分，并对每个子区域制定合适的光环境目标，从而使光环境在符合人们需要的同时又尽可能少地带来负面影响，这就是光环境功能区划。

2.6.1.2　光环境功能区划原则

光环境功能区划的原则如下：

① 有效地控制光污染的程度和范围，保护生活环境和生态环境，保障人体健康以及动植物正常生存和生长。

② 不得降低现状使用功能，以主导功能划定区域。

③ 统筹考虑各个功能区之间的衔接。

④ 实用可行，便于管理。

2.6.1.3　光环境功能区域分类

参照英国对光环境进行分类管理的做法，将夜间光环境初步划分为以下四类，见表 2-14。

无光区：不需要照明的场所，如农业种养区或者自然保护区以及天文观测站周围区域等。

暗视觉区：需要一定照明满足安全目的，但同时又不影响夜间休息的场所，如动物园、农村生活区、文教区、居住区、医院住院区等。

中视觉区：需要更亮的照明，但同时又无夜间休息的场所，如道路、商业区、工业区（无室外作业）、医院诊疗区等。

明视觉区：需要照明来满足室外工作的场所，可以完全识别物体，如施工场地、有室外作业的工业区、港口等。

表 2-14　夜间光环境功能区初步划分（室外）

功能区	范围	执行光环境标准
无光区	农业种养区、自然保护区、天文观测站周围等	一级
暗视觉区	动物园、农村生活区、文教区、城镇居住区、医院住院区等	二级
中视觉区	道路、商业区、工业区（无室外作业）、医院诊疗区等	三级
明视觉区	工业区（有室外作业）、港口、施工场地等	四级

2.6.2　光环境规划与管理

防治光污染应该做到事前合理规划，事后加强管理。

目前，对光污染的治理还存在诸多难点、堵点。"治"的难题亟待破解，"防"的意识更需增强。比起污染后的治理，更重要的是在控制污染源头上下功夫。要从城市规划层面对光环境进行规范，合理的城市规划和建筑设计可以有效地减少光污染。

2.6.2.1　光环境规划

　　城市光环境规划设计旨在于科学地部署统筹城市的光环境，对空间、建筑、构筑物等提出合理、创意的夜景观规划设计与实施的方案。深圳、成都、南京等城市都出台了城市照明长期规划，从源头上控制光污染源的增加，严把照明工程建设审批关，减少或限制使用大功率强光源，减少光污染的产生。此外，要因地制宜分类施策，根据商业区、住宅区、工业区、自然保护区等不同区域的功能定位，划定具体的照明分区和等级，使每个区域都展现与其属性相符的夜间形象。西藏阿里地区、成都、深圳等地设置了"暗天保护区"，减少光污染对自然生态的干扰。在居民住宅区及周边设置照明光源时，要采取合理措施控制光照射向住宅居室窗户外表面的亮度、照度。又如，禁止设置直接射向住宅居室窗户的投光、激光等景观照明。

　　城市光环境规划的内容并不是固定的，其内容都必须依据所涉对象城市的格局、文化、特色、需求等的不同而互相有所区别。如《杭州市区城市照明总体规划修编》，该规划作为杭州城市照明的顶层设计，以针对现实问题、优化照明空间结构、提升城市光环境品质为导向，将绿色生态光环境营造理念贯穿于整个规划内容，同时对各区块的色温分类、彩光使用标准、动态等级、照明空间管制等技术控制指标进行了细分与明确，在尽可能满足人们对地区文化环境保护的需求的同时，有选择、有层次地突出城市的人文景观魅力，捕捉城市特质，为杭州城市光环境的安全性、生态性、品质性、美观性、舒适性提供保障。

2.6.2.2　光环境管理

　　限制光污染的发生，解决光污染问题，从政府管理的角度上来说，应该从以下方面入手。

　　（1）尽快制定完善光污染防治的法规、标准和规划

　　防治光污染是一项社会系统工程，需要有关部门制定完善的法律、规范和标准。虽然最新修订的《中华人民共和国环境保护法》将光污染列入监管范围，但目前还没有防治光污染的专项法律法规，对光污染的防治措施并无强制要求。要尽快研究制定光污染防治的专项法律，在立法中明确光污染的定义、标准、管理体制、主要防治制度和措施。

　　目前，我国相关行业颁布了一系列技术标准，并逐步纳入国家标准管理执行范畴，一定程度上限制了光污染的产生。其中，《城市夜景照明设计规范》（JGJ/T 163—2008）提出了限制夜景照明光污染的要求，并明确了各项光污染控制设计限值。《城市照明建设规划标准》（CJJ/T 307—2019）规范和加强城市照明规划、设计、建设、运营的全过程管控，明确光污染防控要求，并进行暗天保护区、限制建设区、适度建设区及优先建设区等"四区划定"，落实城市夜间的生态保护。

　　在制定照明规划、绿色建筑政策和标准、绿色社区（绿色学校）创建政策时，体现光污染防治的内容。

　　要积极推动地方开展光污染防治立法研究，制定符合地方管理实际的光污染防治地方性法规，减轻或消除光污染影响。

（2）加强光环境设计、建设管理

合理的城市规划和建筑设计可以有效地减少光污染。限制或少建带有玻璃幕墙的建筑并使其尽可能避开居住区。装饰高楼大厦的外墙、装修室内环境以及生产日用产品等应避免使用高光泽材料。对夜景照明，应加强生态设计，加强灯火管制。如区分生活区和商业区，减少广场、广告牌等的过度照明。

（3）完善管理体制机制

光污染与污染源直接相关，存在源头关闭、污染停止的现象。因此，光污染防治应强调源头防治。

住房和城乡建设部门作为行业主管部门，应担负起建筑物玻璃幕墙、室外照明、户外广告的光污染源头防治的主体责任，指导各地开展城市照明的总体设计，明确城市光污染管控要求及指标。

生态环境部门的光污染防治监督管理职责应立足于制定光排放对人和生态环境有害环境影响的监测和评估方法，构建光污染防治法规标准体系，指导地方开展光排放影响评估工作。

在执法方面，由于城市管理综合执法部门拥有包括住房和城乡建设领域法律法规、规章规定的行政处罚权，应由城市综合执法部门作为光污染的执法主体，生态环境部门在光污染监测方面予以支持。

（4）建立健全管理制度体系

一是制定分类管理制度，按照来源分为功能照明（道路、施工等照明）光污染防治、景观照明光污染防治、玻璃幕墙光污染防治和广告光污染防治等，对每一类别分别提出敏感区域侵入光、眩光、天光和变化光污染控制要求。

二是分区和整体协同控制。针对侵入光、眩光和变化光宜采取分区管控的方式，降低对人和生态环境的影响；对于天光则采取城市整体控制方法，规定任何区域和街道照明均不允许有向上的光通量。

三是针对特殊区域制定严格的保护制度。对天文观测点等特殊区域制定更严格的保护要求。

四是明确城市照明分时分级控制制度，根据照明功能给出照明关闭和开启时间限制要求，配备照明开启自动装置，提出限制照明的总体目标，控制能源消耗总量。

五是制定照明产品光污染限值标准要求，并定期对产品使用时的光污染情况进行监督抽测。

六是要求光污染严重的城市制定光污染治理规划，对城市照明进行优化，淘汰落后设备设施。

（5）加强光环境保护的宣传和教育

各有关部门做好光环境保护的宣传工作，让广大居民对光污染有所了解，强化光环境保护意识。

阅 读 材 料

（1）国际暗天协会与中国星空保护

国际暗天协会（International Dark-Sky Association，IDA）是一个总部设在美国亚利桑那州图森的国际性非营利组织，于 1988 年由天文学家大卫·克劳福德（David Crawford）和身为医生的业余天文学家提摩西·亨特（Timothy Hunter）成立。IDA 目前有来自 70 多个国家的 1 万多名会员，其中包括天文台、业余天文俱乐部、照明公司、市政机构等团体会员。

国际暗天协会的宗旨是通过教育社会大众认识光污染的问题和解决的方法，以提升对黑暗的认识和价值了解，保护和恢复良好的光环境，让夜空布满星星，管理室外的照明和创建低光污染的环境。

IDA 的主要工作包括建立国际暗天场所分级体系、灯具认证、社区灯光设计验证、教育培训、政策游说、设立相关奖项等内容，并通过撰写文章、出版书籍、组织会议等方式，宣传暗天保护理念，推动光污染防治策略的立法，保护全球脆弱的光生态体系。

为强化社会大众对光污染的重视，成功保存与保护理想的黑暗夜空，国际暗天协会制订了国际暗天地点（International Dark-Sky Places，IDSP）计划。国际暗天协会对全球范围内的黑暗天空区域进行三类识别和认证，分别是国际暗天保育区（International Dark Sky Reserve，IDSR）、国际暗天公园（International Dark Sky Park，IDSP）和国际暗天保护区（International Dark Sky Sanctuary，IDSS）。

暗天保育区是指拥有特殊或卓越的星夜和夜间环境质量，因其科学、自然、教育、文化遗产及公共娱乐价值而受到保护的土地。保育区包括满足天空质量和自然夜空的最低标准的核心区域，以及支持核心区域的暗夜天空保护的免于人工光污染的周围区域。由一个黑暗的受保护的"核心"地带组成，周围是人口密集的外围地区，通过制定政策以保护保育区的黑暗。

国际暗天公园是一片拥有特殊或卓越的星夜和夜间环境质量的土地，因其科学、自然、教育、文化遗产及公共娱乐价值而受到保护，是公共或私人拥有的自然保护空间，提供良好的室外照明，为游客提供黑暗的天空。

国际暗天保护区是拥有特殊或卓越的星夜和夜间环境质量，因其科学、自然、教育、文化遗产及公共娱乐价值而受到保护的土地。保护区不同于暗天公园和保育区，它通常位于非常偏远的地方，附近几乎没有对暗夜天空的质量威胁，并且它不符合作为公园或保育区的要求。暗天保护区典型的地理隔离大大限制了公众宣传的机会，所以特别设计"保护区"名称是为了提高对这些脆弱地点的认识，并促进它们的长期保存。

1993 年，密歇根州在哈德逊湖州立娱乐区指定一块土地，成为美国第一个有"暗天保育区"的州。1999 年，第一个永久性的保护区在加拿大南安大略省马斯科卡区的托伦斯不毛之地建立。

加拿大魁北克省的蒙特梅甘蒂奇天文台是第一个（2007 年）被确认为国际暗天保育

区的地点。位于美国犹他州的天生桥国家保护区是世界上第一个国际暗天公园。2015 年，IDA 将智利北部的埃尔基山谷指定为世界上第一个国际暗天保护区。

截至目前，国际暗天保护地目录中一共收录了 3 个中国的暗天保护地，包括西藏那曲保护区部分区域、西藏阿里暗天保护区和台湾南投县合欢山国际暗天公园。

为了促进社区对保护黑暗天空的支持，IDA 还设置了面向社区的国际暗天社区（International Dark Sky Communities，IDSC）和暗天发展区（Dark Sky Developments of Distinction，DSDD）两类国际暗天场所。

2007 年 11 月 12 日，国际暗天协会第二届亚太年会在北京召开，这是 IDA 亚太年会首次在中国举办，其主旨是保护城市灯光环境、保持城市暗彻天空，推动亚太区的暗天环境保护事业。

2009 年，上海天文台在浙江省安吉县天荒坪江南天池设立了国内首个夜天光保护区，以替代由于光污染的严重危害而不再适宜观测暗弱天体的佘山观测站。江南天池景区将按照国际夜天光保护协会的标准进行改造，为天文观测保留足够的黑暗，永久性地保护该地区免遭光学污染。

2011 年，业余摄影师王晓华的摄影作品《长城上的星空》在"夜空下的世界"国际摄影大赛中获奖，并被美国《国家地理》评为"2011 年度最佳夜空摄影作品"。

2013 年 3 月，杭州市政府印发《杭州市主城区城市照明总体规划》，首次提出将杭州主城夜景空间划分为许可设置区、限制设置区和黑暗天保护区，成为国内首个提出设立"黑暗天保护区"的城市。

2014 年 7 月，在 IDA 的推动下，首批"中国星空"项目在西藏阿里地区、那曲地区投入试点运行，开展星空资源保护和天文观测，同时打造集"科研、环保、科普"为一体的星空文化产业。

2017 年 11 月 10 日，国际暗天协会授予王晓华先生"克劳福德/亨特终身成就奖"（Crawford/Hunter Lifetime Achievement Award），以纪念他为推动中国星空保护事业所做出的卓越贡献。该奖项是国际暗天协会颁授个人的最高荣誉，目的是肯定获奖者为保护暗夜星空、减少光污染做出的非凡贡献。

2018 年 3 月，位于我国西藏自治区的阿里和那曲暗天星空保护，被世界自然保护联盟（IUCN）的暗夜星空顾问委员会（DSAG）正式收录入《世界暗天星空保护地名录》，填补了我国暗夜星空保护地在国际名录的空白。

（2）光污染的生态影响

光照之于动物是不可或缺的，它是动物感知外部世界的基础，随着光照条件的变化，动物会产生许多变异。动物有光敏细胞，用于觉察光线，视觉器官从简单到复杂，进化程度有很大的不同。如蚯蚓仅能觉察光的强弱，蜗牛能觉察光线入射的大致方向，某些动物如蜻蜓则为复眼。一些动物甚至能够发光，例如萤火虫会稳定持续发光，并且可以通过神经系统控制发光，从而起到沟通信息的作用，不同的闪烁方式使雌雄虫得以找到它们正确的配偶，也就是说光信号有一定规律和意义。有的动物发光则为了照明等用途。如一种南美洲铁道虫,在头部有一对发红光的点子,其两侧则有 11 对发黄绿光的点子,并且可以彼此不相干、开关自如,黄昏时光线较暗时开亮红灯,受到惊扰时开亮黄绿灯。动物感知光线后,一个重要的作用就是借助光线做定向运动。即便是微生物也是这样,有光合作用的绿色鞭毛藻是最原始的生物之一,它们借助鞭毛游来游去。当一束光照射到包含这类藻的悬浮液时,在明亮区的鞭毛藻以相当直的路线前进;当到达明暗交界区,则会改变方向返回亮区;从暗区游向亮区则不会变更方向。这样的运动称为正趋光运动。不但如此,它们还有趋光源性,能感知光线来自何方,并向光源运动。

还有些动物即使没有眼睛,对恒定光照、光强增加没有什么反应,可是对光强迅速减弱有非常强烈的反应。这被解释为对危险来临的防御性反应,如捕食动物的影子。

具备发达视觉器官的动物表现出一种高度进化的趋光形式,具有根据太阳光来确定运动方向的本领。蚂蚁根据太阳光线方向出外觅食,并回归巢穴。蜜蜂的本领更为神奇,能够根据太阳光在一天中的运行情况来确定飞行方向,并且只要看见蓝天的一部分就够了,因为来自天空的光线偏振光偏振情况取决于太阳的位置。以太阳光来确定运动方向,它们必须具有将太阳光与内在生物钟比较的能力。例如,豉甲是一种在水面上生活的昆虫,在水面上猎取小动物,把它们放在陆上,它们总是朝南(河的方向)奔去,不管最近处水在哪里。将其从自然环境中搬到有唯一光源的实验室,结果早晨它朝灯的右边奔去,中午朝灯的方向走,下午朝灯的左边跑。以太阳作为定向工具在一年四季中是有变化的,也就是说动物必须具有校正生物钟的本领。进一步实验表明,1 月它们上午 9 时朝灯右侧 20°奔逸,逐渐变动到下午 4 时左侧 35°;5 月,它们上午 8 时朝灯右侧 60°奔逸,变化到下午 6 时,朝左侧 100°奔逸。这种调节本领是通过感受黑夜时间的长短来实现的。证明如下,在实验室中,如果 2 月按照 5 月昼夜长短来照明,经过一段时间后,将它们放到自然环境中,它们 2 月的行为如同 5 月的一样。

候鸟具有更高的定向本领。北半球候鸟春季向北飞,秋季向南飞,一些候鸟依靠太阳确定飞行方向,而夜间迁飞的候鸟是利用星光确定飞行方向的。实验表明欧洲的莺迁飞时对星空有特殊的要求,春季迁飞时需要春天的星空,秋季迁飞时必须是秋季的星空,不然将会迷失方向。

光照不仅影响动物的运动,而且对动物的生殖有至关重要的影响,以蚜虫为例,通常其受精卵越冬,到春天这些卵孵化出小蚜虫,蚜虫成熟后,不需要交配,直接产生子代。到了秋季,蚜虫交配后产卵。除了生殖模式不同,不同季节蚜虫的形状也有不同的变化,宿主植物也有变化。有些人认为生物根据温度追踪季节,但温度往往有较大的涨落、不精确,所以一般认为,生物根据昼夜长短追踪季节,更为精确。实验表明,每天光照时间的变化,能改变蚜虫的生殖模式,蚜虫的生殖模式取决于上一代每天的光照时间。

随着光环境的巨大变化,按照达尔文适者生存的理论,必然导致一些生物不能适应光环境的变化,从而对生物数量种类产生影响。而我们总是希望物种保持多样性,它是地球提供给我们的宝贵财富。

动物的生存离不开光照,与人类不同的是动物没有科学思维的能力,它们依靠本能生存,这意味着自我调节能力差。试想,一只候鸟在冬季从非洲到达北欧,结果将是灾难性的。同样，一条饥饿的毛虫在树上还没有长出叶子的时候，就孵化出来，即使在春天温暖的日子里也是不理想的。由于光污染具有不同于自然光照的特点，以及发光的不确定性等因素，必然会造成动物生物钟的混乱，影响觅食、迁移、生殖等诸方面。即使是人类，当生物钟受到影响后，也会感到疲劳、心情烦躁，甚至导致消瘦。一些生物具有趋光性，例如常见的飞蛾扑火现象。有报道称，一些候鸟在飞经城市上空时往往会迷失方向，尤其是阴雨天，鸟类往往看不清楚星空，而看到的是城市的灯光。光污染还有一重要危害是，由于光化学反应，一些昆虫、浮游生物可以直接被紫外线杀死，从而影响自然界的食物链。

综上所述，光污染对生态环境有重大影响，应当引起人们的高度重视。

（3）绿色照明

降低光污染的另一个有效措施是采用绿色照明。绿色照明是 20 世纪 90 年代初国际上对照明节能、保护环境的照明系统的形象称呼。1992 年，EPA 提出的"绿色照明工程"计划的具体内容是：采用高效少污染光源提高照明质量，提高劳动生产率和能源有效利用水平，实现节约能源、减少照明费用、减少发电工程建设、减少有害物质的排放，进而达到保护人类生存环境的目的。

完整的绿色照明内涵包含高效节能、环保、安全、舒适 4 项指标，不可或缺。高效节能意味着以消耗较少的电能获得足够的照明，从而明显减少电厂大气污染物的排放，达到环保的目的。安全、舒适指的是光照清晰、柔和及不产生紫外线、眩光等有害光照，不产生光污染。

绿色照明包含电光源、电器附件、灯具、配线器材，以及调光和控光器件等的合理采用。

① 高效光源是照明节能的首要因素，必须重视推广应用高效光源。户外优先选用高压钠灯和金属卤化物以及高强度气体放电灯。高压钠灯光效最高，寿命最长，其色黄红，诱虫少，透雾性强，在对光色和显色指数要求不高的场合为首选光源（如道路、港口），也是最经济实惠的光源。新型 LED 光源不但光色好，光效和显色指数高，而且寿命较长，是光色和显色指数要求较高场合的首选光源（如仪表装配车间、机动工车间等）。

逐步淘汰热辐射光源。白炽灯是热辐射光源，只有不到 5% 的电能用来发光，95% 的电能都转化为热能浪费掉，除特殊场所（如防止电磁干扰、信号指示、蓄电池供电的事故照明、频繁开关等）使用外，一般应该限制或禁止使用。

② 人们还要求灯具具有高效节能性

（a）选用配光合理、反射效率高、耐久性好的反射式灯具。在光环境设计时室内灯具的效率不宜低于 70%，装有隔栅的灯具其效率不应低于 55%。因此灯具使用的反射材料将有较高反射比；

（b）选用与光源、电器附件协调配套的灯具。

③ 采用高效节能的灯用电器附件，用节能电感镇流器和电子镇流器取代传统的高能耗电感镇流器。

④ 采用各种照明节能的控制设备或器件，如光传感器、热辐射传感器、超声传感

器、时间程序控制和直接或遥控调光等。

⑤ 采自然光照明。与人工照明相比，自然光更加均匀且舒适，并且不需耗能。但是对自然光的利用受时间、空间的影响。可以在大型建筑物内部开设采光中庭，利用反光板改善建筑内区及地下室光环境，利用光导管和光导纤维进行日光收集和利用，来减少人工照明的需求量。

国内的绿色照明评价体系正在发展完善之中。目前已发布的相关标准为《绿色照明检测及评价标准》（GB/T 51268—2017），但涉及的绿色照明评价内容较少。

作业与思考题

1. 什么是光环境？其影响因素有哪些？

2. 已知钠灯发出波长为 589 nm 的单色光，其辐射通量为 10.3 W，试计算其发出的光通量。

3. 试说明光通量与发光强度、照度和亮度之间的区别和联系。

4. 什么是光污染，其主要类型有哪些？

5. 试述天然光环境评价的标准及主要内容。

6. 什么是眩光污染，试述其产生的原因、危害及防治措施。

7. 调查一下你所在的城市或社区光污染的主要形式和主要采取的防治措施。

第 3 章　环境热学

本章主要讲解环境热学相关物理学基础，环境热污染的影响与成因，热污染防治相关法规政策标准，热环境评价与预测，全球变暖与低碳发展，城市热岛效应与水体热污染的现状与防治。

3.1　环境热学基础

3.1.1　热力学基础定律

3.1.1.1　准静态过程、功、热量和内能

（1）准静态过程

在热力学中，把所研究的物体或物体组叫作热力学系统（Thermodynamic System），简称系统（System）。当系统处于平衡态时，可以用状态方程来描述；当该系统与外界交换能量时，系统的状态发生了变化，即从一个平衡态变为另一个平衡态，我们把系统状态随时间变化的过程，称为热力学过程（Thermodynamic Process）。系统状态发生变化时，如果过程进行得无限缓慢，则在任何时刻系统的状态都无限接近于平衡态，这种过程称为准静态过程（Quasi-static Process）。准静态过程中任一时刻的状态都可以当作平衡态来处理。

应当指出的是，准静态过程是一个理想过程，而实际过程往往进行得比较快，在整个过程中，系统一直处于非平衡态，直至过程结束才达到平衡态，这样的过程称为非静态过程。在实际问题中，只要过程进行得不是非常快（如爆炸过程），一般情况下都可以把实际过程近似地看作准静态过程。热力学是以准静态过程的研究为基础的。

（2）功、热量和内能

在热力学中，准静态过程中压力做功具有重要的意义。以气体膨胀为例，介绍气体在准静态过程中由于体积变化所做的功。

设想有一汽缸，其中气体的压强为 P，活塞的面积为 S（图 3-1）（程守洙等，2016），活塞与汽缸间无摩擦，为了维持气体时刻处于平衡态，外界和气体对活塞的压力必须相等。当活塞缓慢移动一微小距离 dl 时，在这一微小的变化过程中，可认为压强 P 处处均匀而且不变，在此过程中气体所做的功 dA 为

$$dA = pSdl = PdV \tag{3-1}$$

式中，dV——气体体积的微小增量。

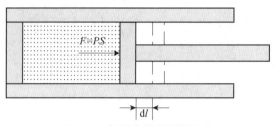

图 3-1　气体膨胀时所做的功

在气体膨胀时，dV 是正的，dA 也是正的，表示系统对外做功；在气体被压缩时，dV 是负的，dA 也是负的，表示系统做负功，也即外界对系统做功。

由此可见，做功是系统与外界相互作用的一种方式，也是两者的能量相互交换的一种方式。这种能量交换的方式是通过宏观的有规则运动（如机械运动、电流等）来完成的。

传递热量和做功不同，这种交换能量的方式是通过分子的无规则运动来完成的，当外界物体（热源）与系统相接触时，不需借助于机械的方式，直接在两者的分子无规则运动之间进行着能量的交换，这就是传递热量。功和热量只有在过程发生时才有意义，它们的大小也与过程有关，因此，它们都是过程量。

实验证明，系统状态发生变化时，只要初、末状态给定，则不论所经历的过程有何不同，外界对系统所做的功和向系统所传递的热量的总和，总是恒定不变的。对一系统做功将使系统的能量增加，又根据热功的等效性，可知对系统传递热量也将使系统的能量增加。由此看来，热力学系统在一定状态下，应具有一定的能量，叫作热力学系统的"内能"。上述实验表明：内能的改变量只取决于初、末两个状态，而与所经历的过程无关。换句话说，内能是系统状态的单值函数，从气体动理论的观点来说，如不考虑分子内部结构，则系统的内能就是系统中所有的分子热运动的能量和分子与分子间相互作用的势能的总和。

3.1.1.2　热力学第一定律

根据能量转化和守恒定律，在系统状态变化时，系统能量的改变量等于系统与外界交换的能量，在准静态过程中，系统改变的仅为内能，一般情况下与外界可能同时有功和热量的交换，即

$$Q = \Delta E + W \tag{3-2}$$

式（3-2）表示系统吸收的热量（Q），一部分转化成系统的内能（ΔE），另一部分转化为系统对外所做的功（W）。热力学第一定律就是包括热现象在内的能量转化与守恒定律，适用于任何系统的任何过程。规定系统从外界吸热时，Q 为正，向外界放热时，Q 为负；系统对外做功时，W 为正，外界对系统做功时，W 为负。

如果系统经历一微小变化，即所谓微过程。则热力学第一定律为

$$dQ = dE + dW \tag{3-3}$$

式（3-2）与式（3-3）对准静态过程普遍成立，对非静态过程，则仅当初态和末态为

平衡态时才适用，如果系统是通过体积变化来做功，则式（3-3）与式（3-2）可以分别表示为

$$dQ = dE + PdV \tag{3-4}$$

$$Q = \Delta E + \int_{v_1}^{v_2} PdV \tag{3-5}$$

由热力学第一定律可知，要使系统对外做功，可以消耗系统的内能，也可以吸收外界的热量，或者两者兼有。历史上曾有人试图制造一种能对外不断自动做功而不需要消耗任何燃料，也不需要提供其他能量的机器，人们称这样的机器为第一类永动机。然而，第一类永动机由于违反热力学第一定律，均告失败。因此，热力学第一定律又可表述为，制造第一类永动机是不可能的。

3.1.1.3　热力学第二定律

（1）开尔文表述

热力学第一定律表明违背能量守恒定律的第一类永动机不可能制成。那么如何在不违背热力学第一定律的条件下，尽可能地提高热机效率呢？分析热机循环效率公式，即

$$\eta = 1 - \frac{Q_2}{Q_1} \tag{3-6}$$

显然，如果向低温热源放出的热量 Q_2 越少，效率（η）就越大，当 $Q_2=0$ 时，即不需要低温热源，只存在一个单一温度的热源，其效率就可以达到 100%，这就是说，如果在一个循环中，只从单一热源吸收热量使之全部变为功（这不违反能量守恒定律），循环效率就可达到 100%，这个结论是非常引人关注的。有人曾做过估算，如果这种单一热源热机可以实现，则只要使海水温度降低 0.01 K，就能使全世界所有机器工作 1 000 多年。

然而长期实践表明，循环效率达 100% 的热机是无法实现的。在这个基础上，开尔文在 1851 年提出了一条重要规律，称为热力学第二定律。这一定律表述为，不可能制成一种循环动作的热机，它只从一个单一温度的热源吸取热量，并使其全部变为有用功，而不引起其他变化，这就是热力学第二定律的开尔文表述。

（2）克劳修斯表述

开尔文表述从正循环的热机效率极限问题出发，总结出热力学第二定律。此外，还可以从逆循环制冷机角度分析制冷系数极限，从而导出热力学第二定律的另一种等价表述。由制冷系数 $e = \frac{Q_2}{|W_净|}$ 可以看出，在 Q_2 一定情况下，外界对系统做功即 $W_净$ 值越少，制冷系数越高。取极限情况 $W_净 \to 0$、$e \to \infty$，即外界不对系统做功，热量可以不断地从低温热源传到高温热源，这是否可能呢？1850 年德国物理学家克劳修斯在总结前人大量观察和实验的基础上提出：热量不可能自动地由低温物体传向高温物体。这就是热力学第二定律的克劳修斯表述。在克劳修斯表述中，"自动地"是一个关键词，即不需消耗外界能量，热量可直接从低温物体传向高温物体。但这是不可能的，制冷机中是通过外力做功才迫使热量从低温物体流向高温物体的。

（3）两种表述的等价性

热力学第二定律的两种表述，乍看起来似乎毫不相干，其实，二者是等价的。可以证明，如果开尔文表述成立，则克劳修斯表述也成立；反之，如果克劳修斯表述成立，则开尔文表述也成立，可以通过反证法来证明两者的等价性。

假设开尔文表述不成立，也即允许有一循环 E 可以只从高温热源 T_1 取得热量 Q_1，并把它全部转化为功 A（图3-2）（程守洙等，2016）。再利用一个逆卡诺循环 D 接受 E 所做的功 $A(=Q_1)$，使它从低温热源 T_2 取得热量 Q_2、输出热量 Q_1+Q_2 给高温热源。现在，把这两个循环总地看成一部复合制冷机，其结果是，外界没有对它做功而它却把热量 Q_2 从低温热源传给了高温热源。这就说明，如果开尔文表述不成立，则克劳修斯表述也不成立。反之，也可以证明如果克劳修斯表述不成立，则开尔文表述也必然不成立。

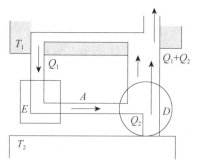

图 3-2　等价性的证明

热力学第二定律可以有多种表述，人们之所以公认开尔文表述和克劳修斯表述是该定律的标准表述，其原因之一是热功转化与热量传递是热力学过程中最有代表性的典型事例，又正好分别被开尔文和克劳修斯用作定律的表述，而且这两种表述彼此等效；原因之二是这两人是历史上最先完整地提出热力学第二定律的人，为了尊重历史和肯定他们的功绩，所以就采用了这两种表述。

3.1.2　热的传递与损失

根据热力学第二定律，凡是有温度差存在，热量必然从高温处传递到低温处。热量传递是指在物体内部或物系之间，当有温度差存在时，热量从高温处向低温处传递的过程，简称为传热。温度差是热量传递的原因，或者说是推动力。传热不仅是自然界普遍存在的一种能量传递现象，而且在能源、宇航、化工、动力、冶金、机械、建筑、农业、环境保护等生产以及日常生活中都具有重要地位。

根据传热机理的不同，传热过程有三种基本方式，即热传导、热对流和热辐射。传热可依靠其中一种或几种方式同时进行。

3.1.2.1　热传导

在相互接触的物体之间或同一物体内部存在温度差时，若物体各部分之间不发生相对位移，仅借分子、原子和自由电子等微观粒子的热运动而引起的热量传递称为热传导（导热）。温度不同，这些微观粒子的热运动激烈程度就不同。

热传导在固体、液体和气体中均可进行，但它的微观机理各不相同。固体中的热传导属于典型的导热方式。在金属中，热传导主要是依靠其自由电子的迁移实现的；在非金属固体中，导热是通过分子振动而将能量的一部分传给相邻分子的；气体中的导热是气体分子做不规则热运动相互碰撞的结果。液体的导热机理比较复杂，至今没有定论。一种观点认为接近气体导热机理，另一种观点认为与非导电固体的导热机理相似。

3.1.2.2　热对流

热对流（对流传热）是指不同温度的流体因搅拌、流动引起的流体质点位移导致的传热过程。流体内存在温度差的各部分质点通过相对位移而混合，这种质点的混合过程导致热量交换，同时也存在着动量交换。流体的流动对对流传热起到至关重要的作用。

依据引起质点发生相对位移的原因的不同，热对流又可分为自然对流和强制对流。自然对流是由于流体内部各处温度不同而产生密度差异，轻者上浮，重者下沉，引起流体内部质点的相对运动。例如，暖气片表面附近受热空气向上流动就属于自然对流。强制对流则是指在某种外力（如风机、泵、搅拌或其他压差等作用）的强制作用下引起质点的相对运动。在同一种流体中，有可能同时发生自然对流和强制对流。

对流传热仅发生在流体中，而且由于流体中的分子同时进行着不规则的热运动，因而热对流必然伴随着热传导现象，只是通常对流传热占主导地位。

3.1.2.3　热辐射

热辐射是因热的原因物体发射辐射能的过程，热辐射是一种以电磁波形式在空间传递热能的方式。典型的热辐射例子有太阳光照等。

事实上，在绝对温度以上，自然界中的物体都能向空间辐射能量，同时又不断地吸收其他物体辐射的能量，因而热辐射现象是普遍存在的。当某物体向外界辐射的能量与其从外界吸收的辐射能不相等时，该物体就与外界发生热量传递，这种方式称为辐射传热。由于高温物体辐射的能量比吸收的多，而低温物体则相反，从而使净热量从高温物体传向低温物体，直至达到动态平衡。

在实际传热过程中，三种传热方式往往不是单独出现的，而是两种或三种传热方式的组合。

3.1.3　太阳辐射与光谱

太阳、大气和地面之间依靠辐射传热，大气在运动过程中不断与太阳和地面进行热量交换，构成大气的热力运动。本节与下节将对地表接收到的太阳（短波）辐射以及地表和大气之间地面（长波）辐射的交换进行介绍。

3.1.3.1　太阳常数

太阳到地球的平均距离 R 约为 $1.50×10^8$ km，太阳常数是指大气层外垂直于太阳光线的单位面积每秒钟接受的太阳辐射。这个量会随着太阳内部的改变而发生几周至几年的周期改变。因此用总太阳辐射度（简称 TSI）度量平均地球-太阳距离辐射度更为合适。

随着精确定位技术的发展，从山顶、气球、火箭飞行器到 20 世纪 70 年代后期的航天卫星，测量的精度逐步提高。根据 1975—2012 年多轨道卫星辐射测量结果可知，以 11 年为周期的太阳活动，其年平均 TSI 在最大值和最小值之间变化，变化幅度约为 1.6 W/m^2。

虽然卫星辐射测定仪器精度很高，但其绝对精度还远远不够。使用改良过的卫星辐射测定仪器测量出太阳最小活动的 TSI 最接近的绝对值为 1 361±0.5 W/m^2，比 2000 年测量值低大约 5 W/m^2，值的下调是因为测量精度的提高，而非太阳活动的变化。随 TSI 变化的间接现象（如太阳黑子数）表明太阳总辐照度（太阳常数）从 1750 年开始增加了约 0.3 W/m^2，这是导致全球变暖的一个较小的原因，但这个评估的可靠性不是很高。太阳的辐射光谱就像一个完全辐射体（黑体），并且对应的完全辐射体的温度可通过下述 TSI 相关内容估算出来。

假设太阳光均匀地朝各个方向发射，当太阳光线穿过以太阳为中心、以地球到太阳的平均距离（$R=1.50\times10^8$ km）为半径的虚构球体表面时，只有一小部分光线能量被地球拦截下来，可以由 TSI 乘以该球体表面积计算出太阳辐射出的能量，即

$$E = 4\pi R^2 \times 1361 = 3.83 \times 10^{26} \text{ W} \tag{3-7}$$

太阳的半径 $r_R=6.96\times10^8$ m，假定太阳为完全辐射体，由斯蒂芬-玻耳兹曼定律可知，在所有波长下的完全辐射体的能量发射速率与其绝对温度的四次方成正比，即

$$B = \sigma T^4 \tag{3-8}$$

式中，B——单位面积的平面发射到围绕它的一个假想半球的辐射通量，W/m^2；

σ——斯蒂芬-玻耳兹曼常数，是从量子理论推导出的基本常数，值为 5.67×10^{-8} W/（m^2·K^4）。

假设太阳的有效温度为 T，则通过式（3-9）得出 T 的圆整数为 5 771 K。

$$\sigma T^4 = 3.83 \times 10^{26} / (4\pi r^2) \tag{3-9}$$

3.1.3.2 太阳光谱

太阳光线的光谱可以分成 3 个主要波段，表 3-1 给出了其范围及相应占 TSI 的比例，其中可见光波段和近红外波段占太阳能量最多，且二者占比几乎相等。

表 3-1 太阳发射光谱能量分布

波段/nm	能量/%
0～200	0.7
200～280（UV-C）	0.5
280～320（UV-B）	1.5
320～400（UV-A）	6.3
400～700（可见光/PAR）	39.8
700～1 500（近红外）	38.8
1 500～∞	12.4

紫外线中含有巨大的能量，每一个量子都能破坏活细胞。紫外线光谱可分为 3 段：

UV-A，波长为 320～400 nm，使皮肤晒黑；UV-B，波长为 280～320 nm，可以促进维生素 D 的合成，但也可能导致皮肤癌；UV-C，波长为 200～280 nm，是潜在危害最大的波段，但几乎都被平流层的分子态氧吸收。人类皮肤对 UV-B 波段的敏感程度约为 UV-A 的 1 000 倍。人类和多数陆生动物肉眼能感知到的波段从蓝（400 nm）到绿（550 nm）再到红（700 nm），其中在 500 nm 附近的灵敏度是最高的。水生哺乳动物在波长稍短的波段最灵敏，大约为 488 nm，这也许是因为海洋栖息地本身是"蓝色"的。

　　光合作用主要依靠人类视力可感知的波段的光进行，这个波段（400～700 nm）引起的辐射称为光合有效辐射（Photosyntheticlly Active Radiation，PAR）。最初，PAR 这个术语应用于测量辐射单位能量，即辐射通量密度（W/m²），PAR 也可表示为量子通量密度 [mol/（m²·s）]。在地球外太阳光谱中，PAR 部分占总能量大约 40%（见表 3-1）。由于大气层几乎吸收了所有的紫外线波长以及相当数量的太阳红外光谱，对于地球表面的太阳辐射 PAR 已接近 40%。

3.1.3.3　大气层中太阳辐射的衰减

　　太阳光束穿过地球大气层时，其数量、质量以及方向都由于散射和吸收发生了改变，如图 3-3 所示。

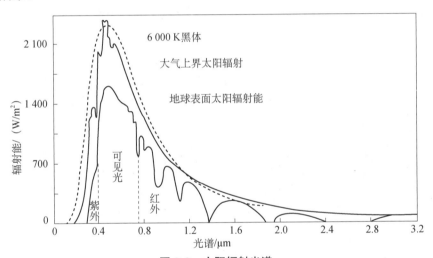

图 3-3　太阳辐射光谱

（1）散射

　　散射主要有两种形式。第一种为瑞利散射，分子散射的效率与波长的四次方成反比，因此蓝光（λ=400 nm）的散射效率大约是红光（700 nm）的 9 倍。这就是从地面看天空是蓝色的，从太空看地球有一层蓝雾环绕的物理学解释。在接近日出或日落的时候，太阳的红光进一步证明了蓝光优先从光束中消失。瑞利同时向我们展示了散射后辐射的空间分布与（1+cos2θ）是成比例的，式中，θ 为辐射的初始方向和散射后方向的夹角。因此发生前向和后向散射的可能性是呈 90°角的 2 倍。

　　瑞利散射是有局限条件的，需满足散射体的直径（d）远小于辐射波长 λ 这一条件，因此不适用于大气中的尘埃粒子、烟尘、花粉等气溶胶颗粒（通常它们的直径 d 为

$0.1\lambda<d<25\lambda$）。有研究提出气溶胶颗粒散射的波长应该是一个关于 d/λ 的函数，并且对于一些比例的值来说较长波长的要比较短波长的散射更高效——这与瑞利散射是相反的。通常，这种情况比较少见，但如果遇到了大小比较合适的粒子组成的烟尘，例如在森林火灾中，就有可能出现在地球看太阳和月亮是蓝色的现象。通常，气溶胶包含了一个范围很广的粒子分布，其中的一些散射取决于 λ 的程度就不那么高。

（2）吸收

衰减的第二阶段是大气气体和气溶胶的吸收。在图 3-3（Boeker，2011）中，实线曲线表示在大气层顶部和海平面上观测到的太阳光谱的形状，虚线曲线表示温度为 6 000 K 的黑体发射光谱的形状，其中虚线曲线与大气层顶部太阳光谱曲线近似，如在 3.1.3.1 节中所述，太阳光谱可以近似于黑体的光谱，且计算所得太阳表面温度也近似 5 900 K。由图还可以看出大气层顶部和地球表面上的太阳光谱曲线有较大差别，这种差别是由于太阳光在地球大气层中的吸收引起；吸收太阳辐射最主要的气体是 O_3 和氧气（尤其是对紫外线光谱），以及水蒸气和 CO_2（主要是对红外光谱）。

气溶胶对辐射的吸收非常多变，主要取决于气溶胶的构成。不同于仅能改变辐射方向的散射，气溶胶能从光束中吸收能量，因此气溶胶及其所在的大气环境温度会升高。在紫外线到达地表之前，平流层中的氧气和 O_3 吸收所有的 UV-C 和大部分 UV-B，从而使平流层温度升高。然而剩余的 UV-B 和 UV-A 辐射极大部分被散射，因此直接暴露在少云甚至无云的阳光下可能被严重晒伤。

水蒸气影响地表太阳能光谱的分布，对于可见光光谱，分子散射作用远大于大气气体的吸收；对于红外光谱，一些大气成分吸收能力很强，尤其是吸收带在 0.9~3 m 的水蒸气，吸收作用远比散射作用大。因此，相较于红外辐射，大气中水蒸气的存在增加了可见光辐射强度。

大气中吸收和散射的规模一部分取决于太阳光束的路径长度，还有一部分取决于路径中衰减成分的数量。路径长度通常依据大气质量数 m 来规定，即相对于大气层垂直深度路径的长度。大气质量数取决于海拔（由大气柱上方施加的压力表示）和天顶角（ψ）。当 $\psi<80°$，在某地大气压力为 p 时，大气质量数（m）为

$$m=(p/p_0)\sec\psi \tag{3-10}$$

式中，p_0——海平面标准大气压（101.3 kPa）；但对于 80°~90° 的天顶角，m 要比 $\sec\psi$ 小，这是地球曲率的原因。

大气中吸收最多变的气体是水蒸气，其数量可由"大气可降水量 u"表示，解释为所有水蒸气压缩后形成水的深度（在大多数地方 u 通常为 5~50 mm）。如果降水为 u，水蒸气的路径长度即为 um。同样地，大气中 O_3 的总量定义为一个标准大气压下（101.3 kPa）纯净气体的等价深度。在中纬度地区，O_3 柱一般为 3 mm 并且几乎不随季节变化，然而在部分南极地区，多达 60% 的 O_3 柱会在南极春天期间（9—10 月）消失，这个现象由英国南极调查队的 Joe Farman 首次报道。比起 O_3 减少的主要区域性影响，地球大气中稳步增长的 CO_2 对辐射吸收的影响更大，并且在联合国政府间气候变化专门委员会（IPCC）2007 年的评估报告中被频繁地提及，这也是目前造成全球变暖的一个主要原因，具体见

3.2.3 节。

3.1.4　地面辐射

入射到地球上的太阳辐射，并非全部都被大气或地面吸收，很大一部分从地面反射回太空。射入地球的太阳辐射被大气、云和地面等反射回宇宙空间的百分数称为行星反照率，通常用符号 ρ_E 表示。

地球的多数自然表面可以被看作"完全"辐射体，可以发射长波辐射，这与太阳发出的短波太阳辐射不同。当表面温度为 288 K 的时候，地面辐射最大辐射波长为 10 μm，并且通常设定长波辐射光谱为 3～100 μm。图 3-4（Gates，1980）展示了一个表面温度为 288 K 或 263 K 的完全辐射体的辐射光谱。

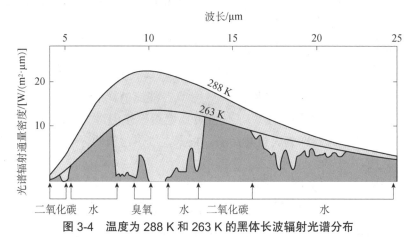

图 3-4　温度为 288 K 和 263 K 的黑体长波辐射光谱分布

注：深灰色区域表示的是 263 K 温度下的大气气体发射。浅灰色区域代表的是从温度为 288 K 的
表面到温度为 263 K 的无云大气的净辐射损失。

在无云的天气情况下，多数由地球表面发射的辐射都会被大气中特定波长的辐射活性气体吸收，主要是水蒸气和 CO_2。还有一小部分辐射（主要是 8～12 μm 的辐射波段）通过大气窗口逃逸到太空。

地球作为一个行星，满足热力学第一定律，假定地球处于热平衡状态时，到太空的长波辐射年均损失须平衡掉太阳辐射的年均净获得值。取 r_E 为地球的半径，S^* 为太阳常数，ρ_E 为行星反射率（来自云层和地面的散射到太空的太阳辐射部分），L 为被发射到太空的辐射通量密度（发射率），平衡关系可表达为

$$\left(1-\rho_E\right)S^*\pi r_E^2 = 4\pi r_E^2 L = 4\pi r_E^2 \sigma T^4 \tag{3-11}$$

取 $\rho_E=0.30$，$S^*=1\,361$ W/m²，可得 $L=238$ W/m²，利用斯蒂芬-玻耳兹曼定律（3.1.3.1 节）可以估算出地球的有效温度为 254 K（−19 ℃），与地表平均温度（约为 288 K，15 ℃）相比偏低，偏差原因将在 3.2.3 节介绍。

3.2 热污染的影响与成因

3.2.1 环境热污染概述

环境热污染是指自然因素和人类活动中的热排放导致环境温度异常升高，破坏环境温度的稳定和平衡，对人类和环境造成不良影响的一种物理性污染现象。简言之，热污染主要是指自然因素和人类活动中的热排放导致环境温度异常升高的现象。

近代以来，由于人类活动的强度和规模的不断扩大，人为活动产生的热排放急剧增加，导致环境温度的异常升高，构成明显的热污染。2022 年 6 月以来，我国长江中下游地区等地出现了范围较大、强度强的罕见高温天气，是我国 1961 年有完整气象记录以来最强的一次事件。此次高温事件持续 64 d，为 1961 年以来持续时间最长，超过 2013 年的 62 d，且 40℃ 以上覆盖范围为历史最大。

环境中的热污染，根据污染对象的不同，可以分为大气热污染和水体热污染。

3.2.1.1 大气热污染

大气热污染是能源以热的形式进入大气，并且在能源消耗的过程中还会释放出大量的副产物（如 CO_2、水蒸气和颗粒物等），这些物质会进一步促进大气的升温。当大气升温影响到人类的生存环境时，即为大气热污染。根据大气热污染的影响范围，可分为温室效应及城市热岛效应。

（1）温室效应

自然界的一切物体都以电磁波的形式向周围放射能量，这种传播能量的方式就是辐射。一般而言，高温物体向外发出高能短波辐射，而低温物体则发射低能长波辐射。大气中的水蒸气、CO_2 和其他微量气体（如 CH_4、O_3、氟利昂等）可以使太阳的短波辐射几乎无衰减地通过，但却可以吸收地球的长波辐射。因此，这类气体有类似温室的效应，被称为"温室气体"。温室气体吸收长波辐射再并反射回地球，从而减少向外层空间的能量净排放，使得大气层和地球表面变热，这就是"温室效应"（Greenhouse Effect）。

2021 年 8 月 6 日，IPCC 第 54 次全会审议通过了第六次评估报告第一工作组报告《气候变化 2021：自然科学基础》（以下简称为 AR6）。该报告对气候系统变化科学领域自第五次评估报告第一工作组报告（以下简称为 AR5）以来的研究进展和最新成果做了全面、系统的评估，由来自全球 65 个国家的 234 位科学家历时三年半完成，我国共有 14 位科学家参加编写（IPCC，2013）。

AR5 指出，1998—2012 年全球地表平均温度的升温速率为 0.05 ℃/（10 a），小于 1951 年以来的升温速率 0.12 ℃/（10 a）。在 AR5 发布之后引发了部分质疑全球变暖之声，认为气候变暖趋势趋缓或停滞。事实上，该时段（1998—2012 年）全球平均温度的变化趋势反映了气候系统自然变率所造成的年代际和年际波动。2013 年以后的监测数据连续创下 1850 年以来最暖年份纪录。AR6 基于多源证据再次揭示，全球气候变暖的大趋势并没有改变。

造成气候变化的原因既有自然的，也有人为的。自然原因包括太阳活动、火山活动、气候系统内部变率等，人为原因主要是人类活动导致的温室气体排放、气溶胶变化、土地利用变化等。从 IPCC 第一次评估报告（FAR）到 AR5，有关人类活动对气候系统影响的认知逐渐深入，评估结论的信度水平不断提升。自 AR5 以来，人类活动对气候系统变化影响的证据更加充分，人为影响的信号更为清晰，体现在气候系统五大圈层的诸多方面，并扩展到区域尺度。

AR5 表明温室气体继续排放将会造成全球气候进一步增暖，人为温室气体排放越多，增温幅度就越大。AR5 采用了四个温室气体浓度情景，按低至高排列，分别为 RCP2.6、RCP4.5、RCP6.0 和 RCP8.5，其中后面的数字表示到 2100 年辐射强迫水平为 $2.6\sim$ $8.5\ \mathrm{W/m^2}$。相对于 1850—1900 年，到 21 世纪末（2080—2100 年），预估全球平均温度在低排放情景（RCP2.6）下将升高 1.6 ℃（0.9～2.3 ℃），在中等排放情景下（RCP4.5）将升高 2.4 ℃（1.7～3.2 ℃），在高排放情景（RCP8.5）下将升高 4.3 ℃（3.2～4.8 ℃）。与 AR6 预估结果相类似，综合考虑 AR6 所有情景，全球平均温度到 21 世纪中叶前都将上升。《巴黎协定》确定在 2100 年前把全球温升控制在 2 ℃内，力争在 1.5 ℃之内（较工业化前水平）。从 AR5 和 AR6 的预估结果来看，只有在很低排放情景和低排放情景发展路径下，到 21 世纪末全球增温才可能不超过 2 ℃。也就是说，如果不深度减排，2 ℃和 1.5 ℃的温升目标很难实现。如果在很高排放情景下发展，在近 20 年全球温升很可能超过 1.5 ℃。

（2）城市热岛效应

城市热岛效应（Urban Heat Island Effect）是指当城市发展到一定的规模，由于城市下垫面性质、大气成分的变化以及人工废热的排放等使城区气温普遍高于周围郊区，形成类似高温孤岛的现象，其强度以城区平均气温和郊区平均气温之差表示。

2002 年 7 月 16 日，武汉的最低气温升到了 31.6 ℃，不仅是当天全国各大城市最低气温的最高值，而且还突破了这个城市自 1907 年有气象记录以来夏季最低气温的最高纪录。高温天气是热污染的结果和表现。日本环境厅 2002 年夏季发表的《城市热岛现象》调查报告表明，日本大城市的"热岛"效应在逐渐增强，东京等城市夏季气温超过 30 ℃的时间比 20 年前增加了 1 倍。这份调查报告指出，在东京，1980 年夏季气温超过 30 ℃的时间为 168 h，2000 年增加到 357 h；1980—2000 年东京 7—9 月的平均气温升高了 1.2 ℃。2013 年夏天，我国南方许多城市的高温日数和最高温度都创了新纪录，其中浙江奉化最高温度为 43.5 ℃，重庆江津为 43.5 ℃；上海、杭州、重庆气温也突破 40 ℃，刷新了有气象记录以来的历史极值。

3.2.1.2　水体热污染

人类活动向环境排入的废热超过环境容量，使水体温度升高，当温度升高到影响水生生物的生态结构，导致局部生态系统遭受破坏，使水质受到恶化，并影响人类生产、生活的使用时，称为水体的热污染。

向地表水体排放的各种工业冷却水是目前我国水体热污染的主要污染源，其中火电厂和核电站的直流冷却水占很大比例。除此之外，由于人类开发利用土地，使城市非渗透下垫面比例大幅增加，雨水径流入渗量减少，加之滨水遮阴植物的移除和城市热岛效应的综合影响，使城市雨水径流所携带热量也成为水体热污染的另一重要来源。

3.2.2 环境热污染的影响

3.2.2.1 温室效应的影响

温室气体排放增加导致的温室效应增强是全球变暖的主要原因之一。温室效应的加剧必然导致全球变暖，气候变化已经成为限制人类生存和发展的重要因素。气候变化对自然界和人类的影响主要表现在以下几个方面。

（1）冰川面积减少，海平面上升

自 20 世纪 50 年代以来，北半球春夏海冰面积减少了 10%～15%。最近几十年来，北极海冰厚度在夏末秋初期间可能减少了 40%左右，冬季则减少缓慢。气候的变暖使极地及高山冰川融化，从而使海平面上升。据统计，格陵兰岛的冰雪融化已使全球海平面上升了约 2.5 cm。气温升高导致海水受热膨胀，也会使海平面上升。观测表明，近 100 多年来海平面上升了 14～15 cm。20 世纪 90 年代后期，多家机构预测 21 世纪海平面将继续上升（表 3-2）。海平面上升可直接导致低地被淹、海岸侵蚀加重、排洪不畅、土地盐渍化和海水倒灌等问题。

表 3-2　海平面变化的预测

预测机构	预测年份	上升量/cm
世界气象组织（WMO）	2050	20～140
Mercer	2030	500
日本环境厅	2030	26～165
Bloom	2030	100
欧洲共同体	21 世纪末	26～165
Barth & Titus	2050	13～55
联合国环境规划署（UNEP）	21 世纪末	65

（2）气候带北移，引发生态问题

据估计，若气温升高 1 ℃，北半球的气候带将平均北移约 100 km；若气温升高 3.5 ℃，则会向北移动 555 km 左右。这样占陆地面积 3%的苔原带将不复存在，冰岛的气候可能与苏格兰相似，而我国徐州、郑州冬季的气温也将与现在的武汉或杭州差不多。

如果物种迁移适应的速度落后于环境的变化，则该物种就可能濒临灭绝。据世界自然基金会（WWF）的报告，若全球变暖的趋势不能得到有效遏制，到 2100 年全世界将有 1/3 的动植物栖息地发生根本性变化，这将导致大量物种因不能适应新的生存环境而灭绝。

气候变暖很可能造成某些地区虫害与病菌传播范围扩大，昆虫群体密度增加。温度升高会使热带虫害和病菌向较高纬度蔓延，使中纬度面临热带病虫害的威胁。同时，气温升高可能使这些病虫的分布区扩大、生长季节加长，并使多世代害虫繁殖代数增加，一年中危害时间延长，从而加重农林灾害。

（3）加重区域性自然灾害

全球变暖会加大海洋和陆地水的蒸发速度，从而改变降水量和降水频率在时间和空间上的分配。研究表明，全球变暖使世界上缺水地区降水和地表径流减少，加重了这些地区的旱灾，也加快土地荒漠化的速度。另外，气候变暖又使雨量较大的热带地区降水量进一步增大，从而加剧洪涝灾害的发生。此外，全球变暖还会使局部地区在短时间内发生急剧的天气变化，导致气候异常，使高温、热浪、热带风暴、龙卷风等自然灾害加重。

（4）危害人类健康

温室效应导致极热天气出现频率增加，使心血管和呼吸系统疾病的发病率上升，同时还会促进流行性疾病的传播和扩散，从而直接威胁人类健康[①]。

当然，CO_2 含量升高有利于植物的光合作用，可扩大植物的生长范围，从而提高植物的生产力。但整体来看，温室效应及其引发的全球变暖是弊多于利，因此必须采取各种措施来控制温室效应，抑制全球变暖。

3.2.2.2　城市热岛效应的影响

（1）冬季缩短，霜雪减少

城市热岛效应使得城区冬季缩短，霜雪减少，有时甚至出现城外降雪城内雨的现象（如上海 1996 年 1 月 17—18 日）。

（2）高温天气

随着城市建设不断"摊大饼"一样的蔓延扩大及农村人口进一步向城市集中，城市热岛现象变得越来越严重，对城市生态环境的影响也是多方面的。城市热岛效应会在夏季加剧城区高温天气，降低工人工作效率，且易造成中暑甚至死亡。医学研究表明，环境温度与人体的生理活动密切相关，环境温度高于 28 ℃时，人就有不舒适感；温度再高就易导致烦躁、中暑、精神紊乱；如果气温高于 34 ℃加之频繁的热浪冲击，还可以引发一系列疾病，特别是使心脏、脑血管和呼吸系统疾病的发病率上升，死亡率明显增加[②]。此外，高温还会加快光化学反应速率，从而使大气中 O_3 浓度上升，加剧大气污染，进一步影响人体健康。

例如，1966 年 7 月 9 日—14 日，美国圣路易斯市气温高达 41.1 ℃，比热浪前后高出 5.0～7.5 ℃，导致城区死亡人数由原来正常情况的 35 人/d 陡增至 152 人/d。1980 年，圣路易斯市和堪萨斯市商业区死亡率分别升高 57%和 64%，而附近郊区只增加了约 10%。对中国 31 个城市热浪与死亡率的最新研究还表明，$PM_{2.5}$ 浓度越高的城市在热浪期间的死亡率越高[③]。这充分说明当前中国的城市热岛与空气污染已形成协同效应，严重威胁城市居住安全。21 世纪初，热岛强度最大值为德国柏林 13.0 ℃、加拿大温哥华 11 ℃、中国北京 9 ℃、美国亚特兰大 12 ℃、中国广州 7.2 ℃、中国上海 6.9 ℃，热岛强度令人震惊[④]。如此之高的热岛强度不仅会带来酷热的天气，还会造成各种异常城市气象，如暖冬、飙风及暴

① 陈凯先，汤江，沈东婧，等. 气候变化严重威胁人类健康[J]. 科学对社会的影响，2008（01）：19-23.
② 佚名. 高温对人体健康有哪些影响[J]. 中国粮食经济，2012，244（07）：69.
③ 邱国玉，张晓楠. 21 世纪中国的城市化特点及其生态环境挑战[J]. 地球科学进展，2019，34（06）：640-649.
④ 彭少麟，周凯，叶有华，等. 城市热岛效应研究进展[J]. 生态环境，2005（04）：574-579.

雨等，对城市气候、工业生产和居民生活产生很大的影响。同时，热岛效应加剧夏季用电紧张，导致各大城市电力需求急剧上升。近十余年北京电力负荷峰值呈逐年升高趋势；2018 年 7 月 31 日，北京市用电负荷再创新高，达 2 267.5 万 kW。夏季降温能耗的增加导致人为热排放增大，又会进一步恶化城市热环境。

（3）"雨岛效应""雾岛效应"

城市热岛效应会给城市带来暴雨、飓风、云雾等异常的天气现象，即"雨岛效应""雾岛效应"。美国宇航局"热带降雨测量"卫星观测数据的分析显示，受热岛效应的影响，城市顺风地带的月平均降雨次数要比顶风区域多 28%，在某些城市甚至高出 51%。他们还发现，城市顺风地带的最高降雨强度平均比顶风区域高出 48%～116%。这在气象学上被称为"拉波特效应"。拉波特是美国印第安纳州的处于大钢铁企业下风向的一个城镇，其降水量比四周其他地区要多，因此而命名。例如，2000 年上海市区汛期雨量要比远郊多出 50 mm 以上。而城市雾气则是由工业、生活排放的各种污染物形成的酸雾、油雾、烟雾和光化学雾的集合体，它的增加不仅危害生物，还会妨碍水陆交通和供电。例如，2002 年，太原冬季 100 d 中，50 d 是雾天。

（4）加剧城市能耗

夏季热岛效应会加剧城市能耗，增大其用水量，从而消耗更多的能源，造成更多的废热排放到环境中去，进一步加剧城市热岛效应，导致恶性循环。城市热岛反映的是一个温差的概念，原则上来讲，一年四季热岛效应都是存在的，但是对于居民生活和消费构成影响的主要是夏季高温天气下的热岛效应。为了降低室温和提高空气流通速度，人们在夏季普遍使用空调、电扇等电器，从而加大了耗电量。例如，2007 年左右，美国 1/6 的电力消费用于降温，为此每年需付 400 亿美元。

（5）形成城市风

由于城市热岛效应，市区空气受热不断上升，周围郊区的冷空气向市区汇流补充，城乡间空气的对流运动被称为"城市风"，在夜间尤为明显，而在城市热岛中心上升的空气又在一定高度向四周郊区冷却扩散下沉以补偿郊区低空的空缺，这样就形成了一种局部环流，称为城市热岛环流。这样就使扩散到郊区的废气、烟尘等污染物质重新聚集到市区上空，难以向下风向扩散稀释，加剧城市大气污染。

3.2.2.3 水体热污染的影响

水体热污染会影响水质和水生生物，给人类带来间接危害。在水体环境中有多种生物，水体温度、化学组成和流量的变化对水生生物的种类和数量都有明显的影响，使鱼类的食性、新陈代谢以及繁殖率也有所变化。

（1）威胁水生生物生存

水体升温通常会引起水中溶解氧含量降低（表 3-3），水生生物的新陈代谢加快，如在 0～40 ℃内温度每升高 10 ℃，水生生物的生化反应速率会增加 1 倍。同时，微生物分解有机物的能力随温度升高而增强，从而提高了其生化需氧量，导致水体缺氧更加严重。此外，水体升温还可提高有毒物质的毒性以及水生生物对有害物质的富集能力，并改变鱼类的进食习性和繁殖状况等。热效力综合作用很容易引起鱼类和其他水生生物的死亡。

表 3-3 不同温度下氧气在蒸馏水中的溶解度

水温/℃	DO/（mg/L）	水温/℃	DO/（mg/L）	水温/℃	DO/（mg/L）
0	14.62	11	11.08	22	8.83
1	14.23	12	10.83	23	8.86
2	13.84	13	10.60	24	8.53
3	13.48	14	10.37	25	8.38
4	11.12	15	10.15	26	8.22
5	12.80	16	9.95	27	8.07
6	12.48	17	9.74	28	7.02
7	12.17	18	9.54	29	7.77
8	11.87	19	9.35	30	7.63
9	11.59	20	9.10		
10	11.33	21	8.99		

注：DO 为氧气的溶解度。

在温带地区，废热水扩散稀释较快，水体升温幅度相对较小；在热带和亚热带地区，夏季水温本来就高，废热水稀释较为困难，导致水温进一步升高，对水生生物的影响较温带地区更大。

（2）加剧水体富营养化

热污染甚至可使河湖港汊水体严重缺氧，引起厌氧菌大量繁殖，有机物腐败严重，使水体发生黑臭。研究表明，水温超过 30 ℃时，硅藻大量死亡，而绿藻、蓝藻迅速生长繁殖并占绝对优势。温排水还会促进底泥中营养物质的释放，导致水体的离子总量，特别是氮、磷含量增高，加剧水体富营养化。

（3）引发流行性疾病

水体温度升高造成一些致病微生物滋生繁衍，引发流行性疾病。例如，澳大利亚曾流行一种脑膜炎，经科学家研究证实，是由于电厂排放的冷却水使水温增高，促进一种变形虫大量滋生繁衍而污染水源，再经人类饮水、烹饪或洗涤等途径进入人体，导致发病。

（4）增强温室效应

水温升高会加快水体的蒸发速度，使大气中的水蒸气和 CO_2 含量增加，从而增强温室效应，引起地表和大气下层温度上升，影响大气循环，甚至导致气候异常。

3.2.3 全球变暖成因

3.2.3.1 大气结构与组成

地球大气层是一个气体包层，受重力的影响围绕地球分布。密度随高度迅速下降：90%的大气质量在围绕地球 20 km 内，99.9%在围绕地球 50 km 内。随着高度的增加，大气变得越来越稀薄。与地球半径（约 6 400 km）相比，99.9%的地球大气层位于厚度为地球半径 0.8%的环中。大气被划分为以温度为特征的 5 个区域（图 3-5）。

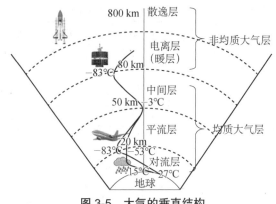

图 3-5　大气的垂直结构

① 对流层（0～20 km）：对流层集中了大气质量的 3/4 和几乎全部的水蒸气，特别是对流层包含云，几乎所有的天气现象都发生于对流层；温度随高度呈线性下降，每升高 100 m，气温降低 0.65 ℃，直到对流层顶部的温度约为-50 ℃；气体在垂直方向的对流强烈，温度和湿度的水平分布不均。

② 平流层（20～50 km）：平流层在对流层顶上方，可细分为 O_3 层、同温层和逆温层。O_3 层集中了大部分 O_3，在距离地表 20～25 km 处高度达到最大值，O_3 是地球生命的基本分子，因为它能过滤（有害的）紫外线辐射；同温层在对流层顶 25～35 km 处，气温在-83～-53 ℃；逆温层在同温层以上，气温随高度增加而增加，直到大约 50 km 处，温度约为 10℃，没有对流运动，污染物停留时间很长。

③ 中间层（50～80 km）：中间层在同温层顶上方，气温随高度升高而迅速降低，最高处大约下降到-80℃，这是大气层中最冷的区域，且该区对流运动强烈。

④ 电离层（中间层～800 km）：电离层又称为暖层，温度随高度升高而迅速上升，其原因是该区是一个强烈电离的大气区域，太阳紫外线使大气中的分子高度电离，即

$$h\nu + AB \longrightarrow AB^+ + e^- \tag{3-12}$$

电离产生的电子（或质子）碰撞可引起的强烈可见光和紫外线，即

$$e^- (E_i) + AB \longrightarrow AB^* + e^- (E_f) \tag{3-13}$$

式中，AB——可以是 O_2 或氮气（N_2）。

电子释放的能量 $\triangle E = E_i - E_f$ 将分子激发到 AB^* 状态，然后衰减回基态，释放出一个频率为 ν（$h\nu = \triangle E$）的光子，这也是北半球和南半球高纬度地区出现极光的原因。

⑤ 散逸层（暖层以上）：气温很高，空气稀薄，空气可摆脱地球引力而散逸。

3.2.3.2　辐射平衡

3.1.3 节与 3.1.4 节分别介绍了太阳辐射与地面辐射。从某一时刻或某一地区来看，地表各种能量交换的结果可能是不平衡的，温度会有升降，但从全球长期平均来看，地球表层系统的能量收支是平衡的。本节将介绍太阳-大气-地面的辐射平衡，具体见图 3-6。

假定入射的太阳辐射有 100 个单位，则其中有 16 个单位被平流层 O_3、对流层水汽和

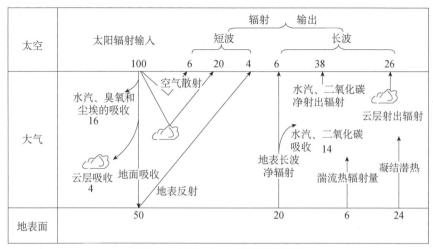

图 3-6　太阳-大气-地球辐射平衡

资料来源：https://www.guayunfan.com/lilun/28826.html。

气溶胶吸收，4 个单位被云吸收，50 个单位被地球表面吸收。剩余的 30 个单位中，6 个单位被空气向上散射回宇宙空间，20 个单位被云反射回去，4 个单位被地面反射回去。这 30 个单位的反射部分构成了地球的行星反射率，它们不参与地表系统的加热。

对于地面而言，吸收的 50 个单位的太阳辐射中，20 个单位又以长波辐射的形式进入大气层，30 个单位则通过湍流、对流、蒸发过程以感热（6 个单位）和潜热（24 个单位）的形式传输进入大气层，地面辐射达到平衡。在 20 个单位的地球表面向外长波辐射中，14 个单位被大气（主要是水汽和 CO_2）吸收，6 个单位直接进入宇宙空间。

对于大气而言，它吸收了 20 个单位的太阳辐射（平流层 O_3、对流层水汽和气溶胶吸收 16 个单位，云吸收 4 个单位）和 44 个单位的来自地面的长波辐射及其他形式的热量（地球表面向外长波辐射被大气吸收 14 个单位，感热 6 个单位，潜热 24 个单位），这些能量主要被水汽和 CO_2 等向宇宙空间发射的红外辐射（38 个单位）、云向宇宙空间发射的红外辐射（26 个单位）抵消，因此，大气辐射达到平衡。

对于地-气系统而言，进入系统的太阳辐射共 70 个单位，其中 20 个单位被大气吸收，50 个单位被地表吸收。大气圈顶部进入宇宙空间的长波辐射也是 70 个单位，其中直接透过大气的地面长波辐射 6 个单位，被水汽和 CO_2 等发射的红外辐射 38 个单位，被云发射的红外辐射 26 个单位。因此，整个地-气系统能量收支相等，辐射达到平衡。

被大气气体吸收的能量会使大气加热到某个温度，通过热辐射（发射）向太空各个方向传递能量，最后达到平衡。大气气体不像完全辐射体那样发射，它们有一个发射光谱，这和它们的吸收光谱很像（基尔霍夫原理）。实际上，许多到达地球表面的大气辐射来源于接近表面的气体，并且因此和表面温度接近；损耗的大气辐射主要由更高处对流层的较低温气体发射导致的。因此被发射到太空的辐射一部分是地球表面发射的，它们从大气窗口逃逸，还有一部分是从更高处对流和平流层的大气发射的。

3.2.3.3　温室效应

在 3.1.4 节建立了一个简单模型，如图 3-7（a）所示，计算出的地表温度为-19 ℃，比实际温度（15 ℃）低，原因在于忽视了大气的作用，只考虑了大气和太空之间的能量传递，而忽略了大气和地面之间的能量传递（Smith，2004）。实际上，大气气体和云层创造了一个有利于地球生命存活的气候，该现象被称作温室效应。

假设在地面上方放置一个"玻璃屋顶"，其主要成分是 CO_2 和水，能够吸收太阳辐射，也能阻止红外辐射直接辐射到太空，这会将屋顶加热到特征温度 T_g，然后屋顶辐射到地面和太空，因此地面接收的能量比以前更多，其温度将上升，直到达到一个新的平衡，在这个平衡中，地面和"屋顶"释放的能量与吸收的能量一样多。因此，在这种情况下，"玻璃屋顶"向太空辐射的能量必须等于没有"屋顶"时地面向太空辐射的能量（因为相对于太空的平衡不得改变），这意味着 $T_0=T'_g$。

当考虑地面的辐射能量输入与输出时，为确保太空能量的平衡，太阳直接提供给地面的净能量（每平方米）必须是 σT_0^4，从玻璃屋顶辐射回来的能量必须是 σT_0^4（因为 $T_0=T'_g$），因此，以地面为研究对象可列出下式：

$$2\sigma T_0^4 = \sigma\left(T'_0\right)^4 \tag{3-14}$$

$$T'_0 = T_0 2^{\frac{1}{2}} = 298\ \mathrm{K}\ (25℃) \tag{3-15}$$

图 3-7（b）大气模型计算出的地面温度偏高，假设"玻璃屋顶"只能让太阳辐射通过，并完全阻挡地面的长波辐射；此外，视"玻璃屋顶"为另一个黑体，可以用斯蒂芬-玻耳兹曼定律计算"屋顶"向上和向下的辐射能量。然而，事实上需要计算一个更复杂的平衡。温室气体主要存在于对流层与平流层中的臭氧层，由大气的垂直结构可知，该部分温度随高度的上升而下降，即低层大气比高层大气暖和，根据斯蒂芬-玻耳兹曼定律，低层大气比高层大气发射更多的黑体辐射，而图 3-7（b）模型考虑的是大气层向太空与地面辐射的能量相同，因此计算结果存在偏差，但仍可以证明温室效应的存在。

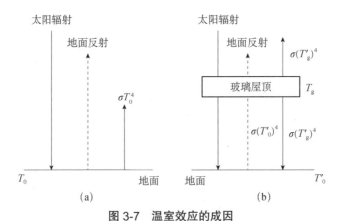

图 3-7　温室效应的成因

（a）忽视大气作用时，太阳与地面之间的能量辐射；（b）考虑大气的作用时，太阳、大气与地面之间的能量辐射。

3.2.3.4　温室气体

温室气体主要指能够吸收来自地球的红外辐射（波长为 5～25 μm）的气体，上节提到的"玻璃屋顶"的主要成分 CO_2（13～17 μm 时吸收带强烈）和水分（吸收带<4 μm、

6.3 μm 处以及 9 μm 以上为强吸收带）就属于温室气体，O_3 在这两个区域都有吸收，在 9.7 μm 处有强烈的窄带，但 O_3 只在平流层中很重要。

表 3-4 列举了主要的温室气体的浓度及其对温室效应的贡献。为了可靠地计算出向大气中增加的温室气体对未来的影响，需要考虑每种气体的吸收光谱以及气体分子停留在空气中的时间，表中给出了各气体停留时间的估计值。一种气体对温室效应的作用可通过全球变暖潜能（Global Warming Potential，GWP）来衡量，该数字包括各气体的综合效应。由于 CO_2 浓度的增加是讨论最广泛的问题，因此将其作为标准，某一温室气体的 GWP 定义为增加 1 kg 该气体造成的增温效果与增加 1 kg CO_2 造成的增温效果进行比较。由于气体分子在空气中的停留时间不同，GWP 还与时间有关。表 3-4 最后一列给出了排放 100 年的 GWP。在确定时间范围后，可以通过乘以 GWP 将特定温室气体的排放量转换为 CO_2 的排放量，这称为等效 CO_2 排放量。

表 3-4　常见气体的温室效应

气体	寿命/a	辐射效率/ $[W/(m^2 \cdot ppb)]$	浓度/ppmv	GWP-100
CO_2	多种	$1.33 \pm 0.16 \times 10^{-5}$	409.9	1.000
N_2O	109 ± 10	$2.8 \pm 1.1 \times 10^{-3}$	0.332 1	273 ± 118
CH_4-fossil	11.8 ± 1.8	$5.7 \pm 1.4 \times 10^{-4}$	1.866	82.5 ± 25.8
CH_4-non fossil	11.8 ± 1.8	$5.7 \pm 1.4 \times 10^{-4}$		79.7 ± 25.8
HFC-32	5.4 ± 1.1	$1.1 \pm 0.2 \times 10^{-1}$	2×10^{-5}	$2\,693 \pm 842$
HFC-134a	14.0 ± 2.8	$1.67 \pm 0.32 \times 10^{-1}$	1.076×10^{-4}	$4\,144 \pm 1\,160$
CFC-11	52.0 ± 10.4	$2.91 \pm 0.65 \times 10^{-1}$	2.262×10^{-4}	$8\,321 \pm 2\,419$
PFC-14	50 000	$9.89 \pm 0.19 \times 10^{-2}$		$5\,301 \pm 1\,395$

注：N_2O 为一氧化二氮。

（1）自然因素

① 天文学方面的原因

气候系统之所以发生变化，根本原因是系统的热量平衡受到破坏。太阳辐射是地球接受的唯一外界能源，太阳辐射强度的变化、太阳活动的准周期变化和日地相对位置的变化都可能成为气候变化的原因。

a. 太阳辐射强度的变化

可见光辐射变化范围一般为 0.5%～1.0%，最大不超过 2.0%～2.5%。太阳辐射的变化主要表现在紫外线到 X 射线以及无线电波辐射部分，当太阳活动激烈时，这部分辐射将发生强烈扰动。如果太阳辐射变化 1%，气温将变化 0.65～2.0 ℃。

b. 太阳活动的准周期变化

太阳活动是发生在太阳面上的一系列物理过程（如黑子、光斑、耀斑、射电等活动过程）的总称。这些过程使太阳辐射的光谱辐射和微粒辐射发生显著变动。太阳活动强烈时，进入地球大气的微粒辐射和紫外线增强，可引起磁暴、电离层扰动、O_3 层变异及强烈的极光。通常用太阳黑子相对数表征太阳活动的强弱。太阳黑子即太阳光球上的暗黑斑点，有明显的长短不等的准周期变化。其中最著名的为 11 年的基本周期，22 年的海尔周期（磁周），以及 80～90 年的世纪周期等。11 年周期是一个粗略的说法，平均周期应为 11.2 年，变动在 7.3～16.1 年。黑子相对数量变化的每两个最低值年间为一个周期，1755 年被确定为第一周期。

c. 地球轨道要素的变化

日地相对位置变化一般称为地球轨道要素变化。地球公转轨道椭圆偏心率、自转轴对黄道面的倾斜度及岁差均存在长周期变化。地球轨道要素的变化使不同纬度在不同季节接受的太阳辐射发生变化，通常用以解释第四纪冰期与间冰期的交替。1930 年，米兰科维奇综合地球轨道三要素计算 25°N、35°N、45°N、55°N、65°N 过去 60×10^4 年的辐射量与现在的差异。发现距今 23×10^4 年前，65°N 的辐射量同现在 77°N 的辐射量相同，而 13×10^4 年前则与现在 59°N 的辐射量相近似。因此，米兰科维奇认为 65°N 夏季太阳辐射强度是冰川形成的决定性因子。

地球公转轨道的偏心率（e）以 96 000 年为周期，变化介于 0～0.077，现在为 0.017。偏心率导致全球平均太阳辐射的变化与 $(1-e^2)^{-\frac{1}{2}}$ 成比例，观测到的偏心率 $e<0.045$，由之产生的平均入射太阳辐射改变率仅为 0.1%～0.2%。很多气候模式对此改变量都忽略不计。黄赤交角大约以 41 000 年为一周期，变动于 21.8°～24.4°，目前是 23.5°，并以每年 0.000 13° 的速率减小。黄赤交角控制着辐射量的南北梯度和入射太阳辐射振幅的变化。当其变化范围为 22°～24.5° 时，可使极地夏季辐射量改变 15% 左右。黄赤交角小将导致高纬度降温和热带地区升温；反之则引起高纬区升温和热带地区降温。岁差造成春分点沿黄道向西缓慢移动。春分点约每 21 000 年绕行地球轨道一周，其位置变动可引起四季开始时间的变化和近日点、远日点的变化。大约 1×10^4 年前，北半球冬季处于远日点，近日点出现在夏季而不是现在的 1 月 3 日或 4 日。上述三个轨道参数的综合效应可引起夏季高纬度地区入射太阳辐射改变率达 30%。

② 地学方面的原因

地质时期中，下垫面的变化对气候变迁产生了深刻的影响。其中以地极移动（纬度变化）、大陆漂移、造山运动和火山活动影响最大。

a. 地极移动与大陆漂移

据估算，如地球为完全刚体，两极可以移动约 3°；如果不是完全刚体，而是具有可塑性，则可能移动 10°～15°。极移造成各地纬度变化，势必使气候发生变化，但短期内这种变化不可能很显著。

地质时代海陆分布与现在差别很大，且不断发生变化。由于海陆分布不一样，地表热力分布、大气环流和大洋环流也都有很大差别，从而形成各地质时代不同的气候特征。晚石炭纪之前，南半球只有一块位于南极附近的冈瓦纳古陆。北半球则为统一的劳亚古陆。晚石炭纪后，冈瓦纳古陆逐渐分裂并向低纬移动。因此。同一块陆地在不同地质时代具有不同纬度的气候。晚白垩纪海陆分布比较接近现代，但亚欧大陆尚未同阿拉伯半岛和非洲大陆连接，现在的南欧、东欧、中亚和青藏高原还是一片汪洋，当时的亚欧大陆南部自然形成温暖湿润的气候带。当时 60 °N 以北的大陆面积远比现在大。亚欧大陆和北美洲大陆北部必然形成比现在更严酷的寒冷气候。60 °N 以南的大陆面积既远小于海洋，也比现代小得多，所以北半球中低纬度气候比较温暖湿润。古近纪和新近纪海陆分布略似现代，但白令海峡较宽广，有利于洋流通过。到第四纪时，北极在大陆环绕中已处于半封闭状态，南极大陆已移到南极圈内，因而终年陷入严寒。

b. 造山运动

地球表面在地质时代经历了一系列准周期性变化，即造山运动。造山运动使本来比较平坦的地球表面变得凹凸不平，从而增加了大气垂直方向上的扰动强度，降水增加。造山运动剧烈时降水增多、极地冰面扩展或云量增加本应使温度降低，但此时地幔向地表放热最多，应使温度升高。两种作用抵消的结果使实际温度并无显著变化。直到 $3\times10^7 \sim 5\times10^7$ 年后地幔对流停止，温度才开始降低，加上冰雪反射率的正反馈作用，使得冰期很快到来。因此，冰期总是滞后于造山运动即降水丰期 $3\times10^7 \sim 5\times10^7$ 年。海陆分布对气候变化也有很大影响，尤其是海峡的封闭可使洋流改向。

c. 火山活动

越来越多的事实表明，火山活动也是气候变化的重要因素之一。火山爆发喷出大量熔岩、烟尘、CO_2、硫化物气体及水汽。气体和火山灰形成的巨大烟柱往往可冲入平流层下层直至 50 km 左右，随风系和涡流输送扩散到大片区域乃至全球，在中高纬度保持最大浓度，最后降落在极地。因此，火山灰尘幕对中高纬度影响最大。火山灰（气溶胶）存留在平流层，使大气混浊度和反照率增大，太阳总辐射减少，地面平均温度相应降低。一次强火山爆发造成的局地降温可达 1 ℃ 或更多，半球或全球降温则一般不足 0.5 ℃，即使如此，其对气候变化的影响已不容忽视。

（2）人为影响

各种计算模型表明，随着 CO_2 浓度的增加，全球平均温度将在未来几年内上升十分之几摄氏度，然后在接下来的 70 年内上升约 1.50 ℃，这是全球平均水平，但存在明显的局部变化。北半球的变暖程度大约是南半球的 2 倍，各大洲的气温差异很大。引起全球气候变化重要的原因在于人为因素导致的碳排放增加。

图 3-8（Boeker，2011）表述了 20 世纪 90 年代全球碳循环情况，其中方框中的数字是指碳含量，箭头旁的数字指碳通量，单位均为 10^{12} kg/a。实线箭头表示快速通量，虚线表示缓慢交换。碳循环主要包括海气相互作用、大气-陆地交换作用以及化石能源燃烧。在海气相互作用中，海洋吸收 92.2×10^{12} kg/a，释放 90.6×10^{12} kg/a，风化作用固定 0.2×10^{12} kg/a；在大气-陆地交换作用中，光合作用吸收 120×10^{12} kg/a，夜间呼吸（包括因腐烂而排放的 CH_4）排放 119.6×10^{12} kg/a；由于植被的增加，多固定了 2.6×10^{12} kg/a，土地使用增加使更多森林向农田的转变，土壤碳氮含量降低且作物的体积比树木的体积小，所以固碳量减少，向大气排放 1.6×10^{12} kg/a；化石能源的燃烧向大气排放 6.4×10^{12} kg/a。海气相互作用、大气-陆地交换作用中碳的排放与吸收几乎平衡，化石能源的燃烧是温室气体剧增的主要原因。

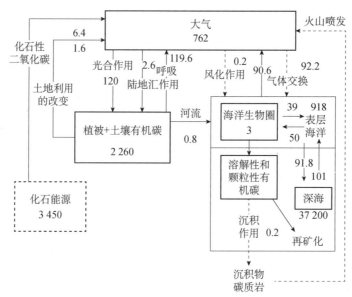

图 3-8 20 世纪 90 年代全球碳循环情况

大气中温室气体含量变化对对流层顶部辐射通量的影响占主导地位。由图 3-9 (Boeker，2011) 可知，大气任意 Z 高度的向上辐射通量由来自地表和来自大气底层两部分构成，来自地表的贡献遵循 Lambert-Beer 定律。该定律已推导为

$$F_s^+ = B_s e^{-kz} \tag{3-16}$$

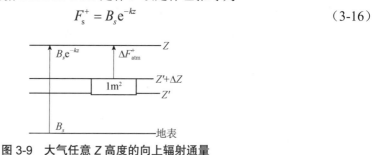

图 3-9 大气任意 Z 高度的向上辐射通量

为计算来自大气底层的贡献，假设在 Z' 与 $Z'+\Delta Z$ 之间存在 1 m² 条带，如图 3-9 所示。这种带状气体的发射方式与固体表面不同。例如，其发射与厚度成比例，其发射量通过想象处于热力学平衡的空腔中的板条来实现。在这种情况下，黑体辐射被吸收，并再次发出相同数量的辐射。即使没有空腔，局部热力学平衡也要求黑体发射等于假设的入射黑体束的吸收。在条带上，强度为 I 的光束的吸收为：$\Delta I = -kI\Delta Z'$。如果黑体光谱 $B(Z')$ 进入此条带时，吸收为 $\Delta B = -kB\Delta Z'$。对于局部热力学平衡来说，发射量应等于 $kB\Delta Z'$。因此，对于任何入射光束，条带发射量 $\Delta F_{atm}^+(Z')$ 为

$$\Delta F_{atm}^+(Z') = kB(Z')\Delta Z' \tag{3-17}$$

在平衡条件下，大气层顶部的净辐射通量将消失。假设温室气体浓度突然增加，这将导致大气层顶部传出的长波辐射的值净减少 ΔI，而来自太阳的入射能量保持不变，大气层顶部的能量平衡将通过增加地球表面温度的 ΔT 来实现，这种效应被称为辐射强迫，如图 3-10 所示。为了补偿温室气体吸收的减少，所需的通量增加与表面温度的升高的联系为

$$\Delta I = \frac{\partial I}{\partial T_s} \Delta T_s \tag{3-18}$$

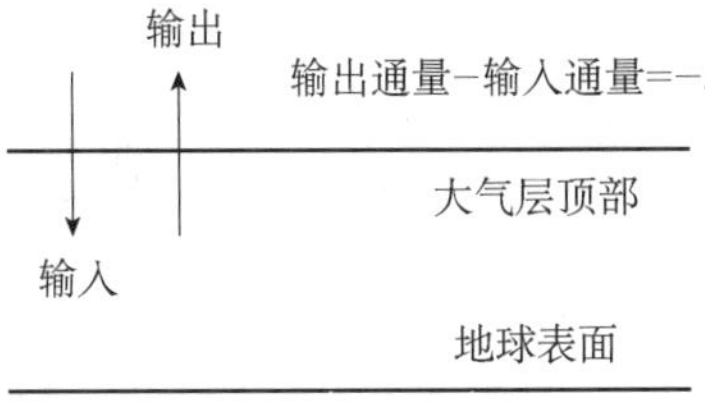

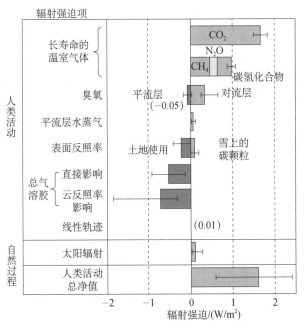

图 3-10 大气任意 Z 高度的向上辐射通量

强度 $I = t\sigma T_s^4$ 是在大气层顶部测得的地球直接向外辐射，在此忽略了大气层辐射传输的变化。根据 3.1.4 节提到的反照率得

$$\frac{\partial I}{\partial T_s} = 4t\sigma T_s^3 = \frac{4I}{T_s} = \frac{4}{T_s}\left(1 - \rho_E\right)\frac{S^*}{4} \tag{3-19}$$

式中，ρ_E=0.30，S^*=1 361 W/m²，则 $\frac{\partial I}{\partial T_s}$ = 3.3 W/（m²·K），式（3-18）通常反过来写为

$$\Delta T_s = G\Delta I \tag{3-20}$$

式中，G——增益因子，G≈0.3。

IPCC 科学工作组评估了有关气候和气候变化的现有文献。以图 3-11（Boeker，2011）为例，说明了 1750—2005 年气候的辐射强迫的原因，下面简要讨论。

图 3-11 1750—2005 年气候的辐射强迫

注：图中左侧显示了各因素对辐射强迫的贡献，右侧显示了基于专家评估的误差条。

基于温室气体过去和现在的已知浓度及其已知的辐射吸收，得出 CO_2 的辐射强度值为 1.66 W/m²，其误差的精确值来自专家对公布值及其范围的评估。第二行总结了其他三种

重要温室气体 CH_4、N_2O 和卤代烃的影响。不同的数据集和不同的辐射传输模型之间存在一些差异。第三行 O_3 的误差值要高得多：对于平流层 O_3，1970 年之前的变化是不确定的；对于对流层 O_3，闪电的变化是不确定的；对于对流层顶附近，两种变化都是不确定的。第四行是 CH_4 氧化产生的平流层水蒸气。误差来自氧化和辐射传输模型。第五行的地表反照率有一个负分量和一个正分量。化石燃料的不完全燃烧将产生细小的碳颗粒，这些碳颗粒在雪上沉淀并降低其反照率：这是一种积极的辐射强迫效应。森林砍伐和荒漠化等土地利用变化增加了反照率：这是一种消极的辐射强迫。气溶胶将太阳辐射散射回太空，并产生消极的强迫，直接或间接影响云反照率。后者的影响来自一般环流模型（General Circulation Models，GCMs），但没有直接的观测证据，因此误差条很大。飞机产生的线性轨迹影响很小；太阳辐照度的变化略高一些。所有人类活动产生的净影响估计为 1.6 W/m²，代入式（3-20），将造成 ΔT_s=0.5 ℃的地表温度升高。

3.2.4　城市热岛效应成因

城市热岛效应是人类在城市化进程中无意识地对局地气候所产生的影响，是人类活动对城市区域气候影响中最为典型的特征之一，是在人口高度密集、工业集中的城市区域，由人类活动排放的大量热量与其他自然条件因素综合作用的结果。随着城市建设的高度发展，热岛效应也变得越来越明显。究其原因，主要有以下五个方面。

（1）城市下垫面（大气底部与地表的接触面）特性的影响

城市内大量的人工构筑物（如混凝土、柏油地面、各种建筑墙面等）改变了下垫面的热属性，这些人工构筑物吸热快、传热快，而热容量小，在相同的太阳辐射条件下，它们比自然下垫面（绿地、水面等）升温快，因而其表面的温度明显高于自然下垫面。表 3-5 为不同类型地表的显热系数。白天，在太阳的辐射下，构筑物表面很快升温，受热构筑物面把高温迅速传给大气；日落后，受热的构筑物，仍缓慢向市区空气中辐射热量，使得近地气温升高。比如夏天，草坪温度 32 ℃、树冠温度 30 ℃的时候，水泥地面的温度可以高达 57 ℃，柏油马路的温度更是高达 63 ℃，这些高温构筑物形成巨大的热源，烘烤着周围的大气和我们的生活环境。

表 3-5　不同类型地表的显热系数

地表类型	B	C	地表类型	B	C
沙漠	20.00	0.95	针叶林	0.50	0.23
城市	4.00	0.80	阔叶林	0.33	0.25
草原、农田（暖季）	0.67	0.40	雪地	0.10	0.29

表 3-5 中 B 为鲍恩（Bowen）比，则

$$B=H/\mathrm{Le} \tag{3-21}$$

式中，H——日地热交换量；

Le——地表热蒸发耗热量。

C 为显热指数，则

$$C=H/(H+\text{Le}) \tag{3-22}$$

（2）人工热源的影响

工业生产、居民生活制冷、采暖等固定热源，交通运输、人群等流动热源不断向外释放废热。城市能耗越大，热岛效应越强。美国纽约市 2001 年的能耗约为接收太阳能量的 1/5。

（3）日益加剧的城市大气污染的影响

城市中的机动车辆、工业生产以及大量的人群活动产生的大量的氮氧化物、CO_2、粉尘等物质改变了城市上空大气的成分，使其吸收太阳辐射和地球长波辐射的能力得到了增强，加剧了大气的温室效应，引起地表的进一步升温。

（4）高耸入云的建筑物造成地表风速小且通风不良

城市的平均风速比郊区小 25%，城郊之间热量交换弱，城市白天蓄热多，夜晚散热慢，加剧城市热岛效应。

（5）雨水流失使水分蒸发潜热减少

城市中绿地、林木、水体等自然下垫面的大量减少加上城市的建筑、广场、道路等构筑物的大量增加，导致城区下垫面不透水面积增大，雨水能很快从排水管道流失，可供蒸发的水分远比郊区农田绿地少，消耗于蒸发的潜热也少，其所获得的太阳能主要用于下垫面增温，从而极大地削弱了缓解城市热岛效应的能力。

3.2.5　水体热污染成因

向自然水体排放的温热水导致其升温，当温度升高到影响水生生物的生态结构的值时，就会发生水质恶化，影响人类生产、生活的使用，即为水体热污染。随着我国新建火电、核电站的不断增加，水体热污染已经成为加重水体污染的原因之一。热污染源是引起水体热污染的主要原因，常见的热污染源包括以下几项。

3.2.5.1　工业冷却水

水体热污染主要由工业冷却水的排放造成，其中以电力工业为主，其次为冶金、化工、石油、造纸和机械工业等。火力发电厂、核电站和钢铁厂的冷却系统排出的热水及石油、化工、造纸和纺织等工业排出的生产废水中的大量废热使受纳水体水温升高。

据估计，火力发电厂、核电站及工业生产排放的热废水是海洋未来的最大污染源。由于社会经济建设的需要，近年来发电工业迅速发展，特别是核电站数量日渐增加。据有关统计，全世界已建成了 429 个反应堆，其发电量占全球总发电量的 17%。因此，发电中排放的热废水造成的环境水体温度上升及其对水生生物的影响和危害越来越严重。

据美国统计，美国发电所用冷水量占全部冷却水用量的 81.3%，冶金行业占 6.8%，化工行业占 6.3%。在美国佛罗里达州的一座火力发电厂，每分钟就有超过 2 000 m³ 的冷却水排入附近海湾，使该海湾水温常年上升，有 10~12 hm² 的水域表层水温上升 4~5 ℃，整个升温范围超过 900 hm²，对水生生物的生存造成影响。

我国的发电厂的冷却用水量也占总冷却水用量的 70% 左右。一个 100 MW 的火力发电厂每秒钟生产 7 t 的热水，使用后水温上升 6~8℃。

在同样发电容量情况下，核电站对水体产生的热污染问题比火力发电站更为明显。一般轻水堆核电站的热能利用率为 31%~33%，低于火力发电站（热效率 37%~38%）。火力发电站产生的废热有 10%~15% 从烟囱排出，而核电站的废热则几乎全部从冷却水排出。这意味着反应堆芯部分铀、钚裂变产生的热量约有 2/3 释放到核电站附近的环境中。现代大型核电站的热排放问题，就经常性的环境影响而言，远较放射性污染严重。不同的冷却方式导致的热污染也不同，采用直流冷却方式的核电站冷却水影响较大。1 台 1 000 MWe 的核电机组（轻水堆）有 2 000 MW 的热量散失到环境中。如果采用直流冷却方式，绝大部分的热能由循环冷却水携带而进入自然水体，将有高于环境受纳水体温度 6~11℃ 的温排水排至受纳水体，排出的大量废热使自然水体水温迅速升高。

3.2.5.2　地热源泵

水源热泵被看作一种节能环保的空调系统冷热源而得到广泛应用。加拿大安大略湖的水源热采系统就是湖水源热泵项目成功的例证，其利用的是世界第十四大湖 83 m 深处常年保持 4 ℃ 的湖水，且换热后的湖水用于自来水供应而不回到湖内，利用了自然换热资源且避免了水体热污染问题。

水源热泵在我国作为节能环保的空调系统冷热源得到了广泛应用。北方的地下水源热泵应用已久，南方的湖水源热泵也成为节能示范项目的代表。2004 年以来，大连、青岛和海南开始建设海水源热泵工程项目，重庆、上海、南京等地的江水源热泵应用也有了一定程度的发展。2005 年《中华人民共和国可再生能源法》颁布后，有关部委和部分地方政府出台了鼓励水源热泵发展的实施政策。这使以低品位"未利用"能源应用为主的水源热泵系统在能源日趋紧缺的未来将获得更多的发展机会。但是，水源热泵的快速发展也带来相应的环境问题，应该引起注意。地下水的回灌从技术上和实施上都一直存在问题，地表水水源热泵可以减轻夏季空调系统向空气排热造成的城市热岛效应，却造成了自然水体的升温。

浅表水体的平衡温度主要取决于太阳辐射得热与水体表面蒸发耗热和夜间长波辐射耗热之间的平衡，太阳辐射得热是地表水体的主要得热，在夏季可以达到 950 W/m²。为避免水体温升过快，水体承担的排热负荷有限。美国 ASHRAE 学会制定的《地源热泵工程技术指南》给出的建议数值是：3.517 kW 制冷量需要的地表水的表面面积不小于 27.9 m²，深度不小于 1.83 m；浅水池或湖泊（深度 6.10~14.57 m）的热负荷不应超过 13 W/m²。据此计算，地表水体每千瓦制冷量水容积应大于 150 m³，湖泊水每千瓦制热量容积应大于 409 m³，地表水单位面积热负荷不应大于 12.8 W/m²，而湖泊水单位面积热负荷不应大于 13 W/m²。只考虑水源热泵释热且假定静止水体温度均匀时，温升速率为 0.006 ℃/h，达到热污染的时间至少需要连续运行 167 h。国内部分工程设计的夏季冷负荷指标甚至高达 400~600 W/m²，千瓦制热量容积指标也达到了 20~30 m³，这样连续运行几天就容易出现系统效率下降并发生水体热污染问题。国内对地表水源热泵设计选用的指标偏大是造成水体热污染和运行困难的重要原因。

就目前国内的情况来看，水源热泵造成水体热污染可能性最大的对象是湖泊，江河次之，地下水再次，海水最小。国内的湖水源热泵大多数利用的湖水深度和容积有限，甚至有相当部分属于人工湖。由于是静止水体，夏季循环冷却水带入的热量只能通过湖水表面散热，热量极易蓄积在湖内，造成湖水温度升高和制冷效率下降，而冬季水源热泵连续运行又会造成湖水温度持续降低，虽然添加防冻剂可以避免发生设备保护而停机现象，但湖水温度降低和系统效率下降是不可避免的。因此湖水源热泵造成水体热污染的风险很大，单独但连续运行的湖水源热泵会引起湖水水质的恶化及生态系统的破坏。

个别江河水源热泵项目基本不会造成大范围的水体热污染。因为大多数江河的水流量即使在枯水季节也远大于空调冷却水需求的量级。比如长江多年平均流量为 28 700 m³/s（南京段实测数据），嘉陵江和汉江分别为 2 985 m³/s 和 1 784 m³/s，黄浦江为 175 m³/s，而上百万平方米建筑的空调冷却水需求仅约为 1 m³/s。

海水源热泵由于可利用水体的范围广阔，单纯空调项目理论上不可能造成水体热污染，但是要合理地设计取排水口的位置，避免水体流动不畅造成局部热量蓄积。

3.3　热污染防治法规政策及标准

3.3.1　大气热污染防治法规政策标准

为防止或减缓大气热污染的影响，尤其是全球变暖对生态环境的影响，国际上先后制定了一系列公约或协定。如联合国大会于 1992 年通过了《联合国气候变化框架公约》，其目标是将大气温室气体浓度维持在一个稳定的水平，在该水平上人类活动对气候系统的危险干扰不会发生，根据"共同但有区别的责任"原则，公约对发达国家和发展中国家规定的义务以及履行义务的程序有所区别；1997 年，在日本京都由联合国气候变化框架制定《京都议定书》，其目标是"将大气中的温室气体含量稳定在一个适当的水平，进而防止剧烈的气候改变对人类造成伤害"。《巴黎协定》于 2015 年 12 月 12 日在第 21 届联合国气候变化大会上通过，是由全世界 178 个缔约方共同签署的气候变化协定，是对 2020 年后全球应对气候变化的行动做出的统一安排，其长期目标是将全球平均气温较前工业化时期上升幅度控制在 2 ℃以内，并努力将温度上升幅度限制在 1.5℃以内。我国积极参与国际公约与协定，主动应对气候变化，推进全球气候治理，展现大国担当，近年来制定了一系列法规政策，以实现温室气体减排目标。

（1）《中华人民共和国大气污染防治法》

《中华人民共和国大气污染防治法》从法律层面规定：防治大气污染，应当以改善大气环境质量为目标，坚持源头治理，规划先行，转变经济发展方式，优化产业结构和布局，调整能源结构；防治大气污染，应当加强对燃煤、工业、机动车船、扬尘、农业等大气污染的综合防治，推行区域大气污染联合防治，对颗粒物、二氧化硫、氮氧化物、挥发性有机物、氨等大气污染物和温室气体实施协同控制。

（2）习近平总书记在气候雄心峰会上的讲话

2020 年 12 月 12 日，在气候雄心峰会上，习近平主席通过视频发表题为《继往开来，开启全球应对气候变化新征程》的重要讲话，宣布中国国家自主贡献一系列新举措。中方宣布将提高国家自主贡献力度，到 2030 年，中国单位国内生产总值 CO_2 排放将比 2005 年下降 65% 以上，非化石能源占一次能源消费比重将达到 25% 左右，森林蓄积量将比 2005 年增加 60 亿 m^3，风电、太阳能发电总装机容量将达到 12 亿 kW 以上。

（3）《2030 年前碳达峰行动方案》

为深入贯彻落实党中央、国务院关于碳达峰、碳中和的重大战略决策，扎实推进碳达峰行动，2021 年 10 月 24 日，国务院发布《2030 年前碳达峰行动方案》。该方案要求，将碳达峰贯穿于经济社会发展全过程和各方面，重点实施能源绿色低碳转型行动、节能降碳增效行动、工业领域碳达峰行动、城乡建设碳达峰行动、交通运输绿色低碳行动、循环经济助力降碳行动、绿色低碳科技创新行动、碳汇能力巩固提升行动、绿色低碳全民行动、各地区梯次有序碳达峰行动等"碳达峰十大行动"，并就开展国际合作和加强政策保障做出相应部署。

该方案要求，"十四五"期间，产业结构和能源结构调整优化取得明显进展，重点行业能源利用效率大幅提升，煤炭消费增长得到严格控制，新型电力系统加快构建，绿色低碳技术研发和推广应用取得新进展，绿色生产生活方式得到普遍推行，有利于绿色低碳循环发展的政策体系进一步完善。到 2025 年，非化石能源消费比重达到 20% 左右，单位国内生产总值能源消耗比 2020 年下降 13.5%，单位国内生产总值 CO_2 排放比 2020 年下降 18%，为实现碳达峰奠定坚实基础。"十五五"期间，产业结构调整取得重大进展，清洁低碳安全高效的能源体系初步建立，重点领域低碳发展模式基本形成，重点耗能行业能源利用效率达到国际先进水平，非化石能源消费比重进一步提高，煤炭消费逐步减少，绿色低碳技术取得关键突破，绿色生活方式成为公众自觉选择，绿色低碳循环发展政策体系基本健全。到 2030 年，非化石能源消费比重达 25% 左右，单位国内生产总值 CO_2 排放比 2005 年下降 65% 以上，顺利实现 2030 年前碳达峰目标。

（4）中国落实国家自主贡献成效和新目标、新举措

2022 年 11 月 11 日，中国《联合国气候变化框架公约》（以下简称《公约》）国家联络人向《公约》秘书处正式提交《中国落实国家自主贡献目标进展报告（2022）》。该进展报告反映了中国 2020 年提出新的国家自主贡献目标以来落实国家自主贡献目标的进展，体现了中国推动绿色低碳发展、积极应对全球气候变化的决心和努力。该进展报告总结了中国更新国家自主贡献目标以来的新部署、新举措，重点讲述应对气候变化的顶层设计，以及在工业、城乡建设、交通、农业、全民行动等重点领域控制温室气体排放取得的新进展，总结能源绿色低碳转型、生态系统碳汇巩固提升、碳市场建设、适应气候变化等方面的成效。

（5）《中国本世纪中叶长期温室气体低排放发展战略》

2021 年 10 月 28 日，中国《公约》国家联络人向《公约》秘书处正式提交《中国本世纪中叶长期温室气体低排放发展战略》。这是中国履行《巴黎协定》的具体举措，体现

了中国推动绿色低碳发展、积极应对全球气候变化的决心和努力。《中国本世纪中叶长期温室气体低排放发展战略》在总结中国控制温室气体排放重要进展的基础上，提出中国本世纪中叶长期温室气体低排放发展的基本方针、战略愿景、战略重点及政策导向，并阐述了中国推动全球气候治理的理念与主张。

（6）中国应对气候变化的政策与行动

2011 年 11 月 23 日，国务院新闻办发表了《中国应对气候变化的政策与行动（2011）》白皮书，此后每年发布中国应对气候变化的政策与行动年度报告。近年来中国继续推进应对气候变化工作，采取了一系列举措，取得了积极进展。2018 年 11 月 29 日发布的《中国应对气候变化的政策与行动 2018 年度报告》中指出，2017 年中国单位国内生产总值（GDP）CO_2 排放（以下简称"碳排放强度"）比 2005 年下降约 46%，已超过 2020 年碳排放强度下降 40%~45% 的目标，碳排放快速增长的局面得到初步扭转。非化石能源占一次能源消费比重达到 13.8%，造林护林任务持续推进，适应气候变化能力不断增强。

2019 年 11 月 27 日发布的报告中指出，经初步核算，2018 年碳排放强度下降 4.0%，比 2005 年累计下降 45.8%，相当于减排 52.6 亿 t CO_2，非化石能源占一次能源消费总量比重达到 14.3%，基本扭转了 CO_2 排放快速增长的局面。

2020 年 7 月 13 日发布的报告指出，截至 2019 年年底，碳排放强度较 2005 年降低约 47.9%，非化石能源占一次能源消费总量比重达 15.3%，提前完成我国对外承诺的到 2020 年目标，扭转了 CO_2 排放快速增长的局面。

2021 年 10 月 27 日发布《中国应对气候变化的政策与行动》白皮书，内容包括中国应对气候变化新理念、实施积极应对气候变化国家战略、中国应对气候变化发生历史性变化以及共建公平合理、合作共赢的全球气候治理体系四个方面。此次发布的白皮书显示，近年来，中国将应对气候变化摆在国家治理更加突出的位置，不断提高碳排放强度削减幅度，不断强化自主贡献目标，以最大努力提高应对气候变化力度，推动经济社会发展全面绿色转型。同时，中国还积极参与引领全球气候治理。

2022 年 10 月，生态环境部发布了《中国应对气候变化的政策与行动 2022 年度报告》，总结了我国围绕碳达峰、碳中和目标取得的显著成效。中国已建立起碳达峰、碳中和"1+N"政策体系（"1"是中国实现碳达峰、碳中和的指导思想和顶层设计；"N"是重点领域、重点行业实施方案及相关支撑保障方案），制定中长期温室气体排放控制战略，推进全国碳排放权交易市场建设，编制实施国家适应气候变化战略。经初步核算，2021 年，单位国内生产总值 CO_2 排放比 2020 年降低 3.8%，比 2005 年累计下降 50.8%，非化石能源占一次能源消费比重达到 16.6%，风电、太阳能发电总装机容量达到 6.35 亿 kW，单位国内生产总值煤炭消耗显著降低；森林覆盖率和蓄积量连续 30 年实现"双增长"；全国碳排放权交易市场启动一周年，碳市场碳排放配额（CEA）累计成交量 1.94 亿 t，累计成交金额 84.92 亿元。

（7）五年计划减排目标

①《"十一五"节能减排综合性工作方案》

2007 年 6 月 4 日，国务院同意国家发展和改革委员会会同有关部门制订的《节能减排综合性工作方案》，提出到 2010 年，万元国内生产总值能耗由 2005 年的 1.22 t 标准煤下降到 1 t 标准煤以下，降低 20%左右的主要目标。提出"十一五"期间，主要污染物排放总量减少 10%，到 2010 年，二氧化硫排放量由 2005 年的 2 549 万 t 减少到 2 295 万 t。

②《"十二五"节能减排综合性工作方案》

2011 年 9 月 7 日，国务院发布《"十二五"节能减排综合性工作方案》，提出了到 2015 年，全国万元国内生产总值能耗下降到 0.869 t 标准煤（按 2005 年价格计算），比 2010 年的 1.034 t 标准煤下降 16%，比 2005 年的 1.276 t 标准煤下降 32%的主要目标；提出"十二五"期间，实现节约能源 6.7 亿 t 标准煤；提出 2015 年，全国二氧化硫排放总量比 2010 年下降 8%。

2012 年 1 月 17 日，国务院发布《"十二五"控制温室气体排放工作方案》，提出了要树立绿色、低碳发展理念，大幅度降低单位国内生产总值 CO_2 排放，到 2015 年全国单位国内生产总值 CO_2 排放比 2010 年下降 17%，控制非能源活动 CO_2 排放和 CH_4、氧化亚氮、氢氟碳化物、全氟化碳、六氟化硫等温室气体排放取得成效。

③《"十三五"节能减排综合性工作方案》

2017 年 1 月 6 日，国务院发布《"十三五"节能减排综合性工作方案》，提出了到 2020 年，全国万元国内生产总值能耗比 2015 年下降 15%，能源消费总量控制在 50 亿 t 标准煤以内，全国挥发性有机物排放总量比 2015 年下降 10%以上。

2019 年 4 月 19 日，国务院发布《"十三五"控制温室气体排放工作方案》，提出到 2020 年，单位国内生产总值 CO_2 排放比 2015 年下降 18%，碳排放总量得到有效控制，非 CO_2 温室气体控排力度进一步加大，全国碳排放权交易市场启动运行，应对气候变化法律法规和标准体系初步建立，统计核算、评价考核和责任追究制度得到健全，低碳试点示范不断深化，减污减碳协同作用进一步加强。

④《"十四五"节能减排综合性工作方案》

2022 年 1 月 24 日，国务院发布、印发《"十四五"节能减排综合性工作方案》，明确到 2025 年，全国单位国内生产总值能源消耗比 2020 年下降 13.5%，能源消费总量得到合理控制，氮氧化物、挥发性有机物排放总量比 2020 年分别下降 10%以上、10%以上，节能减排政策机制更加健全，重点行业能源利用效率和主要污染物排放控制水平基本达到国际先进水平，经济社会发展绿色转型取得显著成效。

3.3.2 水体热污染防治法律法规及政策标准

水体热污染对环境的影响表现为对水生生物的直接或间接影响，我国现行关于水体热污染防治的法律法规规定较少。

（1）《中华人民共和国水污染防治法》

《中华人民共和国水污染防治法》最新修订时间为 2017 年 6 月 27 日。第三十五条规定：向水体排放含热废水，应当采取措施，保证水体的水温符合水环境质量标准。

（2）《中华人民共和国海洋环境保护法》

《中华人民共和国海洋环境保护法》最新修订时间为 2017 年 11 月 4 日。第三十六条规定：向海域排放含热废水，必须采取有效措施，保证邻近渔业水域的水温符合国家海洋环境质量标准，避免热污染对水产资源的危害。

（3）《地表水环境质量标准》（GB 3838—2002）

《地表水环境质量标准》（GB 3838—2002）中规定了人为造成的地表水体水温变化限值：周平均最大温升≤1℃、周平均最大温降≤2℃，主要是针对大型电厂和工厂等排放的冷却水。

（4）《中共中央　国务院关于进一步加强城市规划建设管理工作的若干意见》

《中共中央　国务院关于进一步加强城市规划建设管理工作的若干意见》于 2016 年 2 月 6 日发布，在建议推广建筑节能技术时，支持和鼓励各地结合自然气候特点，推广应用地源热泵、水源热泵、太阳能发电等新能源技术，发展被动式房屋等绿色节能建筑；提出完善绿色节能建筑和建材评价体系，制定分布式能源建筑应用标准，分类制定建筑全生命周期能源消耗标准定额。

（5）《防治热污染公约》

英国泰晤士河、日本琵琶湖、欧洲莱茵河历史上都曾经发生过水体热污染，其中莱茵河的污染最为严重。莱茵河流经欧洲 9 国的 5 个工业区，一度成为"欧洲的臭水沟"。20 世纪 50 年代，莱茵河的大马哈鱼开始死亡；1971 年，德国境内长达 200 km 的河段内鱼类完全消失，溶解氧含量降低为 0。沿岸国家为保护莱茵河环境拟议了一系列协议，其中包括一项《防治热污染公约》，要求莱茵河沿岸的电站和工厂必须修建冷却塔，确保排放水温低于规定值。经过沿岸国家前后 50 年的治理，莱茵河水质才得以好转。目前按照沿岸国家用水量统计，莱茵河水在入海前相当于被使用了 6 次，但仍然是一条干净的河流，其河水可以直接作为沿岸 2 000 万人口的饮用水。

3.4　热环境评价与预测

3.4.1　大气热环境评价

由于受到气象因素（如风速、湿度等）影响，在反映大气热环境温度时，不同的测量方法所代表的物理意义不同，且测量值会有较大差异，因此在进行环境温度标示时，要注明测量方法。表 3-6 为目前主要采用的三种大气热环境温度测量方法。

表 3-6　大气热环境温度测量方法

测量方法	方法说明
干球温度（T_a）法	将水银温度计的水银球不加任何处理，直接放置在环境中进行测量，得到的温度为大气温度，又称气温
湿球温度（T_w）法	将水银温度计的水银球用湿纱布包裹起来，放置到环境中进行测量，所测温度为饱和湿度下的大气温度。干球温度与湿球温度的差值反映了环境的湿度状况
黑球温度（T_g）法	将温度计的水银球放入一个直径为 15 cm、外表面涂黑的空心铜球中心进行测量，所测温度可以反映出环境热辐射的状况

在评价生理热环境时，由于人体的生理效应除了受到环境温度高低的作用之外，还会受到环境湿度、风速等因素影响。因此在环境生理学上采用温度-湿度-风度作为评价环境温度的综合指标，称为生理热环境指标。以下为5种常见的生理热环境指标。

（1）有效温度

有效温度（Effective Temperature，ET）是将干球温度、湿度、空气流速对人体温暖感或冷感的影响综合成一个单一数值的任意指标，数值上等于产生相同感觉的静止饱和空气的温度。有效温度在低温时过分强调了湿度的影响，而在高温时对湿度的影响强调得不够，现在已不再推荐使用。

目前其替代形式——新有效温度（或标准有效温度，Standard Effective Temperature，SET）是 Gagge 等根据人体热调节系统数学模型提出的，指相对湿度50%的假想封闭环境中相同作用的温度。该指标同时考虑了辐射、对流和蒸发三种因素的影响，将真实环境下的空气温度、相对湿度和平均辐射温度规整为一个温度参数，是一个等效的干球温度，主要用于确定人的热舒适标准，进而指导室内热环境的设计。

（2）干-湿-黑球温度

该值是干球温度法、湿球温度法、黑球温度法测得的温度值按照一定比例的加权平均值，可以反映环境温度对人体生理的影响程度。

① 湿球黑球温度指数（Wet Bulb Globe Temperature，WBGT），计算公式如下：

$$WGBT=0.7T_{nw}+0.2T_g+0.1T_a（室外有太阳辐射） \tag{3-23}$$

或

$$WGBT=0.7T_{nw}+0.2T_g（室内外有太阳辐射） \tag{3-24}$$

式中，T_{nw}——自然湿球温度，把湿球温度计暴露于无人工通风的热辐射环境条件下测得的湿球温度值。

WBGT 指数是综合评价人体接触作业环境热负荷的一个基本参量，用以评价人体的平均热负荷。当人体的代谢水平不同时，同样的 WBGT 指数给人的热负荷强度也不同，因此该指数评价标准与人体能量代谢有关，见表3-7。

表 3-7　WBGT 指数评价标准

平均能量代谢率等级	WBGT 指数/℃			
	好	中	差	很差
0	≤33	≤34	≤35	>35
1	≤30	≤31	≤32	>32
2	≤28	≤29	≤30	>30
3	≤26	≤27	≤28	>28
4	≤25	≤26	≤27	>27

人体的能量代谢等级可以通过测量来获得，在没有能量代谢数据的情况下可以根据劳动强度将其划分为相应的5个等级，包括休息、低代谢率、中代谢率、高代谢率和极高代谢率，见表3-8。

表 3-8　人体能量代谢等级评价标准

级别	平均能量代谢率 M			示例
	W/m²	kcal/（min·m²）	kJ/（min·m²）	
0 休息	≤65	≤0.930	≤3.892	休息
1 低	65～130	0.930～1.859	3.892～7.778	坐姿：轻手工作业（书写、绘画、缝纫），手和臂劳动（使用小型修理工具、组装零件、分类物品），臀和腿劳动（正常情况驾驶车辆脚踏开关、踏脚） 立姿：钻孔（小型），操作碾磨机（小件），绕线圈，小功率工具加工，散步（速度<3.5 km/h）
2 中	130～200	1.859～2.862	7.778～11.974	手和臂持续动作（敲击或填充），臀和腿的工作（卡车、拖拉机或建筑设备等非运输操作），臂和躯干工作（风动工具操作，拖拉机装配、粉刷、间断搬运中等重物、锄草、耕作、采摘蔬果），推或拉轻型独轮车或双轮小车（速度 3.5～5.5 km/h），锻造
3 高	200～260	2.862～3.721	11.974～15.565	臂和躯干负荷工作，如搬重物、铲、锤锻、锯刨或凿硬木、割草、挖掘、以 5.5～7 km/h 速度行走，推或拉重型独轮车或双轮车，清砂，安装混凝土板块等
4 极高	>260	>3.721	>15.565	快到极限节律的极强活动，劈砍工作，大强度的挖掘，爬梯、小步疾行、奔跑、速度超过 7 km/h 的行走

② 温湿指数（Temperature Humidity Index，THI），计算式为

$$THI=0.4(T_w+T_a)+15 \tag{3-25}$$

或

$$THI=T_a-0.55(1-f)(T_a-14.47) \tag{3-26}$$

式中，f——相对湿度，%。

根据 THI 进行的热环境评价见表 3-9。

表 3-9　温湿指数（THI）评价标准

范围/℃	感觉程度	范围/℃	感觉程度
>28.0	炎热	17.0～24.9	舒适
27.0～28.0	热	15.0～16.9	凉
25.0～26.9	暖	<15	冷

（3）操作温度

操作温度（Operative Temperature，OT）是平均辐射温度和空气温度关于各自对应的换热系数的加权平均值。

$$OT=(h_\gamma T_{wa}+h_c T_a)/(h_\gamma+h_c) \tag{3-27}$$

式中，T_{wa}——平均辐射温度（舱室墙壁温度）；

h_γ——热辐射系数；

h_c——热对流系数。

（4）预测平均热反应指标

预测平均热反应指标（Predicted Mean Vote，PMV）由丹麦工业大学 P. O. Fanger 等（1972）在 ISO 7730 标准《室内热环境 PMV 与 PPD 指标的确定及舒适条件的确定》中提出。

$$PMV=[0.303\exp(-0.036M)+0.0275]S \tag{3-28}$$

式中，M——人体总产热量；

S——人体产热量与人体为保持舒适条件下的平均皮肤温度以及出汗造成的潜热散热所向外界散出的热量之间的差值。

PMV 的值为 $-3\sim3$，负值表示产生冷感觉，正值表示产生热感觉。PMV 值代表对同一环境绝大多数人的舒适感，根据其结果可以对室内热环境做出评价，见表 3-10。

表 3-10　PMV 指标对热环境的判断

PMV	−3	−2	−1	0	1	2	3
判断	很冷	冷	凉	适中	温暖	热	很热

（5）热平衡数

热平衡数（Heat Balance，HB）由我国学者叶海等提出，表示显热散热占总产热量的比值，可以用于普通热环境的客观评价，也可以作为 PMV 的一种简易算法。

$$HB = \frac{33.5-[AT_a+(1-A)T_{wa}]}{M(I_{cl}+0.1)} \tag{3-29}$$

式中，I_{cl}——服装的基本热阻；

A——常数，为风速 v 的函数，当风速小于 0.2 m/s 时，取 0.5；$0.2\sim0.6$ m/s 时，取 0.6；$0.6\sim1$ m/s 时，取 0.7。

HB 包含了影响舒适的 5 个基本参数（空气温度、平均辐射温度、风速、活动量和服装热阻），可用于对热环境进行客观评价。其值为 $0\sim1$，值越高表示环境给人的热感觉越凉，见表 3-11。

表 3-11　HB 的热感觉等级

HB	热感觉	PMV	HB	热感觉	PMV
0.91	稍凉	−1	0.55	微暖	0.38
0.83	略凉	0.69	0.46	略暖	0.69
0.75	微凉	−0.83	0.38	稍暖	1
0.65	热中性	0			

3.4.2　水体热环境评价

《地表水环境质量标准》（GB 3838—2002）中规定了人为造成水温环境变化限制范围：周平均最大升温≤1 ℃；周平均最大降温≤2 ℃。水文测定方法遵循《水质 水温的测定 温度计或颠倒温度计测定法》（GB 13195—91），以下为该标准的制定依据。

制定水体温度限制要考虑并兼顾社会、经济和环境三方面效益，由冷却水排放造成的水体污染的控制标准通常是以鱼类生长的最高周平均温度（Maximum Weekly Average Temperature，MWAT）来确定。该指标是根据最高起始致死温度（UILT）和最适温度制定的一项综合指标，计算公式如下：

$$MWAT = 最适温度 + \frac{UILT - 最适温度}{3} \tag{3-30}$$

其中起始致死温度（Incipient Lethal Temperature），即 50%的驯化个体能够无限期存活下去的温度值，通常以 LT_{50} 来表示。随着驯化温度升高，LT_{50} 也会升高，但驯化温度升至一定程度时 LT_{50} 将不再升高，而是固定在某一个温度值上，即为最高起始致死温度。

水体的最适温度即最适合鱼类生长、繁殖的温度，各种鱼类不同生活阶段最适宜温度也各不相同。由于最适温度的测定条件（光照、溶解氧、饲料量等）要求较为苛刻，测试时间比较长，故通常以活动或代谢有关的某种特殊功能的最适温度来代替。

实际上最理想的高温限制应该是零净生长率温度（鱼类的同化速率与异化速率相同时的温度）和最适温度的平均值，此值至少可以保证鱼的生长速率不低于最高值的80%。但由于这个数值很难获取，而生长的最高周平均温度被认为很接近该平均值，因此在国内外将最高周平均温度作为水体的评价标准。

3.4.3　城市热环境评价

城市热环境是由于城市自身下垫面的物理性质变化以及人类活动等诸多因素共同作用的结果，其中最明显的表现形式便是城市热岛效应。下垫面是气候形成的重要因素，它对局地气候的影响非常大。在城市的发展中，人工建筑物高度集中，人工铺砌的道路纵横交错，建筑物参差不齐，使得城市下垫面原有的自然环境（如农田、草地等）发生了根本的变化。同时研究表明，气象和人为因素会导致城市热岛强度出现明显的非周期变化。而人为因素则以空调采暖散热量和车流量二者的影响最大。

城市热环境评价是获取热环境数据的必要手段，也是进行城市热环境研究的数据来源和基础，目前常用的城市热环境评价方法主要有地面观测法、数值模拟法、热红外遥感观测法三种。

（1）地面观测法

地面观测法是评价城市热环境的一种传统方法，包括固定观测法和流动观测法。最早是使用地面气象观测数据来进行城市热环境的分析，由于气象数据参数多且存档丰富，近年来，大量学者通过对比不同时期及移动站点的气象数据来研究城市热环境的年际变化及分布规律进行分析。也有研究者基于气象站点数据，通过云量、风速、太阳辐射及土地覆盖类型等因素来对城市热环境进行评价。

（2）数值模拟法

数值模拟法是以热力学和动力学为理论基础，通过建立模型，进行数值模拟以进行城市热环境评价。目前使用最多的模型主要为中尺度模型（MM5）和计算流体力学模型（CFD），其中 MM5 模型多用于模拟中小城市热环境演变规律、年际变化及影响因素，CFD 模型在研究城市街区小（微）尺度的热环境方面更具有优势。

（3）热红外遥感观测法

热红外遥感观测法是应用红外遥感器获取远距离的地面亮温参数，通过地表温度反演方法确定地表物体温度状况，从而评价城市热环境状况，是城市热环境评价研究领域一次技术上的飞跃。该方法可以在较短时间内获取连续性及完整性的数据，可以弥补传统评价方法的不足，不仅可以从宏观层面入手研究城市热环境，也可以描述城市热环境在微观层面上的时空变化规律，为缓解城市热岛效应提供新的研究思路。

3.4.4　气候变化预测

近一个世纪以来，全球气候变化明显，地球温度持续升高。根据政府间气候变化专门委员会第五次报告（IPCC AR5，the Fifth Assessment Report of the Intergovernmental Panel on Climate Change）对于全球气温的预测，到 2050 年，全球平均气温将比工业革命前升高 1.5 ℃以上。热污染除带来全球变暖及增温效应之外，也会导致极端气象事件频发。1961—2019 年，我国极端降水事件增多，全国综合气候风险指数明显增高。数据显示，我国平均每年由于自然灾害所导致的损失将近 1 600 亿元，相当于国民生产总值的 3.8%。

在过去 30 年里，我国城市化水平由 30% 增加到 54%，并且城市化的趋势在未来还会持续，这是社会经济发展到一定阶段的必然趋势。诚然，城市化带来了许多机遇和发展，但也严重影响着城市内部和周边的气候条件，城市热岛效应便是城市化所带来的最显著的现象之一。研究表明，城市热岛效应对城市生态环境的影响也是多方面的，不仅会引起酷热的天气，还会造成各种异常城市气象，如暖冬、飙风及暴雨等，对城市气候、工业生产和居民生活产生很大的影响。特别是在炎热的夏季，持续的高温会使城市用电量剧增，造成电力紧张，严重影响城市居住质量。

气候问题备受关注，在进行城市建设时，如果不考虑气候变化预测，并提升应对极端气象的能力，那么在未来将持续遭受环境、生态及经济上的巨大损失。国内外针对未来城市气候预测的研究中，研究关注点在于不同的温室气体排放路径、不同的城市化情景以及不同数值模型下的未来气候变化。实际研究过程中，影响未来城市气候评估的因素及方法包括城市发展模式、城市高温热浪风险、全球尺度气候模拟、区域尺度气候模拟、城市气候风险应对策略等。

（1）城市发展模式

目前，多数学者通过两种城市发展模型研究其对城市气候的影响：紧凑型城市（Compact City）和分散型城市（Dispersed City）。紧凑型城市是指通过建立中高密度的城市和混合型的土地利用功能，降低对城市土地的占用，实现公共资源和基础服务设施的共享，从而实现城市的可持续发展。分散型城市是指以城市内核为中心向外扩张和蔓延的城市发展模式，城市呈现出既统一又分散的状态，各部分形成相对半独立的单元，通过高速交通相联系。不同的城市空间形态对于城市热岛效应的影响不同，采用合理的城市发展模式可以有效减弱城市热岛的增温效应。

（2）城市高温热浪风险

不同国家和地区对于高温热浪的定义不同，世界气象组织认为日最高气温达到 32℃ 并持续 3 d 的现象为高温热浪；我国对于高温热浪的定义是日最高气温≥35℃且持续 3 d 以上的天气现象。高温热浪天气除了会直接导致人死亡外，也会诱发人的呼吸系统或心血管疾病，对人体健康造成威胁，人口死亡率和发病率会有明显上升。同时，高温热浪会造成城市用电、用水资源的紧缺，影响城市公共基础设施，降低城市运转效率。目前，关于区域尺度下未来高温热浪预估的研究较少，多数研究基于历史气象观测数据资料进行风险评估，但历史资料对于当下和未来的风险评估准确性有待商榷。因此，有必要通过全球气候模式耦合区域气象模拟软件针对不同代表性浓度路径和不同城市发展情境下的集合模拟以减少未来高温风险的不确定性。

（3）全球尺度气候模拟

国内外针对气候变化所带来的气温、空气质量等因素的改变开展了大量的研究。首先需要研究的是全球气候模式对于未来气候的模拟能力。全球气候模式是预测未来气候变化、评价气候变化对环境影响的主要工具。一般的气候系统模式能够在自然条件和人为活动的影响下较好地模拟出全球变暖的主要特征，但受限于全球气候系统复杂性、可靠性和代表性等因素影响，需要从多尺度定量评价全球气候模式对于气候变化的模拟能力。目前 CMIP5（第五阶段全球耦合模式比较计划）评估的 40 多个全球气候模式的模拟数据已经提交并可供下载，国内诸多学者利用新一代气候模式开展了相关的气候研究。例如梁玉莲、延晓冬利用 CMIP5 提供的全球气候模式，预估 RCP2.6、RCP4.5、RCP8.5 代表性浓度路径下，21 世纪末（2081—2100 年）中国区域的温度和降水变化。结果表明，三种代表性浓度路径下中国年平均温度的增幅为 1.87 ℃、2.88 ℃、5.51 ℃，青藏高原和东北地区增温趋势更为明显。

（4）区域尺度气候模拟

随着计算机性能的提升和观测技术的发展，20 世纪 80 年代以来气候数值模拟技术得到了极大的发展，在模拟预测气候变化方面发挥了重要作用。为了能够实现小尺度或者局地气候变化方面的研究，20 世纪 90 年代后，中尺度气候评估工具（RCM，Regional Climate Model）开始发展；截至目前，多数中尺度气候模式已经能对不同的气候现象进行较好的模拟和解释。其中比较成熟的有美国国家环境预报中心（NCEP）用于业务预报的 ETA（η）模式，美国宾夕法尼亚大学和国家大气研究中心合作研制的 MM5（Mesoscale Model 5）模式，科罗拉多州立大学研发的区域大气模拟系统 RAMS（Regional Atmospheric Modeling System）模式等。

（5）城市气候风险应对策略

由于极端气象灾害事件对城市和人体健康的危害愈加严重，世界各国在极端气象灾害应对措施上都进行了一定的研究和探索，主要有以下两方面。

一是在城市管理层面。国家颁布法律法规和政策文件，明确相关部门和组织机构在高温热浪来临时的职责，科学分配救灾资源，保证救灾措施的准确实施，加强公众宣传、增强公众防灾意识，建立医疗-脆弱人群保障体系等。

二是在城市规划及城市设计层面。目前从城市规划方面应对高温热浪风险、缓解城市热岛效应的研究主要有城市通风、城市环境气候图、城市热浪风险地图等。

3.5　全球变暖减缓与低碳发展

3.5.1　碳达峰碳中和的要求与低碳发展

2020 年 9 月 22 日，习近平主席在第 75 届联合国大会一般性辩论上宣布：中国 CO_2 排放力争于 2030 年前达到峰值，努力争取 2060 年前实现碳中和。这意味着中国作为全球最大的发展中国家，要在继续发展经济的同时实现全球最高碳排放强度降幅，且用时远低于许多发达国家。我国未来几年生态环境工作重点将围绕"双碳"目标的达成来进行。达成碳达峰的过程可以看作是一个向上的抛物线，当 CO_2 的排放量达到一个峰值后，将不会再增加，开始进入下降的状态。而碳中和则是要实现一个对等的关系，即在一段时间之内，CO_2 的排放量要等于 CO_2 的吸收量，实现名义上的零排放。

在碳减排目标达成的过程中，不是一个部门一个行业一个地方的事情，政府部门将加快构建属于碳达峰、碳中和的政策体系。能源消费结构的转型可以加快"双碳"目标的实现，促进低碳经济的发展。工业领域能源消费量占全国总体消费量的 65%左右，是节能降碳的主要领域之一，绿色低碳产业发展必将给工业经济发展带来新的增长空间、新的创新动力和新的发展机遇。科学细化目标任务，稳妥有序推进工业绿色低碳转型可以从以下几方面开展。

一是加强顶层政策设计。落实好国务院印发的《2030 年前碳达峰行动方案》，积极开展工业领域碳达峰行动，以钢铁、建材、有色金属等行业为重点，结合行业特色和发展实际，分门别类，分别施策，制定一系列专项政策，稳妥、科学、有序推动工业领域碳达峰。

二是有序推进产业结构深度调整。严格落实钢铁、水泥、平板玻璃、电解铝等行业产能置换政策，坚决遏制高耗能、高排放和低水平项目盲目发展，特别是要严格控制钢铁等重点行业用能规模。

三是实施制造业绿色低碳转型行动。发布绿色低碳升级改造导向目录，引导做好重点行业绿色低碳升级改造，推进重点行业和领域低碳工艺革新和数字化转型。

四是打造绿色低碳产品供给体系。加大光伏、风机、节能电机等装备供给，实施智能光伏产业创新发展专项行动。

目前我国已经超额完成了"十三五"提出的环境保护总体目标和量化指标，全国

$PM_{2.5}$、PM_{10} 等六项主要污染物平均浓度同比均明显下降。其中能源结构调整优化的贡献巨大，煤炭占一次能源消费比重持续降低，2017—2020 年，全国煤炭消费比重由 60.4%降至 57%左右。淘汰治理小型燃煤锅炉约 10 万台，重点区域 35 蒸吨/h 以下燃煤锅炉基本清零。中央财政支持北方地区清洁取暖试点实现"2+26"城市和汾渭平原全覆盖，累计完成散煤替代 2 500 万户左右。在能源领域，通过热电联产替代电、天然气替代等措施，2013 年全国有 62 万台燃煤锅炉，现在仅剩不到 10 万台，重点地区完成 2 500 万户的散煤替代。2018—2020 年，京津冀及周边地区、汾渭平原 90 多万辆国三及以下的重型运营卡车提前淘汰；新能源汽车大幅增长，电动公交车 2015 年占比 20%，现在达到 60%。经初步测算，上述结构调整的措施减少煤炭消费量 5 亿多 t，减排二氧化硫 1 100 多万 t、氮氧化物 500 多万 t，协同减少 CO_2 排放 10 亿 t 以上。

我国目前化石能源消费依然比例高、体量巨大，是造成空气污染的主要原因之一以及温室气体排放的主要来源。因此，"十四五"期间我国将以减污降碳协同增效为总抓手，把降碳作为源头治理，指导各地统筹大气污染的防治与温室气体减排。关于"十四五"目标指标的设置，初步考虑 337 个城市，$PM_{2.5}$ 同比下降 10%，相当于未达标城市要下降 15%；优良天数从 87%提高到 87.5%，表面看只提高了 0.5 个百分点，但实际上扣除新冠肺炎疫情影响，相当于从 84.8%提高到 87.5%，提高了 2.7 个百分点。根据国务院印发的《2030 年前碳达峰行动方案》，"十四五"期间各个规划均将突出源头控制、系统控制。"十四五"期间乃至很长一个阶段，如果不遏制化石能源增长，尤其是煤炭的增长，对碳达峰、空气质量改善等方面都将产生巨大压力。对此，要严格控制增量，坚决遏制高耗能、高排放项目盲目发展，严格落实产能置换要求。同时加强存量治理，坚持"增气减煤"同步，以此替代煤炭；推动电代煤，今后新增电力主要是清洁能源发电；持续优化交通运输结构，提升轨道化、电动化和清洁化的水平。

3.5.2　清洁能源发展

能源是推动社会发展和经济进步的重要物质基础。目前世界能源结构呈多元化发展趋势，能源生产和消费走向全球化，在清洁能源的商业化还存在一定距离时，煤炭、石油和天然气在未来很长一段时间内仍然是主要的能源。在世界经济高速发展中，人们已经意识到煤炭、石油等化石燃料资源面临短缺的危险性，同时民众环保意识的加强，也促使着人们发展新能源技术。其中重要的一条途径就是寻找来源广泛的、可再生的替代能源——清洁能源，同时减少能源产生过程的污染物、温室气体排放，提高能源转化效率、利用率、安全性及经济效率。目前已推广使用的清洁能源主要包括太阳能、风能、核能、水能等。

3.5.2.1　太阳能

太阳能在能源结构中占有重要的地位，与其他能源相比它具有很多显著的优点：分布广泛，不需要开采和运输；不存在枯竭问题，可以长期利用；安全卫生，对环境无污染；地球上一年接收的太阳能总量远大于人类对能源的需求量。太阳能在具有许多其他能源难以比拟的优点的同时，也具有缺点，如不稳定、不连续等，这些缺点在很大程度上限制并影响了太阳能的应用。太阳能技术的直接利用主要包括太阳能的热利用、电利用和储存。

（1）太阳能的热利用

对太阳能进行热利用主要采用的是集热器装置，即将太阳能辐射能转换为热能的装置，目前常用的集热器主要分为聚集型和平板型两种。聚集型集热器是利用光学系统改变太阳光束方向，使入射辐射聚集在吸收表面上提高能流密度。平板型集热器吸收太阳辐射的面积与采集太阳辐射的面积相同，对太阳的直接辐射和被大气层反射和散射的漫射辐射都能利用。平板型集热器具有结构简单、性能可靠、故障少及经济成本低等优点，是目前使用最多的太阳能热利用装置。

（2）太阳能的电利用

太阳能的电利用主要是采用太阳能电池把光能直接转换为电能，其原理是基于太阳光的光量子与材料相互作用而产生电势。太阳能电池的工作原理如图 3-12（梁彤祥等，2012）所示，过程是太阳光量子被吸收并激发电子-空穴对；电子-空穴对在静电场作用下被分离到半导体的不同位置，绝大部分太阳能电池是利用半导体势垒区的内建静电场分离电子-空穴对的；被分离的电子和空穴由电极收集并输出形成电流。

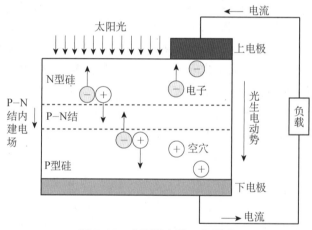

图 3-12　太阳能电池工作原理

已投入研究并使用的太阳能电池种类有很多，按照化学组成及产电能的方式，太阳能电池可以分为无机太阳能电池、有机太阳能电池和光化学太阳能电池等。其中无机太阳能电池包括硅太阳能电池、化合物太阳能电池、级联电池等；硅太阳能电池包括晶体硅太阳能电池和非晶硅太阳能电池等；化合物电池包括 II-VI 族化合物太阳能电池、III-V 族化合物太阳能电池等。

（3）太阳能的储存

太阳能的储存方式包括机械储存、热能储存、电能储存、化学能储存和生物质能储存。其中机械储存、热能储存及电能储存只能进行短期储存，化学能储存和生物质能储存可以长期储存。在化学能储存方式中，利用太阳能从水中直接制备氢具有储存能量大、原料来源广泛、使用方便、清洁无污染等优点，然而目前还处于基础研究阶段，离实用化还有相当一段距离。

3.5.2.2　风能

风能作为一种清洁、可再生的新能源有着巨大的开发潜力。尤其是对于沿海岛屿、交通不便的边远山区、人烟稀少的草原牧场、远离电网或近期电网难以到达的农村等地区，风能可以作为一种解决生产生活能源的可靠途径，在清洁能源技术发展领域中具有非常重要的意义。

在发达国家，风能作为一种高效清洁的新能源受到很高的重视。美国于 1974 年就开始试行联邦风力机计划，于 20 世纪 80 年代成功开发了 100 kW、200 kW、2 000 kW、2 500 kW、6 200 kW、7 200 kW 的 6 种风力机组。到 2010 年年底，全球风力发电装机容量已累计达到 190 GW。以德国为代表的欧洲各国及美国的风电事业发展迅速，欧洲风电装机容量占全世界的 75%。截至 2021 年 10 月底，全球风电装机累计 2.99 亿 kW。

我国的风力发电装机容量在 1993 年仅为 17.1 MW，1997 年跃升至 166.5 MW，1998 年增长至 226 MW。从地理位置上看，我国位于亚洲大陆东南部，濒临太平洋西岸，季风强盛，全国风力资源总储存量为每年 16 ×10⁸ kW。内蒙古、青海、黑龙江、甘肃等省（自治区）风能储存量居于我国前列，年平均风速大于 3 m/s 的天数在 200 d 以上。

"十五"期间，中国的并网风电得到迅速发展。2006 年，中国风电累计装机容量已经达到 260 万 kW，成为继欧洲、美国和印度之后发展风力发电的主要市场之一。截至 2007 年年底，全国累计装机约 600 万 kW。2008 年 8 月，中国风电装机总量已经达到 700 万 kW，占中国发电总装机容量的 1%，位居世界第五。2008 年以来，国内风电建设的热潮达到了白热化的程度。

"十三五"初期，由于新能源发电的间歇性、波动性、随机性等特点，大规模的弃风弃光在 2016 年达到高峰，消纳问题成了制约我国新能源产业发展的主要矛盾。因此，我国多部委陆续出台了《可再生能源发电全额保障性收购管理办法》《解决弃水弃风弃光问题实施方案》等多项政策，实行了可再生能源电力配额制考核，对再生能源全额保障性收购，并且建立了配套的市场化消纳机制，积极引导市场主体参与可再生能源消纳以及推广。在多项政策措施支持下，我国新能源消纳形势向好，利用率得到提升，风电的平均利用率由 2016 年的 83% 提升至 2020 年的 96.5%，处于较高水平。

2021 年 1—11 月，全国风电发电量达到 5 866.7 亿 kW·h，累计装机容量稳居世界首位。《中华人民共和国 2021 年国民经济和社会发展统计公报》显示，2021 年，并网风电装机容量 32 848 万 kW，同比增长 16.6%。

3.5.2.3　核能

18 世纪末到 20 世纪 30 年代这一短短时间内，原子核物理、放射性核化学呈现了爆炸式的发展，理论和实验为原子弹和反应堆的发展奠定了坚实的基础，在此期间涌现了里奥·西拉德、居里夫人、爱因斯坦、莉泽·迈特纳等为核物理理论做出卓越贡献的科学家。核能是可持续发展的清洁能源，也是唯一能够大规模取代常规新能源的替代能源。截至 2012 年，全世界共有 440 多个核电机组在运行，总净装机容量超过 3.7 亿 kW。我国民用核电事业起步较晚，1992 年，第一座核电站秦山 1 期电功率 300 MW 核电站投产，广东大亚湾 900 MW 的 1 号和 2 号核电站于 1993 年和 1994 年投入运行，秦山 3 期核电站 1

号机组于 2002 年 11 月并网发电，秦山 3 期核电站是我国首座重水堆核电站。截至 2022 年 3 月，中国共有核电站 22 座。

第二次世界大战结束后，美国和苏联开展了军备竞赛，核动力首先应用于潜艇、舰船、航天领域，这一期间发展的核反应堆属于原型堆，目的是验证反应堆的可行性，在反应堆的发展史上成为第一代反应堆。战后经济复苏和发展需要大量的能源，经过十多年的原型堆实验，自 20 世纪 60—80 年代，核电进入了快速发展阶段，核能国家建造了大量的 1 000 MW 以上的核电站，这些商用的反应堆属于第二代反应堆。二代堆与一代堆最大的不同在于，二代堆专门设计了能动安全装置，而且原则上仅供民用；通常为轻水堆，也有重水堆设计，可以实现自动启动，也可以由操作员操作启动。然而第二代反应堆是商业化运作的结果，过分强调提高功率和降低成本，在设计上和反应堆材料上存在一些安全隐患。

1979 年美国三哩岛核事故和 1986 年苏联的切尔诺贝利核事故，将核电带入了萧条期。20 世纪 80 年代到 2002 年，只有日本、法国和中国等少数国家继续发展核电。核事故促进了人们重新考虑反应堆设计，一些国家开始着手研究延长反应堆寿命的技术以及研发更加安全的反应堆。法国和日本等研究了第三代核电技术，三代堆的安全性明显高于二代堆，主要体现在改革型的能动和非能动安全系统，在技术上满足《国际原子能机构安全法规（第二版）》对预防和缓解严重事故的要求，也符合我国颁布的安全法规对预防和缓解严重事故的要求。20 世纪 90 年代末日本建造的 1 350 MW 电功率先进沸水堆预示着核电复苏的到来。

以美国为首的国家在 20 世纪 90 年代末期开始了第四代反应堆的设计和实验研究。四代堆的概念由美国能源部的核能、科学与技术办公室提出。1999 年，美国核学会冬季年会上明确了第四代核能系统设想。2000 年美国能源部发起并约请阿根廷、巴西、加拿大、法国、日本、韩国、南非和英国等 8 个国家的政府代表开会，讨论开发新一代核能技术的国际合作问题，取得了广泛共识，并发表了"九国联合声明"。随后，由美国、法国、日本、英国等核电发达国家组建了"第四代核能系统国际论坛（GIF）"，拟于 2～3 年制订出相关目标和计划。这项计划总的目标是在 2030 年左右，向市场推出能够解决核能经济性、安全性、废物处理和防止核扩散问题的第四代核能系统。第四代核能系统将满足安全、经济、可持续发展、极少的废物生成、燃料增殖的风险低、防止核扩散等基本要求。

核电技术发展经历 80 年，期间出现了两次较大的核事故——切尔诺贝利事故和日本福岛核事故，给人类带来了巨大的灾难。纵观核电发展历史，在人类发展核电的同时必须将核电安全（包括乏燃料的安全处置）放在第一位。2011 年 3 月发生的福岛核电厂泄漏事故已超过 10 年的时间，但至今不仅无法掌握直接受害的全部情况，在核泄漏事故方面也不能正确地控制事故过程。从陆地、空中到海面广泛扩散的放射性污染会持续至何时，如何阻断和隔绝污染源和污染扩散通道，还不能完全确立最终解决目标。因此发展更高安全性的反应堆是目前全球核电发展的共识。

3.5.2.4 水能

水能是一种清洁、绿色的能源，是指水体的动能、势能和压力能等能量资源，广义的水能资源包括河流水能、潮汐水能、波浪能、海流能等；狭义的水能资源指河流的水能资源，也是人们最容易开发利用的水能。它是一种可再生能源，主要应用于水力发电。水力发电的优点是成本低、可连续再生、无污染；开发水力发电对于江河综合治理与利用具有非常积极的作用，对促进国民经济发展、改善能源消费结构、缓解煤炭石油压力也有着非常重要的意义。但缺点是会受到水文、气候、地貌等自然条件的影响，在进行基建时会有生态破坏的隐患。

水力发电的生产过程及工艺较于煤电发电要简单清洁得多，常见的水电站生产形式包括坝式、引水式混合式、潮汐式、抽水蓄能式等几种形式。水电站生产形式与水能存在的形式有关。具体选择何种生产形式，还要看水利水电工程规划区域的水能。最常见的水能有河流水能、潮汐水、波浪能、海洋热能等。

目前，国内利用河流水能开发的水电站占比较大。以河水能源为例，随着河水的流动而产生，不论开发与否，河水能都存在。河水能可直接被开发利用，发电过程并不会像火力发电产生污染，洁净性良好。对大型水电站的综合开发，还可以作为调节航道水位的基础工程，带动水运运输、地区旅游等，符合综合开发和带动经济性的特征。此外，水力发电还具有工程投资大、建设周期长、对建设区域生态环境有一定破坏性的特点。对生态破坏主要体现在造成河流、海洋或湖泊水电站周边生物多样性的减少，对原生态景观系统以及对水生态系统的破坏。从调节旱涝灾害的功能出发，水力发电对生态环境发挥着一定的保护作用。因此，在生态方面我们暂且可以认为水力发电具有保护与破坏的双重作用。

目前，国内水力发电工程建设已初具规模，已建成各类水库 9.8 万余座、总库容 8 983 亿 m³。国内已经探明的水能源、天然气、原煤、原油的能源储量中，水能源占比高达 45%，为水力发电工程建设奠定了良好的基础。在水力发电发展中主要制约因素包括水能、环境、行业垄断和投资资金因素，结合我国国情，我国未来水力发电发展趋势应趋向于大型化、智能化和综合开发化。

从能源发展的角度分析，水力发电的洁净性、可再生性及经济性都使其在未来具有广泛的应用前景。从水环境保护的角度分析，水电发展无形中对水电站周边生态环境及沿线的水生态环境造成了一定污染与破坏。整体而言，水力发电的利大于弊。在未来水能技术开发和水力发电的建设规划中，应将生态环境保护放在核心位置，才能使我国水能利用的经济效益、环境效益及社会效益最大化。

3.5.2.5　可再生能源

可再生能源包括已介绍的太阳能、风能、水能等清洁能源，是绿色低碳能源，是我国多轮驱动能源供应体系的重要组成部分。近年来，我国在全球可再生能源领域的地位日益凸显，逐渐成为推动全球能源结构转变的主角，作为"可再生能源第一大国"，我国风电、太阳能等可再生能源装机容量均列世界第一。截至 2021 年年底，我国可再生能源装机容量为 10.64 亿 kW，占全国发电总装机容量的 44.76%，其中水电装机容量为 3.91 亿 kW，风电装机容量为 3.28 亿 kW，光伏发电装机容量为 3.07 亿 kW，生物质发电装机容量为 3 798 万 kW，如图 3-13、图 3-14 所示（林冬，2022）。预计到 2030 年，我国光伏和风电装机规模将超过 16 亿 kW，非化石能源占一次能源消费比重将达 25%左右；到 2060 年，我国光伏和风电装机规模将超过 50 亿 kW，非化石能源占一次能源消费比重将达到 80%左右。

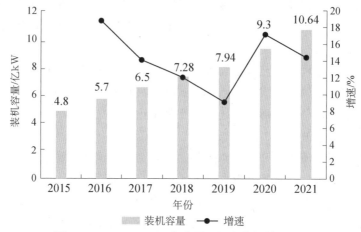

图 3-13　2015—2021 年我国可再生能源装机总量

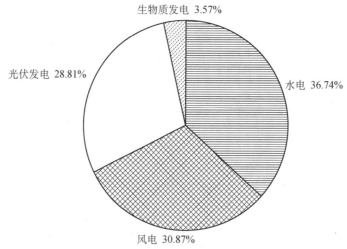

图 3-14　截至 2021 年我国可再生能源装机容量占比情况

　　21 世纪以来，全球面临的能源安全和生态环境保护问题日趋严峻，为了将经济复苏与应对气候变化的长期目标紧密结合，各国纷纷选择"绿色复苏"路线，将绿色经济置于刺激计划的核心，加大对可再生能源领域的投入，我国也将开发利用可再生能源作为应对日益严峻的能源环境的主要办法。

　　2022 年 6 月 1 日，《"十四五"可再生能源发展规划》正式发布，进一步明确了"十四五"期间可再生能源发展的任务和目标。该规划指出，"十四五"期间，我国可再生能源将进一步引领能源生产和消费革命的主流方向，发挥能源绿色低碳转型的主导作用，为实现碳达峰、碳中和目标提供主力支撑。

　　该规划提出，到 2025 年，我国可再生能源消费总量将达到 10 亿 t 标准煤左右；"十四五"期间，可再生能源在一次能源消费增量中占比将超过 50%。其中，在非电利用方面，2025 年，地热能供暖、生物质供热、生物质燃料、太阳能热利用等非电利用规模达到 6 000 万 t 标准煤以上。而在可再生能源发电方面，该规划要求，2025 年，可再生能源年发电量达到 3.3 万亿 kW·h 左右；"十四五"期间，可再生能源发电量增量在全社会用电量增量中的占比超过 50%，风电和太阳能发电量实现翻倍。同时，对于可再生能源电力的消纳，明确"到 2025 年，全国可再生能源电力总量消纳责任权重达到 33% 左右，可再生能源电力非水消纳责任权重达到 18% 左右，可再生能源利用率保持在合理水平"。

3.5.3　低碳经济与低碳技术发展

党的十九大报告首次提到现代化经济体系，明确要求"建立健全绿色低碳循环发展的经济体系"。习近平总书记在讲话中也提到，"现代化的生产将会以低碳循环经济为主，改变传统产业结构，开创新型环保格局，加强生态保护，规避气候风险"以及"控制能源的使用，并不是简单的不再使用，而是换一种方式使用，以绿色低碳为发展目标，促进碳转化。这样才能实现共赢的局面，国家走向绿色之路，环境走向友好之态，经济走向健康之势"。

低碳经济是一种绿色、低碳和可持续发展的经济模式，是实现"双碳"目标的重要途径之一，其如何高质量发展备受关注。低碳经济转型是指通过机制创新、制度安排与技术创新等手段改变现有的基于化石能源的经济增长模式，实现低碳或零碳能源为支撑的可持续的经济发展形态。低碳经济转型以碳减排为目标，以产业结构优化、产业组织方式变更，以及经济发展方式和制度转变为重要内容。

2017 年年底，我国正式启动的全国统一碳排放权交易市场是市场机制下控制温室气体排放、推动低碳经济转型的重要制度创新和政策工具，完善的碳金融秩序与交易体系有助于碳排放权的合理分配、聚集资本、风险管理以及公司治理，对推动区域低碳经济转型发挥重要作用。流动性是实现价格发现作用和市场有效性的重要前提，是衡量市场活跃度和成熟度的重要指标。从流动性的角度看，碳排放权交易可通过现金、等价物、可转换债券或实物交易等方式进行。市场的流动性指标从交易量、价格和交易次数等角度反映出市场的有效性。对于碳排放权交易市场而言，流动性在很大程度上影响了碳资产预期收益，进而对企业减排决策和低碳技术创新产生影响。因此，碳排放权交易市场的流动性对于我国低碳经济转型的作用不容忽视。在碳排放权交易市场不断发展的背景下，碳排放权交易市场的流动性进一步增强。根据中碳指数 2014—2019 年数据，我国碳排放权交易市场交易总量呈现不断上升的趋势，并于 2016 年下半年逐步趋于稳定，但我国的碳排放权交易市场目前仍然处于发展的初级阶段，与成熟碳排放权交易市场（如 EU ETS 欧盟碳排放权交易市场）相比仍有较大差距。

低碳经济发展与转型的同时，也同样依赖"低碳技术"的突破，低碳技术创新是降低长期减排成本，实现可持续发展的重要因素。低碳技术作为一种环境友好型技术（Environmentally Sound Technology，EST），具有极强的正外部性，能够有效解决经济社会中资源消耗、环境污染和经济发展的矛盾，还具有传统技术促进生产效率提升的特征，可以维护和改善生态系统。因此低碳技术遵循低能源消耗特性，打破了一般技术创新的高碳性技术锁定模式，创新性程度更高，更具前沿性和风险性，在保证经济稳步增长的同时兼顾生态环境问题。目前国内外学术界对于低碳技术创新研究主要集中在三个方面。

① 低碳技术创新特征与发展。低碳技术创新对于产业结构发展有着多方面的影响，低碳技术创新可引导生产过程中对于不同技能劳动力的需求发生变化，改善劳动力市场结构，促进产业结构升级；同时低碳技术创新能够满足新的消费需求从而促进产业转型升级和绿色经济发展。

② 低碳技术创新的影响因素。相关研究主要关注于环境规则、数字化技术、低碳试点城市等因素对于其创新的影响。我国政府通常会搭配使用规制政策与支持政策以激励绿色技术创新，而合理选择政策工具是确保政策搭配有效的关键。以 2008—2018 年中国工业省级面板数据为样本，实证研究了不同环境规制工具、政府支持行为对绿色技术创新的直接影响与耦合影响。实证结果显示：在当前政策强度下，命令型规制、投资型规制、研发补助促进绿色技术创新，低碳补贴抑制绿色技术创新，费用型规制对绿色技术创新的影响效果不显著；研发补助和低碳补贴分别正向和负向调节费用型规制和投资型规制的绿色创新激励效果。

③ 低碳技术创新的环境效应。目前有研究结论表明低碳技术创新对于环境保护具有积极作用，但积极的环境效应只是绿色经济增长的一部分，并不能代表绿色经济增长本身，因此也有学者对于可再生能源技术对绿色安全要素生产率的影响展开研究。

近年来，绿色低碳技术创新和应用在我国取得了积极进展，主要体现在节能与能效提升技术、可再生能源装备、新能源汽车、环保装备、终端电气化技术、氢及氢基燃料等低碳燃料/原料替代技术、碳捕集、利用和封存技术等方面。然而我国在低碳技术创新和发展的同时，依然面临很多问题导致发展处于"瓶颈"期，主要存在以下问题。

① 重点领域尚未完全掌握核心技术，高端装备供给不足。以车用芯片为例，2019 年全球汽车半导体市场份额中，欧洲、美国和日本企业分别占37%、30%和25%，中国企业仅占 3%左右，国内汽车芯片市场基本被国外企业垄断，芯片短缺对汽车生产的影响持续扩大。此外大型风电机组主轴承、氢能生产储运应用技术、大容量先进储能、专用检测设备、膜材料、环境监测专用仪器仪表等关键材料的制备技术，也成为制约我国绿色低碳产业发展、行业低碳转型的重要因素。

② 绿色低碳技术成本较高，推广应用难度大。交易市场总体规模较小，2021 年总成交量约 1.79 亿 t，总成交额 76.61 亿元，整体碳价偏低，居于 40～60 元/t，远低于应用绿色低碳技术带来的成本，不足以激励化石能源企业低碳转型。

③ 市场主体推进技术创新活力不足，融资难问题突出。绿色低碳技术具有跨行业、跨专业的特点，投入成本大、从研发到产生经济效益周期长，仅靠市场难以持续。据国家知识产权局相关报告指出，我国绿色专利主要集中在高校。企业创新主体地位尚未形成，绿色技术创新的市场导向特征不突出。

④ 产业发展基础不牢，配套设施、法规政策限制等非技术因素是重要制约。

　　综上所述，我国未来进行低碳技术创新及经济转型发展中，应搭建共性技术平台，培育创新主体；加大推广力度，应用促进创新提高产业竞争力；推动数字化赋能绿色低碳改造，深挖节能降碳潜力；同时完善配套政策，优化发展环境。

3.6　局域热污染及其防治

　　热污染是指现代工业生产和生活中排放的废热所造成的环境污染。热污染可以污染大气和水体。火力发电厂、核电站和钢铁厂的冷却系统排出的热水，以及石油、化工、造纸等工厂排出的生产性废水中均含有大量废热。这些废热排入地面水体之后，能使水温升高。局域热污染一般是指在小而有限的地方产生的热污染。

3.6.1　城市热岛效应的现状

　　热岛效应（Urban Heat Island Effect）是指一个地区的气温高于周围地区的现象。用两个代表性测点的气温差值（热岛强度）表示。主要有城市热岛效应和青藏高原热岛效应两种。热岛效应是由于人为原因，改变了城市地表的局部温度、湿度、空气对流等因素，进而引起的城市小气候变化现象。该现象属于城市气候最明显的特征之一。城市热岛效应对人类、动植物、环境都有危害。

　　城市化进程的不断加快，使城市的环境问题日益严重。图 3-15（郭海丰等，2022）为全球主要地区的城市化率。城市化率直接反映了热岛效应的实际情况，使得城市温度高于周边农村地区温度，影响着整个地区的环境。

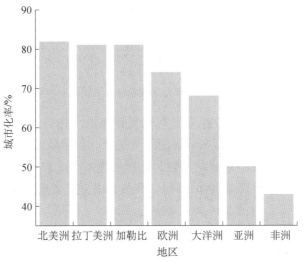

图 3-15　全球主要地区城市化率

　　以我国热岛效应为例，目前除少数西北干旱区城市外，绝大部分城市均表现出明显的热岛效应，且不同城市和区域热岛强度差异明显。我国平均热岛强度为（0.9±1.1）℃，白天平均热岛强度为（0.5±1.2）℃。夜晚为（1.2±1.1）℃。张家口、兰州和北京等城市日平均热岛强度最高，热岛强度超过 5.8 ℃。相对而言，乌鲁木齐、银川和拉萨这几个城市则表现出明显的冷岛效应，乌鲁木齐降温幅度达−1.5 ℃。另外，城市热岛昼夜变化明显，超 80% 的城市热岛强度夜晚明显大于白天，最高昼夜差达 2.8 ℃，平均昼夜差达 0.7 ℃，特别是约 35% 的城市在白天出现微弱的冷岛效应。整体上，我国的城市热岛强度有明显的南北差异，北方地区的城市热岛强度高于南方，华北地区最高，达（1.4±1.4）℃；且各地区夜晚热岛强度均高于白天，尤其东北地区，昼夜热岛差达（1.6±0.8）℃。

以北京、西安两座城市为例。北京的平均海拔约 43.5 m，地形西北高东南低，西部为西山，属太行山脉，北部和东北部为军都山，属燕山山脉。北京属于温带大陆性季风气候，夏季高温多雨，冬季寒冷干燥，年平均温度约 13 ℃，夏季气温炎热常达 40 ℃，冬季平均温度基本保持≤0 ℃。随着城市化的发展，城区建设用地面积急剧增加，出现较为显著的热岛现象。

1990 年以来，北京城市热岛面积一直呈现明显上升的趋势，强度不断增强，平均每 10 年增加 0.32 ℃。热岛范围由城区不断发展并有连接成片的趋势，同时不断向周边扩张。到 2017 年，北京城六区热岛面积比例已近 80%。北京的热岛区域还出现了从中心城区向北、东和南三面扩展的态势，其中向昌平、顺义和通州方向扩展最为明显。图 3-16 反映了 1961—2017 年北京观象台气温距平逐年变化曲线（王冀等，2019）。

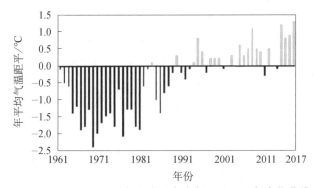

图 3-16　1961—2017 年北京观象台气温距平逐年变化曲线

西安城市热岛强度从 20 世纪 70 年代以来呈逐年增大趋势，特别是 90 年代后热岛强度大幅增加。西安城市热岛强度存在明显的季节变化，春季最大，冬季次之，夏季最小。例如在 6—10 月热岛强度较小且波动变化，随后迅速增大，12 月至次年 5 月高位波动。其中强度最大为 4 月，最小为 7 月和 10 月。西安热岛强度表现为夜间和早间较强、午间至傍晚较小的分布特征。由图 3-17（张文静等，2019）可见，1961—2016 年西安热岛强度呈增大趋势，线性趋势率为 0.002 ℃/10a。1961—1980 年热岛强度变化平稳，介于−0.1～0.3 ℃，热岛效应几乎可以忽略不计。1981—2010 年城市发展加快，气温迅速上升，也是城市热岛的一个明显加强期。这一时期热岛强度呈现一小一大两个波峰：1981—1990 年为一小波峰，这期间热岛效应不明显；1991—2010 年为一个大波峰，热岛效应逐年增大；2010 年后热岛强度高位窄幅波动，2014 年达到最大值 1.3 ℃。

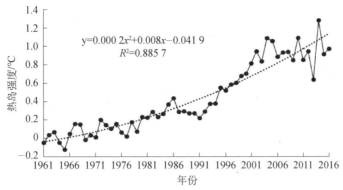

图 3-17　1961—2016 年西安市热岛强度年际变化

3.6.2　城市热岛效应的防治

（1）冷材料对热岛效应的缓解

低反照率的城市地表和建筑是导致热岛效应发生的重要因素。城市中建筑和道路吸收太阳辐射的热量，再以对流和辐射的方式将热量传递到周围环境中，造成环境温度的升高。所以，提高建筑对太阳辐射的反射率是缓解城市热岛效应的有效方法。

"冷材料"是指具有高太阳反射率和高热发射率的材料，将其用作建筑围护结构，提高对太阳的反射率，从而降低城市环境温度。具有高反照率的建筑外表面或道路自身吸收的来自太阳的热量减少，向环境中传递的热量也相应地减少。同时，低温的建筑外表面向室内环境传递的热量较小，夏季的冷负荷也有所降低，有助于节约能源。研发新型"冷材料"用作围护结构的材料是缓解热岛效应的主流方法，除造价成本高以外，还存在其他问题。高反射率可能会造成眩光、对比度等问题，甚至在街道层面的极端热舒适条件下会恶化。但研究"冷材料"仍将成为未来缓解城市热岛效应的主流方法之一。

（2）植被对热岛效应的缓解

植被是有效缓解热岛效应的措施之一，植物可以通过蒸发蒸腾、遮挡太阳辐射以及利用叶子的高反照率反射太阳辐射这三种方式降低环境温度。植物的蒸发会将很大一部分太阳辐射被转化为潜热，而潜热不会增加温度。有数据表明，植被可显著降低周围地带的温度。

植被覆盖率越高，控制和减少城市热岛效应的作用越明显。当植被覆盖率较为固定，或是变化不大时，城市绿地系统的空间分布形态直接影响了城市的热岛效应。密集均匀的绿地系统形式更加有利于减少城市的热岛效应。

（3）建设海绵城市缓解热岛效应

2015 年 10 月，国务院办公厅发布《关于推进海绵城市建设的指导意见》，"海绵城市"建设立即成为热点话题。海绵城市工程是我国在应对城市热岛效应方面十分关注的项目之一。合理利用雨水资源，可以有效缓解城市热岛效应。有研究表明，海绵模式相对于传统模式，强冷岛比例由 3% 提升至 4%，强热岛比例由 19% 降低至 13%。城市热岛效应较强的地区主要集中在城市的人工表面，而"冷岛"效应往往出现在植被和水体区域。由此可见，城市热岛强度与土地利用类型有直接关系。透水路面的应用是海绵城市建设的重要组成部分，雨水可以渗透地面并补充地下水。透水路面还能穿透"地气"，使地表在冬季变暖、夏季变凉，增加城市生活的舒适性，有效缓解城市生态因抗渗硬化而产生的负面影响。透水材料的铺装是海绵城市建设的重要手段之一，其通过对地面水资源的再循环及再利用，达到地表生态修复的目的，使城市水环境得到恢复，同时实现对雨水的资源化利用。

3.6.3 水体热污染的现状

广义的热污染包括温室效应、热岛效应和水体热污染，狭义的热污染仅指水体热污染，是指向水体排放废热造成的水体环境破坏。异常的气候变化和人为因素是广义热污染的两大主因，而水体热污染则基本都是人为因素造成的。

向地表水体排放的各种工业冷却水是目前我国水体热污染的主要污染源，其中火电厂和核电站的直流冷却水占很大比例。一个装机 100 万 kW 的火电厂，冷却水排放量为 30～50 m³/s（温差 8～10 ℃），装机相同的核电站排水量较火电厂还要增加 50%。

例如，长江沿岸已建、在建和拟建的电厂仅南京—南通段即有 18 座之多，取排水总流量达 1 153 m³/s，按照电厂直流温排水 8～10 ℃ 的温差标准计算，仅此段电厂排热就可以使长江整体温升 1 ℃。随着我国新建火电、核电站的不断增加，水体热污染已经成为增长最快的水体污染之一，由水体热污染引起的纠纷不断增加。

例如，在四川岷江河段和沱江河段，曾发生过水产养殖网箱内数十万公斤的鱼类因某发电厂排出的废热水而被活活烫死的事件，给当地养殖业造成致命打击。而地表水源热泵的规模化应用，则无疑会加剧社会对这一问题的担忧。

江苏田湾核电站的温排水对排放口附近海域环境影响明显。2000 年 9 月的遥感图像反映出核电站一期工程 2 台机组建成投入运行后，近岸区海面温升已经超过 9 ℃，取水口附近的海面温升已经接近 2 ℃。田湾核电站厂址按 8 台百万千瓦机组设计规划，随着机组扩建，其温排水对排放口附近海域温度场的影响有继续扩大的趋势。

除此之外，由于人类开发利用土地使城市非渗透下垫面比例大幅增加，雨水径流入渗量减少，滨水遮阴植物移除和城市热岛效应的综合人为因素，使城市雨水径流所携带热量也成为水体热污染的另一重要来源。随着城市规模的不断扩大，城市雨水径流热污染源对受纳水体温度升高的贡献率在不断加大。

有研究表明，城市温热的沥青铺装形成的雨水径流会引起受纳河流温度升高 5 ℃，在极端条件下甚至高达 10～12 ℃。屋顶、路面、停车场、混凝土铺装等城市硬化地表均有高储热能力，降雨在其表面形成径流的温度会升高，从而排入受纳水体后对水体造成热污染。这种超过水体正常温度水平的雨水径流一方面直接对水生生物造成不利影响，如影响水生生物正常的产卵、生长及新陈代谢；另一方面热污染引起水质恶化从而改变水生生物的生境，使水体中溶解氧含量降低，水体富营养化进程加快，致病菌的数量增加，并且会加速水中重金属的溶解和有机毒物的形成。此外，研究表明城市雨水径流温度升高还会导致合流制溢流（Combined Sewer Overflow，CSO）中氨的释放量增加。

北京建筑工程学院城市雨水系统与水环境生态技术研究团队于 2012 年 9 月在深圳市光明新区开展了径流温度监测实验。监测了牛山公园内路面、河心北路混凝土路面和沥青路面、滨河苑小区停车场（混凝土）、法政路沥青路面、行政配套区 36 号路和 38 号路的共计 5 场降雨径流温度。由于深圳夏季日照时间长且太阳辐射强，降雨时地表和雨水径流温度较高。野外监测表明，夏季沥青和混凝土路面中储存的热量会向雨水径流中转移，降雨过程中沥青路面和混凝土路面的径流温度（30.2～34.1 ℃）明显高于路面温度（25.4～32.0 ℃）和大气温度（22.7～29.4 ℃）。

3.6.4　水体热污染的防治

水体热污染最根本的原因在于能源未能被最有效、最合理地利用，而合理利用需要在所有能源需求之间按需热量品质的统筹规划。利用能源总线将各种温排水集中输配到生活热水热泵站、温水养殖场、温室蔬菜、需要提高水质净化效率的污水处理站等再利用场合，形成对温排水的梯级利用和充分利用，可以从根本上解决水体热污染问题。

（1）减少废热进入水体

水体热污染的主要污染源是电力工业排放的冷却水，要实现水体热污染的综合治理，首先要控制冷却水进入水体的质和量。火电厂、核电站等工业部门要改进冷却系统，通过冷却水的循环利用或改进冷却方式，减少冷却水用量、降低排水温度，从而减少进入水体的废热量。同时应合理选择取水、排水的位置，并对取、排水方式进行合理设计，如采用多口排放或远距离排放等，减轻废热对受纳水体的影响。

（2）加强余热利用

目前火（核）电厂温排水余热利用方法及途径主要有直接利用和借助热泵技术提高温度后用于供热两种方式。余热直接利用的主要领域是种植业和养殖业。国外早在 20 世纪 60 年代就开始利用电厂的温排水养殖鱼类，用余热给土壤加温促进农作物生长或延长生长时间。我国余热利用主要集中在一些火电厂，如开封电厂、石洞口电厂等。

（3）雨水径流热污染控制

建立健全雨水径流热污染控制和地表水体温度控制的标准体系：我国至今针对雨水径流热污染控制的规范、法律和指标仍非常薄弱，仅《地表水环境质量标准》（GB 3838—2002）规定了人为造成的环境水温变化应限制在：周平均最大温升不超过 1 ℃、周平均最大温降不超过 2 ℃。此标准主要针对工业废水排放造成的点源热污染，但传统快排模式下城市雨水径流短时间内对受纳水体带来的热污染更易造成环境水温突然升高，对生态环境的破坏程度更甚。针对雨水径流热污染，仅有北京市地方标准《水污染物综合排放标准》（DB 11/307—2013）对污水排放温度有规定：直接排入北京市 Ⅱ 类、Ⅲ 类、Ⅳ 类、Ⅴ 类水体及其汇水范围的污水和排入公共污水处理系统的污水水温不得超过 35 ℃。事实上，35 ℃ 已经超过大部分水生生物的致死极限温度，会对水生生态系统造成巨大伤害。

我国应对雨水径流热污染问题予以重视，将"径流雨水控温排放"写入法律，明确规定不同类别水体允许排放的热量，再建立各项温度指标如温度排放指标和水环境温度指标等；各地区应结合本地生态实情，基于国家法律，量化环境所能承受的温度负荷，制定地方温度排放标准和温度控制政策；各部门（如林业、渔业、农业、城市规划建设和生态环境等）应加强协作，在前述基础上制定水温控制标准。

（4）长期监测并建立模型，开展全面深入的研究

我国水系众多，物种丰富，存在的水生态、水环境问题也较突出。建议对水体进行长期、持续的水质监测，并将温度作为一项重要指标，同时收集栖息生物群落信息，建立流域水质数据库，绘制水质地图，不仅可为环境治理提供资料，也能在评估水体水质和制定水质标准、污染物排放标准时作为参考。我国目前缺少城市径流温度模型和河流水温模型，对水温变化无法预判，建议以地形和水文资料为依托建立包括水温和雨水径流热污染负荷在内的模型，使用各地监测数据率确定模型参数，得到因地制宜的水温模型。

我国在雨水径流热污染领域研究不足，当前研究以零星监测现有源头减排设施对雨水径流热量削减为主，缺少系统的理论研究。例如，缺少对雨水径流和下垫面、径流和受纳水体之间传热机理研究，缺少对水体热负荷承载力、河流流态和河道断面形态等对其水温的影响研究。未来应着重开展针对前述内容的研究，为雨水径流热污染控制提供理论支撑。

3.6.5　余热利用与节能减排

高速发展的经济形势下，我国的能源需求的总量也越来越多，2016 年我国已经成为世界第一大能源消费国，占全球能源总消费量的 23%。其中，工业能耗占我国总能耗的 70%以上，而至少有 50%的工业耗能转化为形式不同、温度不同的工业余热。目前我国回收工业余热效率仅约 30%，其余以废热形式排放到室外环境中，资源利用效率偏低。不合理的产业结构、落后的生产技术和低的工业余热利用率也是造成高能耗的重要原因。因此，对工业余热的回收利用是减少能源消耗的有效手段之一。利用余热回收技术将低品位工业余热转换为可供工业、住宅利用的能源，能提高工厂企业的能源利用率，降低工厂企业能源消耗量和温室气体等废气的排放量，减轻对当地生态环境的污染。

工业余热及废热主要由尾气余热、化学反应热、生产废气（水）余热、冷却余热等组成。利用余热及废热时必须从经济性、技术性出发，与工艺生产的特点紧密结合，以便于能量的综合利用，提高综合利用效率。

尾气余热利用主要是回收烟气中的热量和降低废气排放温度。尾气余热回收一般通过换热器来实现。应在热力学分析的基础上针对不同温度水平的烟气制订回收方案，将余热利用方式予以区分。对于烟气温度较高的场所可利用烟气余热进行溴化锂吸收式制冷，甚至可驱动发电设备实现冷热电联供。对于烟气温度较低的场所视经济性而言，可以水为介质将热量加以回收利用。

生产中用来冷却设备的工艺循环冷却水的温度往往较低，一般均低于热水采暖系统的供水温度。此部分废热由于品位较低（如需利用还需增设辅助热源），与采暖回水的温差较小（需增大换热设备尺寸，且废热仍需去至冷却塔降温）甚至低于采暖回水温度等

原因，出于经济、技术性上的考虑，直接采暖系统一般均未加以利用。但是如果企业经济允许时，应将此部分低温废热作为水源热泵系统的低品位端或者引入余热水锅炉加以利用。

生产过程中产生的化学反应热一般品位较高，且往往以副产蒸汽的形式存在，如氯化氢合成、热法磷酸、氯乙烯（VCM）合成等。可以通过最简便有效的热交换技术加以回收，该方法不改变余热能量的形式，仅通过换热设备将余热能量直接传递给采暖用户端，有效降低能源消耗。夏季可将热量引入溴化锂吸收式制冷机组，满足各用户的全年冷热需求。

节能减排是中国经济社会发展的长期策略指导，废热的回收利用对中国的节能减排具有重要的现实意义。我国目前余热回收利用技术也在不断地改进完善，部分已达到较高水平，但与世界顶尖水平相比仍有一定差距。譬如某些领域的废热尚未被充分利用，或者某些领域内还存在废热利用率低下或者利用方式不合理等问题。

在人类利用能源的初期，能源的使用量及范围有限，而且当时科学技术和经济不发达，对环境的损害较小。随着工业的迅猛发展和人类生活方式的改变，人类对能源的消耗量越来越大，在能源的开发利用过程中造成的环境污染也日趋严重。这时减排的概念就被提出来了，"减排"就是减少有害气体、温室气体、固体废物、重金属及放射性物质等污染物排放到环境中。

节能减排作为一个整体概念，包含了四层含义。一是"减量"，即减少不可再生资源的消耗量，改变传统经济模式"资源—产品—废弃物"的单向直线过程，引入"减量化、再利用、再循环"的经济发展思路，实现可持续发展目标。二是"替代"，即强调"清洁高效"的能源替代和技术更新，用清洁高效的新能源替代低效、高污染、不可再生的常规能源，尤其是化石燃料。三是"增效"，即强调提高能源利用的经济效益，通过提高能源效率，降低能源强度，增加经济效益，缓解经济增长与能源、环境之间的矛盾。四是"减排"，即强调注重对生态环境的保护。在能源开发、生产和使用的各个环节减少污染物和温室气体的排放。节能减排既是为了解决全球能源供求矛盾和环境污染及气候变化问题，同时也是人类发展史上的一次深层次变革。所以要以"循环经济""低碳经济""生态经济"的发展思路，通过降低社会对传统能源的依赖，打破传统经济增长与能源及环境的矛盾，建立新的生产方式，营造人类可持续发展的生存空间。

目前，我国由于工业化的飞速发展，每年化石能源消耗总量不断提高，由于化石能源不是无限量的，能源的有效利用则应为中国继续高速发展的重中之重。

阅 读 材 料

（1）建筑热学简介

自然环境的温度变化大，满足人体舒适要求的温度范围较窄。过冷或过热的环境会影响人的工作效率、身体健康乃至生命安全。舒适的热环境使人身体健康并提高工作效率。

从物理学、心理学、生理学、建筑学等方面研究创造适于人类活动的舒适的热环境是环境热学的又一内容，而建筑热学的目的就是从建筑学方面创造人类生产生活舒适的热环境。

人们从最开始认识到空气温度会影响人体的冷热感觉，逐渐认识到湿度、风速、太阳辐射、远红外辐射等参数也会对人体热感觉产生重要的影响，因此先后提出了有效温度 ET、当量温度 Teq、合成温度 Tres、预测平均评价 PMV、新有效温度 ET*、标准有效温度 SET*、主观温度 Tsub 等，都是设法将多个热环境参数综合成一个单一的指标，用于评价热环境对人体热舒适的综合作用。

在实际生活中人们所处的热环境绝大部分都是非均匀的、动态变化的。迄今为止，全世界的室内热环境设计与评价标准都在普遍采用范格尔（P. O. Fanger）教授提出的 PMV 指标来指导室内热环境的设计与运行控制。PMV 的范围是-3～0～3，其中 0 表示不冷不热（"热中性"或简称"中性"），负值为冷，正值为热，绝对值越大偏离热中性就越多。这些标准都秉承同一宗旨，即认为热环境参数的变化范围越小，表示热环境的品质就越高，并以此把室内热环境划分为 A 级、B 级、C 级。这些理论在全世界影响巨大，在我国的房地产市场上也出现了很多以恒温恒湿恒氧等"三恒"甚至"四恒"作为卖点的住宅建筑。实际运行能耗数据统计证明，此类住宅建筑的空调运行能耗是普通住宅建筑的 7～10 倍。

然而，已经有美国、澳大利亚、英国学者合作对世界各地一些 A 级、B 级、C 级 3 个不同热环境品质等级的办公建筑中人员的热环境满意度进行了调查，发现这 3 个等级建筑的满意度数据并没有差别，均与 C 级建筑的满意度处于同等水平，约为 80%。但 A 级建筑的初投资和运行能耗都远高于 B 级、C 级建筑。也就是说，为了追求恒温恒湿的"高品质"而投入的高初投资、高能耗并没有真正为室内人员带来额外的舒适感受。因此，厘清人到底需要什么样的室内热环境，直到今天依然是我们需要深入探究的问题。

影响建筑物内外热环境的因素有很多，主要有室外气象条件、建筑周围环境热状况和内部发热量等，以维护结构为分界线，这些因素可以大体分为两类。一是室外因素，主要包括气象条件（如室外空气的温度、湿度、太阳辐射照度）、风速和风向，以及建筑周围的环境表面温度（包括天空有效温度、地面温度和邻近建筑表面温度等）；二是室内因素，也就是室内各种发热物体，包括人体、设备等的散热和散湿。随着人类科技水平的进步，目前，建筑内部人体舒适性的营造主要依靠的是空调、暖气等技术措施，在消耗大量能源的同时，也引起环境的污染。世界卫生组织（WHO）1987 年的调查报告指出：在新建和改建住宅的居民中，约有 30% 的人患有"病态建筑综合征"。通常来说，室内最适宜的温度是 20～24 ℃。在人工空调环境下，冬季控制在 16～22 ℃，夏季控制在 24～28 ℃，能耗比较经济，同时又比较舒适。

随着人们生活水平持续改善，建筑环境热舒适需求不断提高，根据《中国建筑能耗研究报告（2020 年）》，建筑运行阶段能耗占全国能源消费总量的 21.7%，占全国碳排放的比重为 21.9%，其中约 2/3 用于建筑热环境营造，因此建筑节能成为应对全球能源危机和实现绿色低碳与可持续发展的重要手段。可持续发展的建筑热环境是基于建筑技术控制的人工热环境，但所使用的建筑技术并不单纯是为了满足人体舒适度，还应是节能、环保、可持续发展的。可持续发展的建筑理念要同时满足人体舒适度和节能环保的要求，这就要求建筑师合理运用所学技术，将建筑与可持续发展完美结合在一起，为人类营造安全、健康、舒适的建筑热环境。

要做到建筑与环保的协调统一，就要遵循节能环保原则、动态舒适原则、应变设计原则。节能环保原则要求建筑师在对建造活动进行设计时，尽量多利用现有的环境条件，因地制宜，减少资源的浪费，达到先天气候条件的最大利用；动态舒适原则指的是可持续的建筑热环境设计应按照人的生理、心理需要，使构成热环境的各种因素的变化对人的刺激处于最佳的范围，并且减少能量的输入，降低不必要的能源损耗；应变设计原则指通过应变的围护结构的设计，让建筑能动地适应外界环境因素的变化，以实现室内环境与室外的自然环境之间的物质流与能量流的调节和控制，达到合理利用外部有利环境要素的目的，以尽可能低的环境负荷来达到尽可能高的自然资源利用率．创造健康、舒适、可持续的建筑热环境。

此外，建筑热环境的节能方法还包括：①材料节能，主要体现在围护结构、保温、遮阳等方面，围护结构的热工性能对于建筑热环境影响很大，蓄热、隔热的有效调节能减少大量的暖气、空调的使用，降低能源的消耗；②气候节能，指对于自然生态因素的合理利用，如合理种植绿色植物，规划绿地，利用水的蒸发来降低环境温度、调节湿度、改善风环境等；③技术节能，通过技术将环境与气候中的资源转化为可持续发展的、绿色、健康的建筑热环境的能力，在建筑与环境的互动中形成一种良性循环，为人类打造更为舒适、安全的生活环境，如德国文德堡青年教育中心客房的设计，就是通过建筑墙体的构造技术措施，充分利用太阳能改善室内热环境的成功之举。

（2）清洁发展机制

清洁生产的概念最早于 1996 年由联合国环境规划署提出并使用。随着实践的不断深入，1998 年联合国环境规划署修改了清洁生产的定义：为了增加生态效率并降低对人类和环境的风险，而对生产过程、产品和服务持续实施的一种综合、预防性的战略对策。《中华人民共和国清洁生产促进法》第二条指出：本法所称清洁生产，是指不断采用改进设计，使用清洁的能源和原料、采用先进的工业技术与设备、改善管理、综合利用等措施，从源头削弱污染，提高资源利用效率，减少或者避免生产、服务和产品使用过程中污染物的产生和排放，以减轻或者消除对人类健康和环境的危害。综上，清洁生产的根本意义在于促使生产与环境保护两者的综合一体化，建立生态化的生产体系。

① 清洁生产在国际上的发展

1975 年，美国 3M 公司发起了"污染预防投资"计划（Pollution Prevention Pays，3P 计划），该计划被认为是通往清洁生产的实践原点，也是污染预防的最初概念表述。

1976 年 11—12 月，欧洲共同体在巴黎举办了无废工艺和无废生产国际研讨会。会议提出，协调社会和自然的相互关系主要应着眼于消除产生污染的根源，而不仅仅是消除污染造成的后果。

1979 年 4 月，欧洲共同理事会宣布推行清洁生产政策，并于同年 11 月在日内瓦举行的环境领域内进行国际合作的全欧高级会议上提出了《关于少废无废工艺和废料利用的宣言》。在此后欧洲共同体分别于 1984 年、1985 年、1987 年三次由欧共体环境事务委员会拨款支持建立清洁生产示范工程。

1984 年，美国国会通过了《资源保护与回收法——固体及有害废弃物修正案》，提出了建立废物最小化的污染预防与控制体系，推动"在可行的部位将有害废物尽可能地削减和消除"的基本对策及实践。

1990 年 10 月，美国国会通过了《污染预防法》，将污染预防活动的对象，从先前仅针对有害废物拓展到产生各种污染的排放活动中，并用污染预防代替了废物最小化。

1991 年 6 月，丹麦颁布了新的丹麦环境保护法《污染预防法》，并于 1992 年 1 月 1日起正式执行。这一法案的目标就是努力预防和防治对大气、水和土壤的污染以及振动和噪声带来的危害；减少原材料和其他资源消耗和浪费；促进清洁生产的推行和物料循环利用，减少废物处理中出现的问题。与此同时，欧洲还有许多国家在学习美国废物最小化和污染预防实践的基础上，纷纷推进了清洁生产活动。

联合国工业发展组织在 20 世纪 80 年代初就提出了将环境保护纳入该组织工作内容，并成立了国际清洁工艺协会，鼓励采用清洁工艺，提高资源、能源的转化率，减少使用有毒、有害原材料，少排放或不排放废物。20 世纪 90 年代，逐渐形成了在工业发展中实施综合环境预防战略，推行清洁生产的政策。1994 年联合国环境规划署和联合国工业发展组织在全球范围内启动了"在发展中国家建立国家清洁生产中心"项目计划，率先在 9个国家（包括中国）资助建立了国家清洁生产中心，有力地在全世界范围内推行了清洁生产实践。

② 清洁生产在我国的发展

我国是人均占有资源匮乏的国家，这一国情不允许我国沿袭过去资源粗放型的经济模式，必须通过清洁生产走节约资源的集约化生产道路。

1992 年，联合国环境与发展大会上通过了《21 世纪议程》，在此次会议上正式提出了清洁生产的概念，并指出实行清洁生产是取得可持续发展的关键因素。本次倡议得到了我国政府的积极响应，同年 8 月，国务院批准了"中国环境与发展十大对策"，其中指出在新建、扩建、改建项目时，技术起点要高，尽量采用能耗物小、环境污染物排放量少的清洁工艺。自从 1993 年以来，在环保、经济和行业主管等部门的协调配合和推动下，我国推行清洁生产工作在企业试点示范、宣传教育培训、机构建设、国际合作以及政策研究制定等方面取得了较大的进展。原国家经贸委于 1999 年公布了《淘汰落后生产能力、工艺和产品的目录（第一批）》，于 2000 年公布了《国家重点行业清洁生产技术导向目录（第一批）》。

《中华人民共和国清洁生产促进法》第十八条指出：新建、改建和扩建项目应当进行环境影响评价，对原料使用、资源消耗、资源综合利用以及污染物产生与处置等进行分析论证，优先采用资源利用率高以及污染物产生量少的清洁生产技术、工艺和设备。之后，国家发展和改革委员会发布了 40 余个行业的清洁生产评价指标体系，原环境保护部（国家环保总局）相继颁布了 50 余个行业清洁生产标准。自 2013 年 6 月 5 日以来，国家发展和改革委员会、环境保护部（现生态环境部）与工业和信息化部一道，发布了 50 项不同行业企业的清洁生产水平评价指标体系。上述指标体系/标准的实施为清洁生产工作的顺利开展提供了强有力的支持。

（3）《京都协议书》和《巴黎协定》

《京都协议书》又称《京都条约》或《京都议定书》，全称为《联合国气候变化框架公约的京都议定书》。1997 年 12 月在日本京都由联合国气候变化框架公约参加国三次会议制定，该协议书被 149 个国家和地区的代表通过，旨在限制发达国家温室气体排放量，确立了发展低碳经济的若干机制，同时明确了第一承诺期（2008—2012 年）的减排量和时间表，是国际社会应对气候变化过程中的里程碑。在《联合国气候变化框架公约》附件一中的国家（均为发达国家）在第一期承诺期应将其温室气体排放量在 1990 年的水平上平均削减 5.2%，各国责任各异，比如欧盟必须减排 8%、日本减排 6%、俄罗斯零减排、澳大利亚可增排 8%等。

2001 年 3 月，美国以"减少温室气体排放会影响美国经济发展"和"发展中国家也应该承担排放和限排温室气体的义务"为由，退出《京都协议书》，且至今仍未承担强制性的减排义务。2011 年 12 月，加拿大宣布退出《京都协议书》，成为继美国之后第二个签署但后又退出的国家。

2005 年《京都协议书》正式生效，这是人类历史上首次在全球范围内以强制性法规的形式限制温室气体排放，到 2009 年 2 月，一共有 183 个国家通过了该条约（总排放超过全球排放量的 61%）。同年在加拿大蒙特利尔召开的《联合国气候变化框架公约》缔约国第十一次大会也成为《京都协议书》缔约国的第一次大会，这次会议标志着国际社会开始通过对话达成战略性的国际合作行动来应对气候变化问题。《京都协议书》的第二个承诺期，目标是缔约国参照 1990 年的基准，在 2013—2020 年至少降低 18%的温室气体排放量。

《京都协议书》的先进性首先在于为了降低全球的温室气体减排成本而创造性地建立了三个以市场为基础的灵活机制，即针对附件一所列国家减排的排放权交易机制和共同执行机制，以及帮助发展中国家减排的清洁发展机制。其次充分尊重国家主权，可以由国家自己决定本国的减排方式和制定符合本国国情的减排方针。最后体现了公平的原则，也就是《联合国气候变化框架公约》提出的"共同但有区别责任原则"。《京都协议书》在气候变化国际立法发展历史上具有里程碑的意义，但其存在明显的不足和局限性。首先，它的局限性体现在世界上最主要的温室气体排放国（美国）没有被纳入强制减排中，同时几大发展中国家的温室气体排放量已经超过许多发达国家，却没有被包括在条约中要求实现强制减排目标；其次，从国际贸易角度来说，附件一中的国家可能会将高碳排放产业转移到一些不用强制减排的国家来降低生产成本，导致"碳泄漏"；最后，《京都协议书》的短期性和未来前景的不确定性可能会影响私营部门对低碳减排技术的投资，对私营部门有一定的消极影响。

2015 年 12 月，联合国巴黎气候变化大会在一片赞誉声中落下帷幕，达成的《巴黎协定》成为全球协同应对气候变化努力进程中的另一个里程碑，2020 年《巴黎协定》正式取代了《京都协议书》。

《巴黎协定》最终采用的是自下而上为主、兼有自上而下成分的混合型治理机制。其中自下而上治理机制主要体现在《巴黎协定》依靠缔约国提交的国家自主贡献目标来开展全球温室气体减排，每个缔约国减多少、采取什么样的形式减排是由各缔约国根据自身能力和特点来决定的。因此从内容上来看，《巴黎协定》给予了缔约国极大的自由度和自主性来决定国家自主贡献、排放目标和减排形式，是典型的自下而上的管理方式，同时要求缔约国在提交自主贡献的相关信息上要达到及时、透明和清晰的标准。《巴黎协定》的透明标准是发达国家和发展中国家协商妥协的产物，意味着发展中国家需要在自主减排中同样遵循和发达国家一样严格透明的检测、报告和核算标准，这对于发展中国家相对不高的应对气候变化能力不仅是一个很大的挑战，也是对其建设能力的一大促进。因此，《巴黎协定》在减排这一核心问题上不再区分发达国家和发展中国家，要求所有的缔约国都要依据各自能力提交国家自主贡献，从这个意义上来说，《巴黎协定》的"共同但有区别责任"已非《京都议定书》中的"共同但有区别责任"，而更多的重点是新加上的"各自能力"原则。目前，《巴黎协定》已经实施，希望将全球温升幅度控制在工业化前水平以上低于 2 ℃之内，并努力限制在 1.5 ℃之内。

就《巴黎协定》与《京都议定书》在履约和核心条款的精度上来说，《巴黎协定》最为核心的国家自主贡献的减排条款并不具有强制法律约束力，采用的法律语言是"倡议性的"而非"强制要求性的"，换言之，《巴黎协定》在国家自主贡献等核心条款上的法律约束力更多是程序上的而非实质性的。《巴黎协定》虽然规定了缔约国行为上的义务，即缔约国承诺就减排、适应、融资和能力建设等方面采取措施并报告相关信息，但是并没有结果上的义务，即缔约国并没有实现国家自主贡献承诺目标的强制结果义务。令人欣慰的是，虽然《巴黎协定》没有强制履约机制，但是该协定为促进条约的有效执行设立了透明度标准和定期回顾机制。关于透明度的安排包括 "国家信息通报、两年期报告和两年期更新报告、国际评估和审评以及国际协商和分析"。定期回顾机制是对该协定的执行情况进行定期的全球总结和分析，并在 2023 年进行第一次全球总结。这些制度设计大大提升了《巴黎协定》的执行力度，一定程度上弥补了该协定缺乏惩罚性履约机制的不足。

从《京都协议书》到《巴黎协定》，全球开启了气候变化治理新时代，鉴于《京都议定书》的明显不足，《巴黎协定》取代《京都议定书》也因此具有历史的必然性和进步性。虽然当前《巴黎协定》获得一片盛赞，但是《巴黎协定》还存在许多亟待解决的关键问题。它只是一个好的起点，如果国际社会不在接下来的几年内积极赋予该协定更为实质性的内容，不拿出真正的诚意来执行该协定，《巴黎协定》也许会沦为政治上作秀的尴尬协定。所以在"后《巴黎协定》时代"，国际社会面临的挑战还有很多。如何从国际法的角度去丰富《巴黎协定》内容和建立真正有效的履约机制，是国际社会亟须认真思考的问题。

（4）碳达峰与碳中和

CO_2 等温室气体引发了地球一系列的变化，气温升高让冰川融化，海平面上升，水温升高，这些增加的热能会提供给空气和海洋巨大的动能，更易引发大型甚至超大型台风、飓风、海啸等自然灾难。还有研究表明，随着全球变暖，将会使原本局限在热带和亚热带流行的肠道传染病、虫媒传染病、寄生虫逐渐向温带甚至寒冷地区扩散。

我国在 2020 年第七十五届联合国大会上宣布，CO_2 排放量努力争取 2030 年前达到峰值，2060 年前实现碳中和。碳达峰和碳中和中的碳指的是以 CO_2 为代表的气体，而碳达峰指的是碳排放达到峰值后进入平稳下降阶段。碳中和则是将一定时间内，全社会直接或间接产生的温室气体排放总量通过植树造林、节能减排等形式抵消，实现 CO_2 的"零排放"的过程。

碳中和（Carbon Neutral）一词最初起源于 1997 年英国一家公司的商业策划，它帮助顾客计算出一年内直接或间接制造的 CO_2，然后让顾客选择以植树的方式吸收对应的 CO_2，从而为顾客个人达到碳中和的目标。个人、团体、公司、国家及体育赛事等都可以通过科学的方法计算出对应的碳排放量，然后就可以通过一定方式达成个人、组织或者国家的碳中和目标。这些方式既可以是主动的碳减排手段，也可以是花钱购买他人减排额度的碳补偿手段。上述那家英国公司的商业计划并没有大获成功，碳中和的概念却在全世界范围内传播开来，并受到了不少知名企业、社会团体的认可。

2006 年，《新牛津美国字典》将碳中和评选为年度词汇。2006 年都灵冬奥会是首个实现碳中和的奥运赛事，组委会在比赛之前测算 16 d 冬奥会预计排放 10 万 t CO_2，于是组委会通过林业、节能减排、可再生能源等多项措施最终达成了碳中和。可再生能源是指风能、太阳能、潮汐能、生物质能等非化石能源，其特点之一就是不会随着人类的利用而减少，它是传统节能手段之外实现碳减排目标的另一个重要途径。

2014 年，中国亚太经合组织（APEC）会议成为实现碳中和的首个 APEC 会议。会议举办方在北京和周边地区种植了 1 274 亩树林，抵消了因举办会议而排放的 6 371 t CO_2 当量的温室气体。2015 年 6 月 30 日，中国向《联合国气候变化框架公约》秘书处提交了中国国家自主贡献文件，提出了多个中国自主行动目标，其中就包括碳排放在 2030 年左右达到峰值，2030 年非化石能源占比一次能源消费比重达到 20%左右。

2015 年 12 月，《巴黎协定》正式签署，其核心目标是将全球平均气温上升控制在低于工业革命前的 2℃以内，并努力控制在 1.5℃之内。欧盟、中国相继公布碳中和目标，随后全球 120 多个国家陆续宣布碳中和目标。

中国北京在申办冬奥会时，就承诺实现全赛事的碳中和。2019 年，北京冬奥组委会发布《低碳方案》提出了 18 项碳减排措施，将在奥运史上首次实现全部场馆由城市绿色电网覆盖。2020 年 5 月，北京冬奥组委会发布的《可持续性计划》，提出"可持续·向未来"愿景，提出"创造奥运会和地区可持续发展新典范"的目标；围绕环境、经济、社会，提出了环境正影响、区域新发展、生活更美好三个领域的具体内容，其中，环境正影响包括从场馆建设和运行层面整个过程，做到可持续、绿色，实现正影响；提出赛区生态环境质量实现申办时提出的"达到世卫组织标准"的承诺。

要实现碳中和的目标，我国碳中和技术体系的构建可以考虑以下几个方面。

① 节能提效低碳技术。降低能源消耗的碳排放强度，促进清洁能源发展。包括化石

能源清洁高效利用、煤气化联合循环发电、超高参数超超临界发电技术等，以及工业、农业、建筑、交通等领域的节能减排与提质增效技术。

② 零碳电力能源技术。完成供给侧电力生产与输送的零碳化改造，推动实现电力系统转型，为终端用能电气化提供基础。包括可再生能源电力与核电技术、储能技术和输配电技术等。

③ 零碳非电能源技术。主要用于解决电力密度不够、无法储存的问题，是电力能源的补充，与之共同形成零碳能源系统。包括氢能、零碳非氢燃料、供暖技术等。

④ 燃料原料替代技术。解决燃料与原料替代工艺和流程问题，利用工艺过程的改进和技术变革提供低碳和零碳产品。包括燃料替代技术、原料替代技术、工业流程革新与再造技术、资源回收与循环利用技术等。

⑤ 非 CO_2 温室气体削减技术。对非 CO_2 温室气体从源头、过程和末端进行处置，降低碳汇和负排放技术的负担，同时对非 CO_2 温室气体进行再生利用。根据控制方法分为源头减量、过程控制、末端处置和综合利用技术。

⑥ 碳捕获与封存（Carbon Capture and Storage，CCS）技术。CCS 技术将生产过程中产生的 CO_2 进行捕集，封存于地质结构中，减少向大气的排放，其中部分还可作为"绿碳"成为未来相关生产流程的原料供给。根据工艺流程，可包括捕集技术、压缩与运输技术、地质利用与封存技术。

⑦ 负碳技术。主要针对难以削减的碳排放量，分为碳汇和其他负碳技术。碳汇技术通过植树造林、植被恢复等措施，吸收大气中的 CO_2。其他负碳技术通过直接空气捕集、增强矿物风化、人工光合作用等技术去除大气中的 CO_2。

⑧ 集成耦合与优化技术。通过强化技术之间的集成优化，使各类技术在特定场景下的组合实现最优减碳效果，加强碳中和目标与其他社会经济发展目标及可持续发展目标的协同。包括能源互联、产业协同、节能减污降碳、管理支撑技术。

作业与思考题

1. 热力学第一定律、热力学第二定律的内涵是什么？
2. 热传递的主要过程有哪些？
3. 大气层中太阳辐射的衰减形式有哪些？
4. 热污染的类型有哪些？各种类型的热污染的影响有哪些？
5. 什么是全球变暖潜能 GWP？N_2O、CH_4 的 GWP 是多少？
6. 气候变化的原因是什么？
7. 我国在遏制全球变暖方面采取的主要措施有哪些？
8. 什么是城市热岛效应？简述其形成因素及危害。
9. 水体热污染由哪些原因引起？有哪些方法或者技术可以进行水体热污染的防治？
10. 大气环境温度的表示方法和测定方法有哪些？

11. 大气热环境和水体热环境的主要评价内容和评价标准有哪些？

12. 评估城市热环境和气候变化的因素有哪些？你认为城市可以从哪些方面提高应对极端气象的能力？

13. 了解我国清洁能源技术的发展现状与前景。

14. 了解"双碳"目标。你认为可以采取哪些措施来推进绿色低碳转型？

第 4 章　环境电磁学

本章主要学习环境电磁学相关基础知识、环境中的电磁辐射、电磁辐射防护的法律法规及标准、电磁辐射度量与监测、电磁辐射污染防治和电磁辐射场强预测。

4.1　电磁学基础知识

地球本身就是一个电磁环境，人类生活在地球上日夜受到电磁的辐射。其中一部分电磁辐射来源于自然界，照射水平较低且相对稳定，一般来说，对人类不会造成危害。另外一部分电磁辐射来源于人为因素，其污染源主要是一些电器设备，如电视塔、广播站、雷达、卫星通信、微波等。这些设备发射电磁波，使环境中电磁波能量密度增加，可能对人类造成较大的危害。

电磁辐射是能量流，看不见，摸不着，却充满了整个空间，且穿透力极强，任何生物或设备都处于其包围之中。电磁辐射污染已被联合国人类环境大会列入必须控制的造成公害的污染之一。

4.1.1　电磁场基本原理

4.1.1.1　电场

两个电荷之间的相互作用并不是电荷之间的直接作用，而是一个电荷的电场对另一个电荷所发生的作用，也就是说，在电荷周围的空间里，总是存在着电场力的作用。在物理上把有电场力作用存在的空间称为电场。电荷和电场是同时存在的两个方面，只要有电荷，那么它的周围就必然有电场，它们永远是不可分割的整体。电场是物质的一种特殊形态。电荷静止不动时，电场也静止不变，这种现象叫作静电场。当电荷运动时，电场也在变化运动，这种电场称作动电场。

电场的强弱可由单位电荷在电场中所受力的大小来表示。同一电荷在电场中受力大的地方电场就强，反之受力小的地方电场就弱。实验证明，距离带电体近的地方电场强，远的地方则电场弱。所以，电场强度（E）是用来表示电场中各个点电场的强弱和方向的物理量，可由单位电荷在电场中所受力的大小来表示，即为试验电荷所受的力和试验电荷所带电量之比值。电场强度的单位为 V/m（在输电线路和高压电器设备附近的工频电场强度通常用 kV/m 表示）。电场强度是一个矢量，它的方向为试验电荷（带有微量电荷的物体）在该点所受力的方向。

4.1.1.2　磁场

任何两个磁极之间存在着相互作用。这种相互作用是一个磁极的磁场对另一个磁极所发生的作用。磁场是磁极周围存在的一种特殊的物质。磁场传递磁场力。

磁场也是电流在它所通过的导体周围产生的具有磁力作用的场。电场的变化能导致磁场的变化。如果导体中流通的电流是直流电，那么磁场是恒定不变的；如果导体中流通的电流是交流电，那么磁场是变化的。电流的频率越高，其磁场变化的频率也就越高。

磁场的强弱用磁场强度 H 来表示，它是个矢量。磁场强度 H 的大小，即磁场中某点的磁场强度 H 在数值上等于在该点单位磁荷所受的力。常用表示单位为 A/m。

4.1.1.3　电磁场

电场（代表符号为 E）和磁场（代表符号为 H）互相联系，互相作用，同时并存。由于交变电场的存在，就会在其周围产生交变的磁场；磁场的变化，又会在其周围产生新的电场。它们的运动方向互相垂直，并与自己的运动方向垂直。这种有内在联系、相互依存的电场和磁场的统一体的总称，就是电磁场。

电磁场可由变速运动的带电粒子引起，也可由强弱变化的电流引起。如图 4-1（a）所示，电场的变化，会在导体及电场周围的空间形成磁场，由于电场不停地变化，因而形成的磁场也必然不停地变化。这样，变化的磁场又在它自己的周围空间里形成了新的电场，电磁场就这样反复下去，如图 4-1（b）所示。变化的电场和磁场不是彼此孤立的，它们相互联系、相互激发而组成一个统一的电磁场。电磁场是电磁作用的媒介，具有能量和动量，是物质的一种存在形式，其性质、特征及其运动变化规律由麦克斯韦方程组确定。任何交流电路的周围都存在交变电磁场，该电磁场的频率与交流电的频率相同，所以电磁场是一个振荡过程，以一定速度在空间传播，因其本身具有能量，因此会辐射到空间中去。

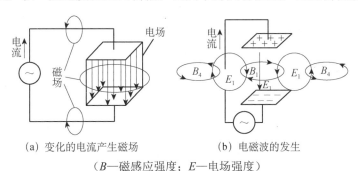

(a) 变化的电流产生磁场　　　　(b) 电磁波的发生

（B—磁感应强度；E—电场强度）

图 4-1　电磁场的产生

无论原因如何，电可以生成磁，磁也能带来电，变化的电场和变化的磁场构成了一个不可分离的统一的场，这就是电磁场，而电磁场总是以光速向四周传播，形成电磁波，电磁波也常被称为电波。

电磁波是电磁场的一种运动形态。然而，在高频率的电振荡中，磁电互变甚快，能量不可能全部返回原振荡电路，于是电能、磁能随着电场与磁场的周期转化以电磁波的形式向空间传播出去。电磁波为横波，电磁波的磁场、电场及其行进方向三者互相垂直。电磁波的传播有沿地面传播的地面波，还有从空中传播的空中波。波长越长的地面波，其衰减也越少。电磁波的波长越长也越容易绕过障碍物继续传播。光波也是电磁波，无线电波也有和光波同样的特性，如当它通过不同介质时，也会发生折射、反射、绕射、散射及吸收等。在空间传播的电磁波，距离最近的电场（磁场）强度方向相同且量值最大的两点之间的距离，就是电磁波的波长 λ。电磁波的频率 γ 即电振荡电流的频率，无线电广播中用的单位是千赫，速度是 c。根据 $\lambda\gamma=c$，可得出 $\lambda=c/\gamma$。

随着时间变化的电磁场与静态的电场和磁场有显著的差别，出现一些由于时变而产生的效应。这些效应有重要的应用，并推动了电工技术的发展。

4.1.2 电磁场分类与电磁辐射

1887 年德国物理学家赫兹用实验证实了电磁波的存在。之后有实验证明光是一种电磁波，而且发现了更多形式的电磁波，它们的本质完全相同，只是波长和频率有很大的差别。按照波长或频率的顺序把这些电磁波排列起来，就是电磁波谱。如果把每个波段的频率由低至高依次排列的话，它们是工频电磁波、无线电波、微波、红外线、可见光、紫外线、X 射线及 γ 射线。电磁场从工频（50/60 Hz）至微波段，跨越了 10^{10} 的频谱范围，不同频率的电磁场在工业和通信方面有不同的应用，精细划分各频段的名称和主要用途如图 4-2 所示。在实际研究中一般粗略地划分为工频（50/60 Hz）、射频或称高频（>10^3 Hz）与微波（>10^8 Hz）三个频段。

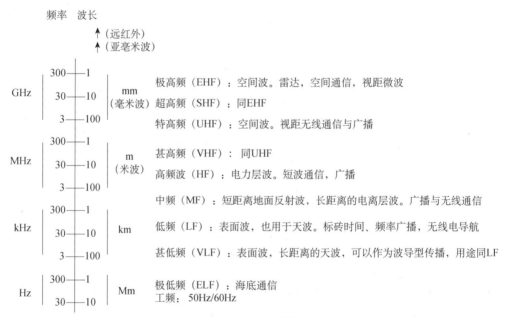

图 4-2 电磁波频谱

由 50（60）Hz 的交变电引起的电磁场为工频电磁场。

当交流电的频率达到 100 kHz 以上时，周围就会形成高频率的电场和磁场，这就是射频电磁场，又称高频电磁场。而一般将频率达 10×10⁴ Hz 以上的交流电叫高频电流，在空间进行的电磁场，通常叫电磁波。射频电磁场或射频电磁波可用波长或振荡频率来表示。

任何射频电磁场的发生源周围均有两个作用场存在，以感应为主的近区场（又称感应场）和以辐射为主的远区场（又称辐射场）。

（1）感应场是指分布在电荷和电流的周围，当距离 R 增大时，它至少以 $1/R^2$ 衰减，这一部分场是依附着电荷电流而存在的，这就是近区场。

近场区是以场源为零点或中心，在一个波长范围之内的区域。电磁能量将随着离开场源距离的增大而比较快地衰减。特点有：

① 在近区场内，电场强度 E 与电磁强度 H 的大小没有确定的比例关系。一般情况下，电场强度值比较大，而磁场强度值比较小，有时很小；只是在槽路线圈等部位的附近，磁场强度值很大，而电场强度值很小。

② 近区场电磁场强度要比远区场电磁场强度大得多，而且近区场电磁场强度比远区场电磁场强度衰减速度快。

③ 近区场电磁场感现象与场源密切相关，近区场不能脱离场源而独立存在。

（2）辐射场是指脱离了电荷电流而以波的形式向外传播的场，它一经从场源发射出以后，即按自己的规律运动，而与场源无关，它按 $1/R$ 衰减，这就是远场区。

远区场电磁辐射强度衰减比近区要缓慢。特点有：

① 远区场以辐射形式存在，电场强度与磁场强度之间具有固定关系，即 $E=\sqrt{\dfrac{\mu_0}{\varepsilon_0}}$

$H=120\pi H \approx 377H$。

② E 与 H 相互垂直，而且又都与传播方向垂直。

③ 电磁波在真空中的传播速度为 $c\approx3\times10^8$（m/s）。

④ 电磁辐射是任何可能引起装置、设备或系统性能降低或对有生命或无生命物质产生损害作用的电磁现象。包括自然界中某些自然现象所引起的自然电磁辐射（宇宙电磁辐射）和电磁辐射系统或设备产生的人为电磁辐射。

4.1.3　电磁场场强影响参数

电磁辐射强度由电场强度、磁场强度和辐射功率密度这 3 个物理量来衡量。电磁辐射强度与许多因素有关，主要的因素如下。

4.1.3.1　功率

对于同一设备或其他条件相同的设备，设备功率越大，电磁辐射强度越大。电磁辐射场强变化与功率成正比。

4.1.3.2　与场源的间距

一般而言，与电磁场源的距离加大，电磁辐射场强衰减越大。

4.1.3.3　屏蔽与接地

屏蔽与接地的程序不同，是造成高频场或微波辐射强度大小及其在空间分布不均匀性的直接原因，加强屏蔽与接地，就能大幅降低电磁辐射场强。

实施屏蔽与接地是防止电磁辐射的主要手段。

4.1.3.4　空间内减少金属天线或反射电磁波的物体及金属结构

由于金属体是良导体，所以在电磁场作用下，极易感应生成涡流，由于感生电流的作用，就会产生新的电磁辐射，在金属周围形成新的电磁场，称二次辐射，导致空间场强增大。所以在射频作业环境中要尽量减少金属天线及金属物体，防止二次辐射。

4.2　环境中的电磁辐射

4.2.1　电磁辐射源

电磁辐射的来源有自然和人工两类。自然界天然本底水平的电磁辐射对人体没有危害，但有时这种天然电磁辐射对通信和一些仪器设备影响明显。然而，19 世纪开始，随着科学的发展，人类发明了很多利用电磁能工作的设施，这些设施大量向环境发射电磁辐射，使环境中的电磁辐射水平大大增高，从而产生了电磁辐射污染问题。

4.2.1.1　天然电磁辐射

天然电磁辐射来自地球的热辐射、太阳热辐射、宇宙射线、雷电等，是自然界某些自然现象引起的，所以又称为宇宙辐射。

天然电磁辐射中，最常见的是雷电。雷电除对电气设备、飞机、建筑物等可能造成直接破坏外，还会在广大地区产生严重的电磁干扰。雷电辐射的频带分布极宽，可从几千赫兹到几百兆赫兹。另外，如火山喷发、地震和太阳黑子活动都会产生电磁干扰，天然电磁辐射对短波通信干扰特别严重，如普通收音机收听短波效果差，天然电磁辐射的干扰就是部分原因。天然电磁辐射污染源分类及来源如图 4-3 所示。

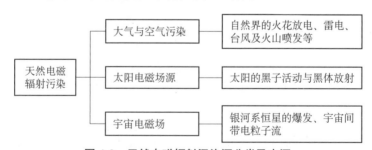

图 4-3　天然电磁辐射污染源分类及来源

4.2.1.2　人为电磁辐射

人为电磁辐射是电子仪器和电气设备产生的，主要有以下分类。

（1）脉冲放电

切断大电流电路时产生的火花放电，由于电流强度的瞬时变化很大，产生很强的电磁干扰。它在本质上与雷电相同，只是影响区域较小。

（2）工频交变电磁场

在大功率电机、变压器以及输电线附近的电磁场，对近场区产生电磁干扰。

（3）射频电磁辐射

射频电磁辐射是指无线电（广播、电视、微波通信）设备、射频加热（焊接、淬火、熔炼）设备和介质干燥（塑料热合、木材纸张干燥）设备等产生的辐射。射频电磁辐射频率范围宽，影响区域大，能对近场区的工作人员产生危害。

人为电磁辐射污染源归纳为表 4-1。

表 4-1　人为电磁辐射污染源

污染源类别		产生污染源设备名称	污染来源
放电所致的污染源	电晕放电	电力线（送配电线）	由于高电压、大电流而引起静电感应、电磁感应、大地漏泄电流所造成
	辉光放电	放电管	白炽灯、高压汞灯及其放电管
	弧光放电	开关、电气铁道、放电管	
	火花放电	电气设备、发动机、冷藏车、汽车……	整流器、发电机、放电管、点火系统……
工频辐射场源		大功率输电线、电气设备、电气铁路	污染来自高电压、大电流的电力线、电气设备
射频辐射场源		无线电发射机、雷达……	广播、电视与通信设备的振荡与发射系统
		高频加热设备、热合机、微波干燥机……	工业用射频利用设备的电路与振荡系统
		理疗机、治疗仪	医学用射频利用设备的工作电路与振荡系统
建筑物反射		高层楼群以及大的金属构件	墙壁、钢筋、吊车……

4.2.1.3　常见的主要电磁辐射源

在环境保护、电磁兼容测量中常见的一些主要电磁辐射源分述如下。

（1）广播、电视发射设备

包括调幅广播、调频广播和电视广播，频率覆盖范围如下：

中波调幅广播 535～1605 kHz

短波调幅广播 1.6～26 MHz

调频广播 88～108 MHz

VHF 电视广播　低段：48.5～92 MHz，高段：167～223 MHz

UHF 电视广播　低段：470～566 MHz，高段：604～960 MHz

广播、电视发射设备的辐射功率很大，一个发射塔上一般有几个电台或电视频道的发射天线，总的辐射功率达 $10 \sim 10^5$ W，是城市中主要的电磁辐射源。

发射塔附近地区的辐射场强也很大，同时对城市中电磁辐射的背景值（一般电磁环境）的影响也很大。

（2）通信、雷达设备

包括高频电话电报、移动通信、天线传真、遥控遥测、无线电接力通信、导航和各种雷达设备等。数量很多，频率范围很宽，从 10^6 Hz 到 10^{10} Hz。通信设备功率较小，有些方向性又很强，对环境影响的范围不大。雷达的脉冲峰值功率很大，频谱很宽，有多次谐波，对附近地区电磁环境的影响比较大。

（3）工业、科学、医疗学（ISM）射频设备

工业、科学、医疗射频设备数量多、功率大，数量增长很快（据统计，世界范围内的 ISM 射频设备以每年 5%的速率递增），常见设备可分为以下几大类：

① 高频感应加热设备，如高频电焊机、高频淬火设备、高频熔炼设备等。

② 高频介质加热设备，如塑料热合机，木材、纸张干燥设备等。

③ 微波加热设备。

④ 射频溅射设备、高频外延炉等。

⑤ 电火花设备，如塑印火花处理机、射频引弧的弧焊机等。

⑥ 工业超声设备，如超声波焊接、洗涤设备等。

⑦ 电气设备（如电动机、电器开关等）的火花放电和弧光放电。

⑧ 射频医疗设备，如高频理疗机、微波理疗机、超声波医疗器械等。

⑨ 计算机、电子仪器的电磁辐射。

国际电波联盟（ITU）分配给 ISM 设备的频率范围（自由辐射频率）见表 4-2。

表 4-2　ISM 设备分配的频率和容差

频率	频率容差
13.56 MHz	±6.78 kHz
27.12 MHz	±162.72 kHz
40.68 MHz	±20.34 kHz
2.45 GHz	±50 MHz
5.80 GHz	±75 MHz
24.125 GHz	±125 MHz

国际无线电干扰特别委员会（CISPR）对 ISM 设备规定的辐射干扰限值（自由辐射频率除外）见表 4-3。

表 4-3　ISM 设备的辐射干扰限值

频率范围/MHz	距离/m	允许值/（dBμV/m）
0.15～0.285	100	34
0.285～0.49	100	48
0.49～1.605	100	34
1.605～3.95	100	48
3.95～30	100	34

频率范围/MHz	距离/m	允许值/（dBμV/m）
30～470	30	30（在电视频段内） 54（不在电视频段内）
470～1 000	30	40（在电视频段内） 54（不在电视频段内）
1～18GHz		有效辐射功率 57 dB（pW）

（4）机动车辆的点火系统

机动车辆点火系统的火花放电辐射是窄脉冲，放电持续时间在微秒数量级以下，放电时峰值电压可达 10^4 V 左右，峰值电流约为 200 A，所产生的辐射干扰频带很宽，从几百千赫兹到 1 GHz 以上。CISPR 规定了机动车辆点火系统辐射干扰的允许值，见表 4-4。

表 4-4 机动车辆点火系统辐射干扰的允许值（准峰值）

频率范围/MHz	距离/m	允许值/（dBμV/m）
40～75	10	34
75～250	10	34～42
250～400	10	42～45
400～1 000	10	45

注：① 峰值测量时，允许值应增加 20 dB；

② 在 75～400 MHz 频段内，允许值（μV/m）随频率线性增加。

（5）高压输电系统

高压输电系统周围有高压工频电场，也有射频电磁辐射。

① 高压工频电磁场

高压输电线路和变电站中的高压电力设备与大地之间存在着一定的电位差，会形成较强的工频电场。高压输电线下的工频电场，在离地面 2 m 以内的区域，场强的垂直分量基本上是均匀的，水平分量可以忽略不计；场强的最大值在距线路中心 20 m 以内，场强一般可达几千伏每米，变电站母线下的场强可达十几千伏每米。

当电流通过导线时及大型变压器附近也存在着工频磁场，电流越大其工频磁场强度也越高。输电线路周围磁场分布状况表明，线路中心区域磁场强度最大，随着距离加大而逐渐减小。

② 射频电磁辐射

高压输电设备产生射频电磁辐射主要是由以下两个原因引起：a. 电晕放电，电晕放电是由于高压输电线表面附近电场很不均匀，电场强度很大，引起空气电离而发生的放电现象。电晕放电产生的辐射干扰场强随空气湿度的增大而增大；b. 间隙火花放电，高压输电线路上由于接触不良或线路受侵蚀而发生的弧光放电和火花放电。

高压输电设备的射频电磁辐射都是脉冲干扰，电晕放电的脉冲密度大，幅值较低，干扰信号的低频分量多；火花放电的脉冲重复频率低，幅值大，干扰信号的高频分量多。

高压输电设备的射频电磁辐射频率从 10^4 Hz 到 10^7 Hz，干扰信号的幅值随频率的增大而减小。表 4-5 中给出不同高压线路下 0.5 MHz 噪声的干扰电平（通常规定测试点距线路边相导线的水平距离为 20 m，测试仪器离地面 2 m，测试基准频率为 0.5 MHz）。在恶劣的天气下，干扰电平还会增大 10～15 dB。高压输电设备的射频电磁辐射对广播、电视、通信产生干扰。

表 4-5　高压输电线路下 0.5 MHz 噪声的干扰电平

线路电压/kV	干燥天气时的噪声电平/（dBμV/m）
220	40～48
420	50～58
750	50～65

（6）电力牵引系统

电力机车和电车的供电母线与导电弓架之间，由于振动或接触不光滑，经常出现部分接触不良，甚至形成小的放电间隙，都可能引起火花放电和弧光放电，产生电磁噪声。辐射频率通常小于 30 MHz，也可能达到 VHF 频段，对广播、电视、通信都会产生干扰。

（7）家用电器

微波炉、电磁灶、日光灯、家用电动工具都会产生电磁辐射干扰，对小范围内的电磁环境有一定的影响。

家用微波炉电磁泄漏的频率是 2.45 GHz，在距微波炉 1 m 处，辐射场强约 1 V/m（120 dB），20 cm 处接近 4 V/m（132 dB）。日光灯通过辉光放电产生电磁干扰，通过灯管、电源线产生辐射干扰。距吸尘器 10 cm 处磁场为 9 μT，剃须刀、烤箱、照明电器等设备也都不同程度产生电磁辐射。这些小家电几乎每个家庭都有，人人都在使用，其电磁辐射往往不被使用者注意，在不当使用时会造成危害。

4.2.2　电磁辐射污染危害

电子电气设备在工作过程中会产生电磁辐射，当电磁场的强度达到一定量后造成对环境的污染现象，就是电磁辐射污染。

一般认为，电磁辐射污染可引起三种危害：第一种是对人体健康的危害，称健康效应；第二种是对电子设备造成干扰，称电磁干扰；第三种是引爆引燃的危害。具体内容见图 4-4。

4.2.2.1　健康效应

随着对电磁辐射的深入研究，特别是大量的对职业人群和公众人群受电磁辐射污染所致健康危害临床观察结果和动物实验，均证明了电磁辐射对人体（生物体）有明显的生物学作用。电磁辐射对公众健康的危害主要是健康效应。健康效应又分为躯体效应和种群效应。种群效应不是短时间可以观察到的，也许使人类变得更加聪明，也许相反，使人类的发展受到影响。躯体效应又分为热效应和非热效应。据资料报道，电磁辐射也会引起癌症。[①]

① 何微. 浅谈电磁辐射和微波的生物学效应[J]. 临床医药文献电子杂志，2017，4（63）：12460.
卑伟慧，曹毅. 电磁辐射的生物学效应[J]. 辐射防护通讯，2007，27（3）：27-31.

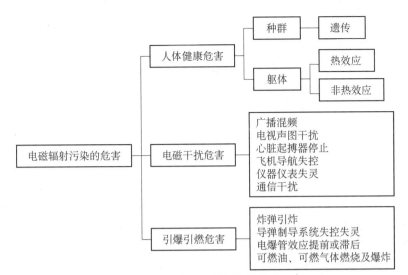

图 4-4　电磁辐射污染的危害

（1）热效应

生物体是一种有机电介质，电介质溶液中还有离子。在外电磁场作用下，带电离子会发生能量变化。在电磁场作用下，非极性分子的正负电荷分别朝相反的方向运动，致使分子发生极化作用，被极化了的分子称为偶极子。极性分子发生重新排列，这种作用称为偶极子的取向作用。由于电磁场方向变化极快，致使偶极子发生迅速的取向作用。在取向过程中，偶极子与周围分子发生剧烈碰撞而产生大量的热。所以当机体处在电磁场中时，人体内的分子发生重新排列。由于分子在排列过程中的相互碰撞摩擦，消耗了场能而转化为热能，引起了热作用。

人体 70%以上是水，水分子受到电磁波辐射后相互摩擦，引起机体升温，对人体会造成损伤或引起生理功能紊乱。产生热效应的电磁波功率密度在 10 mW/cm² 以上，微致热效应 1～10 mW/cm²，浅致热效应在 10 mW/cm² 以上。

此外，人体内还有电介质溶液，其中的离子因受到场力作用而发生位置变化，当频率很高时将在其平衡位置振动，也能使电介质发热；同时人体内的某些成分为导体，如溶液等，在不同程度上具有闭合回路的性质，这样在电磁场作用下可产生局部性感应涡流而导致生热。因此当电磁场的辐射强度在一定量值范围内，可以使人的身体产生温热作用，而有益于人体健康，这是积极的一面。然而当电磁场的强度超过一定量度时，将使人体体温或局部组织温度急剧升高，破坏热平衡而危害健康。当然这些影响不是绝对的，因个人身体状况的不同而有所差异，个人身体条件、个人适应和敏感程度以及性别、年龄和工龄不同，电磁场对机体的影响也不尽相同。

（2）非热效应

人们在长期的研究和实践中首先观察了电磁波的致热效应，然而在很多情况下，人体暴露在强度不大的微波辐射时，体温没有明显的升高，但往往会出现一些生理反应，即吸收的辐射能还不足以引起体温升高，但会出现生物学变化，导致神经衰弱，称为非热效应。主要表现在以下方面。

① 对神经系统的作用

长时间的微波辐射可破坏脑细胞，使大脑皮质细胞活动能力减弱，已形成的条件反射受到抑制，反复经受微波辐射可能引起神经系统机能紊乱。某些长时间在微波辐射较高的环境下工作的人员，曾出现疲劳、头痛、记忆力减退、工作效率低、食欲不振、眼内疼痛、手发抖、心电图和脑电图变化、甲状腺活动性增强、血清蛋白增加、脱发、反应迟钝、性功能衰退等症状。但这些症状一般都不会很严重，经过一段时间的休息就能复原。

② 对血液的作用

长期的微波辐射可引起血液内白细胞和红细胞数的减少，并使血凝时间缩短。长时间的微波照射又可引起白细胞的增加。但是，国外对从事微波工作多年的人员以及接受微波治疗的病员进行检查的结果表明，其白细胞数一般均减少。

③ 微波辐射的累积效应

一般人体经过一次低功率辐射之后会受到某些不明显的伤害，4～7 天之后可以恢复。如果在恢复之前受到第二次辐射，伤害就将积累，这样多次之后就形成明显的伤害。而长期从事微波工作，并受到较长时间的低功率照射，要在停止微波工作后 4～6 周才能恢复。

总体来说，电磁辐射对机体的作用，主要是引起机能性改变，具有可恢复性特征，往往停止接触数周后可恢复。也出现在大强度长期作用下，症状持续较久的情况。

（3）电磁辐射对机体的作用因素

电磁辐射对机体的作用主要取决于下列因素。

① 场强。场强越大对机体的影响越严重。例如接触高场强的人员与接触低场强的人员，在神经衰弱症候群的发生率方面有极明显的差别。

② 频率。一般长波对人体的影响较弱，短波对人体的影响较强，微波作用最突出。

③ 作用时间。作用时间越长，即暴露的时间越长，对人体的影响程度一般越严重。对于作用周期来说，一般认为作用周期越短，影响也越严重。实践证明，从事射频作业的人员接受电磁场辐射的时间越长（指积累作用时间），例如工龄越长、一次作用时间越长等，所表现出的症状就越突出。连续作业所受的影响要比间断作业明显得多。

④ 与辐射源的间距。一般来讲，辐射强度随着辐射源距离的加大而迅速递减，对人体的影响也迅速减弱。

⑤ 振荡性质。脉冲波对机体的不良影响，比连续波严重。

⑥ 作业现场环境温度和湿度。作业现场的环境温度和环境湿度，对于评价电磁辐射对机体的不良影响具有直接的关系。温度越高，机体所能表现的症状越突出；湿度越大，越不利于散热，也不利于作业人员的身体健康。所以，加强通风降温，控制作业场所的温度和湿度，是减少电磁辐射对机体影响的一个重要手段。

⑦ 适应与累积作用。关于机体对电磁能量的适应和累积作用问题，某些学者从动物实验及人们的体检中得出：当在多次重复辐射过程中，可以看到机体反应性的改变。如在微波作用条件下的工作人员，经过一个多月，70%的人有神经衰弱现象，以后几个月反而

有所好转，然而随着工作时间的延长，症状再次增多，即由于累积作用引起适应以后机能状况的恶化。而适应人群，则很少表现出不良反应。①

（4）电磁辐射对人体健康的影响②

电磁辐射危害的一般规律是随着波长的缩短，对人体的作用加大。微波作用最突出。研究发现，电磁场的生物学活性随频率加大而递增，就频率对生物学活性而言，即微波>超短波>短波>中波>长波，频率与危害程度成正比关系。人体的器官和组织都存在一个微弱的电磁场，受外界电磁场的干扰，处于平衡状态的微弱电磁场显现出非热效应。人的中枢神经系统受到强的电磁辐射后，会引起某些器官的功能发生变化，如条件反射性活动受到抑制，出现心动过缓等。而低强度的电磁辐射可使人的嗅觉机能下降。当人头部受到低频小功率的声频脉冲照射时，会使人听到好像机器响、昆虫或鸟儿鸣的声音。长期接触低强度微波的人与同龄正常人相比，体液与细胞免疫指标中的免疫球蛋白降低，体液与细胞免疫能力下降。低强度微波辐射即可使人的丘脑-垂体-肾上腺功能紊乱，促皮质素释放激素（Corticotropin-releasing hormone，CRH）、促肾上腺皮质激素（Adreno-cortico-tropic-hormone，ACTH）活性增加，内分泌功能受到影响。微波还能损伤染色体，影响遗传效应。

工频电磁场可能对中枢神经系统、肿瘤和生殖三方面产生影响。神经衰弱和记忆力减退是工频电磁场作业最常见的症状；而工频电磁场暴露与肿瘤发生之间的关系，国内外仍有争议，需做进一步的流行病学调查。

射频（10 kHz～1 GHz）电磁场的生物学效应建立在热效应和非热效应两种机理之上。对神经系统的影响主要表现为头昏、头痛、疲劳、乏力、睡眠障碍和记忆力减退；对心血管系统的影响主要是高频作业人员低血压或血压偏低发生率较高，高频热合作业人员血压和心率卧立位反应过度发生率明显增高；对内分泌功能产生影响，高频介质加热作业卫生学调查显示，非哺乳性泌乳症状增加，并均有不同程度的闭经症状，主要是神经—体液调节的紊乱所引起的，大部分人在脱离电磁辐射环境后，症状会逐渐减轻或消失。

微波电磁场对人体健康的影响可分为急性微波辐射损伤和慢性微波辐射症候群两种。当过量微波偶然辐照到人体后，可能造成若干组织和器官的急性损害，高频微波辐射对眼晶体和睾丸的损害最为显著。调查表明，功率密度大于 300 mW/cm^2 的微波辐射会对眼晶体造成不可恢复的损害。慢性微波辐射症候群指较长时间接触低强度微波辐射引发的生理功能的紊乱或生化指标的波动：对神经系统的主要影响在于植物神经功能紊乱、记忆力下降；对眼晶体的影响是在偶然事故使眼暴露于很高功率密度微波辐射后会导致白内障；对心血管系统的影响主要是交感神经兴奋性波动、心电图发生改变；对血液的影响主要为白细胞总数和血小板减少；对免疫系统的影响主要指长期低强度微波辐射能降低人体的特异性和非特异性免疫功能，从而降低人体对各种致病因素的抵抗力；对消化系统的影响主要为可引起轻度上腹部疼痛、恶心及食欲下降等消化道症状。微波对生物作用的主要效应如

① http://www.snnrsa.org.cn/er/psk/765.html#:~:text=%EF%BC%887%EF%BC%89%E9%80%82%E5%BA%94%E4%B8%8E%E7%B4%AF%E7%A7%AF,%E6%9C%BA%E8%83%BD%E7%8A%B6%E5%86%B5%E7%9A%84%E6%81%B6%E5%8C%96%E3%80%82

② 陈亢利. 2015. 物理性污染及其防治[M]. 北京：高等教育出版社.
李双玲. 电磁辐射对人体健康效应影响的综述[J]. 淮南职业技术学院学报，2016，16（3）：91-93.
杨文翰，曲晟明，李芃芃. 浅析电磁辐射对人体健康的影响[J]. 数字通信世界，2014（4）：56-59.

表 4-6 所示。

表 4-6　微波对生物作用的主要效应

频率/kHz	波长/cm	受影响的主要器官	主要的生物效应
<100	>300	—	穿透不受影响
150~1 200	200~15	体内各器官	过热时引起各器官损伤
1 000~3 000	30~10	眼睛晶状体和睾丸	组织加热显著，眼睛晶状体混浊
3 000~10 000	10~3	表皮和眼睛晶状体	伴有温热感的皮肤加热，白内障患病率增高
>10 000	<8	皮肤	表皮反射，部分吸收而发热

电磁辐射所致的损伤无论是急性还是慢性，只要未发展为病理性器质损伤，一般脱离接触，是可以恢复和治愈的。有的慢性损害一旦脱离接触，不需要治疗就能恢复健康。

4.2.2.2　电磁干扰

电磁干扰是指电磁辐射作用所造成的电子设备、仪器仪表、通信联络、自动控制系统等的信息失误、控制失灵或发生中断等故障，以及电视和广播的收听收视障碍等，当前人为电磁辐射已成为电磁干扰主要来源。强烈的电磁辐射还可以造成电子仪器、精密仪表不能正常工作；铁路自控信号失误；还可以使飞机指示信号失误，引起误航，甚至造成导弹与人造卫星的失控。另外，电视机受到射频辐射干扰后，将会引起图像上有活动波纹、雪花等，使图像很不清楚，甚至不能收看。还可导致核电站事故，对军事行动产生制约与限制。

对设备及系统干扰的后果，会使设备降级，其影响可能有以下表现形式。

① 电磁骚扰叠加在有用信号之上，形成干扰。如高压电力系统与电牵引系统对通信线路的影响，内燃机点火系统对无线电视接收的影响等。

② 使设备或系统误动作。

③ 使数据丢失。

④ 使元器件、部件或设备损坏，以致不能修复。

4.2.2.3　引爆引燃

火药、炸药及雷管等都具有较低的燃烧能点，遇到摩擦、碰撞、冲击等，会很容易发生爆炸，同样在辐射能量作用下，也可能会发生意外的爆炸。另外，许多常规兵器采用电气引爆装置，如遇到高频的电磁感应和辐射，可能造成控制机构的误动，从而控制失灵，发生意外的爆炸。高频辐射场能够造成导弹制导系统控制失灵，电爆管的效应提前或滞后。

4.2.3　我国环境电磁辐射污染现状

近几十年来，我国经济发展迅速，在现代电磁技术不断普及的过程中，不同频率电磁波的叠加作用导致城市电磁辐射能量显著提升，同时城市电磁环境变得越来越复杂，并呈现了持续恶化的特征，对城市居民正常生活及社会生产活动产生了一定的影响。如今，城市电磁辐射污染已经成为一种新型的城市现代病，并越来越受到社会各界关注。部分城市在发展规划当中，未能对大型电磁辐射设备进行合理规划布局。例如，很多广播电视塔就建立在人口密集的城市中心区，甚至很多居民区环绕广播电视塔搭建，导致局部区域电磁辐射场强偏高。又如，无线通信技术的发展为城市通信提供了极大的便利，但在发展初期由于规划缺乏科学性，无线通信频谱资源严重浪费，并加深了城市电磁辐射污染程度。甚至部分地区无线通信基站密度过大，导致这些基站之间的相互干扰十分严重，影响了周围区域的正常通信，并对周边居民的健康产生了一定威胁。医疗、工业等领域的高频电磁设施每年都在持续增加，这些设施当中存在较强的电磁振荡源，且振荡源频谱质量并不理想，会产生宽频率电磁辐射，无论是对电子设备、操作人员，还是对城市环境，均会带来一定危害。总体上看，城市电磁设备的持续增长对城市环境所产生的压力越来越大，电磁辐射影响变得越来越严重，应给予充分重视。

我国城市电磁环境的 10 个热点问题如下所述。

① 位于市区内的广播电视发射塔。广播电视塔大多建立在人口稠密的市中心区，其目的是使服务区内有较高的场强而收视收听效果好。我国的电视和调频广播频率范围是 48.5～960 MHz，属超短波与分米波段，电磁波为空间直线传播。电视、调频设备都安装在同一发射台，而电视和调频天线绝大部分安装在同一个塔的桅杆上。这样发射天线发出的电磁波就有可能对其四周造成电磁辐射污染。发射塔高度较高时，能获得较大的服务半径，还可以降低对周围环境的影响。

② 位于近郊区的中波广播发射台。中波广播的发射天线大多用拉线塔辐射垂直极化波，一般称单塔为不定向天线，双塔为弱定向天线，四塔和八塔为强定向天线。为了扩大服务半径，发射台一般建在近郊区，但随着城市发展，许多原来建在郊区的发射塔已经处在市区了。这样，一方面影响电磁波信号发射传输，另一方面使邻近天线的周围城区成为强场区，场强达几十伏每米至上百伏每米，超过国家标准 40 V/m，影响无线通信、电视信号、计算机的使用。

③ 位于城市远郊区的短波广播与通信发射台。短波广播与通信是远距离无线电传播，天线在垂直面内的最大发射方向有一定的仰角，利用空中电离层对天线电波反射，使传播覆盖面积达数百乃至数千公里。短波广播与通信发射台一般建在远郊区的农村，邻近发射台的楼房居民就会受到发射天线发出的电磁辐射的影响。监测表明，邻近区场强可达数十伏每米，随着楼房高度的升高辐射场强也随之增大。

④ 位于城市中的移动通信基站。目前移动通信网主要有移动电话网、无线寻呼网、无线电集群专业网。其工作频率为超短波和分米波段。电磁波为空间直射波传输，各通信网由中心站、基地站及用户站（用户机）组成。其中问题较多，群众反映最多、影响面最广的要属移动电话网。其原因为：基站的定向天线高度往往低于周围建筑，并且天线主射方向与敏感建筑群距离较近；基站天线安装在高层住宅边缘，且有一定仰角时，天线辐射电磁波的垂直波瓣可能辐射到天线下方的居民房窗口处；当居民楼顶有多个基站时，电磁波为复合频率场强。

⑤ 位于城区周围的卫星地球站。卫星地球站在许多城市都有，甚至不止一两个。其发射功率在几百瓦至数千瓦，天线仰角一般在几度至几十度之间，由于发射功率较大，天线前方一定距离和高度的空间及天线周围的电磁辐射功率密度较高。

⑥ 逐步向城市中心区逼近的超高压输电线和变电站。20 世纪 70 年代以前，高压线（110 kV 以上）主要分布在市区以外地区。20 世纪 80 年代以来，随着经济发展，城市用电量剧增，电力部门为此加大了市区内电力建设，110 kV 和 220 kV 高压电缆引入市区。这些高压输电线、变电站可产生工频电场和磁场，如果场强过高也会形成一定的污染，不仅如此，还会对广播、无线通信等产生干扰。

⑦ 高频设备在城市大量增加。在市区内有分布甚广、数量众多的工业、科研、医疗高频设备。这些设备的特点是利用其产生的电磁能量来发挥其作用，尽管在设计上尽量做到不让这些设备泄漏电磁波，但它们在工作时仍不可避免地会有电磁能量泄漏，造成对工作带的污染，不过一般对外环境影响不大。工业高频设备对环境的影响主要是电磁噪声干扰。

⑧ 发展迅速的个人通信工具——移动电话。移动电话靠发射电磁波传递信息，发射功率较小，由于通话时手机天线距大脑只有几厘米，如果长时间通话就会受到电磁波辐射的影响[①]。测试结果表明，功率密度可达几十至几百微瓦每平方厘米。手机产生的电磁辐射主要是对手持者有影响，而对环境影响不大。

⑨ 品种繁多的家用电器进入家庭。家用电器可分为空调器具、冷冻器具、厨用器具、取暖器具、美容健身器具、胶木电器、文艺影视器具和其他类电器等，电脑也在其中。这些电器产生的电磁辐射不能被忽视，应加强宣传，正确使用，以防止电磁辐射对人体健康造成危害。

⑩ 交通干线两侧。交通工具的电磁噪声是机动车发动机点火系统产生的。当点火时产生波形前沿陡峭的火花电流脉冲和电弧，火花电流峰值可达几千安培，并具有振荡性质。除点火系统外，还有汽车电动喇叭、发电机的整流器、蓄电池的大电流瞬时通断等。依靠电力牵引的各类交通工具的电牵引系统也会产生电磁噪声。

4.3 电磁辐射防护的法律法规及标准

4.3.1 我国电磁辐射法律、法规及标准

我国经过多年的调查和实验研究，先后出台了多项电磁辐射方面的相关法律、法规和标准，它们自颁布执行以来，在各行各业中发挥了重要作用。

我国现行的电磁辐射法律、法规、导则和标准测量方法主要有：

（1）法律、法规、导则

《中华人民共和国环境保护法》、《辐射环境保护管理导则：电磁辐射监测仪器和方法》（HJ/T 10.2—1996）、《辐射环境保护管理导则：电磁辐射环境影响评价方法与标准》（HJ/T 10.3—1998）、《数字微波接力站电磁环境保护要求》（GB 13616—2009）、《地球站电

---

① http://www.cntv.cn/program/kjpzc/20040526/101637.shtml

磁环境保护要求》（GB 13615—2009）、《短波无线电收信台（站）及测向台（站）电磁环境要求》（GB 13614—2012）、《航空无线电导航台（站）电磁环境要求》（GB 6364—2013）、《环境影响评价技术导则　输变电》（HJ 24—2020）。

（2）标准和测量方法

《工频电场测量》（GB/T 12720—91）、《交流电气化铁道接触网无线电辐射干扰测量方法》（GB/T 15709—1995）、《高压架空输电线变电站无线电干扰测量方法》（GB/T 7349—2002）、《城市无线电噪声测量方法》（GB/T 15658—2012）、《交流输变电工程电磁环境监测方法（试行）》（HJ 681—2013）、《电磁环境控制限值》（GB 8702—2014）、《高压交流架空输电线路无线电干扰限值》（GB/T 15707—2017）、《移动通信基站电磁辐射环境监测方法》（HJ 972—2018）、《输变电建设项目环境保护技术要求》（HJ 1113—2020）、《中波广播发射台电磁辐射环境监测方法》（HJ 1136—2020）、《5G 移动通信基站电磁辐射环境监测方法（试行）》（HJ 1151—2020）、《短波广播发射台电磁辐射环境监测方法》（HJ 1199—2021）。

4.3.2　主要标准简介：《电磁环境控制限值》（GB 8702—2014）

为贯彻《中华人民共和国环境保护法》，加强电磁环境管理，保障公众健康，制定本标准。本标准首次发布于 1988 年，2014 年第一次修订，修订时对《电磁辐射防护规定》（GB 8702—88）（已废止）和《环境电磁波卫生标准》（GB 9175—88）（已废止）进行了整合修订。本标准参考了国际非电离辐射防护委员会（ICNIRP）《限制时变电场、磁场和电磁场（300 GHz 及以下）曝露导则，1998》，以及电气与电子工程师学会（IEEE）《关于人体曝露到 0～3 kHz 电磁场安全水平的 IEEE 标准》，考虑了我国电磁环境保护工作实践。对照世界上大部分国家都遵循的 ICNIRP 推荐限值标准，我国执行的《电磁环境控制限值》（GB 8702—2014）限值标准更为严格。只要符合该标准相应频率的限值要求，就能确保公众健康和安全。根据近年生态环境部门开展的电磁辐射环境质量监测结果，我国电磁辐射环境质量是能够满足《电磁环境控制限值》要求的。同时在满足本标准限值的前提下，鼓励产生电场、磁场、电磁场设施（设备）的所有者遵循预防原则，积极采取有效措施，降低公众曝露。本标准规定了电磁环境中控制公众曝露的电场、磁场、电磁场（1 Hz～300 GHz）的场量限值、评价方法和相关设施（设备）的豁免范围，公众曝露控制限值见表 4-7。

表 4-7　公众曝露控制限值

频率范围	电场强度 $E/$（V/m）	磁场强度 $H/$（A/m）	磁感应强度 $B/$ μT	等效平面波功率密度 $S_{eq}/$（W/m²）
1 Hz～8 Hz	8 000	32 000$/f^2$	40 000$/f^2$	—
8 Hz～25 Hz	8 000	4 000$/f$	5 000$/f$	—
0.025 kHz～1.2 kHz	200$/f$	4$/f$	5$/f$	—
1.2 kHz～2.9 kHz	200$/f$	3.3	4.1	—

频率范围	电场强度 E/（V/m）	磁场强度 H/（A/m）	磁感应强度 B/μT	等效平面波功率密度 S_{eq}/（W/m²）
2.9 kHz～57 kHz	70	$10/f$	$12/f$	—
57 kHz～100 kHz	$4\,000/f$	$10/f$	$12/f$	—
0.1 MHz～3 MHz	40	0.1	0.12	4
3 MHz～30 MHz	$67/f^{1/2}$	$0.17/f^{1/2}$	$0.21/f^{1/2}$	$12/f$
30 MHz～3 000 MHz	12	0.032	0.04	0.4
3 000 MHz～15 000 MHz	$0.22/f^{1/2}$	$0.000\,59/f^{1/2}$	$0.000\,74/f^{1/2}$	$f/7\,500$
15 GHz～300 GHz	27	0.073	0.092	2

注 1：频率 f 的单位为所在行中第一栏的单位。

注 2：0.1 MHz～300 GHz 频率，场量参数是任意连续 6 min 内的方均根值。

注 3：100 kHz 以下频率，需同时限制电场强度和磁感应强度；100 kHz 以上频率，在远场区，可以只限制电场强度或磁场强度，或等效平面波功率密度，在近场区，需同时限制电场强度和磁场强度。

注 4：架空输电线路线下的耕地、园地、牧草地、畜禽饲养地、养殖水面、道路等场所，其频率 50 Hz 的电场强度控制限值为 10 kV/m，且应给出警示和防护指示标志。

4.4 电磁辐射度量与监测

4.4.1 电磁辐射度量

4.4.1.1 电场

电荷的周围存在着一种特殊的物质叫作电场。两个电荷之间的相互作用并不是电荷之间的直接作用，而是一个电荷的电场对另一个电荷的电场所发生的作用，也就是说，在电荷周围的空间里，总是有电场力在作用着。在物理上把有电场力作用存在的空间称为电场。电场是物质的一种特殊形态。

电场的强弱可由单位电荷在电场中所受力的大小来表示。同一电荷在电场中受力大的地方，电场就强，反之受力小的地方电场就弱。实验证明，距离带电体近的地方电场强，远的地方则电场弱。所以，电场强度即为试验电荷所受的力和试验电荷所带电量之比值。电场强度的表示单位为 V/m。

4.4.1.2 磁场

磁场是电流在它所通过的导体周围产生的具有磁力作用的场。如果导体中流通的电流是直流电，那么磁场是恒定不变的；如果导体中流通的电流是交流电，那么磁场是变化的。电流的频率越高，其磁场变化的频率也就越高。

磁场的强弱用磁场强度 H 来表示，它是个矢量。磁场强度 H 的大小，即磁场中某点的磁场强度 H 在数值上等于在该点单位磁荷所受的力。常用表示单位为 A/m。

4.4.1.3 电磁场

任何交流电路其周围一定范围内存在交变电磁场，该电磁场的频率与交流电的频率相同。电场（代表符号为 E）和磁场（代表符号为 H）是这样存在的：有了变化的磁场，同时就有电场，而变化的电场也在同时产生磁场，两者互相作用、互相垂直，并与其运动方向垂直。这种电场与磁场的总和，就是电磁场。

4.4.1.4　电磁辐射

电磁辐射是任何可能引起装置、设备或系统性能降低或对有生命或无生命物质产生损害作用的电磁现象。包括自然界中某些自然现象所引起的自然电磁辐射（宇宙电磁辐射）和电磁辐射系统或设备产生的人为电磁辐射。

4.4.2　电磁辐射测量基础及测量要求

环境电磁场可以分为两大类：一类称为一般电磁环境，它是指在较大范围内电磁辐射的背景值，是由各种电磁辐射源通过各种传播途径造成的电磁辐射环境本底；另一类称为特殊电磁环境，它是指一些典型的辐射源在局部小范围内造成的较强的电磁辐射环境。一般电磁环境可以作为特殊电磁环境的本底辐射电平。本节介绍电磁辐射测量中（包括一般电磁环境的测量和典型辐射源的测量）的一些基本方法。

4.4.2.1　布点方法

（1）一般电磁环境的测量

根据《辐射环境保护管理导则　电磁辐射监测仪器和方法》（HJ/T 10.2—1996），一般电磁环境的测量可以采用方格法布点：以主要的交通干线为参考基准线，把所要测量的区域划分为 1 km×1 km 的方格，原则上选每个方格的中心点作为测试点，以该点的测量值代表该方格区域内的电磁辐射水平。实际选择测试点时，还应考虑附近地形、地物的影响，测试点应选在比较平坦、开阔的地方，尽量避开高压线和其他导电物体，避开建筑物和高大树木的遮挡。由于一般电磁环境是指该区域内电磁辐射的背景值，因此测量点不要距离大功率的辐射源太近。

为了监测某一较大区域（如一个城市的市区）的一般电磁环境，被测区域划分的方格小区太多，一般有几十个到一百多个，所有小区都设监测点，这种方式的工作量太大，也是不必要的。可以采用"人口密度加权"和"辐射功率加权"的方法，选择其中部分典型的、有代表性的小区设监测点，具体方法如下：

① 用方格法把被测区域划分成 1 km×1 km 的方格小区。

② 统计每个小区中的人口密度（1 km² 中的人口数量）和每个小区中辐射源的数量及有效辐射功率。有效辐射功率的计算方法如下：

a. 广播、电视发射天线的辐射功率按 100%计算。

广播、电视发射天线的电磁辐射对邻近各小区内电磁环境的影响较大。为了体现出这种影响，计算邻近各小区（指东、西、南、北四个小区）内的有效辐射功率时，应加上发射天线辐射功率的 10%（计入这部分附加的辐射功率，是为了在计算辐射功率密度加权系数时，体现广播、电视发射天线的电磁辐射对邻近各小区内电磁环境的影响，这部分附加的辐射功率不计入被测区域内总的辐射功率）。

b. 通信设备的辐射功率按 100%计算；雷达按平均辐射功率计算。

c. 射频设备泄漏的辐射功率只占其输出功率的很小一部分。对于 300 kHz 以下的低频设备，辐射功率按其输出功率的 0.01%计算；30 MHz 左右的高频设备，辐射功率按其输出功率的 5%计算；微波设备辐射比较强，可按屏蔽情况估算泄漏的辐射功率。

③ 计算每个方格小区内的人口密度加权系数，定义为

$$m = \frac{该小区内人口密度}{被测区域内平均人口密度} \tag{4-1}$$

④ 计算每个方格小区内的辐射功率加权系数，定义为

$$n = 1 + \frac{该小区内辐射功率 / 小区面积}{被测区域内平均辐射功率 / 被测区域面积} \tag{4-2}$$

若该小区内没有辐射源，则 $n = 1$。

⑤ 各小区的加权系数定义为

$$a_i = m \cdot n \tag{4-3}$$

加权平均值为

$$\bar{a} = \frac{\sum_{i=1}^{N} a_i}{N} \tag{4-4}$$

式中，N——方格小区的个数。

⑥ 选择监测点。满足下列式子的小区可设监测点：

$$a_i \geqslant \overline{Ca} \tag{4-5}$$

式中，C——选择系数，可根据具体情况确定（可根据对监测的要求、设备、人员等条件确定，一般为 1.4～1.8）。

（2）典型辐射源的测量

典型辐射源的测量一般采用“米”字形布点法。

以辐射源为中心，在间隔 45°的 8 个方向上（一般选东、东南、南、西南、西、西北、北、东北 8 个方向），根据对具体辐射源测量的要求，分别选与辐射源不同距离的点作为测试点。如工业、科学、医疗射频设备，可选择 8 个方向上距离辐射源 1 m、3 m、5 m、10 m、30 m、50 m、100 m 的点作为测试点；对于广播、电视发射设备，可选择 8 个方向上距发射塔 100 m、200 m、300 m、500 m、700 m、1 000 m 的点作为测试点；对于定向辐射源，可在最大辐射方向上按上述方法布点测量。实际选择测点时也应考虑附近地形、地物的影响：测试点应选在比较平坦、开阔的地方，应避开建筑物后的遮挡区，还应远离导电物体和交通干线，避免机动车辆放电辐射的干扰。

4.4.2.2 环境条件

气象条件：环境温度一般为-10～+40 ℃，相对湿度小于 80%，室外测量应在无雨、无雪、无浓雾、风力不大于三级的情况下进行。室内测量特别是测量工业高频炉、高频淬火、电解槽等设备的电磁辐射时，应注意环境温度不能超过测量仪器允许的范围。

在电磁辐射测量中，人体一般可以看作导体，对电磁波具有吸收和反射作用，所以天线和测量仪器附近的人员对测量都有影响。实验表明：天线和测量仪器附近人员的移动、操作人员的姿势、与测量仪器间的距离都影响数据，在强场区可达 2~3 dB。为了使测量误差一定，保证测量数据的可比性，测量中测量人员的操作姿势和与仪器的距离（一般不应小于 50 cm）都应保持相对不变，无关人员应离开天线、馈线和测量仪器 3 m 以外。

4.4.2.3　测量内容

环境电磁场的测量包括各种频率电磁辐射的电场强度、磁场强度、辐射功率密度的测量和辐射频谱分析等。

在辐射源的近区，对电压高而电流小的辐射源主要测量电场；对电流大而电压低的辐射源主要测量磁场。在远区，只需测量电场强度 E、磁场强度 H 或平均辐射功率密度 Sav 中的一个量，另外两个量可由计算得出。如果辐射不是单一频率的（如一般电磁环境和脉冲干扰场等），需要作频谱分析。

在高压条件下（如高压输电设备等），工频场的测量主要是测量电场；在大电流条件下，则主要测量磁场。

静电场测量一般是测量静电电位。

4.4.2.4　测量时间

一般电磁环境的测量需要全天 24 h 连续监测，考虑到由于各种原因，辐射场可能出现随机波动，每次测量应连续进行 3~5 d，对每天的辐射高峰期，还应进行更详细测量。

典型辐射的测量应在该辐射源正常时进行，考虑辐射场可能出现的随机波动，每天可在上午、下午、晚上各测量一次，每次间隔几分钟读取一个数据，连续测量 3~5 d。

4.4.2.5　常用单位的换算

电场强度 E 的单位是 V/m；磁场强度 H 的单位是 A/m；辐射功率密度 S 的单位是 W/m²，也常用 mW/cm²。用不同的单位表示同一强度的辐射场，换算关系为

$$V/m \div 120\pi = A/m \tag{4-6}$$

$$mW/cm^2 \times 10 = W/m^2 \tag{4-7}$$

$$mW/cm^2 \times 1\,200\pi = (V/m)^2 \tag{4-8}$$

$$mW/cm^2 \div 12\pi = (A/m)^2 \tag{4-9}$$

利用图 4-5 可以很方便地进行 V/m 和 mW/cm²、A/m 和 mW/cm² 之间的换算。例如，测得辐射电场强度为 12 V/m，可以算出（或查出）辐射磁场强度约为 0.032 A/m，辐射功率密度约为 0.038 mW/cm² 或 0.38 W/m²。

辐射场强常用分贝（dB）表示，通常规定：

$$0\ dB = 1\ \mu V/m \tag{4-10}$$

记为 dB（μV/m），电场强度可用分贝表示为

$$E(dB) = 20 \lg E(\mu V/m) \tag{4-11}$$

分贝数表示的场强也可换算为 V/m：

$$E(\mathrm{V / m}) = 10^{\frac{E(\mathrm{dB})-6}{20}} \tag{4-12}$$

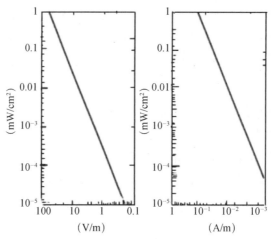

图 4-5　V/m、A/m 和 mW/cm² 之间的换算

辐射功率密度也常用 dB 表示，通常规定：

$$0\ \mathrm{dB} = 1\ \mathrm{W/m^2} \tag{4-13}$$

记为 dB（W/ m²）。辐射功率密度可用 dB 表示为

$$S\left(\mathrm{dBW / m^2}\right) = 10\lg S\left(\mathrm{W / m^2}\right) \tag{4-14}$$

分贝数表示的辐射密度也可换算为 W/m²：

$$S\left(\mathrm{W / m^2}\right) = 10^{\frac{s(\mathrm{dBw/m^2})}{10}} \tag{4-15}$$

有的资料中规定：

$$0\ \mathrm{dB} = 1\ \mathrm{mW/cm^2} \tag{4-16}$$

记为 dB=（mW/cm²），利用 1 mW/cm²=10 W/m² 可以导出：

$$S\left(\mathrm{dBmW / cm^2}\right) = S\left(\mathrm{dBW / m^2}\right) - 10 \tag{4-17}$$

例如，辐射场强 E 为 10 V/m，用 dB 可表示为 140 dB（μV/m），辐射功率密度约为 0.27 W/m²，用 dB 表示为-5.8 dB（W/m²）或-15.8 dB（mW/cm²）。

测量和计算中经常需要分贝增量与变化倍数的换算。场强分贝增量 $\Delta\mathrm{d}B(\mu\mathrm{V/m})$ 和变化倍数 m 之间的换算关系为

$$\Delta\mathrm{d}B(\mu\mathrm{V/m}) = 20\lg m \tag{4-18}$$

或

$$m = 10^{\frac{\Delta\mathrm{d}B(\mu\mathrm{V/m})}{20}} \tag{4-19}$$

功率密度分贝增量 $\Delta\mathrm{d}B\left(\mathrm{W/m^2}\right)$ 和变化倍数 n 之间的换算关系为

$$\Delta\mathrm{d}B\left(\mu\mathrm{V/m^2}\right) = 10\lg n \tag{4-20}$$

或

$$n = 10^{\frac{\Delta\mathrm{d}B\left(\mathrm{W/m^2}\right)}{10}} \tag{4-21}$$

常用的分贝增量和变化倍数之间的换算关系可由表 4-8 中查出。

表 4-8　常用的分贝增量和变化倍数之间的换算关系

$\Delta\mathrm{d}B$	场强比值		功率密度比值		$\Delta\mathrm{d}B$	场强比值		功率密度比值	
	增	减	增	减		增	减	增	减
0.1	1.01	0.989	1.02	0.977	7.0	2.24	0.447	5.01	0.200
0.2	1.02	0.977	1.05	0.955	8.0	2.51	0.398	6.31	0.158
0.3	1.04	0.966	1.07	0.933	9.0	2.82	0.355	7.94	0.126
0.4	1.05	0.955	1.10	0.912	10.0	3.16	0.316	10.0	0.100
0.5	1.06	0.944	1.12	0.891	11.0	3.55	0.282	12.6	0.079
0.6	1.07	0.933	1.15	0.871	12.0	3.98	0.251	15.8	0.063
0.7	1.08	0.923	1.17	0.851	13.0	4.47	0.224	20.0	0.050
0.8	1.10	0.912	1.20	0.832	14.0	5.01	0.200	25.1	0.040
0.9	1.11	0.902	1.23	0.813	15.0	5.62	0.178	31.6	0.032
1.0	1.12	0.891	1.26	0.794	16.0	6.31	0.158	39.8	0.025
2.0	1.26	0.794	1.58	0.631	17.0	7.08	0.141	50.1	0.020
3.0	1.41	0.708	2.00	0.501	18.0	7.94	0.126	63.1	0.016
4.0	1.58	0.631	2.51	0.398	19.0	8.91	0.112	79.4	0.013
5.0	1.78	0.562	3.16	0.316	20.0	10.0	0.100	100	0.010
6.0	2.00	0.501	3.98	0.251					

　　例如，场强增大 16.5 dB，由表 4-8 中可以查出，16 dB 是 6.31 倍，0.5 dB 是 1.06 倍。所以，场强增大 6.31×1.06=6.69 倍。

　　一般来说，电磁辐射的测量应有以下四个部分：

　　① 射频电磁场的测量；

　　② 微波辐射场的测量；

　　③ 工频电磁场的测量；

　　④ 静态电磁场的测量。

　　目前，在环境评价中最关心的是射频电磁场的辐射和工频电磁场的辐射，因此，将主要介绍射频电磁场的测量和工频电磁场的测量。

4.4.3　电磁辐射监测

4.4.3.1　射频辐射场的测量

　　（1）射频辐射场的远区场测量

　　① 环境条件：测量应在环境相对湿度小于 80%、无雨、无雪、无浓雾、风力不大于三级的情况下进行。无关人员应远离测量仪器 3 m 以外。

　　② 测量时间：应选择本测量频段内污染源的工作时间进行测试，如对于广播电台的测试，一般在上午、下午及晚上高峰时间测量，若条件允许，可连续测量数天。

　　③ 广播电台发射天线在水平面内辐射通常是各向同性的，因此可仅测量环境条件

（地形、建筑物分布等）差别比较大的几个方向即可。对于定向发射天线。可在最大辐射方向选择测试点。

（2）射频辐射场的近区场测量

① 近区场中电场和磁场大小没有确定的比例关系，需要分别测量。对于电压高而电流小的场源，主要测量电场；对于电压低而电流大的场源，主要测量磁场。近区场中一般不测量辐射功率密度。

② 近区场强很大（电场强度一般可达到几十伏每米至几百伏每米，磁场强度可达到几安每米）。场强随距离的增大衰减很快，即场强变化的梯度很大，是一种非常复杂的非均匀场，因此，近区场强仪的量程应当足够大，而测量探头应当足够小，测量结果才能代表测试点的场强。一般用小偶极子天线测量近区场强，用小环天线测量近区磁场。

③ 近区场测量时，应对辐射源的辐射特性有所了解，如辐射体的类型、数量、辐射频率、辐射功率、发生电磁泄漏的主要部位以及辐射连续波还是脉冲干扰波等。测量时，被测设备应处于正常的工作状态。

可用两种方法选择测试点：一种是以设备的主要泄漏部位为中心，沿几条射线方向分别选距泄漏部位 10 cm、20 cm、50 cm、1 m……处作为测试点，一般在 3～4 m 处场强就很小了。另一种是以作业人员的操作位置为主要测试区，沿作业人员所在位置的垂直中心线布点测量，考虑到人体各部位对电磁辐射的敏感度不同，一般选头、胸、腹三个部位的高度作为测试点。若作业人员立姿操作，测试点高度可分别取为 1.5～1.7 m、1.1～1.3 m、0.7～0.9 m；若作业人员坐姿操作，测试点高度可分别取为 1.1～1.3 m、0.8～1 m、0.5～0.7 m。

（3）微波辐射场测量

微波辐射场测量通常是对某一设备或器件进行，因此在布点时，其测点位置要有选择，有可能泄漏处布点可多些，如对微波炉进行检测时，其炉门正面和周边、通风口处是重点，应加强检测。根据辐射场的强弱，选择合适的微波探头。注意探头允许使用的额定功率密度值，超过该额定值很容易烧毁。因此当不知道被测微波辐射场强度时，应先选用大量程探头试测，估计出辐射场后，换用合适探头。

对于某些设备因工作状态变化致使辐射强度起伏时，测试时应将探头稍稍移动和转动，读取表头指示最大值，并重复 3～5 次，取各次测量数据平均值作为该测点的辐射功率密度值。

4.4.3.2 工频电磁场测量

对于电场：工频电场探测电极是两个半球组成的偶极子，沿赤道平面相互绝缘，接在一个低阻抗的测量回路上。把偶极子电极放入工频电场中，感应电流在测量回路的输入端产生一个电压降，经过测量回路放大、整流后送表头显示，可以直接读出被测电场的电场强度。影响测量准确度的因素主要有：

① 电场的不均匀性：因场强仪表是在均匀电场中校准的，在不均匀的电场中进行测量会引起一定的测量误差。

② 环境湿度：在湿度很高的情况下，可能形成凝结层，使两极产生泄漏，使内部的测量回路部分形成短接，因此测量电场时应在晴天进行，相对湿度不宜超过 80%。

③ 测量人员的影响：测量中，操作人员靠近电极时，可以明显看到场强指示的变化，这是由于测量人员的存在使被测电场发生了畸变，一般规定操作人员应远离测量电极 2 m 以外。目前很多仪器配置光纤连接读出器，就是起到减小人员影响的作用。

④ 绝缘支持物的影响：电场测量探头安装在绝缘支架上，支架的存在也会使被测电场发生畸变，若把场强表连同支持物一起在均匀电场中进行校准，可消除或减小这种测量误差。

对于磁场：工频磁场测量主要采用电磁感应法进行测量，为避免测量受到干扰。磁性材料或非磁性的导电物体离测试点的距离应大于该物体最大尺寸的 3 倍。

4.5　电磁辐射污染防治

天然的电磁辐射源主要有太阳系和星际电磁辐射（包括宇宙射线）、紫外线、可见光、红外线、地磁场、地球和大气层电磁场等。天然电磁辐射较人工电磁设施产生的电磁辐射要小几个数量级。人工电磁设施一般可分为广播电视发射设施、通信雷达及导航发射设施、工、科、医用电磁设施、交通系统，高压输变电设施等；人工电磁设施的分类见图 4-6。为防止电磁辐射造成的危害，必须采取切实可行的措施加以防护。

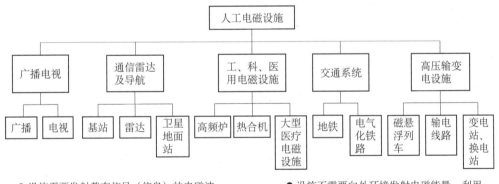

图 4-6　人工电磁设施的分类

4.5.1　广播、电视发射台的电磁辐射防护

广播发射台电磁辐射的防护工作，应从电视台辐射源出发进行科学防护，根据国家的电磁辐射规定要求，积极寻找出有效的辐射降低方法。广播、电视发射台的电磁辐射防护首先应该在项目建设前，以《电磁环境控制限值》（GB 8702—2014）为标准和按照《环境影响评价技术导则　广播电视》（HJ 1112—2020）的要求，进行电磁辐射环境影响评价，实行预防性卫生监督，提出预防性防护措施，包括防护带要求。新建和已建成的发射台对

周围区域造成的较强场强，一般可考虑以下防护措施。

4.5.1.1　距离防护

在条件许可的情况下，改变发射天线的结构和方向角，以减少对人群密集居住方位的辐射强度。在中波发射天线周围场强大约为 15 V/m、短波场强为 6 V/m 的范围设置一片绿化带。通过用房调整，将在中波发射天线周围场强大约为 10 V/m、短波场源周围场强为 4 V/m 的范围内的住房，改作非生活用房。

4.5.1.2　特殊性防护

特殊性防护是广播领域预防电磁辐射的另一个有效手段，特殊性防护主要针对高频辐射环境下的作业人员群体，以此来保障工作人员的健康。例如，在高频辐射环境下的工作人员，应装配特殊的防护服装，如防护面罩、微波防护服、防护头盔等，这些特定的工作服装能保证作业人员穿戴后产生高效的绕射衰减和透射衰减；与此同时，如果作业人员有戴眼镜的需求，那么还需要再穿戴微波防护眼镜，进行视力上的保护。另外，高频辐射环境下的工作人员受到的危害影响更大，因此，相关作业人员应坚持每月进行一次身体检查，检查内容包括神经系统、视力等。强电磁场的接触者还应定期检查染色体、内分泌的健康情况，确保及时预警健康状况。

4.5.1.3　绿化和饮食防护

在广播电视发射台的周边地带，应做好环境的绿化工作，因为广播发射地带的电磁辐射污染较为严重，而草丛树木等绿色植物恰恰能有效吸收电磁辐射的能量。像植物叶片表面的粗糙表皮和绒毛，以及分泌的树脂等，都能对电磁波起到十分有效的弱化吸收作用。另外，电磁辐射还会破坏人体某些微量元素的平衡，如锌、钙等，因此，通过对一些特定抗辐射食品的吸收和补充，能起到很好的饮食防范作用。例如，在日常生活中可以多饮用一些新鲜果汁，有助于恢复电磁辐射所造成的造血机能亏损。另外，还可以食用一些酸枣、枸杞子等，能用于防治失眠、头晕乏力等，减少电磁辐射在人体内消极症状的累积。[1]

广播发射台电磁辐射的治理，也主要采用屏蔽治理、规划治理和建设治理等。如利用对电磁辐射的吸收或反射特性，在辐射频率较高的波段，使用钢筋混凝土，甚至金属材料覆盖建筑物，以衰减室内场强。

4.5.2　家电设备的电磁辐射防护

日常生活中，人们天天盯着电脑屏幕，手机不离身，再加上微波炉、电视、空调这些生活电器，电磁辐射无孔不入，有强有弱，其中手机、微波炉产生的是高频辐射。科学研究表明，并不是所有的电磁场都会对健康构成影响。当场强被控制在一定范围内时，它是无害的。只有场强超过一定限值，才可能导致人出现头晕、恶心、失眠、健忘等亚健康症状。

不要把家用电器摆放得过于集中或经常一起使用，特别是电视、电脑、电冰箱不宜集中摆放在卧室里，以免使自己暴露在超剂量辐射的危险中。

① 陈琛. 浅析基于广播发射台下电磁辐射的防护与治理[J]. 传播力研究，2019（26）：283.

（1）计算机

计算机的电磁辐射主要来源于显示器和主机。其中显示器又分为 CRT 显示器（阴极射线管显示器）和 LCD 显示器（液晶显示器）。CRT 显示器是计算机中最严重的辐射源。CRT 显示器通过电子枪发射电子束实现画面显示，对外发射电子本身就会产生严重的电磁辐射，尽管厚厚的含铅玻璃屏幕可在一定程度上阻隔辐射，但仍然有不少电子穿透阻隔层而直接照射到使用者。LCD 电磁辐射相对低很多。主机为金属机箱，对电磁辐射可起到屏蔽的作用，但不同材料、不同设计、不同工艺的机箱的防辐射能力并不相同，如果设计不良，主机外泄的电磁辐射仍可能超标。从事软件业、文字处理、信息处理等职业的工作人员，他们的视屏作业时间往往超过 4 h/d；另外，个人电脑和公共电脑视屏作业者等，在职业危害体检中往往被忽略。操作电脑时，人体与电脑屏幕保持不少于 70 cm 的距离（液晶显示器也是有辐射的，但是辐射剂量比较小，按国际 MPRII 防辐射安全规定：在 50 cm 范围内辐射暴露量必须小于 25 V/m，电脑辐射量：屏幕 218 V/m），与电脑后部及两侧保持不少于 120 cm 的距离。操作电脑后，脸上会吸附不少电磁辐射的颗粒，要及时用清水洗脸。电脑荧光屏表面存在着大量静电，其聚集的灰尘可转射到脸部和手部皮肤裸露处，时间久了，易发生斑疹、色素沉着，严重者甚至会引起皮肤病变等，因此在使用后应及时洗脸洗手，这样将使所受辐射减轻 70% 以上。饮食上，适当补充维生素 A 和维生素 E，还可多饮茶水，使用电脑时，一般每小时休息 5～10 min 为宜。

（2）微波炉

在所有家用电器中，微波炉的磁控管的频率应该是最高的，电磁辐射很强。但是电磁辐射的强度与距电器的距离的平方成反比。微波炉泄漏出来的微波离人越远，危害就会越小。通常情况下，人体距离微波炉 1 m 以上辐射就会大大减少。国家标准规定，在离微波炉 5 cm 处，微波必须控制在 1 mW/cm^2 之内。人体最容易受到伤害的部位是眼睛的晶体。

（3）移动电话与蓝牙耳机

国际非电离辐射防护委员会（ICNIRP）发布的《限制时变电场、磁场和电磁场暴露的导则（300 GHz 以下）》的安全限值导则，适用于一般公众和职业人员的电磁暴露。我国也制定了相应的国标《移动电话电磁辐射局部暴露限值》（GB 21288—2007），规定了限值为 2.0 W/kg。当人们使用手机时，手机会向发射基站传送无线电波，而任何一种无线电波或多或少被人体吸收后，都有可能给人体的健康带来不良影响。为了减小移动电话在使用过程中对人体的伤害，我们应该注意以下几点。[①]

① 使用耳机接听。与直接将手机靠近耳朵接听相比，耳机能明显减少电磁辐射量。耳机输出的是音频信号，与射频信号是分离的，在耳机线周围也没有共振产生。

② 手机接通瞬间远离头部。打电话拨号或者听到振铃接听电话时，手机的信号传输系统还不稳定，此时辐射功率最大。

③ 两只耳朵换着听。可以让耳朵得到热量耗散，不至于使辐射积累到造成损伤的程度。

④ 注意在信号强时使用手机。由于手机信号越弱就越要提高发射功率，这样才能保证通话质量，而此时电磁辐射就越大。

① 佚名. 如何做好手机辐射的防护[J]. 环境卫生学杂志，2017，7（1）：38.

⑤ 睡觉时手机不要放枕边。手机在待机状态时仍和基站保持联络，也是有辐射的，因此晚上睡觉时不应把手机放在枕边。同理，将处于待机状态的手机挂在腰间或者胸前也是不合适的。

（4）电热毯

电热毯通电后会产生电磁场，产生电磁辐射。孕妇如果使用电热毯，长时间处于这些电磁辐射当中，易使胎儿的大脑、神经、骨骼和心脏等重要器官组织受到不良的影响。[①]

（5）加湿器

特别受女性青睐的加湿器的辐射也较大，因此，使用时千万不要放在离身体太近的地方。贴近加湿器处其电磁辐射量为 100 mG，离开 1 m 处就降为 1 mG 以下。[②]

（6）电磁炉和电饭锅

电磁炉的电磁辐射也很强，其周围 40 cm 内不存在安全区域。由于许多火锅店使用电磁炉，吃火锅时人体距离电磁炉通常在 20 cm 左右，坐姿时身体基本处于电磁辐射的非安全区，时间也比较长，电磁炉产生的电磁辐射会对健康产生不利影响。建议使用电磁炉吃火锅不要过于频繁，每次吃火锅时也尽量不要离通电的电磁炉太近，或停电后使用。电饭锅在电磁辐射方面是比较安全的。

（7）节能灯

不同的灯会有不同强度的电磁辐射，节能灯（7 W）和护眼灯（18 W）的电磁辐射明显要高一些。因此在使用护眼灯和节能灯，特别是在学习和工作时，在能看清楚纸张或书本上内容的情况下，不要离灯太近，特别是不要离其灯头附近的电子元件太近。

生活中对电磁辐射的防护除以上物理措施外，还可以采用食品的防辐射功能，如减轻电磁辐射影响最简单的办法就是每天喝 2～3 杯绿茶，摄入补充维生素 A、维生素 C、维生素 E 抗氧化组合，多吃含钙质高的食品，多吃一些对眼睛有益的食品和注意微量元素的摄入等。[③]

4.5.3　高频设备的电磁辐射防护

高频设备包括工业、科学、医疗等行业的高频设备如高频焊管机、塑料热合机、高预淬火、外医疗高频设备等，电磁辐射防护的频率范围一般是指 0.1～300 MHz，其防护技术有以下几种。

4.5.3.1　电磁屏蔽技术

电磁屏蔽的机理是电磁感应现象。在外界交变电磁场下，通过电磁感应，屏蔽壳体内产生感应电流，而这电流在屏蔽空间又产生了与外界电磁场方向相反的电磁场，从而抵消了外界电磁场，达到屏蔽效果。在抗干扰辐射危害方面，屏蔽是最好的措施。通俗地讲，电磁屏蔽就是利用某种材料制成一个封闭的物体，这个封闭的物体有两重作用，它即使封闭体的内部不受外部电磁场的影响，同时封闭体的外部区域也不受其内部电磁场的影响。

---

① 荆震云. 冬季慎用电热毯及注意事项[J]. 中国防伪报道，2015，12：113-114.
② 陈亢利. 物理性污染及其防治[M]. 北京：高等教育出版社，2015.
③ 呼和满都拉，杨洪涛，丽丽. 电磁污染与防护[J]. 呼伦贝尔学院学报，2014，22（3）：109-114.

（1）电磁屏蔽分为两大类

一类为主动场屏蔽，这类屏蔽将电磁场作用限定在某个范围以内，使其不对这一范围以外的物体产生影响；该类屏蔽的特点为场源与屏蔽体间距小，所要屏蔽的电磁辐射强度大，屏蔽体结构设计要严谨，屏蔽体要妥善地进行接地处理。另一类为被动场屏蔽，这类屏蔽对某一指定的空间进行屏蔽，使得在这一空间以外的电磁场源对这一空间范围内的物体不产生电磁干扰和污染；该类屏蔽的特点为屏蔽体与场源间距大，屏蔽体可以不采用接地处理。

（2）电磁干扰过程必须具备三要素

电磁干扰源、电磁敏感设备、传播途径，三者缺一不可。采用屏蔽措施，一方面可抑制屏蔽室内电磁波外泄，抑制电磁干扰源；另一方面也可防止外部电磁波进入室内。但是，由于屏蔽体材料材质的不同，材料的选择成为屏蔽效果好坏的关键。电磁波的衰减系数是衡量电磁波在导体材料中衰减快慢的参数，电磁波的衰减系数越大，衰减得越快，屏蔽效果越好。因此，良导体如铁、铝、铜就常用来作为电磁屏蔽装置，收音机中周线圈外面罩着一个空芯的铝壳，电子示波器中用铁皮包着示波管等，这些都是电磁屏蔽在实践中的具体应用。

（3）电磁屏蔽一般可以分成三种

第一种是对静电场（包括变化很慢的交变电场）的屏蔽。这种屏蔽现象实际上是由于屏蔽物的导体表面的电荷在外界电场的作用下重新分布，直到屏蔽物的内部电场均为零才能停止，这种重新分布的过程不需要花很长时间，在 10^{-19} s 的瞬间完成。高压带电作业工人所穿的带电作业服就是基于这一原理制造的，它是用钢丝编制而成的，作业服构成一个封闭体，起着屏蔽的作用。人体在其内，当作业者触及高压电线时，电线周围的电场使得作业服上的电荷在瞬间重新分布，使得人体内的电场处处为零电位。在这种情况下，人体内就没有电流流过，因此人体也就不会受到电击的伤害。

第二种屏蔽是对静磁场（包括变化很慢的交变磁场）的屏蔽。它同静电屏蔽相似，也是通过一个封闭物体实现屏蔽。与静电屏蔽不同的是，它使用的材料不是铜网，而是磁性材料。这种屏蔽体在外界磁场的作用下，产生磁化效应，导致屏蔽体本身的磁场明显增加，但在屏蔽体体内和体外的磁场都明显减弱。如果用磁力线的疏密程度来描述磁场强弱，则磁力线大部分不能够穿过屏蔽体，只是"绕着"屏蔽体走过，它不能影响屏蔽体内部的物体，因此可以屏蔽外界的磁场。那些有防磁功能的手表，就是基于这一原理制造的。比如，在手表机芯外面装有一个磁性材料制成的封闭包围物，屏蔽了外界静磁场，使手表的"核心"部件——机芯内的磁场很弱，从而起到防磁的作用。如果机芯是塑料制成，那就无须加屏蔽了。

第三种屏蔽就是对高频电磁场、微波电磁场的屏蔽。如果电磁波的频率达到百万赫兹或者亿万赫兹时，这种频率的电磁波射向导体壳时，就像光波射向镜面一样被反射回来，同时也有一小部分电磁波能量被消耗掉，也就是说，电磁波很难穿过屏蔽的封闭体。另外，屏蔽体内部的电磁波也很难穿出去。

如今，人们已经把电磁屏蔽包围物制造成各种统一规格，可以拆装运输，这类包围物统称电磁屏蔽室。

通常屏蔽室所需要的屏蔽效能因其用途而异。屏蔽效果的好坏不仅与屏蔽材料的性能、屏蔽室的尺寸和结构有关，也与到辐射源的距离、辐射的频率，以及屏蔽封闭体上可能存在的各种不连续的形状（如接缝、孔洞等）和数量有关。如果屏蔽效果达到 100 dB 数量级，就可以满足绝大多数情况对屏蔽的要求。

4.5.3.2 吸收防护技术

吸收防护技术是将根据匹配原理与谐振原理制造的吸收材料置于电磁场中，用以吸收电磁波的能量并转化为热能或者其他能量，从而达到防护目的的技术。采用吸收材料对高频段的电磁辐射，特别是微波辐射的泄漏抑制，效果良好。吸收材料在工业上多用于设备与系统的参数测试，防止设备通过缝隙、孔洞泄漏能量的作用，在个人防护方面，多用于制作电磁辐射防护卡、电磁辐射手机贴膜等。

4.5.3.3 接地防护技术

接地防护技术的作用就是将在屏蔽体（或屏蔽部件）内由于感应生成的射频电流迅速导入大地，使屏蔽体（或屏蔽部件）本身不再成为射频的二次辐射源，从而保证屏蔽作用的效率。应该指出，射频接地与普通的电气设备保安接地不同，两者不能相互替代。射频防护接地情况的好坏，直接关系到防护效果。射频接地的技术要求有：①射频接地电阻要最小；②接地极一般埋设在接地井内；③接地线与接地极以用铜材为好；④接地极的环境条件要适当。

接地包括高频设备外壳的接地和屏蔽的接地。屏蔽装置有了良好的接地后可以提高屏蔽效果，以中波段较为明显。屏蔽接地一般采用单点接地，个别情况如大型屏蔽室以多点接地为宜。高频接地的接地线不宜太长，其长度最好能限制在波长 1/4 以内，即使无法达到这个要求，也应避开波长 1/4 的奇数倍。接地系统由接地线与接地极组成。

4.5.3.4 距离防护技术

由电磁辐射的原理可知，感应电磁场强度与辐射源到被照体之间的距离的平方成反比；辐射电磁场强度与辐射源到被照体之间的距离成反比。因此，适当地加大辐射源与被照体之间的距离可较大幅衰减电磁辐射强度以减少被照体受电磁辐射的影响，在某些实际条件允许的情况下，这是一项简单可行的防护方法。应用时，可简单地加大辐射体与被照体之间的距离，也可采用机械化或自动化作业，减少作业人员直接进入强电磁辐射区的次数或工作时间。

4.5.3.5 滤波技术

滤波是抑制电磁干扰最有效手段之一。线路滤波的作用就是保证有用信号通过，并阻截无用信号。电源网络的所有引入线，在其进入屏蔽室之外必须装设滤波器。若导线分别引入屏蔽室，对每根导线都必须进行单独滤波。在应对电磁干扰信号的传导和某些辐射干扰方面，电源电磁干扰滤波器是相当有效的器件。例如，高频设备电源线可引起传导耦合，以致造成泄漏和干扰，有源屏蔽室如不对设备电源线采取措施，可因为导线干扰而影响屏蔽效果，解决导线干扰的有效办法是在电源线进入屏蔽室处安装电源滤波器。滤波器的安装应尽可能贴近地面，以免滤波器的地电流入地路径过长而增加其阻抗耦合，降低滤波效果。

早先人们常把滤波器作为抑制干扰的一种权宜措施，只是在必要时，才把滤波作为抑制电磁干扰的一种有效手段。滤波器是由电阻、电容和电感组成的一种网络器件，滤波器在电路中的设置位置是各式各样的，其设置位置要根据干扰侵入的途径确定。当干扰源来自电源线时，滤波器应装在电源引入线处。这样安装，既可以衰减由电源线路直接侵入的传导干扰，又可以衰减在电源线上感应的干扰波。

4.5.3.6　其他措施

① 采用电磁辐射阻波抑制器，通过反作用场在一定程度上抑制无用的电磁散射。

② 在新产品和新设备的设计制造时，尽可能使用低辐射产品。

③ 从规划着手，对各种电磁辐射设备进行合理安排和布局，特别是对射频设备集中的地段，要建立有效防护范围。

④ 除上述防护措施外，加强个体防护，如穿特制的金属衣、戴特制的金属头盔和金属眼镜也是进一步抑制电磁辐射的有效措施。另外，作为技术措施，还可通过改进高频设备及其馈线的设计，以减少其辐射功率；合理布置各高频设备，以降低操作部位的电磁场强度。

此外，人们通过适当的饮食，也可抵抗电磁辐射的伤害。医学研究表明，富含维生素 B 的食物有利于调节人体电磁场紊乱状态，如胡萝卜、海带、动物肝脏等；另外，个体的身体素质及健康状况对辐射的敏感度差异很大，因此，在充分了解电磁防护知识的同时，我们还应从自身出发，加强锻炼，增强体质，提高自身免疫力来增加自身抵抗电磁辐射的能力。[①]

4.5.4　微波设备的电磁辐射防护

微波防护的基本措施有以下几种。

4.5.4.1　减少源的辐射或泄漏

这项措施在进行雷达等大功率发射设备的调整和试验时尤为重要。实际应用中，可使用等效天线或大功率吸收负载的方法来减少从微波天线泄漏的直接辐射。利用功率吸收器（等效天线）可将电磁能转化为热能散掉。不同类型的吸收器可保证能量耗损达 40～60 dB。当检查感应器、接收器和天线设备的工作时，可采用目标模拟物，以减少所用微波源功率，当测量天线设备的方向图时，可使用波导衰减器、功率分配器等。

4.5.4.2　实行屏蔽

为防止微波在工作地点的辐射，可采用反射微波辐射和吸收微波辐射两种屏蔽方法。

（1）反射微波辐射的屏蔽

使用板状、片状和网状的金属组成的屏蔽壁来反射散射的微波，这种方法可以较大地

① 呼和满都拉，杨洪涛，丽丽. 电磁污染与防护[J]. 呼伦贝尔学院学报，2014，22（3）：109-114.

衰减微波辐射作用。一般而言，板片状的屏蔽壁比网状的屏蔽壁效果好，也有人用涂银尼龙布来屏蔽，也有不错的效果。

（2）吸收微波辐射的屏蔽

对于射频，特别是微波辐射，也常利用吸收材料进行微波吸收。使用能吸收微波辐射的材料做成"缓冲器"，以降低微波加热设备传递装置出入口的微波泄漏，或覆盖住屏蔽设备的反射器以防止反射波对设备正常工作的影响。微波吸收的方案有两个：一是仅用吸收材料贴附在罩体或障板上将辐射电磁波能吸收；二是把吸收材料贴附在屏蔽材料罩体和障板上，进一步削弱射频电磁波的透射。

吸收材料是一种既能吸收电磁波，又对电磁波的发射和散射都极小的材料。吸收材料是根据匹配和谐振的原理研制而成的。人们最早用的吸收材料是一种厚度很薄的空隙布。这层薄布不是任意的编织物，它具有 $377\ \Omega$ 的表面电阻率，并且是用碳或碳化物浸过的。

如果把炭黑、石墨羧基铁和铁氧体等材料，按一定的配方比例填入塑料中，即可以制成较好的窄带电波吸收体。为了使材料具有较好的机械性能或耐高温等性能，可以把这些吸收物质填入橡胶、玻璃钢等物体内。单层平板型电磁波吸收体的工作频带较窄，具有谐振特性。

在实际选用吸收材料时，人们总是希望它的工作频带尽可能宽。为了展宽频率范围，研究人员发现，利用多层平板结构，让电磁波由自由空间入射到吸收材料的分界面上能匹配地过渡，也就是说，让电磁波无反射地从自由空间逐步过渡到吸收体里面，通常采用六层。为了进一步增强吸收效果，在最后一层材料的背面贴上波纹金属薄层或金属箔，让剩余的电磁波再次返回吸收体，再与入射波相互抵消从而达到完全吸收。吸收材料可采用具有谐振特性的薄片型材料，如生胶和碳基铁的混合层。另一种材料为宽频带型的，靠材料和自由空间的阻抗匹配，以耗损微波辐射，如多孔性生胶和炭黑粉混合制成或聚乙烯料表面覆一层碳膜等。随着材料学的发展以及制作工艺的提高，新吸收材料也不断出现，势必提高吸收电磁波的效果。

吸收电磁波的应用举例如下：

① 微波炉内的吸收体，微波炉是深受广大百姓欢迎的家电产品之一，用它烹调食品具有省时、快捷、节能、高效、保存营养成分和安全卫生等一系列优点，被美誉为"食品加工技术的一次跨时代的革命"。但微波炉在使用时会产生电磁波。通常，微波炉的炉体和炉门之间，是可能泄漏电磁波的主要部位。其间装有金属弹簧片以减小缝隙，然而这个缝隙减小是有限度的，由于经常开、关炉门，而附有灰尘杂物和金属氧化膜等因素，微波泄漏仍然存在。为此，人们采用导电橡胶来防泄漏，由于长期使用，重复加热，橡胶会老化，从而失去弹性，以至缝隙再度出现。目前，人们用微波吸收材料来代替导电橡胶，这样一来，即使在炉门与炉体之间有缝隙，也不会产生微波泄漏。这种吸收材料是由铁氧粉与橡胶混合而成，它具有良好的弹性和柔软性，容易制成所需的结构形状和尺寸，使用相当方便。

② 建筑物反射的消除，前面我们介绍过屏蔽室消除电磁波的方法，这种设施是消除电磁干扰的理想建筑物。但建造这类建筑物费用较高，作为家庭生活住房采用这种方式不

太可行。为了减少电视重影的干扰，人们研究了建筑物使用的电磁波吸收材料。砖墙可以做成吸波砖，一种是硬泡沫砖；另一种是铁氧化体制成的砖。它们都具有吸收电磁波的功能。另外，建筑物壁面涂层可以采用吸收电磁波的涂层。

4.5.5 静电防治

频率 $f=0$ 的电磁场就是静电场。静电场虽然没有辐射的影响，但是高压静电放电同样会对人体健康、武器装备及电子仪器等造成危害。

4.5.5.1 静电灾害的类型

（1）静电放电能量可使易燃物品发生爆炸，引起火灾。易燃物质如氢气、乙炔、乙烯、二氧化硫等，最小引燃能量仅有几十微焦，其危险极限电位为 1 kV 左右，而汽油、苯、甲烷、环乙烷等最小引燃能量为几百微焦，其危险极限电位为 5 kV 左右，这些易燃物品发生静电火灾的概率较高，因为一个普通体力工人，其活动过程中人体所带静电可高达 30 kV，在一定条件下放电而形成电火花，其瞬时输出功率可高达几十千瓦，所以人体放电就足以引燃上述那些易燃物品。国内某些生产炸药、雷管等火工品的工厂、化工、石油、橡胶、纺织、印刷、煤矿等行业以及军用设施站及油料部门都发生过程度不同的静电火灾。

（2）在高压输电线路附近，静电感应对人体健康有明显的影响。国外，如苏联在1972 年就提出了 500 kV 变电站里的静电感应会对神经、心脏、血液等系统造成影响，并认为这些影响随着工作时间的增加而加剧。我国近些年也建造了不少 330～500 kV 的输电线路。国内有些科研单位近几年也进行了长期静电感应生态影响试验，对试验动物的心电图、脑电图变化进行计算机分析，从试验结果来看，家兔在 50 kV/m 的外加场强下，经过两个月后（每天施压 2 h），脑电图显示有明显病变。

国外有关静电感应场的生物效应报道更多，但差异较大，但综合起来看，认为在20～100 kV/m 场强作用下，每天经过 3～8 h 的试验后，对于狗、兔、鼠等动物，发现其心率、白细胞分类、红白细胞血蛋白及钙、尿、糖含量成分等均有变化。对于人体，其白细胞、脉搏等有影响，静电感应影响人体健康是无可置疑的。

（3）静电积累对大规模集成电路影响甚重，静电噪声干扰电子仪器的正常工作。大规模、超大规模集成电路目前的抗静电能力较差，在生产、贮运及使用中极易受到静电干扰而损坏，极微弱的静电积累可使芯片损坏，所以这些芯片平时在保存中都用锡箔纸包裹以达到屏蔽保护的目的。同时，由这些芯片组装的计算机、导弹、卫星、武器上的电子仪器都应当避免在强电场环境中工作。

另外，静电放电过程中还伴随有辐射频谱较宽的电磁脉冲辐射发生，构成所谓"静电噪声"，严重干扰电子仪器，特别是接收设备的正常工作，严重时可使信号丢失，电子控制线路误动，从而导致导弹、卫星失控，计算机失灵。

（4）飞机"沉积静电"的影响。飞机在空中飞行时，通过摩擦充电、发动机电离充电和感应充电三种途径积累了大量的静电荷，这些静电荷统称为"沉积静电"。摩擦充电是指飞机以很高的速度在空中飞行时，机身不断受到尘埃、水滴等空间粒子的撞击、摩擦而积累的电荷；电离充电是指喷气式飞机在低空飞行时由发动机喷出的高温高速气体带走了大量离子而使飞机上留下了等量反极性的电荷；感应充电是指飞机穿越带电云层时由感应作用而带上的电荷。这三种充电方式中，前两种充电方式是长时间起作用的因素，与飞机本身的电位高低无关，可以连续不断地对飞机充电，因此能在短的时间内使飞机达到极高的电位。

例题：波音 707 飞机，其机身电容约为 1 000 pf，若充电电流为 1 μA，试计算其电位。

则 1 s 内飞机电位可达到：

$$V = \frac{It}{C} = \frac{10^{-6} \times 1}{10^{3} \times 10^{-12}} = 1\,000\ V$$

式中，V——电位，V；

　　　I——电流，μA；

　　　t——时间，s；

　　　C——电容，f。

如果充电电流为 10 μA，则 1 s 内飞机电位可达 10 000 V。但是飞机电位的上升不是无限制的，当电位达到一定值后，飞机上一些比较尖锐和突出的部分就要发生电晕放电，泄放沉积在机身上的静电荷，当放电电流等于充电电流时，系统就达到了动态平衡，使飞机维持在一定电位上。各种飞机试验表明，飞机相对于周围环境的电位可高达几十万伏，且机上的静电荷一般都是负电荷。

飞机带静电飞行，从其本身来说，是处在等电位状态，但当它与其他物体接触时，由于二者的电位不等而发生电击的危险。例如，在进行空中加油时，由于两架飞机所处的电位不同，相互接触时就有可能发生火花放电而引起燃烧。又如，直升机进行海上救生或悬停装卸货物时，由于直升机带电而使人员遭受电击或使易燃易爆物质发生燃烧或爆炸；飞机着陆时也常因对地放电而引起爆炸事故，或者因机身静电没有释放完而使地勤人员遭受电击。无论是尖端的电晕放电，缝隙的电弧放电还是介质表面的流光放电，都要产生频带很宽的射频噪声，这些噪声源通常与机上天线距离比较近，因此造成严重干扰，静电防护措施较差的飞机在云中或雪中飞行时，常因干扰严重而使无线电通信中断，无线电导航失常。

4.5.5.2　静电危害的防治

只有静电积累到足够大并引起放电且能量超过物质的引燃能点时才会发生火灾。因此，只要认识并掌握静电的规律，便可以控制和减少静电灾害的发生。

防止和消除静电危害主要从以下三个方面入手：第一是尽量减少静电的发生；第二是在静电产生不可避免的情况下，要采取加速静电泄放的措施，以减少静电的积累；第三是当静电的产生、积累都无法避免时，要积极采取防止放电着火的措施。有关措施如下。

（1）防止和减少静电的产生

① 选材时考虑尽量采用物质类同的材料，或导电性相近的材料，尽量采用导体材料，不用或少用高绝缘材料。

② 改善装卸、运输方式。

③ 改善加工和处理方法。

④ 防止和减少不同物质的混合，或混入杂质。

⑤ 控制速度（传动速度、流动速度、气体输送速度、排放速度等）。

⑥ 增大接触面的平滑性，减少摩擦力和摩擦面。

（2）各种油料的防静电措施

① 对于液体易燃物质，在流量大、流速高的情况下，可使油面静电电位升得极快，容易着火，所以，要控制输送流量、速度。

② 采用合适的装卸方式，应避免上部喷注，宜采用底部进油方式为好。

③ 防止混油浑水和混入杂质，确保清洁。

④ 注意油品均匀搅拌。

⑤ 改善过滤条件，所选用过滤器的材料、孔径安装部位都要符合规定，控制流过过滤器的速度和压力。

⑥ 避免泄喷，在需要放出油料时，开口部要大些，喷出压力应在 980.665 kPa 以下。

⑦ 严格执行清洗规则。

（3）加速静电逸散，防止静电积累

① 加速静电荷的泄放措施。可采取良好的接地措施，改善材料的导电性，如采用防静电添加剂、涂刷或者镀上防静电层，以及增加环境的相对湿度等方法。

② 中和消除静电。当静电荷积累到一定程度后，可采用中和消除静电的办法。中和是采用极性相反的电荷去抵消积累的电荷，如采用不同极性的缓冲器。消除静电是指人为的方式再产生相反极性的电荷来消除原累积的电荷，可采用自感应式静电消除器，外加电源式静电消除器以及同位素静电消除器。

（4）防止放电着火

① 安装放电器。在设备的合适位置上预先设置放电器，以便于静电释放，如飞机的机翼后沿设有多组的放电器，以避免过载放电着火。

② 屏蔽带电体。采用隔离的办法来限制带电体对周围物体产生电气作用及放电现象。

③ 加强静电的测量和报警。及早发现危险，及时采取有效措施，防止静电着火发生。

④ 防止可燃性混合物的形成。杜绝过多燃烧物的形成，尽力防止可燃物浓度的增加，从而降低着火的概率。

总之，从多方面采取措施可以使静电危害减少到最小限度。

4.6　电磁辐射场强预测

为了控制环境电磁污染，应预测和预评价一些典型的辐射源对环境的影响。根据预测结果，可以合理规划、合理布局，达到保护环境和实现电磁兼容的目的。预测一个辐射源对电磁环境的影响，除要考虑辐射功率、频率特性、辐射体高度、传播距离、极化方式等因素外，还需要考虑地形和建筑物的影响、季节和气候的影响等随机因素。因此，在理论计算的基础上还要使用统计方法。随着测量技术、计算机技术和统计方法的发展，预测方法的应用会越来越广泛。本节主要介绍一些典型辐射源辐射场强的预测方法。

4.6.1 电磁波的传播规律和方式

4.6.1.1 自由空间电磁波的传播和衰减

自由空间是指无损耗的理想空间，严格的自由空间是真空。设一各向同性天线置于自由空间中，天线的输入功率为 P_T（W），效率为 100%，则在距离天线 r（m）处的辐射功率密度 S 为

$$S = \frac{P_T}{4\pi r^2}\left(\mathrm{W}/\mathrm{m}^2\right) \tag{4-22}$$

在天线的远区又有

$$S = \frac{E^2}{120\pi} \tag{4-23}$$

可以求出 r 处的电场强度 E

$$E = \frac{\sqrt{30P_T}}{r}(\mathrm{V}/\mathrm{m}) \tag{4-24}$$

若天线的增益为 G_T，则在最大辐射方向上

$$E = \frac{\sqrt{30P_T G_T}}{r}(\mathrm{V}/\mathrm{m}) \tag{4-25}$$

或

$$E = \frac{173\sqrt{P_T G_T}}{r}(\mathrm{mV}/\mathrm{m}) \tag{4-26}$$

上述各式中场强均为有效值。

下面讨论自由空间的传播衰减。在距离足够远时，可以近似地把接收天线的电磁波视为平面波。如果接收天线的有效接收面积为 A_e，则天线接收到信号的功率为

$$P_R = A_e \cdot S = \frac{\lambda^2}{4\pi} G_r \cdot \frac{P_T}{4\pi r^2} G_T = \left(\frac{\lambda}{4\pi r}\right)^2 P_T G_T G_r(\mathrm{W}) \tag{4-27}$$

式中，G_r——接收天线的增益。

于是，可以得到两天线之间在自由空间中传播衰减为

$$L_{bf} = \frac{P_T}{P_R} = \left(\frac{4\pi r}{\lambda}\right)^2 \cdot \frac{1}{G_T G_r} \tag{4-28}$$

若用分贝表示

$$L_{bf} = 20\lg\frac{4\pi r}{\lambda} - G_T(\mathrm{dB}) - G_r(\mathrm{dB}) \tag{4-29}$$

由式（4-29）可知，自由空间传播衰减 L_{bf} 只与频率和传播距离有关。当频率增大一倍或距离增大一倍时，传播衰减 L_{bf} 分别增加 6 dB。

实际上，电磁波在传播中有损耗，主要是由于大气对电波的吸收或散射引起的，也可能是障碍物的绕射引起的。考虑媒质的衰减，电波的传播损耗可以写出

$$L(\mathrm{dB}) = 20 \lg \frac{4\pi r}{\lambda} - G_T(\mathrm{dB}) - G_r(\mathrm{dB}) - A(\mathrm{dB}) \tag{4-30}$$

式中，A——损耗因子，可表示为

$$A(\mathrm{dB}) = 20 \lg \frac{|E|}{E_0} \tag{4-31}$$

式中，E——接收点的实际场强；

　　　　E_0——该点的自由空间场强；

　　　　A——与辐射频率、传播距离、地面参数、气候条件等因素有关。

4.6.1.2　空间电磁波传播的方式

电磁辐射的传播方式包括地面波传播、天波（电离层）传播、视距传播、散射和绕射传播等。在分析预测电磁环境时，通常取其一种或几种作为主要的传播途径。

（1）地面波传播

天线低架于地面（天线架设高度比波长小得多），电波从发射天线发射后，沿地表面传播的那一部分电波称为地面波。地面波受地面参数影响很大，频率越高，地面对电波吸收损耗越大，所以它适于低频率（30 kHz～30 MHz）的电波传播（如长波和中波）。我国的中波广播主要属于这类传播方式，地面波主要是垂直极化波。

（2）天波传播

天线发出的电波，在高空被电离层反射后到达地面接收点，称为天波传播。长波、中波、短波都可以利用天波传播。采用天波传播方式，由于发射天线方向对着电离层，电波经反射或散射后到达地面，传播距离很远，到达地面的场强已不太强。需要注意的是，强功率、低仰角发射天线的正前方的近距离内，地面上场强很高，对人体可能造成危害。

（3）视距传播

在超短波和微波段，由于频率很高，电波沿地面传播损耗很大，又不能被电离层反射，所以主要采用视距传播方式。视距传播是指在发射天线和接收天线能相互"看得见"的距离内，电波直接从发射天线传播到接收点，也称直接波或空间波传播。其传播模式主要是直射波和反射波的叠加，如图 4-7 所示。电视、调频广播、移动通信、微波接力通信都属于这种传播方式。

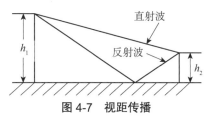

图 4-7　视距传播

（h_1—发射天线高度；h_2—接收天线高度）

（4）绕射传播

电波绕过传播路径上的障碍物的现象称为绕射。辐射波遇到地面上的障碍物时（如山岗、凹地、高大建筑物等）发生绕射传播。波长越长，绕射能力越强。因此，长波、中波和短波绕射能力较强，电视、调频广播和微波段的电波遇到障碍物的阻挡也能产生绕射，但绕射区的场强一般较弱。

4.6.1.3 高大建筑物对环境电磁辐射的影响

城市建筑物对环境电磁辐射的影响很大,主要表现在建筑物对辐射波的反射、绕射和吸收上。由于建筑物的结构很复杂,而且各不相同,影响程度很难进行精确的理论计算,必须通过不同条件下的大量测试并进行统计分析得出统计结果。

美国纽约市测试表明,在 40~450 MHz 范围内,建筑物对电磁辐射的影响随频率变化不明显。纽约市曼哈顿区街道上的中值场强大约比相应开阔地面上的数值低 25 dB;北京市测试结果表明,在 150 MHz 时,市区街道上的中值场强比相应开阔地面上的数值低 20 dB 左右。

经过现场监测表明,单栋建筑物周边 192.25 MHz 的电磁辐射强度增大了,建筑物的反射使建筑物前的场强增大 3~5 dB,单栋建筑物对电磁辐射产生较大影响,辐射场呈行驻波状态。

建筑物后主要是绕射波和透射波,电磁波的波长越短,绕射的能力越差,经过几道墙壁的反射和衰减,透射波变得很弱,所以建筑物后的辐射场衰减很大。单栋建筑物对电磁波的衰减量在 15~20 dB,表 4-9 中给出不同频率的电磁波对建筑物的穿透损耗。建筑物后主要是绕射波,建筑物后影响的范围与建筑物的高度、建筑物至辐射源的距离及辐射体的高度等因素有关。

表 4-9 建筑物的穿透损耗

频率/MHz	150	250	400	800
平均穿透损耗/dB	22	18	18	17

建筑物内主要是透射波,也有通过门窗的绕射波。电磁波穿透墙壁的损耗视墙壁的结构及干湿状况有所不同。在 30~3 000 MHZ 范围内,电磁波穿透墙壁的损耗见图 4-8,从图中可以看出某一频率的电磁波衰减的大致范围。估计电磁波穿透到建筑物内的场强是有实际意义的,因为人们活动的时间有相当多是在室内,广播与电视的接收天线许多也在室内。根据日本对 15 个典型建筑物的测试,穿透损耗与建筑物的结构因素(如门窗的大小、天花板的高度、墙壁的材料及厚度等)有关。测量结果表明,一道墙壁对高频电磁波的衰减量为 5~10 dB。

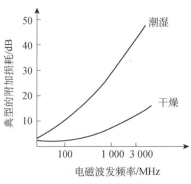

图 4-8 电波穿过墙壁的损耗

4.6.2 环境电磁场预测方法

环境电磁场的预测主要从对人体辐射防护和电磁兼容两方面考虑。对窄带辐射源（如广播、电视发射塔），只要与通信设备的频率不同，就不易产生电磁干扰，这时主要考虑近区场强对人体的危害；对宽带辐射源（如 ISM 设备），除了要考虑近区场强对人体的危害，也要考虑远区场强对通信设备和广播、电视接收的干扰。

环境电磁场预测主要是估算给定区域中电磁辐射的强度（场强或辐射功率密度），预测的方法主要有以下几种：

① 理论计算。对一些由天线辐射的电磁波，可用天线理论算出辐射场的分布，然后根据传播路径上障碍物的分布和预测点周围的环境条件等因素加以修正，给出预测点的场强。

② 统计模型。对一些并非天线发出的电磁波（如 ISM 设备），由于设备的功率、辐射部位的屏蔽效果等因素，很难给出精确的理论公式。只能在测量和分析的基础上，用统计的方法分析辐射特性或给出经验公式来预测辐射场强。

③ 近区场测量技术。根据惠更斯—菲涅尔原理，一辐射源的辐射场可以用包围辐射源的任意闭合曲面上的各次级子波源产生的辐射场来计算。因此，可以用一个特性已知的探头测量辐射源近区某一表面上场的分布、表面电流密度和表面电荷密度的分布，然后通过数学变换式来推算远区场的特性。这种方法克服了远区场测量中的“有限距离误差”，不需要很大的室外测试场，不受气候条件的限制，测试精度也很高。与理论计算相结合，是一种很有前途的预测方法。当然，近区场测量的结果，也要根据电波传播路径上障碍物的分布和预测点周围的环境条件等因素加以修正。

④ 模拟测量。在对大、中型广播及电视、通信台站的电磁环境进行预评价时，除理论计算外，还可以根据拟建台站的有关数据及拟建地点周围环境条件，选择一个与之类似的、已建成的台站，对其周围的辐射进行模拟测量，然后根据理论计算公式、模拟测量的结果、模拟台站和拟建台的主要参数（工作频率、辐射功率、发射天线的增益和架设高度等），即可对拟建台站的电磁辐射环境进行预评价。

4.6.3 典型辐射源电磁辐射场强的预测

本节主要介绍对一些典型辐射源的辐射场进行预测时常用的理论计算公式和经验公式，计算的结果一般还要根据障碍物的分布和预测点周围环境的影响加以修正。

4.6.3.1 地面波辐射场强

中波广播信号主要以地面波方式传播，距离辐射源 r 处地面波场强的计算公式为

$$E = \frac{300\sqrt{P_T \eta G_T}}{r} \cdot A \cdot F(h) \cdot F(\Delta) \tag{4-32}$$

式中，E——电场强度，mV/m

P_T——天线输入功率，kW；

    η ——天线效率，%；

    G_T——天线增益，倍数；

    r——距离，km；

    A——地面波衰减因子；

    $F(h)$ ——发射天线高度因子；

    $F(\Delta)$ ——垂直面内的方向函数。

地面衰减因子 A 由式（4-33）计算

$$A = \frac{2+0.3\rho}{2+\rho+0.6\rho^2} \tag{4-33}$$

式中，ρ ——数值距离，是一个量纲为一的量。由于地面波主要是垂直极化波，数值距离
    可表示为

$$\rho \approx \frac{\pi r}{60\lambda^2\sigma} \tag{4-34}$$

式中，λ ——自由空间的工作波长，m；

    r——距离，km；

    σ ——大地电导率，一般取为 $10^{-2} \sim 10^{-3}/\Omega \cdot m$。

    发射天线的高度因子 $F(h)$ 可由 $F(h)$ 与 h/λ 的关系曲线查出，如图 4-9 所示，h 为发射塔的电气高度，是实际高度的 $1.05 \sim 1.2$ 倍，具体取值与发射塔截面的大小有关。

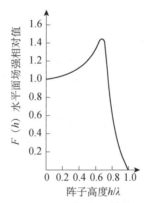

图 4-9　高度因子 $F(h)$ 与阵子高度 h/λ 的关系曲线

    发射天线在垂直面内的归一化方向函数 $F(\Delta)$ 对单塔天线可表示

$$F(\Delta) = \frac{\cos\left(\dfrac{2\pi}{\lambda}h\sin\Delta\right) - \cos\left(\dfrac{2\pi}{\lambda}h\right)}{f_M \cdot \cos\Delta} \tag{4-35}$$

式中，Δ ——辐射场中某一点相对于发射天线底部的仰角；

$$f(\Delta) = \frac{\cos\left(\dfrac{2\pi}{\lambda}h\sin\Delta\right) - \cos\left(\dfrac{2\pi}{\lambda}h\right)}{\cos\Delta}$$ 的最大值。对常用的广播单塔天线，

$h = \lambda/2(150\text{kW})$ 或 $h = \lambda/4(10\text{kW})$，在地面附近 $\Delta \approx 0, F(\Delta) \approx 1$。

4.6.3.2　超短波辐射场强

这里的超短波指的是 30～1 000 MHz 频段，调频广播、电视广播和移动通信都在此频段内。其传播模式主要为直射波和地面反射波，计算超短波场强首先要判断被计算点离辐射源距离是在几何视距以内还是几何视距以外。几何视距为

$$r_0 = \sqrt{h_1\left(h_1 + 2R\right)} + \sqrt{h_2\left(h_2 + 2R\right)}(\text{km}) \tag{4-36}$$

式中，h_1——辐射源天线高度，km；

　　　h_2——接收天线高度，km；

　　　R——地球半径（6 371.23 km）。

被计算点离辐射源距离在 $0.8r_0$ 以外的场强一般较弱，这里不讨论。$0.8r_0$ 以内距离计算场强可分三种情况讨论：

（1）辐射天线和接收天线都比较低，在天线最小有效高度的 10 倍以下，大地可视为平面，计算场强公式为

$$E = 2.18 \times \frac{\sqrt{P_T G_T \eta G_R \left(h_1^2 + h_0^2\right) \cdot \left(h_2^2 + h_0^2\right)}}{r^2 \lambda}(\text{mV}/\text{m}) \tag{4-37}$$

式中，P_T——辐射天线输入功率，kW；

　　　r——距离，m；

　　　G_T——辐射天线增益；

　　　G_R——接收天线增益；

　　　h_1——辐射天线高度，m；

　　　h_2——接收天线高度，m；

　　　h_0——天线最小有效高度，m；其值由图 4-10 给出；

　　　λ——辐射源工作波长，m。

（2）辐射天线和接收天线的高度均大于天线的最小有效高度 10 倍以上，计算时可将 h_0 忽略，这时可用式（4-38）

$$E = \frac{2.18\sqrt{P_T G_T \eta G_R}}{r^2 \lambda} \times h_1 h_2 (\text{mV}/\text{m}) \tag{4-38}$$

式中符号意义和单位与式（4-37）相同。图 4-10 为天线最小有效高度 h_0 与频率的关系。

（3）电视和调频广播的发射天线是城市中超短波主要的辐射源。可用式（4-39）计算距发射天线 r（km）处可能达到的最大场强

$$E = \frac{222\sqrt{P_T G_T \eta}}{r} \cdot F(\Delta, \varphi) \cdot 2(\text{mV}/\text{m}) \tag{4-39}$$

式中，P_T——发射天线输入功率，kW；

　　　η——发射天线效率，%；

　　　G_T——发射天线增益；

　　　$F(\Delta, \varphi)$——归一化方向函数；

　　　r——距离，km。

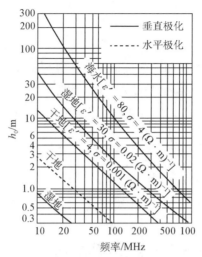

图 4-10　天线最小有效高度 h_0 与频率的关系

电视发射普遍采用蝙蝠翼天线。当发射天线架设足够高时，天线塔附近居民活动范围在天线的辐射场主瓣以外，方向函数 $F(\Delta, \varphi)$ 的值为 $0.1 \sim 0.2$；若天线架设较低，居民活动进入主瓣，$F(\Delta, \varphi)$ 的值接近 1。

4.6.3.3　微波辐射场强

微波辐射近区场和远区场的分界距离一般公认为

$$R = \frac{2D^2}{\lambda} \tag{4-40}$$

式中，D——天线口径的最大线尺寸，

　　　　λ——波长。

微波天线辐射方向性很强，主瓣波束很窄，在主要辐射方向上（天线轴线方向），近区辐射功率密度可表示为

$$S = P + \eta - 2.93 - 20\lg D \text{(dB)} \tag{4-41}$$

式中，P——发射机输出功率；

　　　　η——发射机与天线之间的效率。

远区辐射功率密度为

$$S = P + \eta + G - 21 - 20\lg r \text{(dB)} \tag{4-42}$$

式中，G——天线的增益；

　　　　r——传播距离。

偏离天线主要辐射方向，辐射功率迅速减小。

对于非天线微波辐射（如微波泄漏），可利用近场测量技术或通过模拟测量预测。

4.6.3.4　工业、科学、医疗射频设备辐射场强

根据 ISM 设备的工作原理和干扰特性，可分为电子管、晶体管 LC 高频振荡式和火花塞 LC 高频振荡式两大类。前一类产生射频干扰，后者产生频带很宽的无线电噪声干扰。

对于 ISM 设备的电磁辐射，在近区主要考虑对人体的危害；在远区主要考虑对广播电视和其他通信设备产生的干扰。

对 ISM 设备电磁辐射的预测，一般以距设备（或距厂房边界）30 m 处的干扰场强为基准。由于 ISM 设备的辐射功率、辐射部位、屏蔽效果等因素的影响，30 m 处场强无法通过理论计算得到，一般是通过实测得到 30 m 处的干扰场强，再根据干扰信号的传播衰减特性预测 30 m 以外的场强。

场强随距离衰减规律与地形和障碍物的分布等因素有关，通常衰减随频率升高而增大。但对于 30～1 000 MHz 频段而言，仍可取平均衰减系数。当离干扰源 30 m 以外，在给定高度上的预测场强（或中值场强）可由式（4-43）计算

$$E_R = E_{30} \left(\frac{R}{30} \right)^{-n} \qquad (4\text{-}43)$$

式中，E_R——离辐射源距离为 R（m）的场强；

E_{30}——距辐射源 30 m 处的场强；

n——平均衰减指数。

表 4-10 给出不同地区的 n 和标准偏差允许值 S。表中，市区没有 400～1 000 MHz 频段的衰减指数，是由于建筑物群的分布没有规律性，需要根据具体情况确定。

表 4-10　不同地区的几种标准偏差允许值

频段/MHz	乡村		郊（住宅）区		市区	
	n	标准偏差允许值 S/dB	n	标准偏差允许值 S/dB	n	标准偏差允许值 S/dB
30～400	2.2	6	2.8	7	3.5	9
400～1 000	2.8	7	3.5	9	—	—

4.6.3.5　高压输电系统辐射场强

架空电力线附近电磁环境的预测应包括无线电干扰噪声的预测和工频电磁场的预测。

（1）无线电干扰噪声的预测

电力线路造成无线电干扰主要有两个原因：一是导线表面的电晕放电；二是由于接触不良或导线侵蚀等原因而产生的弧光放电和火花放电。下面介绍电晕放电产生的干扰噪声特性。

① 频率特性

频率为 f 的噪声电平 $E(f)$ 可表示为

$$E(f) = E_0 + 5 \left[1 - 2(\lg f)^2 \right] (\text{dB}) \qquad (4\text{-}44)$$

式中，E_0——f=0.5 MHz 时的噪声电平，dB；

f——频率，MHz。

② 横向传播特性

噪声电平随距离电力线横向距离的变化可表示为

$$E = E_0 + 20n \lg \frac{r_0}{r} (\text{dB}) \tag{4-45}$$

式中，E_0——距电力线边相导线 $r_0=20$ m 时的噪声电平；

　　　　n——介于 1～2 之间，与导线种类和频率范围有关；

　　　　r——距电力线边相导线的距离。

表 4-11 给出 $f=0.5$ MHz 时在不同高压范围下的干扰区间和噪声电平；其他频率和距离的干扰噪声可利用式（4-44）和式（4-45）计算。

表 4-11　$f=0.5$ MHz 时不同高压范围下的电力线干扰区间和噪声电平

电压/kV	干燥天气时的噪声电平/（dBμV/m）	干扰区间/m
220	40～48	40～50
420	50～58	60～80
750	50～64	100～120

（2）工频电磁场的预测

输电线下工频电场预测计算一般用等效电荷法，首先计算单位长度导线上的等效电荷，进而计算由这些等效电荷产生的电场。

根据"国际大电网会议第 36.01 工作组"推荐的方法，利用等效电荷法计算高压送电线（单相和三相高压送电线）下空间工频电场强度。

① 单位长度导线上等效电荷的计算

高压送电线上的等效电荷是线电荷，由于高压送电线半径 r 远小于架设高度 h，所以等效电荷的位置可以认为是在送电导线的几何中心。

设送电线路为无限长并且平行于地面，地面可视为良导体，利用镜像法计算送电线上的等效电荷。

为了计算多导线线路中导线上的等效电荷，可写出下列矩阵方程：

$$\begin{bmatrix} U_1 \\ U_2 \\ \vdots \\ U_{n1} \end{bmatrix} = \begin{bmatrix} \lambda_{11} & \lambda_{12} & \cdots & \lambda_{1n} \\ \lambda_{21} & \lambda_{22} & \cdots & \lambda_{2n} \\ \vdots & \vdots & & \vdots \\ \lambda_{n1} & \lambda_{n2} & \cdots & \lambda_{nn} \end{bmatrix} \begin{bmatrix} Q_1 \\ Q_2 \\ \vdots \\ Q_n \end{bmatrix} \tag{4-46}$$

式中，$[U]$——各导线对地电压的单列矩阵；

　　　　$[Q]$——各导线上等效电荷的单列矩阵；

　　　　$[\lambda]$——各导线的电位系数组成的 n 阶方阵（n 为导线数目）。

$[U]$ 矩阵可由送电线的电压和相位确定，从环境保护考虑以额定电压的 1.05 倍作为计算电压。

$[\lambda]$ 矩阵由镜像原理求得。地面为电位等于零的平面，地面的感应电荷可由对应地面导线的镜像电荷代替，用 i，j，…表示相应平行的实际导线，用 i'，j'，…表示它们的镜像，如图 4-12 所示，电位系数可写为

$$\lambda_{ii} = \frac{1}{2\pi\varepsilon_0} \ln \frac{2h_i}{R_i}$$

$$\lambda_{ij} = \frac{1}{2\pi\varepsilon_0} \ln \frac{L'_{ij}}{L_{ij}}$$

$$\lambda_{ij} = \lambda_{ji} \qquad (4\text{-}47)$$

式中，ε_0——空气介电常数；$\varepsilon_0 = \frac{1}{36\pi} \times 10^{-9} F/m$；

R_i——送电导线半径，对于分裂导线可用等效单根导线半径代入，R_i 的计算式为

$$R_i = R\sqrt[n]{\frac{nr}{R}}$$

式中，R——分裂导线半径，m；（图 4-11 电位系数计算图，图 4-12 等效半径计算图）；

n——次导线根数；

r——次导线半径。

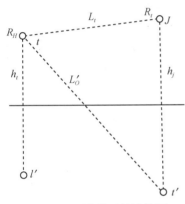

图 4-11 电位系数计算图

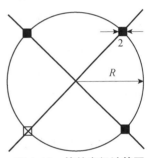

图 4-12 等效半径计算图

由 $[U]$ 矩阵和 $[\lambda]$ 矩阵，利用式（4-46）即可解出 $[Q]$ 矩阵。

对于三相交流线路，由于电压为时间向量，计算各相导线的电压时要用复数表示：

$$\overline{U_i} = U_{iR} + jU_{iI} \qquad (4\text{-}48)$$

相应地，电荷也是复数量：

$$\overline{Q_i} = Q_{iR} + jQ_{iI} \qquad (4\text{-}49)$$

式（4-46）矩阵关系即分别表示了复数量的实数和虚数两部分：

$$[U_R] = [\lambda][Q_R]$$

$$[U_I] = [\lambda][Q_I] \qquad (4\text{-}50)$$

② 输电线附近的电场

输电线附近的电场可由高斯定理求出

$$E = \sum_i \frac{q_i}{2\pi\varepsilon_0 r_i} r_i \qquad (4\text{-}51)$$

式中，q_i——导线或镜像单位长度上的等效电荷；

r_i——从计算点到导线或镜像的距离。

对于多相系数，电场强度要用复数表示。一种典型输电线下离地面 2 m 处横截面上电场的计算结果见图 4-13。输电线下的房屋对工频电场具有屏蔽作用，室内场强可减少到无房屋时的 1/10～1/20，电力线路或电力设备产生的工频磁场很弱，在地面附近一般和大地磁场同一数量级。

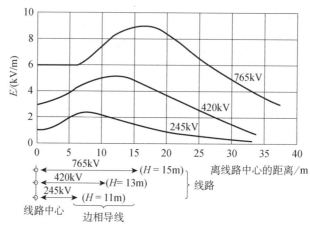

图 4-13 典型输电线下离地 2 m 横截面上的电场强度

4.6.3.6 电气化铁路辐射场强

电气化铁路噪声干扰频谱范围很宽，从数兆赫至数百兆赫。据有关资料报道，电气化铁路无线电噪声的辐射特性如下：

（1）频谱特性

在距铁路中心 10 m 处测量的统计结果，对 30 MHz 以下频段有

$$E(dB)=58.55-14.09\lg f \tag{4-52}$$

式中，f——频率，MHz。

对 30 MHz 以上频段有

$$E(dB)=65.27-11.50\lg f \tag{4-53}$$

（2）横向特性

对于 30 MHz 以下，可采用类似于高压架空线的衰减特性见式（4-45），n 取 1.65；对 30～300 MHz 频段，在开阔地段 n 可为 1.3，在建筑物密集地区 n 可为 2.9。

4.6.3.7 机动车辆的无线电噪声

汽车的电磁噪声为垂直极化波，就整体而言，噪声幅值具有正态分布形式。每个汽车所产生的电磁干扰幅值与点火系统的类型，老化、磨损情况以及车速、负载情况有关。观察表明，小轿车的电磁噪声比卡车低约 10 dB，而摩托车和卡车差不多。由实验数据可知，在距离小轿车十几米远的辐射干扰场强约为 10 μV/m。经验表明，若车辆密度增加一倍，干扰噪声功率谱密度便增加 3～6 dB。

国外资料预测汽车噪声对通信设备影响的数字模型（在 100～1000 MHz 范围内）。

$$E = 34 + 10\lg B_R + 17\lg C - 20\lg R - 10\lg f \text{(dB)} \tag{4-54}$$

式中，E——中值（50%概率）场强，dBμV/m；

B_R——接收机带宽，kHz；

C——车流速度，辆/分；

R——接收机到街道中心的距离，m；

f——接收机工作频率，MHz。

阅 读 材 料

1. 世界卫生组织（WHO）的"国际电磁场计划"

针对全球普遍关切的曝露于各类电磁场是否可能造成有害健康影响的问题，以及由此引起的争议或冲突已在一些国家产生了明显的经济后果这一事实［仅在美国，解决有关电磁场评估（EMF）和健康问题的花费，每年就需大约 10 亿美元］，WHO 于 1996 年 5 月设立了一个国际性项目（图 4-14），集中对电磁场的健康影响进行全面的评估，该项目即"国际电磁场计划"。该项目集中了全球在此问题上所取得的知识和主要国际机构、国家机构与研究院所的可利用资源，持续时间 10 年。该计划的目的是：

① 评估有关 EMF 曝露的生物效应的科学文献并对健康影响进行现况报告；

② 确认更好地进行健康风险评估所需的进一步研究的内容；

③ 建立高质量 EMF 集中研究的时间表，鼓励开展高质量、目标明确的研究项目来填补知识空白；

④ 在要求开展的研究完成后，将研究结果汇总到 WHO 的专题报告中，对 EMF 曝露的健康风险做出正式评估；

⑤ 为国家 EMF 问题管理机构提供建议和出版物，促进国际可接受的全球性 EMF 曝露标准的建立；

⑥ 提供关于风险感知、交流和管理的信息。

WHO "国际电磁场计划"的组织框架包括"国际电磁场计划"秘书处协调下的三个委员会，即国际顾问委员会、研究协调委员会及标准协调委员会。支持并参与此计划的国际组织包括欧洲委员会（EC）、国际肿瘤研究机构（IARC）、国际非电离辐射防护委员会（ICNIRP）、国际电工委员会（IEC）、国际劳工组织（ILO）、国际电信联盟（ITU）、北大西洋公约组织（NATO）、联合国环境规划署（UNEP）等。英国国家辐射防护局（NRPB）、美国国家环境卫生科学研究所（NIEHS）、美国职业安全卫生研究所（NIOSH）、日本国家环境研究所等独立的 WHO 科研合作机构承担了项目研究工作。40 多个国家的政府管理机构为此计划做出了贡献。

WHO "国际电磁场计划"的工作框架如图 4-14 所示。图中提及的官方文件（Fact Sheets）均是经 WHO 国际顾问委员会（IAC）逐篇审查后批准发布的。它们代表了 WHO 国际电磁场计划研究形成的正式意见，对各国政府与公众了解问题真相起了很好的效果。

该文件在一些国家已被引用为法庭证据文件。在中国已正式参加该项国际协同研究计划的背景下，跟踪 WHO 国际电磁场计划研究进展，准确传递 WHO 关于电磁环境与健康的公共信息，避免公众无端疑虑，尤显重要。

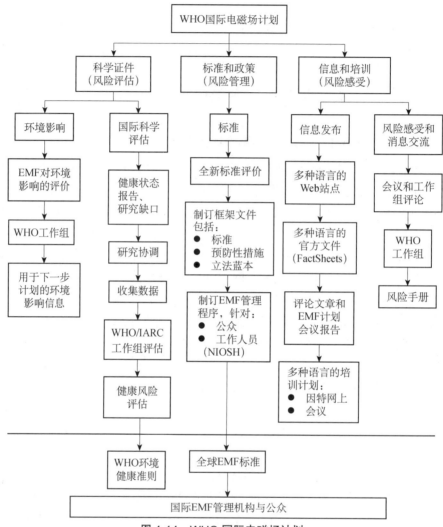

图 4-14　WHO 国际电磁场计划

WHO 对电磁场健康风险评估的基本原则如下：

（1）针对健康风险必须进行全面的总体评估

WHO 国际电磁场计划在 2006 年已经以 WHO 正式出版物的形式发布了重要文件《制订以健康为基础的电磁场标准的框架》。

该框架指出：限制人类 EMF 曝露的曝露标准是建立在对健康科学各学科的研究基础之上的，包括生物学、流行病学和医学，同样包括物理学和工程学。所有这些学科在验证是否存在有害健康影响以及为确定适当的保护水平提供信息等方面，起着重要的单独或者集合性的作用。与标准有关的研究包括 EMF 生物效应研究、场源的物理特性研究、实际曝露水平和风险人群的研究等。

在科学一致性和其他方面存在一些不同看法的情况下，对这些个案研究的理解可能是有争议的。为了尽可能获得一致意见，需要进行总体评估（也称为"健康风险评估"）。总体评估通常是在其他国家和国际评估机构已完成复核的基础上做出的。

（2）健康风险评估的若干准则

该框架指出，在对任何健康影响数据进行评估时必须阐述以下问题：

① 对流行病学研究，曝露与风险之间关联的强度很重要。在风险与曝露之间是否存在清晰的关联？

② 电磁场曝露与健康风险的关联性研究的一致性如何？大多数研究对同一疾病显示了同样的风险？

③ 在电磁场曝露与健康影响方面是否存在剂量—反应关系？

④ 在电磁场曝露和被考虑的健康影响的关联性方面有没有实验证据？

⑤ 在 EMF 曝露和被考虑的健康影响之间的关联性方面有没有合理可信的生物学机制？

（3）正确看待流行病学研究个案

该框架指出，流行病学研究能直接提供人类曝露于某物剂的健康影响的信息，因而在评估中常给予了最高的权重。然而，流行病学研究可能会受到偏倚和混淆的影响。另外，流行病学研究是以基于观察为特征的，难以推断因果关系（除非证据很强时）。WHO 还指出，在细胞层次上取得的研究通常只能用于调查作用机理，一般不单独作为人体影响的证据。这一点很值得医学界在发布组织与细胞培养试验研究结果时注意。不应单凭缺乏人体调节功能的体外细胞实验研究结果，武断地推断出有害健康的结论。

关于极低频场的健康风险，WHO 的以下观点已经在多份官方文件中强调：

① 极低频场因在人体组织中感应电场和电流而与组织相互作用，这是这些场作用的唯一已确认的机制。没有一致的证据表明，曝露于生活环境中的极低频场，会对生物的分子（包括 DNA）造成直接的伤害。迄今为止进行的动物实验结果表明：极低频场并不诱发或促进癌症。

② 没有一个重要的委员会已得出低水平的场确实存在健康危害的结论。

③ 并不认为在输电线和配电线周围极低频场的水平对健康有危险。

按照 WHO 的国际电磁场计划，国际肿瘤研究机构（IARC）已于 2001 年完成了对极低频场致癌性的评价。由于无任何致癌性证据，直流磁场和直流与极低频电场都已经被 IARC 确认为"不能分类为致癌性的"。

IRAC 只是根据两项流行病学研究反映的结果，即居室中的工频磁场可能与儿童期白血病风险的增加有关的微弱证据，把工频磁场归入按证据强弱程度区分的"三种潜在致癌性分类"中最微弱的一种（2B 类），即"怀疑对人类致癌的"（与咖啡、盐渍蔬菜同类）。

同时，IARC 和 WHO 都明确指出，对上述结果，"未能找到科学的解释""所观察到的关联仍然可能存在其他的解释，特别是在流行病学研究中可能存在选择偏倚以及曝露到其他类型场的问题"。

WHO 明确否定在现有环境的电场、磁场水平下的曝露会对人体造成实际健康危害，进而认定了上述低水平电场与磁场在科学意义上的无害性。WHO 的上述结论性意见是明确而毋庸置疑的。

2. 高铁的电磁辐射污染

高铁作为电力驱动的交通工具，的确会产生辐射，但是车厢中的辐射值仅比家中的电器大一些而已，符合国际电磁辐射安全标准，目前没有证据证明它对人体健康构成威胁。防辐射玻璃防的是电离辐射，与高铁电磁辐射无关。在研究中，高铁和其他电器产生的极低频电磁辐射与女性的不孕率和流产率之间的关联也没有被明确证实。

高铁上运行的列车有不同的类型。一种是动力集中式，这种列车主要的电气设备和牵引电机集中在列车一端或两端的机车上，与乘客车厢是分离的；另一种是动力分散式，动力系统分布在多个车厢。

根据 ICNIRP 的安全标准，高铁产生的 50 Hz 左右的工频辐射为"极低频电磁辐射"，电场辐射的安全标准为 5 kV/m 以下，磁场辐射为 100 μT 以下。这一安全标准是根据国际上相关医学研究制定出的。高铁实测发现，对于 CRH2A 和 CRH5A 型动车组，在一等车厢、二等车厢、车厢连接处、驾驶室等位置，电场辐射值分布在 0.011～0.021 kV/m 的范围内。这个值也在 ICNIRP 规定的限值（5 kV/m）以内。

其他辐射，除上述 50 Hz 工频辐射之外，高铁也会产生其他频段的辐射。其产生原因很多，比如因为受电弓和接触网接触不良而产生的辐射，以及电流在变压、变频等过程中相关元件产生的辐射等。这类辐射的频率范围较广，从几十赫兹到 2 GHz 都有分布。对动车组列车车厢内的这类辐射进行了实测和分析，重点关注了 30～200 MHz 频段的辐射。经实测，这个频段的辐射在车厢内的电场强度只有 50 dBμV/m 左右，不到 1 mV/m。而 ICNIRP 给这个频率波段的电场辐射制定的安全标准是 28 V/m，我国生态环境部门制定的电磁辐射防护标准则未限制，而是给出参考值为 12 V/m。无论按哪一个值来看，上述研究中的测量值与安全标准相比还有较大安全空间。对于这类辐射，一般只考虑对电子设备的干扰，对人体的影响可以忽略不计。

高铁的正常运行离不开给其供电的输电线，所以我们有必要关注高铁周围的输电线所发出的电磁场对人体和周围环境是否产生有害的影响；研究结果表明，高铁输电线产生的磁感应强度和磁场强度远远小于限值标准，可以忽略不计；高铁输电线产生的电场强度在 10 m 处达到 5 000 V/m，10 m 以上快速衰减，对人体产生的电磁辐射影响已经可以忽略不计。因此，只要居民区建设在距离高铁线路两边 10 m 以外的区域，周围的居民就不会有电磁安全的困扰。

高铁列车运行时产生的电磁辐射使沿线各频道信噪比均有很大程度的降低，影响电视收看；另外，列车通过时，车体本身对电视信号产生的反射和遮挡影响，也会降低铁路附近居民（采用天线接收方式）的电视收看质量，列车产生的电磁辐射对沿线居民收看电视的影响可通过接入有线电视网来消除，同时可完全消除车体的反射和遮挡影响。电力机车运行产生的无线电干扰在营运期线路 20 m 处无线电干扰限值满足《高压交流架空输电线路无线电干扰限值》（GB 15707—2017）相关标准。

作业与思考题

1. 麦克斯韦尔的电磁理论所阐述的要点。

2. 名词解释：电磁辐射、射频电磁场。

3. 任何射频电磁场的发生源周围均有哪两个作用场存在？

4. 近区场和远区场的特点是什么？

5. 电磁辐射影响参数有哪些？

6. 电磁场污染源主要包括哪两大类？

7. 电磁辐射污染的传播途径有哪些？

8. 简述电磁辐射的危害。

9. 简述天然电磁辐射污染源主要来源。

10. 简述电磁波频谱的分类。

11. 简述人为电磁辐射污染源主要有哪些？

12. 电磁辐射对人体的作用的影响因素有哪些？

13. 简述我国环境电磁辐射污染现状。

14.《电磁环境控制限值》（GB 8702—2014）的主要控制指标有哪些？

15. 工频电磁场测量有哪些影响因素？

16. 广播、电视发射台的电磁辐射防护措施有哪些？

17. 简述高频设备的电磁辐射防护措施。

18. 空间电磁波传播的方式有哪些？

第 5 章　核环境学

随着辐射材料的发现和原子模型的确立，人类科学进入核时代，X 射线、原子弹、核电站等的应用随之而来。核技术的应用在给人类带来巨大收益的同时其辐射的特性也会对环境带来巨大影响。所以电离辐射也是环境物理学不可缺少的内容。

本章从电离辐射基础知识入手，介绍了环境中的电离辐射，并分别介绍了电离辐射防护相关法律法规及标准、电离辐射度量与监测的内容，还介绍了电离辐射污染防治以及电离辐射的环境影响与评价。

5.1　电离辐射基础知识

5.1.1　原子核物理基础

世界万物是由原子、分子构成，每一种原子对应一种化学元素。1911 年，卢瑟福提出原子的核式模型，原子是由原子核和绕核运动的核外电子所组成。原子核的线度只有原子的万分之一，质量却占原子的 99% 以上。因此，原子的质心和原子核的质心非常接近，原子核的线度只有几十飞米（1 fm＝10^{-15} m），而密度高达 10^8 t/cm³。原子核对原子性质的影响除原子核的质量外，主要是它的电荷，原子核的其他性质对原子的影响相当微小。同样，核外电子的行为和原子核的性质也几乎没有关系，原子和原子核是物质结构中泾渭分明的两个层次。物质的性质可以主要归因于原子，或主要归因于原子核，但几乎不同时归因于两者，元素的许多化学及物理性质、光谱特性基本上只与核外电子有关，而放射现象归因于原子核。原子核带正电荷，原子核的电荷集中了原子的全部正电荷。

电子是由英国科学家汤姆逊（J J Thomson）于 1897 年发现的，这也是人类发现的第一个微观粒子。电子带负电荷，电子电荷的值为 1.602 177 33×10^{-19} C，其中 C 为库仑，电量的单位。原子核带正电荷，原子核的电荷集中了原子的全部正电荷。原子的大小是由核外运动的电子所占的空间范围来表征的，原子可以设想为电子在以原子核为中心的、距核非常远的若干轨道上运行。

对于原子，我们这里仅讨论其壳层结构。对原子核，将讨论其一般基本性质，即原子核作为整体所具有的静动态性质。本节将讨论原子核的组成、电荷、质量、半径、稳定性以及核衰变基本规律和核反应等，对原子核自旋、磁矩、宇称和统计性质等较深入的

问题不在这里展开讨论。如在今后的工作学习中遇到这些问题，一般的核物理书籍中均
有描述。

5.1.1.1 原子的壳层结构

根据原子的核式模型，原子由原子核和核外电子组成。对于原子核的组成将在下面讨
论。原子核核外电子又常被称为轨道电子，把电子看成沿一定的轨道运动，不过是一种近
似的模型，但它能很好地解释元素周期及一系列光谱的特性。实际上，电子在核外呈一定
的概率分布，在一定的"轨道"上的概率最大而已。原子的轨道电子离核的距离是不能取
任意值的，这也是微观世界的量子特性的一种表现。电子轨道按照一定的规律形成彼此分
离的壳层。

最靠近核的一个壳层称为 K 壳层，在它外面依次为 L 壳层、M 壳层、N 壳层、O 壳
层等，依次类推。通常用量子数 n（$n=1$，2，3…）代表壳层，并分别对应 K、L、M…壳
层。每个壳层最多可容纳 $2n^2$ 个电子，就 K 壳层而言，最多可容纳 2 个电子；L 壳层最多
可容纳 8 个电子；M 壳层为 18 个电子……除 K 壳层外的其他壳层又可分成若干的支壳
层。支壳层的数目等于（$2l+1$）个，其中 $l=n-1$，1 也是描述电子轨道的量子数。通常用壳
层符号及其下标的罗马数字来表示支壳层。

处于不同壳层的电子具有不同的位能，如图 5-1 为氢原子能级示意。由于原子核带正
电，电子带负电，当电子由无穷远处移动到靠近原子核的位置时是电场力做功，K 壳层的
能级最低，或者说负得最多。

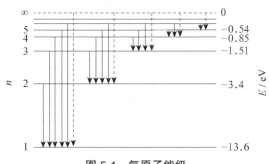

图 5-1 氢原子能级

能级的能量大小就等于该壳层电子的结合能，也就是假设要使该壳层电子脱离核的束
缚成为自由电子所需做的功。结合能是负值，通常以 keV 为单位，K 壳层电子的结合能的
绝对值最大。

在正常状态下，电子先充满较低的能级，但当原子受到内在原因或外来因素的作用
时，处在低能级的电子有可能被激发到较高的能级上（称为激发过程）；或电子被电离到
原子的壳层之外（称为电离过程）。在这种情况下，在原来的低能级上会留下一个空位，
此时，更高能级上的电子释放能量而跃迁到这个空位，这部分释放的能量主要以电磁辐射
的形式发射一个光子。当内壳层电子跃迁（如 K 层出现一个空位，L 层电子跃迁到 K
层），此时光子能量较高，或者说其电磁辐射的频率比较高，而且，不同元素的原子均有
不同、特定的能量，所以，又通常称作特征 X 射线。特征 X 射线在仪器分析中可用于元

素的鉴别。

5.1.1.2 原子核的组成及其表示

1896 年，贝可勒尔发现了铀的放射现象，这是人类第一次在实验室里观察到原子核现象。他发现用黑纸包得很好的铀盐仍可以使照相底片感光，实验结果说明铀盐可以放射出能透过黑纸的射线。这一发现改变了原子是物质不可分割的最小单位的认识。回眸近一个多世纪的科学发展历程，这一重大发现被看成是核物理学的开端，自然科学也随之从原子时代进入了原子核时代。1898 年，居里夫妇发现放射性元素钋和镭；1903 年，卢瑟福证实了 α 射线是正电荷的氦原子，β 射线是电子；1911 年进而提出原子的核式模型；1932 年查德威克发现中子。

在查德威克发现中子之后，海森堡很快就提出原子核由质子和中子组成的假说，而且有一系列的实验事实支持了这一假说。

中子为中性粒子，质子为带有单位正电荷的粒子。在提出原子核由中子和质子组成之后，任何一个原子核都可用符号 ${}_Z^A X_N$ 来表示。右下标 N 表示核内中子数，左下标 Z 表示质子数或称电荷数（在原子核中为质子数，在原子中则为原子序数），左上标 A（$A=N+Z$）为核内的核子数，又称质量数。核素符号 X 与质子数 Z 具有唯一、确定的关系。实际上，只要简写为 ${}^A X$，它已足以代表一个特定的核素，左下标 Z 往往可以省略。只要元素符号 X 相同，不同质量数的元素在周期表中的位置相同，就具有基本相同的化学性质。例如，${}^{235}U$ 和 ${}^{238}U$，都是铀元素，两者只相差三个中子，它们的化学性质及一般物理性质几乎完全相同，但是，它们是两个完全不同的核素，核性质完全不同。

下面介绍几个原子核物理常用术语。

① 核素：具有一定数目的中子和质子以及特定能态的一种原子核或原子称为核素。核子数、中子数、质子数和能态只要有一个不同，就是不同的核素。

② 同位素和同位素丰度：具有相同原子序数但质量数不同的核素称为某元素的同位素。同位素在元素周期表中处于同一个位置，具有基本相同化学性质。某元素中各同位素天然含量的原子数百分比称为同位素丰度。

③ 同质异能素：半衰期较长的激发态原子核称为基态原子核的同质异能素或同核异能素。它们的 A 和 Z 均相同，只是能量状态不同。

④ 半衰期：放射性核素衰变其原有核数的一半所需要的时间，用 $T_{1/2}$ 表示。

5.1.1.3 放射性衰变

在人们发现的 2 000 种左右核素中（包括天然存在的 300 多个核素和自 1934 年以来人工制造的 1 600 多个放射性核素），绝大多数都是不稳定的，它们会自发地蜕变，变为另一种核素，同时放出各种射线（如 α 射线、β 射线、γ 射线等）而衰变形成稳定的元素并停止放射（衰变产物），这种现象称为放射性衰变。

（1）原子核的放射性

现在知道，有许多原子核都能自发地发射 α 射线、β 射线和 γ 射线。此外，原子核还有发射正电子、质子、中子、重离子等其他粒子以及自发裂变的情况。由于原子核自发地变化而放射出各种射线的现象，称为原子核的放射性。能自发地放射各种射线的核素，叫放射性核素。实验证明，对放射性核素加温、加压或加电磁场，都不能抑制或显著改变其放射性。

在磁场中研究常见射线的性质时，证明它是由三种成分组成的。其中第一种成分在磁场中的偏转方向与带正电的离子流的偏转方向相同；第二种成分与带负电的离子流的偏转方向相同；第三种成分则不发生任何偏转，继续沿着直线方向前进。这三种射线成分分别叫作 α 射线、β 射线和 γ 射线。

① α 射线是由高速运动的氦原子核（又称 α 粒子）组成的，所以它在磁场中的偏转方向与正离子流相同。它的电离作用大，贯穿本领小，在空气中的射程只有几厘米。

② β 射线是高速运动的电子流，它的电离作用较小，贯穿本领较大。它在空气中的射程因其能量的不同而有较大差异，一般为几米至十几米。

③ γ 射线是波长很短的电磁波，所以它在磁场中不发生偏转。它具有间接电离作用，贯穿本领很大，它在空气中的"射程"通常为几百米。

X 射线是波长介于紫外线和 γ 射线之间的电磁辐射。X 射线是一种波长很短的电磁辐射，其波长为（0.06～20）×10^{-8} cm。由德国物理学家威廉·康拉德·伦琴于 1895 年发现，故又称为伦琴射线。伦琴射线具有很高的穿透本领，能透过许多对可见光不透明的物质，如墨纸、木料等。这种肉眼看不见的射线可以使很多固体材料发出可见的荧光，使照相底片感光以及空气电离等效应，波长越短的 X 射线能量越大，叫作硬 X 射线，波长长的 X 射线能量较低，称为软 X 射线。一般波长小于 0.1Å 的称超硬 X 射线，在 0.1～1Å 的称硬 X 射线，在 1～10Å 的称软 X 射线。

（2）放射性衰变的种类

在放射性的衰变中，发生衰变的原子核叫母核，衰变后所产生的核叫子核。放射性原子核的衰变主要有三种类型，它们分别叫作 α 衰变、β 衰变和 γ 跃迁。

① α 衰变

原子核自发地放射出 α 粒子而发生的转变，叫作 α 衰变。α 粒子为氦原子核，经过 α 衰变以后，原子核的质量数比母核减少 4，原子序数减少 2。其衰变式如式（5-1）所示。

$$_{Z}^{A}X \rightarrow {}_{Z-2}^{A-4}Y + \alpha \tag{5-1}$$

式中，X——母核；

　　　Y——子核；

　　　A——质量数；

　　　Z——原子序数；

　　　α——粒子。

② β 衰变

原子核的 β 衰变有三种形式。β 衰变主要包括 β-衰变、β+衰变和轨道电子俘获（EC）三种形式。其表达式分别为

$$_{Z}^{A}X \rightarrow {}_{Z+1}^{A}Y + e^- + \widetilde{v}_e \tag{5-2}$$

$$_{Z}^{A}X \rightarrow {}_{Z-1}^{A}Y + e^+ + v_e \tag{5-3}$$

$$_{Z}^{A}X + e^- \rightarrow {}_{Z-1}^{A}Y + v_e \tag{5-4}$$

在 β 衰变中，子核与母核的质量数相同，只是原子序数相差 1。

③ γ 跃迁

α 衰变和 β 衰变所形成的子核往往处于激发态。核反应所形成的原子核，情况也是如此。激发态是不稳定的，它要直接退激或者级联退激到基态。原子核通过放射 γ 射线由高能态自发地向低能态跃迁，叫作 γ 跃迁，也叫 γ 衰变。γ 射线一般伴随 α 衰变或 β 衰变产生，也有同核异能态的原子核向基态退激时发射 γ 射线的情形。

原子核由高能态自发地向低能态或基态的跃迁，除发射 γ 光子外，也可以通过发射核外电子的方式来完成，即跃迁时可以把核的激发能直接交给原子的壳层电子而发射出来，这一过程叫内转换，此时不发射射线。γ 跃迁不会导致核素质量数和原子序数的变化，只是原子核内部能量状态发生了改变。

5.1.1.4　放射性衰变的基本规律

（1）放射性衰变的基本规律

以 ^{222}Rn（常称氡射气）的 α 衰变为例，实验发现，把一定量的氡射气单独存放，在大约 4 d 之后氡射气的数量减少一半，经过 8 d 减少到原来的 1/4，经过 12 d 减少到原来的 1/8，一个月后就不到原来的 1/100 了。衰变情况如图 5-2（a）所示。如果以氡射气的数量的自然对数为纵坐标，以时间为横坐标作图，见图 5-2（b），则可得到线性方程为

$$\ln N(t) = -\lambda t + \ln N(0) \tag{5-5}$$

式中，$N(0)$、$N(t)$——时间 $t=0$ 和 t 时刻 ^{222}Rn 的核素；

λ——直线的斜率，是一个常数。

将式（5-5）化为指数形式，则得

$$N(t) = N(0) e^{-\lambda t} \tag{5-6}$$

式（5-6）中的 λ 称为衰变常数。

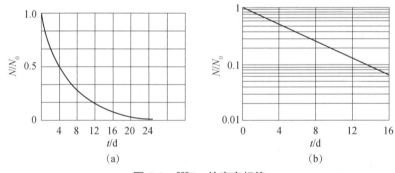

图 5-2　^{222}Rn 的衰变规律

可见，氡的衰变服从指数规律。实验表明，任何放射性物质在单独存在时都服从相同的规律。当同一类核素的许多放射性原子核放在一起时，我们不能预测某个原子核在某个时刻将发生衰变。实际上，衰变是一个统计的过程，大量全同的放射性原子核会先后发生衰变，总的效果随着时间流逝，放射源中的原子核数目按指数衰减的规律减少。指数衰减规律不仅适用于单一放射性衰变，如 α 衰变、β 衰变、γ 衰变（或跃迁），而且对于同时存

在分支衰变的衰变过程，指数衰减规律也是适用的，这是一个普遍的规律。但是对各种不同的核素来说，它们衰变的快慢又各不相同，这是由于它们的衰变常数各不相同，所以衰变常数又反映了它们的个性。

应该指出，放射性指数衰减规律是一种统计规律，它是由大量的全同原子核参与衰变而得到的。对于单个原子核的衰变，只能说它具有一定的衰变概率，而不能确切地确定它何时发生衰变。

实验发现，用加压、加热、加电磁场、机械运动等物理或化学手段都不能改变指数衰减规律，也不能改变其衰变常数。这表明，放射性衰变是由原子核内部运动规律所决定的。

（2）衰变常数、半衰期和平均寿命

将式（5-6）微分，得到

$$-dN(t) = \lambda N(t) dt \qquad (5\text{-}7a)$$

因此 λ 可以表示为

$$\lambda = \frac{-dN(t)/dt}{N(t)} \qquad (5\text{-}7b)$$

衰变常数 λ 表示的是单位时间内一个原子核发生衰变的概率，其单位为时间的倒数，如 s^{-1}、min^{-1} 等，衰变常数表征该放射性核素衰变的快慢，λ 越大，衰变越快；λ 越小，衰变越慢。实验指出，每种放射性核素都有确定的衰变常数，衰变常数的大小与这种核素如何形成或何时形成都无关。另外，还有一些物理量，如半衰期 $T_{1/2}$，也可用于表征放射性衰变的快慢。放射性核数衰变一半所需的时间，叫作该放射性核素的半衰期 $T_{1/2}$。

$$T_{1/2} = \frac{\ln 2}{\lambda} \approx \frac{0.693}{\lambda} \qquad (5\text{-}8)$$

另外，还可以用平均寿命 τ 来度量衰变的快慢，τ 简称寿命。

$$\tau = \frac{T_{1/2}}{\ln 2} = 1.44 T_{1/2} \qquad (5\text{-}9)$$

（3）放射性的活度

一个放射源的强弱不仅取决于放射性原子核数量的多少，还与这种核素的衰变常数有关。因此，放射源的强弱用单位时间内发生衰变的原子核数来衡量。一个放射源在单位时间内发生衰变的原子核数称为它的放射性活度，通常用符号 A 表示。

由于历史的原因，放射性活度曾采用居里（Ci）单位。开始 1 Ci 定义为 1 g 镭每秒钟衰变的数目。1950 年，为了统一起见，国际上共同规定：一个放射源每秒钟有 3.7×10^{10} 次核衰变定义为一个居里，即 1 Ci=3.7×10^{10} /s。

在 1975 年国际计量大会（General Conference on Weights and Measures）上，规定了放射性活度的 SI 单位是秒的倒数（S^{-1}），叫贝可勒尔（Becquerel），简称贝可，符号 Bq。1 Bq 等于放射性物质在 1 s 内有 1 个原子核发生衰变。其表达式为 1 Bq=1 次衰变/s，1 Ci=3.7×10^{10} Bq。应该指出，放射性活度仅是指单位时间内原子核衰变的数目，而不是指在衰变过程中放射出的粒子数目。

5.1.2 电离辐射的定义和种类

辐射是指能量以波或者粒子形式向外扩散的现象。按电离能力区分，我们把辐射划分为电离辐射和非电离辐射两种类型。一般将高于 12 eV 的辐射归类为电离辐射，电离辐射包括粒子（主要有 α 粒子、β 粒子、中子、质子）和高能电磁两大类（X 射线、γ 射线等）。

5.1.2.1 电离辐射的定义

电离辐射，是指携带足够能量以使物质原子或分子中的电子成为自由态，从而使这些原子或分子发生电离现象的辐射，其包括宇宙射线、X 射线和来自放射性物质的辐射，是一切能引起物质电离的辐射总称。

电离辐射的特点是波长短、频率高、能量高。电离辐射可以从原子、分子或其他束缚状态中放出一个或几个电子。

5.1.2.2 电离辐射的种类

（1）根据粒子的性质，电离辐射可分为带电粒子辐射和不带电粒子辐射两类。带电粒子辐射是由 α 粒子、β 粒子（电子和正电子）、质子等组成的辐射；不带电粒子有中子辐射以及 X 射线、γ 射线等。

α 射线是一种带电粒子流，由于带电，它所到之处很容易引起电离。α 射线有很强的电离本领，这种性质既可被利用，也带来一定坏处，α 射线对人体内组织破坏能力较大。但由于其质量较大，穿透能力差，在空气中的射程只有几厘米，只要一张纸或健康的皮肤就能挡住。

β 射线也是一种高速带电粒子，其电离本领比 α 射线小得多，但穿透本领比 α 射线大，但与 X 射线、γ 射线比 β 射线的射程短，很容易被铝箔、有机玻璃等材料吸收。

X 射线和 γ 射线的性质大致相同，是不带电、波长短的电磁波，两者的穿透力极强，要特别注意对外照射的防护。

（2）电离辐射根据辐射源可分为天然辐射和人造辐射两大类。

天然辐射：地球在诞生时，便存在着天然放射性核素，如 ^{235}U、^{238}U、^{232}Th（钍）及 ^{237}Th 等。这些子体放射性核素会继续衰变，直至达到稳定状态。在我们周围，氡气（特别是 ^{222}Rn）是一个主要的天然辐射源，另一个天然辐射源是来自外太空的宇宙射线。

人造辐射：人造辐射存在于医用设备（如医学及影像设备）、研究及教学机构、核反应堆及其辅助设施，如铀矿及核燃料厂。诸如上述设施必将产生放射性废料，其中一些向环境中泄漏出一定剂量的辐射。辐射也广泛存在于人们日常的消费品，如夜光手表、釉料陶瓷、人造假牙、烟雾探测器等。

（3）根据电离辐射的相对生物效能，分为低传能线密度（low-LET）辐射和高传能线密度（high-LET）辐射。

根据国际放射防护委员会（ICRP）的建议，某电离辐射的辐射权重因数大于 1 就称作高传能线密度辐射。通常高传能线密度辐射有：质子（p）、中子（n）、阿尔法粒子

（α）或其他具有类似或更大质量的粒子。某电离辐射的辐射权重因数等于 1 的辐射就称作低传能线密度辐射。通常低传能线密度辐射有：光子（包括 X 射线和伽马辐射）、负电子（常简称电子，e^-）、正电子（e^+）、缪介子（μ）等。

（4）根据某电离辐射穿透屏蔽或人体的能力，分为强贯穿辐射和弱贯穿辐射。

强贯穿辐射：通常对有效剂量的限制比组织或器官当量剂量的限制更严格的辐射，也就是说，对于某特定的辐射照射，有效剂量比组织或器官当量剂量能更加准确地反映对相关剂量限值的控制。在大多数情况下，强贯穿辐射包括能量高于约 12 keV（千电子伏特）的光子，能量高于约 2 MeV（兆电子伏特）的电子以及中子等。

弱贯穿辐射：通常对组织或器官当量剂量的限制比有效剂量的限制更严格的辐射，也就是说，对于某特定的辐射照射，组织或器官当量剂量比有效剂量能更加准确地反映对相关剂量限值的控制。在大多数情况下，弱贯穿辐射包括能量低于约 12 keV（千电子伏特）的光子，能量低于约 2 MeV（兆电子伏特）的电子，以及如质子和阿尔法粒子等重带电粒子。

5.1.3　电离辐射的生物效应和对人体的危害

人类一直受到天然电离辐射源的照射，近几十年来，也受到了人工电离辐射源的照射。射线与人体发生作用同样也引起大量的电离，使人体产生生物学方面的变化。这些变化在很大程度上取决于辐射能量在物质中沉积的数量和分布。

虽然射线对人体会造成损伤，但人体有很强的修复功能，在正常的环境条件下，受照公众很难观察到辐射所引起的损伤。在我国广东省阳江放射性高本底地区，虽然放射性本底剂量比正常地区高得多，但当地居民的健康状况与对照地区比较，并未发现显著性差异。对于放射性工作人员的职业照射，在辐射防护剂量限值的范围内，其损伤也是轻微的、可以修复的。因此，对于放射性，我们既要注意防护，尽可能合理降低辐射危害，也不必产生恐慌心理。

（1）辐射损伤

辐射与人体相互作用会导致某些特有的生物效应。效应的性质和程度主要取决于人体组织吸收的辐射能量。从生物体吸收辐射能量到生物效应的发生，乃至机体损伤或死亡，要经历许多性质不同的变化，其中包括分子水平的变化，细胞功能、代谢、结构的变化，以及机体组织、器官、系统及其相互关系的变化，过程十分复杂。

电离辐射对人体的照射有可能产生各种生物效应。按照生物效应发生个体的不同来划分，可以将它分为躯体效应和遗传效应。发生在被照射个体本身的生物效应叫躯体效应，由于生殖细胞受到损伤而体现在其后代活体上的生物效应叫遗传效应。按照辐射引起的生物效应发生的可能性来划分，可以分为随机效应和确定性效应。随机效应：发生概率与受照剂量成正比而严重程度与剂量无关的辐射效应。它们主要是发生受照个体的癌症及其后代的遗传效应，在正常照射的情况下，发生随机效应的概率是很低的。一般情况下，在辐射防护低剂量范围内，这种效应的发生不存在剂量阈值。阈值是发生某种效应所需要的最低剂量值。确定性效应：通常情况下存在剂量阈值的一种辐射效应。接受的剂量超过阈值越多，产生的效应越严重。因此只有当受照剂量达到或超过阈值时，确定性效应才会发生。人们日常所遇到的照射大多与随机效应有关，但在放射性事故和医疗照射中，发生确定性效应的可能性应该引起足够的重视。

（2）小剂量外照射对人体的影响

鉴于辐射对生物的危害性，在开展核利用的过程中，都有严格的泄漏措施和污染控制措施，除非发生核事故、核爆炸等极端情况，涉核工作人员和公众接触到的都是小剂量的辐射。研究小剂量外照射对人体的影响更有普遍适用性和意义。大剂量辐射对人体影响可以从一些特殊案例进行一定分析，参见阅读材料。

在联合国原子辐射效应科学委员会（UNSCEAR）1993 年报告中，小剂量、低剂量率照射的含义是指低于 0.1 mGy/min 的剂量率（对约 1 h 平均，不管总剂量是多大）或小于 0.2 mGy 的剂量（不管剂量率是多大）看作低剂量率或小剂量。

慢性小剂量照射的生物效应主要是远期效应，它也是非特异性的，但潜伏期更长，发生率更低。常用统计学方法对人数中度的群体进行调查，或者通过动物试验进行研究。

对于躯体效应，在低剂量、低剂量率照射下，唯一潜在的危险是辐射诱发癌变。恶性肿瘤的发生率随着辐射剂量的增加而增加，但并不全是线性关系。

（3）放射性核素内照射对人体的影响

放射性核素经多种途径进入人体后，沉积于体内某些组织器官和系统引起的放射损伤称为内照射放射损伤。

内照射放射损伤在战时及和平时均可发生。战时，放射性核素的内污染是由放射性落下灰（雨）进入人体内所致。平时，放射性核素在工业、农业、医学等领域中有广泛地应用，若使用不当、防护不周或意外事故，均有可能造成内污染。

放射性核素一经进入体内，对机体就产生连续性照射，直至放射性核素完全衰变成稳定性核素或全部排出体外，对机体的照射才会停止。大部分的放射性核素在体内呈不均匀分布，按核素或化合物的化学性质被组织和器官选择性地吸收、分布和蓄积，致使蓄积放射性核素的组织或器官受到选择性的照射，产生较大的生物学效应与损伤。

内照射特点是人员即使脱离辐射场与环境，但已进入体内的放射性物质所发出的辐射仍然会造成对人体的辐射。内照射对人体的危害，与很多因素有关，主要有：

① 侵入人体内的放射性核素的辐射类型、能量、半衰期；
② 进入人体的放射性物质的数量 [摄入量，Bq（贝可）]；
③ 核素理化状态，毒性大小；
④ 核素在体内积聚部位和滞留时间等。

放射性核素进入体内后，以两种方式参与体内的代谢过程；一种是参与体内稳定性核素的代谢，如放射性钠和碘参与体内稳定性 ^{23}Na 和 ^{127}I 的代谢；另一种是参与同族元素的代谢，如放射性核素 ^{90}Sr 和 ^{137}Cs 分别参与钙和钾的代谢。根据其在组织和器官中的代谢特点，可分为均匀性分布和选择性分布。

由于放射性核素自身性质的不同，某些放射性核素较均匀地分布于全身各组织、器官中，如 ^{14}C、^{24}Na、^{40}K、^3H 等；某些放射性核素选择性地蓄积于某些组织、器官中。例如，放射性碘大部分蓄积于甲状腺，碱土族元素 ^{89}Sr、^{90}Sr、^{45}Ca 等主要蓄积于骨骼。镧系元素 ^{140}La、^{144}Ce、^{147}Pm 等主要蓄积于肝脏。^{106}Ru、^{129}Te、^{106}Rh 等主要蓄积于肾脏中。

放射性核素从体内排出的途径、速度和排出率与放射性核素的理化性质和代谢特点有关。进入体内的放射性物质可通过胃肠道、呼吸道、泌尿道以及汗腺、唾液腺和乳腺等途径从体内排出。

胃肠道经口摄入或吸入后转移到胃肠道的难溶性或微溶性放射性核素，在最初的 2～3 d，主要由粪便排出体外。如 ^{144}Ce、^{239}Pu、^{210}Po（钋）由粪便可排出 90% 以上。

呼吸道气态放射性核素（如氡、氚），以及挥发性放射性核素，主要经呼吸道排出，而且排出率高，速度快。如氢和氚进入体内后，在最初 0.2～2 h 内大部分经呼吸道排出。停留在呼吸道上段的放射性核素，可随痰咳出。

泌尿道经各种途径进入体内吸收入血的可溶性放射性核素，主要经肾随尿排出。例如，^{34}Na、^{131}I、^3H 等进入体内后第 1 天尿中排出量占尿总排出量的 50% 左右，3 d 占尿总排出量的 90% 左右。

5.2　环境中的电离辐射

5.2.1　电离辐射源

电离辐射在环境中无处不在，地球上每一个人都受到各种天然电离辐射源和人工辐射源的照射。对人类群体造成照射的各种天然及人工电离辐射源称为环境电离辐射源。

5.2.1.1　天然电离辐射源

天然电离辐射源包括宇宙射线和地球上天然放射性核素对人体的外照射以及进入人体的天然放射性核素（宇生放射性核素和原生放射性核素）的内照射。自古以来人类所受到的天然辐射源的照射称为天然本底照射。正常本底地区天然辐射源对成年人所致的平均年有效剂量当量约为 2 mSv（Sv 为辐射等效剂量单位），其中 2/3 来自内照射，1/3 来自外照射。随着工业技术的发展，现代人类会受到许多变更了的天然照射。例如，飞机乘客、宇航员都会比地面公众受到较多的宇宙线照射。

（1）宇宙辐射

宇宙空间充满着由各种来源、各种能量的粒子所产生的辐射。宇宙射线造成的辐射按其来源可分为捕获粒子辐射、银河宇宙辐射和太阳粒子辐射三类。

① 捕获粒子辐射。绕地球运行的电子和质子被地球磁场捕集而形成了捕获粒子辐射，它在赤道上空高度为 1.2～8 个地球半径（地球的平均半径为 6 371.2 km）的空间范围内形成两个辐射带。距赤道地平面 2.8 个地球半径内的空间范围称为内辐射带，主要由能量为几到几百 MeV 的质子构成，此外，内辐射带中还存在能量为 100～400 keV 的低能电子。赤道上空 2.8 个地球半径以外称为外辐射带，主要是高能电子和少量 α 粒子，此外还存在一些能量为 0.1～5 MeV 的低能质子。一般情况下，内外辐射带内的捕获粒子辐射在

地平面上不产生任何辐射剂量，在低地球轨道的载人飞行中，捕获质子对空中旅行者造成的辐射危害比电子更甚。

② 银河宇宙辐射。银河宇宙射线产生于太阳系外，其主要成分是高能质子，能谱宽达 $1\sim10^{14}$ MeV。此外，还有约 10% 的 ^{4}He 离子及少量原子序数 ≥3 的重粒子、电子、光子和中微子。一般认为银河宇宙辐射的产生是恒星耀斑、超新星爆炸、脉冲星加速或银河彗核爆炸的结果。宇宙射线在太阳系中的平均滞留时间约 2 亿年，其能谱受太阳活动引起的太阳系内磁场变化的影响，太阳弱活动期间强度最大，强活动期间强度则明显减弱。初级宇宙射线（主要是质子）从空间进入地球大气层后，其中的高能粒子可与空气中的氮、氧、氩等原子核发生反应，除产生 ^{3}H、^{7}Be、^{14}C、^{22}Na 等宇生放射性核素外，还产生中子、质子、μ 介子、π 介子和 κ 介子等一系列次级粒子。

在上层大气中，初级宇宙射线通过高能反应（散裂反应）而产生次级质子，次级中子则是通过散裂反应和低能 (p, n) 反应所造成的中子蒸发而产生的。次级中子因弹性碰撞而失去能量，在热能化后被空气中 ^{14}N 捕获而形成 ^{14}C。质子和中子因电离或核碰撞而很快失去能量，在低层大气中其通量密度已大为衰减，仅占海平面处空气吸收剂量率的百分之几。

π 介子和 κ 介子的寿命很短，在到达地平面之前就在大气层中衰变。除在较低的大气层外，电子是主要的电离源（来源于中性 π 介子衰变中产生的光子所产生的正负电子对和康普顿电子）。另外，μ 介子与空气中原子核相互作用的截面小，衰变前平均寿命为 2.2 μs，可穿入低层大气，是海平面处宇宙射线中的主要成分。

③ 太阳粒子辐射。太阳能持续产生能量非常低的粒子，在磁扰时则会发射更多的能量更高的粒子。太阳黑子出现存在着平均为 11 a 的周期（太阳活动周期），其间，有时会发生与太阳耀斑有关的大发射（又称为太阳爆发或太阳粒子事件），这时发出的粒子能量常为 $1\sim100$ MeV 以至更高。在这一期间，太阳粒子的注量率可能超过银河粒子的注量率，但由于太阳粒子的能量较低，大部分不能穿过地球磁场，对大气层中的辐射照射贡献甚微。

④ 宇宙射线的剂量估计。为估计宇宙射线对人造成的剂量，必须考虑高度、纬度和屏蔽的影响。根据一些简化的假设，分析世界人口按高度和都市化的分布，应用有关公式计算，可求出集体有效剂量随高度的分布，据此求得宇宙射线所致全球人口平均年有效剂量为 380 μSv/a（其中直接电离成分和中子的贡献分别为 300 μSv/a 和 80μSv/a），全球人口集体有效剂量为 2×10^6 人·Sv/a，其中约 90% 在北半球，1/5 则归于中国。

（2）宇宙放射性核素

初级宇宙射线通过各种不同的核反应，在大气层、生物圈和岩石层中产生一系列放射性核素。就对人类照射的剂量贡献而言，主要的宇生放射性核素是 ^{3}H、^{7}Be、^{14}C 和 ^{22}Na，最重要的照射途径是 ^{14}C 的摄入。

（3）地球辐射（原生放射性核素）

地球辐射是指自地球形成以来就有的存在于地球上的天然放射性核素所引起的照射，也称为原生放射性核素。原生放射性核素按现在技术判别共有 31 个，分为两类，一类为衰变系列核素，包括钍系、铀系和锕系三个放射性衰变系列，每个衰变系列包括多种不同的放射性核素。其中最主要的有 ^{238}U、^{232}Th 以及 ^{40}K、^{14}C 和 ^3H 等。显然，这类原生放射性核素都是长寿命的，其半衰期可与地球年龄相比较。原生放射性核素可分为两类，一类是有衰变系列的核素，主要是铀系和钍系两个系的一些核素的两个衰变链是最重要的辐射来源；另一类是无衰变系列的放射性核素，如 ^{40}K、^{87}Rb 等。以铀系为例，从 ^{238}U 开始，经过 14 次连续衰变，最后到稳定核素 ^{206}Pb，其主要衰变系列示意见图 5-3。另一类为单次衰变的放射性核素，其中最常见的是 ^{40}K。

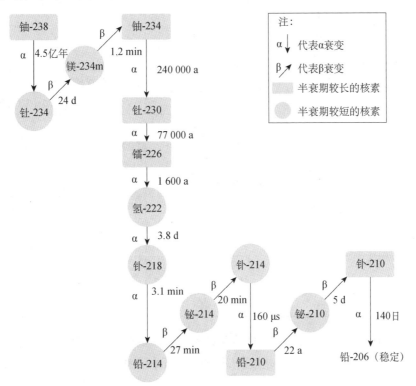

注：铀-U，钍-Th，锕-Ac，镤-Mg，镭-Ra，氡-H，钋-Po，铅-Pb，铋-Bi

图 5-3　^{238}U 主要衰变系列示意

资料来源：中华人民共和国生态环境部《2020 年全国辐射环境质量报告》。

原生放射性核素，广泛存在于地球的岩石、土壤、江河、湖海中。这些元素的活度浓度和分布随着岩石构造的类型不同而变化。花岗岩中的活度浓度最高。土壤和岩石中所含的铀、钍、镭、钾等元素，以 ^{40}K 的活度浓度最高，在环境中的分布十分广泛。在岩石、土壤、空气、水、动植物、建筑材料、食品甚至人体内都有天然放射性核素的踪迹。地壳是天然放射性核素的重要贮存库，尤其是原生放射性核素。地壳中的放射性物质主要为铀、钍系和 ^{40}K。其中，空气中的天然放射性核素主要有地表释入大气中的氡及其子体核素。

放射性是一种自然现象，天然辐射源的存在是环境的特征，而人类受到天然辐射源照射是一种持续的、不可避免的在地球上生活的特征。天然辐射源对人类既产生外照射，又产生内照射，且对大多数个人而言，天然辐射照射比所有人工源加起来的照射还大。天然照射是全球人均年剂量的主要来源，占总剂量的80%。表5-1是联合国原子辐射效应委员会（UNSCEAR）2008年度报告中关于辐射源所致人均年有效剂量。

表5-1 辐射源所致年人均辐射剂量

来源	世界范围年均有效剂量/mSv	典型范围/mSv	备注
天然			
吸入	1.26	0.2～10	
地表外照射	0.48	0.3～1	
摄入	0.29	0.2～1	
宇宙射线	0.39	0.2～1	剂量随海平面高度而增加
天然辐射总和	2.4	1～13	可高达10～20 mSv
人工照射			
放射诊断（非诊疗）	0.6	0～数十	取决于个体医疗及国家医疗水平，一般为0.02～2mSv
大气核试验	0.005	试验地区剂量仍然较高	从1963年的峰值0.11 mSv开始下降
职业照射	0.005	0～20	
核燃料循环（公众照射）	0.002		一些反应堆1km处关键人群高达0.02mSV
切尔诺贝利	0.002		北半球平均计量从1986年最大值0.04mSv开始下降
人工辐射总计	0.6	0～数十	

由于种种原因，空气、水、有机物质和各种生物体内也不同程度地存在着原生放射性核素，因此，人会受到来自原生放射性核素的各种不同能量的 α 辐射、β 辐射、γ 辐射的外照射和内照射。

人们生活消费品如玻璃、陶瓷、建筑材料等不同程度存在放射性物质。例如，建筑陶瓷主要是由黏土、沙石、矿渣或工业废渣和一些天然助料等材料成型涂釉经烧结而成的。由于这些材料的地质历史和形成条件的不同，或多或少存在着放射性元素，如钍、镭、钾等。特别是建筑陶瓷表面的釉料中，含有放射性较高的锆铟砂，虽然建筑陶瓷的烧成温度大多在1 100～1 300 ℃，但是并不能消除这些物质的放射性，其放射性高低决定于材料和釉料中的放射性，而各地各品种瓷砖放射性存在差异。

原生放射性核素的内照射就是人体内长寿命原生放射性核素产生的照射，内照射是天然本底照射的又一重要组成部分，其照射途径是吸入和食入。

^{40}K 是经食入途径对人造成内照射最主要的原生放射性核素。作为一种生命必要元素，人体内钾的含量受体内平衡的严格控制，与食物成分的改变无关。成年人每千克体重的含钾量为1.8 g，按钾元素中的 ^{40}K 的同位素丰度为0.011 9%计，所造成的内照射年有效剂量为165 μSv。另外还有 ^{238}U 系及 ^{232}Th 系放射性核素经食入和吸入途径对人造成内照射。

氡是一种放射性惰性气体，地球上三个原生的天然放射系中，分别存在氡的三个同位素，即 ^{222}Rn（^{238}U 系）、^{220}Rn（^{232}Th 系）和 ^{219}Rn（^{235}U 系）。由于岩石和土壤中 ^{235}U 含量很低，^{219}Rn 的半衰期又很短，因此，它对人的照射没有太大的意义。同样，由于 ^{220}Rn 的半衰期很短，只有在岩石和土壤中 ^{232}Th 含量高的地区，其对人的照射才有必要加以考虑。^{222}Rn 的照射是人受天然辐射照射最重要的来源。一般情况下，室内空气中 ^{222}Rn 及其短寿命子体的浓度远比室外高，因此，吸入室内空中 ^{222}Rn 及其短寿命子体是最重要的照射途径。

氡的来源与迁移，^{222}Rn 是 ^{238}U 系中核素 ^{226}Ra 的衰变子体，^{220}Rn 是 ^{232}Th 系中核素 ^{224}Ra 的衰变子体。因此，岩石、土壤和建筑材料中 ^{222}Rn 和 ^{220}Rn 的含量取决于其中存在 ^{226}Ra 和 ^{224}Ra 的比活度。

含氡物质中一部分 ^{222}Rn 或 ^{220}Rn 原子因反冲作用而与母体脱离（释放），并因分子扩散和对流扩散作用而在这类多孔介质的孔隙中迁移，得以从裸露表面（地面或墙面）析出，进入大气或室内空气中。

室内墙面和地面即使有涂料或地板覆盖，建筑材料及土壤中的氡也能经由其存在的孔洞和裂缝渗透而造成空气中氡的污染。含氡物质（射气介质）表面上单位时间内单位面积氡的析出活度称为氡的析出率，其数值大小与物质中母体核素镭的含量孔隙率、氡的释放分数和扩散系数等因素有关。

室内建筑材料及装饰材料中所含的氡系从上、下、左、右、前、后 6 个方向（地面、顶棚及墙面）释入室内，因此，室内空气中氡的浓度远比室外为高。使用含氡量较低的建筑材料和装饰材料，经常注意通风换气，可明显降低室内空气中氡的浓度。由于氡可溶于水，因此，采用含氡量较高的地下水作为民用水水源，也会增加室内氡的污染。此外，天然气也是一种潜在的氡污染源。

氡及其短寿命子体核素经吸入进入人体后不均匀地沉积在呼吸道内，对支气管上皮造成内照射。

5.2.1.2　人工辐射源

人工辐射源是用人工方法产生的辐射源。人工辐射源主要来源于医学照射和职业照射、核设施、核技术应用的辐射源和核试验落下灰等，人工辐射中以医疗照射比例最高，是人工照射的主要来源。根据 UNSCEAR 2008 年报告，全球人工电离辐射源所致个人年有效剂量平均值约为 0.6 mSv（典型范围为零至几十毫希沃特）。

（1）医疗照射和职业照射

辐射的医学应用主要包括诊断放射学、放射治疗、核医学和介入放射学等，这是目前最主要的人工辐射照射来源，而且还在不断增长。通常，医学照射仅限于所关心的解剖部位和针对特定临床目的，对患者个人诊断照射产生的剂量相当低，有效剂量介于 0.1～10 mSv，但由于放射治疗应用的普遍性，导致人均年剂量可达 0.6 mSv，占全球人均年剂量的 20%。

职业照射是指工作人员在其工作时候所受到的辐射照射，包括在工作中遭受到的照射而不管其来源。主要有操作少量的放射性物质，如示踪剂研究、操作辐射发生器或测量装置、在核燃料循环设施边工作等，职业照射也包括一些增强的天然辐射源照射，如宇宙射线对机组人员的照射、地下采矿和地面照射等工作场所的氡照射等。职业照射主要涉及核燃料循环、辐射医学应用、辐射工业应用、天然辐射源、国防活动等几个方面。

（2）核设施、核试验和核事故

核设施指核动力厂（核电厂、核热电厂、核供气供热厂等）和其他反应堆（研究堆、实验堆、临界装置等）；核燃料生产、加工、贮存和后处理设施；放射性废物的处理和处理设施等。在核设施运行的每一步骤都有可能使工作人员受到职业性照射，并因少量放射性物质的环境释放引起公众照射。

① 反应堆辐射源

反应堆是利用中子与重核相互作用发生裂变反应，使重核分裂成两个中等质量的原子核并释放出大约 200 MeV 的能量，同时放出 2~3 个中子。其中至少平均有一个中子又使另一个重核发生核裂变。如果这个过程持续下去，就可引起原子核裂变的链式反应。反应堆就是既能使原子核裂变的链式反应受到控制，又能使链式反应持续下去的装置。

② 核燃料循环设施

核燃料循环设施包括核燃料生产、加工、贮存和后处理设施等。为了获取核燃料，需要开采铀矿、钍矿等核原料物质，通过提炼提高其丰度。另外，要作为燃料供给反应堆实际使用，就要把核燃料加工成适当形状和结构的元件，为此必须经过成形加工、热处理、精加工等多道工序。铀本身及其衰变过程中生成的镭和氡不仅有放射性而且有化学毒性。从铀矿石的粉碎、除尘开始，在铀生产的各个环节，都产生含有铀和镭的粉尘、滤渣、废液及矿渣等，它们将成为工作场所内外的污染源。另外铀开采时，铀矿坑道内的氡浓度是造成人员内照射的主要辐射源，应通过加大通风量，净化空气，尽可能降低空气中氡及其子体的浓度。

由曾经作为燃料在反应堆中使用过的核燃料及其他进行过核裂变的核燃料物质，经化学处理把燃料物质及其他有用物质分离出来，即进行所谓的后处理。其主要内容有除掉反应堆运行中逐渐积累，在运行中起毒化作用（使中子损失增大）的裂变产物；回收未燃烧的燃料；回收生成的可裂变物质（如钚）等。在核燃料循环各个工序中，有可能受到各种射线照射，因而在辐射防护上应予以足够的重视。

③ 核试验

核试验主要包括为了军事研究和科学研究目的在预定条件下进行的核爆炸装置或核武器爆炸试验。其主要目的是鉴定核爆炸装置的威力及其他性能，验证理论计算和结构设计是否合理，为改进核武器设计或定型生产提供依据；在核爆炸环境下研究核爆炸现象学和各种杀伤破坏因素的变化规律；研究核爆炸的和平利用等。它是一项规模很大、需要多学科、多部门协同配合和耗费大量人力、物力的科学试验。

按试验时的环境条件不同，核试验的方式包括大气层核试验、高空核试验、地下核试验和水下核试验。核试验方式的选择与试验目的有关。

大气层核试验：指爆炸高度在 30 km 以下的空中核试验和地（水）面核试验。核装置可用飞机或火箭运载、气球吊升等方法送到预定高度，也可置于铁塔或地（水）面上爆炸。大气层核试验便于进行大气中的力学、光学、核辐射与电磁波的测量，以及放射性沉降规律的研究，及时回收核反应产物，观测和研究核爆炸效应；但是，大气层核试验会造成一定程度的放射性沾染，且不利于保密。

高空核试验：爆炸高度大于 30 km 的核试验。其中，爆炸高度在 100 km 以上的也称外层空间（或宇宙空间）核试验。试验用运载火箭将核装置送到预定高度实施爆炸。主要目的是：研究高空核爆炸的各种效应，如核辐射、电磁脉冲、X 射线等对导弹弹头和航天器的破坏作用，为研制反导弹导弹或反航天器的核弹头和提高核武器的突防能力提供依据；研究高空核爆炸对无线电通信和雷达系统的影响；研究电子流在地磁场中的运动规律等。

地下核试验：将核装置放在竖井或水平坑道中爆炸的核试验。其爆炸效应的研究受到一定限制，场地的工程量较大，尤其是大量试验的困难较多。但封闭式地下核试验有其明显的优点：核装置位置固定，便于测试，特别有利于近区物理测量；受气象条件影响小，利于安全保密，可减少对环境的放射性沾染；便于创造模拟高空环境的真空条件，研究某些高空核爆炸效应；还可研究核爆炸的和平利用，如探索开挖矿藏和制取特殊材料的可能性等。

水下核试验：用靶船、鱼雷或深水炸弹将核装置送至水下预定深度爆炸的核试验。目的是研究核爆炸对舰艇、海港、大型水利设施等的破坏效果，或进行反潜艇研究等。

④ 核事故

核事故是指任何的或一系列但源自同一的、引起核损害的事故。

一般来说，在核设施（如核电厂）内发生了意外情况，造成放射性物质外泄，致使工作人员和公众受超过或相当于规定限值的照射，则称为核事故。显然，核事故的严重程度可以有一个很大的范围，为了有一个统一的认识标准，国际原子能机构（IAEA）把核设施内发生的有安全意义的事件，从最低到最高分为七个等级。

在核电厂发生放射性物质外泄事故时，可能有一些放射性物质出现在空气中，弥漫于核电厂附近。这些放射性微尘和气体被吸入体内或落在人们身上可能造成一定的危害。核电厂周围的居民在听到事故警报后应该尽快进入室内，在室外停留的时间越长，吸入和落到身上的放射性物质越多。

选择最好的隐蔽地点。四处漏风的棚屋是不起作用的。要选择密闭性比较好的房屋，如有地下室，到地下室去更好。进入室内首先要关闭门窗，并且人不要停留在门窗附近。用湿口罩、毛巾、衣服等掩住口鼻。这样可以挡住大部分可能进入体内的放射性微尘。

通过有线广播、收音机、电视机（调到本地台）互联网等渠道，尽早了解事故情况和当地政府的指示，当地政府可能会发放预防药物。预防药物服用的时间和剂量，一定要遵照说明。当地政府可能对饮水、食品提出一些限制，如不要饮用露天水源中的水，不要吃当地菜园里生长的蔬菜等，这些限制是必须遵守的。

撤离是高一级的防护措施。如政府通知撤离，居民应做好暂离家的准备，根据当地政府工作人员的要求，携带最低数量的必要用品，到规定的集合地待命，然后有秩序、有组织地撤到指定地点。保持镇定，服从指挥，不听信小道消息和谣言。接到服用碘片的通知时，遵照说明，按量服用。

如果检测到身体已被放射性污染，听从专业人员的安排。

（3）按人工辐射源种类分类

人工辐射源应用包括密封源、非密封源和射线装置的应用。

① 密封源是密封在包壳里的或紧密地固结在覆盖层里并呈固体形态的放射性物质。密封源的包壳或覆盖层应具有足够的强度，使源在设计使用条件和磨损条件下，以及在预计的事件条件下，均能保持密封性能，不会有放射性物质泄漏出来。密封源的种类很多，分类方法也是多种多样。按辐射的射线可分为 α 源、β 源、γ 源、低能光子源、中子源等。按放射源的几何形状可分为点源、线源、平面源、圆柱源、圆环源、针状源、棒状源等。按活度的不确定度可分为检查源、工作源、参考源、标准源等。

② 非密封源，不满足密封源定义中所列条件的源为非密封源，也称开放源或开放型放射源。这种放射源通常没有被容器密封起来，有的不用时是密封的，使用时就得打开它的密封容器，使放射性物质直接与周围环境的介质接触。使用这种放射源的工作场所称为非密封源工作场所。

非密封源在工业、农业、医学和科学研究等方面的应用越来越广泛。使用放射源的种类和数量越来越多。主要用于医学诊断治疗用放射性药物、放射免疫药盒，农业、生物、水文、地质、科研用放射性同位素示踪剂等。非密封源的特点是，在使用或操作过程中其物理化学性质可能变化，如加温时固体可变成液体，液体可变成气体。当容器损坏时，液体漏出扩散，造成表面污染。所以在使用非密封源时，会对人员造成外照射和内照射，会产生废水、废气和固体废物，如果发生事故还会造成工作场所和环境污染，这些都是需要特别注意的地方。

③ 射线装置是指 X 射线机、加速器、中子发生器。

X 射线机的种类很多，包括诊断 X 射线机、治疗 X 射线机、工业探伤 X 射线机、X 射线分析仪等。

加速器：利用电磁场使带电粒子（如电子、质子、氘核及重离子等）获得高能量的装置。加速器的种类很多，按加速粒子的能量区分，有高能加速器、中能加速器和低能加速器。加速器是一个重要的辐射源，它具有所获得的粒子种类多、能量范围广、射线束的定向性好、能量和流强可调、操作维修方便、可随时启动或停机等特点。

中子发生器：利用直流电压，能量在 1 MeV 以下，通过（d, n）反应产生快中子的小型加速器。早期都用倍压方法得到所需要的高压，所以叫作"高压倍加器"。由于倍压线路体积庞大，目前已改用如绝缘芯变压器等方法获得高压，所以现在更多使用中子发生器这个名称。

5.2.2 核技术的应用

核技术是指以原子核科学理论为基础，利用原子核反应或衰变释放的射线和能量实现特定目标的现代技术，也可以称为核科学技术。同位素与辐射技术即为典型的核技术。核技术应用的发展深刻影响着世界各国的科技进步、经济发展和人民健康，成为世界大国必争的战略制高点和优先发展的重要方向。

核技术的发展始于核裂变现象的发现，核裂变不仅在裂变过程中释放出巨大的能量，而且裂变过程中都伴随着中子的发射。这些中子使裂变自动地继续下去，形成链式反应，从而使原子能的大规模使用成为可能。

核技术是现代科学技术的重要组成部门，也是当代重要的尖端技术之一。核技术已经发展成为一门新兴高技术产业，它正在突破传统的应用领域，向现代科学前沿和新领域渗透，正在形成更新的交叉应用科学，在国民经济许多重要领域得到了广泛应用。

核技术应用主要包括核能的利用及同位素和辐照技术的利用，即非动力核技术和动力核技术。非动力核技术目前主要应用于新材料、辐射加工、检测勘探、核医学、放射性示踪、生态环境、生物种子变异等领域，并与其他学科（如化学、生物、医学、农学等）结合，衍生了新学科。

我国放射性同位素制备技术在过去 10 多年取得多项新进展，已具备几乎所有医用放射性同位素的制备能力，掌握了百万居里级 ^{60}Co 同位素技术，具备了产业化的生产能力；建成了十居里级制备 ^{125}I 的间歇循环回路和居里级 ^{123}I 气体靶制备系统；建成高浓铀制裂变同位素 ^{99}Mo 的平台，具备了医用同位素 ^{99}Mo-^{99m}Tc 的规模化生产能力，产品质量与国际接轨，销售额超亿元人民币；形成了 ^{177}Lu、^{64}Cu 和 ^{68}Ge 以及 ^{211}At 的批量生产能力。

5.2.2.1　放射性同位素在医学上的应用

放射性同位素在医学上的应用已有半个多世纪。目前主要应用于疾病诊断和治疗、放射免疫分析等。

（1）放射性药物影像诊断

在临床医学中，应用放射性同位素进行疾病诊断已是常用的一种诊断方法。根据患者的病症、部位及诊断项目，将一定剂量的某种放射性同位素注入或食入体内，进行病灶器官的扫描或照相，确定病灶部位及大小。常用的诊断设备有 γ 照相机、发射型计算机断层扫描装置（ECT）和正电子发射计算机断层扫描装置（PET）及骨密度仪等。

（2）放射源治疗

辐射对肿瘤、某些眼疾和皮肤病的治疗效果十分明显。密封源、加速器和 X 射线机产生的辐射均可用于临床治疗。由于密封源具有设备简单、使用灵活、操作方便等优点，所以在辐射治疗中应用最广。按照射方式可将密封源治疗分为近距离治疗和远距离治疗两类。近距离治疗时放射源靠近（或紧贴）病灶；远距离治疗时放射源远离皮肤，利用强 γ 射线束对深部肿瘤进行照射，以抑制和破坏肿瘤细胞的生长，达到治疗目的。

（3）体外放射免疫分析

在当前医学临床诊断中，将同位素标记技术与抗原、抗体反应的特异性相结合的检测方法称为放射免疫分析技术。将同位素标记的抗原与未标记的相同抗原按比例混合，与定量的相应抗体反应，则标记与未标记的抗原相互竞争与抗体形成免疫复合物。作为标准蛋白或待测样品而引入的未标记抗原竞争性地抑制了标记抗原与抗体的结合，未标记抗原的量越大，抑制程度也越大，这种特异性抑制的数量关系就是放射免疫测定的定量基础。这种分析方法具有精确、灵敏度高、特异性强、检测迅速、应用广泛等特点，一直是临床诊断的一种重要手段。用于测定体内各种微量生物活性物质，如激素、蛋白质、抗原、抗体和维生素等，在很多领域起着重要作用。

5.2.2.2 放射性同位素在工业上的应用

放射性同位素在工业上的应用非常广泛，利用放射性同位素发出的各种射线与物质相互作用的各种效应可制成各种检测、控制、计量、分析核仪表（如测厚仪、料位计、核子秤、核子湿密度仪等）；利用射线与不同物质相互作用的差别可进行地质探矿（测井仪）；利用辐射接枝、交联的方法对高分子材料进行辐射改性；利用射线具有穿透性的特点制成工业射线探伤机等。所以放射性同位素可用于工业生产、加工、计量、检测等各个环节，可使工业生产连续化、自动化，还可提高产品质量、减少原材料消耗、节省能源和时间、提高工作效率、减轻劳动强度。

（1）核仪表

利用射线与物质相互作用的特点可制成各种用途的核仪表。它们具有简单、快速、不接触被测介质、不破坏测量对象等优点，广泛用于检测密闭容器内介质的物位；控制连续生产过程中塑料、纸张、金属板等的厚度；测量焦炭、沥青、混凝土、土壤等的湿度、密度等。

核仪表可以按照辐射入射到探测器前与物质发生相互作用的类型分三种。

① 透射式核仪表

透射式核仪表的源室和探测器分别对应地安放在被测物质的两边。入射辐射穿透物质时被减弱了，同时探测器测量出辐射的剂量率（或计数率）。

② 反散射式核仪表

反散射式核仪表是利用射线与物质相互作用产生的反散射的一种核仪表，其探测器与源室安装在被测物质的同一侧。探测器就是测量由相互作用产生的反散射形成的次级辐射。

③ 核反应式核仪表

电动高能中子发生器能够用来把非放射性物质诱发成放射性物质。生成的放射性核素能发射由其能量可被识别的特征 γ 射线。这些核仪表或者测井仪被用于石油勘探中。

具体的核仪表包括：

核子秤。利用放射性同位素放射出来的射线通过被测物质时，局部被吸收或散射的原理，用于对运输皮带上的固态散装物料进行在线连续称重。

料位计。它是利用 γ 射线穿透各种物质时受到不同程度的强弱衰减的原理而制造成的。根据容器内物料的装料多少不同，而对射线吸收程度的不同而确定容器中的物料多少。

测厚仪。其基本原理是利用放射性同位素放射出的射线通过被测物质时，局部被吸收或散射的原理而制成的。测厚仪用于测定纸张、胶片、塑料、金属薄膜等的厚度。

核子湿度密度仪。核子湿度密度仪用于快速、准确地测量各种土、沥青混凝土等建筑材料的密度和含水量，还可测量铁路和公路路基的湿密度。根据物质对 γ 射线的吸收或散射是密度的函数，可以应用 γ 射线源设计出多种形式的放射性同位素密度计。

放射性测井。放射性测井是利用 γ 射线和中子与钻井周围岩石和井内介质发生作用，研究钻井剖面的特性，寻找有用矿藏及研究油井工程质量的一种矿场地球物理方法。在地质勘探中，特别在石油的地质勘探中得到了广泛的应用。根据使用射线的不同可分为 γ 射线测井和中子测井。

（2）γ 射线照相（探伤）机

γ 射线照相（探伤）机也是利用放射性同位素发出的射线具有穿透性这一特性，来检验大型铸件或管道焊接的质量。因为不需要电源、搬运方便，所以特别适合在野外和施工现场使用。不工作时，工作容器关闭，放射源被定位在源通道内被充分屏蔽。工作时，转动快门环操作偏心轮，使偏心轮中的曝光通道和源通道对直。用快速接头把源导管和工作容器连起来。源导管的另一端部构成照射头，定位移出工作容器的放射源。操作遥控器（长度大于 10 m）使放射源移出工作容器，通过源导管进入工作位置进行曝光照相检测。如果铸件或管道焊接处有裂缝，γ 射线穿过裂缝，在照相底片上就会出现黑色图像。工作结束后，操作遥控器，将放射源返回工作容器内。

（3）其他应用

利用放射性同位素放出的射线，使一种高分子化合物与另一种高分子化合物的单体，通过辐射交联技术进行改性，得到一种新的高分子化合物。利用放射性同位素等制作的放射性静电消除器，具有结构简单、安装容易、使用方便和不用电等优点，广泛用于纺织、印刷、造纸、塑料、电子感光胶片等行业，还可清除唱片、幻灯片、照相底片、摄影镜头等上的灰尘。它是利用放射性同位素发出的射线使空气电离，中和静电而达到消除静电的目的。火灾报警器上使用的烟雾探测器，当有烟雾时，使用放射源发射的 α 粒子的电离减弱，并发出报警信号。随着核科学和核技术的不断发展，放射性同位素在工业上的应用将越来越广泛。

5.2.2.3　放射性同位素在农业上的应用

放射性同位素在农业上的应用也比较广泛，利用辐射育种改良品种，提高产量；农副产品进行辐照保鲜，延长食用期；农药、化肥的放射性同位素标记、示踪；花卉新品种的培植等。

（1）辐射育种

辐射育种就是利用射线（X 射线、γ 射线和中子等）照射种子或植株，引起生物体内电离，改变农作物的遗传性，从而产生各种各样的变异，再经过人工的选择和培育得到新的优良品种。这些品种具有高产、早熟、矮秆、抗病虫害、抗逆性强、品质好等特点。

（2）农药、化肥示踪

把放射性同位素标记在农药或化肥上，施在土壤中，可测定作物在吸收过程中的剂量分布情况，了解农药或化肥在植物体外的吸收途径、作用部位和机制等，以便选择最佳的农药或化肥。

（3）农副产品的辐照保鲜

用放射性同位素辐照蔬菜、粮食、水果等，可杀死寄生虫或病菌，有利于保鲜、贮存。

5.2.2.4　射线装置在医学、工业等行业的应用

（1）医疗诊断和治疗

① X 射线机

X 射线在医学上的用途较广，最常用的是用于诊断和治疗。利用人的肌体不同组织密度的不同，对 X 射线吸收能力也不同的特点，来检查身体内部器官、内脏的情况。X 射线用于治疗是基于肌体的组织细胞受到 X 射线作用后使其体液发生电离，细胞在分裂和代谢方面遭到破坏的特性，因此，用 X 射线照射非正常细胞时，可杀死或抑制其繁殖生长，从而达到治疗目的。主要用于癌症和某些类型的皮肤病治疗，是放射治疗的一种方法。

② X 射线计算机断层扫描仪（CT）

CT 是用 X 射线对人体某部位一定厚度的层面进行扫描，由探测器接受透过该层面的 X 射线，转变为可见光后，由光电转换器转变为电信号，再经模拟数字转换器转变为数字，输入计算机处理获得断面的解剖图像，并显示在显示屏上或用照相机将图像摄下。

③ 介入放射诊疗

介入放射诊疗是在影像诊断学、血管造影、细针穿刺和细胞病理学等基础上发展起来的一种治疗方法。它将单纯的放射诊断技术与影像方法引导下的导管治疗技术集成于一体，为疾病诊断和治疗开拓了新的途径。它可以解决许多内外科解决不了的诊断难题，而且对病人创伤小，所以深受患者欢迎。目前在我国已普遍开展，应用最多的是心血管疾病和肝癌的治疗。

④ 医用加速器放射治疗

加速器产生的 X 射线、γ 射线、中子、质子等照射肌体的组织细胞，使细胞的分裂和代谢遭到破坏，杀死或抑制细胞的繁殖生长，从而达到治疗的目的。这就是加速器放射治疗的基本原理。

（2）工业计算机断层扫描仪（ICT）

ICT 是在医用 CT 的基础上发展起来的，是一种用于对工业产品进行探伤、无损检测的先进设备。它能快速、精密、准确地再现物体内部的三维立体结构，能够定量地提供物体内部的物理、力学特征，如缺陷的位置及尺寸、密度的变化；物体内部的杂质及分布等。

（3）工业辐照加速器

由于加速器所获得的粒子种类多，能量范围广，而且能量、强度和方向可以调节，并能精确地控制。加速器还可以随时启动或停机，工作安全，检查维修方便等。所以在工业辐照上得到了广泛应用。

5.2.3　中国电离辐射环境状况

5.2.3.1　我国居民日常受到的电离辐射个人年有效剂量

我国居民所受的电离辐射个人年有效剂量比例示意见图 5-4。由图可知，我国居民所

受的电离辐射照射中，绝大部分来自天然辐射源的照射，天然辐射源所致的居民个人年有效剂量占总剂量的 94%，而人工辐射源所致的居民个人年有效剂量仅占总剂量的 6%。

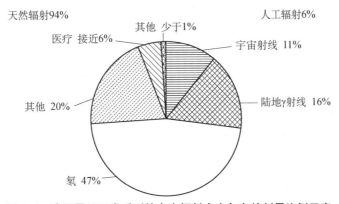

图 5-4　我国居民日常受到的电离辐射个人年有效剂量比例示意

资料来源：中华人民共和国生态环境部《2020 年全国辐射环境质量报告》。

5.2.3.2　中国环境中天然电离辐射

（1）中国主要宇生放射性核素的特性和天然电离辐射源所致个人年有效剂量平均值

根据《核与辐射安全》，我国天然电离辐射源所致个人年有效剂量平均值大约为 3.1 mSv。天然电离辐射源所致个人年有效剂量平均值分布见表 5-2。

表 5-2　天然辐射源所致个人年有效剂量平均值

辐射来源	个人年有效计量平均值/mSv	
	全球	中国
宇宙射线电离成分	0.28	0.26
中子	0.10	0.10
陆地伽马射线	0.48	0.54
氡及其子体	1.15	1.56
钍及其子体	0.1	0.185
^{40}K	0.17	0.17
其他核素	0.12	0.315
总计	2.1	3.1

表 5-3 列出了这几种中国宇生放射性核素的特性。目前我国已开展监测的宇生放射性核素包括氚和 ^7Be、铀系、钍系等部分放射性核素及 ^{40}K 等。

表 5-3　中国主要宇生放射性核素的特性

核素	半衰期/年	全球存量/$10^{12}Bq$	个人年有效计量/mSv
氚	12.33	1 275	0.01
^7Be	53.29	413	0.03
^{14}C	5 730	12 750	12
^{22}Na	2.602	0.44	0.15

（2）中国人为活动引起的天然辐射水平变化

天然辐射一直存在，数百年来天然辐射水平变化不大，但人为活动可引起天然辐射水平升高。人为活动引起的天然辐射水平升高泛指人为活动所引起的天然存在放射性物质（NORM）活度浓度的增加或天然放射性核素分布的改变，进而导致工作场所或周围环境辐射水平明显升高的现象。引起天然辐射水平变化的人为活动分为两类：一类是改变了自然原有状况，从而引起辐射水平增加的人类活动；另一类是导致人所受辐射水平增加或减少的人类行为方式（如乘坐飞机、轮船和汽车等），通常主要是指前者。引起天然辐射水平升高的主要人为活动：金属冶炼、磷酸盐加工、煤矿和燃煤电厂、石油和天然气开采、稀土金属和氧化钛工业、锆与制陶工业、天然放射性核素的使用（如镭和钍的应用）以及航空业、建筑业等。当放射性活度浓度或者相关工作人员及公众所受年有效剂量超过核安全监管机构的规定时，需要进行审管控制。

5.2.3.3 中国环境中的人工电离辐射

根据相关资料，我国人工电离辐射源所致个人年有效剂量平均值约为 0.2 mSv，其中医学诊断检查是最大的辐射源，人工辐射源所致个人年有效剂量平均值分布见表 5-4。

表 5-4 人工辐射源所致个人年有效剂量平均值

辐射来源	个人年有效计量平均值/mSv	
	全球	中国
医学诊断	0.60	0.21
大气核试验	0.005	0.000 5
切尔诺贝利事故	0.002	0.000 05
核燃料循环（公众照射）	0.000 2	0.000 01

目前，我国环境监测已开展监测的人工放射性核素包括氚、^{90}Sr、^{131}I、^{134}Cs 和 ^{137}Cs 等，其中，氚既是宇生放射性核素，又是人工放射性核素。

5.2.3.4 中国辐射环境质量

（1）环境 γ 辐射水平

空气吸收剂量率自动监测的结果表明，自动站空气吸收剂量率处于当地天然本底涨落范围内。全国 250 个自动站空气吸收剂量率年均值范围为 49.8～194.4 nGy/h。全国自动站空气吸收剂量率小时均值在（年均值–10～年均值+10）nGy/h 范围内的比例为 92.9%～99.5%，超过该范围的主要原因为降雨或降雪。

2020 年累积剂量的监测结果表明，累积剂量测得的空气吸收剂量率处于当地天然本底涨落范围内，319 个监测点的年均值范围为 42.1～265 nGy/h，主要分布区间为 73.2～130 nGy/h。

（2）空气

2020 年，全国气溶胶监测点监测结果表明，气溶胶中天然放射性核素 ^{7}Be、^{40}K、^{210}Pb 和 ^{210}Po 活度浓度处于本底涨落范围内，人工放射性核素 ^{131}I、^{134}Cs、^{90}Sr 和 ^{137}Cs 活度浓度未见异常。

全国沉降物监测点监测结果表明，沉降物中天然放射性核素 ^7Be 和 ^{40}K 日沉降量处于本底涨落范围内，人工放射性核素 ^{131}I、^{134}Cs、^{90}Sr 和 ^{137}Cs 日沉降量未见异常。

全国气碘监测点监测结果表明，空气中气态放射性核素 ^{131}I 活度浓度未见异常。

全国降水监测点监测结果表明，降水中氚活度浓度未见异常。

全国空气（水蒸气）监测点监测结果表明，空气（水蒸气）中氚活度浓度未见异常。

（3）水体

2020 年主要江河流域监测结果表明，主要江河流域水中总 α 和总 β 活度浓度，天然放射性核素铀和钍浓度、^{226}Ra 活度浓度处于本底涨落范围内，且天然放射性核素铀和钍浓度、^{226}Ra 活度浓度与 1983—1990 年全国环境天然放射性水平调查结果处于同一水平；人工放射性核素 ^{90}Sr 和 ^{137}Cs 活度浓度未见异常。

全国湖泊（水库）水监测结果和监测点监测结果表明，重点湖泊（水库）水中总 α 和总 β 活度浓度，天然放射性核素铀和钍浓度、^{226}Ra 活度浓度处于本底涨落范围内，且天然放射性核素铀和钍浓度、^{226}Ra 活度浓度与 1983—1990 年全国环境天然放射性水平调查结果处于同一水平；人工放射性核素 ^{90}Sr 和 ^{137}Cs 活度浓度未见异常。

全国地下水监测点监测结果表明，地下水中总 α 和总 β 活度浓度，天然放射性核素铀和钍浓度、^{226}Ra 活度浓度处于本底涨落范围内，且天然放射性核素铀和钍浓度、^{226}Ra 活度浓度与 1983—1990 年全国环境天然放射性水平调查结果处于同一水平。饮用地下水中总 α 和总 β 活度浓度低于《生活饮用水卫生标准》（GB 5749—2006）规定的放射性指标指导值。

全国集中式饮用水水源地水监测点监测结果表明，饮用水水源地水中总 α 和总 β 活度浓度、天然放射性核素铀和钍浓度、^{226}Ra 活度浓度处于本底涨落范围内；人工放射性核素 ^{90}Sr 和 ^{137}Cs 活度浓度未见异常。其中总 α 和总 β 活度浓度低于《生活饮用水卫生标准》（GB 5749—2006）规定的放射性指标指导值。

全国近岸海域海水和海洋生物监测结果表明，近岸海域海水中天然放射性核素铀和钍浓度、^{226}Ra 活度浓度处于本底涨落范围内，且与 1983—1990 年全国环境天然放射性水平调查结果处于同一水平；人工放射性核素 ^{90}Sr 和 ^{137}Cs 活度浓度未见异常，且低于《海水水质标准》（GB 3097—1997）规定的限值。海洋生物中人工放射性核素 ^{90}Sr 和 ^{137}Cs 活度浓度未见异常。

（4）土壤

2020 年，全国土壤监测结果和监测点监测结果表明，土壤中天然放射性核素 ^{238}U、^{232}Th 和 ^{226}Ra 活度浓度处于本底涨落范围内，且与 1983—1990 年全国环境天然放射性水平调查结果处于同一水平；人工放射性核素 ^{137}Cs 活度浓度未见异常。

5.3 电离辐射防护相关法律法规及标准

5.3.1 我国现行电离辐射防护相关法律法规及标准

我国的电离辐射防护相关法律法规及标准体系主要由五个层次组成。第一层次为全国人民代表大会常务委员会批准以国家主席令形式发布的国家法律，第二层次为国务院常务会议批准以总理令发布的国务院行政法规，第三层次为各部委批准发布的部门规章，第四层次为各种技术标准，第五层次为各种技术报告及导则指南。

这些相关法律、法规及标准又可以简要分成以下两大类，一类是专门的电离辐射防护法律、法规及标准，其内容直接关于放射性相关的管理规定和技术标准；另一类则是我国其他行业部门，如生态环境部门的法律法规中有涉及电离辐射防护方面的法律、法规和技术标准。

我国现行的电离辐射法律、法规和标准主要如下所述。

① 法律法规：《中华人民共和国核安全法》、《中华人民共和国放射性污染防治法》、《放射性同位素与射线装置安全和射防护条例》（2019/3/18）、《中华人民共和国民用核设施安全监督管制条例》（1986/10/29）及其实施细则、《中华人民共和国核材料管理条例》（1987/6/15）及其实施细则、《核电厂核事故应急管理条例》（2011/10/17）及其实施细则、《民用核安全设备监督管理条例》（2019/3/18）、《放射性物品运输安全管理条例》（2010/1/1）、《城市放射性废物管理办法》（1987/7/16）、《放射性同位素与射线装置安全许可管理办法》（2017/12/25）。

② 标准规定：《电离辐射防护与辐射源安全基本标准》（GB 18871—2002）（2002/10/8）、《核电厂放射性液态流出物排放技术要求》（GB 14587—2011）、《电离辐射监测质量保证通用要求》（GB 8999—2021）、《核辐射环境质量评价一般规定》（GB 11215—89）、《核动力厂环境辐射防护规定》（GB 6294—2011）、《放射性废物管理规定》（GB 14500—93）、《铀矿冶辐射防护和辐射环境保护规定》（GB23727—2020）。

③ 技术规范：《辐射事故应急监测技术规范》（HJ 1155—2020）、《辐射环境监测技术规范》（HJ 61—2021）、《核技术利用放射性废物库选址设计和建造技术规范》（HJ 1258—2022）、《伴生放射性物料贮存及固体废物填埋辐射环境保护技术规范（试行）》（HJ 1114—2020）等。

5.3.2 主要法律法规标准简介

（1）《中华人民共和国核安全法》

《中华人民共和国核安全法》于 2018 年 1 月 1 日起正式施行，作为核安全领域的一部基础性、综合性法律，填补了我国核安全法规体系长期缺少顶层法律的空白，是国家安全法律法规体系的重要组成部分。该法是落实党的十九大提出的一系列新理念、新思想、新战略、新要求的法制举措，是 30 年来我国核安全管理有效做法的经验总结，充分体现了习近平总书记提出的总体国家安全观和中国核安全观，是完善国家安全法律体系、推进全面依法治国的实际措施。按照确保安全的方针，该法确立了严格的标准、严密的制度、严格的监管和严厉的处罚几个原则，"严"字是核安全法的核心。

核安全法有以下几个特点：一是国家核安全顶层设计得到加强，具体表现为树立了核安全观为指导思想，建立核安全工作协调机制，加强顶层政策研究和核安全文化建设；

二是核安全管理体制进一步理顺，具体表现为明确了监管部门、主管部门和其他相关部门的职责；三是对各参与方的核安全责任进一步明确，具体表现为核设施营运单位对核安全负全面责任，供货商承担相应责任，托运人为运输中的核安全负责；四是核安全概念的内涵进一步充实，将核安保纳入核安全概念，明确核安保也属于核安全法调整范围，核安全的概念在国家治理体系层次上得到了扩展；五是核安全管理制度进一步创新，具体表现为明确持证单位条件，落实规划限制区管理，优化放废许可处理，加强核设施退役管理；六是核安全监督执法力度进一步加强，从严处罚，提高核安全监管的震慑力；七是公众权益得到进一步保障，具体表现为加强信息公开和公众参与，设立了与国际接轨的核损害赔偿制度，确立了基本框架。《中华人民共和国核安全法》共八章 94 条，分为第一章 总则（1~13 条）、第二章 核设施安全（14~37 条）、第三章 核材料和放射性废物安全（38~53 条）、第四章 核事故应急（54~62 条）、第五章 信息公开和公众参与（63~69 条）、第六章 监督检查（70~74 条）、第七章 法律责任（75~91 条）、第八章 附则（92~94 条）。

（2）《中华人民共和国放射性污染防治法》

《中华人民共和国放射性污染防治法》于 2003 年 6 月 28 日第十届全国人民代表大会常务委员会第三次会议通过，自 2003 年 10 月 1 日起施行。

至 21 世纪初，我国核技术已有 50 余年的应用和发展的历程，潜在的放射性污染引起政府高度重视，相关的各层面、各层次法规、规章和技术规范已不能适应我国放射性污染防治的实际需求，核能、核技术应用将在我国进一步迅速发展。该法认真总结我国 50 多年来放射性污染防治的实践经验、借鉴国外防治放射性污染的成功经验，适应新形势下环境保护和核产业发展的需要，建立和完善我国放射性污染防治的法律制度，强化对放射性污染的防治，保障人体健康，促进核能、核技术的安全利用和经济社会的可持续发展。立法的原则主要有五条：一是预防为主，防治结合，严格管理，安全第一；二是既要防治放射性污染，又要促进核能、核技术开发利用；三是从实际出发，建立严格的放射性污染防治法律制度；四是明确法律责任，从严查处违法行为；五是注意与相关法律、行政法规的衔接。适用范围包括核设施、核技术应用、铀（钍）矿、伴生放射性矿开发利用、放射性废物。

《中华人民共和国放射性污染防治法》的主要作用和意义：

① 确定了环境保护部门的统一监督管理职责，各部门分工负责，互通信息，密切配合；

② 与国际接轨的严格的许可登记制度；

③ 能量流污染的确定；

④ 与常规环境接轨，确定了四级监督管理体系；

⑤ 强化环境执法力度，加大对违法行为的处罚。

《中华人民共和国放射性污染防治法》共设八章，共 63 条。第一章 总则（1~8 条）、第二章 放射性污染防治的监督管理（9~17 条）、第三章 核设施的放射性污染防治（18~27 条）、第四章 核技术利用的放射性污染防治（28~33 条）、第五章 铀（钍）矿和伴生放射性矿开发利用的放射性污染防治（34~38 条）、第六章 放射性废物管理（39~47 条）、第七章 法律责任（48~59 条）、第八章 附则（60~63 条）。

（3）《放射性同位素与射线装置安全和防护条例》

《放射性同位素与射线装置安全和防护条例》于 2005 年 9 月 14 日中华人民共和国国务院令第 449 号公布，自 2005 年 12 月 1 日起施行，同时原《放射性同位素与射线装置放射防护条例》（44 号令）废止。

44 号令存在较大的局限性，多部门负责，分段管理，职能交叉；缺乏放射源转移备案管理，信息沟通不畅；缺乏源头控制，放射源底数不清；缺乏分类管理，监管的重点不突出；缺乏闲置废弃放射源返回和收贮制度。《放射性同位素与射线装置安全和防护条例》的制定强调了安全与防护并重的科学监管，符合 IBSS、CODE 和 GB 18871 基本标准要求，贯彻"预防为主、防治结合、严格管理、安全第一"方针，在防止事故发生和减少人员受照方面，安全与防护并重比单纯的防护更有效，体现了监管理念的转变。

该条例的主要特点：

① 完善了放射性同位素与射线装置安全和防护监督管理体制；

② 完善了生产、销售、使用放射性同位素与射线装置单位的许可制度；

③ 确立了放射性同位素进、出口审批制度，加强了放射性同位素转让的审批管理；

④ 完善了放射性同位素的备案制度；

⑤ 加强了放射性同位素与射线装置的安全和防护管理；

⑥ 完善了辐射事故应急制度；

⑦ 完善了法律责任。

《放射性同位素与射线装置安全和防护条例》内容共分七章，69 条。第一章 总则（1～4 条）、第二章 许可和备案（5～26 条）、第三章 安全和防护（27～39 条）、第四章 辐射事故应急处理（40～45 条）、第五章 监督检查（46～49 条）、第六章 法律责任（50～64 条）、第七章 附则（65～69 条）。

（4）《电离辐射防护与辐射源安全基本标准》（GB 18871—2002）

《电离辐射防护与辐射源安全基本标准》（GB 18871—2002）于 2002 年 10 月 8 日由原国家质量监督检验检疫总局发布。替代标准《放射卫生防护基本标准》（GB 4792—1984）、《辐射防护规定》（GB 8703—1988）。

本标准为强制性标准，规定了电离辐射防护与辐射源安全的各方面要求。与过去标准相比，特别显示出其系统性强，辐射防护体系完整，逻辑性强；涵盖面广，具有很好的指导意义；附录较多，便于操作实施；总结了我国辐射防护经验，在等效国际标准的基础上又增加了符合我国实情的一些规定。

该标准的几个主要特点：从以往单一的辐射防护扩充为辐射源安全和辐射防护并列；有关辐射源安全的内容贯穿在基本标准的各章中；潜在照射的控制——源的安全作为专门的一章，系统地论述了潜在照射的控制问题，即如何防止和减小意外照射；管理要求成为新基本标准的重要组成部分；按源的实践的性质以及辐射照射的实际和可能的大小，分为豁免、通知及注册或许可；如果照射可能大于审管部门规定的某种水平时，则应进行相应的安全评价和环境影响评价；可控制的天然辐射照射明确纳入辐射防护的范围；医疗照射的控制成为控制人类所受辐射照射的重要方面；应急准备和响应是辐射源安全的重要环节。该标准共十一章及附录 A～附录 J。具体章节包括前言；范围；定义；一般要求；对实践的主要要求；对干预的主要要求；职业照射的控制；医疗照射的控制；公众照射的控制；潜在照射的控制——源的安全；应急照射情况的干预；持续照射情况的干预。

5.4　电离辐射度量与监测

5.4.1　电离辐射的量度

电离辐射的辐射量和单位随着时间的推移存在着很多变化，同一个量存在着不同单位的使用历史，本书中主要从与放射性有关的量、辐射剂量学中的量以及辐射防护中使用的量几个方面，并只考虑国际单位制（SI）来简单介绍关于电离辐射的量度。

5.4.1.1　放射性有关的量

放射性有关的量是用来度量能够放出放射性射线的物质所具有的这种发生放射性衰变大小的量。包括放射性活度（A）、衰变常数（λ）和半衰期（$T_{1/2}$）等。

（1）放射性活度

放射性活度是用来度量放射源放射性强弱的量，用单位时间内发生衰变的原子核数来衡量。一个放射源在单位时间内发生衰变的原子核数称为它的放射性活度，通常用符号 A 表示。单位使用 SI 单位贝可勒尔（Becquerel）简写为贝可，符号 Bq。1 Bq 表示放射源在 1 s 内有 1 个原子核发生衰变，即 1 Bq=1 次衰变/s，而原来常用的单位居里（Ci）是一个相对较大的单位，1 Ci=3.7×10^{10} Bq。应该指出，放射性活度仅仅是指单位时间内原子核衰变的数目，而不是指在衰变过程中放射出的粒子数目。

（2）衰变常数

放射性衰变是一个自发过程，而且时刻发生的衰变是随机性的，是一个统计的过程。任何放射性物质的衰变都服从指数衰减规律，在这个衰变过程中只知道它具有一定的衰变概率而不能确定它何时会发生衰变。衰变常数一般用 λ 表示，指单位时间内一个原子核发生衰变的概率，表征该放射性核素衰变的快慢，单位为时间的倒数，如 s^{-1}、min^{-1} 等。每一种放射性核素都有它固定的衰变常数 λ，λ 数值大的放射性核素衰变得快，λ 数值小则衰变得慢。另外半衰期（$T_{1/2}$）也可以用于表征放射性衰变得快慢，它表示放射性核素衰变一半时所需要的时间。

$$T_{\frac{1}{2}} = \frac{\ln 2}{\lambda} \approx \frac{0.693}{\lambda} \tag{5-10}$$

5.4.1.2　辐射剂量学中的量

辐射剂量学中的量主要用来描述辐射与物质相互作用的过程（这里指电离辐射），在这个过程中放射性粒子能量被转移并最终沉积到接受物质中。主要辐射物理量及单位见表 5-5。本节仅对电离辐射监测中最常用的几个量做简单介绍，包括吸收剂量（D），比释动能（K）和照射量（X）。

表 5-5　主要辐射物理量及单位

物理量	旧单位	新单位	换算关系
活度	居里（Ci）	贝可勒尔（Bq）	$1Ci=3.7×10^{10}Bq$
暴露量	伦琴（R）	库仑/千克（C/kg）	$1R=2.58×10^{-4}C/kg$
吸收剂量	拉德（rad）	戈瑞（Gy）	1Gy=100 rad
等效剂量	仑目（rem）	希沃特（Sv）	1Sv=100 rem

（1）吸收剂量（D）

吸收剂量（D）是用以描述电离辐射能量在受照射物质中的沉积与被吸收密切相关联的剂量学量，是辐射剂量学中的一个最重要的物理量。它是对物质吸收辐射能量的定量描述，使用 SI 单位焦耳每千克（J/kg），称为戈瑞（Gray），符号为 Gy，其表示式为

$$D=d\varepsilon/dm \tag{5-11}$$

式中，dm——受照射物质的质量，kg；

　　　　dε——受照射物质所吸收的平均辐射能量，J。

与吸收剂量曾使用的旧专用单位拉德（rad）的转换关系：1 Gy=100 rad。另外，器官剂量 D_T 表示一个器官或者组织的平均吸收剂量，即电离辐射授予一个质量为 m_T 的器官或组织 T 的总能量 ζ_T，即

$$D_T=\xi_T/m_T \tag{5-12}$$

（2）比释动能（K）

在辐射作用中，不带电粒子首先把能量传递给带电粒子，该带电粒子通过碰撞把能量消耗在介质中，产生大量的次级带电粒子，即辐射作用给受照射物质传递了能量，这是产生辐射效应的依据。比释动能（K）的定义就是指：不带电电离粒子在单位质量的物质内释放出的全部带电电离粒子的初始动能的总和。使用符号 K 表示，它的 SI 单位也是戈瑞（Gy）即焦耳每千克（J/kg）。其表示式是

$$K=dE_{tr}/dm \tag{5-13}$$

式中，dE_{tr}——初始动能的总和，J；

　　　　dm——受照射物质的质量，kg。

（3）照射量（X）

电离是电离辐射最重要的特点。根据电离电荷测量电离辐射是一种广泛应用的方法。照射量就是根据光子对空气的电离能力来度量光子辐射场的一个物理量。

照射量是指 X 射线或 γ 射线的光子在单位质量空气中释放出的所有电子，当它们完全被阻止在空气中时，在空气中产生同一种符号离子的总电荷量。其表示式为

$$X=dQ/dm \tag{5-14}$$

式中，dm——受照射的空气质量，kg；

　　　　dQ——光子在 dm 的空气中释放的全部电子全被空气阻止时，在空气中所产生的同一种符号离子总电荷的绝对值（C）。照射量 SI 单位是库仑每千克，符号为 C/kg。

5.4.1.3　辐射防护中使用的量

辐射防护中使用的辐射量即辐射防护量，它是针对吸收剂量对人体不同辐射效应引入权重因子后校正后的量，因此辐射防护量是从人体角度来定义的剂量学量。辐射防护量主要用于规定放射性照射限制，以保证随机性效应的发生概率保持在可以接受的水平，同时避免有害的确定性效应的发生。这里仅简单介绍基本防护量中的当量剂量和有效剂量。

（1）当量剂量（H_T）

当量剂量是人体某个器官或组织 T 中的吸收剂量乘以相应的辐射权重因子的校正吸收剂量。当辐射场由几种不同类型的或不同能量的辐射组成时，器官或组织 T 的平均当量剂量（实际当量剂量）为 H_T，即

$$H_T = \sum_R W_R \cdot D_{T,R} \tag{5-15}$$

式中，H_T——器官或组织 T 的平均当量剂量，Sv；

　　　$D_{T,R}$——辐射 R 在器官 T 中产生的平均吸收剂量，Gy；

　　　W_R——辐射权重因子。

当量剂量的 SI 单位是 J/kg，专名为希沃特（Sv）。

从式（5-15）可以看出，单位 Sv 是 Gy 与校正辐射权重因子的乘积，由于 W_R 是量纲为一量，所以两个单位同为 J/kg。

（2）有效剂量（E）

辐射对人体诱发随机性效应的概率与当量剂量之间的关系的具体生物效应还因受照器官或组织的敏感性不同而异。所以，针对防护的安全评价还需要引入一个组织权重因子 W_T 对器官或组织 T 受到的当量剂量 H_T 加以修正。各器官 W_T 值的选取应使全身受某一均匀当量剂量照射时得到的有效剂量在数值上等于不均匀照射时各器官加权后的当量剂量之和，有效剂量是人体所有器官或组织加权后的当量剂量之和，即

$$E = \sum_T H_T W_T \tag{5-16}$$

有效剂量的 SI 单位与当量剂量相同，均为 Sv。

5.4.2　电离辐射测量基础及测量要求

5.4.2.1　辐射探测器原理

电离辐射探测器是指在射线作用下能产生次级效应的器件，而且这种次级效应能为电子仪器所检测。人们根据射线与物质相互作用使物质的原子或分子电离激发的原理，制成了不同类型的探测器。放射性测量常用的探测器主要有三类：气体电离探测器（利用射线在气体中产生的电离效应）、闪烁探测器（利用射线在闪烁体中产生的发光效应）和半导体探测器（利用射线在半导体中产生的电子和空穴）。此外，还有其他类型的探测器，如热释光探测器、固体径迹探测器等。

（1）气体电离探测器

电离室、正比计数器和 G-M 计数管统称为气体电离探测器，其工作原理有一个共同

点：射线使探测器内的工作气体发生电离，然后收集所产生的电荷，从而达到记录射线的目的。

① 电离室

电离室相当于一个充气的密封电容器，它的主要构件是两个平板形或同心圆筒形或球形或其他形状的电极，两个电极之间相互绝缘并分别连接到电源的高压端和接地端。电极间的空间内充满工作介质气体。射线使探测器内的工作气体发生电离，电子、离子在电场作用下漂移到两个电极被收集，从而输出电流/电压信号，经电子线路放大并记录。电流电离室具有测量范围宽、能量响应好和工作稳定可靠等优点，广泛应用于 X 射线和 γ 射线的剂量测量、工业核测控仪表和核医学等领域。

② 正比计数器

正比计数器可以看作一种内部具有气体放大倍数的电离室。但正比计数器工作电压比电离室高，从而可产生足够强的电场，使入射粒子所产生的电子获得的能量能进行再电离产生下一代离子、电子对。这样，在入射粒子的直接电离效应相同时，正比计数器的输出信号要比电离室大得多，即得到被放大了的信号。在选择合适的条件下，计数器在正比区内工作，其输出信号与入射粒子直接产生的离子、电子对数成正比，该比例系数叫气体放大系数，该系数由正比计数器结构、所充工作气体和工作电压决定，可达 10^6 量级。正比计数器常用于电离能力弱的 β 粒子和 X 射线的能谱测量。另外，它的坪特性好，分辨时间短，能在大气压或流气情况下工作，因此可以制成薄窗或无窗式，常用于 α 放射源、β 放射源、X 射线的测量。

③ G-M 计数管

G-M 计数管是盖革弥勒计数管（Geiger-Müller counter）的简称。在 G-M 计数管内，所有入射粒子，尽管其能量大小和能量损失不同，但都能产生一个幅度基本相同的输出脉冲。因此，它所记录的计数率只能反映射线强度，不能反映入射粒子的能量。其响应与照射量、空气比释动能或吸收剂量一般没有直接联系，只有在给定粒子能量范围的情况下，才能使射线强度（计数率）正比于照射量、空气比释动能或吸收剂量。G-M 计数管的优点：气体放大倍数极高，入射线只要产生一个离子对就能引起放电而被记录；输出脉冲的幅度大，所需的测量仪器简单；不易损坏，价格低廉。其缺点是：分辨时间太长，不能用于高计数率测量；对 γ 射线探测效率较低。

（2）闪烁探测器

闪烁探测器由闪烁体、光电倍增管、前置放大器等电子线路以及屏蔽外壳组成。闪烁体和光电倍增管之间配以"光导"物质，以确保闪烁体产生的光子的收集并传输到光电倍增管。闪烁探测器的工作过程：射线在闪烁体中产生荧光，荧光光子经光导传输到光电倍增管的光阴极上并转换成光电子，这些光电子经光电倍增管倍增而产生足够大的电信号，再经电子线路放大处理而被记录，其脉冲幅度正比于带电粒子或光子在闪烁体晶体中沉积的能量，光电倍增管对光非常灵敏，加电压后必须严格保证在避光条件下使用，否则会损坏光电倍增管。闪烁探测器的优点是分辨时间短、γ 射线探测效率高、能测量射线的能量。闪烁探测器目前应用最广。国内常用闪烁探测器制造 X-γ 剂量率仪表和 α、β 表面污染监测仪。

（3）半导体探测器

半导体探测器的工作原理是射线在半导体中产生的电子一空穴对，在外电场作用下做漂移运动而产生信号。可以把半导体探测器看作一种固体电离室。高纯锗探测器（HPGe）实质上就是一种 P-N 结探测器，但它需要在低温下使用。半导体探测器的突出优点是能量分辨能力很高，比闪烁探测器要高数十倍。半导体探测器在测量 α、β、γ 及中子，特别在这些射线的能谱测量方面，得到越来越多的应用。

5.4.2.2　辐射监测仪器

核辐射测量仪器主要由探测器和电子仪器所组成。根据不同的监测对象和项目要选用不同的监测仪器。现场常用的辐射监测仪器类型有：X-γ 辐射监测仪、α、β 表面污染监测仪、中子监测仪和热释光剂量计等。实验室常用的辐射监测仪器类型有 α、β 放射性活度测量仪器、γ 谱仪、热释光剂量测量装置等。

（1）现场常用的辐射监测仪器

① X-γ 辐射监测仪

a. 电离室类监测仪

高气压电离室是测量环境剂量率的王牌仪表，这类仪器由一个高压电离室探测器和电子线路组成。前者为一个充高气压（一般为 20 个大气压以上的氩气）的不锈钢球壳，中间密封一个电极。电子线路主要为 MOSFET 静电计、二次放大电路、高低压变换器以及读出线路。该仪表对 γ 射线的能量响应特性较好，电子线路简单，广泛用作定点长期连续监测和便携式监测仪表。这类仪表的缺点为灵敏度较差，价格比较昂贵。

b. 闪烁剂量率仪

闪烁剂量率仪表由闪烁探测器和电子线路两部分组成。闪烁探测器由闪烁体、光电倍增管、前置放大器以及磁屏蔽外壳组成。电子线路主要包括静电计、高低压变换器以及读数表头等。目前常用的闪烁探测器为硫化锌补偿的塑料闪烁体、组织等效塑料闪烁体、NaI（T1）闪烁体等。前两种探测器灵敏度高，有较好的能量特性，重量轻、便于携带，是很优良的剂量率仪表，已得到广泛应用。

c. G-M 计数管监测仪

G-M 计数管工作在 G-M 区（气体放大系数远大于 1），内充的工作气体一般为惰性气体，此外还有淬灭气体。这类仪器结构简单，不易损坏，而且价格低廉，易作为小型的便携式仪表。但 G-M 计数管灵敏度低，灵敏度一般比闪烁探测器与高压电离室低一个数量级。G-M 计数管的 β、γ 能量响应特性差。西欧各国普遍将它用作核电厂周围监测的探测器。

② α、β 表面污染监测仪

表面污染监测仪主要用于测量现场的设备、地面、台面、衣服和人体皮肤表面有无放射性污染，多用闪烁探测器，也有用 G-M 计数管的。

③ 中子监测仪

中子与物质相互作用主要是通过弹性碰撞和核反应，形成直接电离的次级粒子。常借助 n-p 弹性散射探测快中子，利用 10 B（n、α）7Li 反应和 6 Li（n、3H）4He 反应探测慢中子。这两种反应都具有不产生 γ 射线的特点。内部充以 ³He 和 BF3 气体正比计数管和内部涂层为 6Li、7Li、10B 的正比计数管，可用来测量能量低于 0.5 eV 的慢中子；而内部充以含氢物质（如甲烷、聚乙烯）的计数管，可用于探测能量大于 l00 keV 的快中子。中子辐射监测比起 γ 辐射的监测要复杂得多。一方面是中子辐射场大都伴有 γ 辐射，另一方面是中子能量范围宽。

（2）实验室常用的辐射监测仪器

① α、β 放射性活度测量仪器：α 粒子能量在 2～8 MeV，其射程很短。按测量样品的厚度不同，α 测量样品分为薄层样和厚层样（饱和层厚度）。常用于 α、β 测量的有电离室、正比计数器、闪烁探测器、半导体探测器等。正比计数器和半导体探测器具有本底低、效率高、价格较低等优点，应用较广。β 粒子贯穿物质的本领要比 α 粒子大得多，因此很难采用"饱和层样"或"薄层样"来测量样品的总 β 放射性，一般以 20 mg/cm² 厚度测量为宜。

② γ 谱仪：实验室 γ 谱仪的探测器常见的有 NaI（Tl）闪烁体和高纯锗（HPGe）半导体探测器。NaI（Tl）γ 谱仪具有探测效率高、不需要液氮冷却、价格便宜和维护容易等优点，但能量分辨率差。其结构由 NaI（Tl）探头、屏蔽体、放大器和多道分析器等组成。较复杂的 NaI（Tl）γ 谱仪增加了符合、反符合 NaI（Tl）晶体和相应的电子学线路。HPGe γ 谱仪的优点是能量分辨率高，适合于复杂能谱的分析测量；缺点是探测效率低，必须在液氮冷却（或电制冷）下使用，价格较贵，且维护较困难。

③ 热释光剂量测量装置：装置由热释光剂量计吸收并贮存射线的部分能量，由热释光剂量计读出器在加热时以光的形式释放这部分能量，并为读出器测得，所测得的发光值与剂量成正比。读出器主要由加热装置、测光装置和有关电子学部分组成。剂量计通常由一个或多个热释光探测器和一个适宜容器组成。热释光剂量计是佩戴在人体上或固定在一定的空间，用于测量个体受照剂量或环境辐射剂量的监测仪器。热释光剂量计的优点是灵敏度高、量程范围宽、重量轻、体积小、能量响应好，受环境影响小，可重复使用以及可进行多点同时监测。可根据现场辐射种类及其能量范围来选择剂量计。

5.4.2.3　选择辐射监测仪器的原则

在辐射监测中，如何选择监测仪器，一般应掌握以下原则。

① 射线性质：对于射线种类及性质清楚的场所，应选用针对性强的仪器。对于辐射场性质不清楚的场所，应选用带有多用探头的监测仪器或多种监测仪。

② 量程范围：仪器的量程范围应能满足监测目的的要求。有的数字显示式仪表在量程下限以下也会报出数据，或在超量程时显示为零，应在使用时注意仪器的性能。

③ 能量响应：理想的测量仪器应该是无论射线能量大小，只要照射量相同，其仪器的响应就应相同。然而，事实上仪器的响应总是随着能量的不同而产生一定的差异。差异越小，能量响应越好。对剂量率仪表，一般要求与 ¹³⁷Cs 的 γ 射线能量 661.6 keV 相比，在 50 keV 到 3 MeV 的能量范围内能量响应相差不大于 ±30%。对数百 keV 以上的光子来

说，能量响应差别不大，但对 100 keV 以下的光子就需要注意仪器的能量响应性能与被测光子的能量是否相适应。电离室型仪器能量响应较好，闪烁型次之，计数管较差。

④ 环境特性：对于温度，要求在−10～40 ℃的温度范围内仪器读数变化在±5%以内；对于相对湿度，要求在 10%～95%的范围内读数变化在±5%以内。此外，应考虑气压和电磁场的影响。

⑤ 对其他辐射的响应：高能 γ 射线和 β 射线穿透力都很强，都能穿透电离室或计数管的壁引起仪器响应，造成 γ 射线、β 射线测量的相互干扰；中子场中往往有辐射场存在。所以对 γ 辐射监测仪，一般要求应对能量直到 2.27 MeV 的 β 射线无响应。

⑥ 其他因素：仪器零点漂移要小；测量的方向性误差不应大于±30%；重量要轻，体积要小；仪器响应速度要快，一般要求响应时间在 0.5 s 以下。

5.4.2.4　监测方法的选用和验证

① 优先使用以国际、区域或国家标准发布的方法，并确保使用的标准是最新有效版本。

② 在没有上述标准的情况下，可选用以行业标准发布的方法，或由知名的技术组织或有关科学书籍和期刊公布的，或由设备制造商指定的方法。

③ 对自行制定或采用标准方法中未包含的方法时，在使用前应经适当的确认。方法的确认按照《检测和校准实验室能力认可准则》（CNAS/CL01：2018）的规定进行方法确认。现行的《辐射环境监测技术规范》（HJ 61—2021）是由生态环境部发布的行业标准。该标准确定了辐射环境质量监测、辐射污染源监测、放射性物质安全运输监测以及辐射设施退役、废物处理和辐射事故应急监测等监测项目、监测布点、采样方法、数据处理、质量保证，规定了监测报告的编写格式与内容等。

5.4.3　电离辐射的测量

辐射监测的对象可分为直接对人进行的个人剂量监测、对放射性工作场所进行的工作场所监测、对放射性污染源排入环境的气体、气溶胶、粉尘或液体所进行的流出物监测和对辐射源所在场所边界以外的环境所进行的辐射环境监测。个人剂量监测和放射性工作场所监测涉及辐射工作人员，监测结果是评价工作人员在工作时所受到的辐射照射剂量及其采取的辐射防护措施有效性的依据，称为辐射防护监测。流出物监测和辐射源外围辐射环境监测涉及公众，监测结果是评价公众在辐射污染源运行时所受到的辐射照射剂量的依据，称为辐射环境监测。流出物监测是环境监测和工作场所监测的交接部。因为流出物与污染源的外围环境密切相关，因此流出物监测通常被统一纳入"环境监测"范畴。

5.4.3.1　辐射防护监测

（1）个人剂量监测

个人剂量监测是实现辐射防护目的重要手段之一，个人剂量监测结果是辐射防护评价的基础。监测结果用于评定工作人员所接受的剂量水平是否符合有关标准。

个人剂量监测内容包括外照射、内照射及皮肤表面污染监测等。外照射是工作人员所接受的外照射剂量，内照射是测出工作人员吸入放射性物质的量，皮肤表面污染是监测对象身体表面沾染放射性物质的程度。

① 外照射个人剂量监测

对 β 辐射、X 辐射、γ 辐射或中子辐射所致的外照射个人剂量，要针对射线的种类、辐射场的强度，选用灵敏度高、体积小、便于携带的一种或两种以上的剂量计。个人剂量计类型有胶片个人剂量计、辐射致荧光玻璃个人剂量计、核乳胶快中子个人剂量计、固体径迹中子个人剂量计、热释光个人剂量计、袖珍照射量计等。如佩带热释光剂量计或其他个人剂量计，应佩戴在身体具有代表性的部位或需要观察监测的特定部位，用于全身测量时，一般佩戴在胸前。热释光个人剂量计使用最为广泛。

② 内照射个人剂量监测

在开放型放射性工作场所工作的人员一般都应进行体内放射性核素的剂量监测。内照射个人剂量监测分生物检验和体外直接测量两类。进入体内的放射性物质将按一定规律由体内排出，根据代谢参数就能由测得的排泄物中放射性核素的活度计算出摄入量。对于发射 γ 射线或 X 射线的核素可以在体外用全身计数器或甲状腺碘测量仪或肺部计数器等较灵敏的仪器直接测量。

③ 工作人员皮肤污染监测

工作人员的体表污染也是一项重要的监测项目，在较大的放射性控制区出口，设有全身表面污染仪，以利有效地防止工作人员带出放射性物质，污染非控制区。皮肤本身污染一般是不均匀的，体表某些部位，特别是手部更易受到污染，但污染不会持续数星期之久，而且不一定再次发生在完全相同的部位，作为常规监测应当以此为依据来进行评价。

（2）工作场所监测

工作场所的监测，是为了了解工作场所的辐射水平，达到改善防护设施安全生产的目的。监测数据用以评价是否符合辐射防护标准。监测内容一是监测工作场所 β 射线、γ 射线、X 射线和中子辐射等外照射剂量水平，二是监测工作场所空气污染，三是监测工作场所 α、β 表面污染。

① 工作场所的外照射监测

工作场所外照射监测主要是对于各种 γ 源和中子源、射线装置及中子发生器等辐射的监测，有时也指对 β 射线的监测。在辐射工作场所交付使用时，或进行重大维修后，应当进行全面的监测，查明它们周围的剂量场分布。如果工作场所的辐射场不会轻易变化，那么此时的外照射监测频率每年 1～2 次。

② 开放型工作场所的表面污染监测

对于开放型放射性工作场所，对操作、使用高毒性、高水平放射性物质或从事放射性粉尘作业的工作人员，在离开工作场所时，应对手、皮肤暴露部分及工作服、手套、鞋、帽进行表面污染监测。同时，对实验室的地板、墙壁、实验台面、门窗把手等要进行表面污染检查。另外，要对从控制区或监督区进出的物件进行表面污染检查。表面污染监测可以用 α、β 表面污染测量仪直接测量，或擦拭采样后进行活度测量。

③ 开放型工作场所的空气污染监测

工作场所的空气污染监测，只在操作大量放射性物质的开放型场所中进行。开放型工作场所的空气污染，不仅可导致外照射，更重要的是放射性核素进入体内后，可产生内照射，引起肌体的放射性损伤。监测的目的是测定工作场所空气中粉尘、气体、气溶胶放射性浓度是否超过国家标准，评价工作人员可能吸入放射性物质的量，达到改进操作方式、控制空气污染的目的。监测方法是通过空气抽吸过滤的方法和黏着法，采样送到实验室进行分析测量。

5.4.3.2　辐射环境监测

辐射环境监测的对象是辐射污染源运行时排放的流出物和污染源项边界外围受到辐射污染影响的环境。

辐射环境监测包括针对较大区域内的辐射环境质量监测和针对源项的辐射环境污染源监测。污染源监测依项目建设前后和运行情况分为运行前的本底监测、运行期间开展的运行监测和生态环境部门开展的监督性监测、发生事故时的应急监测以及退役后的验证性监测。

（1）辐射环境质量监测的目的

积累环境辐射水平数据；总结环境辐射水平变化规律；判断环境中放射性污染及其来源；报告辐射环境质量状况。

（2）辐射环境质量监测内容

① 对陆地 γ 辐射剂量的监测：监测点应相对固定，连续监测点可设置在空气采样点处。

② 对空气的监测：主要包括对气溶胶、沉降物、氚的监测，采样点要选择在周围没有树木、建筑物影响的开阔地，或没有高大建筑物影响的建筑物的无遮盖平台上。其中，气溶胶监测的对象是悬浮在空气中微粒态固体或液体中的放射性核素的浓度。沉降物监测的对象是空气中自然降落于地面上的尘埃、降水（雨、雪）中的放射性核素的浓度。氚监测的对象是空气中氚化水蒸气中的氚的浓度。

③ 对水的监测：主要包括对地表水、地下水、饮用水、海水、底泥、土壤、陆生生物以及水生生物的监测。其中，地表水监测的对象是江、河、湖泊和水库中的放射性核素的浓度。地下水监测的对象是地下水中放射性核素的浓度。饮用水监测的对象是自来水和井水及其他饮用水中的放射性核素浓度。海水监测的对象是沿海海域近海海水中的放射性核素的浓度，在近海海域设置海水监测点位。底泥监测的对象是江、河、湖、库及近岸海域沉积物中放射性核素的含量。土壤监测的对象是土壤中的放射性核素含量。土壤监测点应相对固定，设置在无水土的原野或田间。陆生生物监测的对象是谷类、蔬菜、牛（羊）奶、牧草等中的放射性核素含量。采集的谷类和蔬菜样品均应选择当地居民摄入量较多且种植面积大的种类；牧草样品应选择当地有代表性的种类。采集的牛（羊）奶应选择当地饲料饲养的奶牛（羊）所产的奶汁。水生生物监测的对象是淡水和海水的鱼类、藻类和其他水生生物中的放射性核素的含量。

5.5　电离辐射污染防治

5.5.1　辐射防护的基本原则与防护方法

5.5.1.1　辐射防护的基本原则

由于涉核活动可能造成的环境风险巨大，在其防护方面首先要设定防护的基本原则，具体如下所述：

（1）辐射实践的正当性

任何一项辐射实践，只有在综合考虑了社会、经济和其他有关因素之后，经过充分论证，且当该项辐射对受照个人或社会所带来的利益足以弥补其可能引起的辐射危害时，该辐射实践才是正当的。由于利益和代价在群体中的分布往往不相一致，付出代价的一方并不一定就是直接获得利益的一方，所以，这种广泛的利益权衡只有保证每一个体所受的危害不超过可以接受的水平这一条件下才是合理的。对于辐射有关的实践活动的可行性分析在防护标准中专门突出出来确定为一条基本原则，反映人们对辐射实践是采取严肃慎重态度的。

（2）辐射防护与安全的最优化

在辐射实践中所使用的辐射源（包括辐射装置）所致个人剂量和潜在照射危险分别低于剂量约束和潜在照射危险约束的前提下，在充分考虑了经济和社会因素之后，个人受照剂量的大小、受照射的人数以及受照射的可能性均保持在可合理达到的尽量低的水平，这就是所谓 ALARA（As Low As Reasonably Achievable）原则。

在考虑辐射防护时，并不是要求剂量越低越好，而是根据社会和经济因素的条件下，使辐射照射水平降到可以合理达到的尽可能低的水平。

在实际工作中，辐射防护与安全的最优化主要在防护措施的选择、设备的设计和确定各种管理限值时使用。最优化不是唯一的考虑因素，但它是确定这些措施、设计和限值的重要依据。

辐射防护与安全最优化的过程，可以从直观的定性分析一直到使用辅助决策技术的定量分析。

（3）剂量限制和剂量约束

由于利益和代价在人类群体中分配的不一致性，虽然辐射实践满足了正当性要求，防护与安全也达到了最优化，但还不一定能够对每个人提供足够的防护，因此，必须对个人受到的正常照射加以限制，以保证来自各项得到批准辐射实践的综合照射所致的个人总有效剂量和有关器官或组织的总当量剂量不超过国家标准中规定的相应剂量限值。

剂量约束所指的照射是任何关键人群组在受控辐射源的预期运行中经所有照射途径接受的年剂量之和。对每个辐射源的剂量约束应保证使关键人群组所接受的来自所有受控辐射源的剂量之和保持在剂量限值内。对于职业照射，剂量约束是一种与辐射源相关的个人剂量值，用于限制最优化过程所考虑备选方案的选样范围；对于公众照射，剂量约束是公众成员从任何受控辐射源的计划运行中接受的年剂量上界。

对于辐射实践中所使用的辐射源，其剂量约束和潜在照射危险约束应不大于审管部门批准对该辐射源规定的或认可的值，并不大可能导致超过剂量限值和潜在照射危险限值的数值；对于任何可能会向环境释放放射性物质的辐射源，剂量约束还应确保对该辐射源历年来所释放的累积效应加以限制，使得在考虑了所有其他有关实践和辐射源可能造成的释放累积照射之后，任何公众（包括其后代）在任何一年里所受到的有效剂量均不超过相应的剂量限值。

5.5.1.2 辐射防护

（1）外照射防护

外照射是指来自人体外的 X 射线、γ 射线、β 射线、中子流等对机体的照射，它主要发生在各种封闭性放射源工作场所。外照射防护分为时间防护、距离防护和屏蔽防护，它们可单独使用，也可结合使用。

① 时间防护

人体所接受的剂量与受照射时间成正比，这就要求操作准确、敏捷，以减少受照时间，达到防护目的；也可以增配工作人员轮换操作，以减少每人的受照时间。

② 距离防护

点状放射源周围的剂量率与距离的平方成反比。因此常须远距离操作，以减轻辐射对人体的影响。

③ 屏蔽防护

在放射源与人体之间放置能吸收或减弱射线的材料进行屏蔽，屏蔽材料和厚度与射线的性质和强度有关。

a. α 射线的屏蔽。由于 α 射线穿透力弱，一般可不考虑外照射的屏蔽问题。但使用放射性药物来诊断和治疗时，α 射线往往出现内照射的情况，故也是防护对象。对于操作强度较大的 α 放射性物质，需用封闭式手套，以免药物进入体表和体内，造成内照射。

b. β 射线的屏蔽。β 射线的穿透力比 α 射线强，但较易屏蔽。常采用原子序数低的材料，如铝、塑料、有机玻璃等屏蔽 β 射线。也可采用复合材料来屏蔽，先用低原子序数的材料、塑料等屏蔽 β 射线，外边再用高原子序数的材料如铁、铅等以减弱和吸收轫致辐射。

c. γ 射线、X 射线的屏蔽。γ 射线和 X 射线都有很强的穿透力。穿透物质时，其衰减规律可用指数形式表示：

$$I = I_0 e^{-\mu x} \tag{5-17}$$

式中，I_0——γ 射线减弱前的强度；

I——γ 射线减弱后的强度；

μ——屏蔽物的密度；

x——屏蔽物的厚度。

由式（5-17）可见，采用高密度物质较好。从经济角度考虑，常用铁、铅、水泥和水。

d. 中子的屏蔽。中子的穿透能力也很强，屏蔽主要考虑快中子的减速，可以用含氢多的水和石蜡作减速剂。热中子用铜、锂、硼作吸收剂，如含硼的石蜡块、硼酸水。较新的材料有含硼聚乙烯，它具有屏蔽性能好、机械强度高、抗老化、耐辐射等优点。

（2）开放型放射工作的防护

没有包壳、并有可能向周围环境扩散的放射性物质，称为开放型或非密封放射性物质。从事开放型放射性物质的操作，称为开放型放射工作。进行开放型放射工作时，除考虑外照射的防护外，还应重点考虑防止放射性物质进入人体所造成内照射危害，采取各种有效措施，尽可能地隔断放射性物质进入体内的各种途径。

① 内照射防护的一般措施

内照射防护的一般措施是"包容、隔离"和"净化、稀释"。包容是指在操作过程中，将放射性物质密闭起来，如采取通风橱、手套箱等，均属于这一类措施。对于工作人员，可用工作服、鞋、帽、手套、口罩、围裙、气衣等方法，将操作人员围封起来，以防止放射性物质进入体内。隔离就是分离，根据放射性核素的毒性大小，操作量多少和操作方式等，将工作场所进行分区管理。净化就是采用吸附、过滤、除尘、凝聚沉淀、离子交换、蒸发、贮存衰变、去污等方式，尽量降低空气、水中的放射性物质浓度、降低物质表面放射性污染水平。稀释就是在合理控制下利用干净的空气或水体使空气和水中的放射性物质浓度降到控制水平以下。

② 工作场所的分级

在防护条件相同的条件下，操作的放射性活度（操作量）越大，可能造成工作场所环境污染和人员的伤害就越严重。为了便于对操作量不同的工作场所提出不同的防护要求，将非密封源工作场所按放射性核素日等效最大操作量的大小分为甲、乙、丙三个等级（表5-6）。

表 5-6　非密封源工作场所的分级

级别	日等效最大操作量/Bq
甲	$>4 \times 10^9$
乙	$2 \times 10^7 \sim 4 \times 10^9$
丙	豁免活度值以上$\sim 2 \times 10^7$

5.5.2 电离辐射防护标准与安全评价

5.5.2.1 剂量限值要求

对于从事放射工作或接触射线的人员及公众接受的电离辐射照射必须满足国家有关辐射防护的要求，以保护人体健康的安全，也就是我们通常所说的个人剂量限值要求。《电离辐射防护与辐射源安全基本标准》（GB 18871—2002）中附录B所规定的剂量限值仅适用于实践所引起的照射，不适用于医疗照射，也不适用于无任何主要责任方负责的天然源的照射。

下述（1）～（3）介绍职业照射剂量限值，（4）介绍公众照射剂量限值。

（1）应对任何工作人员的职业照射水平进行控制，使之不超过下述限值：

① 由审管部门决定的连续5年的年平均有效剂量（但不可作任何追溯平均），

20 mSv；

　　② 任何一年中的有效剂量，50 mSv；

　　③ 眼晶体的年当量剂量，150 mSv；

　　④ 四肢（手和足）或皮肤的年当量剂量，500 mSv。

　　（2）对于年龄为 16～18 岁接受涉及辐射照射就业培训的徒工和年龄为 16～18 岁在学习过程中需要使用放射源的学生，应控制其职业照射使之不超过下述限值：

　　① 年有效剂量，6 mSv；

　　② 眼晶体的年当量剂量，50 mSv；

　　③ 四肢（手和足）或皮肤的年当量剂量，150 mSv。

　　（3）在特殊情况下，依照审管部门的规定，可将剂量平均期破例延长到 10 个连续年；并且在此期间内，任何工作人员所接受的年平均有效剂量不应超过 20 mSv，任何单一年份不应超过 50 mSv；此外，当任何一个工作人员自此延长平均期开始以来所接受的剂量累计达到 100 mSv 时，应对这种情况进行审查。

　　（4）公众照射剂量限值：

　　实践使公众中有关关键人群组的成员所受到的平均剂量估计值不应超过下述限值。

　　① 年有效剂量，1 mSv；

　　② 特殊情况下，如果 5 个连续年的年平均剂量不超过 1 mSv，则某一单一年份的有效剂量可提高到 5 mSv；

　　③ 眼晶体的年当量剂量，15 mSv；

　　④ 皮肤的年当量剂量，50 mSv。

　　这里规定的剂量限值不适用于患者的慰问者（如并非他们的职责、明知会受到照射却自愿帮助护理、支持和探视、慰问正在接受医学诊断或治疗的患者的人员）。但是，应对患者的慰问者所受的照射加以约束，使他们在患者诊断或治疗期间所受的剂量不超过 5 mSv。应将探视食入放射性物质患者的儿童所受的剂量限制于 1 mSv 以下。

5.5.2.2　剂量限值的确认

　　《电离辐射防护与辐射源安全基本标准》（GB 18871—2002）附录 B 规定的剂量限值适用于在规定时间内外照射引起的剂量和在同一期间内摄入所致的待积剂量的和；计算待积剂量的期限，对成年人的摄入一般应为 50 年，对儿童的摄入则应算至 70 岁。

　　为确认是否符合剂量限值，应利用规定期间内贯穿辐射所致外照射个人剂量当量与同一期间内摄入的放射性物质所致的待积当量剂量或待积有效剂量的和。

　　应采用下列方法之一来确定是否符合有效剂量的剂量限值要求：

　　（1）将总有效剂量与相应的剂量限值进行比较；这里，总有效剂量 E_T 按式（5-18）计算。

$$E_T = H_p(d) + \sum_j e(g)_{j,ing} I_{j,ing} + \sum_j e(g)_{j,inh} I_{j,inh} \tag{5-18}$$

　　式中，$H_p(d)$——该年内贯穿辐射照射所致的个人剂量当量；

　　$e(g)_{j,ing}$ 和 $e(g)_{j,inh}$——同一期间内 g 年龄组食入和吸入单位摄入量放射性核素 j 后的待积有效剂量；

$I_{j,ing}$ 和 $I_{j,inh}$——同一期间内食入和吸入放射性核素 j 的摄入量。

（2）检验是否满足下列条件：

$$\frac{H_P}{DL} + \sum_j \frac{I_{j,ing}}{I_{j,ing,L}} + \sum_j \frac{I_{j,inh}}{I_{j,inh,L}} \leqslant 1 \tag{5-19}$$

式中，DL——相应的有效剂量的年剂量限值；

$I_{j,ing,L}$ 和 $I_{j,inh,L}$——食入和吸入放射性核素 j 的年摄入量限值（ALI）。

（3）通过任何其他认可的方法。

除氚子体和氡子体外，《电离辐射防护与辐射源安全基本标准》（GB 18871—2002）中表 B3 和 B6、B7 分别对职业照射和公众照射给出了食入和吸入单位摄入量所致的待积有效剂量 $e(g)_{j,ing}$ 和 $e(g)_{j,inh}$。利用式（5-20），可以由相应的单位摄入量的待积有效剂量的值得到放射性核素 j 的年摄入量限值 $I_{j,L}$，即

$$I_{j,L} = \frac{DL}{e_j} \tag{5-20}$$

式中，DL——相应的有效剂量的年剂量限值；

e_j——相应附表中给出的放射性核素 j 的单位摄入量所致的待积有效剂量的相应值。

5.5.3 放射性废物的处理

放射性废物的合理处置对防止放射性污染非常重要。目前主要依据废物的形态，即废水、废气、固体废物，分别进行放射性污染的治理。放射性废物处理系统全流程包括废物的收集、废液废气的净化和固体废物的减容、储存、固化、包装及运输处置等。放射性废物的处置是废物处理的最后工序；所有的处理过程均应为废物的处置创造条件。

放射性废物的处理还包括浓缩处理、浓缩产物固化处理、高水平放射性废液处理、放射性废物的最后处置、铀矿渣处置、受放射性沾污器物的处置、放射性废液转化成的固体废物的处置及放射性固体废物的回收利用等。

5.5.3.1 浓缩处理

浓缩处理目的在于废物减量化，通常有化学沉淀、离子交换、蒸发、生物化学、膜分离、电化学等方法，常用的方法是前三种。放射性废水的处理效果，通常用去污系数（DF）和浓缩系数（CF）表示。前者的定义是废水原有的放射性浓度 C_0 与其处理后剩余放射性浓度 C 之比，即 $DF=C_0/C$；后者的定义是废水的原有体积与其处理后浓缩产物的体积之比，即 $CF=V_{原水}/V_{浓缩}$。化学沉淀法、离子交换法和蒸发法的代表性去污系数的数量级分别为 10、$10 \sim 10^3$ 和 $10^4 \sim 10^6$。

（1）化学沉淀法

化学沉淀法是使沉淀剂与废水中微量的放射性核素发生共沉淀作用的方法。最通用的沉淀剂有铁盐、铝盐、磷酸盐、高锰酸盐、石灰、苏打等。对铯、钌、碘等几种难以去除的放射性核素要用特殊的化学沉淀剂。例如，放射性铯可用亚铁氰化铁、亚铁氰化铜或亚

铁氰化镍共沉淀去除，也可用黏土混悬吸附—絮凝沉淀法去除。放射性钌可用硫化亚铁、仲高碘酸铅共沉淀法等去除。放射性碘可用碘化钠和硝酸银反应形成碘化银沉淀的方法去除，也可用活性炭吸附法去除。沉淀污泥需进行脱水和固化处理。最有效的脱水方法是冻结—融化—真空或压力过滤。

（2）离子交换法

放射性核素在水中主要以离子形态存在，其中大多数为阳离子，只有少数核素如碘、磷、碲、钼、锝等通常呈阴离子形式。因此用离子交换法处理放射性废水往往能获得高的去除效率。采用的离子交换剂主要有离子交换树脂和无机离子交换剂。大多数阳离子交换树脂对放射性锶有高的去除能力和大的交换容量；酚醛型阳树脂能有效地除去放射性铯，大孔型阳树脂不仅能去除放射性阳离子，还能通过吸附去除以胶体形式存在的锆、铌、钴和以络合物形式存在的钌等。

无机离子交换剂具有耐高温、耐辐射的优点，并且对铯、锶等长寿命裂变产物有高度的选择性。常用的无机离子交换剂有蛭石、沸石（特别是斜发沸石）、凝灰岩、锰矿石、某些经加热处理的铁矿石、铝矿石以及合成沸石、铝硅酸盐凝胶、磷酸锆等。

离子交换剂以单床（一般为阳离子交换剂床）、双床（阳树脂床→阴树脂床串联）和混合床（阳、阴树脂混装的床）的形式工作。

（3）蒸发法

用蒸发法处理含有难挥发性放射性核素的废水可以获得很高而稳定的去污系数和浓缩系数。此法需要耗用大量蒸发热能，所以主要用于处理一些高、中水平放射性废液。用的蒸发器有标准型、水平管型、强制循环型、升膜型、降膜型、盘管型等。蒸发过程中产生的雾末随同蒸汽进入冷凝液，使其中的放射性增强，因此需设置雾末分离装置，如旋风分离器、玻璃纤维填充塔、线网分离器、筛板塔、泡罩塔等。此外还要考虑起沫、腐蚀、结垢、爆炸等潜在危险和辐射防护问题。

用上述方法处理后的放射性废水，排入水体的可通过稀释，排入地下的可通过土壤对放射性核素的吸附和地下水的稀释等作用，达到安全水平。

5.5.3.2　浓缩产物固化处理

对化学沉淀污泥、离子交换树脂再生废液、失效的废离子交换剂、吸附剂和蒸发浓缩残液等放射性浓缩产物，要作固化处理。对固化体要求：放射性核素的浸出率小，耐久和耐撞击，在辐射以及温度、湿度等变化的情况下不变质。主要有水泥和沥青两种固化法。水泥固化法的优点是工艺和设备简单，费用低，其固化体耐压、耐热，比重为 1.2～2.2，可以投入海洋，缺点是固化体的体积比原物大，放射性浸出率较高。沥青固化法的优点是其固化体放射性浸出率比水泥固化体小 2～3 个数量级，而且固化后的体积比原来的小，缺点是工艺和设备复杂，固化体容易起火和爆炸，在大剂量辐射下会变质等。此外还在研究塑料固化法。

5.5.3.3　高水平放射性废液处理

高水平放射性废液大都贮存于地下池中。最初是用碳钢池外加钢筋混凝土池贮存碱性废液，后来用不锈钢池外加钢筋混凝土池贮存酸性废液。贮存池中设有冷却盘管或冷凝装置以导出废液释出的衰变热，另外还装有液温、液位、渗漏等监测装置以及废液循环、通气净化装置等。

对高水平放射性废液的固化处理一般采用流化床煅烧法、喷雾煅烧法、罐内煅烧法和转窑煅烧法，将废液转变成氧化物固体，或者采用玻璃固化法，将废液烧制成磷酸盐玻璃、硼硅酸盐玻璃、硅酸盐玻璃、霞石正长岩玻璃、玄武岩玻璃等。玻璃固化法的优点是固化体密实，在水、酸性和碱性水溶液中的浸出率小，为 10^{-7} g/（cm^2·d）数量级，固化体传热率大，固化体的灰尘发生量小。但是设备复杂，并且需要使用耐高温（900～1 200 ℃）和耐腐蚀的材料。此外，一些放射性核素的挥发问题尚未解决。

5.5.3.4　放射性废物的最终处置

长寿命的放射性核素的半衰期长达几十年甚至上万年，因此必须使它们与人类生活环境隔离。这种贮藏或处置为长期的、永久性的。放射性废物的最终处置分为陆地处置和海洋处置两类。陆地处置方法有在人造贮藏库内贮藏；在废矿坑如岩盐矿坑内贮藏；在土中埋藏和压注入深的地层中等。海洋处置的一种方法是将低水平放射性废液排入海中，依靠扩散和稀释达到无害化；另一种方法是将放射性固体废物封入容器投入深 2 000～10 000 m 的海域。

上述处置方法都不能完全防止对环境的污染。为此，还在研究用火箭将极高水平的放射性废物发射到宇宙空间，或者使用大输出功率的高密度中子源反应堆、高能质子加速器或核聚变反应堆，对裂变产物中的长寿命核素（如 ^{90}Sr、^{137}Cs、^{85}Kr、^{99}Tc、^{129}I 等）进行中子照射，使之发生核转变，但这两种处置法都还未实际应用。

5.5.3.5　铀矿渣处置

铀矿渣含有天然放射性元素。其比放射性标准，国际上尚未作统一规定。《铀矿地质辐射防护和环境保护规定》（GB 15848—1995）中 10.1 规定："放射性比活度大于 $7.4×10^4$ Ba/kg 的铀矿地质废渣应尽可能回填处置。比活度小于 $7.4×10^4$ Ba/kg 的废渣石应建坝稳定存放或就地浅埋，然后黄土覆盖植被；填存地应选择在居民生活区和水源较远，不易被雨水冲刷和地下水系不发育的地方。"

迄今采用的处理含铀尾矿渣的方法是堆放弃置，或者回填矿井。有些国家正在研究根本解决的方法。例如在水冶加工方面，提出地下浸出和就地堆浸技术，只把浸出液送往水冶厂提取金属铀。此外，还在研究尾矿渣的固结和造粒技术；利用各种化学药品和植被使尾矿坝层稳定。

5.5.3.6　受放射性沾污器物的处置

对于沾有人工或天然放射性核素的各种器物，就其比放射性的强弱分为高水平和中、低水平两类，就其性质则区别为可燃性和非燃烧性两种。这类固体废物的主要处理和处置方法是：

（1）去污

受放射性沾污的设备、器皿、仪器等，如果使用适当的洗涤剂、络合剂或其他溶液在一定部位擦拭或浸渍去污，大部分放射性物质可被清洗下来。这种处理，虽然又产生了需要处理的放射性废液等，但若操作得当，体积可能缩小，经过去污的器物还能继续使用。另外，采用电解和喷镀方法也可消除某些被沾污表面的放射性。

（2）压缩

将可压缩的放射性固体废物装进金属或非金属容器并用压缩机紧压，体积可显著缩小，废纸、破硬纸壳等可缩小到 1/7～1/3。玻璃器皿先行破碎，金属物件则先行切割，然后装进容器压缩，也可以缩小体积，便于运输和贮存。

（3）焚烧

可燃性固体废物如纸、布、塑料、木制品等，经过焚烧，体积一般能缩小到 1/15～1/10，最高可达 1/40。焚烧要在焚烧炉内进行。焚烧炉要防腐蚀，并要有完善的废气处理系统，以收集逸出的带有放射性的微粒、挥发性气溶胶和可溶性物质。焚烧后，放射性物质绝大部分聚积在灰烬中，残余灰分和余烬要妥善进行管理以防被风吹散。已收集的灰烬一般装入密封的金属容器，或掺入水泥、沥青和玻璃等介质中。焚烧法由于控制放射性污染面的要求很高，费用很大，实际应用受到一定限制。

（4）埋藏

选择埋藏地点的原则是：对环境的影响在容许范围以内；能经常监督该地区不得进行生产活动；埋藏在地沟或槽穴内能用土壤或混凝土覆盖等。场地的地质条件须符合：①埋藏处没有地表水；②埋藏地的地下水不通往地表水；③预先测得放射性在土壤内的滞留时间为数百年，其水文系统简单并有可靠的预定滞留期；④埋藏地应高于最高地下水位数米。

有些国家认为天然盐层比较适宜作为这种废物的贮存库。理由是盐层的吸湿性良好，对容器的腐蚀性较小，易于开挖，时间久了，有可能形成密封的整体，对长期贮存更为安全。德意志联邦共和国正在一座废弃的阿瑟盐矿进行试验，美国国立橡树岭实验室（ORNL）提出了理想的盐穴贮藏库的模型。

（5）海洋处置

近海国家采用桶装废物掷进深水区和大陆架以外海域的海洋处置法。要求盛装容器具有足够的下沉重量，能经受住海底的碰撞，能抵御深水区的高压作用，并能防止腐蚀和减少放射性的浸出量。经过实践认为，处置区必须远离海岸、潮汐活动区和水产养殖场，此法会对公海造成潜在危害，国际上对此颇有争议。

5.5.3.7　放射性废液转化成的固体废物的处置

对于放射性废液浓缩产物经过固化处理而转化成的放射性固体废物，一些国家倾向于采取埋藏的办法处置，认为这样能保证安全。依照所含放射性强度的自发热情况，低水平废物可直接埋在地沟内。中等水平的则埋藏在地下垂直的混凝土管或钢管内。高水平固体废物每立方米的自发热量可达 430 kcal/h 以上，必须用多重屏障体系：第一层屏障是把废物转变成为一种惰性的、不溶的固化体；第二层屏障是将固化体放在稳定的、不渗透的容器中；第三层屏障是选择在有利的地质条件下埋藏。

5.5.3.8　放射性固体废物的回收利用

对于铀矿石和废矿渣，主要是提高铀、镭等资源的回收率和回收提炼过程中所使用的化学药品等。对于大量裂变产物和一些超铀元素的回收，必须先把它们从废液或灰烬的浸出液中分离，然后根据核素的性质和丰度分别或统一纯化，作为能源、辐照源或其他热源、光源等使用，也可考虑把高水平的放射性固体废物制成固体辐射源，用于工业、农业及卫生用途。

5.6　电离辐射的环境影响与评价

电离辐射预测与评价是定量估计放射性核素释放到生物圈后对人及其周围环境生态系统造成的影响。根据《核辐射环境质量评价一般规定》（GB 11215—89）的规定，主要内容为各常用源项描述，监测、剂量评价。常用的评价以模式计算为主，并估算正常工况和事故工况下的放射剂量，可同时给出气途径、水途经、其他途经的估算模式，运输环境影响等。其中源项描述和估算模式的选择运算是进行正确评价的关键。

5.6.1　主要电离辐射的源项

由于效应与剂量成正比，所以效应与源项成正比，因而这是一个线性过程。

电离辐射影响与评价中关心的源项是能在环境中输运与转移的。其中气载成分最令人关注，也最难对其化学形态的影响定量化。如有机碘和无机碘不仅在其溢出到环境中的份额不一样，而且随后在环境中的行为也不一样，所以在环境影响评价中提的源项是"释放源项"以区别"初始源项"。

5.6.1.1　气载源项

该操作量为 Q_g，释放量为 R_a，则

$$R_a=Q_g f_1(1-f_2)(1-\eta)\tag{5-21}$$

式中，f_1——操作中转化为气载状态的份额；

f_2——初级净化效率；

η——最终级的净化效率。

5.6.1.2　液载源项

该操作量为 Q_l，排放量为 R_w，则

$$R_w=Q_l f_1'(1-f_2')(1-\eta')\tag{5-22}$$

式中，f_1'——操作中转成液载状态的份额；

f_2'——从废水中回收的效率；

η'——排放前处理工艺的净化效率。

5.6.2 评价模式

5.6.2.1 大气扩散模式

在均匀、平稳的湍流场中，无限大空气中的高架点源连续释放出示踪物，当释放物的示踪粒子数目 N 足够大时，按照概率论的中心极限定理，这些示踪物的空气浓度分布服从高斯分布，即

$$c(x,y,z,h) = \frac{Q}{2\pi\sigma_y\sigma_z\bar{u}}\exp\left(-\frac{y^2}{2\sigma_y^2}\right)\left[\exp\left(-\frac{(z-h)^2}{2\sigma_z^2}\right)+\exp\left(-\frac{(z+h)^2}{2\sigma_z^2}\right)\right] \quad (5\text{-}23\text{a})$$

当取 $z=0$ 时（即地面处的空气浓度），则

$$c(x,y,0,h) = \frac{Q}{\pi\sigma_y\sigma_z\bar{u}}\exp\left(-\frac{y^2}{2\sigma_y^2}\right)\exp\left(-\frac{h^2}{2\sigma_z^2}\right) \quad (5\text{-}23\text{b})$$

式中，x——平均风方向；

y——水平横截方向；

z——垂直方向；

$(0，0，h)$——释放点坐标；

$\sigma_y\sigma_z$——扩散参数，m，它随稳定度和距离而变；

c——浓度，Bq/m^3；

Q——平均释放率，Bq/s。

（1）空气浸没外照射

根据辐射平衡原理，可计算出浸没照射剂量，即

$$H = S_F Q\left(\frac{C}{\dot{Q}}\right)g_E \cdot k \quad (5\text{-}24)$$

式中，H——浸没照射剂量率（有效剂量或器官当量剂量率），Sv/a；

S_F——建筑物减弱因子，对个体取 $S_F=0.7$；

k——时间换算因子，365；

g_E——空气浸没照射剂量率换算因子，$S_v\left(d\cdot Bq\cdot m^{-3}\right)^{-1}$；

$\dot{Q}$——平均释放率，Bq/s。

（2）地表沉积外照射剂量

核素沉积活度为

$$C_G = \left(\frac{\dot{w}_d}{\dot{Q}}+\frac{\dot{w}_w}{\dot{Q}}\right)\cdot Q \quad (5\text{-}25)$$

式中，$\dfrac{\dot{w}_d}{\dot{Q}}$——干沉积因子，$m^{-2}$；$\dfrac{\dot{w}_d}{\dot{Q}}=\dfrac{Vd}{\pi\sigma_y\sigma_z u}\exp\left(-\dfrac{y^2}{2\sigma_y^2}\right)\exp\left(-\dfrac{h^2}{2\sigma_z^2}\right)$；

$\dfrac{\dot{w}_w}{\dot{Q}}$——湿沉积因子，$m^{-2}$；$\dfrac{w_w}{\dot{Q}}=\dfrac{\Lambda}{\sqrt{2\pi}\sigma_y u}\exp\left(-\dfrac{y^2}{2\sigma_y^2}\right)$。

沉积造成的外照射剂量率按无限烟云计算，为

$$H_G = S_F C_G g_G k \tag{5-26}$$

式中，g_G——地表沉积照射的剂量率换算因子，$S_v \left(d \cdot Bq \cdot m^{-2} \right)^{-1}$。

若沉积初始活度为 $C_G(0)$，则至 t 时刻的外照射剂量为

$$H_G = \frac{S_F C_G(0) \cdot g_G}{\lambda_e} \left(1 - e^{-\lambda_e t}\right) \tag{5-27}$$

式中，λ_e—— $\lambda_e = \lambda_R + \lambda_E$，$\lambda_R$ 为物理蜕变常数，s^{-1}；

　　　λ_E——环境衰减常数，s^{-1}。

近源区则须用有限烟云的沉积外照射公式。

5.6.2.2　地面水运输模式

地面水输运主要有两种情况，即初始混合、远场混合。

（1）初始混合

从核设施排出的废水，由于排放的动量和热量，一般属浮力射流，射流由于卷吸其边缘的水而被稀释，这是初始混合过程。

对于初始混合过程可用量纲分析理论并结合实验的方法来确定估算模式。就排放方式而言，有表面点源排放、水底点源排放和多点排放。

以表面点源排放为例：

设排放口面积为 A，定义特征尺度 l_0 为 $l_0 = \sqrt{A/2}$

此处表面点源排放满足浮力 Froude 数：

$$F_0 = \frac{U_0}{\sqrt{\left(\dfrac{\Delta\rho}{\rho_0}\right) g l_0}} \tag{5-28}$$

式中，U_0——排放废水出口时的流速，m/s；

　　　$\Delta\rho = \rho_0 - \rho_{排}$；

　　　ρ_0——环境水体的密度，kg/m³；

　　　$\rho_{排}$——排出口处排放水的密度，kg/m³；

　　　g——重力加速度，9.8 kg/m²。

（2）远场混合

远场混合又称被动混合，是由接受水体的输送和弥散决定的。

对于形状简单的平直河床、选水流方向为 x 轴，沿河宽方向为 y 轴，沿水深方向为 z 轴，流速为 u。若 k_x, k_y, k_z 与位置 (x, y, z) 无关，则由梯度扩散理论有式（5-29）：

$$\frac{\partial c}{\partial t} + u\frac{\partial c}{\partial x} = k_x \frac{\partial^2 c}{\partial x^2} + k_y \frac{\partial^2 c}{\partial y^2} + k_z \frac{\partial^2 c}{\partial z^2} - \lambda c \tag{5-29}$$

对于稳定流动及连续排放，则 $\dfrac{\partial c}{\partial t} = 0$。

设河流水深为 d，河宽为 B，则沿河可分为 4 个扩散特征区：

①　$x \leqslant 7d = L_z$，第I区为近源区，浓度呈三维分布，即 $c = c(x, y, z)$；L_z 表示垂向混合刚达到均匀的距离。

②　$L_z < x < L_y = 3B^2 / d$，第II区为侧向参混区，该区内浓度沿垂向已均匀，但沿河宽方向未达均匀，此时浓度 $c = c(x, y)$；L_y 表示侧向混合刚达均匀的距离。

③　$L_y < x$，第III区，浓度沿河流断面已均匀分布，对于非连续排放，尚有纵向弥散，此时，$c = c(x)$。

④　对岸受影响区，$7d < x$，第IV区，此时 $c = c(x, y)$。

这 4 个区的尺度为

$$L_z = 0.045 \frac{ud^2}{K_z} = 7d \tag{5-30}$$

$$L_y = 0.18 \frac{uB^2}{K_y} = \frac{3B^2}{d} \tag{5-31}$$

式中，d、B、u——年均值，按筛选模式规定，取 u 为 u 的 30 年一遇的低值。

5.6.2.3　食物链转移模式简介

放射性核素沿食物链转移过程中，生物对放射性核素的吸收分为等份额吸收、限额吸收和竞争吸收三种形式。对于微量元素，基本上是等份额吸收（或常系数吸收）。

（1）陆地转移模式

所考虑的食物类为农作物（粮食与蔬菜）、奶和肉。

放射性核素在待定食物类中的浓度 C_{tf} 为

$$C_{tf} = C_{media} V_F CF \tag{5-32}$$

式中，C_{tf}——陆地食品中放射性核素的浓度，$Bq / kg_{鲜}$ 或 Bq / L；

$\quad C_{media}$——在牧草或作物生长地点大气中或水中放射性核素的浓度，Bq/m^3；

$\quad V_F$——干和湿沉积的沉积速度，m/d 或比灌溉率，$m^3 / (m^2 \cdot d)$；

$\quad CF$——元素的转移因子，在单位沉积率条件下向农作物食品中转移的放射性核素浓度，$Bq \cdot kg^{-1} / Bq \cdot m^{-2} \cdot d^{-1}$ 或 $Bq \cdot L^{-1} / Bq \cdot m^{-2} \cdot d^{-1}$。

对于 C_{media}，设为已知。对于空气 $C_{media} = C_{air}$，$V_F = V_d + V_{湿}$；对于地面 $C_{media} = C_{sw}$，V_F 则等于 $F_{灌溉}$，$m^3 \cdot m^{-2} \cdot d^{-1}$。

①　农作物中放射性核素浓度

$$C_{veg} = C_{air} \cdot V_d \cdot CF_{veg} \cdot \exp(-\lambda t_{hv}) \tag{5-33}$$

$$C_{veg} = C_{sw} \cdot F_{ir} \cdot CF_{veg} \cdot \exp(-\lambda t_{hv}) \tag{5-34}$$

式中，C_{veg}——作物中放射性核素浓度，Bq / kg；

$\quad \lambda$——放射性核素蜕变常数，d^{-1}；

$\quad t_{hv}$——在收获和消费之间的时间，d；

$\quad CF_{veg}$——转移因子，修正了子体的增长，$Bq \cdot kg^{-1} / Bq \cdot m^{-2} \cdot d^{-1}$，则

$$CF_{vgg} = \frac{f}{Y} VC(\lambda_E, t_e) + \frac{B_v}{p} BC(\lambda_B, t_b) \tag{5-35}$$

式中，$VC(\lambda_E, t_e)$ ——在整个生长周期 t_e 内有效蜕变常数为 λ_E 时母体和子体在叶和茎上的累积，$Bq \cdot d / Bq$；

$BC(\lambda_B, t_b)$ ——在整个沉积周期 t_b 内，有效蜕变常数为 λ_B 时母体和子体在土壤中的积累，$Bq \cdot d / Bq$；

f ——作物可食部分捕集并持留沉积活度的份额，称为拦截分数；

λ_E ——沉积在作物上的放射性核素有效清除常数，d^{-1}；

t_e ——作物生长季节地面上作物暴露于污染的时间，d；

Y ——收割时单位面积的地上作物的质量，kg/m^2；

B_v ——元素由干土壤向作物可食部分的转移常数，$(Bq \cdot g^{-1}_{植物}) / (Bq \cdot kg^{-1}_{土壤})$；

λ_B ——放射性核素由土壤中被清除的有效常数，$\lambda_B = \lambda_{HL} + \lambda$；

λ_{HL} ——由于收割和渗滤，放射性元素从土壤中被清除的常数，d^{-1}；

t_b ——土壤中长期沉积和累积时间，d；

P ——耕作层质量密度与耕作层厚度的乘积 $= 1\,500\ kg/m^3 \times 0.15\ m = 225\ kg/m^2$。

ICRP 第 2 号出版物给出的连续摄入时母体和子体的累积因子为

$$VC(\lambda, t) \text{ 或 } BC = \left[\prod_{j=1}^{k} \lambda_j^r f_j \right] \sum_{h=0}^{k} \frac{1 - e^{-\lambda_h t}}{\lambda_h \prod_{\substack{p=0 \\ p \neq h}}^{k} (\lambda_p - \lambda_h)} \tag{5-36a}$$

式中，f_j ——母体蜕变到 j 子体的份额；

λ_j^r ——子体 j 的放射性蜕变常数，d^{-1}；

λ_0 ——母体的有效蜕变常数，d^{-1}；

$\lambda_1, \lambda_2, \cdots, \lambda_k$ ——子体的有效蜕变常数，d^{-1}；

t ——母体沉积子体增长的时间。

对于单个核素（无子体）则式（5-36a）化为

$$VC(\lambda, t) \text{ 或 } BC = \frac{(1 - e^{-\lambda t})}{\lambda} \tag{5-36b}$$

只有一个子体时，对于单位母体活度，有

$$VC(\lambda, t) \text{ 或 } BC = \lambda_1' f_1 \left[\frac{1 - e^{-\lambda_0 t}}{\lambda_0 (\lambda_1 - \lambda_0)} - \frac{1 - e^{-\lambda_1 t}}{\lambda_0 (\lambda_0 - \lambda_1)} \right] \tag{5-36c}$$

② 动物食品中放射性核素浓度

设动物（牛、羊）食新鲜牧草，则其肉、奶中放射性核素浓度 $C_{动}$ 为

$$C_{动} = F_{动} (C_f Q_f + C_W \cdot Q_W) \exp(-\lambda_t t_h) \tag{5-37}$$

式中，$C_{动}$ ——动物产品中放射性核素浓度，Bq / L 或 Bq / kg；

$F_{动}$ ——元素转移系数，它是每天食入转移到牛奶 F_m（d / L）或牛肉 F_f（d / kg）中

的份额；

Q_f ——动物每天消耗的饲料量，按干物质计，Kg/d；

C_f ——干饲料中放射性核素浓度，Bq/kg；

Q_w ——动物每天饮水量，L/d；

C_w ——放射性核素在动物饮水中的浓度，Bq/L（对于大气释放，假设 $C_w=0$）；

t_h ——在挤奶到人食奶的时间或从屠宰到吃肉的时间，d。

对于 ^3H 与 ^{14}C 可用比活度模式。

（2）水生生物转移模式

排入水中的放射性核素被水中活生物消化吸收，由此放射性核素可经由水生食物链到人。

对于连续排放，可用浓集因子法 BF 估算生物体内放射性核素浓度：

$$BF = \frac{C_{生物}}{C_{水}} \tag{5-38}$$

式中，$C_{生物}$ ——生物中放射性核素浓度，Bq/kg（鲜重）；

$C_{水}$ ——生物中放射性核素浓度，Bq/L。

阅 读 材 料

（1）国际核事故分级

国际核事故分级列表见表 5-7。

表 5-7　国际核事故分级

级别	名称	描述	实例
7 级	特大事故	大型核装置（如动力堆堆芯）的大部分放射性物质向外释放，典型地应包括长寿命和短寿命的放射性裂变产物的混合物（数量上，等效放射性超过 1016 Bq 的 ^{131}I）。这种释放可能有急性健康影响；在大范围地区（可能涉及一个以上国家）有慢性健康影响；有长期的环境后果	1986 年苏联切尔诺贝利核电厂（现属乌克兰）事故；2011 年日本福岛第一核电站事故
6 级	重大事故	放射性物质向外释放数量上（等效放射性超过 1 015～1 016Bq 的 ^{131}I），这种释放可能导致需要全面执行地方应急计划的防护措施，以限制严重的健康影响	1957 年苏联基斯迪姆后处理装置（现属俄罗斯）事故；2011 年日本福岛核电站 3 号机组事故
5 级	具有厂外风险的事故	放射性物质向外释放（等效放射性超过 1 014～1 015 Bq 的 ^{131}I）。这种释放可能导致需要部分执行应急计划的防护措施，以降低健康影响的可能性。核装置严重损坏，这可能涉及动力堆的堆芯大部分严重操作、重大临界事故或者引起在核设施内大量放射性释放的重大火灾或爆炸事件	1957 年英国温茨凯尔反应堆事故；1979 年美国三哩岛核电厂事故

续表

级别	名称	描述	实例
4级	没有明显厂外风险的事故	放射性向外释放，使受照射最多的厂外个人受到几毫希沃特量级剂量的照射。由于这种释放，除当地可能需要采取食品管制行动外，一般不需要厂外保护性行动。核装置明显损坏。这类事故可能包括造成重大厂内修复困难的核装置损坏。例如，动力堆的局部堆芯熔化和反应堆设施的可比拟的事件。一个或多个工作人员受到很可能发生早期死亡的过量照射	1973年英国温茨凯尔后处理装置事故；1980年法国圣洛朗核电厂事故；1983年阿根廷布宜诺斯艾利斯临界装置事故
3级	重大事件	放射性向外释放超过规定限值，使用权受照射最多的厂外人员受到十分之几毫希沃特量级剂量的照射。无须厂外保护性措施。导致工作人员受到足以产生急性健康影响剂量的厂内事件和/或导致污染扩散的事件。安全系统再发生一点问题就会变成事故状态的事件，或者如果出现某些始发事件，安全系统已不能阻止事故发生的状况	
2级	事件	安全措施明显失效，但仍具有足够纵深防御，仍能处理进一步发生的问题。导致工作人员所受剂量超过规定年剂量限值的事件和/或导致在核设施设计未预计的区域内存在明显放射性，并要求纠正行动的事件	
1级	异常	超出规定运行范围的异常情况，可能由于设备故障、人为差错或规程有问题引起	

国际核事故分级标准（INES）制定于1990年。这个标准是由国际原子能机构（IAEA）起草并颁布的，旨在设定通用标准以及方便国际核事故交流通信。

核事故分为七个等级，类似于地震级别，灾难影响最低的级别位于最下方，影响最大的级别位于最上方。最低级别为1级核事故，最高级别为7级核事故。但是相较于地震级别来看，核事故等级评定往往缺少精密数据评定，往往是在发生之后通过造成的影响和损失来评估等级。所有的7个核事故等级又被划分为2个不同的阶段。最低影响的3个等级被称为核事件，最高的4个等级被称为核事故。

（2）遭受核辐射的83天

1999年9月30日10点35分，位于日本茨城县那珂郡东海村的核燃料加工厂内发生了一起严重的核事故。

当时在场有三名操作人员，正在往沉淀池里添加着铀原料，一名工人把一个不锈钢桶中富含 ^{235}U（铀富集率为18.8%）的硝酸盐溶液通过一个漏斗倾入沉淀槽中。随着搅拌，沉淀池内的铀含量达到了16 kg，超过了临界质量，也超过了规定数值的7倍。伴随着一道蓝色闪光，临界核事故发生了，这是由于超过临界反应条件而引发了链式核裂变反应。临界核事故的特点是大量放射，但释放范围小。

在沉淀槽边右手持漏斗的大内久和左侧支架上投料的筱原理人受到了较大剂量的辐射，距离辐射源仅0.65 m的大内久遭受到了16~23 Gy的辐射量，筱原理人距辐射源1 m，遭受了6~10 Gy的辐射。旁边做文案工作的另一名人员也受到一定辐射。

事故发生后，救护员很快把两人转移到国立放射科学研究所。

刚开始离辐射源最近、受辐射最多的大内久和正常人没两样。大内久只是皮肤变黑了一些，右手出现红肿现象。但身上并没有灼伤的痕迹，意识也非常清醒，不像是受过严重辐射，但很快严重后果开始显现。

辐射进入体内攻击了细胞中的染色体。原本排列有序的 23 对染色体有的断开几截，有的黏在一起，变成一派杂乱无章的乱象。染色体担任着遗传信息传递的重要使命，它出了问题，细胞增殖也就无法进行了。这意味着老细胞在正常的代谢死亡，却没有新细胞的补充。当各种细胞数量减少到一定程度时人体将死去。

经过一周左右，他的免疫系统中白细胞数量就降到不足正常人的 1/10。白细胞是免疫系统中极为重要的免疫细胞，要是失去了白细胞的免疫功能，即使微不足道的细菌也能让大内久死亡。经过紧锣密鼓地商议，主治医生前川为首的治疗组尝试将大内久妹妹的白细胞移植进他体内，同时将他转入无菌病房。

不久，大内久体表皮肤开始出现渗液，为防止感染，他的体表被敷上药物，但在换药撕下体表医用胶带时，皮肤会直接被撕下，也就是皮肤不断剥落，却无法再生，医护人员也就只能不断在体表放置纱布以尽可能阻挡体液渗出。同时，他的肺部开始积水，呼吸变得困难。原本还能正常交谈的大内久只能插上了呼吸机。他无法再与家人进行沟通。

在病情不断恶化中，终于迎来了一个好消息——妹妹的白细胞移植成功了。然而在一周之后，好不容易重燃的希望瞬间又被熄灭。血液开始病变，新植入的白细胞也逃脱不了染色体被损坏的命运。看来受到的辐射不仅让自身的细胞异常，还让它们也获得了传递放射性物质的能力。于是它们让外来的细胞也落得同样的下场。

这时候，前川医生等人是彻底没有了办法。但是这种从来没有过的珍贵人体受辐射实验深深地吸引着他们去探究。他们仍然试图从最新的研究成果中搜寻适用的手段，希望能让肆虐的辐射伤害停下来。

但他们却不知道成功移植已经是整个救治过程中唯一的好消息了。而医生能做的，只是用各种各样的仪器维持着心电图上那一条起伏的折线，以及使用大量的麻醉药物来减少病人的痛苦。

入院 27 天后，大内久的肠道黏膜开始成片地脱落。对肠道的伤害导致了他出现严重腹泻的病情，甚至一天就达到 3 L 的排出量。接下来，肠道开始大量地出血。仅半天就需要给他进行 10 多次的输血。而且皮肤的病情也很快恶化，不断渗出大量的体液。他每天通过皮肤和肠道就损失 10 L 的水分。

每天围绕着他的，除了冰冷的机器，还有对他充满同情的护士们。她们每天需要花费几乎半天的时间来对他进行皮肤处理。眼前尽是腐烂的肌肤与不断外渗的体液这番触目惊心的画面。

大量出血和大量输血让他的心脏面临着很大的负担，他必须保持剧烈的心跳才能维持血液快速补充，以至频率达到每分钟 120 次以上，相当于一名躺在病床上的运动员，然而，在第 59 天的早上，他的心跳突然停止了。整个医疗小组立即采取了应急措施，在经过一个小时的紧急救援后终于恢复了正常，但此后，他的大脑、肾脏等器官被严重地损坏了，此时已经无法感知外界的呼应，也无法做出回应。一周后，大内久的血液再度出现异常。他体内的免疫细胞扩散开，并开始攻击自身的细胞，原本匮乏的细胞在这种打击下，衰减速度又加快了，而医生对此也已经手足无措，他们唯一能做的，也就只是不断地通过输血来补充血液细胞。眼看着病情恶化的趋势显著加快，然而并没有对应的医疗措施能够力挽狂澜，让大内久活下去的希冀如果仅靠机器维持来实现，似乎就没有意义了。第81天，医生与家属商量决定，如果再次出现心跳停止的情况，就不再进行抢救。第83天，在大内久的妻子和儿子探病后，大内久当晚停止了呼吸。

历经83天的战斗与煎熬，人们还是没能把大内久从核辐射的残害中拯救出来。他在不断恶化的病情中忍受着难以想象的折磨。生命最终还是在千禧年到来之前戛然而止。

而另一位辐射相对较小的筱原理人，也在治疗221 d后死亡。这一场战斗也让人们知道了，面临核辐射时现代医学显得如此无力。

但这对于医学也是一次前所未有的经验启发。最终大内久体内的几乎所有细胞都支零破碎，只有心肌细胞依然保持了纤维组织。对于心肌细胞为何可以免受放射性损害，也许是未来医学需要研究突破的方向。

（3）福岛地震导致的核电站事故

2011年3月11日，日本本州岛东海岸区域发生里氏9级地震，随之而来的海啸像倒下的第一张多米诺骨牌引发了举世震惊的福岛核电站事故。受此影响德国放弃了核发展计划。2021年4月日本计划将含核废水约120万t排入大海，又引发了一番争论。福岛核电站事故虽然已过去十余年，其后果还将持续对世界产生影响。

简要回顾事件发生的背景和过程，从中总结经验对提高核设施安全性有重要意义。

首先从核电在国家电力中的占比来说，日本仅次于法国，排名世界第二。日本核电电量占到了全国总电量的29.21%。日本共有在运行的商用核电站共计54座，其中30座是沸水反应堆，剩下的24座是压水反应堆。在20世纪70年代通用电器公司的"Mark1"沸水反应堆，成了日本建设核电站的首选堆型。这种堆型的建筑方式十分特别。它是先建造反应堆的核心部分，包括堆芯、热传输系统、安全系统，然后在外面简单地加一个厂房。与压水反应堆先建造固若金汤的安全壳，然后开始建反应堆相比，"Mark1"型反应堆的建筑省钱、省工、省力，像搭积木一样简单。福岛第一核电站的6台机组，福岛第二核电站的4台机组，虽然由于建造年代不同，其技术水平有高有低，但是基本构型都和"Mark1"反应堆一致。相比压水堆巨大的安全壳，沸水反应堆先天具有一定安全弱点是事件发生的潜在条件。

福岛核电站建设了能防5 m高海啸的防波堤坝，还准备了柴油应急发电机、厂外电网供电、蓄电池组四道防范措施。

2011年3月11日14点46分，地震发生，地震1 h后高达15 m的海啸正面攻击了福岛核电站，位于地下室的柴油应急发电机也失去作用，海啸对周边地区电塔的破坏也使福岛无法从周边电网获得电力供应，而蓄电池组供电只能维持8h。

3月11日23点，福岛第一核电厂已经完全失去了厂用电。失去电力供应后不能提供冷却水，由于没有足够的冷却水供给，反应堆内的燃料棒的衰变热无法导出，导致堆芯内的冷却水温度不断升高，最终沸腾。高温高压的蒸汽开始突破堆芯回路内的一些薄弱环节，向厂房内泄漏。而由于冷却水变成蒸汽从堆芯内逃逸出去，燃料棒开始裸露在空气中，彻底失去了冷却。燃料棒内的热量首先将自身熔化，然后巨大的热量又熔化了包裹着燃料的锆合金。这是灾难的真正开始，熔化的高温锆合金与高温水蒸气发生反应产生大量的氢气，氢气由于其密度低，开始不断地从毁坏的反应堆溢出，在反应堆厂房顶部聚集。

各种阴差阳错导致直到 12 日凌晨支援的移动供电车才恢复电力供应，但这时反应堆回路内由于压力太高，冷却水根本无法注入。这个时候，东京电力公司才意识到问题的严重性，这个时候他们还是没有采纳大量灌注加硼海水来冷却反应堆的建议。他们采用了一个对他们自己的利益来说更加好的方法，那就是给反应堆泄压。所谓的给反应堆泄压就是将反应堆内的放射性蒸汽排放到空气中，降低反应堆内的压力。当反应堆内压力下降后，继续给反应堆注入干净的纯水。经过多次泄压操作后，福岛核电站终于没有发生切尔诺贝利核事故中那样的蒸汽爆炸，但是这却是以牺牲环境来换取救援时间的做法。多次泄压后救援人员终于可以将冷却水注入反应堆内了，但 12 日 15 时 36 分，福岛核电站 1 号机组首先发生了氢气爆炸。此次爆炸的强度之大，使得反应堆厂房顶端的混凝土全部被炸飞，只剩下一个空荡荡的钢结构架子。事后据推测，3 月 12 日早上 6 点左右，也就是地震发生约 15 h 之后，1 号机组反应堆内的燃料全部熔化，进而溶解并破坏压力容器底部，甚至侵蚀安全壳底部的混凝土。

在 1 号机组爆炸后，东京电力公司才不情愿地开始用海水对成了废墟的反应堆进行冷却。爆炸后的 1 号机组一片废墟，如果把它比作一个脸盆，那它就是一个浑身窟窿的脸盆，而这个脸盆中间，还有一个已经损坏了的、不受控制的反应堆。东京电力公司不断向 1 号机组废墟上注入海水，而海水流过废墟后，带入了大量的放射性物质，这些放射性海水从 1 号机组的废墟的各个破口处不断流出，并开始流入旁边的海洋。

12 日 18 时 25 分，日本政府三度发出撤离命令，半径 20 km 内居民应撤离，影响 17 万～20 万居民。政府建议在疏散区之外 10 km 生活的民众尽量待在室内，避免出门。反应堆外释了核裂变产物，特别是放射性 ^{131}I，促使日本官员分发碘片给附近居民。

3 月 14 日上午 11 点 01 分，3 号机组大楼在上空仿佛燃起熊熊大火，随即发生剧烈爆炸。喷出远超过 1 号机组氢气爆炸时的大量浓烟，在空中升腾。爆炸导致 3 号机组的核反应堆厂房严重受损，大量瓦砾散落在地上。有的 1 个月之后还释放着每小时 900 mSv、每小时 300 mSv 的高辐射剂量。

3 月 15 日上午 6 点 10 分，2 号机组发生爆炸。这次爆炸可能损坏了围阻体底部的抑压室（将蒸气冷却为水的地方）。辐射剂量率（965.5 μSv/h）已超过法定基准（500 μSv/h）。核电站内 800 名工作人员中，不必要人员都开始撤离，只留下 50 人作为敢死队，称为福岛 50 勇士，继续执行这件艰险的冷却工作。15 日 9 点 40 分，4 号机组乏燃料池发生火灾。通常员工会用淡水遮掩冷却乏燃料池内的乏燃料棒。但是在大地震后，由于冷却系统故障，水位太低，造成乏燃料棒过热着火。两个小时之后，火灾才被扑灭。辐射级位迅速飙高，但稍后降回。在 3 号机组附近一处地方检测到辐射剂量率 400 mSv/h。

天灾人祸加在一起。这四道精心布置的纵深防线被一一突破，终于酿成了堪比切尔诺贝利核事故的人类和平利用核能史上的第二次 7 级核事故。

（4）人造太阳之梦

伴随着科技的进步，人类对能源的使用从化石能源扩展到了核能，1954 年世界首座核裂变电站建成，利用核聚变的氢弹也于 20 世纪 50 年代研制成功，氢弹属于不可控核聚变，可控核聚变用于发电的技术仍是科学家孜孜不倦的追求。

核聚变基本原理是，较轻的原子如氢在一定条件下发生聚合反应生成重原子氦并发出能量，实际上太阳就是在不断地发生聚合核反应而放出能量。科学家追求核聚变反应就是实现人造太阳的梦想，核聚变一旦商业化应用成功将为人类提供近似无限的清洁能源。这样说的原因在于核聚变的几个特点，首先不同于核裂变，核聚变的产物没有放射性，安全性高，其次核聚变使用的原料是氢的同位素氘和氚，其半衰期短，来源广泛，据估算 1 g 氢同位素聚变能量为 8 t 石油，1 L 海水可提取 33～35mg 聚变燃料（也即 1 L 水所含核聚变约等于 300 L 石油所含化学能）。

核聚变必须将高温高压高密度的核聚变反应约束在一定范围，可行约束包括引力约束、惯性约束、磁约束三种。

托卡马克从 20 世纪五六十年代由俄国人发明，托卡马克（Tokamak）是一环形装置，通过约束电磁波驱动，创造氘、氚实现聚变的环境和超高温，并实现人类对聚变反应的控制。以其各项参数远好于其他聚变装置而成为大家公认的最有潜力的可控聚变装置。

目前，在法国南部的 Saint-Paul-lès-Durance，35 个国家正在合作建造 ITER，这是世界上最大的核聚变反应堆。ITER 是一种磁性聚变反应堆，旨在证明核聚变作为一种大规模能源而不产生碳排放的可行性。整个工厂的建设从 2010 年开始，占地 42 hm^2，位于普罗旺斯乡村。

与此同时，在意大利，帕多瓦国家研究委员会（National Research Council of Padua）正在建造两个用于 ITER 等离子体外部加热的原型实验，称为"MITICA"和"SPIDER"实验。这两个试验台将帮助科学家进一步改进和完善将安装在 ITER 上的系统。

据报道，2021 年 12 月 30 日晚，合肥中科院等离子体研究所的 EAST（磁约束核聚变实验装置）的托卡马克装置高温等离子体运行的世界最长时间纪录创下了新高，成功实现 1056 s 长脉冲高参数等离子体运行。

作业与思考题

1. 一放射性核素平均寿命为 10 天，试问在第 5 天内发生衰变的数目是原来的多少？
2. 1 mg ^{238}U 每分钟放出 740 个 α 粒子，试求 1 g ^{238}U 的放射性活度？
3. 试分别说明 α 粒子、β 粒子、γ 射线的特点及防护原理。
4 试说明影响辐射生物学作用的物理因素。
5. 试解释内照射和外照射的含义。
6. 试说明医疗中常用的放疗装置工作原理及安全防护基本要求。
7. 对核废料填埋处理国家有哪些规范要求？
8. 核能利用的意义和风险防范要求各有哪些？

第 6 章　环境力学

环境力学定义有狭义与广义之分。从生态环境保护出发的环境力学研究，应用场景主要是（机械力学）某种能量污染带来的负面的环境影响与生态破坏及其防控（狭义）。而中国力学学会环境力学专家委员会对环境力学的研究内容的界定和所做研究，走在了环境科学研究队伍的前面。他们从力学研究服务于经济和社会可持续发展的角度出发，应用场景比较多（广义）。由于狭义环境力学研究不深入不全面，本章结合广义环境力学的研究及其进展来介绍。也正是由于环境力学研究的不系统不成熟，本章的编排体例与前 5 章有所不同。

6.1　环境力学的研究内容和方法

6.1.1　环境力学定义和范畴

对照其他 5 个物理因子污染防控研究的做法，在人为因素参与作用下，机械能或力污染引起大气、水体、岩土体等介质的变形和流动，带来相应的物质和能量输送而产生的负面环境影响和生态破坏是狭义环境力学的研究范畴，是生态环境工作应有内容。然而非常遗憾的是，比起对声、光、热、电磁和电离 5 个因子的污染评价与控制的研究而形成的环境声学等，经典物理学最基础部分（力学）在生态环境工作中对应的环境力学发展还很不成熟，任重而道远。仅在污染物于水环境、大气环境中的迁移和扩散方面有一定研究成果。

而按照黄宁在《环境力学专题序》中的定义，环境力学系统深入地研究大气、水体、岩土体中介质的变形和流动，考虑相应的破坏和物质/能量输运，同时关注伴随的物理、化学、生物过程，显然是广义的研究范畴。广义的环境力学研究在快速发展中。

6.1.2　力学是一门技术科学

按照钱学森 1957 年 2 月在《力学》1 卷 1 期《我们的目标》所述：力学是一门技术科学。技术科学介于基础科学和工程技术之间，一方面吸收基础科学的成果，另一方面把工程技术里面有一般性的问题抽出来作为研究对象，所以技术科学是基础科学和工程技术结合起来的产物……是具有高度创造性的工作，而它的研究方法是理论和实践并重的，决不能偏重一面。顾名思义，技术科学基本上是为工程技术服务的科学。

力学的工作对象主要是工程技术中提炼出来的问题。因为工程技术不断在生产力提高的过程中扩大和提高，力学也保持着活跃的情况，它在过去几十年里一直是技术科学里最活跃的一门，也是技术科学的前锋。当然，古典力学并不是如此的，古典力学是物理学的一部分，也是基础科学的一部分，力学成为技术科学的一门学科还是近几十年的事。也就是说，力学在近几十年的发展中才逐渐变为一门技术科学。现在我们可以肯定地说：力学是一门和工程技术有密切关系的科学，是有实践依据的，是工程技术一般理论的一部分。因此，力学必然推动工程技术，也必然为工程技术的新发展所带动。

6.1.3　研究内容和学科发展

（1）学科形成和发展

如同人类对环境问题的认识有一个过程，对于环境问题中涉及的专门有关力学的问题的集合并努力将其系统化也是经历多年才逐渐发展到现阶段的。事实上，包括环境地学、环境化学和环境生物学等环境科学的分支学科中都涉及许多力学相关的问题。

力学在其发展过程中形成的分析、计算、实验相结合的学术风格，十分有利于深化对环境问题中基本规律的认识。如流体力学的边界层理论，大大促进了大气动力学的研究，使得天气预报成为可能；强迫对流的研究，发现了因旋转引起的风生环流的西部强化；多相流的理论研究大大提高了大气湍流边界层中沙尘颗粒、雪颗粒、气溶胶和污染物的传输，以及河流泥沙输运、污染物扩散的定量化预测精度等。因此在环境科学的发展过程中，力学以其独有的学科特点和优势，逐步完成与环境科学深度的交叉并形成环境力学这个新的学科生长点，并在20世纪80年代，逐步形成环境力学这一新的分支学科。

在我国，环境力学的概念最早由中国力学学会的专家推动，经过多年的发展，从理论和工程力学角度出发，在持续研究环境问题中的基本力学问题，并深化了对环境问题中基本力学规律的认识。

（2）研究内容

环境力学的学科内涵很广，其主要涉及大气环境、水环境、岩土体环境、地球界面过程、环境灾害、环境多相流动，以及理论建模、计算方法和实验技术等方面。其研究方向主要包括气候变化和极端环境的发生、影响与应对，工业化/城镇化背景下的城市环境及其改善，流域环境和大型工程的相互影响，人类社会发展中的生态环境问题等。研究任务包括认识和理解自然界中复杂介质及其运动（或变形）规律；揭示环境问题的机理；给出环境问题发生的临界条件和定量预测的时空演化规律；提出科学、合理、切实可行的应对措施等方面。环境力学系统深入地研究大气、水体、岩土体中介质的变形和流动，考虑相应的破坏和物质/能量输运，同时关注伴随的物理、化学、生物过程。有关环境力学的研究工作不仅面临强非线性、多场场耦合、多尺度跨越、随机过程等科学共性难题，同时对经济建设和工程实践也具有非常明确的指导意义。因此环境力学是一个既具有科学研究意义，又具备实际应用价值，且发展前景广阔的新兴学科。

6.1.4　研究进展

经过多年的积累，我国环境力学（广义）研究在环境灾害机理研究、过程模拟、防治工程设计方面都取得了相当的进展，在与其他学科交叉结合的过程中积累了宝贵的经验，逐步形成了环境力学的理论框架，涉及多个研究方向，如土壤侵蚀、风沙（雪、尘）运动、河口海岸泥沙输运、海气相互作用、渗流、滑坡、泥石流、河流泥沙运动、水环境、水体污染、城市污染，并在各自领域获得了一定的突破。如利用环境风洞和分层水槽，实验研究大气或水体中的污染物对流扩散，为核电厂设计、城市 CBD 规划、苏州河治理提供重要依据；结合长江口航道整治、珠江口治理，研究河口非恒定水流与泥沙输运，在河口海岸工程中发挥作用；建立二维坡面产流、产沙动力学模型，扩展到小流域，分析侵蚀的影响因素，给出土壤侵蚀临界坡度，为西部治理提供科学依据；揭示风沙（雪、尘）运动中的规律，提出新观点、新方法，创新了以往的风沙（雪、尘）运动研究的理论框架与研究手段，为风沙（雪、尘）灾害防治工程结构提供设计依据；研究了地球界面过程，模拟了有植被的大气边界层，分析了结皮层对土壤水分运动影响及其生态效应；通过湍流模拟，获得波龄、稳定度对海气交换系数的影响，为气候模型参数化提供依据；用涡动力学研究台风异常路径，数值模拟台风浪、风暴潮灾害，这些工作为服务国家战略以及我国经济和社会可持续发展做出了重要的贡献。

6.2　环境力学涉及的环境影响

本节从污染物在大气、水环境中的迁移扩散情形，地面沉降与塌陷的原因和后果以及城市复杂建筑的强气流（高楼风）影响几个方面来叙述。

6.2.1　污染物在大气中的迁移扩散

6.2.1.1　环境空气动力学

自然界中的空气，由于受到地球旋转作用、地心引力作用和太阳辐射作用等，进行着十分复杂的运动。环境空气动力学就是运用流体力学的基本理论和研究方法，研究自然界中大尺寸气体运动的规律，以及运动着的气体相互之间以及与周围物体之间的受力、受压、受热、相变和扩散机理、变形特性的一门新学科。环境空气动力学这一概念是英国的理论力学教授 R. S. 斯科勒在 1957 年提出来的。随着工业、航空和航天技术以及计算技术的迅速发展，一方面对环境空气动力学提出了许多新的研究课题；另一方面为环境空气动力学的研究提供了有力的观测手段。1977 年斯科勒出版了专著《环境空气动力学》，标志着环境空气动力学的研究有了新的进展。

研究自然界的流体运动，须要求解流场中各点的温度、压力、密度、速度、加速度等物理参数，寻找出它们之间的相互关系。对于无旋、无黏性的理想流体来说，可根据质量守恒定律推导出连续方程，根据牛顿第二运动定律推导出动量方程。一维的、无旋、无黏性的理想流体的动量方程，就是伯努利方程：

$$P_0 = P + \frac{1}{2}\rho v^2 \qquad (6\text{-}1)$$

式中，P_0——流场中某一点的流体总压；

P——流场中某一点的流体静压；

v——流体速度；

ρ——流体密度。

式（6-1）的物理意义是流场中任何一点的总压等于该点的静压和动压之和。用式（6-1）可以解释环境空气动力学中发生的许多物理现象。但是自然界的流体是有黏性的、有旋度的，处理这种流体运动时，要用纳维-斯托克斯方程，它的向量表示式为

$$\frac{dV}{dt} = F - \frac{1}{\rho}\mathrm{grad}P + \frac{1}{3}v\mathrm{grad}(\mathrm{div}V) + v\nabla^2 V \qquad (6\text{-}2)$$

式中，V——流体运动的速度向量；

F——流场中力向量；

v——流体运动黏性系数。

对于一维的简单黏性流体问题，如黏流在圆管中的流动，可以用纳维-斯托克斯方程求解。对于二维、三维的黏性流体问题的处理方法是把问题分为两部分，即把靠近物体边界的那一层的流体当作黏性流体，通常称为附面层，附面层以外的流体当作无黏的理想流来处理，然后再作黏流修正。

在自然界中，当流体流过圆柱或圆球时，如果雷诺数不太大，会在圆柱表面产生分离并在尾部产生一个涡系，称为卡门涡街。强风吹过高烟囱、高层建筑物时也会产生卡门涡街。如果涡街排列不对称，就会产生不稳定冲击，引起建筑物的涡振动。在环境空气动力学中经常使用涡量这个概念。涡量是个向量，它的大小为微团旋转角速度的 2 倍，方向是用右手定则法拇指所指的方向为涡量的方向。涡量的概念在研究漂浮运动和云街产生的机理时很有用。

6.2.1.2　影响大气污染的因素

污染物从污染源排放到大气中，只是一系列复杂过程的开始，污染物在大气中的迁移、扩散是这些复杂过程的重要方面。大气污染物在迁移、扩散过程中对生态环境产生影响和危害。因此，大气污染物的迁移、扩散规律为人们所关注，以下通过气象和地理因素两方面进行介绍：

（1）影响大气污染的气象因子

大气污染物的行为都是发生在千变万化的大气中，大气的性状在很大程度上影响污染物的时空分布，世界上一些著名大气污染事件都是在特定气象条件下发生的。影响大气污染的气象因素最重要的是流场和温度层结。

① 风和大气湍流的影响

污染物在大气中的扩散取决于三个因素。风可使污染物向下风向扩散，湍流可使污染物向各方向扩散，浓度梯度可使污染物发生质量扩散。其中，风和湍流起主导作用。湍流

具有极强的扩散能力，它比分子扩散快 $10^5 \sim 10^6$ 倍，风速越大，湍流越强，污染物的扩散速度就越快，污染物浓度就越低。

根据湍流形成的原因可分为两种湍流，一种是动力湍流，它起因于有规律水平运动的气流遇到起伏不平的地形扰动，它们主要取决于风速梯度和地面粗糙等；另一种是热力湍流，它起因于地表面温度与地表面附近的温度不均一，近地面空气受热膨胀而上升，随之上面的冷空气下降，从而形成垂直运动。它们有时以动力湍流为主，有时以动力湍流与热力湍流共存，且主次难分。这些都是使大气中污染物迁移的主要原因。

② 大气温度层结

由于地球旋转作用以及距地面不同高度的各层次大气对太阳辐射吸收程度上的差异，描述大气状态的温度、密度等气象要素在垂直方向上呈不均匀分布。人们通常把静大气的温度和密度在垂直方向上的分布，称为大气温度层结。气温随高度的变化用气温垂直递减率 γ 来表示，$\gamma = -\dfrac{\partial T}{\partial Z}$，其单位常用℃/100m，$T$ 为大气温度，Z 为高度。

气温垂直递减率（γ）和另一个在空气污染气象学中经常用到的概念——干绝热垂直递减率 γ_d 是不同的。γ_d 表示干空气在绝热升降过程中每变化单位高度，干空气自身温度的变化，它表示干空气的热力学性质，是一个气象常数，$\gamma_d = 0.98$ ℃/100m。而 γ 是实际环境气温随高度的分布，因时因地而异。

大气中的温度层结有四种类型：

a. 气温随高度增加而递减，即 $\gamma > 0$，称为正常分布层结或递减层结；

b. 气温直减率等于或近似等于干绝热直减率，即 $\gamma = \gamma_d$，称为中性层结；

c. 气温不随高度变化，即 $\gamma = 0$，称为等温层结；

d. 气温随高度增加而增加，即 $\gamma < 0$，称为逆温。

逆温时 $\gamma < 0$，因此，$\gamma < \gamma_d$ 这种大气处于非常稳定状态，是一种最不利于污染物扩散的温度层结，在大气污染问题研究中特别引人注目。实际上，逆温情况是很复杂的，地形对逆温的形成和分布也有明显影响。通过一定方式了解各高度温度分布，就可以得知上空有无逆温、逆温高度、强度等。探测逆温的手段主要有低空探空仪、系留气球、铁塔观测、遥感等。

③ 大气稳定度

污染物在大气中的扩散与大气稳定度有密切的关系，大气稳定度是指在垂直方向上大气稳定的程度。假如一空气块由于某种原因受到外力的作用，产生了上升或下降运动后可能发生三种情况：

a. 当外力去除后，气块就减速并有返回原来高度的趋势，称这种大气是稳定的。

b. 当外力去除后，气块加速上升或下降，称这种大气是不稳定的。

c. 当外力去除后，气块静止或做等速运动，称这种大气是中性的。这种大气静力稳定度和大气中污染物的扩散有密切的关系，当大气处于不稳定状态时，对排放到大气中的污染物扩散作用强烈。反之，大气处于稳定状态时，扩散作用微弱。大气静力稳定度可根据气温垂直递减率 γ 和干绝热垂直递减率来判断。

（2）影响大气污染的地理因素

地形地势对大气污染物的扩散和浓度分布有重要影响。地形地势千差万别，但对大气污染物扩散的影响其本质上都是通过改变局部地区（流场和温度层结等）气象条件来实现的。

这里主要讨论三种典型地形地势条件对大气污染的影响。

① 山区地形

山区地形复杂，局地环流多样，最常见的局地环流是山谷风，它是由于山坡和谷底受热不均匀引起的。晴朗的白天，阳光使山坡首先受热，受热的山坡把热量传给其上的空气，这一部分空气比同高度谷底上空的空气暖，比重轻，于是就上升，谷底较冷的空气来补充，形成从山谷指向山坡的风，称为"谷风"。夜间，情况正好相反，山坡冷却较快，其上方空气相应冷却得比同一高度谷底上空的空气快，较冷空气沿山坡流向谷底，形成"山风"。

山谷风对污染物输送有明显的影响。吹谷风时排放的污染物向外流出，若转为山风，被污染的空气又被带回谷内。特别是山谷风交替时，风向不稳，时进时出，反复循环，使空气中污染物浓度不断增加，造成山谷中污染加重。

山区辐射逆温因地形作用而增强。夜间冷空气沿坡下滑，在谷底聚积，逆温发展的速度比平原快，逆温层更厚，强度更大。并且因地形阻挡，河谷和凹地的风速很小，更有利于逆温的形成。因此，山区全年逆温天数多，逆温层较厚，逆温强度大，持续时间也较长。

② 海陆界面

海陆风发生在海陆交界地带，是以24h为周期的一种大气局部环流。海陆风是由于陆地和海洋的热力性质的差异而引起的。在白天，由于太阳辐射，陆地升温比海洋快，在海陆大气之间产生了温度差、气压差，使低空大气由海洋流向陆地，形成"海风"，高空大气从陆地流向海洋，形成"反海风"，它们和陆地上的上升气流和海洋上的下降气流一起形成了海陆风局部环流。在夜晚，由于有效辐射发生了变化，陆地比海洋降温快，在海陆之间产生了与白天相反的温度差、气压差，是低空大气从陆地流向海洋，形成"陆风"，高空大气从海洋流向陆地，形成"反陆风"。它们同陆地下降气流和海面上升气流一起构成了海陆风局部环流。在湖泊、江河的水陆交界地带也会产生水陆风局地环流，称为"水陆风"。但水陆风的活动范围和强度比海陆风要小。

海陆风对空气污染的影响有如下几种作用：一种是循环作用，如果污染源处在局地环流之中，污染物就可能循环积累达到较高的浓度，直接排入上层反向气流的污染物，有一部分也会随环流重新带回地面，提高了下层上风向的浓度；另一种是往返作用，在海陆风转换期间，原来随陆风输向海洋的污染物又会被发展起来的海风带回陆地。

海风发展侵入陆地，下层海风的温度低，陆地上层气流的温度高，在冷暖空气交界面上，形成一层倾斜的逆温顶盖，阻碍了烟气向上扩散，造成封闭型和漫烟型污染。

③ 城市

城市建筑密集，高度参差不齐，因此城市下垫面有较大的粗糙度，对风向、风速影响很大，一般来说城市风速小于郊区，但由于有较大的粗糙度，城市上空的动力湍流明显大于郊区。

"热岛效应"是城市气象的一个显著特点。由于城市生产、生活过程中燃料燃烧释放出大量热，城市地表和道路易吸收太阳辐射使大气增温，而城市蒸发、蒸腾作用比郊外少，因此相变的潜热损耗小，加之城市污染大气的温室作用使得城市气温一般比郊外高。夜间，城市热岛效应使近地层辐射逆温减弱或消失而呈中性，甚至不稳定状态；白天则使温度垂直梯度加大，处于更加不稳定状态，这样使污染物易于扩散。

另外，城市和周围乡村的水平温差，导致热量环流产生。在这种环流作用下，城市本身排放的烟尘等污染物聚积在城市上空，形成烟雾，导致市区大气污染加剧。

6.2.2　污染物在水中的迁移扩散

水污染是人们所关注的环境问题之一。虽然大气和水都是流体，但由于它们具有不同的特征，其中的污染物组成也不完全相同，所以污染物质在水中的稀释和净化过程，与在大气中的行为是不完全相同的。

水中污染物质的种类是极其繁多的，有人估计达 100 万种之多。所谓水体污染，有三层含义：排入水体的外来物质，超过了水体的自净能力，从而导致了水质的恶化；外来物质进入水体的数量，超过了该物质在水体中的本底含量；外来物质进入水体的数量，达到了破坏水体原有用途的程度。

污染物质在水体中的迁移也取决于三个方面：水力学的混合和扩散过程、物理化学过程、生物有机体的吸收和降解过程。本节主要介绍污染物在水体中的混合和扩散的基本内容。

流体的两种运动形态（层流和湍流，有些书中也将湍流称为紊流）可以用雷诺数（Re）判别。

$$Re=vd/v \tag{6-3}$$

式中，v——水的流速，m/s；

　　　d——水力半径，m；

　　　v——液体（如水）的运动黏度。

在圆管中，Re 小于 2 320 为层流，Re 大于 2 320 为湍流。在天然水体中，当 Re 大于 400 为湍流，因此对于天然水体，实际上就是研究污染物在湍流流场里的运动规律。

Re 的物理意义是运动中的流体受到的惯性力与黏性力之比：$Re = \dfrac{U^2 / L}{vU / L^2} = \dfrac{UL}{v}$，式中 U 为流体流速，L 为流体流域长度，v 为流体运动黏度。流体流速、流域越大，黏度越小，其受到的惯性力越大、黏性力越小，就越容易发生不规则运动（湍流）。大气中湍流最强，海洋中湍流较强，大河中湍流中等，小河中湍流较弱。湍流越强，污染物质越容易扩散，造成的污染危害后果就可能越小。

研究迁移扩散规律的方法有三种：现场示踪实验（原型实验），物理模拟和数值计算。虽然在最近几十年里，湍流理论的研究已经取得了一些重要进展，但是湍流扩散仍然是物理学中最难处理的问题之一。由于湍流的复杂性，以及在实际水体中难以选用合适的坐标系，故数值计算只能在大量简化之后进行。在相似理论上的许多限制，使得物理模拟也遇到了很多困难。因此，多数研究人员认为，最好的办法还是在现场进行示踪测量。但是，现场实验也不容易进行。另外，如何将实验结果与湍流扩散理论联系起来，也是人们正在进一步探讨的一个问题。

（1）连续性方程

不同的污染物，在水中的运动规律是不同的。例如，泥沙有沉积和再悬浮问题，水中溶解氧有耗氧和复氧的双重行为，放射性物质可发生自然衰变等。但是，不管污染物的性质如何，它们在水中的分布都可以用下面的连续性方程来描述，即

$$\frac{\partial c}{\partial t} + \frac{\partial (uc)}{\partial x} + \frac{\partial (vc)}{\partial y} + \frac{\partial (wc)}{\partial z} = \frac{\partial}{\partial x}\left(K_x \frac{\partial c}{\partial x}\right) + \frac{\partial}{\partial y}\left(K_y \frac{\partial c}{\partial y}\right) + \frac{\partial}{\partial z}\left(K_z \frac{\partial c}{\partial z}\right) + F\frac{\partial c}{\partial z} - \lambda c$$

（6-4）

式中，x——顺流方向；

y——横向方向；

z——垂直方向；

c——污染物质在水中的浓度；

u、v 和 w——水的流速在 x、y 和 z 方向上的分量；

K_x、K_y 和 K_z——x、y 和 z 方向上的扩散系数；

F——污染物质的沉降速率；

λ——污染物质本身的衰减系数（如化学变化、吸附等）。

应该注意，扩散系数包括分子扩散系数和湍流扩散系数两部分。通常，分子扩散系数远小于湍流扩散系数，因此在实际上 K_x、K_y、K_z 都是代表相应坐标轴上的湍流扩散系数。

不同污染物质，以及不同的水体，在式（6-4）中各项的分量是不同的。但是，式（6-4）是无法求解的。在实际应用中，首先必须依据具体情况，对式（6-4）进行简化。例如，在没有沉积和吸附的情况下，后两项可以消去。而在江河的均匀定常场中，如果 y、z 方向上没有变化成分，则式（6-4）可简化为

$$\frac{\partial c}{\partial t} + \frac{\partial (uc)}{\partial x} = \frac{\partial}{\partial x}\left(K_x \frac{\partial c}{\partial x}\right) + \frac{\partial}{\partial y}\left(K_y \frac{\partial c}{\partial y}\right) + \frac{\partial}{\partial z}\left(K_z \frac{\partial c}{\partial z}\right)$$

（6-5）

在垂向混合均匀后，$\partial c / \partial z = 0$，而且由于纵向平流输送远大于湍流输送，即

$$\frac{\partial (uc)}{\partial x} \gg \frac{\partial}{\partial x}\left(K_x \frac{\partial c}{\partial x}\right)$$

（6-6）

同时假定流速 u 不随纵向距离 x 变化，则式（6-6）进一步简化为

$$\frac{\partial c}{\partial t} + u\frac{\partial c}{\partial x} = \frac{\partial}{\partial y}\left(K_y \frac{\partial c}{\partial y}\right)$$

（6-7）

常用于污染物在海洋中离散研究的模式：在某一点瞬时释放大量物质，这些物质在水平面内沿径向对称散布。假定污染物保持在厚度均匀的一层中，就可以忽略垂向扩散作用。在这种情况下，当径向距离 $r \geq 0$ 时，扩散时间 $t \geq 0$ 时，扩散方程为

$$\frac{\partial c}{\partial t} = \frac{1}{r}\frac{\partial}{\partial r}\left(K_r \frac{\partial c}{\partial r}\right)$$

（6-8）

式中，$K_r=K_r(r, t)$ ——水平扩散系数。

这样，就可以根据一定的初始和边界条件，求解相应的简化了的方程。

（2）污染物在江河中的迁移扩散

可溶性污染物进入江河之后，除沿水流方向迁移（平流输送）外，还会沿 x、y、z 三个方向扩散（湍流输送）。在污染物的各种释放形式中，点源瞬时释放是一个基础。其他形式的释放，均可看作点源瞬时释放的某种组合。对于瞬时点源而言，其下游污染物的分布可以通过一维、二维和三维这三种形式来处理。

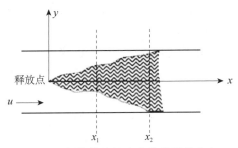

图 6-1　污染物在河中心排放时的分布

天然河流一般都是宽浅河，也即 d（河宽）/b（河深）>>1。在这样的河流中，对于点源释放来说，污染物首先在垂直方向上混合均匀（图 6-1 中的 x_1 处），然后在横向上混合均匀（图 6-1 中的 x_2 处）。在用数学方法处理时，就把 x_1 之前作为三维问题；x_1~x_2，作为二维问题；x_2 之后，作为一维问题。一般认为，污染物在江河里的分布是高斯分布。实际上，当 x 较大时，这种近似是正确的。当然，在 x 较小时，这种近偏差就较大。

对于在河中心释放的瞬时点源，若河宽很大，在不考虑河岸反射因素时，排放点下游 x 处的平均浓度为

$$C(x,y,t) = \frac{M}{4\mu h\sqrt{K_x K_y t^2}} \exp\left[-\frac{(x-\mu t)^2}{4K_x t} - \frac{y^2}{4K_y t}\right] \tag{6-9}$$

式中，M——释放的污染物总量；

K_x，K_y——x，y 方向的扩散系数。

如果污染物由岸边某点排入，在污染物到达对岸产生反射之前，其浓度为

$$C(x,y,t) = \frac{2M}{4\mu h\sqrt{K_x K_y t^2}} \exp\left[-\frac{(x-\mu t)^2}{4K_x t} - \frac{y^2}{4K_y t}\right] \tag{6-10}$$

在污染物到达对岸之后，必须考虑反射因素，此时，平均浓度计算变得十分复杂，公式略。另外，污染物在湖、海及地下水中的迁移扩散此处略。可参见环境流体力学相关著作。

6.2.3　地面沉降与塌陷

6.2.3.1　地面沉降

地面沉降是在自然因素和人为因素综合作用下形成的一定范围的地面整体标高损失。

自然因素包括构造下沉、地震、火山活动、气候变化、地应力变化及土体自然固结等。人为因素主要包括开发利用地下流体资源（地下水、石油、天然气等）、开采固体矿产、岩溶塌陷、软土地区与工程建设有关的固结沉降等。原因如下：

第一是开发利用地下流体资源。由于抽取地下水，许多国家和地区产生了地面沉降。20 世纪 20 年代，我国上海、天津在市区集中开采地下水的地区发生地面沉降。华北平原地下水降落漏斗和地面沉降已经引起广泛关注。

第二是岩溶塌陷。中国是世界上岩溶最多的国家之一。随着岩溶地区国民经济的飞速发展，岩溶区土地资源、水资源和矿产资源开发不断增强，由此引发的岩溶塌陷问题日益突出，已成为岩溶地区主要地质灾害问题。

第三是开采固体矿产。矿山塌陷多分布在矿山的采空区，以采煤塌陷最为突出。中国有约 20 个省区发生采空塌陷，以黑龙江、山西、安徽、山东、河南等省最为严重。

第四是工程环境效应。密集高层建筑群等工程环境效应是近年来新的沉降制约因素，在地区城市化进程中不断显露，在部分地区的大规模城市改造建设中地面沉降效应明显。

6.2.3.2 地面塌陷

地面塌陷是指地表岩、土体在自然或人为因素作用下向下陷落，并在局域地面形成塌陷坑（洞）的一种地质现象。当这种现象发生在有人类活动的地区时，便可能成为一种地质灾害。可使地面城镇村庄及各类建筑物（铁路、桥梁、管线等）遭受破坏，农田下陷引起大面积积水或土地盐渍化而使土地无法耕种，破坏地面的景观和生态环境，迫使建筑物搬迁。地面塌陷和地面沉降起因相同，后果相近，只是呈现形式有一定区别。

根据引起塌陷的具体诱发因素又可进一步分为许多类型，如地震塌陷、矿山采空区塌陷、降雨入渗塌陷、排水塌陷、抽水塌陷、蓄水塌陷、地面荷载过重塌陷、爆破及其他振动塌陷等。根据塌陷区是否有岩溶现象存在，分为岩溶地面塌陷和非岩溶地面塌陷。岩溶地面塌陷主要出现在存在地下岩溶（隐伏岩溶）的地区，其分布广、数量多、发生频率高，诱发因素多，且具有较强的隐蔽性和突发性特点。非岩溶地面塌陷根据塌陷区岩石和土体的性质，又可进一步分为黄土高原区的黄土塌陷、火山熔岩分布区的熔岩塌陷和冻土区的冻融塌陷等多种类型，其中黄土塌陷主要分布在西北黄土高原区，分布与危害范围较大，后几种塌陷的分布与危害范围相对较小。

地下工程中的排水疏干与突水（突泥）作用：矿坑、隧道、人防工程及其他地下工程等，由于排疏地下水或突水（突泥）作用，地下水位快速降低，其上方的地表岩石、土体原有的受力平衡状态失衡，在有地下空洞存在时，便产生塌陷。由此所产生的岩溶地面塌陷的规模和强度最大，危害最重。

还有几种特殊情形，也容易引起地表塌陷。①地质隐患。一些特殊土质在未受水浸湿时，强度较高，压缩性小。但一旦受水浸湿，比如遇上南方多雨季节，排水不良而引起的长期积水，将使路基土软化，失去承载能力，土体结构迅速被破坏，导致路基整体或局部下沉。②地下管线渗漏。年久失修是城市地下管线运行面临的主要隐患。一些地下管道因年久失修而发生漏水，管道破损后，水体不断渗入土层，随着这些细小的流动通道不断增大，水流动时将松散物质带走。随着泥土颗粒和土壤的流失，地面逐渐下沉，当地面结构层刚度不足以支撑地面荷载时，塌陷就发生了。③违规施工，地基处理没有做好，造成浅表和局部的塌陷。一些施工单位因错误施工，比如用了低质量的土回填或施工土壤未夯实，也会留下隐患。地下松散土体会逐渐被流水冲走，在地面荷载及土体自重力共同作用下逐渐形成空洞，造成塌陷。

6.2.4　城市复杂建筑的强气流影响

6.2.4.1　高楼风的形成和特点

在高楼林立的大都市中，人们漫步街头或高层建筑附近时，常会遇到奇怪的风，随着楼群的布局不同，风忽强忽弱，忽上忽下，令人难以捉摸；穿过高楼之间时，常会受到一股强烈阵风的袭击。这种变幻莫测的怪风俗称"高楼风"。

（1）高楼风形成机理

高层建筑阻挡了近地风的流动，造成不同部位风压差：在迎风面上由于空气流动受阻，速度降低，风的部分动能变为静压，使建筑物迎风面上的压力大于大气压，从而形成正压；在背风面、侧风面（屋顶和两侧）由于气流曲绕过程形成空气稀薄现象，该处压力小于大气压从而形成负压，这两种气压差造成气流快速流动产生高楼风。换句话说，高大建筑物较大程度改变了建筑物周围的局地风场，从而形成高楼风。

（2）分类

根据楼群的布局不同，高楼风大体可分为以下几种类型。

① 分流风：风迎着建筑物沿墙面流动，遇到拐角处就分流离去。分流离去的风速高于周围的风速。

② 下冲风：气流遇到建筑物时，在建筑物高度的 60%～70% 形成从上往下冲的劲风。

③ 逆风：冲向建筑物的风沿着墙面下降，一旦落到地面便向上方反向流动，特别是在高层建筑前有低层建筑的情况下，更易助长这种逆流现象，使之变成快速流动的强气流。

④ 峡谷风：在高层建筑彼此邻接的场合，风流过建筑物之间的缝隙时，分流风和下冲风共同作用，形成快速流动的强风。

（3）特点

影响高楼风的因素主要有建筑物的高度、长度、深度以及形状等，这些因素会影响高楼风的气流分布。当建筑物长度与深度不变时，高度越高，建筑物两侧风速增幅越大，风速越大；当建筑物的高度与深度不变时，长度越长，建筑物顶部风速增幅越大，风速越大；当建筑物的高度与长度不变时，深度越大，建筑物背面的风速增幅也越大，风速也越大。高层建筑如呈横长形时风速最大区为建筑上方，当建筑呈细高形时风速最大区为建筑两侧。当建筑物为正方形或矩形时，风速最大区出现在建筑两侧的前角；当建筑物为圆形时，风速最大区出现在两侧中部。随着周围高层建筑的增多更容易形成峡谷风，风速增幅更大。

6.2.4.2　高楼风的危害

（1）高楼风对大楼安全的影响主要体现为"风振效应"

当高层建筑遇到强风时，高层建筑周围的风有脉动，形成一种旋涡，风与建筑物产生摩擦，加上强风对其整体结构产生巨大的冲击作用，从而引起高层建筑振动。根据有关的高层建筑模型风洞试验，在遭遇强风时，超高层建筑顶部一般都会有位移表现，只是幅度不同，建筑越高幅度越大。风振效应与高层建筑的形状、风速有关，风速越大风振效应越大，高层建筑振动幅度越大，而细高形的建筑比金字塔形的建筑更容易出现风振效应，产生房屋随风摇动的感觉。在正常情况下，高层建筑的设计和建造均考虑抗风振性，遭遇强风时会产生细微房屋振动的感觉在"允许"范围内，因此整体上高楼风不会对高层建筑的结构安全产生太大影响，但容易造成建筑物疲劳、减短使用寿命并增加日常维护费用。

（2）对大楼居民生活的影响

高层建筑正面（即迎风面）易产生正压区，风速较大；建筑侧面由于受迎风面的挤压，风束线密集，风速也很大；建筑背面受气流曲绕形成负压区，风速较小。因此高楼风对大楼居民的直接影响范围主要集中在迎风面和侧面，对大楼居民的影响体现在以下几个方面：①迎风面强风吹打居民住宅的窗户，产生碰撞或撞击噪声，影响居民休息；②侧风面风束之间相互摩擦产生的风噪声也会影响居民的生活，随着风速加大，风噪声源强也增大。其中侧风面风噪声影响是高楼风的特征环境影响。高楼风噪声类似口哨声，其噪声的大小与风速、风向、建筑物设计的形状、外部环境都有关系。

（3）对楼下行人安全的影响

高楼风不仅对楼上居民有影响，而且对楼下行人也会产生影响。高层建筑下部的高楼风种类有穿堂风、下冲风。这些风的风速不比楼上的风速弱，有时甚至比楼上的风速还强。在楼群底层的过道里，瞬间风速能达到外围环境风的 3～4 倍，如果当时风力 5 级，楼道中可能出现瞬间就将人吹走的狂风。

（4）高楼风的间接影响主要体现为高楼风会衍生出背、侧风区涡流

涡流从简单意义上讲是指局部气场的空气环形流动涡流区有点类似于河流的死水区或滞留区，在该区域内，空气较为稀薄，空气流动较缓慢，不利于污染物的迁移扩散。同时涡流区空气稀薄，会受周围气场的补充，污染物也会随之进入涡流区，而涡流区污染物又不易扩散，因此就容易造成涡流区污染物累积浓度增大。

6.3　环境力学与可持续发展

1987 年，联合国环境规划署主席、挪威前首相布伦特兰提出了既满足当代人的需求，又不危及后代人满足其需求的可持续发展的概念；1992 年，联合国在里约热内卢召开世界环境与发展大会，签署了《21 世纪议程》，将环境与发展两个问题有机地结合起来加以考虑。

环境力学的研究同样必须以实现经济和社会的可持续发展为主要目标。本节我们从环

境力学与清洁生产工艺（以气化采煤为例）以及自然机械能（风能和水能）的资源化利用等方面来阐述环境力学与可持续发展的关系。最后总结一下环境力学研究的最新进展。

6.3.1 传统采煤与气化采煤

6.3.1.1 传统采煤与气化采煤

传统方法煤炭开采（物理采煤法）导致土地资源破坏及生态环境恶化。由于露天开采剥离排土，井工开采地表沉陷、裂缝，都会破坏土地资源和植物资源，影响土地耕作和植被生长，改变地貌并引发景观生态的变化。开采沉陷造成中国东部平原矿区土地大面积积水受淹或盐渍化，使西部矿区水土流失和土地荒漠化加剧。采煤塌陷还会引起山地、丘陵发生山体滑落或泥石流，并危及地面建筑物、水体及交通线路安全。

气化采煤（化学采煤法）也就是煤炭地下气化技术。煤炭地下气化是将处于地下的煤炭进行有控制地燃烧，通过对煤的热作用及化学作用产生可燃气体，集建井、采煤、气化工艺为一体的多学科开发洁净能源与化工原料的新技术，其实质是只提取煤中含能组分，变物理采煤为化学采煤，省去了庞大的煤炭开采、运输、洗选、气化等工艺，因而具有安全性好、投资少、效率高、污染少等优点，被誉为第二代采煤方法。1979 年联合国"世界煤炭远景会议"上明确指出，发展煤炭地下气化是世界煤炭开采的研究方向之一，是从根本上解决传统开采方法存在的一系列技术和环境问题的重要途径。

煤炭地下气化是将含碳元素为主的高分子煤，在地下燃烧转变成低分子燃气，直接输送到地面的化学采煤方法。煤炭地下气化原理是由俄国化学家于 1888 年提出来的。其特点是将埋藏在地下的煤炭直接变为煤气，通过管道把煤气供给企事业单位、城镇居民等各类用户，使现有矿井的地下作业改为采气作业。煤炭地下气化产物不仅可以作为燃料直接发电、工业燃料和居民生活用气，还可以直接作为化工原料，生产众多的化工产品。煤炭地下气化的实质是将传统的物理开采方法转变为化学开采方法。

6.3.1.2 气化采煤及其发展

气化采煤方法已历经了 100 多年的实践和探索。我国是国际上地下煤气化技术发展较为活跃的国家。20 世纪 50 年代末，在安徽、山东、河南、辽宁、黑龙江等省多处开始进行地下煤气化的研究试验工作，取得一定的成绩和经验。20 世纪 60 年代又在鹤岗、大同、皖南等地的 6 个矿区进行地下煤气化试验。

2018 年 9 月 16 日，我国具有完全自主知识产权的贵州盘江矿区山脚树矿煤层地下气化关键技术产业化示范项目点火成功，标志着我国煤层地下气化技术产业化运行取得历史性突破。煤炭气化项目的成功把煤层气压裂开采变为热力共采，使煤炭发电、煤化工的煤制气变为一步到位的煤变气，有望推动煤炭资源开采技术革命及煤炭产业转型升级。

我国包括贵州在内的西南地区拥有丰富的煤炭资源，但煤层普遍具有厚度薄、倾角大、层数多及低渗透、极松软、高瓦斯、高地压、突出灾害严重、煤层赋存不稳定等特点，采用传统的方法开采存在技术难度大、成本高、产量低、资源浪费严重问题。

实现煤炭地下气化地面远程导控，减少井下工作人员，提高了突出煤层开采的安全性，减小了工人劳动强度，改善了工作环境；实现了清洁生产和上覆岩层破坏的有效控制，减少采矿引起的采动损害和地质灾害。同时，煤炭地下气化作为一项洁净煤技术，对建设节能减排、低碳循环经济产业具有重要的推动作用；对实现煤炭清洁高效利用，对减轻我国煤烟型大气污染具有重要的示范意义。该项目建设完成后，可减排洗煤矸石约13 000 t/a，减排煤气化灰渣约 11 500 t/a。故与传统采煤方法相比，地下气化是一种环境友好型的采煤方法，具有显著的低环境成本优势。

该项目的实施，将从根本上解决贵州省及整个西南地区具有煤与瓦斯突出煤层资源开采的安全问题，实现煤炭资源的高效清洁开采和煤气产品的高效清洁利用，有效减少地质灾害、改善矿区生态环境。

近年来，煤地下气化产业的发展已经出现以下趋势：煤地下气化与联合循环发电产业的结合（UCG-IGCC）；煤地下气化与碳俘获、利用、储存产业的结合（UCG-CCS）；煤地下气化与制氢产业的结合（UCG-HGC）；煤地下气化与燃料电池发电产业的结合（UCG-ACF）。

6.3.2　环境风能的资源利用

6.3.2.1　风能资源

风是一种自然现象，是由于太阳照射到地球表面，地球表面各处由于受热不同产生温差，从而引起大气的对流运动形成的。风能是一种清洁、安全、可再生的绿色能源，利用风能对环境无污染，对生态无破坏，环保效益和生态效益良好，对于人类社会可持续发展具有重要意义。

风能资源受地形的影响较大，世界风能资源多集中在沿海和开阔大陆的收缩地带，我国的东南沿海、内蒙古、新疆和甘肃一带风能资源都很丰富。

人类利用风能的历史可以追溯到公元前。我国是世界上最早利用风能的国家之一。公元前数世纪我国人民就利用风力提水、灌溉、磨面、舂米，用风帆推动船舶前进。埃及尼罗河上的风帆船、中国的木帆船，都有两三千年的历史记载。唐代有"乘风破浪会有时，直挂云帆济沧海"的诗句，可见那时风帆船已广泛用于江河航运。宋代更是我国应用风车的全盛时代，当时流行的垂直轴风车，一直沿用至今。

风能有四种利用方式：

风力提水。风力提水从古至今一直得到较普遍的应用。

风力发电。利用风力发电已越来越成为风能利用的主要形式，受到各国的高度重视，而且发展速度最快。

风帆助航。在机动船舶发展的今天，为节约燃油和提高航速，古老的风帆助航也得到了发展。

风力制热。随着人民生活水平的提高，家庭用能中热能的需要越来越大，特别是在高纬度的欧洲、北美，取暖、煮水是耗能大户。为了解决家庭及低品位工业热能的需要，风力制热有了较大的发展。

6.3.2.2 风力发电

把风的动能转变成机械能，再把机械能转化为电能，这就是风力发电。风力发电所需要的装置，称作风力发电机组。这种风力发电机组，大体上可分风轮（包括尾舵）、发电机和铁塔三部分。风力发电通常有三种运行方式：

一是独立运行方式，通常是一台小型发电机向一户或几户提供电力，它用蓄电池蓄能，以保证无风时的用电。

二是风力发电与其他发电方式（如柴油机发电）相结合，向一个单位或一个村庄或一个海岛供电。

三是风力发电并入常规电网运行，向大电网提供电力。通常是一处风场安装几十台甚至几百台风力发电机，这是风力发电的主要发展方向。

风力发电的优越性可归纳为三点：

第一，建造风力发电场的费用低廉，比水力发电厂、火力发电厂或核电站的建造费用低得多。

第二，不需火力发电所需的煤、油等燃料或核电站所需的核材料即可产生电力，除常规保养外，没有其他任何消耗。

第三，风力是一种洁净的自然能源，没有煤电、油电与核电所伴生的环境污染问题。

风能发电分为水平轴和垂直轴两种，应用的主要是水平轴。但随着科技的发展，人们认识到水平轴带来的一些不利因素，如噪声、体积大、机构复杂和抗风能力差等。世界各国开始大力研发垂直轴风力发电机，中国在这方面最早开始研究，2001 年上海某电子设备公司开发新型风力发电机，采用新型（H 型）垂直轴风力发电机的方案，2002 年年底产品进入使用，得到了理想的效果。另外，欧洲和日本也在 2003 年开始研制垂直轴风力发电机，在市场需求的驱动下，各国都表现出了极大的热情。

海上有丰富的风能资源和广阔平坦的区域，使得近海风力发电技术成为研究和应用的热点。多兆瓦级风力发电机组在近海风力发电场的商业化运行是国内外风能利用的新趋势。

然而风能虽然与其他能源相比具有明显的优点，但也有较为突出的局限性，其主要不足之处包括以下几点：

① 密度低。这是风能一个重要缺陷，由于风能来源于空气流动，而空气密度很小，因此风力的能量密度也很小，只有水力的 0.125%。含能量低会给利用带来一定的困难。

② 不稳定。由于气流瞬息万变，因此风的脉动、日变化、季变化、年变化都十分明显，波动很大极不稳定。

③ 地区差异大。受到地形影响，风力的地区差异非常明显，在相邻的两个区域，有利地形下的风力往往是不利地形下的几倍甚至几十倍。

综上所述，为了能合理开发利用风能，挖掘其最大经济价值，各国对于风能开发非常重视。目前已投入研究并使用的风能技术有风能地板辐射采暖系统、风能建筑一体化及风力发电机。

6.3.3 环境水能的资源利用

6.3.3.1 水能资源

人类利用水能的历史相当悠久，而我们中国也是世界上最早利用水能的国家之一。早在1900多年前，智慧的中国古代人民就发明了木制的水轮，让流水冲击水轮转动，从而将流动的水的机械能转化成水轮的动能，进一步带动其他的装置，完成汲水、磨粉、碾谷、灌溉、排涝等工作。我国宋代的科学家宋应星的著作《天工开物》中，就详细地记载了古代人民对水能的利用。

（1）水能资源

指水体的动能、势能和压力能等能量资源。是自由流动的天然河流的出力和能量，称河流潜在的水能资源，或称水力资源。广义的水能资源包括河流水能、潮汐水能、波浪能、海流能等能量资源；狭义的水能资源指河流的水能资源。水能是一种可再生能源。到20世纪90年代初，河流水能是人类大规模利用的水能资源，潮汐水能也得到了较成功的利用，波浪能和海流能资源则正在进行开发研究。

构成水能资源的最基本条件是水流和落差（水从高处降落到低处时的水位差），流量大，落差大，所包含的能量就大，即蕴藏的水能资源大。

（2）分类

当代水能资源开发利用的主要内容是水电能资源的开发利用，以至人们通常把水能资源、水力资源与水电资源作为同义词，而实际上，水能资源包含着水热能资源、水力能资源、水电能资源、海水能资源等广泛的内容。

水热能资源就是人们通常所知道的天然温泉。在古代，人们已经开始直接利用天然温泉的水热能资源，建造浴池，沐浴治病健身。现代人们也利用水热能资源进行发电、取暖。

水力能资源包括水的动能和势能，中国古代已广泛利用湍急的河流、跌水、瀑布的水力能资源，建造水车、水磨和水碓等机械，进行提水灌溉、粮食加工、舂稻去壳。18世纪30年代，欧洲出现了集中开发利用水力资源的水力站，为面粉厂、棉纺厂和矿山开采等大型工业提供动力。

水电能资源把水力站的水力能转化为电能的水力发电站，并输送电能到用户。

6.3.3.2 水力发电

人类利用水能的历史悠久，但早期仅将水能转化为机械能，直到高压输电技术发展、水力交流发电机发明后，水能才被大规模开发利用。水力发电的过程是将水的势能和动能转换为电能，目前水力发电几乎为水能利用的唯一方式，故通常把水电作为水能的代名词。

水力发电站是利用水位差产生的强大水流所具有的动能进行发电的电站，利用河流的水能推动水轮机带动发电机组而发电的工业企业。优点：不用燃料、成本低、不污染环境、机电设备制造简单、操作灵活等。同时发电水工建筑物可与防洪、灌溉、给水、航运、养殖等事业结合，实行水利资源综合利用。缺点：基建投资大、建设周期长、受自然条件局限等。

水力发电就是利用水力（具有水头）推动水力机械（水轮机）转动，将水的势能转变为机械能。如果在水轮机上接上另一种机械（发电机）随着水轮机转动便可发出电来，这时机械能又转变为电能。水力发电在某种意义上讲是水的势能变成机械能，又变成电能的转换过程。

将水能转换为电能的综合工程设施，又称水电厂。它包括为利用水能生产电能而兴建的一系列水电站建筑物及装设的各种水电站设备。利用这些建筑物集中天然水流的落差形成水头，汇集、调节天然水流的流量，并将它输向水轮机，经水轮机与发电机的联合运转，将集中的水能转换为电能，再经变压器、开关站和输电线路等将电能输入电网。有些水电站除发电所需的建筑物外，还常有为防洪、灌溉、航运、过木、过鱼等综合利用目的服务的其他建筑物。这些建筑物的综合体称水电站枢纽或水利枢纽。

水电站有各种不同的分类方法。按照水电站利用水源的性质，可分为三类。①常规水电站：利用天然河流、湖泊等水源发电；②抽水蓄能电站：利用电网中负荷低谷时多余的电力，将低处下水库的水抽到高处上水库存蓄，待电网负荷高峰时放水发电，尾水至下水库，从而满足电网调峰等电力负荷的需要；③潮汐电站：利用海潮涨落所形成的潮汐能发电。

按照水电站对天然水流的利用方式和调节能力，可以分为两类。①径流式水电站：没有水库或水库库容很小，对天然水量无调节能力或调节能力很小的水电站；②蓄水式水电站：设有一定库容的水库，对天然水流具有不同调节能力的水电站。

6.3.4 环境力学研究最新进展

① 破冰试验。海冰能直接封锁港口和航道，阻断海上运输，毁坏海洋工程设施和船只，对于寒区的船舶与海洋结构，冰载荷是主要设计输入。大连理工大学陈晓东等对渤海辽东湾沿岸的粒状冰开展了系统的巴西盘劈裂试验研究，试验表明巴西盘劈裂试验中海冰试样的破坏模式与试验结果均较为合理，可成为海冰单轴拉伸强度的有效测试方法。

② 风沙研究。风沙运动导致的土地沙漠化是当今人类面临的一个重要生态环境问题，同时对沙漠地区工程设施造成严重的破坏。中山大学包芸和习令楚将其创建的并行直接求解方法扩展到三维壁湍流风场的大涡模拟计算中，建立了新的用于三维壁湍流风场大涡模拟的高效并行直接求解方法，为大涡模拟计算研究高雷诺数的大气湍流风场提供了有力的工具。兰州至新疆的兰新二线是世界上首条穿越大风区的高速铁路，为了降低大风对通行列车的危害以及减少铁路沿线的积沙这一工程问题，兰州大学辛国伟等基于大量的风洞实验和数值模拟计算，提出了铁路沿线、城镇等防沙治沙工程的优化措施。王文博等以甘肃敦煌至青海格尔木铁路沙山沟段落为研究对象，数值模拟研究了风沙运动对位于沙丘背风坡的铁路路基工程和桥梁工程的影响，提出了能够减小风沙沉积对铁路工程危害的合理的铁路结构形式。

③ 梯级水库。我国在多条河流上修建了大量梯级水库并形成梯级水库布局，梯级坝

溃决诱发的洪水通常会大大超过单坝溃决洪水洪峰。北京理工大学黄灿等建立了梯级坝溃决洪水演进过程一维浅水动力学模型，发展了一套能捕捉激波、干湿边界和保平衡结构的数值求解方法，研究了梯级溃的洪峰增强机制，并建立了一个梯级溃决洪水演进的单坝溃决等效模型，可望为流域防洪和梯级坝设计提供理论依据。

④ 边坡稳定。边坡稳定是岩土工程中的基本问题，近百年来岩土力学研究者与岩土工程师们持续不断地努力发展边坡稳定分析方法，以提高边坡稳定分析的准确性和便利性。为水电站库岸堆积体高边坡和复杂软弱水工构筑物地基的稳定性分析，中国科学院力学研究所吴梦喜等提出了边坡稳定分析的虚功率法，为边坡和地基的稳定性分析提供了新的选择。

⑤ 粗糙底床。环境水动力学研究中，粗糙底床普遍存在于河流、湖泊、水库、河口以及近海等环境水体中，上海大学樊靖郁等通过实验室环形水槽实验，测量得到不同砂质平整底床和存在离散粗糙元床面条件下，泥-水界面物质交换通量和有效扩散系数的定量数据和变化特征，并采用参数化方法分析了无量纲控制参数变化范围内界面物质交换特性的主导机制。而在水动力学条件作用下，污染底泥再悬浮使大量污染物被重新释放出来，造成水体的二次污染。中国科学院力学研究所程鹏达等基于水槽实验研究提供的大量实测数据，建立了上覆水体-底泥-污染物的耦合力学模型，研究了水动力学条件与底泥污染物释放规律的定量化关系，可为构建湖库区域水污染模型提供支撑。

⑥ 污闪事故。由于工业化的飞速发展，雾霾和沙尘等天气的频繁出现，污秽颗粒在大气流场的作用下在绝缘子表面沉积，容易发生污闪事故，严重影响着电网的安全运行。苏州大学毛东等对高压绝缘子污闪发生的主要过程——绝缘子的动态积污和表面电场畸变过程进行了耦合分析，获得了绝缘子表面的非均匀积污层分布，并对非均匀积污层分布的绝缘子串进行了电位及电场分析。

阅 读 材 料

（1）煤炭地下气化中的力学问题

煤炭地下气化（underground coal gasification，UCG）是通过注入通道将气化剂注入地下煤层中，使煤炭与气化剂在原位煤层中发生的一系列物理化学反应，生成氢气、一氧化碳和甲烷等可燃气体的化学采煤方法。煤炭地下气化实现了煤炭地下清洁密闭开发，生产过程无固体废物排放，该方法是集建井、采煤、气化三大工艺为一体的清洁能源开发方式。

煤炭地下气化过程在地下气化通道中完成。气化通道分为三个反应区：氧化区、还原区和干燥干馏区。

现代煤炭地下气化技术开发模式，从钻孔式开发，到直井式开发，再到 U 形水平井、楔形水平井和多分支井开发模式，开发方法越来越精细，主要钻井模式发展的突出特点表现在以下 3 个方面：

① 钻井模式逐步复杂化。气化通道逐步从直井发展到楔形水平，未来期望的技术是多分支水平井。井型的突破是煤炭地下气化技术向纵深发展的基础，石油天然气工业技术的引进和发展，是煤炭地下气化技术发展的新的生力军。

② 钻井模式的发展是煤炭地下气化进入深层煤炭的技术基石。深层煤炭地下气化的优点突出表现为地表煤气逸散的可能性的降低、地面沉降现象的减少和地下水污染的避免。深层水平井的 U 形井技术、楔形水平技术以及未来的水平分支井等技术都为地下煤气化的点火和气化腔以及产气通道提供了有利技术和工艺的支撑。

③ 水平井技术和可控后退式 CRIP 点火技术是煤炭地下气化的里程碑。水平井以及在此基础上衍生的相关技术引进自石油天然气工业，但功不可没，可控后退式 CRIP 点火技术作为以水平井技术基础上特有的煤炭地下气化技术，已在目前国内外的先导试验中发挥了巨大的作用。

地下煤气化技术从钻孔式地下煤气化发展到综合利用水平井钻井技术及 CRIP 技术，经历了漫长的发展阶段，总结该发展过程所涉及的关键力学问题主要包括以下 8 个方面：

① 钻孔的岩石破碎及孔壁和煤层附近岩层的应力应变稳定性问题；

② 注入井孔与生产井孔之间以及煤层中的流体流动问题；

③ 注入井和产出井之间不同贯通方式及连通通道的流体流动及传热问题；

④ 注入井和产出井之间及燃烧气化腔体中流体流动、化学反应动力学问题；

⑤ 注入井和产出井之间的水平井筒中，燃烧气化腔体中流体流动、化学反应动力学问题；

⑥ 燃烧气化腔体外，腔体边缘以及腔体不同深度中温度、压力以及化学反应动力学问题；

⑦ 注入井和产出井之间的水平井筒中，使用 CRIP 技术后，不同燃烧气化腔体之间的流体流动问题及传热传质问题；

⑧ 在不同工艺工况条件下的变温变压变空间条件下，包括岩石破裂问题、燃烧动力学问题、流体流动问题、化学反应动力学问题等的多场耦合力学问题。

不同技术条件下的关键力学问题，不仅包括岩石破裂问题、燃烧动力学问题、流体流动问题、化学反应动力学问题，而且是这些力学问题在不同工艺工况条件下的变温变压变空间条件下的多场耦合力学问题，需要多学科协作共同联合攻关完成。

（2）超常环境力学研究进展

极端力学是由郑晓静院士在 2019 年提出的，她将极端力学定义为"研究物质在极端服役条件下的极端性能和响应规律"。极端力学来自超常环境服役，相对传统力学有新现象、新规律，甚至新的本构方程，是力学领域的学科前沿。

进入 21 世纪以来，随着科学技术和国民经济的快速发展，力学学科进入了一个新的发展时期，在研究的广度和深度上都发生了深刻的变化，与重大需求协同发展成为当前力学发展的基本趋势。随着力学与重大工程的结合越来越紧密，尖端技术发展使得力学系统部分或整体面临超高温、超高速、超高压、深海和深空等超常服役环境，涉及了物理、化学、微尺度和超大结构等多过程耦合与多学科交叉问题，表现出以非平衡、非线性、多尺度的力学行为。

2020 年 11 月 7—8 日，超常环境力学领域学术报告会暨《力学学报》（中英文版）极端力学专题研讨会在中国科学院力学研究所召开。会议根据深海、深空、高温、高速等方向的研究进展，安排了 15 个学术报告，分 4 个时段进行。

① 深海方向的研究进展

深海作为人类生存与发展战略的新疆域，关系生命起源、气候变化、地球演化、能源开发等重大科学问题，另外深海空间的巨大资源潜力和环境服务价值日益受到关注，所以深海开发是中国及世界海洋大国应对全球战略格局调整和引领新一轮经济转型发展的重大举措，相关力学问题的研究需要予以高度重视。

针对中国南海北部海域某深水区采集的海床表层沉积物柱状样，进行了微观物理和宏观力学性质分析，确定了沉积物的主要化学成分。研究表明该深水区沉积物多为有机质软黏土，具有高微生物含量、高孔隙率、超低强度等典型特性，却通常表现出超固结土的特征。

深海资源开发是解决能源问题的一个重要领域，深海资源提升系统是深海开发的必备工程结构，其运行安全可靠性涉及深海水动力环境、大长径比结构及其与复杂内外流的相互作用，包括大幅内孤立波发生演化规律及其对结构的水动力载荷、粗颗粒固液两相内流运动规律及其对结构的作用力、外流结构内流的流固耦合机理等。

深海天然气水合物是我国的战略能源，赋存于海底大陆坡浅层欠固结的地层。水合物开发与常规油气的本质区别在于相变，开采不当极易引起土层软化与超压形成，导致地层与结构破坏，甚至海底滑塌、甲烷泄漏等灾害，机制研究包含水合物、土、气体和水多相，涉及相变、传热、渗流、地层应力传播多效应耦合。

② 深空方向的研究进展

热对流是自然界中最常见的自然对流，地面热对流以浮力驱动流为主导，空间热对流主要以表面张力驱动流为主导。微重力环境是典型的超常环境，应用空间热对流开展流动转捩问题研究，作用力的改变延展了层流到湍流转捩的时空尺度，可以观测新现象，发现新问题，探索新规律，拓展通向湍流过程的研究，实现从机制到机理的认识。

沸腾过程因相变潜热的释放有着极强的传热能力，是广泛存在于日常生活并应用于工业过程中的一种高效热传输方式和技术。沸腾过程中，液气相变、相间作用、湍流等因素与过程紧密间耦合，导致相应流动和传热现象极为复杂，迄今沸腾传热理论仍不免存在显著的经验特色，且往往基于地面常重力环境实验结果，无法将重力作为独立变量进行控制和比较研究。利用微重力环境将重力隔离，探究重力在沸腾过程中的作用机制，并寻求对重力效应的正确表征，是目前微重力科学研究的重要前沿和热点之一。

③ 高温与高超声速方向的研究进展

高温与高超声速流动是气体动力学的前沿学科，重点关注高速气体流动中，高温所引起的气体各种物理化学变化、能量传递和转化规律。高温与高超声速气体动力学的主要特征：气体比热不再是常数，在很多情况下，完全气体状态方程不再适用；流动中的传热、扩散、化学反应、电磁和辐射效应显著，不能忽略。该学科是气体动力学、热力学、统计物理、分子物理、化学动力学以及电磁学的交叉融合。该研究方向重点探索在高超声速气体流动中，气体分子内部各种能级的激发和电离、离解、化学反应等物理化学变化的规律以及伴随有这些变化的能量转移和热量传递规律。

作业与思考题

1. 如何理解环境力学广义与狭义的定义以及目前的研究现状？
2. 简述环境力学的研究内容和进展。
3. 列举空气动力学中分析流体运动的理想流体和自然流体模型的选用公式，并说明原因。
4. 从力学角度阐述污染物在大气中的扩散与大气稳定度的作用关系。
5. 污染物在河流中的迁移扩散根据污染源释放点的位置不同有什么区别？请简述之。
6. 地面沉降和地面塌陷的区别和成因分别是什么？
7. 简述高楼风的类型及危害。
8. 相较于传统的物理采煤方法，化学采煤带来的环境可持续方面的影响是什么？
9. 试简述风力发电相较于一些传统发电技术的优势？
10. 试述水力发电的电能转换过程及优缺点。

第 7 章　其他生态环境领域中的物理方法简介

为了读者能全面了解物理学对环境保护工作的支撑作用，本章简单而系统地梳理了除物理性污染的评价与防治、污染物在环境中的迁移和扩散之外，物理学方法在其他生态环境工作中的应用。主要有水污染控制中的物理方法、大气污染控制中的物理方法、固体废物处理与处置的物理方法、环境监测中的物理方法和其他生态环境领域中污染控制的物理方法。

7.1　水污染控制中的物理方法

水污染控制旨在通过对污水进行物理的、化学的、生物的一种或几种方法的联合，去除水中不合理的杂质。由于我国目前水环境和水生态存在问题仍然较多，水污染形势依旧严峻。物理分离的方式可以少量添加化学、生物药剂，造成的二次污染较小，是一种较为清洁的水处理技术，并且具有资源化的效果，本节主要对水污染控制中的物理方法做一些介绍。

7.1.1　污水预处理

预处理阶段主要去除水中的粗大颗粒物，大小在 0.1 nm 以上，包括砂粒、小卵石、砾石、树枝、菜叶、碎布、垃圾等。去除方式主要借助的物理方法有筛滤、截留、重力、离心力等。

① 格栅：格栅的作用是拦截、阻止污水中的较大悬浮物或者漂浮物质，以减轻后续处理构筑物的负荷，以及去除那些可能阻碍水泵机组和管道阀门的较为粗大的悬浮物，并保证后续处理设施能够正常运行。

② 沉砂池：沉砂池是大多数城镇生活污水处理厂会采用的预处理环节，主要是为去除相对密度为 2.65 g/cm³、粒径在 0.2 mm 以上的砂粒，去除率一般要求达到 80%以上。主要作用是预先将污水中的泥沙去除，避免其影响后续处理设施的运行，达到减少运行事故发生和延长设施使用寿命的目的。

③ 初沉池：初沉池是预处理工艺中较为核心的处理环节，其作用是去除悬浮物以及一定的有机负荷，对胶体也有一定的吸附作用。在一定程度上，初沉池也可以起到调节池的作用，均衡水质，减缓对后续生化系统的冲击。经初沉池处理后，COD 可去除 30%左右，SS 可去除 50%~60%，BOD 可去除 20%左右，按去除单位质量 BOD 或固体物计算，初沉池是经济上最为节省的净化步骤，对于生活污水和悬浮物较高的工业污水均宜采用初沉池预处理。

④ 调节池：调节池从广义讲就是调节进、出水流量的构筑物，主要起到调节和缓冲来水的作用，可对水量、水质、水温以及 pH 进行调节，从而更好地适应后续处理。功能单一的调节池仅起到混合以均衡污水的作用，可以选择与其他处理单元如沉砂池和沉淀池合建，减少投资和占地的同时兼有沉淀、混合、加药、中和和预酸化等功能。此外，调节池还可以在污水处理厂出现运行事故和紧急情况的时候，作为事故水池使用。调节池是大部分工业废水处理的必要环节，但城镇生活污水处理厂一般不设调节池，特别是大型城镇生活污水处理厂。主要原因是大型城镇生活污水处理厂通常由市政管网和泵站进行水量调节，因其服务区域大，区域内各种不同类型建筑物的排水变化规律不同，有互补作用，再加上污水管网对水量水质的均衡作用，所以大型城市污水处理厂可以不设调节池。

7.1.2 污水深度处理

深度处理是指污水经过二级处理之后仍不能够达到排放标准时对污水采用其他处理技术使之能够达标或者回用的工艺。深度处理可以进一步去除水中污染物质，其处理对象主要是难降解有机物、可溶性无机营养物质（氮、磷）以及悬浮物等。物理吸附主要依靠分子间作用力即范德华力产生的，因不发生化学作用，所以在低温下也可以进行。

（1）吸附法

吸附法是废水处理的重要方法之一，污水经常规废水处理后，出水中还残留一些难降解有机物、游离氯及一些微量金属（如汞、银、铬、锑、砷），利用吸附法能除去大部分的这些物质。常见的吸附剂主要是活性炭。活性炭吸附在去除微量污染物这方面有很大的优势，它比一般的生物、物理方式去除污染物都更为有效。在除臭、脱色、去除微量元素和放射性物质方面有很广泛的应用，除此之外，它还可以吸附很多类型的有机物，如高分子烃、卤代烃、氯化芳烃、多核芳烃、酚类、苯类以及杀虫剂等。

（2）膜分离技术

溶液中存在一种或几种成分不能透过，而其他成分都可以透过的膜均称作半透膜。膜分离处理工艺是一种多种学科交叉的水处理技术，它以选择性透过膜为分离介质，在膜的一侧添加某种推动力，使污水中不同物质选择性地透过膜，达到分离污染物的目的，目前微滤、超滤、反渗透是当今水处理中最具发展前景和发展最快的技术。

膜分离技术在工业废水中应用范围很广泛。例如，煤化工行业废水成分复杂，其中隐藏着很多难以降解的有机物，如酚类（高浓度）、含氮杂环化合物、多环芳烃化合物等。这些化合物毒性大、含量高，导致相关工业废水难以处理。就以处理煤化工废水来说，以反渗透的方式提高 TDS，大约达到 45 000 mg/L 以后，将 COD 浓度控制为 500～800 mg/L，但是，反渗透无法分盐，只能通过膜分离技术将混盐中的氯化钠、硫酸钠分解，形成颗粒状沉浮物，通过浓缩技术浓缩为结晶体，将这些晶体过滤留存，充分回收并利用，完成"零排放"目标。

垃圾渗滤液出水要求严格的大多需采用纳滤、反渗透等工艺。某填埋场将渗滤液收集至渗滤液处理站内调节池，经过砂滤和芯式过滤两级预过滤后，再经两级反渗透，最后至清水罐脱气后达标排放。该工艺适用于填埋场后期或封场后渗滤液的处理，以及生物处理条件不适宜的垃圾填埋场的渗滤液处理。

7.1.3 其他处理

其他处理技术主要指除过常见预处理、深度处理技术之外，一些新兴的或者应用较少的技术。

（1）磁分离技术

磁分离技术是一种针对物质进行磁场处理的技术，污水中被混入了各种非磁性或是磁性的颗粒，磁分离技术利用磁场接种技术，借助外磁场对污水中颗粒的磁性进行分离，将污水中有磁性的悬浮固体分离出来，从而达到净化水的目的。该技术利用磁场直接作用于污染物或杂质从而将其与原水体系分离，无化学和生物变化，对水体不会造成影响，具有分离效率高、无二次污染等优势。根据装置的不同，磁分离法可以分为磁盘分离法、高梯度磁分离法、磁凝分离法几种，根据磁场产生方式，可以将其分为电磁分离法、永磁分离法两种，根据工作方式的不同可以分为间断式磁分离法、连续式磁分离法两种。

近年来，我国焦化厂首次将低温超导磁分离技术应用于处理含非磁性污染物的焦化废水处理领域，并取得了显著的效果。使用氦气制冷机冷却的超导磁体，磁场强度可达 4～10 T。通过选择适合的磁种，使之与废水中污染物结合，迅速分离污水中的磁性絮团，再通过与其他污水处理技术的有机结合，有效地去除各种难降解的有机物等。经处理，焦化污水其化学需氧量（COD_{Cr}）降至 150 mg/L 以下，氨氮降至 25 mg/L 以下。其中超导磁分离对生化处理后的废水 COD_{Cr} 去除率可达到 88%，平均去除率 82%，对氨氮的去除率可达到 98%，平均去除率 94%。

（2）紫外光法

紫外线处理就是利用紫外线的生物灭活机理来达到消灭微生物、净化水质的目的。紫外线是一种不可见光，是一种波长为 100～400 nm 的电磁波。根据不同的紫外光波长，可以将紫外线分为不同的类型，其中波长为 315～400 nm 的为紫外 A，波长为 280～315 nm 的为紫外 B，波长为 100～280 nm 的为紫外 C，波长为 10～100 nm 的为超高频紫外（EUV）。其中紫外 C 能够被微生物遗传物质 DNA、RAN 吸收，破坏生物体的 DNA 结构。微生物内的 DNA、RNA 在吸收了紫外线能量后，内部的核酸链会被打断重新排列，可以阻断 DNA、RNA 的复制，微生物就会失去活性而不再复制、再生，最终达到杀菌消毒的作用。在整个过程中，不需要使用任何化学药剂，也不会对环境产生二次污染，这是一种高效、环境友好型的消灭污染的方法。

根据对生活污水处理厂出水紫外光剂量与消毒杀菌效果的测试结果，当紫外光剂量为 20 mJ/cm² 时，出水的大肠菌群小于 2 000 个/100 mL 的概率达到 100%，当紫外光剂量为 30 mJ/cm² 时，大肠菌群小于 1 000 个/100 mL 的概率达到 100%。

（3）萃取法

萃取是指将与水不互溶且密度小于水的特定有机溶剂与被处理水接触，有些萃取过程可以在物理溶解方式的作用下，使原溶解于水的某种组分由水相转移至有机相的过程。萃取可以提取回收出水中有用物质，可以达到回收有用资源、综合利用的目的。

某炼油厂第四常减压装置主要加工原油，由于原油性质差，电脱盐装置切水含油体积分数通常在 0.02%～1%，严重时高达 10% 以上，形成大量难以处理的重质污油。该公司采用旋流萃取技术能有效脱除电脱盐切水中的污油，通过实验发现，在试验范围内入口含油量越高，旋流萃取机的除油效率越高；采用煤油对电脱盐污水"油洗"，注油量控制在 1%～2%，进水温度 45～50 ℃，在不同处理量下，污油脱除率均在 90% 以上，分离后污水含油量在 500 mg/L 以下，满足下游污水处理要求。

（4）吹脱法

吹脱法是指去除废水中溶解性气体或某些易挥发溶质的处理方法。实质是利用空气通过废水时，使水中溶解性挥发物质由液相转入气相，并进一步吹脱分离的水处理方法。一般分为天然吹脱（自然放置）和人工吹脱（吹脱塔、吹脱池）两种。常用于去除工业废水中的氰化氢、丙烯腈等挥发性溶解物质。

吹脱法是处理氨氮废水中一项较为成熟的方法。有实验表明在拉西环填料塔内，采用空气吹脱法处理模拟废水中的氨氮。按标准测定模拟废水中氨氮质量浓度。通过实验考察了模拟废水 pH、空气流量、废水温度对氨氮吹脱效率的影响，确定了适宜的操作条件为：pH 13，空气流量 150 L/min，温度 60 ℃。在上述条件下，氨氮吹脱效率可以达到 87.5%。

（5）气提法

气提法是采用蒸汽与废水接触，使废水升温至沸点，利用蒸馏作用使废水中挥发性溶解污染物挥发到大气中的一种处理方法。气提分离分为简单蒸馏与蒸汽蒸馏两类。简单蒸馏适用于去除水溶性的挥发性污染物。由于气、液间达到平衡时，这类污染物在气相中的平衡浓度远大于液相，当用蒸汽把水加热至沸点，它便随水蒸气挥发而转移到气相中。蒸汽蒸馏适用于去除水中不溶解的分散性挥发污染物。它利用混合液沸点低于水、也低于污染物的特性，可将较高沸点的挥发污染物在混合液较低的沸点下挥发去除。

有实验表明超重力气提法处理丙烯腈废水当实验条件为常温，常压，超重力因子 β 为 50.14，气液比为 1 300 时。超重力单级气提的丙烯腈废水初始浓度为（3 000±100）mg/L 时丙烯腈去除率为 69.1%，二级气提时丙烯腈去除率为 88.8%，三级气提时丙烯腈去除率为 97.1%。

也有其他实验表明普通汽提方式对丙烯腈去除有良好效果。实验表明，采用压缩空气对一步法蒸发冷凝水中的丙烯腈进行气提是可行的。冷凝水的温度对气提法脱除丙烯腈效果的影响很大，温度为 80 ℃ 左右时，达到丙烯腈脱除率 100% 的适宜操作气液比约为 0.04；温度为 50 ℃ 左右时，丙烯腈脱除率不能达到 100%，达到丙烯腈脱除率 90%~95% 的适宜操作气液比为 0.125~0.25。不同塔内部构件对冷凝水中丙烯腈脱除率略有影响。采用 2 950 nm 高度的圆筒形散装填料比 5 层复合塔板的丙烯腈脱除率略高，5 层固定阀塔板的脱除率最低。

（6）蒸发、冷冻、结晶

水转化为蒸汽的过程称为汽化。在低于水沸点温度下的汽化称为蒸发汽化，在水沸点温度时的汽化称为沸腾汽化。工业中主要采用沸腾汽化。沸腾汽化既有传热过程，又有传质过程。为沸腾汽化加热用的热源蒸汽称为一次蒸汽，废水经沸腾而汽化产生的蒸汽称为二次蒸汽。利用蒸发过程处理废水时，常采用多个串联的蒸发器，将一个蒸发器使废水沸腾汽化产生的二次蒸汽作为下一个蒸发器的热源，连续多级串联加热，废水与二次蒸汽逆行串联浓缩，这种加热蒸发过程称为多效蒸发。多效蒸发是节省能源的有效途径。蒸发过程在多种废水处理中得到应用，主要是回收废水有用成分过程中作为浓缩富集环节。例如，在放射性废水处理中，可通过蒸发将废水浓缩，使放射性物质高度富集于浓液中，以便于作进一步安全处置。

结晶过程是指含某种盐类的废水经蒸发浓缩，达到饱和状态，使盐在溶液中先形成晶核，继而逐步生成晶状固体的过程。这一过程是以回收盐的纯净产品为目的。

冷冻过程是使废水在低于冰点的温度下结冰的过程，在此过程中，部分水凝结成冰，从废水中分离出来，当废水中含冰率达到 35%~50% 时，即停止冷冻，然后用滤网进行固液分离，分离出的冰再经过洗冰与融冰等过程，即可回收净化水，而污染物仍留在水中得到浓缩，便于进一步处理或回收有用物质。

有项目利用冷冻结晶技术进行高盐废水处理研究，废水处理规模为 180 kg/h，其中氯化钠浓度为 25 wt%，COD 浓度为 3 780 mg/L，主要有机物为 3, 3′-二甲基-4, 4′-二氨基二苯甲烷。结果表明：当废水温度降至 −21.5 ℃ 时，有大量 $NaCl \cdot 2H_2O$ 晶体和冰晶同时析出，并且由于两者密度差的特性实现了冰盐的分离。分离出的冰晶融化水样 COD 浓度不超过 650 mg/L，盐水分离效率达 99% 以上，可以直接进行生化深度处理，一定程度上实现了盐水分离的处理目标。

7.2 大气污染控制中的物理方法

大气污染物按存在形式而言，一般分为气溶胶态和气态两类。气溶胶态主要是固体或液体颗粒分散在气体中形成的溶胶，具有溶胶的一般特性。气态污染物一般是在常温或工作温度下以气态形式产生、排放的污染物，通常与空气混合后形成一定浓度的混合气体。大气污染控制通常需将污染物通过捕集装置收集后，经处理设施处理后排放。集气罩、处理设施和输运管道、排气筒共同构成污染物处理系统，其中处理设施在处理大气污染物时应根据污染的特性而采取必要的方法。

7.2.1 颗粒污染物处理

颗粒污染物的处理目前常用的方法基本都是物理性方法，主要是对颗粒施加不同的力，在力的作用下，颗粒运动状态发生变化，进而从气流中脱离，达到去除的目的，也就是完成除尘。

根据作用力，常用除尘器有机械除尘器、静电除尘器、袋式除尘器、湿式除尘器等。

7.2.1.1 机械除尘器

机械除尘器是指利用重力、离心力等机械力完成除尘的设施。常用的有重力沉降室和旋风除尘器。

（1）重力沉降室

重力沉降室是利用尘粒在重力作用下发生沉降，分离大气污染物的设施。在水处理中广泛应用以去除悬浮物的沉淀池也是相同原理。重力沉降室优点在于构造简单，阻力小，维护简单，其沉降效率与尘粒粒径相关，对大粒径粉尘具有较好的处理效果，主要用于高浓度场合处理系统前端预处理。

（2）旋风除尘器

旋风除尘器主要是利用气流旋转时产生的离心力除尘。

旋风除尘器主要为气流切向进入后，在惯性作用下，沿筒体轴心方向旋转向下，到达底部后旋转向上，经插入顶盖的排出管排出。旋风除尘器同样具有构造、维护简单的特点，也多用于初级除尘。

7.2.1.2 静电除尘器

静电除尘器是利用电场力去除尘粒的设施。常见线管式和线板式。

静电除尘器简单而言就是将直流电源分别连接至一对电极，形成空间高压直流电场，其中电极分别为电晕极和收尘极。含尘气流通过电场时，由于电晕放电在电晕极附近产生大量自由电子，自由电子被 O_2 分子等电负性气体捕获形成负离子，尘粒在电场荷电、扩散荷电等机理作用下形成荷电粒子，荷电粒子在电场力作用下向收尘极移动，从而完成尘粒与气流的分离。

工业上大规模使用的电除尘器一般为线板式，可根据需要在高度、长度、通道数、电场数量等方面配置，适用于不同规模的场合。

7.2.1.3 过滤式除尘器

过滤式除尘器是通过过滤的方式阻留气流中的颗粒物从而达到除尘的目的。

按过滤方式，通常可分为体过滤和表面过滤两大类。

体过滤是将一定填料堆积在某容器，含尘气流通过填料孔隙是由于惯性与材料发生惯性碰撞，从而被阻留、分离。体过滤式除尘设施在大气污染控制工程中使用较少。

表面过滤就是被广泛应用的布袋除尘器。一般是滤布在设备内支撑后形成的接触面（或过滤面），含尘气流通过时，在干净滤布表面因惯性碰撞逐渐累积形成粉尘层（称为粉尘初层），之后依靠此粉尘层完成尘粒的分离。

7.2.1.4 湿式除尘器

湿式除尘器一般利用液滴与含尘气流作用，通过尘粒与液滴的惯性碰撞，使尘粒被液滴捕集，进而分离气流中液滴，从而达到除尘的目的。

湿式除尘的重要特点是：①气流和液体接触，在除尘的同时，可以通过吸收除去部分二氧化硫等污染气体；②会产生废水。

湿式除尘器结构形式较多，常见的有喷淋塔、筛板塔、填料塔、自激水浴、旋风喷雾等多种类型。

7.2.2 气态污染物处理

常见气态污染物处理涉及的方法包括吸收、吸附、冷凝、热力燃烧、催化燃烧、光催化、等离子的净化等。其中吸收、吸附、冷凝、膜分离是典型的物理方法。

7.2.2.1 吸收

吸收是指气态污染物在与液体接触的过程中，一部分溶解到液体中，其实质是相间传质。在吸收操作中，被吸收的可溶组分称为吸收质，其余不被吸收的气体为惰性气体，所用液体称为吸收剂。

（1）溶解度与亨利定理

气液接触时，溶解度受材料种类、温度、压力等影响。溶解度遵循亨利定理，当总压不高时，在一定温度下，溶质的溶解度与气相中溶质的平衡分压成正比。

（2）双膜理论

双膜理论是吸收中最为广泛应用的传质过程模型，其要点为：

① 气液两相接触面为界面，其两侧分别存在层流流动的气膜和液膜，溶质必须以分子扩散方式从气流主体穿过两个膜层进入液相主体；

② 相界面上气液两相相互平衡；

③ 气相液相主体为湍流状态，溶质均匀分布。

根据上述假定，吸收主要阻力就是通过两层膜时的分子扩散阻力。

（3）吸收速率方程

吸收速率是吸收质在单位时间通过单位面积界面而被吸收剂吸收的量称为吸收速率，描述其影响因素的表达式称为吸收速率方程：吸收速率=吸收推动力×吸收系数或吸收速率=吸收推动力/吸收阻力。

吸收阻力和吸收系数互为倒数。

根据传质理论，可以写出气膜侧气相分传质速率方程、液膜侧液相分传质速率方程和总传质速率方程。

（4）吸收设备

常用吸收设备主要是填料塔、筛板塔、喷淋塔等。吸收传质计算涉及内容较多，本书不做展开讲述，如遇需要可参考传质、化工原理等相关书籍。

7.2.2.2　吸附

用多孔材料将气体中某组分黏附在内表面从而实现与其他组分分离的过程。被分离的物质称为吸附质，能够附着吸附质的材料称为吸附剂。

（1）吸附原理及等温线方程

物理吸附主要由分子间范德华力引起，物理吸附为放热反应，在压力温度条件改变时发生解析。吸附、解析常用来实现污染物的分离和浓缩。

吸附质长时间接触吸附剂后，吸附达到平衡，平衡吸附量是吸附剂对吸附质的最大吸附量，也称为静活性。达到平衡时吸附质在气液两相中的浓度常用吸附等温线表示。

（2）吸附剂

吸附剂一般要具备以下特点：①内表面极大；②选择性吸附；③稳定性好；④吸附容量大；⑤来源广泛，价格便宜；⑥再生性能好。

常见吸附剂包括活性炭、硅胶、活性氧化铝、沸石分子筛等。

（3）吸附设备

常见吸附设备包括固定床、移动床、流化床三种，近年来新发展出转轮分子筛，其优点是可以同时完成吸附、解吸、冷却三个工艺过程。

7.2.2.3　冷凝

冷凝是利用物质在不同温度下具有不同的饱和蒸汽压的性质，采用降低系统温度或提高系统压力，使处于蒸汽状态的污染物冷凝从废气中分离出来的过程。

在理论上经过降低温度后可达到很高的净化效率，但当废气浓度较低时，需采取进一步冷却的措施，使运行成本大大提高。因此冷凝法只适用于高浓度的有机溶剂蒸汽的净化。

如油气回收，某些化工工艺所排出的高浓度的含挥发性有机物（VOCs）的废气，经过冷凝后尾气仍然含有一定浓度的有机物，通常达不到排放标准限值，需要采用吸附技术进行二次低浓度尾气治理。对于低浓度的有机废气，当需要进行回收时，通常首先采用吸附浓缩的方法，吸附浓缩后高浓度废气导入冷凝器进行冷凝回收，即"吸附浓缩+热气流吹扫再生+冷凝回收工艺"。

冷凝器可以分为两类，一类为表面冷凝器，另一类为接触冷凝器。在气体净化中，一般采用表面冷凝器。表面冷凝器的冷却介质不与 VOCs 直接接触，而是通过间壁进行热量交换，使 VOCs 冷凝下来，如列管式冷凝器、螺旋式冷凝器等。冷却介质一般为水（常温水或冷冻水），也有的采用液氨等。

7.2.2.4　膜分离

有机气体膜分离是一种高效的新型分离技术，其流程简单、回收率高、能耗低、无二次污染，是一种非常有前途的技术。膜分离技术的基础就是使用对有机物具有渗透选择性的聚合物复合膜。该膜对有机蒸气较空气更易于渗透 10～100 倍。当废气与膜材料表面接触时，有机物可以透过膜，从废气中分离出来。为保证过程的进行，在膜的进料侧使用压缩机或渗透侧使用真空泵，使膜的两侧形成压力差，提供膜渗透所需的推动力。

气体膜分离的关键是气体膜分离器，而膜材料的优劣决定着气体膜分离器的分离性能、应用范围、使用条件和寿命。理想的气体分离膜材料应该同时具有高的透气性和良好的透气选择性、高的机械强度、优良的热和化学稳定性以及良好的成膜加工性能。

目前，气体分离用膜材料主要有高分子聚合物膜材料、无机膜材料和金属膜材料三大类。

（1）高分子聚合物膜材料

气体分离高分子膜结构是非对称的或复合膜，其膜表皮层为致密高分子层。膜的渗透特性主要取决于膜皮层所用高分子材料的特性，膜的渗透量反比于渗透传递距离。因此，高分子气体分离膜的开发主要集中于膜材料和超薄皮层制造技术的发展。

（2）无机膜材料

气体分离无机膜也是非对称结构的。其微观结构视膜的种类和制备方法的不同而不同。一般无机膜由颗粒有规则地堆积而成，具有较窄孔径分布。与有机膜相比，它具有热稳定性好，化学稳定性好，能耐有机溶剂、氯化物、强酸强碱溶液，且不被微生物降解，机械稳定性好，寿命长，孔径分布均匀，操作简便等优点。但也存在膜脆易碎，加工成本高，装填面积小，高温密封困难等不足之处。

（3）金属膜材料

金属膜材料主要是稀有金属，以钯及其合金为代表，主要用于 H_2 的分离，钯膜对氢具有很高的选择性，已用于加氢、脱氢及脱氢氧化等过程中。一般采用钯合金，因为纯钯在多次吸附和解吸循环中有变脆的趋势。

常用的 VOCs 膜分离工艺有单级气体膜分离、蒸气渗透、膜接触器等。由于单级气体膜分离不能将 VOCs 完全从废气中分离出来，因此常与压缩、冷凝过程集成才能达到更经济、合理的要求。分离集成过程分 2 步，首先压缩和冷凝有机废气，而后进行膜蒸气分离。

膜技术几乎可以用来回收各种高沸点的挥发有机物，如三苯、丁烷以上的烷烃、氯化有机物、氟氯碳氢化合物、酮、酯等。膜技术主要应用于流量小于 3 000 m^3/h 的 VOCs 气体处理，这主要是由于冷凝器和膜分离组件的工作原理限制了其应用于大流量气体处理。对大多数间歇过程，因温度、压力、流量和 VOCs 体积分数会在一定范围内变化，所以要求回收设备有较强的适应性，而膜系统正能满足这一要求。膜分离技术可用于各种行业，如 PVC 加工中回收 VCM，聚烯烃装置中回收乙烯、丙烯单体；制冷设备、气雾剂及泡沫生产中产生的 CFCs 和 HCFCs 的回收等。

7.3 固体废物处理与处置的物理方法

固体废物指在生产、生活和其他活动中产生的丧失原有利用价值或虽未丧失利用价值但被抛弃或者放弃的固态、半固态或置于容器中的气态物品、物质以及法律、行政法规规定纳入固体废物管理的物品、物质。我国一般将固体废物分为城市固体废物、工业固体废物、农业固体废物和危险废物四大类。固体废物如果不能妥善处理或处置，不但占用土地等资源，还可能会对土壤、地下水等造成污染，因此固体废物的治理具有重要的意义。固体废物污染环境防治坚持减量化、资源化和无害化的原则。固体废物的治理措施包括压实、破碎、分选、脱水、填埋等，其中很多属于物理方法，也有物理和化学结合的方法。下面分别予以介绍。

7.3.1 固体废物的预处理

固体废物预处理是在固体废物正式处置前为减少处理量和实现资源化采取的技术措施，一般包括压实、破碎、分选等。

7.3.1.1 压实

压实是通过外力加压于松散的固体物上，以缩小其体积、增大密度的一种操作方法。通过压实处理可以减少固体废物的运输和处理体积，从而减少运输和处置费用。以城市垃圾为例，在压实之前其容重通常在 0.1～0.6 t/m³ 范围内，当通过压实器或一般压实机械作用以后，其容重可提高到 1 t/m³ 左右，若是通过高压压缩，其容重还可达到 1.125～1.38 t/m³，体积可减少至原体积的 1/10～1/3。因此，在固体废物进行填埋处理前，常需加以压实处理。

压实效果常用压缩比或压缩倍数衡量。

$$R=V_f/V_m \tag{7-1}$$
$$N=V_m/V_f \tag{7-2}$$

式中，V_m——压实前废物的体积，m³；

V_f——压实后废物的体积，m³。

影响压实效果的因素很多，在垃圾填埋场对垃圾进行压实时，影响垃圾压实作业的主要参数有垃圾的组分情况、含水率、垃圾层厚度、机械滚压次数、碾压速度等。垃圾组成的多样性决定了其物理性状的复杂性。因为垃圾组成非常复杂，既有如石块、玻璃等不变形的坚硬固体废物，也有弹性和韧性较好的竹木、塑料、金属，还有力学性状特殊的厨余垃圾等，固体间隙和固体内部还被空气和水分填充，所以典型的生活垃圾是固—液—气三者组成的松散结构体。

在填埋垃圾压实过程中，垃圾组分之间由于内聚力和摩擦力的存在，抵抗着外来载荷的作用，其变形过程大致可分为三个阶段。

① 垃圾组分之间的大空隙被填没。此时，较大的空气空隙和部分空隙水在作用力下排挤出来，产生较大的不可逆变形，即塑性变形。随着变形量的增加，组分间的接触点也不断增加，阻力随之增大，只有当压力大于阻力时形变才可继续产生。

② 垃圾体不可逆蠕变。当外压继续增加时，组分间的空隙和部分结合水被挤出，使得垃圾体内部更加靠近而产生新的变形。如果此时压力足够大，即在一定的压力下保持，变形仍然可以极其微小地进行，此即垃圾体的不可逆蠕变过程。在此过程中，垃圾体的弹性变形受内聚力和摩擦力的影响逐渐表现出来；卸载时，弹性变形的恢复也是逐渐消失的，并有明显滞后恢复现象。

③ 垃圾体的范性变形。当垃圾组分相互充分接触时，在足够大压力作用下，垃圾体

组分大量的内部结合水被排挤出来，部分组分破碎，发生固体范性变形。

适于压实减容处理的固体废物有垃圾、松散废物、纸带、纸箱及某些纤维制品等。对于那些可能使压实设备损坏的废物，如大块的木材、金属、玻璃等则不宜采用压实处理；某些可能引起操作问题的废物，如焦油、液体物料也不宜压实处理。

7.3.1.2　破碎

固体废物的破碎是通过机械方法减小固体废物的颗粒尺寸，使大块的固体废物分裂为小块；小块的固体废物分裂为细粉，以便于资源化利用和进行最终处置的过程。固体废物在进入焚烧炉、填埋场、堆肥系统等之前，应进行破碎处理。

固体废物破碎的目的如下：

① 为固体废物的分选提供所要求的入选粒度，以便有效地回收固体废物中的特种成分。

② 使固体废物的表面积增加，提高焚烧、热分解、熔融等作业的稳定性和热效率。

③ 为固体废物的下一步加工做准备。

④ 防止粗大、锋利的固体废物损坏分选、焚烧和热解等设备或设施。

按照破碎所用外力消耗能量的形式，破碎方法可分为机械能破碎和非机械能破碎两类。机械能破碎是利用破碎工具（如破碎机的齿板、锤子、球磨机的钢球等）对固体废物施加外力而将其破坏。非机械能破碎是利用电能、热能等对固体废物进行破碎的新方法，如热力破碎、低温破碎、超声波破碎等。目前广泛应用的是机械能破碎，主要有压碎、磨碎、冲击破碎、剪切破碎等。

剪切破碎是在剪切作用下使废物破碎，剪切作用包括劈开、撕破和折断等。冲击破碎有重力冲击和动冲击两种。重力冲击是使废物落到一个坚硬的表面上，使其破碎；动冲击是使废物碰到一个比它硬的快速旋转的表面时而产生冲击作用。该过程中废物是无支撑的、冲击力使破碎的颗粒向各个方向加速。挤压破碎是废物在两个相对运动的硬面之间的挤压作用下破碎。

破碎方法的选择要视固体废物的机械强度及硬度而定。对脆硬性废物宜采用挤压、劈裂、弯曲冲击和磨剥破碎方法。对柔硬性废物（废钢铁、废汽车和废塑料等）多采用冲击和剪切破碎方法。对含大量废纸的城市垃圾则适宜采用湿式破碎方法。

破碎固体废物常用的破碎机类型有辊式破碎机、锤式破碎机、冲击式破碎机、剪切式破碎机、颚式破碎机和球磨机等。

对于在常温下难以被破碎的固体废物，如汽车轮胎、包覆电线、废旧家用电器等，可利用其材料在低温下变脆的性能进行有效地破碎，也可利用不同的物质脆化温度的差异进行选择性破碎，即低温破碎技术。

7.3.1.3　分选

分选是指通过各种方法，把垃圾中可回收利用的或不利于后续处理、处置工艺要求的物料分离出来的过程。这是固体废物处理工程中主要的处理环节之一。依据废物物理和化学性质的不同，可选择不同的分选方法，这些性质包括粒度、密度、磁性、电性、光电性、摩擦性和弹性等。相应的分选方法有筛选（分）、重力分选、磁力分选、电力分选、光电分选、摩擦及弹性分选、浮选等。

筛分是利用筛子使物料中小于筛孔的细粒物料透过筛面，而大于筛孔的粗粒物料滞留在筛面上，从而完成粗、细料分离的过程。该分离过程可看作物料分层和细粒透筛两个阶段组成的，物料分层是完成分离的条件，细粒透筛是分离的目的。

影响筛分效率的因素很多，主要有：入筛物料的性质，包括物料的粒度状态、含水率和含泥量及颗粒形状；筛分设备的运动特征；筛面结构，包括筛网类型及筛网的有效面积、筛孔尺寸、筛面倾角；筛分设备防堵挂、缠绕及使物料沿筛面均匀分布的性能；筛分操作条件，包括连续均匀给料、及时清理与维修筛面等。在固体废物处理中，常用的筛分机械有振动筛、滚筒筛、惯性振动筛等，其中滚筒筛使用最为普遍。

重力分选是根据固体废物在介质中的密度差进行分选的一种方法。它利用不同物质颗粒间的密度差异，在运动介质中受到重力、介质动力和机械力的作用，使颗粒群产生松散分层和迁移分离，从而得到不同密度的产品。

按介质不同，固体废物的重力分选可分为风力分选、重介质分选、跳汰分选等。其中，风力分选在固体废物处理中应用最为广泛。

7.3.2　污泥的物理处理方法

水处理设施运行的一项重要产物就是污泥，污泥含水率一般超过 90%。污泥必须脱水减容，以便于包装、运输与资源化利用。污泥脱水的方法主要有浓缩脱水和机械脱水两种。

固体废物的水分按其存在形式分为间隙水、毛细管结合水、表面吸附水和内部水四种。

① 间隙水：存在于颗粒间隙中的水约占固体废物水分的 70%，用浓缩法去除。

② 毛细管结合水：颗粒间形成一些小的毛细管，在毛细管中充满的水分约占水分的 20%，采用高速离心机脱水、负压或正压过滤机脱水等机械脱水法。

③ 表面吸附水：吸附在颗粒表面的水约占水分的 7%，可用加热法脱除。

④ 内部水：在颗粒内部或微生物细胞内的水约占水分的 3%，可采用生物法、高温加热法及冷冻法去除。

颗粒中水分与颗粒结合的强度由大到小的顺序：内部水>表面吸附水>毛细管结合水>间隙水，该顺序也是颗粒脱水的难易顺序。

7.3.2.1　浓缩脱水

浓缩脱水的目的是除去固体废物中的间隙水，缩小体积，为输送、消化、脱水、利用与处置创造条件，当固体废物中水分由 99% 降至 96% 时，体积缩小至原来的 1/4。

浓缩脱水方法主要有重力浓缩法、气浮浓缩法和离心浓缩法。

（1）重力浓缩

重力浓缩是借重力作用使固体废物脱水的方法。该方法不能进行彻底的固液分离，常与机械脱水配合使用，作为初步浓缩以提高过滤效率。

重力浓缩的构筑物称为浓缩池。按运行方式分为间歇式浓缩池和连续式浓缩池。

（2）气浮浓缩

气浮浓缩原理是通过在反应池中曝气，形成大量微小气泡，气泡附着在颗粒上形成颗粒—气泡结合体，进而产生的浮力把颗粒带到水表面达到浓缩的目的。气浮浓缩法相较于重力浓缩法，其优点有以下六个方面：①浓缩率高，固体废物含量浓缩至5%～7%（重力浓缩为4%）；②固体物质回收率99%以上；③浓缩速度快，停留时间短（为重力浓缩的1/3）；④操作弹性大（四季气候均可）；⑤不易腐败发臭；⑥操作管理简单，设备紧凑，占地面积小。其缺点有以下两个方面：①基建和操作费用高；②运行费用高。

（3）离心浓缩

离心浓缩原理是利用固体颗粒和水的密度差异，在高速旋转的离心机中，固体颗粒和水分分别受到大小不同的离心力而使其固液分离的过程。离心浓缩机占地面积小、造价低，但运行与机械维修费用较高。

7.3.2.2　机械脱水

利用具有许多毛细孔的物质作为过滤介质，以过滤介质两侧产生的压力差作为推动力，使固体废物中的溶液穿过介质成为滤液，固体颗粒被截流在介质之上成为滤饼的固液分离操作过程就是机械过滤脱水，它是应用最广泛的固液分离过程。

按作用原理划分机械脱水的方法及设备主要有以下几种。

① 采取加压或抽真空将滤层内的液体用空气或蒸气排除的通气脱水法，常用设备为真空过滤机。真空过滤是在负压条件下的脱水过程。

② 靠机械压缩作用的压榨法，加压过滤设备主要分为板框压滤机、叶片压滤机、滚压带式压滤机等类型。压滤则是在外加一定压力的条件下使含水固体废物脱水的操作，可分为间歇式（如板框压滤机）和连续式（如滚压带式压滤机）两种。

③ 用离心力作为推动力除去料层内液体的离心脱水法，常用转筒离心机有圆筒形、圆锥形、锥筒形三种。离心脱水是利用离心力取代重力或压力作为推动力对含水固体废物进行沉降分离、过滤脱水的过程。按分离系数的大小可分为高速离心脱水机（分离系数大于3 000）、中速离心脱水机（分离系数1 500～3 000）、低速离心脱水机（分离系数1 000～1 500）；按离心脱水原理有离心过滤机、离心沉降脱水机如圆筒形和圆锥形离心脱水机和沉降过滤式离心机。

④ 造粒脱水是使用高分子絮凝剂进行泥渣分离时形成含水较低的泥丸的过程。

具有足够的机械强度和尽可能小的流动阻力的滤饼的支撑物就是过滤介质，常用的有织物介质、粒状介质、多孔固体介质三类。织物介质包括棉、毛、丝、麻等天然纤维和合成纤维制成的织物以及玻璃丝、金属丝等制成的网状物；粒状介质包括细砂、木炭、硅藻土及工业废物等颗粒状物质；多孔固体介质则是具有很多微细孔道的固体材料。

7.3.3　生活垃圾处理、危险废物处理与处置

7.3.3.1　生活垃圾处理

生活垃圾目前较为广泛的处理方法是卫生填埋和焚烧。

卫生填埋是将生活垃圾进行一定预处理后，转运至垃圾填埋场填埋区域，卸车后分层摊铺、压实，堆积到设计高度后表面覆土、封场的处理方法。

　　垃圾填埋场在建设时，首先，要科学选址，注意事项包括应符合规划，符合防洪要求，地址条件稳定，尽量远离居民区、风景名胜区等环境敏感目标。

　　其次，垃圾场在运行过程中会产生渗滤液和发酵气体。渗滤液为高污染负荷、成分复杂的高浓度有机废水。建设规范的填埋场需设置防渗层，防渗层可采用达到规范要求的天然材料如黏土层或人工材料，人工目前多用 HDPE（高密度聚乙烯）膜。垃圾场需建设渗滤液导排系统，渗滤液导流至渗滤液收集池，经渗滤液处理站处理达标后方可排放或利用。垃圾填埋场也应设置导排气系统，将填埋排气点燃或直接排放。

7.3.3.2　危险废物处理与处置

　　危险废物是指列入国家危险废物名录或根据国家规定的危险废物鉴别标准和鉴别方法认定的具有危险特性的废物。危险废物的特性通常包括急性毒性、易燃性、反应性、浸出毒性、疾病传染性、反射性等。危险废物通常可查阅《国家危险废物名录》（2021 版）确定，危险废物鉴别可参照《危险废物鉴别标准　通则》（GB 5085.7—2019）、《危险废物鉴别技术规范》（HJ 298—2019）。危险废物处置技术可分为预处理技术和处置技术。预处理技术包括物理法、化学法与固化/稳定化等。物理法包括压实、破碎、分选、增稠、吸附等，固化/稳定化包括水泥固化、石灰固化、塑料固化、自胶结固化、药剂固化等。处置技术包括焚烧处置技术、非焚烧处置技术、安全填埋处置技术等。

　　医疗废物属于危险废物的一类，废物类别 HW01。医疗废物是医疗机构在经营活动中产生的具有直接或间接感染性、毒性和其他危害性的废物，包括感染性、损伤性、病理性、化学性、药物性等几类。一般由有资质单位专门收集后分类，器械、纱布等消毒后进行焚烧或卫生填埋。消毒可以根据处理对象、当地条件等采用化学消毒、微波消毒、高温蒸汽消毒、高温干热消毒等方法。病理性的废物可以焚烧处理。医疗废物处理处置设施的选址、运行、监测和废物接收、贮存及处理过程的环境要求以及实施与监督等，可参照《医疗废物处理处置污染控制标准》（GB 39707—2020）执行。

　　对于具有反应性、浸出毒性、放射性易燃性的危险废物一般先进行固化和稳定化，减少其危害，之后可以进入危险废物填埋场填埋处理。填埋场选址、入场条件、设计、施工、运行、封场及监督等要求可参照《危险废物填埋污染控制标准》（GB 18598—2019）执行。

7.4　环境监测中的物理方法

　　环境监测的目的是准确、及时、全面地反映环境质量现状及发展趋势，为环境管理、污染源控制、环境规划、环境影响评价等提供科学依据。环境监测就是通过对影响环境质量因素的代表值的测定，确定环境质量（或污染程度）及其变化趋势。

　　环境监测的一般过程：现场调查→监测计划设计→优化布点→样品采集→运送保存→分析测试→数据处理→综合评价等。按监测介质对象分类可分为水质监测、空气监测、土壤监测、固体废物监测、生物监测、噪声和振动监测、电磁辐射监测、放射性监测、热监测、光监测等，在此过程中许多方法和过程涉及物理方法。

7.4.1 样品预处理

在环境监测的样品预处理中，涉及物理方法主要有水和废水监测的富集与分离、蒸馏法、溶剂萃取法、共沉淀法、吸附法，大气和废气监测中的富集（浓缩）采样法，固体监测中的粉碎、缩分，土壤污染监测中的风干、磨碎与过筛，生物污染监测中的液–液萃取法、低温冷冻法、吹蒸法、液上空间法等。

（1）富集与分离

当水样中的预测组分含量低于分析方法的检测限时，就必须进行富集或浓缩；当有共存干扰组分时，就必须采取分离或掩蔽措施。富集和分离往往是不可分割、同时进行的。常用的方法有过滤、挥发、蒸馏、溶剂萃取、离子交换、吸附、共沉淀、层析、低温浓缩等，要结合具体情况选择使用。

挥发分离法是利用某些污染组分挥发度大，或者将欲测组分转变成易挥发物质，然后用惰性气体带出而达到分离的目的。例如，用冷原子荧光法测定水样中的汞时，先将汞离子用氯化亚锡还原为原子态汞，再利用汞易挥发的性质，通入惰性气体将其带出并送入仪器测定；用分光光度法测定水中的硫化物时，先使之在磷酸介质中生成硫化氢，再用惰性气体载入乙酸锌–乙酸钠溶液吸收，从而达到与母液分离的目的。测定废水中的砷时，将其转变成砷化氢气体（H_3As），用吸收液吸收后供分光光度法测定。

蒸发浓缩是指在电热板上或水浴中加热水样，使水分缓慢蒸发，达到缩小水样体积，浓缩欲测组分的目的。该方法无须化学处理，简单易行，尽管存在缓慢、易吸附损失等缺点，但无更适宜的富集方法时仍可采用。据有关资料介绍，用这种方法浓缩饮用水样，可使铬、锂、钴、铜、锰、铅、铁和钡的浓度提高 30 倍。

（2）蒸馏法

蒸馏法是利用水样中各污染组分具有不同的沸点而使其彼此分离的方法。测定水样中的挥发酚、氰化物、氟化物时，均需先在酸性介质中进行预蒸馏分离。在此，蒸馏具有消解、富集和分离三种作用。

（3）溶剂萃取法

溶剂萃取法是基于物质在不同的溶剂相中分配系数不同，而达到组分的富集与分离，在水相–有机相中的分配系数（K），则 K=有机相中被萃取物浓度/水相中被萃取物浓度。

当溶液中某组分的 K 值大时，则容易进入有机相，而 K 值很小的组分仍留在溶液中。

（4）共沉淀法

共沉淀法指溶液中一种难溶化合物在形成沉淀过程中，将共存的某些痕量组分一起载带沉淀出来的现象。物理方法主要有利用吸附作用的共沉淀分离，该方法常用的载体有氢氧化铁、氢氧化铝、氢氧化锰及硫化物等。由于它们是表面积大、吸附力强的非晶形胶体沉淀，故吸附和富集效率高。

（5）吸附法

吸附是利用多孔性的固体吸附剂将水样中一种或数种组分吸附于表面，以达到分离的目的。常用的吸附剂有活性炭、氧化铝、分子筛、大网状树脂等。被吸附富集于吸附剂表面的污染组分，可用有机溶剂或加热解吸出来供测定。

（6）富集（浓缩）采样法

大气中的污染物质浓度一般都比较低（ppm-ppb 数量级），直接采样法往往不能满足分析方法检测限的要求，故需要用富集采样法对大气中的污染物进行浓缩。富集采样时间一般比较长，测得结果代表采样时段的平均浓度，更能反映大气污染的真实情况。这种采样方法有溶液吸收法、固体阻留法、低温冷凝法及自然沉降法等。

（7）固体监测中的粉碎、缩分

① 粉碎：用机械或人工方法把全部样品逐级破碎，通过 5 mm 筛孔。

② 缩分：将样品于清洁、平整不吸水的板面上堆成圆锥形，每铲物料自圆锥顶端落下，使均匀地沿锥尖散落，不可使圆锥中心错位。反复转堆，至少三周，使其充分混合。然后将圆锥顶端轻轻压平，摊开物料后，用十字板自上压下，分成四等份，取两个对角的等份，重复操作数次，直至不少于 1 kg 试样为止。在进行各项有害特性鉴别试验前，可根据要求的样品量进一步缩分。

（8）土壤污染监测中的风干、磨碎与过筛

从野外采集的土壤样品运到实验室后，为避免受微生物的作用引起发霉变质，应立即将全部样品倒在塑料薄膜上或瓷盘内进行风干。当达半干状态时把土块压碎，除去石块、残根等杂物后铺成薄层，经常翻动，在阴凉处使其慢慢风干，切忌阳光直接暴晒。样品风干处应防止酸、碱等气体及灰尘的污染。

磨碎与过筛，进行物理分析时，取风干样品 100～200 g，放在木板上用圆木棍碾碎，经反复处理使土样全部通过 2 mm 孔径的筛子，将土样混匀储于广口瓶内，作为土壤颗粒分析及物理性质测定。作化学分析时，根据分析项目不同而对土壤颗粒细度有不同要求。一般常根据所测组分及称样量决定样品细度。分析有机质、全氮项目，应取一部分已过 2 mm 筛的土样，用玛瑙研钵继续研细，使其全部通过 60 号筛（0.25 mm）。用原子吸收光度法（AAS 法）测镉、铜、镍等重金属时，土样必须全部通过 100 号筛（尼龙筛）。研磨过筛后的样品混匀、装瓶、贴标签、编号、储存。

（9）生物污染监测

生物污染监测中的液-液萃取法、低温冷冻法、吹蒸法、液上空间法、液-液萃取法是依据有机物组分在不同溶剂中分配系数的差异来实现分离的；例如，农药与脂肪、蜡质、色素等一起被提取后，加入一种极性溶剂（如乙腈）振摇，由于农药的极性比脂肪、蜡质、色素要大一些，故可被乙腈萃取。

低温冷冻法是基于不同物质在同一溶剂中的溶解度随温度不同而不同的原理进行彼此分离的。例如，将用丙酮提取生物样品中农药的提取液置于-70 ℃的冰丙酮冷阱中，则由于脂肪和蜡质的溶解度大大降低而沉淀析出，农药仍留在丙酮中。

吹蒸法和液上空间法，吹蒸法又称气提法，即用气体将溶解在溶液中的挥发性物质分离出来，适用于一些易挥发农药和挥发油的分离。

液上空间法是根据气液平衡分配的原理与气相色谱相结合，用于生物样品中挥发性组分的分离和测定技术。将样品提取液移入密闭容器中，稍提高容器的温度，经平衡一定时间后，抽取提取液上空的气体注入色谱仪分析。

7.4.2 样品分析

污染物的测试技术多采用化学分析方法和仪器分析方法，涉及物理方法的主要有重量法，常用作残渣、降尘、油类、硫酸盐等的测定；仪器分析法是以物理和物理化学方法为基础的分析方法，它包括重量法、光谱分析法（可见分光光度法、紫外分光光度法、红外吸收光谱法、原子吸收光谱法、原子发射光谱法、X-荧光射线分析法、荧光分析法、化学发光分析法等）、色谱分析法（气相色谱法、高效液相色谱法、薄层色谱法、离子色谱法、色谱–质谱联用技术）等。

（1）重量法

如总悬浮颗粒（TSP）的测定，通过具有一定切割特性的采样器，以恒速抽取一定体积的空气，则空气中粒径小于 100 μm 的悬浮颗粒物（TSP）被截留在已恒重的滤膜上，根据采样前后滤膜重量之差及采样体积，即可计算 TSP 的质量浓度。滤膜经处理后，可进行化学组分测定。

（2）光谱分析法

用于测定样品中污染物质的光谱分析法有可见光光度法、紫外分光光度法、红外分光光度法、荧光分光光度法、原子吸收分光光度法、发射光谱分析法、X 射线荧光分析法等。

可见光–紫外分光光度法已用于测定多种农药（如有机氯、有机磷和有机硫农药），含汞、砷、铜和酚类杀虫剂，芳香烃、共轭双键等不饱和烃，以及某些重金属（如铬、镉、铅等）和非金属（如氟、氰等）化合物等。

如各种水体中汞的测定，其方法原理为汞原子蒸气对 253.7 nm 的紫外光有选择性吸收。在一定浓度范围内，吸光度与汞浓度成正比。水样经消解后，将各种形态汞转变成二价汞，再用氯化亚锡将二价汞还原为元素汞，用载气将产生的汞蒸气带入测汞仪的吸收池测定吸光度，与汞标准溶液吸光度进行比较定量。

红外分光光度法是鉴别有机污染物结构的有力工具，并可对其进行定量测定。

原子吸收分光光度法，是基于空心阴极灯发射出的待测元素的特征谱线，通过试样蒸气，被蒸气中待测元素的摹态原子所吸收。由特征谱线被减弱的程度，来测定试样中待测元素含量的方法，原子吸收光谱分析所用的仪器，称为原子吸收分光光度计，或称原子吸收光谱仪，其测定灵敏度较高，干扰少或易于克服，测定手续简单快速，与某些其他现代仪器分析方法相比，其设备费用较低，适用于镉、汞、铅、铜、锌、镍、铬等有害金属元素的定量测定。

发射光谱法适用于对多种金属元素进行定性和定量分析，特别是等离子体发射光谱法（ICP-AES），可对样品中多种微量元素进行同时分析测定。

X 射线荧光光谱分析也是环境分析中近代分析技术之一，适用于生物样品中多元素的分析，特别是对硫、磷等轻元素很容易测定，而其他光谱法则比较困难。

（3）色谱分析法

色谱分析法是对有机污染物进行分离检测的重要手段，包括薄层层析法、气相色谱法、高效液相色谱法等。

薄层层析法是应用层析板对有机污染物进行分离、显色和检测的简便方法，可对多种农药进行定性和半定量分析。如果与薄层扫描仪联用或洗脱后进一步分析，则可进行定量测定。

色谱分析法按流动相分为两大类：①气相色谱。以气体为流动相的称为气相色谱。②液相色谱。以液体为流动相的称为液相色谱。

按分离方式不同分为四大类：①吸附色谱法。利用组分在吸附剂表面上的被吸附的强弱不同而分离的方法。②分配色谱法。利用组分在固定相中溶解度不同而分离的方法。③交换色谱法。利用离子与离子交换剂的亲和性不同而分离的方法，称为离子交换色谱法。④排阻色谱法。利用分子的大小不同在固定相中渗透压不同而分离的方法。

气相色谱法由于配有多种检测器，提高了选择性和灵敏度，广泛用于粮食等生物样品中烃类、酚类、苯和硝基苯、胺类、多氯联苯及有机氯、有机磷农药等有机污染物的测定。如果气相色谱仪中的填充柱换成分离能力更强的毛细管柱，就可以进行毛细管色谱分析。该方法特别适用于环境样品中多种有机污染物的测定，如食品、蔬菜中多种有机磷农药的测定。

高效液相色谱法是在气相色谱的基础上，进一步发展了色谱理论，出现了新的高效填充型色谱，发展了适合于液相色谱的检测器和高压泵，使液相色谱技术有了新的突破，分析速度和分离效率大大提高并实现了仪器化，形成了色谱技术的一个分支，称为高效液相色谱。它是环境样品中复杂有机物分析不可缺少的手段，特别适用于分子量大于 300、热稳定性差和离子型化合物的分析。应用于粮食、蔬菜等中的多环芳烃、酚类、异腈酸酯类和取代酯类、苯氧乙酸类等农药的测定可收到良好效果，具有灵敏度和分离效能高、选择性好等优点。

7.4.3　在线监测及便携式监测

环境在线监测系统是一套以在线自动分析仪器为核心，运用现代传感器技术、自动测量技术、自动控制技术及计算机应用技术并搭配相关专用分析软件和通信网络所组成的综合性在线自动监测系统。环境在线监测包括生态环境质量在线监测（环境空气质量、水环境质量、声环境质量等要素）和污染源在线监测（废气、废水、噪声污染源等）。

7.4.3.1　水环境质量和水污染源在线监测

水环境质量在线监测系统：可实现对河流、湖泊、水库等水质情况的实时监测和远程监控，及时掌握水质状况，对预警预报重大水污染事故、解决跨行政区域的水污染事故纠纷、监督总量控制制度落实情况、排放达标情况等带来帮助。

水污染源在线监测系统：水污染源排放的污染物质是环境介质中主要污染物质的来源，提高环境质量需要从污染物排放源头进行管控。水污染源在线监测系统是有效控制污染源超标排放的有力手段，可以掌握污染源排放的第一手数据，对研究污染源排放的规律，避免污染事故的发生都有着深远意义。污染源在线监测已经成为环境监测的首要技术手段，为环境管理及环境执法提供最基础的数据保证。

水环境质量和水污染源在线监测系统指由实现水环境、污染源的流量监测、水样采集、水样分析及数据统计与上传等功能的软硬件设施组成的系统。

水环境质量和水污染源在线监测系统主要由四部分组成：流量监测单元、水质自动采样单元、水污染源在线监测仪器、数据控制单元以及相应的建筑设施等。在线监测系统各组成部分包括所采用的流量计、水质自动采样器、化学需氧量水质自动分析仪、总有机碳（TOC）水质自动分析仪、氨氮（NH_3-N）分析仪、总磷（TP）水质自动分析仪、总氮（TN）水质自动分析仪、温度计、pH 水质自动分析仪等。

水环境质量和水污染源在线监测主要涉及的物理方法：

（1）分光光度法，分析检测被测物质浓度的基本原理：朗伯-比尔定律（Lambert-Beer law）。物理意义：当一束平行单色光垂直通过某一均匀非散射的吸光物质时，其吸光度 A 与吸光物质的浓度 c 及吸收层厚度 b 成正比。

（2）总有机碳测量-高温催化燃烧氧化-非色散红外分析，将水样预先酸化，通入 N_2 曝气，驱除各种碳酸盐分解的 CO_2 后，注入高温炉内的石英管，在 680～900 ℃的温度下燃烧氧化转化为 CO_2 和水。燃烧氧化的产物被载气带入除湿器分离出水分，然后通过 NDIR 检测器中检测水中有机物转化的 CO_2 的量。TOC 水质自动分析仪根据 CO_2 红外线吸收量与其浓度成正比的关系，经计算得知 CO_2 浓度，从而换算水样中 TOC 浓度。

该方法因高温燃烧相对彻底，适用于污染较重水体或是复杂水体，测量速度快、仅使用少量酸、碱无毒试剂，几乎无二次污染，但需考虑样品的高盐分对于测定结果的影响问题，耗能比较大，检出限相对较高。

（3）原子荧光光谱仪和水质重金属分析仪是测试痕量或者超痕量汞、砷、锑、铋、硒、碲、镉、锗、铅、锡、锌 11 种元素的专用仪器。仪表通过进样泵推动样品和载液进入储液环，再通过泵以恒定流量推动储液环内的液体与还原剂进入四通混合反应模块发生剧烈反应。在氩气的动力作用下混合液进入一级气液分离器充分反应，反应后的废液排放到废液桶，生成的混合气体氩气（Ar）、氢气（H_2）和被测元素的气态氢化物或者原子蒸气通过二级气液分离器进入原子化器，氩气、氢气在点火装置的作用下产生氩氢火焰，在氩氢火焰的作用下气态氢化物或者原子蒸气吸收特定波长光源，其基态原子的核外电子被激发到高能态，由于电子在高能态不稳定，返回基态或者其他低能态时向外以辐射光的形式放出能量，发出原子荧光，原子荧光重金属分析仪检测器检测荧光信号，再根据标准工作曲线，计算重金属的浓度。

7.4.3.2　环境空气质量和烟气污染源排放在线监测系统

环境空气质量监测：对环境质量的常规因子进行实时监测和远程监控，及时掌握空气环境状况，可以预警预报重污染天气、污染事故、监督总量控制制度落实情况、排放达标情况等。大气环境在线监测系统应当是一个地空一体化的监测系统，包括无人机在线监测、卫星监测、地面在线监测等。主要监测因子有污染物主要有二氧化硫、氮氧化物、$PM_{2.5}$、PM_{10}、重金属、VOCs 等。

烟气污染源排放监测系统（Continuous Emission Monitoring System，CEMS），指的是固定污染源烟气排放连续监测系统。它是为适应固定污染源废气排放监测、污染物排放监管以及总量减排核算等国家环境管理需求而安装使用的一种污染物排放连续监测计量分析仪器。主要监测因子有污染物主要有二氧化硫、氮氧化物、颗粒物（一氧化碳、氯化氢）、VOCs 等；烟气参数：含氧量、烟气流速（流量）、烟气温度、压力和湿度等。

环境空气质量和烟气污染源排放监测系统主要涉及的物理方法：

（1）取样技术

将环境空气和烟气从环境、烟囱或烟道中抽取至分析仪器中进行测试分析。

（2）环境空气质量在线监测技术

① 膜萃取气相色谱技术。应用这一技术能够准确地测量出大气中挥发性有机物的组成成分及含量；质子转移质谱技术，采用的是化学软电离技术对气体结构组成和组成含量进行分析，这种技术特别适合进行空气挥发性有机物在线监测。

② 差分光学吸收光谱法，简称为 DOAS 技术，差分光学吸收光谱仪主要由光源发射系统、光源接收系统、光谱仪系统、信号接收系统和数据处理系统组成，大气中的气体分子会吸收光源，被吸收后的光源传输进入系统后光束在固定波段内有所减弱。利用光谱仪和探测器将光束的光信号转换成为电信号的同时，对光束进行划分和检测。利用差分光学吸收光谱技术能够对城市大气中挥发性有机物进行分析，它不仅能确定大气中某种挥发性污染物的存在方式，还能较精确地确定该种组成的含量，并已取得了良好的监测效果。

③ 傅里叶变换红外光谱技术，简称为 FTIR 技术，它将红外波段的电磁辐射检测和遥测技术结合起来，已被广泛应用于远距离对待测物质的定性鉴别和定量分析中。在检测过程中，利用傅里叶变换，干涉信号能够被迅速地转换成为光谱信号，由于红外波段的吸收峰覆盖了大部分分子波段，因此傅里叶变换红外光谱技术能够较好的应用在多组分气体的检测中。

（3）烟气污染源气态污染物测量技术

二氧化硫和氮氧化物（NO_x）测量技术目前以光学技术为主，常用的检测方法有非分散红外 NDIR、Luft 检测器、红外光声法 PAS 测量法、气体过滤相关法（GFC）、傅里叶变换（FTIR）、差分吸收光谱法（DOAS）、非分散紫外法（NDUV）、紫外荧光法和化学发光法。

（4）烟气污染源 VOCs 测量技术

在线监测分为总量监测和组分监测，总量指征指标是非甲烷总烃，测量原理主要有气相色谱（GC）+氢火焰离子化检测（FID）、催化转化+FID，系统结构多采用完全抽取或稀释抽取方式。组分监测按照不同行业排放特征决定监测对象，目前市面主流测量原理为气相色谱结合不同检测器，其所能监测的物质种类取决于方法开发能力。

（5）颗粒物测量技术

应用原理为朗伯-比尔定律。以一定频率调制发射的光，穿过含有颗粒物的气流时光强度会衰减，颗粒物浓度越高，衰减越厉害。当光射向颗粒物时，颗粒物能够吸收和散射光，使光偏离它的入射路径，检测器在预设定偏离入射光的一定角度接收散射光的强度。颗粒物浓度越高，散射光强度越大，可以通过计算并得到颗粒物浓度。

光闪烁法是感知测量区截面上浊度的变化来探测颗粒物浓度，类似于浊度法。

静电感应法也称电荷法，主要用于布袋除尘器后检测报警的定性判断，极少用于定量判定的颗粒物浓度监测。

7.4.3.3 便携式监测

目前，便携式监测仪器有便携式水质监测仪器、便携式水污染物监测仪、便携式烟尘采样器、便携式烟气采样器、烟气分析仪等。

便携式监测仪涉及的包含有物理方法主要有：烟气排放连续监测系统中颗粒物和烟气温度的比对监测的重量法、二氧化硫的非分散红外吸收法和紫外吸收法、氮氧化物的紫外分光光度法和非分散红外吸收法等；水污染源连续监测系统的 COD_{Cr}、NH_3-N、TP、TN等的比对监测均采用国家实验室标准方法，涉及的物理方法与 7.4.2 样品分析中相同。

7.4.4 环境遥感监测

（1）环境遥感技术方法

环境遥感是利用各种遥感技术，对自然与社会环境的动态变化进行监测或做出评价与预报的统称。由于人口的增长与资源的开发、利用，自然与社会环境随时都在发生变化，利用遥感多时相、周期短的特点，可以迅速为环境监测、评价和预报提供可靠依据。

环境遥感通过摄影和扫描两种方法获得环境污染的遥感图像。遥感技术在环境领域的应用，主要体现在大面积的宏观环境质量和生态监测方面，在大气环境质量、水体环境质量和植被生态监测等方面中都有一定的应用。如自 1980 年，中国开始比较系统地应用遥感技术探测天津市和渤海湾海面的污染特征。

环境遥感的物理方法：环境遥感是通过摄影和扫描两种方法获得环境污染的遥感图像的。摄影有黑白全色摄影、黑白红外摄影、天然彩色摄影和彩色红外摄影。彩色红外摄影效果最好，获得的环境污染影像轮廓清晰，能鉴别出各种农作物和其他植物受污染后的长势优劣。扫描主要是多光谱扫描和红外扫描，用于观测河流、湖泊、水库、海洋的水体污染和热污染有较好效果。在红外扫描图像上常能发现污水排入水体后的影响范围和扩散特征。

航空和航天遥感对环境污染的监测可做到大面积同步，这是别的手段做不到的。环境卫星可每隔一定时段对地面重复成像，进行连续监测，掌握环境污染的动态变化，预报污染发展趋势，这是遥感手段研究环境的独特之处。

环境卫星的飞行轨道一般有两种。一是近地极太阳同步圆形轨道，陆地卫星用的就是这种轨道。轨道尽可能靠近地极并呈圆形，能保证在同一地方时经过观测点上空，以便具有相同的照明条件和足够的太阳辐射能量，较好地获得全球环境图像。二是地球同步圆形轨道，有的气象卫星用的就是这种轨道。这种卫星在地球赤道平面内沿圆形轨道运行，运行方向和地球自转方向相同，绕地球一周时间为 24 h，与地球自转同步。这种卫星相对静止在地球赤道上空的一个点上，对大面积地球环境进行连续监测。

（2）遥感监测的不同对象

大气环境遥感：气象卫星除能提供卫星云图进行天气研究以外，也能对河流排泄的泥沙混浊流和海上漂油进行监测。利用陆地卫星图像可分析工厂的烟尘污染，如在陆地卫星相片上能清楚地看到炭黑厂的黑烟尘。卫星遥感可在瞬间获取区域地表的大气信息，用于大气污染调查，可避免大气污染时空易变性所产生的误差，并便于动态监测。大气环境遥感主要应用在气溶胶、O_3、城市热岛、沙尘暴和酸沉降等方面监测研究之中。由于在遥感信息中，大气污染信息是叠加于多变的地面信息之上的弱信息，常规的信息提取方法均不适用，因此多年来该方向的研究进展缓慢。

陆地环境遥感：陆地卫星上也反映大面积水质差异变化。因为水的温度、密度、颜色、透明度等的变化往往导致水体反射光能量变化，并在遥感图像上反映出来。如海面受到污染后，被油污覆盖的水面，蒸发受到抑制，温度高于四周水面，在遥感图像上，油污处出现浅色。从卫星相片上可发现大工厂排出的废水有时形成一股污染流，产生周期性的水团运动，形成复杂的水混合和扩散现象。水体受污染后，水的物理、化学和生物特性都有变化。富营养化的水体中某些藻类繁殖生长，这在遥感图像上也能反映出来。工业废水、废渣有时形成地面污染，范围一般较小，从比例尺较大的航空遥感图像可以发现这种现象，并能测出污染的面积，判明污染的特征。比例尺较小的卫星图像有时也能看到地面污染的大致轮廓，如天津塘沽区天津碱厂的盐泥堆在卫星图像上就是一块光谱反射率很高的白斑。

海洋环境遥感：海洋卫星能够监测海洋表层的许多污染状况。海洋遥感覆盖面积大，具有同时性，能够几乎在同等条件下把获得的资料同船舶测点取样进行对比，能连续、长期而且快速地观测海洋的特点，而且可以得到用船舶观测法不能完整观测到的海洋特征，如海洋表面水温、海流移动、海水分布、波浪、沿海岸泥沙浑浊流，以及赤潮、海面油污染等。在进行海洋遥感的同时，仍可利用水面舰船、浮标、海滨研究站，以及采取潜水等方式配合观测，使遥感获得的资料能得到验证和更好的利用。1978 年 6 月美国发射第一颗海洋卫星，每 36 h 的观测面覆盖全球海洋面积达 95%。海洋卫星装有微波和红外仪器等。海洋遥感所得图像能识别出浮游生物富集区位置、赤潮、各种自然和人为原因造成的浑浊流、倾倒的垃圾污物、河口地区及沿海地带的环境特征、海上油污等。

水环境遥感：水色遥感的目的是试图从传感器接收的辐射中分离出水体后向散射部分，并据此提取水体的组分信息。水环境遥感的任务是通过对遥感影像的分析，获得水体的分布、泥沙、叶绿素、有机质等的状况和水深、水温等要素信息，从而对一个地区的水资源和水环境等做出评价。水质参数的反演研究主要还是基于统计关系的定量反演或定性反映水污染状况，因此，水质参数遥感反演机理的研究有待于加强。

植被生态遥感：植被生态调查是遥感的重要应用领域。植被是环境的重要组成因子，也是反映区域生态环境的最好标志之一，同时也是土壤、水文等要素的解译标志。植被解译的目的是在遥感影像上有效地确定植被的分布、类型、长势等信息，以及对植被的生物量做出估算，因而，它可以为环境监测、生物多样性保护及农业、林业等有关部门提供信息服务。

土壤遥感：土壤是覆盖地球表面的具有农业生产力的资源，它还与很多环境问题相关，如流域非点源污染、沙尘暴等。地球的岩石圈、水圈、大气圈和生物圈与土壤相互影响、相互作用。土壤遥感的任务是通过遥感影像的解译，识别和划分出土壤类型，制作土壤图，分析土壤的分布规律。

碳汇监测：2022 年 8 月我国发射了陆地生态系统碳监测卫星"句芒号"，它是我国首颗森林碳汇主被动联合观测的遥感卫星，能够实现对森林植被生物量、气溶胶分布、叶绿素荧光的高精度定量遥感测量。"句芒号"的升空标志着我国碳汇监测进入遥感时代。

此外，土地覆被/土地利用是人类生存和发展的基础，也是流域（区域）生态环境评价和规划的基础。同时，土地覆被/土地利用变化（LUCC）是全球变化研究的重要部分，是全球环境变化的重要研究方向和核心主题。进入 20 世纪 90 年代以来，国际上加强了对 LUCC 在全球环境变化中的研究工作，使之成为全球变化研究的前沿和热点课题。监测和测量土地覆被/土地利用变化过程是进一步分析土地覆被/土地利用变化机制并模拟和评价其不同生态环境影响所不可缺少的基础。

7.5 其他生态环境领域中污染控制的物理方法

前面几节详细介绍了环境治理领域包括水污染控制、大气污染控制、固体废物处理与处置及环境监测中所用到的物理方法。本节主要简要介绍其他生态环境领域中污染控制应用的物理方法，包括应对土壤污染、河道污染、"微塑料"污染、生物污染以及光和磁技术的应用等采用的物理方法。

（1）土壤污染

土壤污染是指人为因素导致某种物质进入陆地表层土壤，引起土壤化学、物理、生物等方面特性的改变，影响土壤功能和有效利用，危害公众健康或者破坏生态环境的现象。土壤环境状况不仅直接影响到经济发展和生态安全，而且直接关系到农产品安全和人类自身的健康。

土壤物理修复技术是指采用物理方法将污染物与土壤分离或者从土壤中取出的技术，主要有客土法和换土法、隔离法、热脱附、玻璃化和电修复等。隔离修复技术指用物理方式对污染区域进行分割隔离，目的是阻断污染物向异地转移扩散的路径。热脱附修复技术是通过加热的方式将土壤中的污染物加热到沸点以上，使其挥发，从而将土壤中的污染物去除。目前的加热技术有原位电磁波加热、低温原位加热和高温原位加热。原位玻璃化技术是将受污染的土壤加热至熔化后再缓慢冷却，最终形成玻璃态物质。电修复技术是将电极插入受污染土壤，通过施加低直流电形成电场，使土壤中的重金属离子在电场作用下向负极迁移。电力修复土壤的效果与施加电压的功率、种类、电极材料、电极的配置以及电解质有关。

（2）河道污染

河道污染是由于工农业废水、生活污水的排放，管网系统和污水处理设施的落后等带来的河流自净能力锐减，溶解氧迅速降低，水质严重恶化，水环境容量下降，引发黑臭现象。河道污染的物理修复主要指采用物理的、工程的方法对污染河道水体和底泥进行净化和改善的技术，包括河道底泥的异位疏浚和原位掩蔽、引水稀释、水动力调控和机械除藻等过程。

① 异位疏浚。大型河道多采用异位疏浚技术，利用疏浚船定点绞吸底泥，而小型河道多采用围堰导流之后再进行清挖。

② 原位掩蔽。在河道底泥上覆盖未污染的砾石、砂子、钙质膨润土，或者其他人工合成材料，将河道受污染的底泥与水体进行物理隔离，防止河道底泥中的污染物向水体迁移。

③ 引水稀释是通过引入外部清洁水源对污染水体进行稀释的过程，可大大降低污染物浓度。

④ 水动力调控通过引入外部清洁活水或外加动力，增强河道水体流动性，提高流速，改善水体复氧和自净能力。

⑤ 机械除藻是人工或机械的措施将河道水体中的藻类去除。如用物理-生态集成技术局部控制富营养化技术应用于百花湖麦西河河口水质改善，综合运用了生态浮床技术、水体分割技术、人工附着介质技术、生态网膜技术、底栖动物增扩技术、水生植被恢复技术，通过不同技术的集成运用，形成一套技术体系，控制了富营养化趋势。

（3）"微塑料"污染

"微塑料"（Microplastic）的概念由 Thompson 等在 2004 年首次提出，其定义为直径小于 5 mm 的塑料，它是一种广泛存在于地表水、海水、土壤中的新型污染物，对生态系统造成严重影响，并会沿着食物链富集最终影响人类健康，在全球范围内引起广泛关注。有研究以聚乙烯、聚丙烯和聚苯乙烯三种常见类型的塑料原料颗粒作为实验样品，设置模拟海水环境、纯水环境和空气环境作为环境体系，对三种塑料原料颗粒进行了长达三个月的紫外光照射，三种塑料颗粒物均发生了不同程度的降解，紫外光照射时间和塑料颗粒所处的环境体系的差异是影响塑料颗粒降解程度的主要因素。此外，混凝、沉淀、过滤和 O_3 等手段都可用于微塑料的降解。如有研究发现颗粒状活性炭过滤使微塑性丰度降低了 56.8%～60.9%，主要用于去除 1～5 μm 的小型微塑料，对于超滤过程，由于超滤膜孔径小，聚乙烯颗粒被完全去除，去除率高达 100%。Mason 等研究发现美国纽约州西部污水处理厂的砂和无烟煤过滤系统对微塑料的去除率为 15%。

（4）生物污染

生物污染主要包括生物性变应原、细菌、病毒等病原微生物污染及真菌毒素的污染。螨虫和霉菌等生物性污染都极大地威胁着人类的健康和生命。螨虫家庭生活中一般采用光照的方法去除，农业种植中螨虫污染可采用大棚内高温，即热能去除螨虫。霉菌毒素的物理脱毒方法主要包含热处理、射线处理、无机吸附剂和有机溶剂提取等。如有研究发现日光照射处理花生饼可以显著降低其中的黄曲霉毒素。某研究发现短波和长波紫外光可以显著降低花生油中黄曲霉毒素的水平。农业养殖中，通常可把活性炭、沸石、膨润土、水合硅铝酸钙钠盐和黏土等添加到饲料中用于吸附黄曲霉毒素，从而降低黄曲霉毒素污染对农畜的生长发育的不良影响。

（5）光和磁技术的应用

① 光：在日本，一种光催化剂外墙装修瓷砖被运用在三重县津市的火车站大厦中，这个瓷砖不仅不易沾灰尘和污渍，还可以净化空气中的污染物，如氮氧化物等。光照在新型催化剂下，还可以应用于抗菌制品，如医院、公共场所、消毒除臭和抗菌织物等；环保公路中的自洁围栏、路标、路灯和隔音墙地砖等；农渔中的养殖场、温室玻璃等。

② 磁场：在工业生产过程中，循环系统中水运行一段时间后会产生水垢，有效去除水垢对生产的安全运行至关重要。物理方法主要包括磁场水处理技术、ECO-GEM 电气石防垢技术、静电水处理技术、脉冲射电水处理技术、超声波水处理技术等。其中，磁场水处理技术使用方法简单、投资小，并更具有高效节能、绿色环保等优点。主要有永磁场水处理技术、高频电磁场水处理技术、低频高梯度磁场水处理技术和变频电磁场水处理技术。此外，磁场经常和其他技术联合用于生态环境过程中，如利用磁场诱导电沉积技术和外加磁场改变镁合金化学镀镍材料的性能等。

作业与思考题

1. 简述污水预处理的物理方法。
2. 简述采用膜技术进行污水处理的主要原理。
3. 某除尘设施在进行除尘时，如果测得入口处气体流量为 10 Nm³/s，含尘浓度为 400 mg/Nm³，其中粉尘粒径分布为 5 μm 20%、10 μm 40%、20 μm 30%、30 μm 10%，对应四种粒径分级除尘效率分别为 50%、70%、80%、95%，求除尘器处理后污染物排放浓度和排放量是多少？
4. 简述生活垃圾的物理处理或处置方法。
5. 水污染源在线监测主要涉及的物理方法有哪些？
6. 烟气排放连续监测系统 CEMS 主要涉及的物理方法有哪些？
7. 简述环境遥感的主要物理方法。
8. 物理方法经常和化学或者生物方法结合应用于生态环境领域，请举例说明。
9. 日常生活中，应用于生态环境领域的物理方法主要有哪些？请举例说明。

附件：课程实验

实验1　道路交通噪声测量与评价

一、实验目的与要求

交通噪声是目前城市环境噪声的主要来源之一，通过本实验达到以下目的：

（1）掌握声级计的使用方法；

（2）加深对交通噪声特征的全面了解，并掌握等效连续声级、昼夜等效声级、累计百分数声级的概念以及监测方法。

二、实验仪器

测量仪器采用 2 型或 2 型以上的积分式声级计或噪声自动监测仪器，其性能须符合《电声学　声级计 第 1 部分：规范》（GB/T 3785.1—2010）的规定，并定期校验。

为保证测量的准确性，声级计在使用前后要进行校准，通常使用活塞发生器、声级校准器，或者其他声压校准仪器进行校准。

三、实验原理

交通噪声的测量按照《声学　环境噪声的描述、测量与评价 第 2 部分：声压级测定》（GB/T 3222.2—2022）的有关规定进行。

1. 测试评价量

采用等效连续声级及累计百分数声级等对测试的交通噪声进行评价。

（1）等效连续 A 声级

等效连续 A 声级又称等能量 A 计权声级，等效于在相同的时间 T 内与不稳定噪声能量相等的连续稳定噪声的 A 声级。在同样的采样时间间隔下测量时，测量时段内的等效连续 A 声级可通过以下表达式计算。

按此定义此量为

$$L_{eq}=10\lg[(1/T)\int_0^t 10^{0.1L_A}\mathrm{d}t\,]$$
（附 1-1）

式中，L_{eq}——等效连续 A 声级，dB（A）；

T——噪声暴露时间，h 或 min 或 s；

L_A——时间 t 内的 A 声级，dB（A）。

当测量是采样测量，且采样的时间间隔一定时，式（附 1-1）可表示为

$$L_{eq}=10\lg[(1/N)\sum 10^{0.1L_{Ai}}]$$ （附 1-2）

式中，L_{Ai}——第 i 次采样测得的 A 声级；

N——采样总数。

（2）累计百分数声级

累计百分数声级（L_n）表示在测量时间内高于 L_n 所占的时间为 $n\%$。对于统计特性符合正态分布的噪声，其累计百分数声级与等效连续 A 声级之间有近似关系。

$$L_{eq}=L_{50}+d^2/60$$ （附 1-3）

式中，d——L_{10}–L_{90}。

（3）昼夜间等效声级

昼间等效声级，是指在昼间时间段测得的等效连续 A 声级，通常用 L_d 表示，根据《中华人民共和国环境噪声污染防治法》（现已废止），"昼间"是指 6：00—22：00；"夜间"是指 22：00—次日 6：00。县级以上人民政府视环境噪声污染防治的需要（如考虑时差、作息习惯差异等）而对昼间、夜间的划分另有规定的，应按其规定执行。夜间等效声级，是指在夜间时间段测得的等效连续 A 声级，通常用 L_n 表示。

昼夜间等效声级，是指在整个昼间和夜间时间段测得的等效连续 A 声级，通常用 L_{dn} 表示。由于人们对夜间的声音比较敏感，因而在夜间测得的所有声级都加上 10 dB（A）作为补偿，可表示为

$$L_{dn}=10\lg\left[1/24\left(\sum_{i=1}^{16}10^{0.1L_i}+\sum_{j=1}^{8}10^{0.1(L_j+10)}\right)\right]=10\lg\left[\frac{2}{3}\cdot10^{0.1L_d}+\frac{1}{3}\cdot10^{0.1(L_n+10)}\right]$$ （附 1-4）

式中，L_{dn}——昼夜等效声级，dB（A）；

L_d——昼间（6：00—22：00）的等效声级，dB（A）；

L_n——夜间（22：00—次日 6：00）的等效声级，dB（A）；

L_i——昼间 16 个小时中第 i 小时的等效声级，dB（A）；

L_j——夜间 8 个小时中第 j 小时的等效声级，dB（A）。

2. 测点选择及时间

道路交通噪声的测点应选在市区交通干线两个路口之间，道路边人行道上，距马路沿 20 cm 处，此处距两交叉路口均应大于 50 m。道路交通噪声的测量时间间隔不大于 0.1 s，频率计权 A 计权，采样时间 20 min。交通干线是指机动车辆每小时流量不小于 100 辆的马路。这样该测点的噪声可代表两路口间该马路的交通噪声。测点离地面高度大于 1.2 m，并尽可能避开周围的反射物（离反射物至少 3.5 m），以减少周围反射对测试结果的影响。

四、实验方法与步骤

1. 准备好符合要求的测试仪器，打开电源待稳定后，用校准器将仪器校准。

2. 在分别选定的测量位置布置测点。

3. 在仪器上选择时间间隔和频率计权，采样时间和采样模式，开始监测。

4. 在测量时段内，同时记录各类车辆（卡车、大巴、中巴和轿车、摩托）通过测点的数量，供测量结果分析参考。

5. 测量结束后，用校准器对仪器再次进行校准，检查前后校准偏差是否小于 0.5 dB，否则重新测量。

6. 对实验数据进行处理、计算，并根据结果对所测路段交通噪声进行评价。

五、实验报告

测试结果报告应包括测试路段及环境简图、测试时段、小时车流量，以及车流量特征的简单表述（大车、小车出现情况、其他干扰情况）及测试数据列表，计算出评价量，并加以讨论。

六、注意事项

1. 交通噪声测定过程中务必注意道路安全。

2. 在测量前后使用声级校准器进行校准，要求测量前后校准偏差不大于 0.5 dB，否则测量无效。

3. 测量应在无雨、无雪、无雷电的天气条件下进行，风速要求控制在 5 m/s 以下。

七、思考题

1.《声环境质量标准》（GB 3096—2008）与老标准《城市区域环境噪声标准》（GB 3096—93）相比在 4 类声环境功能区上有何变化？标准名称的变化意味着什么？

2. 测点为什么选在距两交叉路口均大于 50 m 处？

实验 2　厂界环境噪声测量与评价

一、实验目的与要求

（1）熟悉声级计的使用方法；

（2）加深对厂界环境噪声特征的全面了解，并掌握等效连续声级的概念以及监测方法；

（3）根据《工业企业厂界环境噪声排放标准》（GB 12348—2008），对所测区域的噪声排放达标情况进行评价。

二、实验仪器

测量仪器采用 2 型或 2 型以上的积分式声级计或噪声自动监测仪器，其性能应符合《电声学 声级计 第 1 部分：规范》（GB/T 3785.1—2010）的规定，并定期校验。

三、实验原理

厂界噪声的测量按照《工业企业厂界环境噪声排放标准》（GB 12348—2008）的有关规定进行。

本实验采用等效连续声级进行评价。噪声评价量与实验 1 之式（附 1-1）和式（附1-2）同。

本实验根据模拟工业企业声源、周围噪声敏感建筑物的布局以及毗邻的区域类别进行布点。测点应选在模拟实验的边界外 1 m 处，高度 1.2 m 以上，与任一反射面的距离不小于 1 m 的位置。

固定设备结构传声至噪声敏感建筑物室内，在噪声敏感建筑物室内测量时，测点应距任一反射面至少 0.5 m 以上，距地面 1.2 m，距外窗 1 m 以上，在窗户关闭的状态下测量。被测房间内的其他可能干扰测量的声源应关闭。

被测声源是稳态噪声，采用 1 min 的等效声级；被测声源是非稳态噪声，测量被测声源有代表性时段的等效声级，必要时测量被测声源整个正常工作时段的等效声级。

四、实验方法与步骤

1. 准备好符合要求的带频谱的测试仪器和被测设备空压机，打开电源待稳定后，用校准器将测试仪器校准。

2. 在模拟厂界处或噪声敏感建筑物室内选定的测量位置，布置测点。

3. 在仪器上选择时间间隔和频率计权，选择采样时间和采样模式，开始监测。

4. 待被测设备运行正常后，开始测量，要求监测等效连续声级，并记录监测结果。

5. 测量结束后，用校准器对仪器再次进行校准，检查前后校准偏差是否小于 0.5 dB，否则重新测量。

6. 对实验数据进行处理、计算，根据监测结果并结合《工业企业厂界环境噪声排放标准》（GB 12348—2008）对该模拟厂界环境噪声排放的达标情况进行评价。

五、实验报告

测试结果报告应包括环境简图、监测位置、监测点位、测试时段、监测仪器以及被测设备等的情况。提供测试数据列表，并计算出各种结果。根据监测结果对该厂界噪声进行评价，并加以讨论。

六、注意事项

1. 在测量前后使用声级校准器进行校准，要求测量前后校准偏差不大于 0.5 dB，否则测量无效。

2. 测量应在无雨、无雪、无雷电的天气条件下进行，风速要求控制在 5 m/s 以下。

七、思考题

1. 如果测量时有小雨或小雪，请问测量结果有效吗？

2. 如厂界有实体围墙，测点为什么应高于围墙？

实验 3　环境振动的测量

一、实验意义和目的

《城市区域环境振动标准》（GB 10070—88）是为控制城市环境振动污染而制订的，适用于城市区域环境，该标准规定了城市区域环境振动的标准值及适用区域范围和监测方法。环境振动的测量按照《城市区域环境振动测量方法》（GB 10071—88）的有关规定进行。

通过本实验，要求达到以下目的：

（1）熟悉环境振动测量仪的使用方法；

（2）掌握环境振动的概念以及监测方法；

（3）通过监测结果对环境振动进行评价。

二、实验原理

采用铅垂向 Z 振级作为环境振动的评价量。根据能量原理用等效连续 Z 振级，可通过以下表达式计算：

$$VL_{zeq} = 10\lg\left\{\frac{1}{T}\int_0^T \frac{[a_z(t)]^2}{a_0^2}\mathrm{d}t\right\}$$

$$= 10\lg\left(\frac{1}{T}10^{0.1VL_z}\mathrm{d}t\right)$$
（附 3-1）

式中，$a_z(t)$ ——计权加速度值，a_0 为 $10^{-6}\,\mathrm{m/s^2}$；

VL_z ——Z 计权加速度级或 Z 计权振级。

通常测量或计算累计百分 Z 振级（VL_{ZN}）定义为在规定的测量时间 T 内有 $N\%$ 时间的 Z 振级超过某一 VL_z 值，这个 VL_z 值就叫作累计百分 Z 振级，单位为 dB。

三、实验仪器

1. 环境振动测量仪。测量仪器采用环境振动测量仪，其性能必须符合 ISO/DP 8041—1984 有关条款的规定，测量系统每年至少送计量部门校准一次。在测量前后进行电校准。本实验采用杭州爱华电子 AWA6256B 环境振动分析仪。

振动传感器灵敏度：40 mV/（m·s²）；

频率范围：1～80 Hz；

测率范围：50～140 dB（以 $10^{-6}\,\mathrm{m/s^2}$ 为参考）；

频率计权：全身垂直（W.B.z），全身水平（W.B.x-y），线性；

检波器特性：有效值，峰值因数≥3；

准确度：2 型；

量程控制：自动或手动，分高低两档；

A/D^①：10 bit；

显示器：120×32 点阵式 LCD（带背光）；

测量时间：可设定为手动、10 s、1 min、10 min、20 min、1 h、4 h、8 h、24 h；

积分采样时间间隔：0.01～10 s 可设定；

工作环境条件：温度 0～40 ℃，相对湿度不大于 85%。

2. 被测设备（如空压机）。

3. 柔性基座。

四、实验方法与步骤

1. 准备好符合要求的环境振动分析仪和被测设备（如空压机），打开电源待稳定后，将拾振器垂向放置于被测振动地面上，用电缆线将拾振器和振动仪连接，把振动仪电源开关扳向"开"，同时按输出和清除键，显示屏"▲"消失后，即内存清除。

2. 利用内部电校准信号对仪器进行校准，5 s 稳定后，读数应为 100 dB，如不是，用小起子调节右侧校准电位器。把顶盖时钟/测量开关扳向"时钟"，通过面板上调节/时间和设定/方式键调节时日月年，调节结束后，开关扳向"测量"。根据监测要求，调整量程，用调节/时间键调节测量时间，用设定/方式键调节显示屏显示参数。

3. 按启动/暂停键监测开始，显示屏上方出现采样符"▲"并闪动，当采样标志消失后，即一次采样结束，可用设定/方式键调节显示参数。如再按一下启动/暂停键，则开始下一次测量。

4. 在机器源强选定的测量位置，布置测点。

5. 根据振动类别选择采样时间和采样模式，开始监测。

6. 被测设备未运行、被测设备运行正常和被测设备（如空压机）置于柔性基座上时，分别开始测量，监测环境振动，监测结果记录在附表 3-1 内。

注意：尽量避免周围环境的振动干扰。

五、实验数据记录和处理

测试结果报告应包括环境简图、监测位置、监测点位、测试时段、监测仪器以及被测设备等的情况，各种位置的测试数据列表，并计算出各种结果。采用不同方法对该环境振动进行评价，并加以讨论，编写实验报告。

六、实验结果讨论

1. 试分析振动测点选择的重要性。

2. 振动与噪声的联系有哪些？

---

① A 为模拟信号，D 为数字信号。

附表 3-1 环境振动测量原始记录

测试时段：_____ 测量仪器型号：_____

被测设备名称：_____

被测设备及其运行状态		监测位置与点位	测 量 结 果		
被测设备未运行					
被测设备运行正常	设备正常放置				
	设备放在柔性基座上				

实验 4　光源与照度关系实验

一、实验意义和目的

发光强度以及光照度是基本的描述光源和光环境特征的物理量，光环境的设计，应用和评价离不开定量分析。

通过本实验，要求达到以下目的：

（1）熟悉照度计使用方法；

（2）掌握光照度测量方法；

（3）理解照度与距离的平方成反比关系。

二、实验原理

根据不同的测量目的，常用光环境测量仪器有两类，测量受照面光通量的照度计以及亮度计。为此，本实验主要进行两方面测量：

（1）一个被光线照射的表面上的照度定义为照射在单位面积上的光通量。

用照度计测量照度 E 与光源的关系，光源与照度计保持 1 m 距离，分别打开 1 和同时打开 2、3、4 只灯泡验证照度。

$$E=nE_0 \tag{附 4-1}$$

式中，E_0——1 只灯打开时测得的照度，lx；

　　　n——打开的灯只数。

（2）照度与光源位置有关，则

$$E=I/r^2 \tag{附 4-2}$$

式中，I——发光强度，光源在空间某一方向上光通量的空间密度，cd；

　　　r——被照面与光源的距离，m。

可以测量测点位于光源不同位置时照度的大小，验证照度与距离的平方成反比。

三、实验仪器和试剂

器材：

（1）TES-1332A 型数字式照度计：照度计测量范围为 0.1～200 000 lx。

（2）皮尺。

四、实验方法和步骤

1. 打开光源，照度计选择合适的测量档位。

2. 打开一只灯泡，使光线与照度计垂直，照度计与光源距离分别为 0.5 m、0.6 m、

0.7 m、0.8 m、0.9 m、1 m，测量照度。读数时，显示左侧最高位数 1，即表示过载。应立即选择较高档位进行测量，每一位置测量 5 次。

3. 设定 20 000 lx 档位时，所显示的值须×10 才是真值；设定 200 000 lx 档位时，所显示的值须×10 才是真值。

4. 读值锁定时，压 HOLD 开关一下，LCD 为 "H" 显示锁定读值。压两下 HOLD 开关，可取消读值锁定。

5. 照度计距离光源位置改为 1 m，分别打开 1 和同时打开 2、3、4 只灯泡，测量照度与光源个数的关系。测量完毕后，关上探测器盖子并关闭电源。

五、实验数据记录和处理

附表 4-1 和附表 4-2 分别为 E—r 关系实验记录和 E—n 关系实验记录的样表。

附表 4-1　E—r 关系实验记录

距离/m	照度（E）/lx			
0.5				
0.6				
0.7				
0.8				
0.9				
1.0				

附表 4-2　E—n 关系实验记录

开灯数/只	照度（E）/lx			
1				
2				
3				
4				

根据测量数据，求出每一条件下照度的平均值。在图上绘出 E—r 曲线，E—n 直线，分析照度变化的原因，讨论光照度测量体会，编写实验报告。

六、实验结果讨论

1. 什么是点光源？
2. 分析本实验的实验误差来源。

实验 5　道路照明照度与均匀度测量

一、实验意义和目的

不同类型的道路，其道路照明评价指标也不同。机动车交通道路照明以路面平均亮度（或路面平均照度）、路面亮度均匀度和纵向均匀度（或路面照度均匀度）、眩光限制、环境比和诱导性为评价指标。照度及其均匀度是最常用的反映道路照明质量的指标。

通过本实验，要求达到以下目的：

（1）熟悉照度计使用方法；

（2）掌握光照度测量方法；

（3）检验照明设施所产生的照明效果。

二、实验原理

1. 照度测量

在照度测量的区域一般将测量区域划分成矩形网格，网格宜为正方形，应在矩形网格中心点测量照度。中心布点法的平均照度的计算：

$$E_{av} = \frac{1}{M \cdot N} \sum E_i \qquad （附 5-1）$$

式中，E_{av}——平均照度，lx；

$\quad E_i$——在第 i 个测点上的照度，lx；

$\quad M$——纵向测点数；

$\quad N$——横向测点数。

2. 照度均匀度的计算

$$U_2 = E_{min} / E_{av} \qquad （附 5-2）$$

式中，U_2——照度均匀度（均差）；

$\quad E_{min}$——最小照度，lx；

$\quad E_{av}$——平均照度，lx。

三、实验仪器

1. 照明的照度测量应采用不低于一级的光照度计；道路和广场照明的照度测量，应采用分辨力≤0.1 lx 的光照度计。

2. 照明测量所用光照度计在计量性能要求上应满足以下条件：

① 相对示值误差绝对值≤±4%；

② $V(\lambda)$ 匹配误差绝对值≤6%；

③ 余弦特性（方向性响应）误差绝对值≤4%；

④ 换档误差绝对值≤±1%；

⑤ 非线性误差绝对值≤±1%。

3. 光照度计的检定应符合《光照度计检定规程》（JJG 245—2005）的规定。

4. 在现场进行测量照明时，现场的照明光源宜满足下列要求：

① 白炽灯和卤钨灯累计燃点时间在 50 h 以上；

② 气体放电灯类光源累计燃点时间在 100 h 以上。

5. 在照明现场进行照明测量时，应在下列时间后进行：

① 白炽灯和卤钨灯燃点时间 15 min；

② 气体放电灯类光源燃点时间 40 min。

6. 宜在额定电压下进行照明测量。测量时，应监测电源电压，若实测电压偏差超过相关标准规定的范围，应对测量结果做相应的修正。

四、实验方法和步骤

（一）测量的路段和范围

1. 测量路段的选择

宜选择在灯具间距、高度、悬挑、仰角和光源的一致性等方面能代表被测道路的路段。

2. 照度测量的路段范围

在道路纵向上应为同一侧两根灯杆之间的区域；在道路横向上，灯具采用单侧布灯时，应为整条路宽，对称布灯、中心布灯和双侧交错布灯时，宜取 1/2 的路宽。

（二）测量方法与步骤

1. 将测量区域划分成矩形网格（网格一般为正方形），然后在每个矩形网格中心点测量照度。

2. 测量时先用大量程挡数，然后根据指示值逐步找到需测的挡数，原则上不允许在最大量程的 1/10 范围内测定。

3. 指示值稳定后读数。

4. 为提高测量的准确性，一个测点可取 2～3 次读数，然后取算术平均值。

（三）测量注意事项

1. 室外照明测量应在清洁和干燥的路面或场地上进行，不宜在有明月和测量场地有积水或积雪时进行。室内照明测量应在没有天然光和其他非被测光源的影响下进行。

2. 应排除杂散光射入光接收器，并应防止各类人员和物体对光接收器造成遮挡。

五、实验数据记录和处理

实验数据记录样表见附表 5-1。

附表 5-1　照度测量记录

测量布点	一次读数	二次读数	三次读数	平均读数
1				
2				
3				
4				
5				
6				
7				
8				

　　根据布点方式和测量数据，算出平均照度值和均匀度值。分析平均照度与均匀度的状况及产生的原因，讨论光照度测量体会，编写实验报告。

六、实验结果讨论

　　1. 分析本实验的实验误差来源。

　　2. 城市功能照明方式有单侧布置、双侧交错布置、双侧对称布置、中心对称布置和横向悬索布置等，试分析各种布灯方式的照明效果。

实验 6　地表太阳辐射反射率的测定

一、实验意义和目的

从根本上讲，太阳是地球的唯一热源。我们现在所使用的热能，就是现在或者过去储存的太阳辐射能以各种形式的释放。地球表面把一部分太阳辐射反射回去，其余部分则为地球表面所吸收。而不同性质的地表，对太阳辐射的反射率是不同的。

通过本实验，要求达到以下目的：

（1）熟悉反射率表使用方法；

（2）掌握地表太阳辐射反射率测量方法。

二、实验原理

物体对入射辐射的反射部分称为反射辐射，反射辐射与入射总辐射之比用反射率表示。自然物体的反射率可分为长波反射率和短波反射率。长波反射率的绝对值很小，且目前尚无法将一物体对长波辐射的反射同自身的热辐射区分开来，故通常所说的反射率系指短波反射率。

测量短波反射率的仪器称为反射率表，工作原理：该表遵循热电效应原理，感应元件采用绕线电镀式多接点热电堆，其表面涂有高吸收率的黑色涂层。热接点在感应面上，冷接点则位于机体内，冷热接点产生温差电势。在线性范围内，输出信号与辐照度成正比。反射率表可用于建筑物、船舶、气球、飞机探测，农田中、森林里及树冠上的反射率测量。

三、实验仪器

反射率表。

四、实验方法与步骤

（1）使用安装架将反射率表安装在四周空旷、感应面以上没有任何障碍物的地方。

（2）将反射率表调整到水平位置，将其牢牢固定。

（3）将反射率表输出电缆与记录器相连，电缆要固定在安装架上，以减少断裂或在有风天发生间歇中断现象。

（4）打开反射率表电源，选定测量波段进行观测。

五、实验数据记录和处理

选取不同性质的地面，在 300～3 000 nm 的光谱范围内，测量不同波段的反射率数据，求算出每一条件下的平均反射率和最大反射率。分析不同性质地面的太阳辐射反射率的差异，编写实验报告。实验数据记录的样表见附表 6-1。

附表 6-1 实验数据记录

测量时间：_____   天气状况：_____

仪器型号与编号：_____

地面性质	测量波段	反射率	平均反射率	最大反射率

六、实验结果讨论

1. 为什么通常所说的反射率是指短波反射率？
2. 不同性质地面的太阳辐射反射率为何存在差异？

实验 7　环境电磁辐射测量

一、实验意义和目的

人类一直生活在电磁环境中，在漫长的岁月中，人们受到的电磁辐射主要来源于自然界，照射水平较低且相对稳定，对环境一般不会造成重大污染。随着文明进程的发展，人类进入信息社会，电视塔、广播站、雷达、卫星通信、微波等伴有电磁辐射的设备和活动越来越多，环境中电磁波能量密度迅速增加。

环境电磁场可以分为两大类：一类称为一般电磁环境，它的值是指在较大范围内电磁辐射的背景值，是各种电磁辐射源通过各种传播途径造成的电磁辐射环境本底值；另一类称为"特殊电磁环境"，它是指一些典型的辐射源在局部小范围内造成的较强的电磁辐射环境。一般电磁环境可以作特殊电磁环境的本底辐射水平。

通过本实验，要求达到以下目的：

（1）熟悉场强仪（或频谱仪）的使用方法；

（2）掌握一般环境电磁辐射的测量方法。

二、实验原理

电磁辐射测量仪器根据测量目的分为非选频式宽带辐射测量仪和选频式辐射测量仪。

场强仪属于选频式辐射测量仪。这类仪器用于环境中低电平电场强度、电磁兼容、电磁干扰测量。

待测场的场强值：

$$E（dB）=E_0（dB）+K_1（dB）+L（dB） \qquad （附 7\text{-}1a）$$

式中，K_1——天线校正系数，它是频率的函数，可由场强仪的附表中查得。

场强仪的读数 E_0 必须加上对应值 K_1 和电缆损耗值 L 才能得出场强值 E。但现在生产的场强仪所附天线校正系数曲线所示 K 值已包括测量天线的电缆损耗值 L。

当待测场是脉冲信号时，不同带宽值 E_0 不同。此时需要归一化于 1 MHz 带宽的场强值，即

$$E（dB）=E_0（dB）+K_1（dB）+ 20lg（BW）^{-1}+L（dB） \qquad （附 7\text{-}2）$$

式中，BW——选用带宽，MHz。

三、实验仪器

用于一般环境电磁辐射测量的场强仪有不少型号，但测量步骤大同小异。本实验以天津市德力电子仪器有限公司生产的 DS（B）系列产品为例，所用天线是该公司生产的 900 E型标准测量天线，该测量天线阻抗为 75 Ω，该测量天线校正系数 K（dB）见附图 7-1。

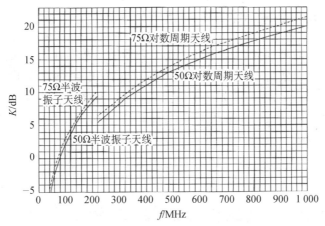

附图 7-1　测量天线校正系数

注：图为 900E 天线校正系数曲线（由中国计量科学研究院测量）。

四、监测布点、环境条件、实验方法和步骤

1. 监测布点

一般电磁环境的测量可以采用方格法布点：以主要的交通干线为参考基准线，把所要测量的区域划分为 1 km×1 km 或者 2 km×2 km 的方格，原则上选每个方格的中心点作为测试点，以该点的测量值代表该方格区域内的电磁辐射水平，实际选择测试点时，还应考虑附近地形、地物的影响，测试点应选在比较平坦、开阔的地方，尽量避开高压线和其他导电物体，避开建筑物和高大树木的遮挡。一般电磁环境的值是指该区域内电磁辐射的背景值，因此测量点不要离大功率的辐射源太近。

2. 环境条件

环境温度一般为 -10～40℃，相对湿度小于 80%，室外测量应在无雨、无雪、无浓雾、风力不大于三级的情况下进行。

在电磁辐射测量中，人体一般可以看作导体，对电磁波具有吸收和反射作用，所以天线和测量仪器附近的人员对测量都有影响。实验表明，天线和测量仪器附近人员的移动、操作人员的姿势、与测量仪器间的距离都会影响数据，在强场区误差可达 2～3 dB。为了使测量误差一定，保证测量数据的可比性，测量中测量人员的操作姿势和与仪器的距离（一般不应小于 50 cm）都应保持相对不变，无关人员应离开天线、馈线和测量仪器 3 m 以外。

3. 实验方法和步骤

打开电源开关，选择电平测量档，在某测量位选中某一频道，进行水平极化波测量和垂直极化波测量。进行水平极化波测量时，天线应平行于水平面；进行垂直极化波测量时，天线应平行于垂直面。无论是水平极化波测量还是垂直极化波测量，均应在 360°范围内旋转天线，读出电平最大值，此值用 E_0（dB）表示。某频道实际场强 E（dB），则

$$E（dB）=E_0（dB）+K_2（dB）\tag{附 7-1b}$$

式中，K_2（dB）——测量天线校正系数。

对频道表中的其他频道也按上面所述进行测量，并记录于附表 7-1 中。

五、实验数据记录和处理

实验步骤中测量的场强 E 是用分贝（dB）表示的，数据处理中应换算成以 V/m 为单位的场强，有关计算公式见《辐射环境保护管理导则　电磁辐射监测仪器和方法》（HJ/T 10.2—1996）。实验结果应给出 E_s [在某测量位、某频段中各被测频率的综合场强（V/m）] 或 E_G [在某测量位、24 h（或一定时间内）内测量某频段后的总的平均综合场强（V/m）] 的具体值。编写实验报告。

六、实验结果讨论

1. 一般电磁环境与特殊电磁环境的区别与联系各是什么？
2. 一般电磁环境与典型辐射源的测量布点方法有什么区别？

附表 7-1　场强 E_0 测量结果记录

测量点位：＿＿＿＿＿＿＿＿＿＿＿＿＿＿＿＿＿＿＿＿＿＿＿＿＿＿＿＿＿＿

环境温度：＿＿＿＿＿＿＿＿　　相对湿度：＿＿＿＿＿＿＿＿

频率	场强瞬间值			

实验 8 环境地表 γ 辐射剂量率的测量

一、实验意义和目的

环境 γ 辐射剂量率测量是辐射环境监测工作的组成部分，通过本实验，要求达到以下目的：

（1）了解环境 γ 辐射剂量率监测仪器的测量原理；

（2）熟悉环境 γ 辐射剂量率监测仪器的使用方法；

（3）掌握环境 γ 辐射剂量率的测量方法，测量一定区域内的天然或人工 γ 辐射水平、分析变化趋势。

二、实验原理

用于环境 γ 辐射剂量率测量的常用探测器有电离室、闪烁探测器、具有能量补偿的 G-M 计数管和半导体探测器等。应根据射线性质、测量范围、能量响应、环境特性、对其他辐射的响应及其他因素（如角响应、响应时间等）选择合适的测量仪器。本次实验所用监测仪器的探测器属于闪烁探测器。

闪烁探测器由闪烁体、光电倍增管、前置放大器等电子线路以及屏蔽外壳组成。闪烁体和光电倍增管之间配以光导物质，以确保闪烁体产生的光子能收集并传输到光电倍增管中。闪烁探测器的工作过程：射线在闪烁体中产生荧光，荧光光子经光导传输到光电倍增管的光阴极上并转换成光电子，这些光电子经光电倍增管倍增而产生足够大的电信号，再经电子线路放大处理后被记录，其脉冲幅度正比于带电粒子或光子在闪烁体晶体中沉积的能量。

三、实验仪器

用于环境辐射剂量率测量的仪器应具备以下主要性能。

（1）量程：量程下限应不高于 1×10^{-8} Gy/h；量程上限按照辐射源的类型和活度进行选择，应急测量情况下，应确保量程上限符合要求，一般不低于 1×10^{-2} Gy/h。

（2）相对固有误差：< ±15%。

（3）能量响应：50 keV～3 MeV，相对响应之差< ±30%（相对 ^{137}Cs 参考 γ 辐射源）。

（4）角响应：0°～180°角响应平均值（$\bar{R}$）与刻度方向上的响应值（R）的比值应大于等于 0.8（对 ^{137}Cs γ 辐射源）。

（5）使用温度：−10～40 ℃（即时测量），−25～50 ℃（连续测量）。

（6）使用相对湿度：<95%（35 ℃）。

四、实验方法和步骤

1. 仪器准备

去现场前应在已设定的稳定辐射场检查仪器的性能。稳定辐射场的环境状况应相对固定，以确保辐射水平稳定。

2. 测量点选择

（1）原野测量点位选择：

① 城市中的草坪，公园中的草地以及某些岛屿、山脉、原始森林等不易受人为活动影响的地方，可适当选设点位，定期测量。

② 点位应远离高大的树木或建筑，距附近高大建筑物的距离需大于 30 m。

③ 点位地势应平坦、开阔，无积水、有裸露土壤或有植被覆盖，避免选择环境中表层土壤改变位置（如污垢、砾石、混凝土和沥青等）的建筑物内测量，应在室内中央距地面 1 m 高度处进行。

（2）开展道路测量时，点位应设置在道路中心线上。

（3）开展室内测量时，点位应设置在人员停留时间最长的位置或者室内中心位置。

（4）其他：

① 测量结果与地面（包括周围建筑）、地下水位、土壤成分及含水量、降雨、冰雪覆盖、潮汐、放射性物质的地面沉降、射气的析出和扩散条件等环境因素有关，测量时应注意它们的影响；避免周围其他天然或人为因素对测量结果产生影响，如湖海边，砖瓦、矿石和煤渣等堆置场附近等，对于特殊关注测量点，可不受这些因素限制。

② 测量时间的选择应当具有代表性，野外测量时，雨天、雪天、雨后和雪后 6 h 内一般不开展测量。

3. 测量方法与步骤

即时测量。用各种仪器直接测量出点位上的 γ 辐射空气吸收剂量率的即时值，步骤如下：

（1）开机预热。

（2）手持仪器或将仪器固定在三脚架上。一般保持仪器探头中心距离地面（基础面）的值为 1 m。

（3）仪器读数稳定后，通常以约 10 s 的间隔（可参考仪器说明书）读取/选取 10 个数据，记录在测量原始记录表中，格式参考附表 8-1。

（4）当测量结果用于 γ 辐射致儿童有效剂量评估时，应在 0.5 m 高度进行测量。

（5）针对高活度放射源（如搜源监测），或在剂量率水平大于本底水平 3 倍以上的环境中开展测量时，可以在仪器读数稳定的情况下，记录大于等于 1 个的稳定读数。

五、实验数据记录和处理

1. 测量原始记录表参考附表 8-1。记录内容包括项目名称及地点，点位名及点位描述，天气状况，温湿度，测量日期，测量仪器的名称、型号和编号，仪器的检定/校准因子、效率因子，读数值、测量值及其标准偏差，测量人、校核人及数据校核日期等。根据需要记录测量点位的地理信息，拍摄测量现场照片，必要时记录工况、海拔、经纬度、宇宙射线扣除等信息。实验报告应给出具体点位的环境 γ 辐射剂量率测量结果，并随附现场监测点位示意图和监测原始记录表（附表 8-1）。

2. 测量报告的内容包括测量对象，测量日期，测点说明，测量方法，使用的仪器名称、型号及检定/校准信息，γ 辐射空气吸收剂量率测量结果、标准偏差或不确定度等。

3. 结果计算

环境 γ 辐射剂量率测量结果按照式（附 8-1）计算。

$$D_\gamma = k_1 k_2 (A_0/A) R_\gamma - k_3 D_C \qquad (\text{附 8-1})$$

式中，D_γ——测点处环境 γ 辐射空气吸收剂量率值，Gy/h；

k_1——仪器检定/校准因子；

k_2——仪器检验源效率因子[$k_2 = A_0/A$（当 $0.9 \leq k_2 \leq 1.1$ 时，对结果进行修正；当 $k_2 < 0.9$ 或 $k_2 > 1.1$ 时，应对仪器进行检修，并重新检定/校准），其中 A_0、A 分别是检定/校准时和测量当天仪器对同一检验源的净响应值（需考虑检验源衰变校正）；如仪器无检验源，该值取 1]；

R_γ——仪器测量读数值均值，Gy/h。空气比释动能和周围剂量当量的换算系数参照《便携式 X、γ 辐射周围剂量当量（率）仪和检测仪检定规程》（JJG 393—2018），使用 ^{137}Cs 和 ^{60}Co 作为检定/校准参考辐射源时，换算系数分别取 1.2 Sv/Gy 和 1.16 Sv/Gy）；

k_3——建筑物对宇宙射线的屏蔽修正因子，楼房取 0.8，平房取 0.9，原野、道路取 1；

D_C——测点处宇宙射线响应值，Gy/h。由于测点处海拔高度和经纬度与宇宙射线响应测量所在淡水水面不同，需要对仪器在测点处对宇宙射线的响应值进行修正，具体计算和修正方法参照《辐射环境监测技术规范》（HJ 61—2021）。

六、实验结果讨论

1. 为什么说核安全是核能与核技术利用事业发展的生命线？
2. 辐射环境监测与辐射防护监测有什么联系和区别？

附表 8-1　环境 γ 辐射剂量率测量原始记录

项目名称＿＿＿＿＿＿＿＿＿＿＿＿＿＿　地点＿＿＿＿＿＿＿＿＿＿＿＿　天气＿＿＿＿＿＿＿＿＿＿＿＿＿

温度＿＿＿＿＿＿　相对湿度＿＿＿＿＿　仪器名称＿＿＿＿＿＿　仪器型号＿＿＿＿＿＿　仪器编号＿＿＿＿＿

检定/校准因子 k_1＿＿＿＿＿＿＿＿　效率因子 k_2＿＿＿＿＿＿＿＿　测量日期＿＿＿＿年＿＿月＿＿日

共＿＿页　第＿＿页

监测依据:《环境 γ 辐射剂量率测量技术规范》(HJ 1157—2021)

序号	点位名	读数值										单位
		1	2	3	4	5	6	7	8	9	10	
1												
2												
3												
4												
5												
6												
7												
8												
9												
10												

序号	点位描述	读数值均值±标准差 $(R_\gamma \pm s)$ (单位:＿＿＿)	测量值±标准差 $(D_\gamma \pm s)$ (单位:＿＿＿)	备注

测量人＿＿＿＿＿＿＿＿＿＿＿　校核人＿＿＿＿＿＿＿＿＿＿＿　校核日期＿＿＿＿＿＿＿＿＿

参 考 文 献

[加]赫伯特. 英哈伯. 1997. 环境物理学[M]. 任国固，等，译. 北京：中国环境出版社.

《注册核安全工程师岗位培训丛书》编委会. 2004. 核安全综合知识[M]. 北京：中国环境科学出版社.

NCRP 第 76 号报告. 1994. 辐射评价：预估释放到环境中的放射性核素的迁移、生物浓集和人体吸收[R]. 国外辐射防护规程汇编第 8 册.

陈峰. 2019. 广播电视发射台辐射特性和迁建要点[J]. 广播与电视技术，46（6）：26-28.

陈杰瑢. 2007. 物理性污染控制[M]. 北京：高等教育出版社.

陈亢利，钱先友，许浩瀚. 2006. 物理性污染与防治[M]. 北京：化学工业出版社.

陈亢利. 2015. 物理性污染及其防治[M]. 北京：高等教育出版社.

陈运进，孙连鹏. 2004. 紫外光消毒在城市生活污水处理中的应用[J]. 中山大学学报论丛，24（3）：292-296.

程守洙，江之永. 2016. 普通物理学[M]. 北京：高等教育出版社.

储益萍，周裕德，祝文英. 2018. 声环境功能区划分原则与方法探析——以上海市为例[J]. 环境影响评价，40（3）：53-55.

杜群. 2018. 环境保护法按日计罚制度再审视——以地方性法规为视角[J]. 现代法学，40（6）：175-184.

付莎，魏新渝. 2021. 国际光污染防治管理经验及对我国的启示[J]. 环境保护，49（22）：71-75.

高廷耀，顾国维，周琪. 2008. 水污染控制工程[M]. 北京：高等教育出版社.

郭海丰，张朝，曹石. 2022. 城市热岛效应研究现状[J]. 农业与技术，42（10）：113-115.

韩鸿飞. 2020. 城市声环境质量常规监测数据审核要点探索[J]. 环境与发展，32（6）：161-163.

郝吉明，马广大. 2010. 大气污染控制工程[M]. 北京：高等教育出版社.

郝吉明，马广大，王书肖. 2021. 大气污染控制工程（第四版）[M]. 北京：高等教育出版社.

核工业标准化研究所. 2002. 电离辐射防护与辐射源安全基本标准（GB 18871—2002）[S]. 北京：中国标准出版社.

洪宗辉. 2002. 环境噪声控制工程[M]. 北京：高等教育出版社.

黄晨. 2016. 建筑环境学（第二版）[M]. 北京：机械工业出版社.

黄晶，孙新章，张贤. 2021. 中国碳中和技术体系的构建与展望[J]. 中国人口·资源与环境，31（9）：24-28.

黄宁. 2020. 环境力学专题序[J]. 力学学报，52（3）：623-624.

黄荣. 2010. 高楼风环境影响评价浅析[J]. 大众科技，（5）：81-83.

姜宗林，刘俊丽，苑朝凯，等. 2021. 超常环境力学领域研究新进展——《力学学报》极端力学专题研讨会综述报告[J]. 力学学报，53（2）：589-599.

黎昌金，余洁. 2019. 电磁辐射污染在国内外研究综述[J]. 内江师范学院学报，34（4）：59-64.

李家春，吴承康. 1998. 环境力学与可持续发展[J]. 力学进展，（4）：433-441.

李俊奇，张珊，李小静等. 2020. 雨水径流热污染的危害及控制策略分析[J]. 环境工程，38（4）：32-38.

李连山. 2009. 环境物理性污染控制工程[M]. 武汉：华中科技大学出版社.

李爽. 2018. 浅谈移动通信基站电磁辐射环境监测的质量控制措施[J]. 污染防治技术，23（2）：75-77.

李铁楠. 2019. 我国城市夜景照明发展的思考[J]. 照明工程学报，（5）：23-26.

李小静，李俊奇，戚海军，等. 2013. 城市雨水径流热污染及其缓解措施研究进展[J]. 水利水电科技进展，33（1）：89-94.

李宇，周德成，闫章美. 2021. 中国 84 个主要城市大气热岛效应的时空变化特征及影响因子[J]. 环境科学，42（10）：5037-5045.

联合国原子辐射效应委员会（UNSCEAR）1993 年的报告. 1993. 电离辐射源与效应[M]. 北京：原子能出版社.

梁彤祥，王莉. 2012. 清洁能源材料与技术[M]. 哈尔滨：哈尔滨工业大学出版社.

林丛. 2019. 声环境功能区划与环境噪声监测[J]. 化学工程与装备，（8）：312-314.

林冬. 2022. 浅谈我国可再生能源发展现状及对策研究[J]. 中国工程咨询，3：16-20.

刘博，任晶晶. 2018. 噪声背景修正值若干规定分析及对策[J]. 环境与发展，30（11）：229-230.

刘曰武，刘畅，丁玖阁. 2021. 钻井式煤炭地下气化技术的发展及关键力学问题[J]. 力学与实践，43（1）：1-12.

陆继根，等. 2006. 辐射环境保护教程[M]. 南京：江苏人民出版社.

吕玉恒，王庭佛. 1999. 噪声与振动控制设备及材料选用手册[M]. 北京：机械工业出版社.

马大猷. 2002. 噪声与振动控制工程手册[M]. 北京：机械工业出版社.

马宏权，龙惟定. 2009. 水源热泵应用与水体热污染[J]. 暖通空调，39（7）：66-70.

马娟. 2016. 物理性污染控制[M]. 成都：电子科技大学出版社.

苗泉，周丽敏，王晓方，等. 2001. 高频设备电磁辐射防护措施及效果评价[J]. 职业卫生与应急救援，（4）：211.

潘仲麟，张邦俊. 1996. 浅谈环境物理学[J]. 物理，（12）：736-739.

潘自强，刘华. 2015. 核与辐射安全[M]. 北京：中国环境出版社.

潘自强. 1995. 中国核工业三十年环境影响评价[M]. 北京：原子能出版社.

钱学森. 1957. 我们的目标[J]. 力学学报，1（1）：1-2.

邱国玉，张晓楠. 2019. 21 世纪中国的城市化特点及其生态环境挑战[J]. 地球科学进展，34（6）：640-649.

任连海，王永京，李京霖. 2022. 环境物理性污染控制工程（第二版）[M]. 北京：化学工业出版社.

荣浩磊. 2018. 城市照明专项规划设计[M]. 北京：中国建筑工业出版社.

沈濠，戴银华，陈定楚. 1986. 环境物理学[M]. 北京：中国环境科学出版社.

沈茹. 2019. 我国城市夜景照明规划设计的发展方向[J]. 照明工程学报，（1）：15-17.

司念，曹向阳，吕玉新. 2021. 结构传播固定设备室内噪声监测技术分析[J]. 河南科技，40（30）：40-42.

宋妙发，强亦忠. 1999. 核环境学基础[M]. 北京：原子能出版社.

宋志斌，张梅芳，王保春. 2008. 透水性混凝土路面砖减缓城市热岛效应的试验研究[J]. 混凝土，（6）：94-95.

孙兴滨，闫立龙，张宝杰. 2010. 环境物理性污染控制（第二版）[M]. 北京：化学工业出版社.

唐振波，干叶. 2019. 电磁辐射的污染与防护[J]. 资源节约与环保，（4）：106.

田武文，黄祖英，胡春娟. 2006. 西安市气候变暖与城市热岛效应问题研究[J]. 应用气象学报，17（4）：438-443.

汪华林. 2019. 环境物理学原理[M]. 上海：华东理工大学出版社.

王灿发，张祖增，邸卫佳. 2022. 噪声污染防治立法的审思与突破[J]. 常州大学学报（社会科学版），23（1）：22-31.

王槐睿. 2018. 探究电磁辐射对环境的污染及防护[J]. 环境与发展，30（7）：30-32.

王冀，袁冯. 2019. 如何减缓北京热岛效应[J]. 世界环境，（1）：50-53.

王俊岭，王雪明，张安，等. 2015. 基于"海绵城市"理念的透水铺装系统的研究进展[J]. 环境工程，33（12）：1-4，110.

王丽峰，胡向军，彭瑞云，等. 2011. 微波辐射对大鼠大脑皮质突触体结构功能影响[J]. 中国公共卫生，（7）：81-82.

王少杰，顾牡，吴天刚. 2014. 新编基础物理学[M]. 北京：科学出版社.

王绍武. 1994. 近百年气候变化与变率的诊断研究[J]. 气象学报，（3）：261-273.

魏志勇. 2022.《噪声污染防治法》引领噪声与振动控制技术创新的思考[J]. 中国环保产业，（3）：21-23.

温锐彪. 2011. GSM 移动通信基站对周围环境电磁辐射影响[J]. 生态环境学报，20（Z1）：1158-1160.

吴礼裕，万泉丰，王凯. 2018. 常州市移动通信基站电磁辐射环境影响分析[J]. 环保科技，24（5）：42-45，22.

吴明红，包伯荣. 2002. 辐射技术在环境保护中的应用[M]. 北京：化学工业出版社.

吴硕贤，赵越喆. 2012. 建筑环境声学的前沿领域[J]. 华南理工大学学报（自然科学版），40（10）：28-31.

吴硕贤. 1994. 厅堂声学一百周年（1895—1994）[J]. 应用声学，14（2）：7-12.

伍光和，王乃昂，胡双熙，等. 2008. 自然地理学[M]. 北京：高等教育出版社.

西安市统计局. 2009. 西安统计年鉴 2009[M]. 北京：中国统计出版社.

奚旦立. 2019. 环境监测（第五版）[M]. 北京：高等教育出版社.

现代核分析技术及其在环境科学中的应用项目组. 1994. 现代核分析技术及其在环境科学中的应用[M]. 北京：原子能出版社.

谢海深，孙风江，李智谦，等. 2018. 低温超导磁分离技术深度处理焦化废水[J]. 工业安全与环保，44（8）：85-87.

熊鸿斌，刘文清，王海云. 2004. 排油烟通风复合消声技术研究[J]. 振动测试与诊断，24（3）：203-205.

徐世凯，胡华强，韦立新. 2007. 长江下游感潮河段火电厂取排水口布置[J]. 水利水电科技进展：（4）：60-63.

ASHRAE. 2001. 地源热泵工程技术指南[M]. 徐伟，等，译. 北京：中国建筑工业出版社.

杨福家. 2000. 原子物理学[M]. 北京：高等教育出版社.

杨磊. 2014. 节能减排浅论[J]. 应用能源技术，（6）：1-4.

杨新兴，李世莲，尉鹏，等. 2014. 环境中的热污染及其危害[J]. 前沿科学，8（3）：14-26.

叶新广，严雪峰，唐春梅. 2018. 机场周边环境噪声监测与影响对策初探[J]. 仪器仪表与分析监测，（2）：40-43.

张宝杰，乔英杰，赵志伟，等. 2003. 环境物理性污染控制[M]. 北京：化学工业出版社.

张冰. 2015. 《工业企业厂界环境噪声排放标准》与原标准比较[J]. 科学时代，（10）：118-118.

张辉，刘丽. 1999. 发展中的新兴科学——环境物理学[J]. 沈阳师范学院学报，（1）：62-68.

张金萍. 2022. 最绿色的冬奥 最清洁的低碳——聚焦 2022 冬奥场馆建设中的绿色低碳实践[J]. 资源与人居环境，（3）：68-69.

张文静，吴素良，郝丽，等. 2019. 西安城市热岛效应变化特征分析[J]. 陕西气象，（1）：18-21.

张小斌，赵英祥. 2020. 声环境功能区划调整原则与方法探析——以如东县为例[J]. 绿色科技，（10）：59-61.

张小平. 2017. 固体废物污染控制工程（第 3 版）[M]. 北京：化学工业出版社.

张星. 2017. 小功率短波广播发射台电磁辐射场强预测模型建立研究[J]. 广播电视信息，（3）：102-104.

张永兴，译. 1981. 放射性核素释入环境后对人所致剂量的评价[M]. 北京：原子能出版社.

赵海天，向东. 2003. 论城市灯光环境的科学定义和规划体系[J]. 城市规划，27（4）：79-87.

赵静芳. 2016. 大学物理学[M]. 北京：北京邮电出版社.

赵民合. 2014. 飞机噪声影响治理法规建设亟待加强[J]. 中国民用航空，（1）：18-20.

中国环境保护产业协会. 2020. 水污染源连续监测系统运行维护[M]. 北京：中国建筑工业出版社.

中国环境保护产业协会. 2021. 烟气排放连续监测系统运行维护[M]. 北京：中国建筑工业出版社.

中华人民共和国国家质量监督检验检疫总局. 光环境评价方法（GB/T 12454—2017）[S].

中华人民共和国生态环境部. 一图读懂《环境影响评价技术导则声环境》修订[OL]. https：//www.mee.gov.cn/ywgz/fgbz/bz/bzjd/202204/t20220408_974131.shtml.

中华人民共和国生态环境部. 2020 全国辐射环境质量报告[OL]. https：//mee.gov.cn/hjzl/hjzlqt/hyfshj/202109/t20210913_936687.shtml.

中华人民共和国住房和城乡建设部. 城市夜景照明技术规范（JGJ/T 163—2008）[S].

中华人民共和国住房和城乡建设部. 建筑照明设计标准（GB 50034—2013）[S].

中华人民共和国住房和城乡建设部. 建筑照明术语标准（JGJ/T 119—2009）[S].

周波涛. 2021. 全球气候变暖：浅谈从 AR5 到 AR6 的认知进展[J]. 大气科学学报：44（5）：667-671.

周律，张孟青. 2001. 环境物理学[M]. 北京：中国环境科学出版社.

周裕德，储益萍，祝文英，等. 2007. 城市地铁振动控制技术概述[J]. 全国环境声学学术讨论会，266-270.

朱玲，由阳，程鹏飞，等. 2018. 海绵建设模式对城市热岛缓解效果研究[J]. 给水排水，（1）：65-69.

朱颖心. 2016. 建筑环境学（第四版）[M]. 北京：中国建筑工业出版社.

自然地理学. 大气辐射平衡[OL]. https：//www.guayunfan.com/lilun/28826.html.

Boeker E，Grondelle R. 2011. Environmental physics sustainable energy and climate change[M]. Amsterdam：A John Wiley & Sons，Ltd.，Publication.

Change，Ipoc. 2007. Climate Change 2007：Synthesis Report[J]. Environmental Policy Collection，27（2）：

408.

Dželalija M. 2014. Environmental physics[M]. Charleston，South Carolina. Create Space Independent Publishing Platform.

Farman J C，Murgatroyd R J，Silnickas A M，et al. 2007. Ozone photochemistry in the antarctic stratosphere in summer[J]. Quarterly Journal of the Royal Meteorological Society，111（470）：1013-1025.

Fröhlich C.，Lean J. 1998. Total Solar Irradiance Variations：The Construction of a Composite and its Comparison with Models[J]. Symposium - International Astronomical Union，85：89-102.

Gates D M. 1980. Biophysical Ecology[M]. New York：Springer-Verlag.

Grin J，Rotmans J，Schot J. 2010. Transitions to a Sustainable Development，New Directions in the Study of Long term Transformative Change[M]. New York：Routledge.

International Atomic Energy Agenct. 2001. Generic Models for Use in Assessing the Impact of Discharges of Radioactive Substance to the Environment，IAEA Safety Series NO.19[M]. Vienna：IAEA，Austria.

Kopp G，Lean J L . 2011.A new，lower value of total solar irradiance：Evidence and climate significance[J]. Geophysical Research Letters，38（1），L01706.

McFarland R A. 1975. Heart Rate Perception and Heart Rate Control[J]. Psychophysiology，12（4）：402-405.

Mie G. 1908. Beitrage zur Optik truber Medien，speziell Kolloidaller Metallosungen. Annalen. der. Physik，25（3）：377-445.

Orbach-Arbouys S，Abgrall S，Bravo-Cuellar A. 1999. Recent data from the literature on the biological and pathologic effects of electromagnetic radiation，radiowaves and stray currents[J]. Pathol Bio，47（10）：1085-1093.

Rossi L，Hari R E. 2007. Screening procedure to assess the impact of urban stormwater temperature to populations of brown trout in receiving water[J]. Integrated Environmental Assessment and Management，3（3）：383-392.

Van B M A，Watt W E，Marsalek J. 2000. Thermal enhancement of stormment runoff by paved surfaces[J]. Water Research，34（4）：1359-1371.

Xiong H B，Wu W. 2015. Study of Noise and Vibration Reduction from Underground Heating Water Pumping Station Based on Low-frequency 31.5-500Hz Noise Meet the Standard in Residential Buildings[A]//2015 4th International Conference on Energy and Environmental Protection（ICEEP 2015）[C]. June 2-4，2015，Shengzhen，China：2634-2646.